DICTIONNAIRE TOPOGRAPHIQUE

DU

DÉPARTEMENT DE LA HAUTE-MARNE

COMPRENANT

LES NOMS DE LIEU ANCIENS ET MODERNES

RÉDIGÉ

PAR ALPHONSE ROSEROT

ANCIEN ARCHIVISTE DU DÉPARTEMENT
CORRESPONDANT HONORAIRE DU MINISTÈRE DE L'INSTRUCTION PUBLIQUE

PARIS

IMPRIMERIE NATIONALE

—

MDCCCCIII

DICTIONNAIRE TOPOGRAPHIQUE

DE

LA FRANCE

COMPRENANT

LES NOMS DE LIEU ANCIENS ET MODERNES

PUBLIÉ

PAR ORDRE DU MINISTRE DE L'INSTRUCTION PUBLIQUE

ET SOUS LA DIRECTION

DU COMITÉ DES TRAVAUX HISTORIQUES

Par arrêté en date du 3 février 1902, le Ministre de l'instruction publique et des beaux-arts a ordonné la publication du *Dictionnaire topographique du département de la Haute-Marne*, par Alphonse Roserot.

M. Anatole de Barthélemy, membre du Comité des travaux historiques et scientifiques, a été chargé de surveiller cette publication en qualité de Commissaire responsable.

SE TROUVE À PARIS

À LA LIBRAIRIE ERNEST LEROUX,

RUE BONAPARTE, 28.

DICTIONNAIRE TOPOGRAPHIQUE

DU

DÉPARTEMENT DE LA HAUTE-MARNE

COMPRENANT

LES NOMS DE LIEU ANCIENS ET MODERNES

RÉDIGÉ

PAR ALPHONSE ROSEROT

ANCIEN ARCHIVISTE DU DÉPARTEMENT
CORRESPONDANT HONORAIRE DU MINISTÈRE DE L'INSTRUCTION PUBLIQUE

.

PARIS

IMPRIMERIE NATIONALE

MDCCCCIII

INTRODUCTION.

Le *Dictionnaire topographique de la France,* publié sous la direction du Ministère de l'instruction publique, est destiné à servir uniquement d'instrument de travail, mais cette publication est quelquefois consultée par des personnes qui s'étonnent de ne pas y trouver un résumé de l'histoire de chaque localité.

Or, le but de ces dictionnaires est de fournir aux travailleurs les moyens d'identifier les noms de lieu anciens avec les modernes. Ils peuvent encore rendre d'autres services, — j'aurai l'occasion de le rappeler plus loin, en parlant de la nomenclature, — mais la question d'identification est le principe même et la raison d'être de cette publication, et chaque fois qu'on voudra s'en servir il sera nécessaire de se le rappeler.

Plusieurs personnes ont eu l'obligeance de m'aider de leurs lumières pour l'exécution de ce travail.

Je citerai en première ligne M. Longnon, membre de l'Institut, professeur au Collège de France. Ce savant a bien voulu appeler mon attention sur des sources importantes que j'aurais pu ignorer, et m'a donné son précieux concours pour un certain nombre d'identifications.

MM. Jules Viard et Léon Le Grand, avec leur grande obligeance, bien connue de tous ceux que leurs études appellent aux Archives nationales, ont guidé mes recherches dans cet important dépôt; MM. les Archivistes de l'Aube, de la Côte-d'Or et de la Marne m'ont donné des facilités particulières pour mon travail dans leurs archives; M. Ferdinand Claudon, archiviste de l'Allier, m'a fait communiquer les fonds des prieurés de Remonvaux et de Vauclair, et m'a fourni des formes de noms d'après les nombreux documents copiés par lui aux Archives municipales de Langres, aujourd'hui entièrement détruites; M. Louis Demaison, archiviste de la ville de Reims, m'a envoyé des formes relatives à Condes, Domremy-en-Ornois, Louvemont et Saucourt, d'après le fonds de Saint-Remi de Reims; enfin, M. André Lesort, archiviste de la Meuse, a bien voulu revoir après moi le fonds de Saint-Mihiel, et m'a procuré d'utiles additions. Je les en remercie bien vivement.

PREMIÈRE PARTIE.

LES NOMS DE LIEU.

NOMENCLATURE DU DICTIONNAIRE.

Pour établir la nomenclature qui a servi de base à ce travail, j'ai d'abord relevé tous les noms des lieux actuellement habités, d'après le *Dictionnaire des Postes de la Haute-Marne*, brochure in-8°, autographiée, publiée à l'usage de cette administration au mois de novembre 1858. Subsidiairement, j'ai utilisé les cartes de Cassini, de l'État-Major et du Ministère de l'Intérieur.

J'y ai joint également tous les noms des lieux qui ont été habités, ou qui paraissent l'avoir été. Le relevé en a été fait principalement à l'aide des états de section du cadastre, et j'ai suivi à cet égard les règles tracées par M. Longnon dans l'introduction de son *Dictionnaire topographique du département de la Marne*. Ces noms se sont trouvés répartis de la manière suivante :

Ceux qui, d'après leur terminaison, en *i-acus* (*y, is*, etc.), proviennent de domaines gallo-romains;

Ceux de l'époque franque, terminés en *cortis, curtis* (court), ou en *villa, villare* (ville, villars, villé, villiers);

Les noms formés sur ceux des familles françaises et terminés en *erie* ou en *idre*;

D'autres qui, par leur signification même, rappellent le séjour de l'homme; tels sont : ceux des lieux fortifiés[1]; d'établissements religieux ou hospitaliers; ceux qui désignent des établissements industriels, et notamment les établissements métallurgiques, autrefois si nombreux dans cette région; ou bien encore des établissements agricoles; enfin, des groupes d'habitations ou des maisons isolées.

D'après le modèle qui m'avait été tracé, je n'ai pas cru devoir négliger les noms de lieu dit qui peuvent rappeler le séjour de l'homme, fût-il momentané ou d'une durée indéterminée, comme le *Camp de César*, le *Camp* ou le *Château des Sarrasins* (en réalité des *Romains*).

---

[1] Le mot *fortelle* a été négligé, parce qu'il signifie seulement une petite forêt.

De même, il a semblé convenable de relever les noms qui se rattachent aux souvenirs religieux, dans lesquels entrent les mots *saint* et *sainte*, rappelant soit l'existence d'une chapelle ou d'un lieu de pèlerinage, soit des sources dont les eaux avaient la réputation de posséder des vertus surnaturelles.

Dans le même ordre d'idées, j'ai relevé le vocable que le peuple donnait parfois à des constructions vraiment déraisonnables, ou dont la raison d'être ne lui paraissait pas justifiée, comme *La Folie*.

D'autres noms, qui ne rappellent pas non plus le séjour de l'homme, ont semblé utiles à conserver, parce qu'ils se rapportent à des événements historiques.

Enfin, j'ai même relevé des noms (en très petit nombre) qui n'ont aucune signification par eux-mêmes, mais qui servent à désigner des endroits où l'on a trouvé des vestiges de constructions ou des objets antiques, soit des époques préhistorique, gauloise ou romaine, soit du moyen âge.

Je dois quelques explications sur l'orthographe que j'ai adoptée pour un certain nombre de noms de lieu compris dans ce dictionnaire.

Les noms de lieu, à la différence des noms de famille, n'ont pas encore vu leur orthographe fixée d'une manière invariable par des actes d'état civil, bien que la forme adoptée dans les documents officiels soit généralement considérée comme leur en tenant lieu. Cette règle ne saurait s'imposer, sans de sérieux inconvénients, dans un ouvrage tel que celui-ci, où le sens de certains noms deviendrait inexplicable, ou même dénaturé, si on leur conservait la forme actuellement usitée dans les documents administratifs.

Je prendrai comme base des explications qui vont suivre l'orthographe employée dans la liste des communes du département, publiée par le *Recueil des actes administratifs de la Préfecture de la Haute-Marne*, pour les dénombrements de la population faits en 1886 et 1896 [1]. Ces observations porteront seulement sur des noms de commune, pour éviter de trop longs développements; elles suffiront d'ailleurs à l'exposé du système de classification adopté dans cet ouvrage.

Un nom très répandu dans la nomenclature topographique est celui de *Villeneuve*. La liste officielle l'écrit en un seul mot (*Lavilleneuve*), mais le sens (*Villa Nova*) exige qu'il soit écrit au moins en deux mots (*La Villeneuve*) et classé sous la lettre V.

[1] Numéro 4 des années 1887 et 1897.

Il conviendrait même de l'écrire en trois mots (*La Ville-Neuve*), mais je n'ai pas osé pousser la logique jusqu'à ses dernières conséquences, pour ne pas heurter trop brusquement un usage invétéré.

Ce nom est porté par trois communes : *La Villeneuve-au-Roi*, *La Villeneuve-aux-Frênes* et une commune du canton de Montigny que la nomenclature officielle a dépouillée de son qualificatif en l'appelant simplement *Lavilleneuve*. Pourquoi cette suppression, quand il s'agit d'une localité qui s'est appelée d'abord *Angoulancourt*, puis d'une manière constante et jusqu'au xix⁰ siècle [1] *La Villeneuve-en-Angoulancourt*? J'ai maintenu cette dénomination qui a l'avantage de bien caractériser cette commune et de la distinguer des deux autres du même nom.

Le motif que j'ai donné pour la classification du nom de La Villeneuve sous la lettre *V* m'a entraîné à écrire en deux mots et à placer sous la lettre initiale du second les noms de *La Chapelle*, *La Crête*, *La Fauche*, *La Ferté*, *La Mancine*, *La Margelle*, *La Mothe*, *La Neuvelle*, *La Neuville*.

Sur le nom de La Neuvelle, porté par deux communes, je ferai une autre observation, semblable à celle qui concerne La Villeneuve. La nomenclature officielle appelle l'une de ces communes *Laneuvelle* (canton de Varennes) et l'autre *Neuvelle-lès-Voisey*. Quel motif a fait accorder l'article à l'une et l'a fait enlever à l'autre? Il n'y en a pas. En outre, on a supprimé au premier de ces noms le qualificatif qui a constamment servi à bien préciser la situation de cette localité et à la distinguer de son homonyme, jusqu'à la fin du xviii⁰ siècle, où l'on disait encore *La Neuvelle-lez-Coiffy*. J'ai rétabli cette addition.

Il y a, du reste, d'autres inconséquences dans la nomenclature officielle, où l'on trouve à la fois *Larivière* et *Rivière-le-Bois*, *Rivière-les-Fosses*, et où l'on a eu, cette fois, la bonne idée d'écrire *La Genevroye* en deux mots.

J'aurais aussi voulu rétablir à la lettre H le nom de *La Harmand*, commune du canton de Chaumont, que les listes officielles écrivent en un seul mot, mais j'ai craint de dérouter la plupart des travailleurs qui n'auraient pas manqué de le chercher à la lettre *L*, à cause de sa consonance masculine; je l'ai du moins écrit en deux mots, parce qu'il signifie La Maison Harmand (*Domus Harmandi*).

La place de certains noms de commune, dans la nomenclature, ne se trouve pas seulement changée si on les écrit en deux mots au lieu d'un seul : un changement de place peut résulter de la modification de quelques lettres dans le corps du nom. J'ai

[1] Voir JOLIBOIS, *La Haute-Marne ancienne et moderne*, 1858, p. 324.

résisté le plus possible à la tentation de réformer beaucoup de noms, mais l'orthographe officielle de quelques-uns n'aurait pu être conservée sans accréditer des modifications introduites au mépris de la logique et du bon sens. Ici encore je relève des inconséquences dans la nomenclature officielle, qui écrit, d'une part, *Buxières-lès-Clefmont*, *Buxières-lès-Froncles*, *Buxières-lès-Villiers* et, d'autre part, *Bussières-lès-Belmont*, et encore *Breuvanne* et *Brevoine*. Maintenir ces différences d'orthographe pour des noms absolument semblables aurait eu comme conséquence de compliquer les recherches et même de les empêcher parfois d'aboutir. Le plus simple était de classer tous les Buxières ensemble, en les orthographiant tous de la même manière, et ainsi pour Brevanne.

On ne sait pas non plus pourquoi la liste officielle adopte, pour les deux communes de *Ragecourt-sur-Blaise* et *Ragecourt-sur-Marne* la forme de *Rachecourt*, résultat d'une prononciation vicieuse, quand il s'agit de noms qui ont pour étymologie la forme *Ragisi cortis*. D'autre part, j'ai entendu un vieil employé de la Préfecture soutenir que l'un de ces noms devait s'écrire *Rachecourt* et l'autre *Ragecourt*. MM. Jolibois et l'abbé Roussel, tous deux originaires de la Haute-Marne, ont évité cette faute dans leurs ouvrages historiques sur l'ensemble du département.

Une mauvaise prononciation a fait également dénaturer l'orthographe des mots *Brachey*, *Couprey*, *Germisey*, *Longuey*, que l'on écrit aujourd'hui *Brachay*, *Coupray*, *Germisay*, *Longuay*. Je n'ai pas osé les réformer, parce qu'il n'en résulte pas de sérieux inconvénients pour l'intelligence du sens.

J'ai rétabli, au contraire, l'orthographe si longtemps employée pour le mot *Coublant*, que la nomenclature officielle nous présente sous la forme *Coublanc*. La forme ancienne *Confluens*, qui était la même pour les localités appelées aujourd'hui *Conflans*, explique la situation de ce village placé au *confluent* de deux cours d'eau. En conservant la forme *Coublanc* j'aurais contribué à accréditer un sens absolument erroné.

Un certain nombre de noms de lieu sont mis aujourd'hui au pluriel, bien que leurs formes anciennes exigent l'emploi du singulier; je leur ai restitué le genre qui leur appartient. Tel est le cas de *Sexfontaine*, qui rappelle le souvenir d'un rocher et d'une source (*Saxus Fons, Saxi Fons*) et non pas celui de six fontaines ou sources. Au contraire, on doit conserver la forme du pluriel au mot *Septfontaines*, qui rappelle les nombreuses sources (*Septem Fontes*) de ce hameau.

Une autre observation importante se rapporte à la manière d'écrire le mot *les*, qui entre dans certains noms composés. Lorsque ce mot a le sens d'un article, comme dans *Essey-les-Eaux, Thonnance-les-Moulins*, on doit l'écrire de même que l'article *les;*

mais quand il signifie *auprès de*, c'est une préposition ancienne, autrefois très usitée, et il convient d'en marquer la différence, soit par un accent grave sur l'*e*, soit en lui conservant son ancienne forme *lez* : tel est le cas pour les noms de *Buxières-lez-Belmont, Buxières-lez-Froncles, Buxières-lez-Villiers, Essey-lez-Pont, La Neuvelle-lez-Coiffy, La Neuvelle-lez-Voisey, Ormoy-lez-Sexfontaine, Poinson-lez-Fays, Poinson-lez-Nogent, Thollez-Millières, Thonnance-lez-Joinville, Villiers-lez-Aprey, Vitry-lez-Nogent.* La méconnaissance de cette distinction entre l'article *les* et la préposition *lès* ou *lez* a fait dénaturer le sens du nom d'Essey-lez-Pont, que les listes de la Préfecture et les cartes de l'État-Major et de l'Intérieur écrivent *Essey-les-Ponts.* Il n'y a jamais eu de ponts à Essey, qui n'est pas sur un cours d'eau; en lui restituant la préposition *lez* on sera ramené à écrire le mot Pont au singulier et à lui rendre ainsi sa véritable signification, car il est ainsi désigné à cause du voisinage de Pont-la-Ville, pour le distinguer d'Essey-les-Eaux.

Ces modifications ne seront pas difficiles à introduire dans la pratique; il suffit de citer comme preuve ce qui s'est produit pour Montier-en-Der, que l'on écrivait encore récemment *Montiérender*, et qui a définitivement reconquis son orthographe naturelle; il en a été de même pour Reims, écrit pendant longtemps avec un *h*, et pour Vitry-le-François, que des personnes ignorantes ou étrangères au département de la Marne sont les seules à appeler encore *Vitry-le-Français*, en dépit du roi François Ier, fondateur de cette ville.

Il est important de remarquer que généralement les modifications faites par nous à l'orthographe officielle de certains noms ne changent pas la place que ces noms doivent occuper dans la nomenclature alphabétique; dans les cas, très exceptionnels, où il en est résulté quelque déplacement, la *Table des formes anciennes*, qui termine ce volume, permettra de retrouver la place occupée par le mot cherché.

DEUXIÈME PARTIE.

GÉOGRAPHIE HISTORIQUE DU DÉPARTEMENT.

I. — PÉRIODE GAULOISE ET GALLO-ROMAINE [1].

Avant l'arrivée de Jules César dans les Gaules (58 av. J.-C.) on ne sait rien de positif sur le pays qui forme aujourd'hui le département de la Haute-Marne.

A cette époque une partie, au Nord, dépendait de la nation des *Leuci* (Toul), compris dans la Belgique; le surplus, beaucoup plus important, faisait partie de la cité des *Lingones* (Langres), dans la Celtique.

La cité des *Lingones* paraît avoir eu pour cliente, peu de temps après, la peuplade des *Tricasses* (Troyes), et plus tard celle des *Catuvellauni* (Châlons-sur-Marne) [2]. Quelle que soit l'époque à laquelle on doive rapporter la création de ces deux nouvelles cités, il est certain que, vers l'an 400 de notre ère, elles formaient deux des cinq *civitates* dont dépendait le territoire du département, savoir : les *Lingones* (première Lyonnaise), les *Tricasses* (quatrième Lyonnaise), les *Leuci* (première Belgique), les *Catuellauni* (deuxième Belgique) et les *Vesontienses* (Besançon, Séquanaise).

On sait que les limites des diocèses ont été généralement calquées sur celles des cités romaines; il n'est donc pas nécessaire de préciser ici les diverses parties du département de la Haute-Marne sur lesquelles s'étendait chacune de ces cités : on s'en rendra compte facilement en consultant plus loin la liste complète des localités de la Haute-Marne réparties entre les diocèses de Besançon, Châlons-sur-Marne, Langres, Toul et Troyes, substitués aux cités dont on vient de parler.

De nombreuses routes sillonnaient, à l'époque romaine, les territoires compris

----

[1] Pour la rédaction de ce chapitre j'ai utilisé les publications de MM. LONGNON, *Atlas historique de la France*, 1885-1889, gr. in-8° et atlas in-folio; Alexandre BERTRAND, *Les voies romaines en Gaule*, *voies des itinéraires* (Extrait de la *Revue archéologique*, 1864); Th. PISTOLLET DE SAINT-FERJEUX, *Notice sur les voies romaines, les camps romains et les mardelles du département de la Haute-Marne* (dans les *Mémoires de la Société historique et archéologique de Langres*, t. I, 1847 et suiv., p. 293-329).

[2] Opinion nouvellement émise par M. LONGNON, dans son *Atlas historique*, etc.

aujourd'hui dans ce département. Je n'essayerai pas d'en faire une énumération complète. Je rappellerai seulement les voies dont l'existence et le tracé sont établis par les textes itinéraires.

Ces voies passent toutes par Langres, et seraient au nombre de quatre si l'on considère cette ville comme étant le point de départ de chacune d'elles : la voie de Langres à Besançon, celle de Langres à Châlons-sur-Marne, la voie de Langres à Toul et au delà, et la voie de Langres à Chalon-sur-Saône. Mais elles ne constituent, en réalité, que deux voies se croisant à Langres : la voie de Besançon à Châlons-sur-Marne, par Langres, et la voie de Chalon-sur-Saône à Bingen, sur le Rhin, par Langres et Toul.

1° Voie de Besançon, *Vesontio,* à Châlons-sur-Marne, *Durocatalaunum,* par Langres, *Andemantunnum* (Table de Peutinger).

La Table marque entre les deux villes extrêmes les stations de *Segobodium* (Séveux, Haute-Saône), *Varcia* (Larrêt, Haute-Saône), *Andemantunnum* (Langres), *Segessera,* dont les vestiges se voient au Val de Thors, près de Bar-sur-Aube (Aube), et *Corobilium* (Corbeil, Marne). Cette voie, qui est tracée sur la carte d'état-major, passe, dans le département de la Haute-Marne, au sud de Frettes, à Grenant, Grosse-Sauve, au sud du Pailly, au nord de Noidant-Châtenoy, entre à Langres par l'une des portes du sud, passe près de Beauchemin, à Marac, Morment, Richebourg, Blessonville, Bricon, Braux, Vaudremont, au nord de Maranville, à Rennepont, au nord de Longchamp et de Clairvaux (Aube)[1].

2° Voie de Chalon-sur-Saône, *Cabillonum,* à Bingen, sur le Rhin, par Langres, *Andemantunnum,* et Toul, *Tullum* (Table de Peutinger).

La Table mentionne, entre Chalon-sur-Saône et Toul, *Vidubia* ou rivière de la Vouge, que la voie traverse à 150 mètres au-dessous de Saint-Bernard (Côte-d'Or), et *Filena,* qu'il faut lire probablement *Tilena* et qui serait la rivière de Tille, à Til-Châtel (Côte-d'Or), *Andemantunnum* (Langres), *Mosa* ou rivière de Meuse, qu'elle traverse au-dessus de *Mosa Vicus* (Meuvy, Haute-Marne) et *Noviomagus* (Nijon, Haute-Marne). L'itinéraire d'Antonin ajoute *Solimariaca,* à 700 mètres à l'ouest de Rébeuville (Vosges), que l'on a identifié avec Soulosse[2].

---

[1] J'indique les localités situées le long des voies romaines d'après la *Notice* de M. Pɪsᴛᴏʟʟᴇᴛ ᴅᴇ Sᴀɪɴᴛ-Fᴇʀᴊᴇᴜx, mais je me suis conformé, pour les identifications des noms indiqués par l'*Itinéraire d'Antonin* et la *Carte de Peutinger,* à la liste publiée par M. Lᴏɴɢɴᴏɴ dans son *Atlas historique* (p. 25-32), sauf pour *Mosa vicus.*

[2] A. Bᴇʀᴛʀᴀɴᴅ, *Les voies romaines en Gaule,* p. 43 du tirage à part; Th. Pɪsᴛᴏʟʟᴇᴛ ᴅᴇ Sᴀɪɴᴛ-Fᴇʀᴊᴇᴜx, *Notice,* p. 295.

Au sud de Langres, cette voie, qui est tracée en partie sur la carte d'état-major, se confond dans le département de la Haute-Marne, d'après M. Pistollet de Saint-Ferjeux, avec la route actuelle de Dijon à Langres. Au nord, elle passe sur l'emplacement de la gare de Langres-Marne, traverse la Marne, laisse à l'ouest Champigny, Changey, Dampierre, Chauffour, Épinant, Is-en-Bassigny, Rangecourt, Noyers et Daillecourt, et à l'est Montigny, la Villeneuve-en-Angoulancourt et Léniseul. Elle traverse ensuite la Meuse au nord de Meuvy, laisse à l'est Levécourt, Doncourt, Malaincourt, Graffigny, Nijon et Vaudrecourt, traverse Sommerécourt et sort bientôt du département.

II. — PÉRIODE FRANQUE [1].

Il n'entre pas dans le cadre de cet ouvrage de faire, même sommairement, l'histoire des régions comprises aujourd'hui dans le département de la Haute-Marne, mais on ne peut se dispenser d'en rappeler ici les principales phases, pour indiquer les modifications territoriales qui en sont résultées. Les territoires seront désignés sous les noms des évêchés, la possession d'une ville épiscopale ayant eu généralement pour corollaire celle de la *civitas* ou du *pagus* dont elle était le chef-lieu. Je rappelle que ces évêchés étaient, pour la Haute-Marne, ceux de Besançon, Châlons-sur-Marne, Langres, Toul et Troyes.

Dès la fin du ve siècle, Langres et tout le pays situé au sud de cette ville appartenaient au royaume des Bourguignons, ainsi que Besançon ; le surplus du département, c'est-à-dire toute la partie située au nord de Langres, dépendant des cités de Toul, de Châlons et de Troyes, était sous l'empire des Francs.

A la mort de Clovis Ier (511), le partage intervenu entre ses quatre fils donna naissance aux royaumes de Metz, de Soissons, de Paris et d'Orléans. Les territoires de Toul, Châlons et Troyes échurent à Théodoric Ier, roi de Metz.

On sait que Clodomir, roi d'Orléans, l'un des quatre enfants de Clovis Ier, étant mort en 524, ses fils Clotaire et Childebert furent massacrés en 526 par leurs oncles, qui se partagèrent leur royaume, le troisième fils, Clodoald, s'étant fait moine.

Théodoric Ier, Clotaire Ier et Childebert Ier, restés seuls maîtres, attaquèrent alors Godomar, roi des Bourguignons (532), s'emparèrent de ses états et se les partagèrent (534). Les cités de Langres et de Besançon, entre autres, furent attribuées à Théodebert Ier, roi de Metz, fils de Théodoric, qui se trouva en possession de tout le territoire

---

[1] Ce chapitre a été entièrement rédigé d'après l'*Atlas historique de la France*, de M. Longnon, et la *Géographie de la Gaule au vi^e siècle*, du même auteur.

de notre département. Dans la suite, Clotaire Ier, roi de Soissons, finit par réunir tous les états de ses frères et neveux. A sa mort (561), l'empire franc, de nouveau démembré, fut partagé entre ses quatre fils, sous les noms de royaumes de Metz ou d'Austrasie (Sigebert Ier), de Soissons (Chilpéric Ier), de Paris (Charibert), d'Orléans et de Bourgogne (Gontran). Sigebert Ier, roi d'Austrasie, eut Toul et Châlons; Gontran, roi de Bourgogne, obtint les territoires des cités de Troyes, de Langres et de Besançon.

En 587, Childebert II, roi d'Austrasie, fils de Sigebert Ier, signa avec son oncle Gontran le traité d'Andelot (Haute-Marne), qui régla la question de l'héritage du roi Charibert, décédé sans enfants en 567. Ce traité fut le point de départ de la délimitation des royaumes d'Austrasie et de Bourgogne arrêtée sous les fils de Childebert II (596-613), mais il contenait une stipulation qui intéresse plus particulièrement la région dont il est ici question, car le survivant des deux contractants devait hériter des états du prédécédé, si celui-ci mourait sans laisser d'enfant mâle. Ce fut le cas du roi Gontran, mort en 593 ; en conséquence, Childebert réunit sous son autorité les divers territoires qui ont formé depuis le département de la Haute-Marne.

A sa mort (596), ses deux fils se partagèrent ses états, mais dans des proportions différentes de celles qui existaient du temps de leur père et du roi Gontran. Ainsi, pour nous borner à la région qui nous occupe, Théodebert II, roi d'Austrasie, eut seulement Châlons et le territoire en dépendant, et son frère Théodoric II, roi de Bourgogne, obtint les cités de Toul, de Troyes, de Langres et de Besançon.

Cette séparation de territoire ne fut pas de longue durée : Théodebert II, roi d'Austrasie, fut dépouillé de ses états, en 612, par Clotaire II, roi de Soissons, qui hérita l'année suivante du royaume de Bourgogne, provenant de Théodoric II, mort sans laisser d'enfants légitimes.

Ainsi, la monarchie franque se trouvait encore une fois réunie dans une seule main, mais neuf ans plus tard Clotaire II, cédant aux tendances particularistes des Austrasiens, leur donna pour roi son fils aîné Dagobert Ier (622). Ce nouveau royaume d'Austrasie était loin d'avoir l'étendue de l'ancien : Clotaire s'était réservé «vers la Neustrie et la Bourgogne tout le pays jusqu'aux Ardennes et aux Vosges». Ce sont les termes mêmes de l'acte. Comme conséquence de cette réserve, le territoire des cinq cités qui nous intéressent continua de faire partie du royaume de Clotaire. Cependant Dagobert ne tarda pas (625) à réclamer l'intégralité du royaume austrasien ; il obtint gain de cause et reçut notamment les territoires de Châlons et de Toul. Quelques années plus tard, à la mort de son père (628), il devenait à son tour seul souverain de la monarchie. L'abandon d'une partie méridionale, qu'il consentit en faveur de son jeune frère Charibert, comme une sorte d'apanage, laissa entre ses mains les territoires qui nous occupent. Un partage qu'il avait fait dès son vivant eut son effet seulement lors de son décès, arrivé en 638. A partir de cette époque, jusqu'à la fin de la dynastie mérovingienne, Châlons et Toul ne cessèrent d'appartenir à l'Austrasie, et Troyes, Langres et Besançon furent constamment des dépendances de la Bourgogne.

Lors du partage de l'empire franc entre Charlemagne et son frère Carloman, partage dont les effets ne se prolongèrent pas au delà de trois années (768-771), les cinq cités dont on vient de parler reconnurent l'autorité du dernier de ces princes [1].

Sous Charlemagne, devenu seul souverain, les territoires de ces cités dépendirent de la *Francia orientalis;* ils furent compris dans le lot attribué à Charles, son fils aîné, par le partage que l'empereur fit entre ses enfants en 806, mais le jeune Charles mourut avant son père (811).

Louis le Pieux les conserva sous son autorité, lors du partage qu'il fit en 817 entre ses enfants, et aussi sous l'autorité de son fils Lothaire, qu'il avait associé à l'empire. Un nouveau partage intervenu en 835, qui devait être exécutoire seulement à la mort de Louis le Pieux, fut remanié dans l'assemblée d'Aix-la-Chapelle, en 837, et mit le jeune Charles (le Chauve) en possession immédiate notamment de contrées situées entre la Seine et la Meuse.

Charles le Chauve conserva sous son autorité les régions qui ont formé la plus grande partie du département de la Haute-Marne, aussi bien en vertu du partage de mai 839 (diète de Worms), conclu du vivant de son père, que par le célèbre traité de Verdun (843). Il n'en faut excepter, en effet, qu'une faible partie située sur la rive droite de la Meuse (dépendant des territoires de Toul et de Besançon), qui fut incorporée aux états de son frère l'empereur Lothaire Ier. Il est vrai qu'après la mort de Lothaire II (869) plusieurs *pagi* de son royaume furent partagés entre Louis le Germanique et Charles le Chauve, notamment l'Ornois et le Portois, qui s'étendaient sur une partie des territoires actuellement compris dans le département de la Haute-Marne; Louis eut en particulier la partie du Portois qui comprenait le monastère d'Enfonvelle (Haute-Marne), mais cette division fut de courte durée.

Il ne me reste plus qu'à donner un aperçu des circonscriptions administratives dont se composait, à l'époque carolingienne, le territoire compris aujourd'hui dans le département de la Haute-Marne. Je le ferai d'après la carte détaillée de la Gaule à

---

[1] Cf. Longnon, *Dictionnaire topographique de la Marne*, introduction, p. xxvi.

l'époque carolingienne, et plus spécialement au x⁰ siècle, publiée par M. Longnon dans son *Atlas historique de la France* (pl. VIII).

Les régions qui ont servi à former le département de la Haute-Marne étaient alors réparties, dans des proportions très inégales, entre trois pays : au sud, à l'est et à l'ouest, la Bourgogne, qui comprenait la plus importante partie; au nord, la France, et au nord-est, la Lorraine.

On sait que, dès l'époque mérovingienne, les cités avaient été démembrées au point de vue administratif et avaient formé alors des circonscriptions appelées *pagus*, ayant chacune à leur tête un fonctionnaire appelé *comes*, d'où est venue plus tard la qualification abusive de *comitatus*. A l'époque carolingienne, ces deux mots *pagus* et *comitatus* désignaient une seule et même circonscription [1].

L'expression *pagus* a été aussi employée quelquefois pour désigner une grande région, telle qu'un diocèse. On en trouve notamment des exemples dans des bulles confirmatives de possessions d'abbayes publiées par M. l'abbé Lalore, dans sa *Collection de cartulaires du diocèse de Troyes*; ainsi, en 1139, Eurville, Hoéricourt, Moëlain et Valcourt, villages de la Haute-Marne, sont dits situés *in pago Cathalaunensi* (t. VI, p. 206).

La partie du département qui avait dépendu de la *civitas Lingonum*, à l'époque romaine, fut alors partagée en six *pagi* : le Langrois, le Bassigny, le Bolonois, le Barrois, le Lassois et le pagus des *Hattuarii* ou *Attoarii*; la partie troyenne donna naissance au Brenois et au Blaisois; la partie châlonnaise fut comprise dans le Perthois; celle de la *civitas Leucorum* fut incorporée à l'Ornois; enfin, la partie très peu importante qui dépendait de la *civitas Vesontiensium* se trouva englobée dans le pagus du Portois.

Je vais dire très brièvement de quoi se composait chacun de ces onze *pagi*, et, pour en mieux préciser la situation, je mentionnerai les localités du département que les documents de l'époque carolingienne nous ont révélées comme appartenant à chacun d'eux. Ces textes sont d'ailleurs indiqués, pour la plupart, dans le cours du présent dictionnaire [2].

1° Le *pagus* des *Attoarii* ou *Hattuarii* devait son nom à une peuplade germanique, les «Hattuarii»; son territoire, limité à l'est par la Saône, semble avoir correspondu tout d'abord à l'archidiaconé de Dijon (diocèse de Langres) et à l'archidiaconé d'Oscheret (diocèse de Chalon-sur-Saône). Diminué de plus d'un tiers, vers le midi, par la

[1] Longnon, *Dictionnaire topographique de la Marne*, introduction, p. XXVII.

[2] Pour la description des *pagi* j'ai fait de nombreux emprunts au texte de l'*Atlas historique* de M. Longnon, savoir : p. 95, *civitas Lingonum*; p. 110, *civitas Tricassium*; p. 116, *civitas Leucorum*; p. 122, *civitas Catuellaunorum*; p. 135, *civitas Vesontiensium*.

création du *pagus Oscarensis* (Oscheret ou pays d'Ouche), établi entre 836 et 852, il fut dès lors limité à la région qui forma plus tard les doyennés de Fouvent et de Bèze. *Ociacus* (Occey, Haute-Marne) en dépendait.

2° Le Barrois champenois, *pagus Barrensis*, avait pour chef-lieu Bar-sur-Aube (Aube). Sa circonscription correspondait au doyenné de Bar-sur-Aube, l'un des deux doyennés qui formaient l'archidiaconé du Barrois.

Une partie du doyenné de Bar-sur-Aube a été séparée, peu après l'année 1731, pour former le doyenné de Châteauvillain.

Le vocable d'Arc-en-Barrois, encore usité aujourd'hui, rappelle le souvenir de ce *pagus*, auquel appartenaient également Autreville (*Altrevilla, Altera villa*), Essey-lez-Pont (*Asciacus*) et Silvarouvre (*Cerecius sire Sopino Robore*).

3° Le Bassigny, *pagus Bassiniacus*, qui tirait son nom de celui de Basin, l'un de ses plus anciens comtes, sert encore à qualifier les vocables de plusieurs localités de la Haute-Marne, et en particulier le nom du chef-lieu du département. Son territoire a formé le doyenné d'Is, l'un des deux qui composaient l'archidiaconé de Bassigny. Sous le rapport civil, ce nom a été employé pour désigner une région beaucoup plus étendue, car, dès le milieu du treizième siècle, la ville de Chaumont était dite « en Bassigny ». Ainsi, la région appelée Bassigny fut augmentée du Barrois champenois [1].

Les documents de l'époque carolingienne nous montrent comme ayant appartenu à l'ancien Bassigny les villages d'Essey-les-Eaux, d'Illoud, de Rançonnières (*Ramsonariae*) et de Thivet (*Thivastis*). On peut y rattacher aussi Clefmont, Is, Montigny, Nogent et Poinson-lez-Nogent, surnommés « en Bassigny » dès le treizième siècle, Noyers, ainsi qualifié en 1473, et Vitry-lez-Nogent, en 1636. Ces localités appartenaient, du reste, au doyenné du Bassigny. Dampierre et Marcilly, qui sont dénommés aussi « en Bassigny » au XVI⁰ siècle, appartenaient au doyenné du Moge; enfin, Vroncourt, qualifié de même au XVIII⁰ siècle, appartenait au diocèse de Toul, doyenné de Bourmont.

4° Le Blaisois, *pagus Blesensis*, tirait son nom de la rivière de Blaise, affluent de la Marne, et ce nom subsiste encore dans celui de Ville-en-Blaisois.

Ce petit *pagus* appartint d'abord à la *civitas Tricassium;* il confinait au Brenois, l'un des cinq *pagi* troyens et se trouvait enclavé entre les trois diocèses de Troyes, de Châlons et de Langres. Son annexion au diocèse de Toul n'apparaît pas antérieurement au XI⁰ siècle [2]. Ses limites se sont conservées dans celles du doyenné de la Rivière de Blaise,

---

[1] H. D'ARBOIS DE JUBAINVILLE, *Note sur les deux Barrois, sur le pays de Laçois et sur l'ancien Bassigny*, p. 9-10 du tirage à part. — [2] LONGNON, *Atlas historique*, p. 111, note 5.

archidiaconé de Reynel, qui formait entre les trois provinces ecclésiastiques de Lyon, de Reims et de Sens une enclave du diocèse de Toul et de la province de Trèves. Brachay, Ragecourt-sur-Blaise et Vaux-sur-Blaise sont les seules localités de la Haute-Marne que nous ayons trouvées mentionnées dans les textes carolingiens comme faisant partie de ce *pagus*, bien qu'il renfermât également *Carmis* (sans doute l'un des deux Charmes, voisins l'un de l'autre), *Castellio* et *Vallis* [1].

5° Le Boulonois ou Bolonois, *pagus Boloniensis*, *comitatus Buloniensis*, empruntait son nom au village de Bologne (canton de Vignory). Son territoire a été absorbé par le doyenné de Chaumont, archidiaconé du Barrois. Dans ce petit *pagus* étaient compris Bologne, Condes et Ormoy-lez-Sexfontaine.

On est fondé à croire que Marault en faisait également partie, car dès le xv° siècle, pendant le xvi° et encore au xvii°, il était dit *in Bolonia, en Bouloigne*, etc.;

6° Le Brenois, *pagus Breonensis*, avait pour chef-lieu Brienne-le-Château (Aube) [2]; il a formé les doyennés troyens de Brienne et de Margerie. Parmi les localités de la Haute-Marne, qui en dépendaient, on peut citer Gervilliers (commune de Puellemontier), Louze, Puellemontier et Sommevoire.

7° Le Langrois, *pagus Lingonicus*, *pagus Lingonensis*, qu'on appelait *Langoine* au xiii° siècle et *Langoione* au xiv°, correspondait aux doyennés de Langres et du Moge (grand archidiaconé), au doyenné de Pierrefaite (archidiaconé du Bassigny) et à une partie de celui de Grancey (archidiaconé de Dijon). Les localités de la Haute-Marne que les documents de l'époque carolingienne nous ont révélées comme dépendant de ce *pagus* sont : Baissey, Banne, Courcelles-en-Montagne, Hûmes, Langres, Lecey, Orbigny-au-Mont, Peigney, Pierrefontaine, Poiseul, Rolampont, Saint-Geômes et Varennes.

On trouve, en outre, dès le commencement du xiii° siècle, la mention de *Nucilli en Langoine* (Neuilly-l'Évêque).

8° Le Lassois, *pagus Latiscensis*, tirait son nom de l'ancienne forteresse de *Lastico*, dont les substructions se voient encore sur le mont Lassois, près de Châtillon-sur-Seine (Côte-d'Or). Son territoire a formé l'archidiaconé du Lassois, composé des doyennés de Bar-sur-Seine et de Châtillon. Je n'ai pas trouvé dans les documents de l'époque carolingienne la mention de localités du département de la Haute-Marne qui auraient dépendu de ce *pagus*, mais les dénominations de Cirfontaine-en-Azois et de Villars-

---

[1] Voir : MABILLON, *Ann. Bened.*, III, 675; *Gall. Christ.* X, instr. col. 148, et D. BOUQUET, *Recueil des Historiens des Gaules*, etc., VIII, 584.

[2] Sur les deux comtés formés par ce *pagus*, voir : LONGNON, *Dictionnaire topographique de la Marne*, introduction, p. xxvii.

en-Azois, encore usitées aujourd'hui, et déjà dès le xiii° siècle pour Villars, semblent indiquer une altération du mot Lassois [1].

9° L'Ornois, *pagus Odornensis,* qui devait son nom à la rivière d'Ornain, *Odorna,* a formé les doyennés de Ligny, de Dammarie, de Gondrecourt et de Reynel, au diocèse de Toul. Vaux-sur-Saint-Urbain est indiqué par le premier cartulaire de Montier-en-Der comme ayant fait partie du pagus d'Ornois au ix° siècle. Il faut sans doute y ajouter Cirfontaine-en-Ornois et Mandres-en-Ornois, qui étaient ainsi qualifiés dès le commencement du xiii° siècle; Épizon et Morionvilliers, appelés de même vers 1252; Landéville, également dit en Ornois, dès 1293, et Domremy-en-Ornois, qui n'a pas cessé d'être ainsi dénommé du xv° siècle jusqu'à nos jours.

10° Le Perthois, *pagus Pertensis,* ainsi appelé du nom de son chef-lieu, le petit village de Perthe, du canton de Saint-Dizier, a donné naissance à l'archidiaconé châlonnais du Perthois, composé des doyennés de Perthe et de Joinville. Les documents carolingiens nous permettent d'indiquer comme ayant fait partie de ce *pagus* les localités ci-après du département de la Haute-Marne : Éclaron, Eurville, Flornoy, Hallignicourt, Hoéricourt, Montier-en-Der, Nomécourt, Perthe, Poissons, Rupt, Saint-Dizier, Saint-Urbain, Sombreuil (commune de Fronville), Thonnance-lez-Joinville, Troisfontaines-la-Ville, Vassy, Vatrignéville (commune de Saint-Urbain), Vecqueville et Villiers-au-Bois.

11° Le Portois, *pagus Portensis,* avait pour chef-lieu Port-sur-Saône (Haute-Saône). Son territoire équivalait à celui des doyennés de Faverney, de Granges, de Luxeuil, de Rougemont et de Traves. Une très petite partie de ce *pagus,* dépendant du doyenné de Faverney, au diocèse de Langres, s'étendait sur le territoire actuel de la Haute-Marne; elle comprenait notamment Bourbonne-les-Bains et Enfonvelle (*Offonis villa*).

12° Le Soulossois, *pagus Solecinsis,* dont le chef-lieu était Soulosse (Vosges), et dont dépendait notamment le village de Harréville.

Je n'ai pas compris dans cette nomenclature une région que sa configuration naturelle a fait appeler *La Montagne,* et qui ne correspondait pas à un *pagus.* Il s'agit de la Montagne, qui s'étendait au sud de Langres et comprenait même une partie du département de la Côte-d'Or; elle a donné son nom au bailliage qui avait pour chef-lieu Châtillon-sur-Seine (Côte-d'Or). Le souvenir de ce nom est encore conservé, dans le département de la Haute-Marne, par ceux de Courcelles-en-Montagne et de Vitry-en-Montagne.

Les villages de Leffonds et de Voisines ont aussi été dénommés *en Montagne.* Du reste, je n'ai pas trouvé trace de ce qualificatif antérieurement au xiv° siècle.

_____

[1] Opinion émise par M. Longnon, dans son *Atlas historique de la France,* texte, p. 96.

III. — PÉRIODE FÉODALE [1].

Au début de la période féodale, c'est-à-dire vers la fin de l'époque carolingienne, la plus grande partie des territoires qui forment aujourd'hui le département de la Haute-Marne appartenait au royaume de France; le surplus dépendait soit du royaume de Lorraine (au nord-est), soit du royaume de Bourgogne (à l'est et au sud), et fut ensuite rattaché plus ou moins directement aux duchés du même nom.

La majeure partie du territoire situé dans le royaume de France avait pour maître l'évêque de Langres, qui tenait son autorité des immunités accordées par les rois francs. Dès l'année 814, un diplôme de Louis le Pieux lui avait reconnu la propriété de la cité qui était le siège de son évêché, du *castrum* de Dijon et de celui de Tonnerre; Charles le Chauve, en 873, lui avait accordé, ainsi qu'à ses successeurs, le revenu des monnaies de Dijon et de Langres, et le roi Lothaire lui donna le comté de Langres, en 967.

Dans la suite, on voit cet évêque qualifié pair de France (dès 1216) et duc de Langres (dès 1347).

La puissance politique des évêques de Langres ne fut pas de longue durée. Le comté de Tonnerre semble être sorti de leurs mains dès la fin du xᵉ siècle, époque où l'on trouve déjà des comtes héréditaires; dès cette même époque, la ville de Langres avait aussi ses comtes particuliers; enfin le comté de Dijon fut cédé au roi de France par l'évêque Lambert de Vignory, c'est-à-dire au commencement du xiᵉ siècle.

Il est assez vraisemblable que les évêques de Langres, à l'instar des archevêques de Reims, se trouvèrent dans l'impossibilité de gouverner le pays qui leur appartenait, au milieu des guerres civiles qui agitèrent la fin de la période carolingienne, et qu'ils furent obligés d'abandonner leur pouvoir, de gré ou de force, à de puissants seigneurs laïques, en ne conservant que la suzeraineté [2]. Les comtés de Dijon et de Tonnerre ne devaient pas rentrer en leurs mains, mais celui de Langres leur fut restitué dans la seconde moitié du xiiᵉ siècle : Hugue III, duc de Bourgogne, ayant racheté le comté de Langres de Gui de Saulx, le transmit, en 1178, à l'évêque Gautier de Bourgogne, son oncle. Gautier s'empressa de le mettre, avec toutes les dépendances de son domaine épiscopal, sous la suzeraineté du roi de France (1179).

---

[1] Une partie de ce chapitre a été rédigée d'après l'*Histoire des ducs et des comtes de Champagne*, de M. D'ARBOIS DE JUBAINVILLE. — [2] Cf. LONGNON, *Dictionnaire topographique de la Marne*, introduction, p. xxx.

Les possessions de cet évêché, qui comprenaient, dès le xɪɪᵉ siècle, le *bourg* à Châtillon-sur-Seine (1153), des droits à Mussy-sur-Seine (1153) et la moitié du château de Montsaugeon (1156), devaient s'augmenter considérablement dans le cours du siècle suivant : des acquisitions successives y firent entrer, d'abord partiellement, puis en totalité, les seigneuries de Baissey, la Chaume (Côte-d'Or), Coublant, Gevrolles (Côte-d'Or), Gurgy (même département), Hortes, Lusy, Neuilly-l'Évêque et Ormancey. D'autres possessions, fort nombreuses, mais de moindre importance, se groupèrent autour de celles-là qui devinrent les chefs-lieux des principales circonscriptions de ce vaste domaine, sous les noms de : duché-pairie de Langres, comté de Montsaugeon, baronnies de Gurgy et de Lusy, bailliage ducal de Châtillon, marquisats de Coublant et de Mussy-l'Évêque, châtellenies de la Chaume et de Gevrolles, prévôtés de Baissey, de Hortes, de Neuilly-l'Évêque et d'Ormancey.

Des liens de vassalité maintenaient dans leur dépendance un grand nombre de fiefs, dont une bonne partie était détenue par de puissants seigneurs. Il faut citer en première ligne le comte de Champagne, appelé d'abord comte de Troyes.

Le plus ancien texte que l'on connaisse au sujet de cette vassalité est une lettre écrite par saint Bernard au comte Thibaud II, en 1128, par laquelle il lui recommandait de faire hommage à l'évêque de Langres; mais cette vassalité était certainement plus ancienne, car les comtes de Troyes avaient succédé, en 1076, aux comtes de Bar-sur-Aube, qui étaient déjà vassaux de cet évêque, de même que les comtes de Bar-sur-Seine et de Tonnerre.

Outre la châtellenie de Bar-sur-Aube[1], le comte de Champagne tenait de lui, en fief, la Ferté-sur-Aube, acquis en même temps et devenu chef-lieu de châtellenie sous Henri Iᵉʳ; Chaumont, entré dans le domaine du comte sous Henri II, vers la fin du xɪɪᵉ siècle, et devenu chef-lieu de châtellenie sous ses successeurs; Choignes, acquis de l'évêque de Langres, en échange d'Aubepierre, en 1217; Montigny-le-Roi, objet d'un acte de pariage conclu en 1217, où l'on construisit une forteresse commune, devenue en 1239 la propriété exclusive du comte et chef-lieu de châtellenie sous Thibaut V: Nogent-le-Roi, conquis sur le seigneur du lieu, par Thibaud IV, en 1233, et érigé en châtellenie sous Thibaud V.

Le comte de Champagne avait encore, dans le comté de Langres, la seigneurie de Coiffy, entrée dans son domaine à la suite d'un acte de pariage conclu avec le prieur

---

[1] Bar-sur-Aube est situé dans le département de l'Aube, mais sa châtellenie s'étendait jusque dans le département de la Haute-Marne.

de Varennes, en 1250. Le comte y construisit une forteresse sur la hauteur, et ce fut l'origine de Coiffy-le-Châtel, appelé aussi Coiffy-le-Haut.

En outre, la comtesse Blanche avait bâti une forteresse à Montéclair (commune d'Andelot), vers 1218, pour servir de poste avancé sur la frontière de Lorraine; cette forteresse devint le chef-lieu d'une châtellenie appelée indifféremment Montéclair ou le Val-de-Rognon.

Enfin, il faut ajouter aux possessions du comte de Champagne, sur le territoire qui a formé le département de la Haute-Marne, Vassy, qui était de son domaine dès le XIᵉ siècle, chef-lieu de prévôté sous Thibaud II, puis de châtellenie sous les successeurs de Henri Iᵉʳ.

Ce comte tenait dans sa dépendance, à titre de fiefs mouvants, les châtellenies de Châteauvillain, de Choiseul, de Cirey-le-Château, de Clefmont (comté), de la Fauche, d'Is-en-Bassigny, de Joinville (baronnie), de Moëslain, de Reynel (comté), de Saint-Dizier (dès 968)[1] et de Vignory. Il faut y ajouter, dans le Barrois, la châtellenie de Ligny (Meuse), dont relevaient notamment Bienville et Cirfontaine-en-Ornois, localités de la Haute-Marne, et encore la châtellenie de la Mothe, appartenant au comte de Bar, qui entra dans la mouvance du comte de Champagne en 1268 [2].

Un autre puissant vassal de l'évêque de Langres était le duc de Bourgogne, qui partageait avec lui la seigneurie de Châtillon-sur-Seine et lui devait l'hommage pour sa part dans cette seigneurie et la totalité de Montbard et Saulx-le-Duc; mais les territoires de ces châtellenies ne s'étendaient pas sur celui du département de la Haute-Marne. Il en était de même pour le comté de Tonnerre, qui ne dépendait plus de l'évêque de Langres que par des liens de vassalité.

Après ces deux importants vassaux venaient les seigneurs de Choiseul, de Grancey-le-Château (Côte-d'Or), de Fontaine-Française (même département) et de Fouvent (Haute-Saône), appelés les quatre barons de la crosse, qui devaient assister l'évêque lors de sa prise de possession.

On doit aussi compter parmi les principaux vassaux directs de l'évêque de Langres les seigneurs d'Aigremont et de Til-Châtel (Côte-d'Or).

---

[1] Le fief (châtellenie) de Saint-Dizier relevait sans doute ordinairement du comté de Vitry, dont le possesseur était vassal d'Herbert depuis 952. (H. d'ARBOIS DE JUBAINVILLE, *Histoire des comtes de Champagne*, I, 153; cf. p. 187.) — [2] H. D'ARBOIS DE JUBAINVILLE, *Histoire des comtes de Champagne*, IV, 395, 407.

IV. — PÉRIODE ROYALE.

———

§ 1. Le Domaine royal.

L'accession de Philippe le Bel au trône de France, en 1285, eut pour résultat d'y réunir les fiefs situés dans la Haute-Marne, qui appartenaient au comte de Champagne, bien que l'annexion définitive de ce comté n'ait été proclamée qu'en 1361.

Ces fiefs continuèrent à faire partie du domaine royal jusqu'à la fin de la monarchie, sauf la châtellenie de la Ferté-sur-Aube, qui en fut détachée en 1361, pour être incorporée au comté de Vertus, alors érigé en faveur d'Isabelle de France, veuve de Jean Galéas Visconti. D'un autre côté, le domaine royal s'accrut de la ville de Bourbonne-les-Bains et ses dépendances, par acquisition faite sous le règne de Charles IV (avant le 26 mai 1324)[1]. Il s'augmenta aussi de la châtellenie de Saint-Dizier : une partie de cette seigneurie et de ses dépendances (Perthe et Villiers-en-Lieu) fut acquise dans les premières années du xve siècle, après la mort du dernier des seigneurs de la maison de Dampierre, et le surplus en 1456, avec la moitié des terres de Hoéricourt, de Moëlain et de Valcourt[2].

La châtellenie de Vassy fut incorporée au comté de Sainte-Menehould, érigé en 1476 en faveur d'Antoine, le grand bâtard de Bourgogne, mais ce don de Louis XI, révoqué tacitement de son vivant, par arrêt du Parlement, le fut publiquement à l'avènement de son fils[3].

Il n'y a pas lieu de rappeler ici, même d'une manière sommaire, comment s'est formé le duché de Bar-le-Duc, appelé successivement duché, comté et de nouveau duché en 1355, ni comment il fut uni à la Lorraine, à deux reprises différentes, en 1419 et vers 1480. On sait qu'il se composait de deux agglomérations d'inégale importance, et que la moins considérable s'étendait sur une partie du Bassigny. Ce groupe du Bassigny barrisien, qui avait pour villes principales la Mothe et la Marche, se rattache d'une manière intime à la formation du département de la Haute-Marne, auquel il a fourni une trentaine de communes environ, situées sur les deux rives de la Meuse, à son cours inférieur.

---

[1] Jules VIARD, *Renard de Choiseul, seigneur de Bourbonne, et Charles IV*, dans *Revue de Champagne et Brie*, 1888. — [2] André Du Chesne, *Histoire de la maison de Vergy*, Pr. p. 285. — [3] Voir Longnon, *Dictionnaire topographique de la Marne*, introduction, p. xxxiv-xxxv.

Le comte Henri III, qui s'était allié, contre la France, à son beau-père Édouard Ier, roi d'Angleterre, fut obligé, en 1302, de faire hommage à Philippe-le-Bel pour le pays situé sur la rive gauche de la Meuse. C'est l'origine de la division du Bassigny barrisien en deux parties que l'on a appelées *Barrois mouvant* et *Barrois non mouvant*. Ce dernier, après l'union du duché de Bar au duché de Lorraine, fut aussi appelé *Barrois ducal*.

§ 2. Circonscriptions militaires.

Le comté de Champagne uni aux trois anciennes pairies ecclésiastiques de Reims, de Châlons et de Langres, a formé l'un des douze grands gouvernements militaires qui s'étendaient sur la France dès la fin du règne de François Ier. Dans les derniers temps de la monarchie, le grand gouvernement de Champagne se partageait en quatre parties, commandées chacune par un lieutenant général au gouvernement, savoir :

1° Bailliages de Langres, Troyes et Sézanne ;
2° Bailliage de Reims ;
3° Bailliages de Vitry et de Chaumont ;
4° Bailliages de Meaux, de Provins et de Château-Thierry [1].

Il résulte de cette répartition que les première et troisième lieutenances s'étendaient sur une partie du département de la Haute-Marne.

Le gouvernement militaire de Bourgogne comprenait aussi plusieurs lieutenances générales, dont le nombre et la composition ont varié ; dans l'une de ces lieutenances étaient compris les bailliages de la Montagne et du Dijonnais, auxquels appartenaient un certain nombre de localités de la Haute-Marne.

§ 3. Circonscriptions judiciaires.

A la veille de la Révolution, le territoire compris aujourd'hui dans les limites du département de la Haute-Marne était réparti entre plusieurs grands bailliages royaux, qui appartenaient aux provinces de Bourgogne, de Champagne, de Franche-Comté et de Lorraine et Barrois.

La partie champenoise (bailliages de Châlons-sur-Marne, de Chaumont, de Langres et de Vitry) était beaucoup plus étendue que les autres. Venaient ensuite, par ordre

---

[1] *Almanach royal de 1789.* La répartition des territoires entre les quatre lieutenances générales était la même en 1774 ; mais, en 1758, la première lieutenance se composait de Langres, Troyes, Châlons et Sens.

d'importance, les territoires appartenant au duché de Bourgogne (bailliages de Dijon et de la Montagne), ceux de Lorraine et Barrois (bailliages de Bourmont, de la Marche et de Neufchâteau), et enfin la partie comtoise (bailliage de Vesoul), dont dépendaient seulement trois villages.

L'historique de la formation des bailliages champenois de Châlons, de Chaumont et de Vitry a été tracé d'une manière très complète par M. Longnon dans l'introduction de son *Dictionnaire topographique de la Marne;* je me borne donc à y renvoyer le lecteur.

L'existence du bailliage de Langres remonte seulement à l'année 1561; antérieurement le duché-pairie de Langres faisait partie du bailliage de Sens, pour tous les degrés de juridiction; il n'y avait à Langres qu'un lieutenant du prévôt de Sens. Un édit du mois de novembre 1561, enregistré au parlement le 22 décembre, établit à Langres un siège particulier du bailli de Sens et y fit ressortir en première instance les villes, bourgs et villages qui étaient plus rapprochés de cette ville que de Sens. Les appels devaient être portés directement à Sens pour les cas présidiaux et au parlement de Paris pour les autres.

Un édit de janvier 1640 établit à Langres un siège présidial, ayant dans son ressort trois cent six justices qui dépendaient du bailliage de Sens [1]. Deux cent vingt-quatre de ces justices appartenaient au pays langrois et les quatre-vingt-deux autres au Bassigny. Les justices du pays langrois formaient l'ancien ressort du siège particulier du bailli de Sens à Langres; elles continuèrent à suivre la coutume de Sens.

On enleva, en outre, au bailliage de Chaumont environ cinquante bourgs et villages, qui continuèrent à suivre la coutume de Chaumont malgré leur rattachement au bailliage de Langres [2]. Ces localités formaient la totalité des prévôtés de Coiffy et de Montigny, plus six villages de la prévôté de Passavant, et enfin une partie de Ravenne-Fontaines et de Rosoy, qui dépendaient de la prévôté de Nogent.

Les localités de la Haute-Marne qui dépendaient de la province de Bourgogne se rattachaient à deux bailliages : celles de l'est et du sud-est du département appartenaient au bailliage de Dijon, celles de l'ouest et du sud-ouest au bailliage de la Montagne. Elles formaient des enclaves en Champagne et en Barrois.

En Lorraine et Barrois, le roi Stanislas avait, par édit du mois de juin 1751, supprimé les anciens bailliages et prévôtés, qu'il avait remplacés par trente-cinq bailliages

---

[1] Voir également l'introduction du *Dictionnaire* de M. LONGNON, pour l'exposé de la compétence des présidiaux.

[2] Ces renseignements sont empruntés aux *Détails*

historiques sur le bailliage de Sens publiés par M. T. D. S. (TARBÉ DES SABLONS), à la suite de la *Conférence de la coutume de Sens,* etc., par PELÉE DE CHENOUTEAU, 1787; in-4°, p. 582.

royaux composés de circonscriptions différentes des anciennes. Trois de ces bailliages, ceux de Bourmont (Haute-Marne), de la Marche et de Neufchâteau (Vosges) avaient dans leurs dépendances des communautés comprises aujourd'hui dans le département de la Haute-Marne.

Le bailliage de Bourmont, du Barrois non mouvant (rive droite de la Meuse), était dans le ressort du parlement de Nancy; les localités qui en dépendaient ressortissaient au présidial de Mirecourt pour les cas de l'édit.

Le bailliage de la Marche, Barrois mouvant (rive gauche de la Meuse), était du ressort du parlement de Paris. Il se composait de trois parties qui n'étaient pas limitrophes et avaient pour chefs-lieux : la Marche (Vosges), Saint-Thiébaud (Haute-Marne) et Gondrecourt-le-Château (Meuse). Les communautés qui étaient, avant l'édit de 1751, des dépendances de Saint-Thiébaud et de Gondrecourt, ressortissaient au bailliage de Châlons-sur-Marne pour les cas attribués aux présidiaux.

La coutume du Bassigny régissait la plupart des localités de ces deux bailliages, et notamment toutes celles du bailliage de la Marche.

Quant au bailliage de Neufchâteau, appartenant à la Lorraine proprement dite, il ne s'y trouvait qu'une commune de la Haute-Marne : Sommerécourt[1].

On trouvera dans les listes ci-après toutes les communes ou anciennes communautés d'habitants de la Haute-Marne classées suivant les bailliages auxquels elles appartenaient : pour les bailliages de Bourmont, de Chaumont et de Langres, dont les chefs-lieux appartiennent au département, les listes des localités en dépendant sont complètes et comprennent même des noms étrangers à la Haute-Marne; on a distingué ces noms par l'emploi de caractères en italique.

I. — BAILLIAGE DE BOURMONT.

(*Barrois non mouvant* [2].)

Aingeville, *Blevaincourt*, Bourmont, Brainville, Brevanne (en partie), *Bulgnéville*, Champigneulle, Chaumont-la-Ville, Colombey-lès-Choiseul, *Crainvilliers*, *Damblain*, Doncourt, Germainvilliers,

---

[1] Ces renseignements sont extraits des ouvrages de DURIVAL : *Mémoire sur la Lorraine et le Barrois*, 1753, et *Description de la Lorraine et du Barrois*, 1778-1779, 4 in-4°.

[2] Cette liste est empruntée aux deux ouvrages de DURIVAL : *Mémoire sur la Lorraine et le Barrois*,

1753, p. 280, et *Description de la Lorraine et du Barrois*, II, 1779, p. 170. Toutes les localités dont les noms sont imprimés en *italique* appartiennent au département des Vosges, cantons de Bulgnéville et de la Marche, sauf Gignéville (canton de Monthureux-sur-Saône).

Gignéville, Gonaincourt, Graffigny et Chemin, Hâcourt, Harréville, Levécourt, Malaincourt, *Mandre-sur-Vair*, *Marey*, Morvaux (commune de Romains-sur-Meuse) et les censes de Frôcourt (commune de Brevannes), les Gouttes (id.) et Vaudinvilliers (id.), *Morville*, *Nijon*, *Norroy*, *Outrancourt*, Outremécourt, *Parey*, *Robécourt*, *Rocourt*, la Rouillie (commune de la Vacheresse), *Saulxures-lès-Bulgnéville*, *Sauville*, Soulaucourt et la grange du Maleu, *Suriauville*, la Vacheresse, *Vaudoncourt*, Vaudrecourt, *Villotte* (dit aussi *Riocourt*).

II. — BAILLIAGE DE CHAUMONT.

(*Champagne* [1].)

On a marqué *d'un astérisque* les localités qui ont été distraites du bailliage de Chaumont pour être incorporées à celui de Langres, mais qui ont continué de suivre la coutume de Chaumont.

Abainville (Meuse), Ageville, Aillianville, *Aillefol* (auj. Géraudot, Aube), *Ailleville* (id.), Aingoulaincourt, *Aisey* (Haute-Saône), Aizanville, Allichamp, *Amanty* (Meuse), Ambonville, *Ambrières* (Marne), *Ancerville* (Meuse), Andelot, *Andilly, Anglus, *Angoulevent (commune de Peigney, partie de Langres), Annéville, Annonville, *Anrosey, *Arbigny-sous-Varennes, *Arbot, Arcémont (commune de Buxières-lez-Clefmont), *Arconville* (Aube), *Arembécourt* (id.), *Arentières* (id.), Argentolle, Arnancourt, *Arnoncourt, Attancourt, Aubepierre, Audeloncourt, Augeville, *Aulnay* (Aube), Autigny-le-Grand, Autigny-le-Petit, Autreville, *Auzon* (Aube), *Avant-lès-Ramerupt* (Aube), Avrainville, *Avrecourt, *Avrolles* (Yonne), *Badonvilliers* (Meuse), Bailly-aux-Forges, *Bailly-le-Franc* (Aube), *Barges* (Haute-Saône), *Baroville* (Aube), *Bar-sur-Aube* (id.), Baspré (commune de la Chapelle-en-Blaisy), Baudrecourt, *Bayel* (Aube), *Beaupré* (commune de Chassey, Meuse), Beauvau et le Vaudé (commune de Poulangy), Benoitevaux (commune de Busson), *Bergères* (Aube), *Bertheléville* (Meuse), *Bétignicourt* (Aube), Bettaincourt, Bettoncourt, *le Bouillon (commune de la Neuvelle-lès-Coiffy), Beurville, Bierne, Biesle, *Bize, *Blaincourt* (Aube), Blaise, Blaisy, Blancheville, Blécourt, Blessonville, Blumerey, Bologne, *Bonnecourt, *Bonnet* (Meuse), Boucheraumont (commune de Donjeux), *Boudreville* (Côte-d'Or), *Bourbonne-les-Bains, Bourdons, Bourg-Sainte-Marie, *Bourlémont* (commune de Frebécourt, Vosges), Bouzancourt, *Bouy-Luxembourg* (Aube), Brachay, *Brandonvilliers* (Marne), *Brantigny* (commune de Piney, Aube), Braucourt, Braux, *Braux-le-Comte* (Aube), *Braux-Saint-Père* (id.), *Brébant* (Marne), Brechainville (Vosges), Bressoncourt, Bretenay, Breuil, *Brevannes, *Brevonne* (Aube), Brevonnelle (commune de Mathaux, Aube), Briaucourt, *Brienne-la-Vieille* (Aube), *Brienne-le-Château* (id.), Brottes, Brousseval, *Broussey-en-Blois* (Meuse), Brontières, Buchey, *Bure* (Meuse),

---

[1] Cette liste a été dressée d'après celle que DILLON, avocat du roi à Chaumont, avait faite et signée en 1700, sous le titre de : *Villes, bourgs et villages du ressort du bailliage de Chaumont* (Bibl. de Chaumont, *Recueil Jolibois*, I, fol. 124), et d'après l'ouvrage de GOUSSET, *Les loix municipales et coutumes générales du bailliage de Chaumont-en-Bassigny*, etc., édit. de 1732.

Burey-en-Vaux (Meuse), *Burey-la-Côte* (id.), Busson, *Bussy-aux-Bois* (Marne), Buxereuille (commune de Chaumont), Buxières-lès-Clefmont, Buxières-lès-Froncles, Buxières-lès-Villiers [1], Caquerey (commune de Palaiseul), Ceffonds, Cerisières, *la Chaise* (Aube), *Chalaines* (Meuse), *Chalette* (Aube), Chalvraines, Chamarandes, Chambroncourt, Champcourt, *Champignolle* (Aube), Changey, Chanteraine, *Chapelaine* (Marne), la Chapelle-en-Blésy, Charmes-en-l'Angle, Charmes-la-Grande, Charmoilles (en partie), *Chassericourt* (Aube), *Chassey* (Meuse), Châteauvillain, le Châtelier (commune de Louvemont), Chatonrupt, Chaudenay, *Chaudrey* (Aube), Chauffour, *Chaumesnil* (Aube), Chaumont-en-Bassigny, *Chavanges* (Aube), le Chêne (commune de Dampierre), *Chermisey* (Vosges), Chevillon, *Chézeaux, Choigne, *Choiseul, Cirey-le-Château ou sur-Blaise, Cirey-lès-Mareilles, Cirfontaine-en-Ornois, Cirfontaine-en-Azois, *Clairvaux* (commune de Ville-sous-La Ferté, Aube), Clefmont, Clinchamp, *Coclois* (Aube), *Coiffy-le-Châtel ou le-Haut, *Coiffy-la-Ville ou le-Bas, *Colombey-la-Fosse* (Aube), *Colombey-le-Sec* (id.), Colombey-les-deux-Églises, Condes, Consigny, Coupray, Courcelles-sur-Blaise, *Couvignons* (Aube), Crenay (en partie), *Crépy* (Aube), la Crête, Cultru (commune de Roche-sur-Rognon), *Cunfin* (Aube), Curel, Curmont, Cuves, Daillancourt, Daillecourt, *Dainville-aux-Forges* (Meuse), *Dammartin, *Dampierre* (Aube), Dampierre et Confévron, *Damrémont, Dancevoir, Darmanne, *Dienville* (Aube), Dinteville, Domblain, Dommartin-le-Franc, Dommartin-le-Saint-Père, *Domprot* (Marne), Domremy-en-Ornois, *Domremy-la-Pucelle* (Vosges), *Donjeux*, Donnemarie, *Donnement* (Aube), Doulaincourt, Doulevant-le-Château, Doulevant-le-Petit, *Drosnay* (Marne), Droye, Échenay, Éclaron, Écot, Effincourt, *Enfonvelle, *Engente* (Aube), *Épagne* (Aube), *Épothémont* (id.), *Épiez* (Meuse, en partie), Épinant, *l'Épine* et *l'Étape* (commune de Mathaux, Aube), *Épizon, Esnouveaux, Essey-les-Eaux, Essey-lès-Pont, *Essoyes* (Aube), Euffigneix, Eurville, la Fauche, Faussigny (commune de Poinson-lès-Nogent), Faverolles, Fays, Ferrières, *la Ferté-sur-Amance, la Ferté-sur-Aube, Flancourt (commune de Ceffonds), Flornoy, *Fontaines* (Aube), Fontaine-sur-Marne, *Fontaine-Luyères* (Aube), *Fontenay* (commune de Chavanges, Aube), Forcey, *Forfillières (commune d'Avrecourt), Formont (commune de Ninville), Frampas, *Frebécourt* (Vosges), *Fresnay* (Aube), *Fresnoy, *Fréville* (Vosges), *Froivaux* (Aube), Froncles, Fronville, *Puligny* (Aube), la Genevroie, Genrupt, *Gérauvilliers* (Meuse), Germay, Germisey, *Giffaumont* (Marne), *Gigny-aux-Bois* (id.), Gillancourt, Gillaumé, *Gombervaux* (Meuse), Gondrecourt-le-Château (Meuse), Gourzon, *Goussaincourt* (Meuse), *Grancey-sur-Ource* (Côte-d'Or), *Grand* (Vosges), *Greux* (Vosges), la Grève (commune de de Ceffonds), *Grignoncourt (commune de Fresnoy), Gudmont, Guindrecourt-aux-Ormes, Guindrecourt-sur-Blaise, *Guyonvelle, *Hampigny* (Aube), *Hancourt* (Marne), la Harmand, Harméville, Harricourt, *Haute-Fontaine* (commune d'Ambrières, Meuse), Haut-le-Comte (commune de la Ferté-sur-Aube), *Hévilliers* (Meuse), *Houdelaincourt* (Meuse), Humbécourt, Humbersin (commune de Blumerey), Humberville, Is-en-Bassigny, *Ische* (Vosges, en partie), *Isle-sous-Ramerupt* (Aube), Jagée (commune de Ceffonds), *Jasseines* (Aube), *Jessaints* (Aube), Joinville, Jonchery, *Joncreuil* (Aube), *Jusanvigny* (id.), *Juvancourt* (id.), *Juvanzé* (id.), Juzennecourt, Landéville, Lanques, Lanty [2],

---

[1] Suivant COURTÉPÉE (IV, p. 252), Buxières-lès-Villiers aurait dépendu anciennement du bailliage de Châtillon-sur-Seine et relevé de Villiers-le-Duc (Côte-d'Or), d'après le terrier de 1371; «mais, dit-il, les officiers de Chaumont ont tout englobé dans leur ressort».

[2] Une annotation à la liste de Dillon, mais qui n'est pas de sa main, ajoute : «partie, de la châtelenie de la Ferté, deçà le ruisseau».

Lassicourt (Aube), *Lécourt, Leffonds (en partie)[1], *Léniseul, Leschères, *Lesgoulles* (Côte-d'Or), *Lesmont* (Aube), Leurville, *Lévigny* (Aube, en partie), Lézéville, *Lhuâtre* (Aube), *Lignerolles* (Côte-d'Or), Liffol-le-Petit, *Lignol* (Aube), *Lignon* (Marne), *Lironcourt* (Vosges), Longchamp-lès-Millières, *Longchamp* (Aube), Longeville, *Longsols* (Aube), Louvemont, Louvières et la Genevroie, Louze, *Luyères* (Aube, commune de Fontaine-Luyères), Maconcourt, Magneux, *Magnicourt* (Aube), Maisoncelles, *Maisons* (Aube), *Maizières* (Aube, pour moitié), Maizières-lès-Joinville, *Maizières-sur-Amance, la Mancine, Mandres, *Mandres-en-Ornois* (Meuse), Manois, Maranville, Marault, Marbéville, Mareilles, Marmesse, Marnay et le Val-Darde, *Martinvelle* (Vosges), *Mathaux* (Aube), Mathons, *Maulain, Maurupt (commune de Planrupt), *Mauvage* (Meuse), *Maxey-sur-Meuse* ou sous-Brixey (id.), *Maxey-sur-Vaise* (id.), le *Meix-Thiercelin* (Marne), Mennouveaux, Mertrud, Meure, * Meuse, *Midrevaux* (Vosges), Millières, Mirbel, Moëlain, le *Moleton* (commune de Morambert, Aube), *Mont-lès-Neufchâteau* (Vosges), *Montangon* (Aube), Montaut-le-Haut (commune de Leschères), *Montcharvot, Montéclair (commune d'Andelot), Monterie, Montesson, Montier-en-Der, *Monthureux-le-Sec* (Vosges), *Montier-en-l'Île* (Aube). *Montigny-lès-Vaucouleurs* (Meuse), Montigny-le-Roi ou en-Bassigny, *Montmorency* (Aube), Montot, Montreuil-sur-Blaise, Montreuil-sur-Thonnance, Montsaon, *Morambert* (Aube), Morancourt, Morionvilliers, Morment[2], Morteau, *Morvilliers* (Aube), la Mothe-en-Blésy, *Mureau* (Vosges, commune de Pargny-sous-Mureau), Mussey, *Naiecs-en-Blois* (Meuse), Neuilly-sur-Suize, *la Neuvelle-lès-Voisey, la Neuville-à-Bayard, la Neuville-à-Remy, la Neuville-au-Bois, la Neuville-au-Pont, la Neuville-aux-Forges, *la Neuville-lès-Vaucouleurs* (Meuse), Ninville, Nogent-le-Roi ou Nogent-en-Bassigny, *Nogent-sur-Aube* (Aube), Nomécourt, Noncourt, Noyers, Nully, Odival, *Onjon* (Aube), Orges, *Orimont* (commune d'Arentières), Ormoy-lès-Sexfontaine, Ormoy-sur-Aube, Orquevaux, Osne-le-Val, Oudincourt, *Outines* (Marne), *Ourches* (Meuse, en partie), *Pogny-sur-Meuse* (Meuse), le Pailly, Pancey, *Pargny-sous-Mureau* (Vosges), * Parnot, Paroy, Pars-lès-Chavanges (Aube), * *Passavant-en-Vosge* (Haute-Saône), Pautaines, *Pel-et-Der* (Aube), *Perthe-en-Rotière* (id.), Perrusse, le *Petit-Mesnil* (Aube), Pincourt (commune de Lanques), *Piney* (Aube), *Pisseloup, Planrupt, Poinson-lès-Nogent, *Poiseul, *Poligny* (Aube), Pont-la-Ville, *Pougy* (Aube), Pouilly, Poulangy, Pratz, *Précy-Notre-Dame* (Aube), *Précy-Saint-Martin* (id.), Prez-sous-la-Fauche, Prez-sur-Marne, Provenchères (commune de Riaucourt), Provenchères-sur-Marne, * Provenchères-sur-Meuse, Puellemontier, *Radonvilliers* (Aube), Ragecourt-sur-Blaise, Ragecourt-sur-Marne, *Ramerupt* (Aube), *Rance* (id.), * Rançonnières, Rangecourt, *Ravennefontaine, Reclancourt (commune de Chaumont-en-Bassigny), *Récourt, *Reffroy* (Meuse), *Régnevelle* (Vosges). *Remy-Ménil* (Aube), Rennepont, Reynel, Riaucourt, *Ribeaucourt* (Meuse), *Richecourt* (commune d'Aisey, Haute-Saône), *Richecourt* (Meuse), *Rigny-la-Salle* (id.), *Rigny-Saint-Martin* (id.), Rimaucourt, Rizaucourt, Robert-Magnil, Rochefort, Roche-sur-Marne, Roche-sur-Rognon, Rocourt-la-Côte, *les Roises* (Meuse), *Romaine* (Aube), Romains [-sur-Meuse(?)], *Rorthé* (Vosges, commune de Sionne), Rosières, *Rosnay* (Aube), *Rosoy, *la Rotière* (Aube), Rouécourt, *Rougeux, *Rouilly* (Aube, commune de Rouilly-Sacey), *Rouvre* (Aube), Rouvroy, Ruetz (commune de Gourzon), Rupt, *Sacey* (Aube, commune de Rouilly-Sacey), Sailly, Saint-Blin, *Saint-Cheron* (Marne), *Saint-Christophe* (Aube), *Saint-Étienne-aux-Ormes* (Marne), *Saint-Germain-sur-Meuse* (Meuse.

---

[1] Réclamé par le bailliage de Châtillon. — [2] Réclamé par le bailliage de Châtillon.

en partie), *Saint-Joire* (Meuse), *Saint-Léger-sous-Brienne* (Aube), *Saint-Léger-sous-Margerie* (id.), *Saint-Mards-en-Othe* (id.), Saint-Martin, *Saint-Nabord* (Aube), *Saint-Ouen* (Marne), Saint-Sulpice (commune d'Odival), Saint-Urbain, *Saint-Usage* (Aube), *Saint-Utin* (Marne), Sarcey, Sarcicourt, Sarrey, Saucourt, Saudron, *Saulcy* (Aube), Sauvage-Magnil, *Sauvoy* (Meuse), Semilly, Septfontaines (commune de Blancheville), *Seraumont* (Vosges), *Serqueux, Servigny* (Aube, commune d'Essoye), Sexfontaine, Signéville, Silvarouvre, *Sionne* (Vosges), Sommancourt, Sommermont, Sommeville, Sommevoire, *Sompuis* (Marne), *Somsois* (id.), Soncourt, Soulaincourt, *Soulaines* (Aube), *Soyers, Suzannecourt, Suzémont, Taillancourt* (Meuse), *Thil* (Aube), Thilleux, Thivet, Thol-lès-Millières, Thonnance-les-Moulins, *Thors* (Aube), *Thuillières* (Vosges), *Thusey* (Meuse, commune de Vaucouleurs), Tollaincourt (Vosges), *Tourailles* (Meuse), *Trampot* (Vosges), *Tranne* (Aube), *Traveron* (Meuse, commune de Sauvigny), Treix, Trémilly, *Tréveray* (Meuse), Troisfontaines-la-Ville, *Ugny* (Meuse), *Unienville* (Aube), *Urville* (id.), Valcourt, Valdelancourt, Val-des-Dames (commune de Ceffonds), *Valentigny* (Aube), Valleret, * Valleroy, *Valsuzenay* (Aube, commune de Vendeuvre), * Varennes, Vassy, *Vaubercey* (Aube, commune de Blaincourt), *Vaucouleurs* (Meuse), *Vaudeville* (id.), Vaudrémont, *Vaupoisson* (Aube), *Vaux-en-Ornois* (Meuse, commune de Saint-Joire), Vaux-sur-Blaise, Vaux-sur-Saint-Urbain, * Velle, *Véricourt* (Aube), *Vernonvilliers* (id.), *Verpillières* (id.), *Veuxhaules* (Côte-d'Or), * Vicq, Viéville, Vignes, Vignory, Villars-en-Azois, * *Villars-le-Pautel* (Haute-Saône), *la Ville-au-Bois-lès-Vendeuvre* (Aube), Ville-en-Blaisois, *Villehardouin* (Aube), *Villemaheu* (id., commune de Soulaines), *Villeneuve-au-Chemin* (id.), Villeneuve-aux-Frênes, Villeneuve-au-Roi, Villeneuve-en-Angoulancourt, *Ville-sur-Terre* (Aube), *Villevoque* (id., commune de Piney), Villiers-au-Chêne, Villiers-le-Sec, Villiers-sur-Marne, Villiers-sur-Suize, *Vinets* (Aube), Violot, Vitry-lès-Nogent, *Voigny* (Aube), Voillecomte, Vouécourt, *Vougécourt* (Haute-Saône), *Vouthon-Haut* et *Bas* (Meuse), Vraincourt, *Yèvre* (Aube).

Les prévôtés royales d'Andelot, de Bar-sur-Aube, Chaumont, Coiffy, Essoyes, Grand, Montigny-le-Roi, Nogent-le-Roi, Passavant-en-Vosge, du Val de Rognon, de Vassy et de Vaucouleurs; les mairies de Bourdons, Marthée (commune de Humbécourt), Serqueux, la Villeneuve-au-Roi et la Villeneuve-en-Angoulancourt, ainsi que les châtellenies de Beaufort, la Ferté-sur-Aube, Rosnay et Soulaines ressortissaient à ce bailliage.

III. — BAILLIAGE DE LANGRES.

(*Champagne.*)

On a marqué *d'un astérisque* les localités qui ont été distraites du bailliage de Chaumont lors de l'érection de celui de Langres.

Aigremont, *Aisey (Haute-Saône), *Andilly, *Angoulevent (commune de Peigney), *Ancrosey, *Arbigny, Arbot, *Arnoncourt, Auberive, Aubigny, Aujeurre, Aulnoy, *Avrecourt, Baissey, Balesme, Banne, Bay, Beauchemin, Belmont, le Beuillon (commune de la Neuvelle-lès-Coiffy), *Bize, *Bonnecourt, *Bourbonne-les-Bains, Bourg, Brenne, *Brevannes (en partie), Buxières-lès-Belmont,

Celles, Celsoy, Cerisières, Chalancey, Chalindrey, Chalmessin, Champigny-lès-Langres, Champigny-sous-Varennes. Chanoy, Charmes-lès-Langres, Charmoilles (en partie), Charmoy, Châtenay-Mâcheron, Châtenay-Vaudin, Châtoillenot, *Chézeaux, Choilley, *Choiseul, Cohons, *Coiffy-le-Bas, *Coiffy-le-Haut, Colmier-le-Bas, Colmier-le-Haut, Corgirnon, Corlée, Coublant, Culmont, Cusey, *Dammartin, *Damrémont, Dardenay, Dommarien, *Enfonvelle, Esnoms, Farincourt, *la Ferté-sur-Amance, Flagey, *Forfillières (commune d'Avrecourt), Frécourt, *Fresnoy, Frettes, Genevrières, Germaines, Gilley, Grandchamp, Grenant, *Grignoncourt (commune de Fresnoy), *Guyonvelle, Heuilley-Coton, Heuilley-le-Grand, Hortes, Hùmes, Ische (Vosges, en partie), Isôme, Jorquenay, Langres. Lanne, Lavernoy, Lecey, *Lécourt, *Léniscul, Lenchey, Lironcourt (Vosges), les Loges, Lusy, Maatz, *Maizières-sur-Amance, Marac (en partie), Marcilly, Mardor, *Martinvelle (Vosges), *Maulain, *Meuse, *Montcharvot, *Montesson, Monthureux-le-Sec (Vosges), *Montigny-le-Roi, Montlandon, Montormentier, Montsaugeon, Mouilleron, Musseau (la cure et l'église), Neuilly-l'Évêque, la Neuvelle-lès-Coiffy, *la Neuvelle-lès-Voisey, Noidant-Châtenoy, Noidant-le-Rocheux, Occey, Orbigny-au-Mont, Orbigny-au-Val, Orcevaux, Ormancey, *Parnot, *Passavant-en-Vosge (Haute-Saône), Peigney, Percey-le-Pautel, Percey-le-Petit, Perrancey, Perrogney, Piépape, Pierrefaite, Pierrefontaine, *Pisseloup, Plénoy, Poinsenot (en partie), Poinson-lès-Grancey, *Poiseul, *Pouilly, Prauthoy, Pressigny, *Provenchères (commune de Riaucourt?), *Provenchères-sur-Meuse, *Rançonnières, *Récourt, *Regnevelle (Vosges), *Richecourt (commune d'Aisey, Haute-Saône), Rolampont, *Rougeux, Rouvre-sur-Aube, Saint-Broingt-le-Bois, Saint-Broingt-les-Fosses, Saint-Ciergue, Saint-Geômes, Saint-Loup-sur-Aujon, Saint-Martin-lès-Langres, Saint-Maurice, Saint-Michel, Saint-Vallier, Santenoge, Saulles, Savigny, *Serqueux, Seuchey, *Soyers, Thuillières (Vosges), Torcenay, Trois-champs, Tronchoy, Vaillant, *Valleroy, *Varennes, Vauxbons, Vaux-la-Douce, Vaux-sous-Aubigny, *Velle, Verbiesle, Verseilles-le-Bas, Verseilles-le-Haut, Vesaignes-sur-Marne, Vesvre-sous-Chalancey, *Vicq, Vieux-Moulin, *Villars-le-Pautel (Haute-Saône), Villegusien, Villemervry, Villemoron, Villiers-lès-Aprey, Vitry-en-Montagne (partie), Vivey, Voisines, Voncourt, *Vougécourt (Haute-Saône; en partie, le surplus du comté de Bourgogne).

Après avoir fait connaître la composition entière des bailliages dont le chef-lieu appartient au département de la Haute-Marne, il nous reste à indiquer les communautés de cette même circonscription qui dépendaient, avant 1790, des sept bailliages de Châlons-sur-Marne, Dijon, la Marche, la Montagne ou Châtillon-sur-Seine, Neufchâteau, Vesoul et Vitry-le-François.

I. *Bailliage de Châlons-sur-Marne* (*Champagne*). — Thonnance-lez-Joinville, suivant M. Longnon.

II. *Bailliage de Dijon* (*Bourgogne*)[1]. — Bassoncourt, le Fays-Billot, Merrey, Meuvy, Musseau (sauf la cure et l'église), Poinson-lès-Fays, Tornay.

III. *Bailliage de la Marche* (*Barrois mouvant*)[2]. — Beaucharmoy, Goncourt, Huilliécourt, Illoud

[1] D'après COURTÉPÉE, *Description du duché de Bourgogne*, 2ᵉ édit., t. II.

[2] D'après DURIVAL, *Mémoire*, etc., p. 275, et *Description*, etc., t. II, p. 380.

et la Fortelle, Lézéville (pour moitié), Malroy (commune de Dammartin), Melay, Ozières, Romains-sur-Meuse, Saulxures-lès-Beaucharmoy, Saint-Thiébaud, Vroncourt.

IV. *Bailliage de la Montagne ou de Châtillon-sur-Seine (Bourgogne).* — Aprey, Arc-en-Barrois, Bricon, Bugnières, Chameroy. Cour-l'Évêque, Créancey, Crenay (en partie), Giey-sur-Aujon, Leffonds, Marac (en partie), Montribourg, Poinsenot (en partie), Pralay, Prangey, Richebourg, Rochetaillée, Rouelle, Semoutiers, Val-Bruant (commune d'Arc), Villars-Montroyer, Villiers-sur-Suize (en partie), Vitry-en-Montagne (en partie) [1].

Musseau faisait partie de la même enclave que les localités ci-dessus, et cependant Courtépée le met au bailliage de Dijon. Il ne parle pas de Poinsenot, de Villars-Montroyer, ni de Vitry-en-Montagne.

V. *Bailliage de Neufchâteau (Lorraine).* — Sommerécourt [2].

VI. *Bailliage de Vesoul (Franche-Comté).* — Fresne-sur-Apance, Villars-Saint-Marcellin, Voisey.

VII. *Bailliage de Vitry-le-François (Champagne).* — Bettancourt-la-Ferrée, Bienville, Chamouilley, Chancenay, Halliguicourt, Hoéricourt, Narcy, Perthe, Villiers-en-Lieu.

Le bailliage de Vitry revendiquait le bailliage secondaire de Saint-Dizier.

§ 4. CIRCONSCRIPTIONS FINANCIÈRES.

La partie champenoise du département de la Haute-Marne, qui était la plus importante, appartenait aux élections de Bar-sur-Aube, Chaumont, Joinville, Langres et Vitry-le-François, dépendant de la généralité de Châlons-sur-Marne. Pour l'histoire de cette partie nous renvoyons encore le lecteur à la savante introduction du *Dictionnaire topographique de la Marne* (pages XLVII à LI).

En ce qui concerne les élections de Chaumont, Joinville et Langres, dont les chefs-lieux appartiennent au département de la Haute-Marne, nous indiquerons la totalité des communautés qui les composaient, en imprimant en italique le nom de celles qui sont étrangères à ce département. Nous nous contenterons de mentionner les villages du département qui dépendaient des deux autres élections, celles de Bar-sur-Aube et de Vitry.

Dans la province de Bourgogne, qui était un pays d'états, il n'y avait pas d'élections, sauf une pour la Bresse et une autre pour le Bugey et le pays de Gex. Dans les villes où il y avait bailliage royal, ce tribunal connaissait des impositions, et l'appel de ses

_____

[1] COURTÉPÉE, *Description*, etc., 2ᵉ édit., t. IV. — [2] DURIVAL, *Description*, etc., II, p. 179.

jugements se portait à la cour des aides de son ressort [1]. Les localités de la Haute-Marne qui appartenaient à la Bourgogne dépendaient, sous le rapport financier, des recettes de Châtillon-sur-Seine et de Dijon.

En Lorraine et Barrois, l'imposition se faisait par arrêt du Conseil du Roi. Chaque chambre des comptes la divisait sur chaque communauté d'habitants. La répartition se faisait sur chaque contribuable par trois asseyeurs élus à la pluralité des voix, un pour chaque classe, et la levée par deux collecteurs, également élus. Les collecteurs versaient le montant de leur recette au receveur particulier des finances, et celui-ci au receveur général de la province. Les villages de la Haute-Marne qui appartenaient à la Lorraine et au Barrois dépendaient de la recette de Bourmont [2].

I. — Généralité de Champagne ou de Châlons [3].

1. Élection de Chaumont.

Ageville, Aillianville, Andelot, Annéville, Augeville, Autreville, Avrainville, *Bertheléville* (Meuse), Bettaincourt, Blancheville, Blessonville, Blaisy, Bologne, *Bonnet* (Meuse), Bourdons, *Bréchainville* (Vosges), Bressoncourt, Bretenay, Briaucourt, Brottes, Busson, Buxereuilles (commune de Chaumont), Buxières-lès-Froncles, Buxières-lès-Villiers, Chalvraine, Chamarandes, Chambroncourt, Chanteraine, Chapelle-en-Blésy (la), *Chermisey* (Vosges), *Chassey* (Meuse), Châteauvillain, Chaumont, Choignes, Cirey-lès-Mareilles, Clinchamp, Condes, Consigny, Coupray, Crenay (partie en Bourgogne), Crête (l'abbaye de la), *Dainville-aux-Forges* (Meuse), Darmanne, Domremy-en-Ornois, Écot, Épizon, Esnouveaux, Essey-lès-Pont, Euffigneix, Fauche (la), Forcey, *Frebécourt* (Vosges), *Fréville* (Vosges), Froncles, Germay, Germisey, Gillancourt, *Grand* (Vosges), *Hévilliers* (Meuse), Humberville, Jonchery, Juzennecourt, La Harmand, Lanques, Leurville, Lézéville (partie en Lorraine et Barrois), Liffol-le-Petit, Longchamp-lès-Millières, *Luméville* (Meuse), Lusy, Mancine (la), Manois, Marault, Mareilles, Mennouveaux, Meure, *Midrevaux* (Vosges), Millières, *Mont* (Vosges), Monterie, Montot, Montsaon, Morionvilliers, Morteau, Neuilly-sur-Suize, Neuville-au-Bois (la), *Neuville-lès-Tréveray (la)* [Meuse], Orges, Ormoy-lès-Sexfontaine, Orquevaux, Oudincourt, Pont-la-Ville, Prez-sous-la-Fauche, Provenchères-sur-Marne, Puits-des-Mèzes (le), Reclancourt (commune de Chaumont), Reynel, Riaucourt, *Ribeaucourt* (Meuse), Rimaucourt, Rochefort, Roche-sur-Rognon, Rôcourt-la-Côte, *Rorthey* (commune de Sionne, Vosges), Saint-Blin, *Saint-Joire* (Meuse), Saint-Martin, Sarcicourt, Semilly, Septfontaines (abbaye, commune de Blancheville), Sexfontaine, Signéville, *Sionne* (Vosges), *Tourailles* (Meuse), *Trampot* (Vosges), Treix, *Tréveray*

---

[1] Courtépée, *Description de Bourgogne*, 2ᵉ édit., t. I, p. 373-374.

[2] Duvival, *Description*, etc., I, p. 324.

[3] Le dénombrement des localités qui apparte-naient aux élections de Chaumont, Joinville et Langres a été dressé d'après les listes officielles des impositions de taille et de capitation, conservées aux Archives de la Haute-Marne, C. 262, 317 et 344.

(Meuse). Valdelancourt, *Vaucouleurs* (Meuse), *Vaudeville* (Meuse), Verbiesle, Vesaignes-sous-la-Fauche. Viéville, Vignes, Vignory, Villiers-le-Sec, Villiers-sur-Marne, Vouécourt, Vraincourt.

2. *Élection de Joinville.*

Aingoulaincourt. Allichamp, Annonville, Arnancourt, Attancourt, Autigny-le-Grand, Autigny-le-Petit, Bailly-aux-Forges, Baudrecourt, Bettoncourt, Blaise, Blécourt, Bouzancourt, Brachay, Breuil, Brousseval, Broutières, *Bure* (Meuse), Ceffonds, Charmes-en-l'Angle, Charmes-la-Grande, Chatonrupt, Chevillon, Cirey-le-Château, Cirfontaine-en-Ornois, Courcelles-sur-Blaise, Curel, Daillancourt, Domblain, Donjeux, Dommartin-le-Franc, Dommartin-le-Saint-Père, Doulaincourt, Doulevant-le-Château, Doulevant-le-Petit, Échènay, Éclaron, Effincourt, Fays, Ferrières et la Folie, Flammerécourt, Flornoy, Fontaine-sur-Marne, Fronville, Gillaumé, Gourzon, Gudmont, Guindrecourt-aux-Ormes, Harméville, Humbécourt, Joinville, Landéville, Leschères, Louvemont, Maconcourt, Magneux, Maizières-lès-Joinville, *Mandres-en-Ornois* (Meuse), Mertrud, Montier-en-Der, Montreuil-sur-Blaise, Montreuil-sur-Thonnance, Morancourt, Mussey, Narcy, Neuville-à-Remy (la), Nomécourt, Noncourt, Osne-le-Val, Pancey, Paroy, Pautaines, Planrupt, Poissons, Ragecourt-sur-Blaise, Ragecourt-sur-Marne, Robert-Magnil, Rouécourt, Rouvroy, Rupt, Saint-Urbain, Sailly, Saucourt, Saudron, Sommancourt, Sommermont, Sommeville, Sommevoire, Soulaincourt, Suzannecourt, Suzémont, Thonnance-lès-Joinville, Thonnance-les-Moulins, Troisfontaines-la-Ville, Valleret, Vassy, Vaux-sur-Blaise, Vaux-sur-Saint-Urbain, Vecqueville, Ville-en-Blaisois, Villiers-aux-Bois, Villiers-aux-Chênes, Voillecomte.

3. *Élection de Langres.*

Aigremont, *Aisey* et *Richecourt* (Haute-Saône), Andilly, Anrosey, Arbigny-sous-Varennes, Arbot, Arcémont (commune de Buxières-lès-Clefmont), Arnoncourt, Aubepierre, Auberive (l'abbaye d'), Aubigny, Audeloncourt, Aujeurre, Aulnoy, Avrecourt et Forfillières, Balesme, Baissey, Banne, *Barges* (Haute-Saône), Bay, Beauchemin, Beaulieu (abbaye, commune de Hortes), Belfay avec Chezoy et Issonville (commune de Montigny-le-Roi), *Bèze* (Côte-d'Or), Bize, Bonnefontaine et Caquerey (près de Palaiseul), *Boudreville* (Côte-d'Or), *Bourberain* (Côte-d'Or), Bourbonne-les-Bains, Bourcevaux (commune de Vaillant), Bourg-Sainte-Marie, Brenne, Brevannes (partie en Lorraine et Barrois), *Bruxerolles* (Côte-d'Or), Buxières-lès-Belmont (?), Buxières-lès-Clefmont, Celles, Celsoy, Chalancey, Chalindrey, Chalmessin, *Chambain* (Côte-d'Or), Chameroy (partie en Bourgogne), Champigny-lès-Langres, Champigny-sous-Varennes, Changey, Chanoy, Charmes-lès-Langres, Charmoilles, Charmoy, Chassagne (la) [commune d'Isômes], Chassigny, Châtenay-Mâcheron, Châtenay-Vaudin, Châtoillenot, Chaudenay, Chauffour, *Chaume* (la) [Côte-d'Or], *Chazeuil* (Côte-d'Or), *Chevigny* (Côte-d'Or), Chézeaux, Choilley, Choiseul, Clefmont, Cohons, Coiffy-le-Bas, Coiffy-le-Haut, Colmier-le-Bas, Colmier-le-Haut, Cordamble (commune de Peigney) et Montruchot (id.), Corgirnon, Corlée, Coublant, Courcelles-en-Montagne, Courcelles-Val-d'Esnoms, *Courchamp* (Côte-d'Or), *Courlon* (Côte-d'Or), Crépan (commune de Prusly-sur-Ource, Côte-d'Or), *Crecey* (Côte-d'Or), Culmont, Cusey, *Cussey-lès-Grancey* (auj. Cussey-les-Forges, Côte-d'Or), Cuves, Daillecourt, Dammartin, Dampierre, Damphal (commune de Provenchères-sur-Meuse), Damrémont, Dancevoir,

Dardenay, Dhuys (la) [commune de Courcelles-Val-d'Esnoms], Dommarien, Donnemarie, Dreuil (commune de Saint-Vallier), Épinant, Ériseul, Esnoms, Essey-les-Eaux, Farincourt, *Faverolles-lès-Lucey* (Côte-d'Or), Faverolles-lès-Marac, Ferté-sur-Amance (la), Flagey, *Flée* (Côte-d'Or), Foulain, *Fouvent-le-Château* (Haute-Saône), Frécourt, Fresnoy, [Frettes, Genevrières et Belfond, Genevrouse (la) [commune de Faverolles-lès-Marac], Genrupt, Germaines, *Gevrolles* (Côte-d'Or), *Grancey-le-Château* (Côte-d'Or), Grandchamp, Grenant, Grosse-Sauve (commune des Loges) et Montfricon (id.), *Gurgy-le-Château* (Côte-d'Or), *Gurgy-la-Ville* (Côte-d'Or), Herbue (l') [commune de Colmier-le-Bas], Heuilley-Coton, Heuilley-le-Grand, Hortes, Humes, Is-en-Bassigny, Isôme, Jorquenay, Lanne, Lavernoy, Lecey, Lécourt, Léniseul, *Lesgonlles* (Côte-d'Or). Leuchey, *Leuglay* (Côte-d'Or), Licey (Côt-d'Or), Lignerolles (Côte-d'Or), Loges (les), Longeau, Louvières, *Lucey* (Côte-d'Or), *Lugny* (Chartreuse, commune de Leuglay, Côte-d'Or), Maatz, Maisoncelles, Maizières-sur-Amance, Mandres, Marac (partie en Bourgogne), Marcilly-lès-Langres, *Marcilly-lès-Til-Châtel* (Côte-d'Or), Margelle (la), *Marigny* (Côte-d'Or), Marnay, Marnotte (la) [commune de Balesme], Maulain, Meuse, *Mont* (Vosges), Montcharvot, Montesson, Montigny-le-Roi, *Montigny-sur-Aube* (Côte-d'Or). *Montigny-sur-Vingeanne* (Côte-d'Or), Montlandon, Montmot (commune de Celles), Montormentier. Montsaugeon, *Mornay-sur-Vingeanne* (Côte-d'Or), Monilleron, Musseau (partie en Bourgogne). Neuilly-l'Évêque, Neuvelle-lès-Coiffy (la), *Neuvelle-lès-Grancey* (Côte-d'Or), Neuvelle-lès-Voisey (la), Ninville, Nogent-le-Roi, Noidant-Châtenoy, Noidant-le-Rocheux, Noyers, *Obtrée* (Côte-d'Or), Occey. Odival, Orbigny-au-Mont, Orbigny-au-Val, Orcevaux, Ormancey, Palaiseul, Parnot, Peigney, Percey-le-Pautel, Percey-le-Petit, Perrancey, Perrogney, Perrusse, Piépape, Pierrefaite, Pierrefontaine, Pisseloup et Chaumondel, Plesnoy, Poinsenot (partie en Bourgogne), Poinson-lès-Grancey, Poinson-lès-Nogent, Poiseul, Pouilly, *Pouilly-sur-Vingeanne* (Côte-d'Or), Poulangy, Prauthoy, Pressigny, Provenchères-sur-Meuse, *Prusly-sur-Ource* (Côte-d'Or), Queue-de-Mouton (auj. la Cude, commune de de Bay), Rançonnières, Rangecourt, Ravennefontaine, Récourt, Rivière-le-Bois, Rivière-les-Fosses. Roches (Côte-d'Or), Rolampont, Rosoy, Rougeux, Rouvre-sur-Aube, *Sacquenay* (Côte-d'Or), *Saint-Andoche* (Haute-Saône) et *Trécourt* (même commune), Saint-Broingt-le-Bois, Saint-Broingt-les-Fosses. Saint-Ciergue, Saint-Geômes, Saint-Loup-sur-Aujon, Saint-Martin-lès-Langres, Saint-Maurice, *Saint-Maurice-sur-Vingeanne* (Côte-d'Or), Saint-Michel, Saint-Vallier, Santenoge, Sarcey, Sarrey, Saulles, Savigny, Serqueux, Seuchey, Soyers, Thivet, Thol-lès-Millières, *Til-Châtel* (Côte-d'Or), Torcenay, Troischamps, Tronchoy, Vaillant, Valleroy, Valpelle (commune de Brenne), Varennes, Vauxbons, Vaux-sous-Aubigny, Velles, Verseilles-le-Bas, Verseilles-le-Haut, Vessignes-sur-Marne, Vesvre-sous-Chalancey, *Veuxaulles* (Côte-d'Or), Vicq, Vieux-Moulin, *Villars-le-Pautel* (Haute-Saône), Villars-Montroyer, Villegusien, Ville-lès-Grattedos (auj. Ville-Haut et Ville-Bas, commune d'Aprey), Villemervry, Villemoron, Villeneuve-en-Angoulancourt (la), *Villeneuve-sur-Vingeanne* (Côte-d'Or), Villiers-lès-Aprey, Violot, Vitry-en-Montagne (partie en Bourgogne). Vitry-lès-Nogent, Vivey, Voisines, Voncourt.

4. *Élection de Bar-sur-Aube.*

Aizanville, Ambonville, Anglus, Argentolle, Beurville. Blumerey, Braux, Buchey, Cerisières. Champcourt, Cirfontaine-en-Azois, Colombey-les-deux-Églises, Curmont, Dinteville, Ferté-sur-Aube (la). Genevroie (la), Guindrecourt-sur-Blaise. Harricourt, Lanty, Longeville. Maranville.

Marbéville, Marmesse, Mirbel, Mothe-en-Blésy (la), Nuilly, Ormoy-sur-Aube, Pratz, Rennepont, Rizaucourt, Silvarouvre, Thilleux, Vaudremont, Villars-en-Azois, Villeneuve-aux-Frênes (la).

5. *Élection de Vitry-le-François.*

Avrainville, Bailly-le-Franc, Bettancourt-la-Ferrée, Bienville, Braucourt, Chamouilley, Chancenay, Droye, Eurville, Frampas, Hallignicourt, Hoéricourt, Moëlain, Neuville-au-Pont (la), Perthe, Prez-sur-Marne, Roche-sur-Marne, Saint-Dizier, Valcourt, Villiers-en-Lieu.

II. — INTENDANCE DE BOURGOGNE.

Aprey, Arc-en-Barrois, Bricon, Bugnères, Chameroy (partie en Champagne), Courcelles-sur-Aujon, Cour-l'Évêque, Créancey, Crenay (partie en Champagne), Gié-sur-Aujon, Latrecey, Leffonds, Marac (partie en Champagne), Montribourg, Montrot (commune d'Arc), Musseau (partie en Champagne), Poinsenot (partie en Champagne), Rouelle, Poinson-lès-Fays, Prangey, Praslay, Richebourg, Rochetaillée, Semoutier, Villiers-sur-Suize, Vitry-en-Montagne (partie en Champagne).

Recette de Dijon.

Bassoncourt, Merrey, Meuvy.

III. — INTENDANCE DE FRANCHE-COMTÉ.

Fresne-sur-Apance, Villars-Saint-Marcellin, Voisey.

IV. — INTENDANCE DE LORRAINE ET BARROIS.

Recette de Bourmont.

Beaucharmoy, Bourmont, Brainville, Brevanne (partie en Champagne), Champigneulle, Chaumont-la-Ville, Colombey-lès-Choiseul, Doncourt, Germainvilliers, Gonaincourt, Goncourt, Graffigny et Chemin, Harréville, Hâcourt, Huilliécourt, Illond, Lézéville (partie en Champagne), Malaincourt, Malroy (commune de Dammartin), Melay, Nijon, Outremécourt, Ozières, Romains-sur-Meuse, Saint-Thiébaud, Saulxures, Sommerécourt, Soulaucourt, Vaudrecourt, Vroncourt.

§ 5. CIRCONSCRIPTIONS ECCLÉSIASTIQUES.

Les paroisses du territoire qui forme aujourd'hui le département de la Haute-Marne étaient autrefois réparties entre les cinq diocèses de Besançon, Châlons-sur-Marne, Langres, Toul et Troyes, mais dans des proportions très inégales. Pour saisir l'importance respective de ces cinq diocèses par rapport au département de la Haute-Marne, il nous suffira de remarquer que, parmi les cinq cent cinquante communes dont il se compose, treize étaient du diocèse de Besançon, un même nombre du diocèse de Troyes, soixante-neuf du diocèse de Châlons, quatre-vingt-quinze de celui de Toul, et le surplus ou trois cent quarante-deux, du diocèse de Langres. Les provinces ecclésiastiques auxquelles appartenaient ces diocèses étaient celles de Besançon, Lyon (Langres), Reims (Châlons-sur-Marne), Sens (Troyes) et Trèves (Toul).

I. — DIOCÈSE DE LANGRES.

L'ancien diocèse de Langres, le seul dont le chef-lieu se trouve compris dans le département de la Haute-Marne, avait une étendue considérable et comprenait une partie importante des départements de la Haute-Marne, de l'Aube, de l'Yonne, de la Côte-d'Or et de la Haute-Saône. Au sud, avant l'érection de l'évêché de Dijon, qui eut lieu en 1731, il s'étendait jusqu'au-dessous de cette ville.

Ce diocèse se divisait en six archidiaconés, qui étaient, suivant leur rang, ceux du Langrois (ou grand archidiaconé), du Dijonnais, du Tonnerrois, du Barrois, du Lassois et du Bassigny. Ces archidiaconés formaient ensemble dix-sept doyennés, répartis de la manière suivante : dans l'archidiaconé du Langrois, les deux doyennés de Langres et du Moge; dans celui du Dijonnais, les cinq doyennés de Dijon, Grancey-le-Château, Bèze, Fouvent et Saint-Seine-l'Abbaye; dans l'archidiaconé du Tonnerrois, les quatre doyennés de Tonnerre, Molème, Réomé ou Moutier-Saint-Jean et Saint-Vinnemer; dans celui du Barrois, les deux doyennés de Bar-sur-Aube et de Chaumont; dans l'archidiaconé du Lassois, les deux doyennés de Bar-sur-Seine et de Châtillon-sur-Seine; dans celui du Bassigny, les deux doyennés d'Is-en-Bassigny et de Pierrefaite.

Le nouvel évêché de Dijon enleva à celui de Langres la plus grande partie de l'archidiaconé du Dijonnais, savoir : la totalité des doyennés de Dijon et de Saint-Seine, la majeure partie de ceux de Bèze et de Grancey et la moitié environ de celui de Fouvent. Le diocèse de Langres se trouva dès lors réduit à cinq archidiaconés. Les doyennés de Grancey et de Fouvent furent maintenus, malgré les pertes sérieuses qu'ils avaient subies; le premier fut rattaché, avec les paroisses qui restaient du doyenné de Bèze, à l'archidiaconé du Langrois, qui compta désormais trois doyennés au lieu de deux, et le second fut soumis à l'archidiaconé du Bassigny, qui gagna également un troisième doyenné. A partir de cette époque, les limites méridionales du diocèse de Langres s'arrêtèrent à Fontaine-Française.

IMPRIMERIE NATIONALE.

Peu de temps après la création de l'évêché de Dijon, le doyenné de Bar-sur-Aube subit un démembrement : une partie lui fut enlevée pour former le doyenné de Château-villain.

A la suite de ces remaniements, le diocèse se composa de cinq archidiaconés et de quatorze doyennés.

La liste ci-après comprend toutes les paroisses qui dépendaient de l'ancien diocèse de Langres avant le démembrement de 1731, mais on a indiqué entre parenthèses, pour les anciens doyennés amoindris, les paroisses qui ont été conservées à leur diocèse d'origine. On aura ainsi un double état du diocèse de Langres, avant et après le remaniement de 1731.

Les noms imprimés en *italique* sont ceux des localités étrangères au département de la Haute-Marne [1].

1. Grand archidiaconé de Langres.

Doyenné de Langres. — Aprey, Arc-en-Barrois, Aubepierre, Aujeurre, Baissey, Brenne, Chameroy, Cour-l'Évêque, Flagey, Gié-sur-Aujon, *Gurgy-la-Ville*, Hûmes, Langres (Saint-Pierre, Saint-Martin et Saint-Amâtre), Lanne, *Lignerolles*, Noidant-le-Rocheux, Ormancey, Perrancey, Perrogney. Prangey, Praslay, Rouvre-sur-Aube, Vauxbons, Verseilles-le-Bas et Verseilles-le-Haut, Vitry-en-Montagne, Voisines.

Doyenné du Moge. (Le chef-lieu à Neuilly-l'Évêque.) — Balesme, Banne, Bonnecourt, Bourg, Buxières-lez-Belmont, Celles, Chalindrey, Champigny-lez-Langres, Charmes-lès-Langres, Charmoilles, Chassigny, Cohons, Corgirnon, Corlée, Dampierre, Dommarien [2], Heuilley-Coton, Heuilley-le-Grand. Lecey, les Loges, Marcilly-lès-Langres, Montlandon, Neuilly-l'Évêque, Orbigny-au-Mont, Orbigny-au-Val, le Pailly, Rivière-le-Bois, Saint-Broingt-les-Fosses, Saint-Vallier, Torcenay, Villegusien.

Doyenné de Grancey. — Rattaché à l'archidiaconé du Langrois, à partir de 1731. (Voir plus loin.)

2. Archidiaconé du Dijonnais.

Doyenné de Dijon. — Entièrement incorporé au diocèse de Dijon. — *Ahuy*, *Aiserey*, *Barges*, *Brazey-en-Plaine*, *Brochon*, *Cesscy-sur-Tille*, *Chevigny-Saint-Sauveur*, *Couternon*, *Dijon* (sept paroisses),

[1] Cette liste a été dressée d'après le pouillé de 1732, publié en 1868, sans nom d'auteur (par M. l'abbé Vouriot). sous le titre de : *L'Évêché de Langres au xviii° siècle.*

[2] Dommarien est placé dans le doyenné de Grancey par la carte du diocèse de Langres, de Chalmandrier, qui est postérieure à l'érection de l'évêché de Dijon.

Échirey, *Fauverney*, *Fénay*, *Fixey*, *Fontaine-lès-Dijon*, *Gevrey*, *Longvic*, *Marsannay-la-Côte*, *Messigny*, *Neuilly-lès-Dijon*, *Noiron-lès-Cîteaux*, *Orgeux*, *Plombières-lès-Dijon*, *Prenois*, *Quétigny*, *Saint-Appollinaire*, *Saint-Jean-de-Losne*, *Saint-Philibert* ou *Ville-sous-Gevrey*, *Talant*, *Tart-le-Haut*.

DOYENNÉ DE SAINT-SEINE. — Entièrement incorporé au diocèse de Dijon. — *Arcey*, *Avosne*, *Baume-la-Roche*, *Blaisy-Bas*, *Bussy-la-Pèle*, *Champagny*, *Charancey*, *Chevannay*, *Curtil-Saint-Seine*, *Drée*, *Échannay*, *Étaules*, *Fleurey*, *Francheville*, *Gissey-sur-Ouche*, *Grenant-lès-Sombernon*, *Lantenay*, *Málain*, *Montoillot*, *Pellerey*, *Poiseul-la-Grange*, *Prálon*, *Remilly-en-Montagne*, *Saint-Anthot-la-Chaleur*, *Sainte-Marie-sur-Ouche* ou *Coyon*, *Saint-Mesmin*, *Saint-Seine-en-Mont* ou *Saint-Seine-l'Abbaye*, *Saveranges*, *Savigny-sous-Málain*, *Sombernon*, *Trouhant*, *Turcey*, *Urcy*, *Val-de-Suzon*.

DOYENNÉ DE BÈZE. — Incorporé au diocèse de Dijon en 1731, sauf les sept paroisses indiquées entre parenthèses, qui furent alors annexées au nouveau doyenné de Grancey. — *Arceau*, *Autrey*, *Belleneuve*, *Beaumont-sur-Vingeanne*, *Beire-le-Châtel*, *Bèze*, *Bézouette*, *Brognon*, *Champagne*, (*Chazeuil*), *Cheuge*, (*Cusey*), *Dampierre-sur-Vingeanne*, *Drambon*, *Feurg-Auvet*, *Flacey*, (*Fontaine-Française*), *Jancigny*, *Lux*, *Magny-Saint-Médard*, *Mantoche*, *Maxilly-sur-Saône*, *Mirebeau*, *Mitreuil*, (*Montigny-sur-Vingeanne*), *Montmançon*, *Mornay*, *Nantilly-Bonhans*, *Noiron-sur-Bèze*, *Oisilly*, *Percey-le-Grand*, (*Percey-le-Petit*), *Pontailler*, *Poyans*, *Renève*, (*Sacquenay*), *Saint-Julien*, *Saint-Léger*, (*Saint-Maurice-sur-Vingeanne*), *Saint-Seine-sur-Vingeanne*, *Spoy*, *Talmay*, *Tanay*, *Trochères*, *Véronnes-les-Grandes*, *Viévignes*.

DOYENNÉ DE GRANCEY-LE-CHÂTEAU. — Incorporé au diocèse de Dijon en 1731, sauf les douze paroisses indiquées entre parenthèses, qui entrèrent dans le nouveau doyenné de Grancey, qu'elles formèrent avec la réunion des sept paroisses de l'ancien doyenné de Bèze non incorporées au diocèse de Dijon et l'addition de la nouvelle paroisse de Châtoillenot. Ce doyenné, ainsi transformé, fut compris, à partir de 1731, dans l'archidiaconé de Langres. — *Barjon*, *Beneuvre*, *Boussenois*, *Bure-les-Templiers*, *Chaignay*, (*Chalancey*), (*Châtoillenot*), *Courtivron*, *Crecey-sur-Tille*, *Diénay*, *Échalot*, *Épagny*, (*Esnoms*), *Essarois*, *Fraignot*, *Frénois*, *Gemeaux*, (*Grancey-le-Château*), *Hauteville*, (*Isôme*), *Is-sur-Tille*, *Lamargelle*, *Léry*, *Marey-sur-Tille*, *Minot*, *Montmoyen* (*Montsaugeon*), (*Musseau*), (*Occey*), (*Poinson-lès-Grancey*), (*Prauthoy*), (*Rivière-les-Fosses*), *Rochefort-sur-Brevon* [1], *Saint-Broingt-les-Moines*, *Salives*, *Saulx-le-Duc*, *Savigny-le-Sec*, *Selongey*, *Tarsul*, *Til-Châtel*, (*Vaillant*), *Vernot*.

DOYENNÉ DE FOUVENT. — Annexé à l'évêché de Dijon en 1731, sauf dix paroisses, indiquées ci-après par des parenthèses, qui restèrent à l'évêché de Langres et au doyenné de Fouvent, qui fut incorporé à l'archidiaconé du Bassigny. — *Arc-sous-Gray*, *Autet*, (*Bourguignon-lès-Morey*), *Champlitte*, *Chargey*, (*Coublant*), *Courtesoult* et *Gatey*, *Dampierre-sur-Salon*, *Denèvre*, (*Fouvent-la-Ville*), (*Fouvent-le-Château*), *Frânois*, (*Genevrières*), (*Gilley*), (*Grenant*), *Leffond*, *Mont-le-Frânois*, *Montarlot*, *Montot*, *Montureux-sur-Saône*, *Oyrières*, *Pierrecourt*, *Riguy*, (*Roche-sur-Salon*), (*Saint-Andoche*), *Savoyeux*, (*Suaucourt*), *Véreux*.

---

[1] Suivant M. l'abbé ROUSSEL (*Diocèse de Langres*, I, p. 193, 2ᵉ col.), cette paroisse n'aurait pas été incorporée au diocèse de Dijon en 1731, mais le pouillé de 1732, du diocèse de Langres, n'en fait pas mention.

3. Archidiaconé du Tonnerrois.

Doyenné de Tonnerre. — *Bernouil-sous-Dié*, *Carisey*, *Chablis*, *la Chapelle-Vaupelteigne*, *Chemilly*, *Chichée*, *Collan*, *Commissey*, *Cours*, *Dié*, *Épineuil*, *Fley*, *Fresnes*, *Fyé*, *Junay*, *Lézines*, *Lignorelles*, *Ligny-le-Châtel*, *Maligny*, *Mérey*, *Môlay*, *Molômes*, *Noyers*, *Pacy*, *Poilly*, *Poinchy*, *Roffey*, *Sainte-Vertu*, *Sambourg*, *Sarrigny*, *Tonnerre* (deux paroisses), *Vézanne*, *Villiers-Vineux*, *Villy* [1], *Yrouerre*.

Doyenné de Molême. — *Aisey-le-Duc*, *Ampilly-le-Sec*, *Ancy-le-Franc*, *Ancy-le-Serveux*, *Argenteuil*, *Asnières*, *Bâlot*, *Buncey*, *Cérilly*, *Chamesson*, *Channay*, *Coulmier-le-Sec*, *Étais*, *Fontaine-les-Sèches*, *Fuloy*, *Gigny*, *Glands*, *Molême*, *Moulins*, *Nesle*, *Nicey*, *Nod*, *Nuits-sous-Ravières*, *Ravières*, *Saint-Germain-le-Rocheux*, *Savoisy*, *Sennevoy*, *Stigny*, *Verdonnet*, *Villedieu*.

Doyenné de Moutier-Saint-Jean ou Réomé. — *Annoux*, *Anstrude ou Bierry*, *Champdoiseau*, *Civry*, *Corombles*, *Corsaint*, *Cry*, *Époisse*, *Étivey*, *Fain-lès-Moutier*, *Guillon*, *Marmeaux*, *Montbard*, *Montigny-Montfort*, *Moutier-Saint-Jean*, *Nogent-lès-Montbard*, *Pasilly*, *Perrigny*, *Pisy*, *Quincy*, *Rougemont*, *Saint-Germain-lès-Senailly*, *Saint-Remy*, *Sarry*, *Talcy*, *Torcy*, *Vieux-Château*, *Vignes*, *Villaines-les-Prévottes*, *Viserny*.

Doyenné de Saint-Vinnemer. — *Artonnay*, *Avreuil*, *Balnot-la-Grange*, *Baon*, *Beauvoir*, *Bernon*, *Bragelogne*, *Channe*, *Chaource*, *Chaserey*, *Cheney*, *Chesley*, *Chessy*, *Coussegrey*, *Crusy-le-Châtel*, *Cussangy*, *Dannemoine*, *Étourvy*, *Flogny*, *Lagesse*, *Lignières*, *Marolles-sous-Lignières*, *Mélisey*, *Percey*, *Pimelles*, *Rugny*, *Saint-Vinnemer*, *Trichey*, *Turgy*, *Vanlay*, *Villon*.

4. Archidiaconé du Barrois.

Doyenné de Bar-sur-Aube. — Ce doyenné, peu de temps après l'érection de l'évêché de Dijon (1731), fut partagé en deux pour la formation d'un nouveau doyenné, celui de Châteauvillain. — *Ailleville*, *Arconville*, *Arnancourt*, *Arrentières*, *Arsonval*, *Bar-sur-Aube* (Saint-Maclou, Saint-Pierre et Sainte-Madeleine), *Baroville*, *Bayel*, *Bergères*, *Bligny*, Blumerey, Bouzancourt, Champcourt, *Champignol*, Cirey-sur-Blaise, *Colombé-la-Fosse*, *Colombé-le-Sec*, Colombé-les-Deux-Églises, *Couvignons*, Daillancourt, *Engente*, Guindrecourt-sur-Blaise, Harricourt, *Jaucourt*, Lignol, *Meurville*, *Mothé* ou *Montier-en-l'Île*, *Proverville*, Rizaucourt, *Rouvre-sous-Lignol*, *Saulcy*, *Spoy*, *Thors*, *Urville*, *Voigny*.

Doyenné de Châteauvillain. — Ambonville, Autreville, Blaise, Blessonville, Blésy, Bricon, Buxières-lès-Froncles, Cerisières, la Chapelle-en-Blésy [2], Châteauvillain, Cirfontaines-en-Azois, Créancey, Curmont, Dinteville, Essey-lès-Pont, la Ferté-sur-Aube, Gillancourt, Juzennecourt, Latrecey, *Longchamp*, Maranville, Marbéville, Monterie, Montsaon, la Mothe-en-Blésy, Orges, Riche-

---

[1] Villy (Yonne) aurait été érigé en paroisse en 1755. (Roussel, *loco citato*, III, p. 281.) — [2] Nous indiquons cette paroisse d'après l'ouvrage de M. l'abbé Roussel (*Dioc. de Langres*, II, p. 146), car elle ne figure pas au pouillé de 1732.

bourg, Saint-Martin-lès-Autreville, Semoutiers, Silvarouvre, Valdelancourt, Vaudrémont, Villars-en-Azois, *Ville-sous-la-Ferté*, Villiers-sur-Marne.

DOYENNÉ DE CHAUMONT. — Andelot, Blancheville, Bologne, Bonnevaux-Jonchery, Bourdons, Briau-court, Brottes, Chanteraine, Chaumont, Choignes, Cirey-lès-Mareilles, Condes, Consigny, Crenay, Darmanne, Doulaincourt, Écot, Esnouveaux, Euffigneix, Forcey, Lanques, Longchamp-lès-Millières, Lusy, la Mancine, Marault, Mareilles, Meure, Millières, Montot, Neuilly-sur-Suize, Oudincourt, Reclancourt, Riaucourt, Rimaucourt, Roche-sur-Rognon, Rochefort, Signéville, Soncourt, Treix, Viéville, Vignory, Villiers-le-Sec, Vouécourt, Vraincourt.

5. ARCHIDIACONÉ DU LASSOIS OU DE CHÂTILLON-SUR-SEINE.

DOYENNÉ DE CHÂTILLON. — Arbot, *Autricourt*, *Belan-sur-Ource*, *Bissey-la-Côte*, *Bouix*, *Brion-sur-Ource*, *Buxerolles*, *Charrey*, *Châtillon*, *la Chaume*, *Chaumont-le-Bois*, Dancevoir, Germaines, *Gevrolles*, *Griselles*, *Gurgy-le-Château*, Laignes, Lanty, *Larrey*, *Louesme*, *Lucey*, *Maisey-le-Duc*, *Marcenay*, *Massingy-lès-Châtillon*, *Montigny-sur-Aube*, *Montliot*, *Noiron-sur-Seine*, Ormoy-sur-Aube, *Pothières*, *Prusly-sur-Ource*, *Recey-sur-Ource*, *Riel-les-Eaux* [1], *Sainte-Colombe*, *Thoires*, *Veuxaules*, Villars-Montroyer, *Villiers-le-Duc*, *Vix-Saint-Marcel*, *Voulaines*.

DOYENNÉ DE BAR-SUR-SEINE. — *Arrelles*, *Avirey-Lingey*, *Bagneux-la-Fosse*, *Balnot-sur-Laigne*, *Bar-sur-Seine*, *Beurey*, *Bourguignons*, *Briel*, *Buxeuil*, *Chacenay*, *Chervey*, *Cunfin*, *Éguilly*, *Essoyes*, *Fontette*, *Gié-sur-Seine*, *Grancey-sur-Ource*, *Lantage*, *Loches*, *Longpré*, *Magnant*, *Magnifouchard*, *Marolles-lès-Bailly*, *Merrey*, *Mussy-l'Évêque*, *Noé-les-Mallets*, *Polisot*, *Polisy*, *Ricey-Bas*, *Valsuzenay*, *Vauchonvilliers*, *Vendeuvre*, *Villemorien*, *Villeneuve-au-Chêne*, *Ville-sur-Arce*, *Virey-sous-Bar*, *Vitry-le-Croisé*.

6. ARCHIDIACONÉ DU BASSIGNY.

DOYENNÉ D'IS-EN-BASSIGNY. — Avrecourt, Biesle, Brevannes, Buxières-lès-Clefmont, Chauffour, Choiseul, Clefmont, Colombey-lès-Choiseul [2], Daillecourt, Damblain, Dammartin, Donnemarie, Épinant, Faverolles, Foulain, Fresnoy, Is-en-Bassigny, Leffonds, Léniseul, Mandres, Marnay, Mau-lain, Merrey, Meuvy, Montigny-le-Roi, Ninville, Nogent-le-Roi, Noyers, Odival, Poinson-lès-Nogent, Pouilly, Poulangy, Provenchères-sur-Meuse, Rançonnières, Ravennefontaine, Rolampont, Sarcey, Sarrey, Thivet, Vesaignes-sur-Marne, la Villeneuve-en-Angoulancourt, Villiers-sur-Suize, Vitry-lez-Nogent.

DOYENNÉ DE PIERREFAITE. (Une seule paroisse, Achey, fut unie au diocèse de Dijon.) — *Achey*, An-rosey, Arbigny, Champigny-sous-Varennes, Chézeaux, Coiffy-le-Bas, Fays-Billot, Frettes, Hortes,

[1] Cette paroisse ne figure pas dans le pouillé de 1782. Suivant M. l'abbé ROUSSEL, Riel serait devenu paroisse en 1717. (*Dioc. de Langres*, III, p. 51.)

[2] Nous mentionnons cette paroisse d'après M. l'abbé ROUSSEL (p. 127), car elle ne figure pas au pouillé de 1782.

Maizières-sur-Amance, Pierrefaite, Pisseloup et Chaumondel, Poinson-lez-Fays, Pressigny, Rosoy, Savigny, Soyers, Tornay, Varennes, Vicq, *Vitrey*.

Doyenné de Fouvent. — Rattaché à l'archidiaconé du Bassigny, à partir de 1731. (Voir ci-dessus, à l'archidiaconé du Dijonnais.)

II. — ARCHEVÊCHÉ DE BESANÇON.

Archidiaconé-doyenné de Faverney. — Aigremont, Arnoncourt, Bourbonne-les-Bains, Enfouvelle, Fresne-sur-Apance, Genrupt, Melay, Montcharvot, la Neuvelle-lès-Coiffy, la Neuvelle-lez-Voisey, Serqueux, la Rivière, Villars-Saint-Marcellin, Voisey.

III. — ÉVÊCHÉ DE CHÂLONS-SUR-MARNE.

Archidiaconé de Joinville.

Doyenné de Joinville. — Attancourt, Autigny-le-Grand, Autigny-le-Petit, Avrainville, Bailly-aux-Forges, Bettancourt-la-Ferrée, Bienville, Blécourt, Breuil-sur-Marne, Brousseval, Chamouilley, Chancenay, Chatonrupt, Chevillon, Curel, Donjeux, Eurville, Ferrières, Flornoy, Fontaine-sur-Marne, Fronville, Gourzon, Gudmont, Halignicourt, Hoéricourt, Joinville, Louvemont, Magneux, Maizières-lès-Joinville, Mathons, Montreuil-sur-Blaise, Mussey, Narcy, la Neuville-à-Bayard, la Neu-ville-à-Remy, Nomécourt, Osne-le-Val, Poissons (en partie) [1], Prez-sur-Marne, Ragecourt-sur-Marne, Roche-sur-Marne, Rouvroy, Rupt, Saint-Dizier, Saint-Urbain, Saucourt, Sommancourt, Sommer-mont, Sommeville, Suzannecourt, Thonnance-lès-Joinville, Troisfontaines-la-Ville, Valleret, Vassy, Vecqueville, Villiers-au-Bois, Voillecomte.

Doyenné de Perthe. — Allichamp, Braucourt, Éclaron, Frampas, Humbécourt, Moëlain, Mon-tier-en-Der, la Neuville-au-Pont, Perthe, Planrupt, Robert-Magnil, Valcourt, Villiers-en-Lieu.

IV. — ÉVÊCHÉ DE TOUL.

1. Archidiaconé de Ligny.

Doyenné de Gondrecourt. — Cirfontaine-en-Ornois, Saudron.

[1] Poissons avait deux églises : l'une du diocèse de Toul, l'autre du diocèse de Langres.

2. Archidiaconé de Reynel.

Doyenné de Reynel. — Aillianville, Annonville, Augeville, Bettoncourt, Bressoncourt, Brouthières, Busson, Chalvraine, Chambroncourt, Domremy, Épizon, la Fauche, Germay, Germisey, Harméville, Humberville, Landéville, Leurville, Lézéville, Liffol-le-Petit, Maconcourt, Manois, Morionvilliers, la Neuville-au-Bois, Noncourt, Orquevaux, Pautaine, Poissons, Prez-sous-la-Fauche, Reynel, Sailly, Saint-Blin, Thonnance-les-Moulins, Vaux-sur-Saint-Urbain, Semilly, Vesaignes-sous-la-Fauche.

Doyenné de La Rivière de Blaise. — Chef-lieu habituel : Doulevant-le-Château. — Baudrecourt, Brachay, Charmes-en-l'Angle, Charmes-la-Grande, Courcelles-sur-Blaise, Domblain, Dommartin-le-Franc, Dommartin-le-Saint-Père, Doulevant-le-Château, Doulevant-le-Petit, Fays, Flammerécourt, Guindrecourt-aux-Ormes, Leschères, Mertrud, Morancourt, Ragecourt-sur-Blaise, Rouécourt, Suzémont, Vaux-sur-Blaise, Ville-en-Blaisois, Villiers-aux-Chênes.

Doyenné de Dammarie. — Aingoulaincourt, Échènay, Effincourt, Gillaumé, Montreuil-sur-Thonnance, Pancey, Paroy, Soulaincourt.

3. Archidiaconé de Vittel.

Doyenné de Bourmont. — Bourg-Sainte-Marie, Bourmont, Brainville, Champigneulle, Chaumont-la-Ville, Clinchamp, Doncourt, Gonaincourt, Goncourt, Graffigny-Chemin, Hâcourt, Harréville, Huilliécourt, Illoud, Levécourt, Maisoncelles, Malaincourt, Nijon, Outremécourt, Ozières, Romains-sur-Meuse, Saint-Thiébaud, Sommerécourt, Soulaucourt, Thol-lès-Millières, Vaudrecourt, Vroncourt.

V. — ÉVÊCHÉ DE TROYES [1].

1. Archidiaconé-doyenné de Brienne.

Anglus.

2. Archidiaconé-doyenné de Margerie.

Beurville, Ceffonds, Droye, Longeville, Louze, Nully, Puellemontier (succ.), Rosières (succ.), Sauvage-Magnil, Sommevoire, Thilleux (succ.), Trémilly.

[1] Cette liste est dressée d'après l'ouvrage de Courtalon, intitulé : *Topographie historique de la ville et du diocèse de Troyes*, t. III, 1784.

V. — PÉRIODE MODERNE.

I. — CRÉATION DU DÉPARTEMENT.

On sait que la division de la France en départements, division qui avait pour but de fondre dans un même moule les circonscriptions administratives, judiciaires et ecclésiastiques, a été décrétée par l'Assemblée nationale le 11 novembre 1789. La Commission des députés de la province de Champagne, ou plus exactement de la généralité de Châlons, décida que ce territoire serait partagé en quatre départements, savoir : ceux de la Champagne septentrionale, de Châlons, de Troyes et de la Champagne méridionale, qui ne tardèrent pas à recevoir définitivement les noms de départements des Ardennes, de la Marne, de l'Aube et de la Haute-Marne.

Un décret de l'Assemblée nationale, du 28 janvier 1790, décida : 1° que le département de la Champagne méridionale serait divisé en six districts ayant pour chefs-lieux Bourbonne-les-Bains, Bourmont, Chaumont, Joinville, Langres et Saint-Dizier, et que Vassy serait le chef-lieu de la juridiction pour le dernier de ces districts; 2° que Chaumont serait provisoirement le chef-lieu du département, les électeurs devant décider si les séances de l'Administration départementale se tiendraient alternativement à Chaumont et à Langres, et si Chaumont serait définitivement maintenu comme chef-lieu; 3° que la paroisse de Luméville et Chassey et celle de Baudonvilliers seraient du département du Barrois (Meuse); 4° que la ville de Reynel demeurerait unie au district de Bourmont.

Un second décret, du 13 février suivant, décida que les limites entre le district de Bourmont et celui de Chaumont, et celles entre le district de Langres et celui de Bourbonne seraient fixées par la prochaine assemblée départementale.

En exécution de ces décrets, les députés de Chaumont, de Langres et de Bourbonne ont procédé à la délimitation du département de la Haute-Marne et à sa division en districts et cantons; le résultat de leurs opérations a été consigné en un procès-verbal arrêté le 4 mars 1790 [1].

[1] *Original*, Arch. nat., NN* 12. — Imprimé in-4°, 23 p. (D. IV *bis*, 67). — Autre, 9 p., sans la reproduction des deux décrets des 28 janvier et 13 février, ni la délimitation du département. (F² 1, 485.)

Leur premier travail a consisté à déterminer les limites de la Haute-Marne, en commençant par le nord et en continuant par l'est, le midi et l'ouest, au regard des départements du Barrois (Meuse), des Vosges, de la Franche-Comté (Haute-Saône), de la Haute-Bourgogne (Côte-d'Or), du département de Troyes (Aube) et de celui de Châlons (Marne).

Puis, reprenant par le nord, ils ont déterminé les limites de chaque district, en dressant, suivant l'ordre géographique, la liste des cantons et des localités qui devaient constituer chacun d'eux. Cette seconde opération a donné comme résultat soixante et onze cantons répartis entre les six districts susindiqués de la manière suivante :

DISTRICTS. — CHEFS-LIEUX DE CANTON.

I. BOURBONNE. — Bourbonne, Coiffy-la-Ville, la Ferté-sur-Amance, Fresne-sur-Apance, Montigny-le-Roi, Parnot, Pressigny, Rançonnières, Serqueux, Varennes, Voisey.

II. BOURMONT. — Bourmont, Brevannes, Clefmont, Huilliécourt, Longchamp, Meuvy, Prez-sous-la-Fauche, Reynel, Saint-Blin, Soulaucourt.

III. CHAUMONT. — Andelot, Arc-en-Barrois, Biesle, Blaise, Bologne, Bricon, Châteauvillain, Chaumont, la Ferté-sur-Aube, Juzennecourt, Nogent-le-Roi, Poulangy, Vignory.

IV. JOINVILLE. — Curel, Doulaincourt, Doulevant-le-Château, Échenay, Joinville, Leschères, Maizières-lez-Joinville, Poissons, Saint-Urbain.

V. LANGRES. — Aprey, Auberive, Buxières-lez-Belmont, Chalancey, Chalindrey, Courcelle-Val-d'Esnoms, Fays-Billot, Giey-sur-Aujon, Grenant, Heuilley-le-Grand, Hortes, Hûmes, Langres, Longeau, Montsaugeon, Neuilly-l'Évêque, Rouvre-sur-Aube, Voisines.

VI. SAINT-DIZIER. — Éclaron, Eurville, Fays, Longeville, Montier-en-Der, la Neuville-à-Remy, Perthe, Saint-Dizier, Sommevoire, Vassy.

On trouvera dans la liste publiée plus loin le détail des communes qui ont formé chacun de ces cantons.

A la suite d'une « consultation électorale » du 8 juin de la même année, confirmée par un décret du 22 du même mois, sanctionné par le Roi le 25, Chaumont fut définitivement maintenu comme chef-lieu du département [1].

---

[1] Arch. nat., F² 1, 501. — Voir : *Rapport fait à l'Assemblée nationale par M. GOSSIN, membre du Comité de Constitution, sur le quatrième département de Champagne.* — In-8°, 14 p. Imprimé à Chaumont chez Cl.-Ant. Bouchard.
A la fin de l'exemplaire de la Bibliothèque Barotte (n° 568), à la préfecture de la Haute-Marne, une note manuscrite, d'un contemporain, révèle les influences particulières qui auraient contribué à former ce département de régions peu homogènes et à lui donner Chaumont pour chef-lieu, au détriment de Langres.

I. DISTRICT DE BOURBONNE.

(11 cantons.)

I. *Canton de Bourbonne* (1 municipalité). — Bourbonne et ses faubourgs.

II. *Canton de Coiffy-la-Ville* (5 municipalités). — Coiffy-la-Ville, Coiffy-le-Château, Damrémont. Montcharvot, la Neuvelle-lez-Coiffy.

III. *Canton de la Ferté-sur-Amance* (9 municipalités). — Anrosey, Bétancourt, Bize, Chaumondel et Pisseloup, la Ferté-sur-Amance, Guyonvelle, Montesson, Soyers, Velle-sur-Amance.

IV. *Canton de Fresne-sur-Apance* (3 municipalités). — Enfonvelle, Fresne-sur-Apance, Villars-Saint-Marcellin.

V. *Canton de Montigny-le-Roi* (12 municipalités). — Avrecourt et Forfilières, Dammartin, Damphal (ferme), Épinant, Lécourt, Meuse, Montigny-le-Bas, Montigny-le-Roi, Provenchères-sur-Meuse, Récourt, Sarrey, la Villeneuve.

VI. *Canton de Parnot* (7 municipalités). — Beaucharmoy, Fresnoy, Malroy, Maulain, Parnot, Pouilly, Ravennefontaine.

VII. *Canton de Pressigny* (9 municipalités). — Broncourt, Charmoy, Farincourt, Maizières-sur-Amance, Pierrefaite, Pressigny, Savigny, Valleroy-lez-Gilley, Voncourt.

VIII. *Canton de Rançonnières* (6 municipalités). — Andilly, Celles, Lavernoy, Rançonnières, Saulxures, Vicq.

IX. *Canton de Serqueux* (5 municipalités). — Aigremont, Arnoncourt, Morimond (abbaye), la Rivière, Serqueux.

X. *Canton de Varennes* (4 municipalités). — Arbigny-sous-Varennes, Champigny-sous-Varennes, Chézeaux, Varennes.

XI. *Canton de Voisey* (5 municipalités). — Genrupt, Melay, la Neuvelle-lez-Voisey, Vaux-la-Douce (abbaye), Voisines.

II. DISTRICT DE BOURMONT.

(10 cantons.)

I. *Canton de Bourmont* (7 municipalités). — Bourmont, Brainville, Gonaincourt, Hâcourt, Illoud, Malaincourt, Saint-Thiébaud.

II. *Canton de Brevannes* (7 municipalités). — Brevannes, Champigneulles, Colombey-lez-Choiseul, Doncourt, Germainvilliers, Merrey, les fermes de Frôcourt, des Gouttes et de Vaudinvilliers.

III. *Canton de Clefmont* (7 municipalités). — Audeloncourt, Buxières-lez-Clefmont, Clefmont, Daillecourt, Maisoncelles, Noyers, Pérusse.

IV. *Canton de Huilliécourt* (7 municipalités). — Bourg-Sainte-Marie, Levécourt, Ozières, Romains-sur-Meuse, Thol-lez-Millières, Vroncourt.

V. *Canton de Longchamp* (8 municipalités). — Consigny, Cuves, Essey-les-Eaux, Longchamp, Mennouveaux, Millières, Morlay (ferme), Ninville.

VI. *Canton de Meuvy* (6 municipalités). — Bassoncourt, Choiseul, Is-en-Bassigny, Léniseul, Meuvy, Rangecourt.

VII. *Canton de Prez-sous-la-Fauche* (8 municipalités). — Aillianville, Chalvraine, la Fauche, Goncourt, Harréville, Liffol-le-Petit, la Paix (ferme), Prez-sous-la-Fauche.

VIII. *Canton de Reynel* (8 municipalités). — Benoitevaux (ferme), Busson, Chambroncourt, Écot, Leurville, Morionvilliers, Reynel, Rimaucourt.

IX. *Canton de Saint-Blin* (7 municipalités). — Clinchamp, Humberville, Manois, Orquevaux, Saint-Blin, Semilly, Vesaignes-sous-la-Fauche.

X. *Canton de Soulaucourt* (8 municipalités). — Chaumont-la-Ville, Graffigny-Chemin, les Maleux (ferme), Nijon, Outremécourt, Sommerécourt, Soulaucourt, Vaudrecourt.

III. DISTRICT DE CHAUMONT.

(13 cantons.)

I. *Canton d'Andelot* (13 municipalités). — Andelot, Blancheville, Bourdons, Chanteraine, Circey-lez-Mareilles, la Crête, Forcey, Mareilles, Montot, Morteau, Septfontaines, Signéville, Vignes.

II. *Canton d'Arc-en-Barrois* (12 municipalités). — Arc-en-Barrois, Aubepierre, Bugnières, Coupray, Cour-l'Évêque, Dancevoir, Épilant, Longuay, Montrot, Morment, Richebourg, Val-Bruant.

III. *Canton de Biesle* (9 municipalités). — Ageville, Biesle, Chamarande, Choignes, Esnouveaux, Lanques et Seuillon, le Puits des Mèzes, Sarcey, la Ville-au-Bois.

IV. *Canton de Blaise* (15 municipalités). — Argentolle, Bierne et Harricourt, Blaise, Buchey, Champcourt, Colombey-les-Deux-Églises, Curmont, Daillancourt, Guindrecourt-sur-Blaise, Marbé-ville, Mirbel, la Mothe-en-Blésy, Pratz, Rizaucourt, la Villeneuve-aux-Frênes.

V. *Canton de Bologne* (14 municipalités). — Annéville, Bologne, Bretenay, Briaucourt, Condes, Darmanne, la Harmand, Jonchery, la Mancine, Marault, Riaucourt, Rochefort, Rôcourt-la-Côte, Treix.

VI. *Canton de Bricon* (9 municipalités). — Autreville, Blessonville, Braux-le-Châtel, Bricon, Buxières-lez-Villiers, Montsaon, Orges, Semoutiers, Vaidelancourt.

VII. *Canton de Châteauvillain* (9 municipalités). — Aizanville, Châteauvillain, Cirfontaine-en-Azois, Créancey, Essey-lez-Pont, Latrecey, Marmesse, Montribourg, Pont-la-Ville.

VIII. *Canton de Chaumont* (3 municipalités). — Buxereuilles, Chaumont, Reclancourt.

IX. *Canton de la Ferté-sur-Aube* (8 municipalités). — Dinteville, la Ferté-sur-Aube, Lanty, Maranville, Ormoy-sur-Aube, Rennepont, Silvarouvre, Villars-en-Azois.

X. *Canton de Juzennecourt* (13 municipalités). — Blaisy, la Chapelle-en-Blésy, Euffigneix, Gillancourt, Juzennecourt, Meure, Monterie, Saint-Martin, Sarcicourt, Sexfontaine, Vaudremont, la Villeneuve-lez-Monterie, Villiers-le-Sec.

XI. *Canton de Nogent-le-Roi* (7 municipalités). — Donnemarie, Mandres, Nogent-le-Roi, Odival, Poinson-lez-Nogent, Thivet, Vitry-lez-Nogent.

XII. *Canton de Poulangy* (12 municipalités). — Brottes, Crenay, Foulain, Leffonds, Louvières, Lusy, Marnay, Neuilly-sur-Suize, Poulangy, Verbiesle, Vesaignes-sur-Marne, Villiers-sur-Suize.

XIII. *Canton de Vignory* (9 municipalités). — Buxières-lez-Froncles, Froncles, Ormoy-lez-Sexfontaine, Oudincourt, Soncourt, Viéville, Vignory, Vouécourt, Vraincourt.

IV. DISTRICT DE JOINVILLE.

(9 cantons.)

I. *Canton de Curel* (8 municipalités). — Autigny-le-Grand, Autigny-le-Petit, Chevillon, Curel, Fontaine-sur-Marne, Osne-le-Val, Sommeville, Thonnance-lez-Joinville.

II. *Canton de Doulaincourt* (9 municipalités). — Augeville, Bettoncourt, Domremy-aux-Chèvres, Doulaincourt, Landéville, Pautaine, Roche-sur-Rognon, Saucourt, Villiers-sur-Marne.

III. *Canton de Doulevant-le-Château* (11 municipalités). — Arnancourt, Baudrecourt, Beurville, Blumerey, Bouzancourt, Cirey-le-Château, Courcelles-sur-Blaise, Dommartin-le-Saint-Père, Doulevant-le-Château, Morancourt, Villiers-aux-Chênes.

IV. *Canton d'Échènay* (16 municipalités). — Aingoulaincourt, Bressoncourt, Cirfontaine-en-Ornois, Échènay, Effincourt, Épizon, Germay, Germisey, Gillaumé, Harméville, Lezeville, la Neuville-au-Bois, Pancey, Paroy, Saudron, Soulaincourt.

V. *Canton de Joinville* (1 municipalité). — Joinville et ses faubourgs.

VI. *Canton de Leschères* (13 municipalités). — Ambonville, Blécourt, Brachay, Cerisières et Froideau, Charmes-la-Grande, Charmes-la-Petite, Ferrières et la Folie, Flammerécourt, Gudmont, Leschères, Mathons, Provenchères-sur-Marne, Rouécourt.

VII. *Canton de Maizières-lez-Joinville* (9 municipalités). — Breuil, Chatonrupt, Gourzon, Guindrecourt-aux-Ormes, Maizières-lez-Joinville, Nomécourt, Ragecourt-sur-Marne, Sommermont, Vecqueville.

VIII. *Canton de Poissons* (8 municipalités). — Annonville, Broutières, Montreuil-sur-Thonnance, Noncourt, Poissons, Sailly, Suzannecourt, Thonnance-les-Moulins.

IX. *Canton de Saint-Urbain* (8 municipalités). — Donjeux, Fronville, Maconcourt, Mussey, Rouvroy, Rupt, Saint-Urbain, Vaux-sur-Saint-Urbain.

V. DISTRICT DE LANGRES.

(18 cantons.)

I. *Canton d'Aprey* (9 municipalités). — Aprey, Aujeurre, Baissey, Flagey, Orcevaux, Perrogney, Pierrefontaine, Ville-Haut, Villiers-lez-Aprey.

II. *Canton d'Auberive* (10 municipalités). — Auberive, Bay, Colmier-le-Haut, Colmier-le-Bas, Germaine, Praslay, Rouelle, Santenoge, Villars-Montroyer, Vivey.

III. *Canton de Buxières-lez-Belmont* (6 municipalités).— Belfond, Belmont, Buxières-lez-Belmont, Genevrières, Gilley, Tornay.

IV. *Canton de Chalancey* (11 municipalités). — Chalancey, Chalmessin, la Margelle, Mouilleron, Musseau, Poinsenot, Poinson-lès-Grancey, Vaillant, Vesvre-sous-Chalancey, Villemervry, Villemoron.

V. *Canton de Chalindrey* (11 municipalités). — Balesme, Chalindrey, Châtenay-Mâcheron, Châtenay-Vaudin, Corlée, Culmont, les Loges, le Pailly, Saint-Maurice, Saint-Vallier, Torcenay.

VI. *Canton de Courcelles-Val-d'Esnoms* (6 municipalités).— Châtoillenot, Courcelles-Val-d'Esnoms, Esnoms, Leuchey, Rivière-le-Bois, Saint-Broingt-les-Fosses.

VII. *Canton du Fays-Billot* (4 municipalités). — Corgirnon, Fays-Billot, Poinson-lez-Fays, Rougeux.

VIII. *Canton de Giey-sur-Aujon* (10 municipalités). — Courcelles-sur-Aujon, Courcelotte, Ériseul, Giey-sur-Aujon, Rochetaillée, Saint-Loup-sur-Aujon, Survilliers (ferme), Ternat, Vauclair (ferme), Ville-au-Bois (ferme).

IX. *Canton de Grenant* (6 municipalités). — Coublant, Frettes, Grandchamp, Grenant, Maatz, Saulles.

X. *Canton de Heuilley-le-Grand* (9 municipalités). — Caquerey, Chassigny, Heuilley-Coton, Heuilley-le-Grand, Noidant-Châtenoy, Palaiseul, Rivière-le-Bois, Saint-Broingt-le-Bois, Violot.

XI. *Canton de Hortes* (11 municipalités). — Beaulieu (abbaye), Celsoy, Chaudenay, Hortes, Lecey, Marcilly, Montlandon, Orbigny-au-Mont, Plénoy, Rosoy, Troischamps.

XII. *Canton de Hûmes* (15 municipalités). — Beauchemin, Champigny-lez-Langres, Charmes-lez-Langres, Charmoilles, Chanoy, Faverolles, Hûmes, Jorquenay, Lanne et Tronchoy, Marac, Peigney, Perrancey, Rolampont, Saint-Ciergue, Saint-Martin-lez-Langres.

XIII. *Canton de Langres* (1 municipalité). — Langres et ses faubourgs.

XIV. *Canton de Longeau* (12 municipalités). — Bourg, Brenne, Cohons, Longeau, Percey-le-Pautel, Piépape, Prangey et Vesvre, Saint-Geômes, Saint-Michel, Verseilles-le-Bas, Verseilles-le-Haut, Villegusien.

XV. *Canton de Montsaugeon* (13 municipalités). — Aubigny, Choilley, Couzon, Cusey, Dardenay, Dommarien, Isômes, Montormentier, Montsaugeon, Occey, Percey-le-Petit, Prauthoy, Vaux-sous-Aubigny.

XVI. *Canton de Neuilly-l'Évêque* (9 municipalités). — Banne, Bonnecourt, Changey, Chauffour, Dampierre, Frécourt, Neuilly-l'Évêque, Orbigny-au-Val, Poiseul.

XVII. *Canton de Rouvre-sur-Aube* (8 municipalités). — Arbot, Aulnoy, Étuf (ferme), Fontenelle (ferme), Hauteville (ferme), Nuisement (ferme), Rouvre, Vitry-en-Montagne.

XVIII. *Canton de Voisines* (8 municipalités). — Chameroy, Courcelles-en-Montagne, Mardor, Noidant-le-Rocheux, Ormancey, Vauxbons, Vieux-Moulin, Voisines.

VI. DISTRICT DE SAINT-DIZIER.

(10 cantons.)

I. *Canton d'Éclaron* (6 municipalités). — Allichamp, Attancourt, Braucourt, Éclaron, Humbécourt, Louvemont.

II. *Canton d'Eurville* (9 municipalités). — Bienville, Chamouilley, Eurville, Narcy, la Neuville-à-Bayard, Prez-sur-Marne, Roche-sur-Marne, Ruetz et Bayard, Villiers-au-Bois.

III. *Canton de Fays* (13 municipalités). — Avrainville, Domblain, Dommartin-le-Franc, Doulevant-le-Petit, Fays, Flornoy, Magneux, Ragecourt-sur-Blaise, Sommancourt, Suzémont, Troisfontaines-la-Ville, Valleret, Ville-en-Blaisois.

IV. *Canton de Longeville* (4 municipalités). — Droye, Longeville, Louze, Puellemontier.

V. *Canton de Montier-en-Der* (4 municipalités). — Ceffonds, Frampas, Montier-en-Der, Planrupt.

VI. *Canton de la Neuville-à-Remy* (8 municipalités). — Bailly-aux-Forges, Brousseval, Mertrud, Montreuil-sur-Blaise, la Neuville-à-Remy, Robert-Magny, Vaux-sur-Blaise, Voillecomte.

VII. *Canton de Perthe* (10 municipalités). — Bettancourt-la-Ferrée, Chancenay, Halignicourt, Hoéricourt, Longchamp, Moëlain, la Neuville-au-Pont, Perthe, Valcourt, Villiers-en-Lieu.

VIII. *Canton de Saint-Dizier* (1 municipalité). — Saint-Dizier et ses faubourgs.

IX. *Canton de Sommevoire* (6 municipalités). — Anglus, Nully, Sauvage-Maguil, Sommevoire, Thilleux, Trémilly.

X. *Canton de Vassy* (1 municipalité). — Vassy et ses faubourgs.

II. — LES REMANIEMENTS DU DÉPARTEMENT.

Les limites du département, telles qu'elles avaient été tracées en 1790, furent respectées lors de l'application des décisions du Comité de division. Nous ne connaissons, du moins, qu'une seule commune, celle de Bétancourt, placée en 1790 dans le canton de la Ferté-sur-Amance, au district de Bourbonne, qui n'ait pas été maintenue dans le département de la Haute-Marne. Dès l'année 1791, cette commune était imposée dans la Haute-Saône. En frimaire an VII (novembre 1798), l'administration centrale de la Haute-Marne la réclama; celle de la Haute-Saône répondit que Bétancourt était de la Franche-Comté, mais cette raison n'était pas péremptoire, puisque d'autres communes se trouvant dans le même cas avaient été incorporées dans la Haute-Marne. Le département de la Haute-Saône faisait en outre valoir que Bétancourt était moins éloigné de son nouveau chef-lieu de canton que de la Ferté-sur-Amance; que cette commune avait toujours eu ses relations habituelles avec la région formant la Haute-Saône et que les habitants étaient unanimes pour réclamer le maintien de cet état de choses [1]. Nous ignorons s'il fut pris une décision, mais il est certain que Bétancourt n'a pas cessé depuis d'appartenir au département de la Haute-Saône. D'ailleurs, cette situation paraissait avoir été officiellement acceptée dès l'an II, où l'*État général officiel* ne faisait pas mention de Bétancourt dans le département de la Haute-Marne [2].

La multiplicité des cantons entravait singulièrement l'expédition rapide des affaires administratives : on n'avait pas tardé à s'en apercevoir. En attendant qu'une refonte générale eût réduit le nombre des circonscriptions, la loi du 21 fructidor an III (7 septembre 1795) décida, par son article 29, que les administrations de département présenteraient dans la quinzaine les moyens de distribuer suivant la nouvelle Constitution les communes qui, bien qu'inférieures à 5,000 habitants, formaient alors un canton

---

[1] Arch. nat., F² 1, 485. — [2] *État général des départements, districts, cantons et communes de la République*, publié en l'an II (2 vol. in-fol.). Le département de la Haute-Marne est au tome II, p. 69 à 82.

isolé. Trois communes de la Haute-Marne, savoir : Bourbonne, Joinville et Vassy, se trouvaient dans ce cas. L'administration du département, par un arrêté du 21 vendémiaire an IV (13 octobre 1795), décida que les communes de Serqueux, Aigremont, la Rivière, Arnoncourt et Genrupt seraient adjointes à celle de Bourbonne; que Rupt, Suzannecourt, Thonnance-lez-Joinville et Vecqueville seraient désormais groupées avec Joinville, et enfin qu'Ailliancourt, Brousseval, Montreuil-sur-Blaise et Vaux-sur-Blaise formeraient une seule circonscription avec Vassy[1].

L'administration municipale du canton de Poulangy avait été autorisée, le 18 germinal an VII (7 avril 1799), à tenir provisoirement ses séances à Foulain; une loi du 8 vendémiaire an VIII (30 septembre 1799) sanctionna cette décision[2].

C'est dans les circonscriptions communales que se sont produits les plus nombreux remaniements.

Un principe déjà fort ancien, formulé dans un édit du 24 octobre 1637, disposait que les terrains entièrement enclavés dans une commune autre que celle à laquelle ils appartenaient, devaient être exclusivement imposés dans cette commune. Cet édit n'avait pas cessé d'être en vigueur. La loi du 4 mars 1790 avait, au contraire, complété ses dispositions en décidant que chaque commune serait composée de tout le territoire qui s'y trouvait imposé au moment de la Révolution.

Ces principes sont rappelés par le Ministre de l'intérieur dans une lettre au préfet de la Haute-Marne, du 27 floréal an XIII, par laquelle il l'informait qu'il était inutile de provoquer un décret pour la réunion à la commune de Ville-sur-Aujon (Châteauvillain) de la ferme d'Épilant, qui formait une enclave entièrement séparée de Richebourg : un simple arrêté préfectoral devait suffire[3].

Antérieurement à l'époque dont nous venons de parler, la loi du 17 février 1800 avait réorganisé l'administration départementale. Les six districts de la Haute-Marne furent transformés en trois arrondissements. Chaumont et Langres, anciens chefs-lieux de district, devinrent chefs-lieux d'arrondissement; Vassy, ancien chef-lieu d'un canton du district de Saint-Dizier, fut choisi comme chef-lieu du troisième arrondissement; Saint-Dizier ne fut plus qu'un chef-lieu de canton, et il en fut de même pour les trois autres chefs-lieux de district : Bourbonne, Bourmont et Joinville.

Vingt-six des anciens chefs-lieux de canton furent maintenus; on y ajouta Chevillon et Prauthoy, et le département fut dès lors divisé en vingt-huit cantons, comme il l'est encore aujourd'hui.

[1] Arch. nat., F² 11, Haute-Marne, 1. — [2] Arch. nat., F¹ 1, 544. — [3] Arch. nat., F¹ 11, Haute-Marne, 1.

Un seul changement de chef-lieu s'est produit depuis cette époque : en 1834, le chef-lieu du canton de Donjeux a été transféré à Doulaincourt.

I. ARRONDISSEMENT DE CHAUMONT.

(10 cantons, 195 communes, 76,246 habitants [1].)

1° CANTON D'ANDELOT.

(19 communes, 5,724 habitants.)

Andelot, Blancheville, Bourdons, Briaucourt, Chanteraine, Cirey-lès-Mareilles, Consigny, la Crête, Darmanne, Écot, Forcey, Mareilles, Montot, Morteau, Reynel, Rimaucourt, Rochefort, Signéville, Vignes.

2° CANTON D'ARC-EN-BARROIS.

(9 communes, 4,185 habitants.)

Arc-en-Barrois, Aubepierre, Bugnières, Coupray, Cour-l'Évêque, Dancevoir, Leffonds, Richebourg, Villiers-sur-Suize.

3° CANTON DE BOURMONT.

(26 communes, 7,979 habitants.)

Bourg-Sainte-Marie, Bourmont, Brainville, Champigneulle, Chaumont-la-Ville, Clinchamp, Doncourt, Germainvilliers, Gonaincourt, Goncourt, Graffigny-Chemin, Hâcourt, Harréville, Huilliécourt, Illoud, Levécourt, Malaincourt, Nijon, Outremécourt, Ozières, Romains-sur-Meuse, Saint-Thiébaud, Sommerécourt, Soulaucourt, Vaudrecourt, Vroncourt.

4° CANTON DE CHÂTEAUVILLAIN.

(19 communes, 7,369 habitants.)

Aizanville, Blessonville, Braux, Bricon, Châteauvillain, Cirfontaine-en-Azois, Créancey, Dinteville, Essey-lès-Pont, la Ferté-sur-Aube, Lanty, Latrecey, Marmesse, Montribourg, Orges, Ormoy-sur-Aube, Pont-la-Ville, Silvarouvre, Villars-en-Azois.

5° CANTON DE CHAUMONT.

(22 communes, 18,303 habitants.)

Bretenay, Brottes, Buxières-lès-Villiers, Chamarandes, Chaumont, Choignes, Condes, Crenay, Euffigneix, la Harmand, Jonchery, Lusy, Montsaon, Neuilly-sur-Suize, le Puits-des-Mèzes, Riaucourt, Sarcicourt, Semoutiers, Treix, Verbiesle, Villiers-le-Sec.

[1] Les chiffres de population sont ceux du recensement quinquennal de 1896.

6° CANTON DE CLEFMONT.
(20 communes, 5,508 habitants.)

Audeloncourt, Bassoncourt, Brevannes, Buxières-lès-Clefmont, Choiseul, Clefmont, Colombey-lès-Choiseul, Cuves, Daillecourt, Léniseul, Longchamp, Maisoncelles, Menouveaux, Merrey, Meuvy, Milières, Noyers, Pérusse, Rangecourt, Thol-lès-Millières.

7° CANTON DE JUZENNECOURT.
(24 communes, 4,889 habitants.)

Argentolle, Autreville, Bierne, Blaisy, Buchey, la Chapelle-en-Blésy, Colombey-les-Deux-Églises, Curmont, Gillancourt, Harricourt, Juzennecourt, Maranville, Meure, Monterie, la Mothe-en-Blésy, Pratz, Rennepont, Rizaucourt, Saint-Martin, Sexfontaine, Valdelancourt, Vaudrémont, la Villeneuve-au-Roi, la Villeneuve-aux-Frênes.

8° CANTON DE NOGENT-LE-ROI OU NOGENT-EN-BASSIGNY.
(20 communes, 11,354 habitants.)

Ageville, Biesle, Donnemarie, Esnouveaux, Essey-les-Eaux, Foulain, Is-en-Bassigny, Lanques, Louvières, Mandres, Marnay, Ninville, Nogent-le-Roi, Odival, Poinson-lès-Nogent, Poulangy, Sarcey, Thivet, Vesaignes-sur-Marne, Vitry-lès-Nogent.

9° CANTON DE SAINT-BLIN.
(15 communes, 4,823 habitants.)

Aillianville, Busson, Chalvraines, Chambroncourt, la Fauche, Humberville, Leurville, Liffol-le-Petit, Manois, Morionvilliers, Orquevaux, Prez-sous-la-Fauche, Saint-Blin, Semilly, Vesaignes-sous-la-Fauche.

10° CANTON DE VIGNORY.
(21 communes, 6,112 habitants.)

Annéville, Blaise, Bologne, Buxières-lès-Froncles, Champcourt, Daillancourt, Froncles, la Genevroie, Guindrecourt-sur-Blaise, la Mancine, Marault, Marbéville, Mirbel, Ormoy-lès-Sexfontaine, Oudincourt, Rôcourt-la-Côte, Soncourt, Viéville, Vignory, Vouécourt, Vraincourt.

II. ARRONDISSEMENT DE LANGRES.
(10 cantons, 210 communes, 84,184 habitants.)

1° CANTON D'AUBERIVE.
(29 communes, 4,661 habitants.)

Arbot, Auberive, Aulnoy, Bay, Chalmessin, Chameroy, Colmier-le-Bas, Colmier-le-Haut, Courcelles-sur-Aujon, Ériseul, Germaines, Gié-sur-Aujon, la Margelle, Mouilleron, Musseau, Poinsenot, Poinson-lès-Grancey, Praslay, Rochetaillée, Rouelle, Rouvre-sur-Aube, Saint-Loup-sur-Aujon, Santenoge, Ternat, Villars-Montroyer, Villemervry, Villemoron, Vitry-en-Montagne, Vivey.

2° CANTON DE BOURBONNE-LES-BAINS.

(16 communes, 12,244 habitants.)

Aigremont, Arnoncourt, Beaucharmoy, Bourbonne-les-Bains, Coiffy-le-Haut, Damrémont, Enfonvelle, Fresne-sur-Apance, Genrupt, Melay, Montcharvot, Parnot, Pouilly, la Rivière, Serqueux, Villars-Saint-Marcellin.

3° CANTON DU FAYS-BILLOT.

(24 communes, 10,310 habitants.)

Belmont, Broncourt, Buxières-lès-Belmont, Charmoy, Chaudenay, Corgirnon, Farincourt, le Fays-Billot, Frette, Genevrières, Gilley, Grenant, les Loges, Poinson-lès-Fays, Pressigny, Rosoy, Rougeux, Saulle, Savigny, Senchey, Torcenay, Tornay, Valleroy, Voncourt.

4° CANTON DE LA FERTÉ-SUR-AMANCE.

(13 communes, 4,756 habitants.)

Anrosey, Bize, la Ferté-sur-Amance, Guyonvelle, Maizières, Montesson, la Neuvelle-lès-Voisey. Pierrefaite, Pisseloup, Soyers, Vaux-la-Douce, Velle, Voisey.

5° CANTON DE LANGRES.

(27 communes, 16.666 habitants.)

Balesme, Beauchemin, Champigny-lès-Langres, Channoy, Châtenay-Macheron, Châtenay-Vaudin, Corlée, Courcelles-en-Montagne, Culmont, Faverolles, Hûmes, Jorquenay, Langres, Marac, Mardor, Noidant-le-Rocheux, Ormancey, Peigney, Perrancey, Saint-Ciergue, Saint-Geôsmes, Saint-Martin, Saint-Maurice, Saint-Vallier, Vauxbons, Vieux-Moulin, Voisines.

6° CANTON DE LONGEAU.

(29 communes, 8,753 habitants.)

Aprey, Aujeurre, Baissey, Bourg, Brenne, Chalindrey, Cohons, Flagey, Grandchamp, Heuilley-Coton, Heuilley-le-Grand, Longeau, Noidant-Châtenoy, Orcevaux, le Pailly, Palaiseul, Percey-le-Pautel, Perrogney, Piépape, Pierrefontaine, Prangey, Rivière-le-Bois, Saint-Broingt-le-Bois, Saint-Michel, Verseilles-le-Bas, Verseilles-le-Haut, Villegusien, Villiers-lès-Aprey, Violot.

7° Canton de Montigny-le-Roi.
(15 communes, 5,504 habitants.)

Avrecourt, Chauffour, Dammartin, Épinant, Fresnoy, Lécourt, Maulain, Meuse, Montigny-le-Roi, Provenchères, Ravennefontaine, Récourt, Sarrey, Saulxure, la Villeneuve-en-Angoulancourt.

8° Canton de Neuilly-l'Évêque.
(18 communes, 7,706 habitants.)

Banne, Bonnecourt, Celsoy, Changey, Charmes, Charmoilles, Dampierre, Frécourt, Lanne, Lecey, Montlandon, Neuilly-l'Évêque, Orbigny-au-Mont, Orbigny-au-Val, Plesnoy, Poiseul, Rolampont, Tronchoy.

9° Canton de Prauthoy.
(25 communes, 6,852 habitants.)

Aubigny, Chalancey, Chassigny, Châtoillenot, Choilley, Coublant, Courcelles-Val-d'Esnoms, Couzon, Cusey, Dardenay, Dommarien, Esnoms, Isômes, Leuchey, Matz, Montormentier, Montsaugeon, Occey, Percey-le-Petit, Prauthoy, Rivière-les-Fosses, Saint-Broingt-les-Fosses, Vaillant, Vaux-sous-Aubigny, Vesvres-sous-Chalancey.

10° Canton de Varennes.
(14 communes, 6,732 habitants.)

Andilly, Arbigny-sous-Varennes, Celles, Champigny-sous-Varennes, Chézeaux, Coiffy-le-Bas, Hortes, Marcilly, la Neuvelle-lès-Coiffy, Rançonnières, Troischamps, Varennes-sur-Amance, Lavernoy, Vicq.

III. ARRONDISSEMENT DE VASSY.
(8 cantons, 145 communes, 71,627 habitants.)

1° Canton de Chevillon.
(15 communes, 8,369 habitants.)

Avrainville, Bienville, Breuil-sur-Marne, Chevillon, Curel, Eurville, Fontaine, Gourzon, Maizières, Narcy, la Neuville-à-Bayard, Osne-le-Val, Prez-sur-Marne, Ragecourt-sur-Marne, Sommeville.

2° Canton de Doulaincourt.
(19 communes, 6,510 habitants.)

Augeville, Bettaincourt, Cerisières, Domremy, Donjeux, Doulaincourt, Gudmont, Landéville, Maconcourt, Mussey, Pautaine, Provenchères-sur-Marne, Roche-sur-Rognon, Rouécourt, Rouvroy, Saint-Urbain, Saucourt, Vaux-sur-Saint-Urbain, Villiers-sur-Marne.

3° CANTON DE DOULEVANT-LE-CHÂTEAU.
(19 communes, 5,978 habitants.)

Ambonville, Arnancourt, Baudrecourt, Beurville, Blumerey, Bouzancourt, Brachey, Charmes-en-l'Angle, Charmes-la-Grande, Cirey-sur-Blaise, Courcelles-sur-Blaise, Dommartin-le-Saint-Père, Doulevant-le-Château, Flammerécourt, Leschères, Mertrud, Nully, Trémilly, Villiers-aux-Chênes.

4° CANTON DE JOINVILLE.
(15 communes, 8,156 habitants.)

Autigny-le-Grand, Autigny-le-Petit, Blécourt, Chatonrupt, Ferrières et la Folie, Fronville, Guindrecourt-aux-Ormes, Joinville, Mathons, Nomécourt, Rupt, Sommermont, Suzannecourt, Thonnance-lès-Joinville, Vecqueville.

5° CANTON DE MONTIER-EN-DER.
(15 communes, 7,732 habitants.)

Anglus, Braucourt, Ceffonds, Droye, Frampas, Longeville, Louze, Montier-en-Der, Planrupt, Puellemontier, Robert-Magnil, Rosières, Sauvage-Magnil, Sommevoire, Thilleux.

6° CANTON DE POISSONS.
(24 communes, 4,647 habitants.)

Aingoulaincourt, Annonville, Bettoncourt, Bressoncourt, Broutières, Cirfontaine-en-Ornois, Échènay, Effincourt, Épizon, Germay, Germisey, Gillaumé, Harméville, Lézéville, Montreuil-sur-Thonnance, la Neuville-aux-Bois, Noncourt, Pancey, Paroy, Poissons, Sailly, Saudron, Soulaincourt, Thonnance-les-Moulins.

7° CANTON DE SAINT-DIZIER.
(14 communes, 19,536 habitants.)

Bettancourt-la-Ferrée, Chamouilley, Chancenay, Éclaron, Hallignicourt, Hoéricourt, Humbécourt, Moëslain, la Neuville-au-Pont, Perthe, Roche-sur-Marne, Saint-Dizier, Valcourt, Villiers-en-Lieu.

8° CANTON DE VASSY.
(24 communes, 10,699 habitants.)

Allichamp, Attancourt, Bailly-aux-Forges, Brousseval, Domblain, Dommartin-le-Franc, Doulevant-le-Petit, Fays, Flornoy, Louvemont, Magneux, Montreuil-sur-Blaise, Morancourt, la Neuville-à-Remy, Ragecourt-sur-Blaise, Sommancourt, Suzémont, Troisfontaines-la-Ville, Valleret, Vassy, Vaux-sur-Blaise, Ville-en-Blaisois, Villiers-aux-Bois, Voillecomte.

LISTE ALPHABÉTIQUE

DES PRINCIPALES SOURCES

OÙ L'ON A PUISÉ LES RENSEIGNEMENTS CONTENUS DANS CE DICTIONNAIRE.

I. — MANUSCRITS.

Archives de l'Allier : fonds des prieurés de Remonvaux et de Vauclair.

Archives d'Aulnay. (Titres de cette famille, appartenant à l'auteur.)

Archives de l'Aube : fonds de Clairvaux, Montiéramey, Montier-la-Celle, Notre-Dame-aux-Nonnains de Troyes, et série E.

Archives de la Côte-d'Or. — Grand Prieuré de Champagne. Commanderies de Bure, Épailly, Morment et la Romagne.

Archives de la Marne : fonds de l'Évêché, des abbayes de Cheminon, Haute-Fontaine, Macheret, Moncetz, Saint-Basle, Troisfontaines, Notre-Dame de Vitry, et du prieuré de Saint-Jacques de Vitry.

Archives de la Haute-Marne, séries C, G et H [1].

Archives de la Meurthe. — Titres : trésor des chartes de Lorraine.

Archives de la Meuse. — Titres : fonds des abbayes d'Evaux et de Saint-Mihiel, du prieuré de Richecourt et du chapitre de Ligny.

Archives nationales, séries D.IV bis, F², JJ, NN*, P et Q¹.

Archives municipales de Chaumont-en-Bassigny.

Archives municipales de Langres (brûlées en 1892).

Anberive. — Titres de cette abbaye : archives de la Haute-Marne.

Beaulieu. — Titres de cette abbaye : archives de la Haute-Marne.

Belmont. — Titres de cette abbaye : archives de la Haute-Marne.

Benoitevaux. — Titres de cette abbaye : archives de la Haute-Marne.

Bibliothèque nationale : Collection Champagne.

Boulancourt. — Titres de cette abbaye : archives de la Haute-Marne.

Braux. — Titres de cette commanderie : archives de la Haute-Marne.

Bure. — Titres de cette commanderie : archives de la Côte-d'Or.

Cadastre : États de sections. (A la Direction des contributions directes du département.)

Cartulaire de l'abbaye de Clairvaux. Tome I à la Bibliothèque de Troyes, tome II aux Archives de l'Aube.

Cartulaire du chapitre de Saint-Laurent de Joinville, aux archives de la Haute-Marne.

Cartulaire du chapitre de Langres, xiii° siècle : archives de la Haute-Marne.

Cartulaire du chapitre de Ligny, xviii° siècle; archives de la Meuse.

Cartulaire de Montier-en-Der, tome I, aux archives de la Haute-Marne.

Cartulaire de Saint-Remi de Reims : aux archives de Reims.

Cartulaire de Saint-Mihiel, xii° s. aux archives de la Meuse.

Chapelle-aux-Planches (La). — Titres de cette abbaye : archives de la Haute-Marne.

Chapitre cathédral de Châlons-sur-Marne. — Titres : archives de la Marne.

Chapitre cathédral de Langres. — Titres : archives de la Haute-Marne.

Chapitre de Châteauvillain. — Titres : archives de la Haute-Marne.

Chapitre Saint-Laurent de Joinville. — Titres : archives de la Haute-Marne.

Chapitre de Reynel. — Titres : archives de la Haute-Marne.

Cheminon. — Titres de cette abbaye : archives de la Haute-Marne.

Clairvaux. — Titres de cette abbaye : archives de l'Aube.

Coll. Champ. — Collection Champagne, à la Bibliothèque nationale.

Coll. Lorraine. — Collection Lorraine, à la Bibliothèque nationale.

Condes. — Titres de ce prieuré : archives de la Haute-Marne et de Reims.

Cordamble. — Titres de cette commanderie : archives de la Haute-Marne (fonds de Ruetz).

---

[1]. Les fonds d'archives dont l'origine n'est pas indiquée dans le cours de ce Dictionnaire appartiennent aux archives de la Haute-Marne.

Corgebin (Le). — Titres de cette commanderie : archives de la Haute-Marne (fonds de Thors).

Crête (La). — Titres de cette abbaye : archives de la Haute-Marne.

Dillon, avocat du roi à Chaumont : «Villes et villages du ressort du bailliage de Chaumont. 1700.» (Bibliothèque de Chaumont, collection Jolibois, tome I, fol. 124 et suiv.)

Enfonvelle. — Titres du prieuré : archives de la Haute-Marne.

Épailly. — Titres de cette commanderie : archives de la Côte-d'Or.

Esnouveaux. — Titres de cette commanderie : archives de la Haute-Marne.

Évaux. — Titres de cette abbaye : archives de la Meuse.

Évêché de Châlons-sur-Marne. — Titres : archives de la Marne.

Évêché de Langres. — Titres : archives de la Haute-Marne.

Flammerécourt. — Titres du prieuré : archives de la Haute-Marne (dans le fonds de Saint-Urbain).

Grosse-Sauve. — Titres de cet hôpital : archives de la Haute-Marne (dans le fonds du Grand-Séminaire).

Haute-Fontaine. — Titres de cette abbaye : archives de la Marne.

Hôpital de la Charité de Langres. — Titres : à l'hôpital Saint-Laurent de Langres.

Jolibois. — Recueil de documents, notes, etc.; un certain nombre de documents sont originaux. (Bibl. de Chaumont, 14 vol. in-fol.)

Lanty. — Titres du prieuré : archives de l'Aube (dans le fonds de Montiéramey).

Longuay. — Titres de cette abbaye : archives de la Haute-Marne.

Macheret. — Titres de cette abbaye : archives de la Marne.

Montiéramey. — Titres de cette abbaye : archives de l'Aube.

Montier-en-Der. — Titres de cette abbaye : archives de la Haute-Marne.

Montigny-le-Roi. — Titres du prieuré : archives de la Haute-Marne (fonds du Grand-Séminaire).

Morimond. — Titres de cette abbaye : archives de la Haute-Marne.

Morment. — Titres de cette maison : archives de la Côte-d'Or.

Mureau. — Titres de cette abbaye : archives de la Haute-Marne.

Notre-Dame de Vitry. — Titres de cette abbaye : archives de la Marne.

Passeloup. — Titres de ce prieuré : archives de la Haute-Marne (fonds de Saint-Urbain).

Perthe. — Titres du prieuré : archives de la Haute-Marne (fonds de Montier-en-Der).

Pimodan. — Archives de M. le marquis de Pimodan, à Echenay, concernant cette ancienne seigneurie et quelques villages voisins.

Pouillé du diocèse de Langres, de 1782, à la Bibliothèque de Chaumont.

Recueil Jolibois. — Voir Jolibois.

Remonvaux. — Titres de ce prieuré : archives de l'Allier (fonds du Val-des-Choux).

Reynel. — Titres du chapitre : archives de la Haute-Marne.

Richecourt. — Titres de ce prieuré : archives de la Meuse.

Romagne (La). — Titres de cette commanderie : archives de la Côte-d'Or.

Ruetz. — Titres de cette commanderie : archives de la Haute-Marne.

Saint-Amâtre de Langres. — Titres de ce prieuré : archives de la Haute-Marne.

Sainte-Âme de Joinville. — Titres de ce prieuré : archives de la Haute-Marne (dans le fonds de Saint-Urbain).

Saint-Basle. — Titres de cette abbaye : archives de la Marne.

Saint-Bon, à Champcourt. — Titres de ce prieuré : archives de la Haute-Marne (dans le fonds Montier-en-Der).

Saint-Geômes. — Titres de ce prieuré : archives de l'Aube (fonds de Notre-Dame-aux-Nonnains) et de la Haute-Marne.

Saint-Jacques de Joinville. — Titres de ce prieuré : archives de la Haute-Marne (dans le fonds de Saint-Urbain).

Saint-Jacques de Vitry. — Titres de

cette abbaye : archives de la Marne.

Saint-Mihiel. — Titres de cette abbaye : archives de la Meuse.

Saint-Nicolas de Langres. — Titres de cet hôpital, aux archives de la Haute-Marne (fonds de Ruetz).

Saint-Remi de Reims. — Titres de cette abbaye : archives de Reims.

Saint-Urbain. — Titres de cette abbaye : archives de la Haute-Marne.

Séminaire de Langres (Grand). — Titres : archives de la Haute-Marne.

Septfontaines. — Titres de cette abbaye : archives de la Haute-Marne.

Serqueux. — Titres du prieuré : archives de la Haute-Marne.

Sexfontaine. — Titres du prieuré : archives de la Haute-Marne.

Terrier de Langres. — Terrier de l'évêché de Langres, de 1334 ; archives de la Haute-Marne, G. 839.

Thors. — Titres de la commanderie : archives de la Haute-Marne.

Troisfontaines. — Titres de cette abbaye : archives de la Marne.

Val-des-Écoliers. — Titres de cette abbaye : archives de la Haute-Marne.

Varennes. — Titres du prieuré : archives de la Haute-Marne.

Vassy. — Titres du prieuré : archives de la Haute-Marne (fonds de Montier-en-Der).

Vauclair. — Titres de ce prieuré : archives de l'Allier (fonds du Val-des-Choux).

Vaux-la-Douce. — Titres de cette abbaye : archives de la Haute-Marne.

Vignory. — Titres du prieuré : archives de la Haute-Marne.

Ville-en-Blaisois. — Titres du prieuré : archives de la Haute-Marne (fonds de Montier-en-Der).

Villiers-au-Bois. — Titres du prieuré : archives de la Haute-Marne (fonds de Montier-en-Der).

Vitry. — Voir Notre-Dame, Saint-Jacques.

Voillemier. — Titres concernant plusieurs localités du Bassigny, chez M. Paul Voillemier, au château de Reclancourt.

II. — IMPRIMÉS.

Annuaire de la Haute-Marne, 1889.

Arbaumont (J. d'). *Cartulaire du prieuré de Saint-Étienne de Vignory*, 1882; in-8°.

Arbois de Jubainville (Henri d'), *Histoire des ducs et des comtes de Champagne*, 1859-1867; 6 vol. in-8°.

— *Pouillé du diocèse de Troyes*, rédigé en 1407 (publié avec diverses annexes), 1853; in-8°.

— *Note sur les deux Barrois, sur le pays de Laçois et sur l'ancien Bassigny*, s. d.; in-8°. (Extrait de la *Bibl. de l'École des chartes*, 4° série, t. IV, 1857-1858.)

Bertrand (Alexandre). *Les voies romaines en Gaule, voies des Itinéraires*, 1864; in-8°. (Extrait de la *Revue archéologique*.)

Bibliothèque de l'École des chartes, revue d'érudition dont la publication a été commencée en 1839; in-8°.

Bouvellet (Adrien). *La prévôté royale de Coiffy-le-Châtel*, 1894; in-8°. (Extrait de la *Revue de Champagne et de Brie*.)

Bougaud et Garnier. *Chronique de l'abbaye de Saint-Bénigne de Dijon*, suivie de la *Chronique de Saint-Pierre de Bèze*. Dijon, 1875; in-8°. (De la collection des *Analecta Divionensia*.)

Bouquet (Dom). *Recueil des historiens des Gaules et de la France*, in-fol. Le premier volume a été publié en 1738.

Boutiot et Socard. *Dictionnaire topographique du département de l'Aube*, 1874; in-4°.

Calmet (Dom). *Notice de la Lorraine*, 1756, in-fol. et 1840, 2 in-8°.

Camuzat (Nicolas). *Promptuarium sacrarum antiquitatum Tricassinae dioecesis*, 1610; in-8°. Les citations faites d'après les textes publiés par cet auteur ont été données après vérification sur les originaux.

Carte de la France, dressée par ordre du Ministre de l'intérieur.

Cartulaire de Boulancourt. — Voir Lalore.

Cartulaire de Gorze. — Voir Herbomez.

Cartulaire du chantre Warin. — Voir Pélicier.

Cartulaire de Vignory. — Voir Arbaumont.

Cartulaires du diocèse de Troyes. — Voir Lalore.

Cassini. *Carte de la France*, 1744-1788; in-fol.

César. *De bello Gallico.*

Chalmandrier (Nicolas). *Carte topographique du Diocèse de Langres, dressée sur une ancienne carte manuscrite et d'après les observations de la Chambre Diocézaine, corrigée et augmentée sur celle de la France levée par ordre du Roi; dédiée à Monseigneur Gilbert de Montmorin de Saint-Hérem, évèque-duc de Langres, pair de France*, 1769; gr. in-fol. plano. Cette carte renferme en outre les plans d'Arc-en-Barrois, de Bar-sur-Aube, de Châteauvillain, de Chaumont et de Langres.

Chroniques de Saint-Bénigne de Dijon et de Saint-Pierre de Bèze. — Voir Bougaud.

Courtalon-Delaistre. *Topographie historique de la ville et du diocèse de Troyes*, 1783-1784; 3 vol. in-8°.

Courtépée. *Description générale et particulière du duché de Bourgogne*, 1775-1785, 7 in-8°; 2° édition, 1847-1848, 4 in-8°. C'est à cette dernière édition que renvoient nos citations.

Coutume de Chaumont. — Voir Gousset.

Coutume de Sens. — Voir Pelée et Chenouteau.

Denifle (R. P.). *La Désolation des églises de France au XV° siècle*, 1897; 2 in-8°.

Dénombrement de la population en 1896, pour le département de la Haute-Marne, contenant la liste, par arrondissements et cantons, de

toutes les communes du département. (Recueil des actes administratifs de la préfecture de la Haute-Marne, 1897, n° 4.)

Dictionnaire topographique de l'Aube. — Voir Boutiot et Socard.

Dictionnaire topographique de la Marne. — Voir Longnon.

Dictionnaire topographique de la Meuse. — Voir Liénard.

Dictionnaire des Postes, édition de 1882.

Dictionnaire des postes de la Haute-Marne, contenant les noms des communes et des autres localités, avec l'indication des bureaux qui les desservent. Novembre 1858; in-8°. (Autographié.)

Du Chesne (André). *Histoire généalogique de la maison de Broyes et Châteauvillain*, 1621; in-fol.

— *Histoire généalogique de la maison de Vergy*, 1625; in-fol.

Durival. *Mémoire sur la Lorraine et le Barrois*, 1753; in-4°.

— *Description de la Lorraine et du Barrois*, 1778-1783; 4 vol. in-4°.

État général des départements, districts, cantons et communes de la République française, an II; in-fol. (2 vol.)

État-major. *Carte de France.*

Figuères (R. de). *Desbaptisations révolutionnaires des communes*, 1790-1795; in-8°; s. d.

Frédégaire. *Chronicon.*

Gallia christiana, t. IV, X, XII, XIII et XIV, 1728, 1751, 1770, 1785 et 1856; in-fol.

Garnier (Joseph). *Chartes bourguignonnes inédites des IX°, X° et XI° siècles.* (Mémoires présentés par divers savants à l'Académie des inscriptions et belles-lettres, 1840; in-4°.)

— Voir aussi Bougaud.

Gossin. *Rapport fait à l'Assemblée nationale par M. Gossin, membre du Comité de la Constitution, sur le quatrième département de Champagne.* In-8° (1790).

Gousset (Jean). *Les loix municipales*

et coutumes générales du bailliage de Chaumont-en-Bassigny, 1722; in-8°.

Grégoire de Tours. *Histoire des France :* liv. I-VI, ms. de Corbie; liv. VII-X, ms. de Bruxelles, 1886-1893; 2 in-8°. (De la *Collection de textes pour servir à l'étude et à l'enseignement de l'histoire.*)

Grignon (L.). *Le Diocèse de Châlons en 1405. Registre des bénéfices ecclésiastiques, etc.*, 1892; in-8°. (Dans les *Mémoires de la Société d'agriculture, etc., de la Marne*, année 1890-1891.)

Herbomez (A. d'). *Cartulaire de l'abbaye de Gorze*, 1898; in-8°. (Collection des *Mettensia* publiée par la Société nationale des antiquaires de France.)

Intérieur. *Carte de la France.*

Itinerarium Antonini. édition Parthey et Pinder, 1848; in-8°.

Jobin (L'abbé). *Le prieuré du Val-d'Osne à Charenton*, 1140-1791. (Extrait du *Bulletin d'histoire et d'archéologie du diocèse de Paris*, in-8°; s. d.)

Jolibois (Émile). *La Haute-Marne anciennement moderne; dictionnaire géographique, statistique, historique et biographique de ce département*, 1858; gr. in-8°.

Lalore (L'abbé). *Collection des principaux cartulaires du diocèse de Troyes*, 1875-1890; 7 vol. in-8°. La plupart des mentions empruntées aux textes publiés dans ce recueil ont été vérifiées sur les originaux.

— *Le polyptyque de l'abbaye de Montiérender*, 1878; in-8°.

— *Cartulaire de l'abbaye de Boulancourt*, 1869; in-8°. (Extrait des *Mémoires de la Société académique de l'Aube*, t. XXIII.)

— *Note sur les limites du pagus Breonensis.* (*Mémoires de la Société académique de l'Aube*, 1877.)

Layettes du Trésor des chartes, 1863-1881; 3 vol. in-4°. Les deux premiers volumes ont été publiés par M. Teulet et le troisième par M. Joseph de Laborde.

Lepage. *Pouillé du diocèse de Toul en 1402*; 1863; in-8°.

Liénard (Félix). *Dictionnaire topo-*

graphique du département de la Meuse, 1872; in-4°.

Longnon. *Rôles des fiefs du comté de Champagne sous le règne de Thibaut le Chansonnier*, 1877; in-8°. Nos renvois se réfèrent aux numéros d'ordre.

— *Géographie de la Gaule au VI° siècle*, 1878; gr. in-8°.

— *Atlas historique de la France*, 1885-1889; gr. in-8° et atlas in-fol.

— *Dictionnaire topographique du département de la Marne*, 1891; in-4°.

— *Pouillés*, tome I. (En publication dans le Recueil des historiens de France.)

— *Documents relatifs au comté de Champagne et de Brie*, tome I; Paris, 1901. Nos renvois se réfèrent aux numéros d'ordre.

— Tome II, en cours d'impression.

Ordonnances des rois de France de la troisième race, 1723-1847; 22 in-fol.

Pardessus. *Diplomata, chartae..., ad res gallo-francicas spectantia*, 1843-1849, 2 vol. in-fol.

Pelée de Chenouteau. *Conférence de la coutume de Sens avec le droit romain, etc.*, suivie de *Détails historiques sur le bailliage de Sens*, publiés par M. T[arbé] D[es] S[ablons], avocat au Parlement, 1787; in-4°.

Pélicier (P.). *Cartulaire du chapitre de l'église cathédrale de Châlons-sur-Marne*, par le chantre Warin, 1897; in-8°. (Extrait des *Mémoires de la Société d'agriculture, etc., de la Marne*, 1896.)

Pérard. *Recueil de plusieurs pièces curieuses servant à l'histoire de Bourgogne*, 1664; in-fol.

Peutinger. — *Voir* Table.

Pflugk-Harttung. *Acta pontificum romanorum inedita*, tome I, 1881; in-4°.

Pistollet de Saint-Ferjeux. *Notice sur les voies romaines, les camps romains et les mardelles du département de la Haute-Marne.* (Dans les *Mémoires de la Société historique et archéologique de Langres*, I, 1847 et suiv., p. 298-329.)

Polyptyque de Montier-en-Der. — *Voir* Lalore.

Pouillé de Châlons-sur-Marne. Voir Grignon.

Pouillés de Langres. — *Voir* Longnon et Vouriot.

Pouillé de Toul. — *Voir* Lepage.

Pouillé de Troyes. — *Voir* Arbois de Jubainville (D').

Prou (Maurice). *Catalogue des monnaies françaises de la Bibliothèque nationale : Les monnaies mérovingiennes*, 1892; in-8°.

— *Catalogue des monnaies françaises de la Bibliothèque nationale : Les monnaies carolingiennes*, 1896; in-8°.

Ptolémée, édit. Cogny.

Rôles des fiefs de Champagne. — *Voir* Longnon.

Roserot (Alphonse). *Procès-verbal de l'assemblée des trois ordres du bailliage de Chaumont, pour les États généraux convoqués à Orléans en 1649.* In-8°, 1884.

— *Observations sur la Notice de la Lorraine, de dom Calmet*, 1887; in-8°.

— *Le service du ban et arrière-ban dans le bailliage de Troyes au XVII° siècle, avec des documents inédits sur les bailliages de Troyes, Chaumont, Langres, Provins et Sens*, 1889; in-8°.

— *Diplômes carolingiens originaux des archives de la Haute-Marne*, 1894; in-8°.

— *Seize chartes originales inédites de Jean de Joinville*, 1894; in-8°.

— *Chartes inédites du XI° et X° siècles appartenant aux archives de la Haute-Marne*, 1898.

Roussel (L'abbé). *Le diocèse de Langres; histoire et statistique*, 1878-1879; 4 vol. gr. in-8°.

Table de Peutinger. La dernière édition française a été donnée par M. Ernest Desjardins.

Val-d'Osne (Le). — *Voir* Jobin.

Vaveray (N. de). *L'élection de Vitry-le-François*, 1877-1878; gr. in-8°.

[Vouriot.] *L'évêché de Langres au XVI° siècle*, 1868; in-8°.

— *L'évêché de Langres au XVIII° siècle*, 1868; in-8°. (Texte du pouillé de 1732. Nos citations se réfèrent à l'original.)

EXPLICATION

DES

ABRÉVIATIONS EMPLOYÉES DANS LE DICTIONNAIRE.

———

a.	armoire.
abb.	abbaye.
adm.	administratives.
affl.	affluent.
anc.	ancien.
ann.	annuaire.
arch.	archives.
arch. nat.	archives nationales.
arrond.	arrondissement.
art.	article.
auj.	aujourd'hui.
b.	boîte.
bibl.	bibliothèque.
c.	chapitre.
carol.	carolingien.
cartul.	cartulaire.
catal.	catalogue.
ch.-l.	chef-lieu.
chambr.	chambrerie.
Champ.	Champagne.
chap.	chapelle.
chât.	château.
christ.	christiana.
c^ne	commune.
col.	colonne.
comm.	commencement.
c^on	canton.
cout.	coutume.
dét.	détruit, détruite.
diction.	dictionnaire.
dioc.	diocèse.
dipl.	diplôme.
docum.	documents.
égl.	église.
ép.	époque.
établ.	établissement.
f.	ferme.
f^ne	fontaine.
f°	folio.
fragm.	fragments.

franç.	français.
Gall.	Gallia.
gén.	général.
géogr.	géographique.
gr. ch.	grande chambrerie
h.	hameau.
hab.	habitation.
hist.	histoire.
hosp.	hospice.
ibid.	ibidem.
impr.	imprimé.
instr.	instrumenta.
invent.	inventaire.
is.	isolé.
jugem.	jugement.
l.	liasse, après une indication de fonds, livre, après un nom d'auteur.
lég.	législatives.
liv.	livre.
mém.	mémoires.
mérov.	mérovingien.
m^in	moulin.
mon.	monnaie.
m^on	maison.
ms.	manuscrit.
n°	numéro.
p.	page.
pol. polypt.	polyptyque.
princip.	principal, principaux.
reg.	registre.
riv.	rivière.
r°	recto.
ruiss.	ruisseau.
s.	siècle.
suppl.	supplément.
t.	tome.
tuil.	tuilerie.
vass.	vassaux.
v°	verso.
vill.	village.

DICTIONNAIRE TOPOGRAPHIQUE

DE

LA FRANCE.

DÉPARTEMENT

DE LA HAUTE-MARNE.

A

ABATTOIR (L'), f. et m^in, c^ne de-Montier-en-Der. — *L'Abattoir*, 1889 (État-major).

ABBAYE (L'), lieu dit, c^ne de Maizières-lez-Joinville. Il y aurait eu un prieuré, dédié à S. Faustin ou S. Potin, dépendant de l'abbaye de Saint-Urbain. (Jolibois, p. 344. — Roussel, IV, 490.)

ABBAYE (L'), f. c^ne de Soncourt.

ABBAYE-DE-HEC (L'), f. c^ne de Droye. — *L'abbaïe de Bek, autrement le Champ l'Ecuier*, 1738 (Vavcray). — *L'abbaye de Hec*, 1784 (Courtalon). — *L'abbaye de Hecq*, 1858 (Jolibois, p. 281).

ABÎMEUX (LES), m^ns is., c^ne de Droye.

ABONDANCE (L'), f. c^ne d'Essey-les-Eaux et d'Odival, appelée aussi *Corneloy* (voir ce mot).

ACHAT (L'), m^in, c^ne d'Enfonvelle.

ACRON, f. c^ne de Beurville, section C; ancien gagnage de l'abbaye de Clairvaux, à la source du Ceffondet. — N'est pas ancienne. — *Le gangnage de Hacqueron lez Beurreville*, 1572 (arch. Aube, Clairvaux). — *Acron*, 1769 (Chalmandrier).

ADRIEN, f. c^ne de Coiffy-le-Haut. — *La grange Adrien*, 1770 (arch. Haute-Marne, C. 344). — *La grange Adrien ou Grange-Rouge*, XIXe s. (cadastre de Coiffy). — *La ferme Adrien*, 1858 (Jolibois).

AGES (LES), f. c^ne de Buxières-lez-Belmont. Ancienne grange de l'abbaye de Belmont. — *Les Ages*, 1770 (arch. Haute-Marne, C. 344). — *Les Auges*, 1858 (Dict. des postes de la Haute-Marne).

AGEVILLE, c^ne de Nogent-en-Bassigny. — *Agerilla*, 1200 (Esnouveaux). — *Aigevilla, Aigeville*, 1219 (Layettes, n°s 1343 et 1366). — *Agevile*, 1221 (Esnouveaux). — *Ajevilla*, 1223 (Layettes, n° 1585). — *Aygevilla*, 1246 (la Crête). — *Ayggevilla*, 1302 (Esnouveaux). — *Angeville*, 1394 (Arch. nat., P. 174^i, n° 273 ter). — *Agueville*, 1478 (Arch. nat., P. 164^i, n° 1358). — *Ageville*, 1687 (Esnouveaux). — *Aageville*, 1787 (arch. Haute-Marne, C. 262).

En 1789, Ageville était de la province de Champagne, bailliage de Chaumont, prévôté et châtellenie de Nogent-le-Roi, élection de Chaumont. Son église, dédiée à saint Gengoul, diocèse de Langres, doyenné de Chaumont, était à la présentation du grand prieur de Champagne en qualité de commandeur d'Esnouveaux. Ce n'était anciennement qu'une succursale de celle d'Esnouveaux, qui devint, à son tour, sa succursale.

Une partie de la seigneurie appartint au comte de Champagne, à partir du XIIIe s., puis au roi; une autre était au commandeur d'Esnouveaux.

«AGNINIFONS», localité qui semble avoir été dans le voisinage de Leffonds; l'église et le cimetière furent consacrés par Guillencus d'Aigremont, évêque de Langres, la veille des nones d'octobre 1135. — *Fratres Agniuifontis, canonici de Agninifonte*, vers 1135 (arch. Côte-d'Or, Morment).

IMPRIMERIE NATIONALE.

AIGLE (L'), nom d'une des trois seigneuries de Poinson-lez-Nogent. — *L'Esgle*, 1536 (Voillemier). — *L'Aigle*, 1605 (Voillemier).

AIGNET, f. et m^in, c^ne de Noidant-Châtenoy, sur le ru de Chassigny. — *Moulin Agniet*, 1769 (Chalmandrier).

AIGREMONT, c^on de Bourbonne. — *Acrimons*, 1148 (Morimond). — *N. dominus Acris Montis*, vers 1172 (Longnon, Doc. I, n° 78). — *Aygremunt*, 1254 (Morimond). — *Aygremont*, 1255 (Morimond). — *Aigremont*, 1278 (Morimond).

Aigremont était, en 1789, de la province de Champagne, bailliage de Langres, et relevait du duché-pairie de Langres. Son église, paroissiale, du diocèse de Besançon, doyenné de Faverney, était dédiée à saint Sébastien, avec la Rivière pour succursale. Le prieur de Serqueux présentait à la cure.

AIGREMONT, étang, c^ne de Droye. Ancien fief relevant de l'abbaye de Montier-en-Der. — *Aigremont*, 1535 (Montier-en-Der).

AILLAUX, f. c^ne de Pressigny. — *Ailleau*, 1769 (Chalmandrier). — *Aillot*, 1770 (arch. Haute-Marne, C. 344).

AILLIANVILLE, c^ne de Saint-Blin. — *Allenville*, vers 1172 (Longnon, Doc. I, n° 108). — *Alainvilla*, 1402 (Pouillé de Toul). — *Aillainville*, 1446 (Arch. nat., P. 176¹, n° 509). — *Aillanville*, 1473 (Arch. nat., P. 163¹, n° 914). — *Allanville*, 1626 (Arch. nat., P. 191², n° 1639). — *Allanville*, 1688 (Arch. nat., Q¹. 688). — *Aillianville*, 1858 (Jolibois : La Haute-Marne, p. 12).

En 1789, Aillianville était de la province de Champagne, bailliage de Chaumont, prévôté d'Andelot, élection de Chaumont. Son église, paroissiale, du diocèse de Toul, doyenné de Reynel, était sous le vocable de saint Martin. La présentation de la cure appartenait au chapitre de la Fauche.

AINGOULAINCOURT, c^ne de Poissons. — *Angulencurt*, 1140 (Saint-Urbain). — *La voie qui va de Peisson à Aingoulaincourt*, 1284 (Saint-Urbain). — *Aingoulaincuria*, 1402 (Pouillé de Toul). — *Angoulaincurt*, 1589 (arch. Pimodan). — *Aingoulaincour*, 1686 (Saint-Urbain). — *Aingoulincourt*, 1688 (Saint-Urbain). — *Aingoulincourt*, 1742 (arch. Pimodan). — *Ingoulincourt*, 1775 (idem).

Aingoulaincourt dépendait, en 1789, de la province de Champagne, bailliage de Chaumont, prévôté d'Andelot, élection de Joinville. Son église, dédiée à saint Remi, était annexe de celle de Soulaincourt, au diocèse de Toul, doyenné de Dammarie.

AIZANVILLE, c^on de Châteauvillain. — *Assonvilla*, 1204-1210 environ (Longnon, Doc. I, n° 2775). — *Aysenvilla*, 1220 (arch. Aube, Clairvaux). — *Asonvilla*, 1221 (Clairvaux). — *Ainsanvilla*, 1226 (Clairvaux). — *Ainsanvilla*, 1255 (Clairvaux). — *Aissanvilla*, 1256 (Clairvaux). — *Esanvilla*, *Aisenvilla*, 1274-1275 (Longnon, Doc. I, n°° 7002 et 7018). — *Aisanville*, 1378 (Clairvaux). — *Aysanvilla*, 1392 (Clairvaux). — *Aisenville*, 1427 (Clairvaux). — *Aezanvilles*, *Aizanville*, 1603 (Arch. nat., P. 189², n° 1587). — *Aissanville*, xviii° s. (Cassini).

En 1789, Aizanville était de la province de Champagne, bailliage et prévôté de Chaumont, élection de Bar-sur-Aube. Son église, dédiée à saint Nicolas, du diocèse de Langres, doyenné de Châteauvillain, et antérieurement du doyenné de Bar-sur-Aube, était annexe de Cirfontaine-en-Azois.

ALLICHAMP, c^on de Vassy. — *Haileschans*, 1241 (arch. Marne, Haute-Fontaine). — *Alichamp*, 1316 (arch. Marne, S.-Jacques-de-Vitry). — *Allichamp*, 1576 (Arch. nat., P. 189¹, n° 1585). — *Allichant*, 1784 (arch. d'Aulnay). — *Allichamps*, xviii° s. (Cassini).

En 1789, Allichamp dépendait de la province de Champagne, bailliage de Chaumont, prévôté de Vassy, châtellenie et élection de Joinville. Son église, devenue paroissiale vers 1650, et auparavant succursale d'Humbécourt, diocèse de Châlons-sur-Marne, doyenné de Perthe, sous le vocable de l'Assomption de la sainte Vierge, était le siège d'une cure à la présentation du chapitre de Saint-Étienne de Châlons.

ALLIOTS (LES), tuil., c^ne d'Outremécourt. — *Les Alliots*, 1858 (Dict. des postes de la Haute-Marne).

ALLOFROY, f. c^ne d'Auberive. Ancienne paroisse. Cette ferme provient de l'abbaye d'Auberive, à qui elle avait été cédée par les religieux de Saint-Claude-du-Jura, vers le xii° siècle. — *Arcfractum*, 1135 (Auberive). — *Arclofrait*, 1162 (Auberive). — *Argfraict*, 1170 (Auberive). — *Arlofraiz*, 1189 (Auberive). — *Alphrath*, 1193 (Auberive). — *Alfray*, 1636 (Auberive). — *Alafroy*, 1769 (Chalmandrier). — *Eloufrais*, 1770 (arch. Haute-Marne, C. 344).

AMANCE, rivière, qui prend sa source à Chaudenay, passe à Maizières, Bize, Anrosey, la Ferté, sort du département à Pisseloup, après un parcours de 15 kilomètres, et se jette dans la Saône, rive droite, à Jussey. — *Asmantia*, 1098 (Chron. de Bèze, édit. Bougaud et Garnier, p. 388). — *Aumantia*, 1189 (Vaux-la-Douce). — *Esmantia*,

1224 (Beaulieu). — *Amancia*, 1236 (arch. Aube, Clairvaux). — *Amantia*, 1247 (Layettes, n° 3615). — *Esmance*, 1251 (Beaulieu). — *Amance*, 1265 (Vaux-la-Douce). — *Amans*, 1508 (Arch. nat., P. 164¹, n° M II° LIII). — *Mance*, 1748 (Arch. nat., Q¹. 690).

AMBOISE, fief, qui était au territoire de Baudrecourt-la-Petite, sur la rive droite du Blaiseron.

AMBONLIEU, f. et lieu dit, c^ᵒˢ de Cirfontaine-en-Ornois et de Lézéville. — *Nabonlieu*, 1773 (arch. Haute-Marne, C. 262). — *Bonlieu*, XVIII° s. (Cassini). — *Ambonlieu*, XIX° s. (cadastres de Cirfontaine, section C, et de Lézéville, section A).

AMBONVILLE, c^ⁿᵉ de Doulevant, à la source du Blaiseron. — *Ebbonis villa*, IX° s. (Polyptyque de Montier-en-Der, au cartul. I, f° 129 v°). — *Aimbodis villa*, 1050-1052 (Prieuré de Vignory). — *Ambonis villa*, 1127 (Cartul. Montier-en-Der, I, f° 118 v°). — *Ambonvilla*, 1158 (la Crête). — *Ambunvilla*, 1160 (la Crête). — *Ambovilla*, 1162 (la Crête). — *Cambonvilla, Kambonis villa*, vers 1172 (Longnon, Doc. I, n° 4193). — *Haibeuvilla*, 1289 (Layettes, n° 2809). — *Ambonville*, 1222-1243 (Longnon, Doc. I, n° 4193). — *Aubonville*, 1454 (arch. Aube, Clairvaux).

Ambonville dépendait, en 1789, de la province de Champagne, bailliage et prévôté de Chaumont, élection de Bar-sur-Aube. Son église paroissiale, du diocèse de Langres, doyenné de Châteauvillain, et auparavant de celui de Bar-sur-Aube, était dédiée à saint Bénigne. La cure était à la présentation de l'abbé de Montier-en-Der.

AMBROISE, m^ⁱⁿ, c^ⁿᵉ de Bourbonne-les-Bains, section E. — *Moulin d'Ambroise*, 1844 (cadastre).

AMONIÈNES (LES), lieu dit, c^ⁿᵉ d'Aigremont, section A.

AMOREY, f. c^ⁿᵉ d'Auberive; provient de cette abbaye. — *Amoreis*, 1158 (Auberive). — *Amorria*, 1291 (chapitre de Langres). — *Amorey*, 1769 (Chalmandrier).

ANCIEN MOULIN À VENT (L'), f., c^ⁿᵉ de Latrecey.

ANCIEN MOULIN À VENT (L'), lieu dit, c^ⁿᵉ de Semilly, section D.

ANCIENNE CORDELLERIE (L'), f., c^ᵒˢ de Saint-Dizier. *Voir aussi* CORDELLERIE (LA), usine.

ANCIENNE PAPETERIE (L'), m^ⁱⁿ, c^ⁿᵉ de Goncourt. — *Papeterie*, XVIII° s. (Cassini). *Voir aussi* PAPETERIE (LA).

ANCIENNE TUILERIE (L'), f., c^ⁿᵉ de Moëlain.

ANCOURT, lieu dit, c^ⁿᵉ de Briaucourt, section A.

ANDELOT, ch.-l. de canton, arrond. de Chaumont. — *Andelao*, ép. mérov. (Prou, Catal. des mon. mérov., n° 158). — *Andelaus*, VI° s. (Frédégaire). — *Andelaum*, VIII°-IX° s. (Grégoire de Tours, l. IX, c. 20, ms. de Bruxelles i). — *Andelo*, 1134 (Septfontaines). — *Andelaudum*, 1140 (Saint-Urbain). — *Andelou*, 1193 (Saint-Urbain). — *Andelot*, 1276-1278 (Longnon, Doc. II, p. 159). — *Audelot-soubz-Montéclaire*, 1684 (Recueil Jolibois, VIII, f°ˢ 7-10).

Andelot a fait partie de la *civitas Leucorum* et du diocèse de Toul. Il dépendait, en 1789, de la province de Champagne, élection de Chaumont, et était le chef-lieu d'une prévôté du bailliage de Chaumont, qui avait remplacé celle de Montéclair. Son église paroissiale était du diocèse de Langres, doyenné de Chaumont, sous le vocable de saint Laurent; la présentation de la cure appartenait à l'abbé de Septfontaines. Elle avait pour succursale l'église de Morteau.

C'est à Andelot que fut signé, en 587, le célèbre traité conclu entre Gontran, roi de Bourgogne, et Childebert II, roi d'Austrasie.

Andelot, situé en Austrasie, était en même temps sur les confins du diocèse de Langres, qui faisait partie du royaume de Gontran.

ANDILLY, c^ⁿᵉ de Varennes. — *In fine Andelesensi*, 891 (Roserot : Chartes inédites, etc., n° 6). — *Ecclesia de Andeliaco*, 1170 (chapitre de Langres). — *Andylleium*, 1207 (chapitre de Langres). — *Andilley*, 1362 (chapitre de Langres). — *Andileium*, 1237 (chapitre de Langres). — *Andelley*, 1474 (chapitre de Langres). — *Andilly*, 1508 (Arch. nat., P. 176², n° 477).

Andilly était, en 1789, de la province de Champagne, bailliage de Langres, prévôté et châtellenie de Montigny-le-Roi, élection de Langres. Son église, sous le vocable de la Nativité de la Sainte-Vierge, au diocèse de Langres, doyenné du Moge, était succursale de Celles.

ANDOUZOIR (L'), f. c^ⁿᵉ de Coublant. — *Andousoir*, 1769 (Chalmandrier). — *Landouzoir*, 1858 (Jolibois : La Haute-Marne, p. 297). — *L'Andouzoir*, 1889 (Ann. Haute-Marne).

ANGE GARDIEN (L'), chap. c^ⁿᵉ de Villiers-le-Sec.

ANGLES (LES), lieu dit, c^ⁿᵉ de la Villeneuve-en-Angoulaincourt, dont nom semble être un souvenir de celui d'Angoulaincourt, lieu détruit.

ANGLUS, c^ⁿᵉ de Montier-en-Der. — *Angluz*, 1247 (arch. Aube, Clairvaux). — *Anglus*, 1274-1275 (Longnon, Doc. I, n° 6457). — *Anglucium*, 1457 (H. d'Arbois de Jubainville, Pouillé, p. 268, n° 19). — *Anglu, Anglux*, 1604 (Arch. nat., P. 175², n° 367).

Anglus dépendait, en 1789, de la province de Champagne, bailliage et prévôté de Chaumont, châtellenie de Rosnay, élection de Bar-sur-Aube, et suivait la coutume de Chaumont. Son église, du diocèse de Troyes, doyenné de Brienne, dédiée à saint Éloi, était à la collation de l'évêque de Troyes.

L'identification d'Anglus avec *Angeleri quercetus* (Roussel : Dioc. de Langres, II, p. 540), dont il est fait mention vers 1060 (Lalore, Princip. cartul., IV, p. 170), nous a semblé inadmissible.

Angoulancourt, lieu détr. dont le souvenir subsiste dans le surnom de la Villeneuve-en-Angoulancourt, cᵉⁿ de Montigny. Angoulancourt était, vraisemblablement, situé entre la Villeneuve et Provenchères-sur-Meuse. — *Angolencort*, 1262 (Morimond). — *Doues faucies de pré que sunt dedans l'atan d'Angoulancort, et selonc et le concat cum il ont fait vers ces de Roingecort*, 1270 (Morimond). — *Un bois qui ast assis entre le grant bois de Angolencourt, d'une part, et la dite ville de Provenchères, d'autre part, li quex bois est apelez l'Armorne*, 1281 (Morimond).

Angoulevent, f. cᵉ de Peigney; ancien fief, avec château fort, qui relevait de l'évêché de Langres. — *Angulaventum*, 1315 (chapitre de Langres). — *Angolevant*, 1324 (chapitre de Langres). — *Engoulevent*, 1336 (Arch. nat., JJ. 70, f° 104 r°, n° 235). — *La grange d'Angoulevant*, 1770 (arch. Haute-Marne, C. 344). — *Engoulvent*, xixᵉ s. (cadastre, section A).

En 1789, une partie du territoire d'Angoulevent dépendait du bailliage de Chaumont, prévôté de Nogent-le-Roi, et l'autre du bailliage de Langres.

Angrave, mⁱⁿ détr., cᵉ de Hûmes, section B.

Annéville, cᵉ de Vignory. — *Agniville*, xivᵉ s. (Longnon, Pouillés, I). — *Annéville*, 1443 (Arch. nat., P. 174¹, n° 299). — *Agnéville*, 1447 (Arch. nat., P. 174¹, n° 301). — *Annéville, Annéeuville*, 1626 (Arch. nat., P. 191², n° 1639).

Annéville dépendait, en 1789, de la province de Champagne, bailliage, prévôté et élection de Chaumont. Son église, du diocèse de Langres, doyenné de Chaumont, dédiée à saint Laurent, tout d'abord siège d'une cure unie au prieuré de Buxereuilles, fut cédée à l'évêque de Langres par l'abbé de Molême, en 1212; elle devint succursale d'Oudincourt, quoique les curés aient résidé pendant longtemps à Annéville, ce qui a fait souvent donner à ce village le titre de paroisse (Roussel : Dioc. de Langres, II, p. 139).

Annonville, cᵉⁿ de Poissons. — *Hasnonivilla*, ixᵉ s. (Polyptyque de Montier-en-Der, au Cartul. I, f° 125 v°). — *Asnunvilla*, 1190 (Saint-Urbain). — *Anonville*, 1265 (Saint-Urbain). — *Annonvilla*, 1268 (Saint-Urbain). — *Anonvilla*, 1292 (Saint-Urbain). — *Anunvilla*, 1294 (Saint-Urbain). — *Asnonvilla*, 1402 (Pouillé de Toul). — *Annonville*, 1485 (Saint-Urbain).

Annonville dépendait, en 1789, de la province de Champagne, bailliage de Chaumont, prévôté d'Andelot, élection et châtellenie de Joinville. L'église paroissiale, du diocèse de Toul, doyenné de Reynel, dédiée à saint Pierre, était le siège d'une cure à la présentation de l'infirmier de l'abbaye de Saint-Urbain. Elle avait pour succursale l'église de Landéville.

Anrosey, cᵉⁿ de la Ferté-sur-Amance. — *Anrosé*, 1165 (Vaux-la-Douce). — *Anrousei*, 1296 (Vaux-la-Douce). — *Anrossey*, 1540 (la Crête). — *Anrozey*, 1675 (arch. Haute-Marne, G. 85). — *Anrozay*, 1693 (Vaux-la-Douce). — *Enrozey*, 1699 (Arch. nat., Q¹. 695). — *Enrossey*, 1700 (Dillon). — *Anrozé*, xviiᵉ s. (Cassini).

En 1789, Anrosey faisait partie de la province de Champagne, bailliage de Langres, prévôté de Coiffy, élection de Coiffy. Son église paroissiale, du diocèse de Langres, doyenné de Pierrefaite, était dédiée à saint Martin et avait pour succursale Bize, la Ferté-sur-Amance et Guyonvelle. La présentation de la cure appartenait au prieur de la Ferté-sur-Amance.

Antinoche, source, près de Remonvaux, cᵉ de Liffol-le-Petit. — *La fontaine d'Antinoche*, 1248 (arch. Allier, Remonvaux).

Apance (L'), rivière qui prend sa source à la Bondice, cᵉ de la Rivière, passe à Bourbonne, près de Villars-Saint-Marcellin, à Fresne et Enfonvelle, où elle quitte le département pour se jeter dans la Saône, rive droite, à Châtillon, après un parcours de 20 kilomètres. — *Spancia*, viiᵉ s. (Gall. christ., XIII, col 964). — *L'Espance*, 1460 (Arch. nat., P. 177¹, n° 542). — *L'Apance*, 1538 (Arch. nat., P. 176², n° 488). — *L'Apense*, 1749 (Arch. nat., Q¹. 694). — *L'Espence*, 1778 (Durival, I, p. 266).

Apostole (L'), bois, cᵉ de Montier-en-Der; ancien village. — *Joiffroiz..... abbés de Saint Ourbain et chapelains de la Postoile*, 1263 (Ruetz). — *Chêne Lapostole*, bois, 1889 (État-major).

«Appre», anc. grange, territoire de Récourt. — *La grange d'Appre*, 1407 (Arch. nat., P. 176², n° 464).

Apremont, grange détruite, qui paraît avoir été sur

le territoire de la Ferté-sur-Aube; elle avait été donnée à l'abbaye de Clairvaux en 1331. — *Apremont*, 1331 (arch. Aube, Clairvaux). — *Appremont*, 1487 (Clairvaux).

APREY, c^{ce} de Longeau. — *Aspré*, 1180 (Auberive). — *Apreium*, 1251 (arch. Haute-Marne, G. 593). — *Apreyum*, 1330 (Auberive). — *Aspry*, 1336 (Arch. nat., JJ. 70, f° 103 r°, n° 235). — *Appreyum*, XIV° s. (Longnon, Pouillés, I). — *Apré*, 1464 (Arch. nat., P. 174³, n° 330 *bis*). — *Parochialis ecclesia S. Benigni d'Aprey*, 1732 (Pouillé de 1732, p. 9).

Aprey formait, en 1789, une enclave de Bourgogne en Champagne et dépendait du bailliage de la Montagne ou de Châtillon-sur-Seine. Son église paroissiale, du diocèse et du doyenné de Langres, dédiée à saint Bénigne, était le siège d'une cure à la présentation de l'abbesse de Notre-Dame-aux-Nonnains de Troyes, et auparavant du prieur de Saint-Geômes. Elle avait pour succursale l'église de Villiers-lez-Aprey.

AQUENOVE, f. c^{ce} d'Auberive, provenant de cette abbaye. Ancienne paroisse, dont l'église avait été donnée aux religieux d'Auberive par l'évêque de Langres, en 1214. — *Esconet, Esconez*, 1179 (Auberive). — *Esconoout*, 1180 (Auberive). — *Esconot*, 1183 (Auberive). — *Eschoneth*, 1206 (Auberive). — *Eschonoth, Esconot, Esconoot*, 1214 (Auberive). — *Esconohot*, 1215 (Auberive). — *Esquenoot*, 1240 (Auberive). — *Acquenove*, 1769 (Chalmandrier). — *Esquenouë*, 1770 (arch. Haute-Marne, C. 344).

ARANVILLE, fief, à Aillianville.

ARBELOTTE, f. c^{ce} de Langres. *Voir* ABBOLOTTE.

ARBIGNY-SOUS-VARENNES, c^{ce} de Varennes. — *Arbigney*, 1332 (chapitre de Langres). — *Arbigneyum*, 1334 (terrier de Langres). — *Aubigneyum*, 1436 (Longnon, Pouillés, I). — *Arbigny*, 1506 (arch. Côte-d'Or, la Romagne). — *Arbaiguey-lez-Varennes*, 1521 (arch. Haute-Marne, G. 518). — *Arbigny-soubs-Varennes*, 1675 (arch. Haute-Marne, G. 85). — *Arbigny-sous-Varennes*, 1732 (Pouillé de 1732, p. 129).

Arbigny faisait partie, en 1789, de la province de Champagne, bailliage de Langres, prévôté de Coiffy, élection de Langres. Son église paroissiale, du diocèse de Langres, doyenné de Pierrefaite, dédiée à saint Jean-Baptiste, était le siège d'une cure à la présentation du commandeur de la Romagne. Elle avait pour succursale Broncourt, qui fut tout d'abord une paroisse.

Il y avait à Arbigny une commanderie du Temple, puis de Saint-Jean de Jérusalem, qui fut unie à celle de la Romagne.

La seigneurie était partagée entre le commandeur de la Romagne et un laïque.

ARBOLOTTE, auberge, c^{ce} de Perrancey. *Voir* ARBELOTTE.

ARBOT, c^{ce} d'Auberive. — *Alboth*, 1194 (Auberive). — *Arbout*, 1223 (Auberive). — *Arbot*, 1244 (Auberive). — *Albout*, 1253 (Auberive). — *Albotum*, 1264 (Auberive). — *Arbotum*, 1334 (terrier de Langres, f° 303 v°). — *Arbou*, 1464 (Arch. nat., P. 174³, n° 330 *bis*).

En 1789, Arbot dépendait de la province de Champagne, bailliage et élection de Langres. Son église paroissiale, du diocèse de Langres, doyenné de Châtillon-sur-Seine, était dédiée à saint Pierre-ès-Liens, et avait pour succursale celle d'Aulnoy. La collation de la cure appartenait à l'évêque.

ARCÉMONT, f. c^{ce} de Buxières-lez-Clefmont. — *Alcemont*, 1245 (Layettes, n° 3354). — *Arcémont*, 1539 (Arch. nat., P. 174³, n° 822). — *Archemont*, 1769 (Chalmandrier).

En 1789, Arcémont formait une communauté du bailliage de Chaumont, prévôté de Nogent, élection de Langres; la seigneurie relevait de Clefmont, et en arrière-fief de Nogent-le-Roi.

ARC-EN-BARROIS, ch.-l. de canton, arrond. de Chaumont. — *Arcus*, 1157 (arch. Côte-d'Or, Morment). — *Arcus, castrum*, 1182 (Morment). — *Arc*, 1200-1201 environ (Longnon, Doc. I, n° 2125). — *Archus*, 1232 (arch. Allier, Vauclair). — *Arc-an-Barrois*, 1255 (Vauclair). — *Arc sus Aujum*, 1280 (Vauclair). — *Arc en Barrois*, 1412 (arch. Haute-Marne, G. 604). — *Arc en Barroix*, 1440 (arch. Aube, Clairvaux). — *Arcus Barrensis*, 1436 (Longnon, Pouillés, I). — *Arc en Barroys*, 1563 (Prieuré de la Ferté-sur-Aube). — *Arcq*, 1675 (arch. Haute-Marne, G. 85). — *Arc en Barois*, 1769 (Chalmandrier). — *Arc-sur-Aujon*, ép. révol. (Liste manuscr., arch. Haute-Marne).

En 1789, Arc-en-Barrois formait, avec plusieurs villages voisins, une enclave de Bourgogne en Champagne et dépendait du bailliage de la Montagne ou de Châtillon-sur-Seine. Son église paroissiale, du diocèse et du doyenné de Langres, était sous le vocable de saint Martin; la présentation de la cure appartenait au prieur de Montrot. Elle avait pour succursale l'église de Bugnières.

Le marquisat d'Arc-en-Barrois a fait partie du duché de Vitry érigé en 1650 et du duché de

Châteauvillain érigé en 1703 (*voir* CHÂTEAUVIL-LAIN).

Il y avait à Arc des Récollets, établis en 1633; des Ursulines, fondées en 1667; des Régentes, établies en 1744; une léproserie et un hôpital, qui existe encore.

ANCEY, lieu dit, c^ne de Changey, section A.

ARCHOTS (LES), h. c^ne de Chalindrey, sur la Ressaigne. — *Les Archaux*, 1769 (Chalmandrier). — *La grange des Archots*, 1770 (arch. Haute-Marne, C. 344). — *Les Archauds*, XIXe s. (carte de l'Intérieur).

ARCIMONT, f. c^ne de la Ferté-sur-Aube, appelée aussi *l'Épine d'Achimont*.

ANCOURT, lieu dit, c^ne de Choiseul, section C.

ANCOURT, lieu dit, c^ne de Ravennefontaine, section D.

ARDIGNY (L'), lieu dit, c^ne d'Is-en-Bassigny, section E.

ARDIGNY (L'), lieu dit, c^ne de Thivet, section B.

ARGENTIÈRES, ancienne maladrerie, au territoire de Lanne. — *Malaideria de Laanna, que dicitur Argentères*, 1334 (arch. Haute-Marne, G. 839). — *La maladière de Laanne, qui est appellée Argentières*, 1464 (Arch. nat., P. 174², n° 330 *bis*).

ARGENTOLLES, c^ne de Juzennecourt. — *Argentoilles*, 1447 (Arch. nat., P. 174¹, n° 301). — *Argentolles*, 1626 (Arch. nat., P. 191², n° 1639). — *Argentol*, 1700 (Dillon). — *Argentolle*, 1768 (Arch. nat., Q¹. 691). — *Argentole*, 1769 (Chalmandrier).

Argentolles faisait partie, en 1789, de la province de Champagne, bailliage de Chaumont, châtellenie de Chaumont (et, auparavant, baronnie de la Voivre), prévôté et élection de Bar-sur-Aube (suivant M. l'abbé Roussel, Dioc. de Langres, II, p. 140). Son église, du diocèse de Langres, doyenné de Bar-sur-Aube, sous le vocable de la Nativité de la Sainte-Vierge, était succursale de celle de Colombey-les-Deux-Églises.

ARGÉVILLE, lieu dit, c^ne d'Aizanville, section A. — *Val d'Argéville*, XIXe s. (cadastre).

ARNANCOURT, c^ne de Doulevant. — *Arnulfi cortis*, IXe s. (Polyptyque de Montier-en-Der, au Cartul. I, f° 122 v°). — *Arnencort*, vers 1201 (Longnon, Doc. I, n° 2575). — *Arnoncort*, 1221 (Thors et Corgebin). — *Arnoncort*, 1224 (Thors). — *Arnancort*, 1324 (Thors). — *Arnencort, Arnancourt*, 1348 (Thors). — *Arnulphi curia*, 1436 (Longnon, Pouillés, I). — *Arnancour*, 1732 (Pouillé de 1732, p. 73).

Arnancourt faisait partie, en 1789, de la province de Champagne, bailliage de Chaumont, prévôté de Vassy, châtellenie et élection de Joinville. Son église paroissiale, du diocèse de Langres,

doyenné de Bar-sur-Aube, était dédiée à l'Assomption; la collation de la cure appartenait à l'évêque de Langres.

ARNEY, fief, au finage de Pisseloup. — *Arney*, 1675 (arch. Haute-Marne, G. 85, f° 10).

ARNONCOURT, c^ne de Bourbonne. — *Arnoncort*, 1199 (Morimond). — *Arnoncurt*, 1553 (Arch. nat., Q¹. 684). — *Arnoncour*, XVIIIe s. (Cassini).

En 1789, Arnoncourt faisait partie de la province de Champagne, bailliage de Langres, prévôté et châtellenie de Montigny-le-Roi, élection de Langres. L'église, dédiée à saint Symphorien, du diocèse de Besançon, doyenné de Faverney, était succursale de celle de Serqueux.

«ARRUAIN», m^lin dét., qui était voisin de Bologne. — *Molendinum de Harewuns*, 1138-1143 (Bibl. nat., coll. Champ., t. CLII, f° 44). — *Molendinum de Haroen*, 1167 (la Crête). — *Boloigne sur Marne, dès le molin d'Arruain*, 1419 (Arch. nat., P. 174¹, n° 298).

ATTIGNY, lieu dit, c^ne de Brousseval, section A.

ATTANCOURT, c^ne de Vassy. — *Villa Hatonis cortis*, XIe s. (Cartul. Montier-en-Der, I, f° 89 r°). — *Attancort, Atoncort*, vers 1172 (Longnon, Doc. I, n°s 478, 503). — *Autuncort*, XIIe s. (arch. Marne, G. 709). — *Estancort*, vers 1201 (Longnon, Doc. I, n° 2675). — *Attencort*, 1219 (Thors). — *Atancourt*, 1249-1252 (Longnon, Rôles, n° 1308). — *Autancort*, 1274 (Thors). — *Atencourt*, 1345 (Thors). — *Attancourt, Attancourt lez Waissy*, 1406 (Arch. nat., P. 176¹, n° 405). — *Actancort*, 1576 (Arch. nat., P. 191¹, n° 1585). — *Attancour*, XVIIIe s. (Cassini).

En 1789, Attancourt dépendait de la province de Champagne, bailliage de Chaumont, prévôté et châtellenie de Vassy, élection de Joinville. Son église paroissiale, du diocèse de Châlons-sur-Marne, doyenné de Joinville, était dédiée à saint Louvent; la présentation de la cure appartenait au chapitre de Saint-Étienne de Châlons.

AUBE (L'), rivière. C'est, après la Marne, le plus important cours d'eau du département. Elle a son point de départ à Praslay, où elle se forme de la réunion de plusieurs sources; arrose Auberive, Bay, Arbot, Rouvre, Aubepierre et Dancevoir, où elle quitte la Haute-Marne pour y rentrer bientôt, sur le territoire d'Ormoy, et passe alors à Dinteville, Silvarouvre et la Ferté; puis elle sort du département, pour n'y plus rentrer. — *Fluvius Albae*, 885 (Roserot, Dipl. carol., p. 16). — *Albe*, 1257 (Longuay). — *Aube*, 1308 (la Crête). — *Aulbe*, 1548 (Longuay).

AUBEPIERRE, c^ea d'Arc-en-Barrois. — *Alba Petra*, 1195 (Longuay). — *Aulbepierre*, 1526 (Longuay). — *Aubepierre*, 1572 (Longuay).

Aubepierre faisait partie, en 1789, de la province de Champagne, bailliage et prévôté de Chaumont, élection de Langres. Son église paroissiale, dédiée à l'Assomption, et anciennement à saint Didier, était du diocèse et du doyenné de Langres; la collation de la cure appartenait à l'évêque.

La seigneurie avait été cédée par l'évêque de Langres au comte de Champagne en 1217.

AUBERIVE, ch.-l. de canton, arrond. de Langres. Abbaye d'hommes, ordre de Cîteaux, filiation de Clairvaux, diocèse de Langres, fondée au plus tard en 1135. — *Alba Ripa*, 1135 (Auberive). — *Auberive, Auberrive*, 1326 (Arch. nat., JJ. 70, f° 105 r°, n° 235). — *Aulberive*, 1573 (Recueil Jolibois, X, f° 2).

Suivant Jolibois (La Haute-Marne, etc.), le village se serait appelé *Arcus sub Toron, Arstoron, Narstoron*, avant la fondation de l'abbaye, laquelle lui aurait donné son nom actuel.

L'existence civile et ecclésiastique du village d'Auberive ne date que de la Révolution; anciennement, ce n'était qu'une dépendance de l'abbaye.

En 1789, l'abbaye d'Auberive et ses dépendances formaient une communauté du bailliage et de l'élection de Langres. L'église abbatiale était sous le vocable de Notre-Dame et dépendait du doyenné de Langres. L'église paroissiale, dédiée à sainte Anne et servant aux domestiques et ouvriers de l'abbaye, était, suivant l'usage cistercien, située en dehors de la clôture. Un religieux, délégué par l'abbé et révocable à sa volonté, y faisait l'office de curé. La seigneurie appartenait à l'abbé.

Voir aussi PETITE-AUBERIVE.

AUBIGNY, c^on de Prauthoy. — *In fine Albiniacense*, 858-880 (Roserot, Chartes inédites, etc., n° 5). — *Aubigneium*, 1228 (chapitre de Langres). — *Albigné*, 1233 (arch. Aube, Notre-Dame-aux-Nonnains). — *Albegneium*, 1254 (chapitre de Langres). — *Aubigneyum*, 1282 (chapitre de Langres). — *Aubeigney*, 1336 (Arch. nat., JJ. 70, f° 105 r°, n° 235). — *Aubigny*, 1464 (Arch. nat., P. 174², n° 330 bis). — *Aubigney*, 1482 (chapitre de Langres). — *Aulbigny*, 1622 (chapitre de Langres). — *Prioratus S. Simphoriani d'Aubigny*, 1733 (Pouillé de 1732, p. 31).

En 1789, Aubigny faisait partie de la province de Champagne, bailliage et élection de Langres, châtellenie et prévôté épiscopales de Montsaugeon.

L'église, du diocèse de Langres, doyenné de Grancey, sous le vocable de saint Symphorien, était, en dernier lieu, succursale de Prauthoy.

La seigneurie appartenait à l'évêque de Langres.

AUDELONCOURT, c^on de Clefmont. — *Adelini curtis*, 1092 (Pérard, p. 197). — *Andelencurt*, 1182 (arch. Côte-d'Or, Morment). — *Andelancuria*, 1351 (arch. Haute-Marne, chapitre de Langres). — *Odolencourt*, 1378 (Arch. nat., P. 174¹, n° 274 bis). — *Audelancourt*, 1443 (Arch. nat., P. 174¹, n° 299). — *Houdelaincourt*, 1443 (Arch. nat., P. 176², n° 508). — *Audelloncourt*, 1539 (Arch. nat., P. 174², n° 322). — *Audeloncourt*, 1684 (Arch. nat., Q¹. 690). — *Audeloncour*, 1732 (Pouillé de 1732, p. 121).

Audeloncourt faisait partie, en 1789, de la province de Champagne, bailliage de Chaumont, prévôté de Nogent-le-Roi, élection de Langres, châtellenie de Clefmont. Son église, du diocèse de Langres, doyenné d'Is-en-Bassigny, dédiée à saint Remi, était succursale de celle de Clefmont.

AUGES (LES), faubourg de Langres. — *Les Ages-aux-Moines*, 1769 (Chalmandrier). — *Les Auges-aux-Moines*, XVIII° s. (Cassini).

AUGEVILLE, c^on de Doulaincourt. — *Algin villa*, 1005 (Gallia christ., XIII, col. 983). — *Agisis villa*, 1122 (Pérard, p. 222). — *Angelica villa*, 1402 (Pouillé de Toul). — *Augeville*, 1506 (Saint-Urbain).

En 1789, Augeville faisait partie de la province de Champagne, bailliage de Chaumont, prévôté d'Andelot, élection de Chaumont. Son église paroissiale, du diocèse de Toul, doyenné de Reynel, était dédiée à saint Hubert, et avait Pautaines pour succursale. La présentation de la cure appartenait au prieur de Saint-Blin.

AUJEURRES, c^on de Longeau. — *Algyorre*, 1186 (Auberive). — *Agyorria*, 1213 (Auberive). — *Algerre*, 1218 (Auberive). — *Aljotrum, prope Lingones*, 1204-1210 environ (Longnon, Doc. I, n° 2777). — *Augerre*, 1226 (arch. Haute-Marne, G. 576). — *Aujolria*, 1229 (Auberive). — *Augerra*, 1239 (arch. Haute-Marne, G. 576). — *Aujorria*, 1268 (arch. Haute-Marne, G. 577). — *Augeurre*, 1331 (arch. Haute-Marne, G. 592). — *Aujorra*, 1334 (terrier de Langres, f° 23 v°). — *Aujeurre*, 1464 (Arch. nat., P. 174², n° 330 bis). — *Auljeurre*, 1566 (arch. Haute-Marne, G. 593). — *Aujeure*, 1675 (arch. Haute-Marne, G. 85). — *Anjeurre, seu Aujeurre*, 1696 (arch. Haute-Marne, G. 892, f° 115 r°). —

Aujeur, xviii⁰ s. (Cassini). — *Aujeurres*, 1889 (ann. Haute-Marne).

En 1789, Aujeurre dépendait de la province de Champagne, bailliage et élection de Langres, prévôté épiscopale de Baissey. Son église paroissiale, dédiée à saint Didier, du diocèse et du doyenné de Langres, était le siège d'une cure dont la collation appartenait à l'évêque.

L'évêque de Langres avait aussi une partie de la seigneurie.

Aujon (L'), rivière qui prend sa source au Creux-d'Aujon, dans le bois de Perrogney. Elle parcourt les territoires de Chameroy, Rochetaillée, Saint-Loup, Courcelles, Giey, Arc-en-Barrois, Courl'Évêque, Coupray, Montribourg, Châteauvillain, Pont-la-Ville, Aizanville, Maranville et Rennepont, puis sort du département et va se jeter dans l'Aube, près de Clairvaux, après un parcours de 45 kilomètres. — *Rivaria de Aujon*, 1121 (arch. Côte-d'Or, Morment). — *Augion*, 1220 (Auberive). — *Aujun*, 1262 (arch. Allier, Vauclair).

Aujon, m^in, c^ne d'Auberive; ancienne grange de l'abbaye d'Auberive. — *Moulin d'Aujon*, 1769 (Chalmandrier). — *La grange d'Aujon*, 1770 (arch. Haute-Marne, C. 344).

Aulnoy, c^ne d'Auberive. — *Aunoy*, 1196 (Auberive). — *Alnoy*, 1218 (Auberive). — *Alnetum*, 1220 (Auberive). — *Agnetum, Annetum*, 1229 (Auberive). — *Agnoy*, 1240 (Auberive). — *Aunetum*, 1248 (Auberive). — *Aunoi*, 1250 (Auberive). — *Augnetum, Augnotum*, 1334 (terrier de Langres, f° 305 r°). — *Augnoy*, 1464 (Arch. nat., P. 174², n° 330 bis). — *Aulnoy*, 1522 (Auberive). — *Aunois*, 1769 (Chalmandrier).

En 1789, Aulnoy dépendait de la province de Champagne, bailliage et élection de Langres, baronnie de Gurgy. L'église, dédiée à saint Nicolas, du diocèse de Langres, doyenné de Châtillon-sur-Seine, était succursale d'Arbot.

Aunnetelle, ancien écart de Puellemontier. — *Aunnetelle*, 1784 (Courtalon, III, p. 344, et Cassini).

Aunot (L'), bocard, c^ne de Sommancourt.

Autigny-le-Grand, c^ne de Joinville. — *Altiniacus*, 1140 (Saint-Urbain). — *Autinneium*, xii⁰ s. (Saint-Urbain). — *Autignei*, 1248 (Benoitevaux). — *Autini*, 1248 (Saint-Urbain). — *Autigneyum Magnum*, 1295 (Saint-Urbain). — *Autigni l'Abbé*, 1449 (Saint-Urbain). — *Autigny-le-Grand*, 1516 (Saint-Urbain). — *Aultigny-l'Abbey*, 1557 (Saint-Urbain). — *Autigny-l'Abbé*, 1780 (arch. Haute-Marne, C. 317). — *Autigny-le-Grand ou l'Abbé*, xviii⁰ s. (Cassini).

Autigny-le-Grand dépendait, en 1789, de la province de Champagne, bailliage de Chaumont, prévôté de Vassy, élection de Joinville. Son église paroissiale, dédiée à saint Pierre, était du diocèse de Châlons-sur-Marne, doyenné de Joinville. La présentation de la cure appartenait à l'abbé de Saint-Urbain.

Autigny-le-Grand était une seigneurie de l'abbé de Saint-Urbain; c'est de là qu'est venu son surnom de *l'Abbé*, qui servait aussi à le distinguer d'Autigny-le-Petit.

Autigny-le-Petit, c^ne de Joinville. — *Autigny-le-Petit*, 1296 (Saint-Urbain). — *Autigny-le-Petit*, 1401 (Arch. nat., P. 189², n° 1588). — *Autigny*, 1532 (chapitre de Joinville). — *Autigny-le-Petit*, 1576 (Arch. nat, P. 189¹, n° 1585).

En 1789, Autigny-le-Petit faisait partie de la province de Champagne, bailliage de Chaumont, prévôté de Vassy, châtellenie et élection de Joinville. L'église, sous le vocable de la Nativité de la Sainte-Vierge, diocèse de Châlons-sur-Marne, doyenné de Joinville, était succursale de celle de Curel.

Autreville, c^ne de Juzennecourt. — *In pago sive comitatu Barrinse, et in loco qui Altera villa nuncupatur, ubi fluviolus qui Aderen vocatur discurrit*, 886 (Roserot; Dipl. carol., p. 19). — *Altrivilla*, 1208 (arch. Aube, Clairvaux). — *Autreville*, 1251 (Layettes, n° 3919). — *Autreville-le-Prevoire*, 1265 (Clairvaux). — *Aultreville*, 1508 (Arch. nat., P. 174², n° 305). — *L'Autreville*, 1690 (Roserot, Ban et arrière-ban, p. 50).

Autreville dépendait, en 1789, de la province de Champagne, bailliage, prévôté et élection de Chaumont. Son église paroissiale, dédiée à saint Martin, suivant le Pouillé de 1732, était du diocèse de Langres, doyenné de Châteauvillain, et auparavant de celui de Bar-sur-Aube. La présentation à la cure appartenait à l'abbé de Saint-Claude du Jura.

Auvigny, lieu dit, c^ne d'Esnoms, section E.

Ave Maria (Les), lieu dit, c^ne d'Arc-en-Barrois, section A.

Avigny, lieu dit, c^ne de Halignicourt, section C.

Avrainville, c^ne de Chevillon. — *Evreinvilla*, xii⁰ s. (arch. Marne, G. 709) — *Evrainvilla*, vers 1201 (Longnon, Doc. I, n° 2577). — *Avrainville*, 1248 (arch. Marne, Saint-Jacques de Vitry). — *Avreinville*, 1326 (Longnon, Doc. I, n° 5869). — *Vrainville*, 1532 (chapitre de Joinville). — *Avranville*, 1690 (Roserot, Ban et arrière-ban, p. 49).

Avrainville dépendait, en 1789, de la province

de Champagne, bailliage de Chaumont, prévôté d'Andelot, châtellenie de Joinville, élection de Chaumont. L'église paroissiale, dédiée à saint Martin, était du diocèse de Châlons-sur-Marne, doyenné de Joinville. La présentation de la cure appartenait au chapitre de Saint-Étienne de Châlons.

Suivant Jolibois (La Haute-Marne, p. 44) et Roussel (Dioc. de Langres, II, p. 483), Avrainville aurait dépendu de la prévôté de Grand (Vosges), mais il s'agit là d'Avranville, c⁽ᵉ⁾ de Coussey (Vosges).

Avrecourt, cⁿᵃ de Montigny-en-Bassigny. — *Avrecort*, 1222-1243 (Longnon, Doc. I, n° 4254). — *Avricort*, vers 1240 (Longnon, Rôles, appendice, n° 37). — *Auvrincort*, 1247 (Layettes, n° 3615). — *Avrecourt*, 1249-1252 (Longnon, Rôles, n° 602). — *Evricuria*, 1269 (Ruetz). — *Avricuria*, 1290 (Ruetz). — *Avrencourt*, 1326 (Longnon, Doc. I, n° 5911). — *Avrecour*, 1732 (Pouillé de 1732, p. 120).

Avrecourt dépendait, en 1789, de la province de Champagne, bailliage de Langres, prévôté et châtellenie de Montigny-le-Roi, élection de Langres. L'église paroissiale, sous le vocable de saint Vinebaud, avec Forfilières et Récourt pour succursales, était du diocèse de Langres, doyenné d'Is-en-Bassigny. La collation de la cure appartenait à l'évêque.

Azois (L'), région dont le souvenir serait rappelé dans les noms de Cirfontaine-en-Azois et Villars-en-Azois. M. Longnon estime, avec beaucoup de vraisemblance (*Atlas historique de la France*, p. 96) qu'il faut voir dans ce mot une corruption de celui de Lassois, ancien *pagus*, puis archidiaconé du diocèse de Langres, auquel appartenaient ces deux localités.

B

Babottes (Les), h. cⁿᵉ de Voillecomte. — *Les Barbottes*, 1889 (Ann. Haute-Marne).

Bachelet (Le), usine, cⁿᵉ de Pancey.

Badinvilliers, lieu dit, cⁿᵉ de Maisoncelles, section A.

Bagneux, f. et bois, cⁿᵉ de Leuchey, section B. — *Baigneux*, 1614 (arch. Haute-Marne, G. 584). — *Leuchey, la grange de Bagneux*, 1770 (arch. de la Haute-Marne, C. 344).

Bagnotte (La), mⁿᵉ for., cⁿᵉ de Buxières-lez-Belmont.

Baillancourt, h. dét., cⁿᵉ d'Echenay, où l'on a trouvé, en l'an x, des cercueils de pierre, au lieu dit «le Cimetière». — *Boiuncort*, 1238 (Ruetz). — *Bayoncourt, Baioncourt*, 1330 (Ruetz). — *Eschenets, et le hameau de Bayancourt, à présent détruit et en terres labourables*, 1763 (arch. Haute-Marne, C. 317). — *Chemin, cimetière de Baillancourt*, xixᵉ s. (cadastre, section A).

Bailly, lieu dit, cⁿᵉ d'Andelot, section E. — *Le puits Bailly*, xixᵉ s. (cadastre).

Bailly, mⁿ, cⁿᵉ d'Illoud. — *Moulin de Bailli*, xviiᵉ s. (Cassini). — *Moulin Bailly*, xixᵉ s. (carte de l'Intérieur).

Bailly-aux-Forges, cⁿ de Vassy. — *Bailley-aux-Forges*, 1448 (Arch. nat., P. 177², n° 649). — *Bailly-aux-Forges*, 1463 (Arch. nat., Q¹. 684). — *Bailley*, 1486 (arch. Aube, Clairvaux). — *Bally-aux-Forges*, 1763 (arch. Haute-Marne, C. 317).

En 1789, Bailly-aux-Forges faisait partie de la province de Champagne, bailliage de Chaumont, prévôté de Vassy, châtellenie et élection de Joinville. Son église, dédiée à saint Léger, du diocèse de Châlons-sur-Marne, doyenné de Joinville, était succursale de celle de la Neuville-à-Remy.

D'après Jolibois (La Haute-Marne, etc., p. 44), Bailly-aux-Forges aurait d'abord été appelé *Fanum Leodgarii*, et aussi *Saint-Léger-aux-Ormes*. M. l'abbé Roussel (Dioc. de Langres, II, p. 589), indique la forme *Fanum Sancti Leodegarii ad Ulmos*. Ni l'un ni l'autre ne cite sa source.

Bainvaux, f. dét., cⁿᵉ de Meures. — *Bainvaux*, 1769 (Chalmandrier).

Baissey, cⁿᵉ de Longeau. — *Basciaco villa*, 858-880 (Roserot, Chartes inédites, etc., n° 5). — *Basiacus*, 870 (Gall. Christ., IV, col. 535, et Chron. Bèze, p. 268). — *Bassé*, 1194 (Auberive). — *Bayssé*, 1220 (Auberive). — *Baissé*, 1225 (Auberive). *Baissy*, 1235 (arch. Haute-Marne, G. 565). — *Baisseyum*, 1302 (arch. Haute-Marne, G. 593). — *Baissey*, 1348 (arch. Aube, Notre-Dame-aux-Nonnains). — *Besseyum seu Bessei*, 1566 (arch. Haute-Marne, G. 871, f° 842 r°). — *Parochialis ecclesia S. Petri in Vinculis de Bessey*, 1782 (Pouillé de 1732, p. 9).

En 1789, Baissey dépendait de la province de Champagne, bailliage et élection de Langres. Il était le chef-lieu d'un des groupes des possessions de l'évêché de Langres, avec titre de prévôté.

L'église paroissiale, du diocèse et du doyenné de Langres, était sous le vocable de saint Pierre-ès-Liens. Elle avait pour succursale l'église de Leuchey, et encore, mais anciennement, celle de Versoilles-le-Bas. La collation de la cure appartenait à l'évêque.

Balcot, m^ln, c^ne de Romains-sur-Meuse.

Balesme, c^ne de Langres. — *Balema*, 1245 (arch. Aube, Notre-Dame-aux-Nonnains). — *Balismus*, 1271 (chapitre de Langres). — *Belismus*, 1276 (Notre-f.-Dame-aux-Nonnains). — *Belesme*, 1326 (Longnon, Doc. I, n° 593a). — *Baloisme*, 1337 (arch. Haute-Marne, G. 66). — *Balesme*, 1387 (chapitre de Langres). — *Balame*, 1436 (Longnon, Pouillés, I). — *Balesmes*, 1574 (chapitre de Langres). — *Baleme*, 1732 (Pouillé de 1732, p. 26). — *Balémes*, 1770 (arch. Haute-Marne, C. 344).

Balesme dépendait, en 1789, de la province de Champagne, bailliage et élection de Langres, et était le siège d'une mairie épiscopale du duché-pairie de Langres. Son église, du diocèse de Langres, doyenné du Moge, était dédiée à l'Assomption, et la cure à la présentation de l'abbesse de Notre-Dame-aux-Nonnains de Troyes, qui avait succédé aux droits du prieur de Saint-Geômes.

Banne, c^ne de Neuilly-l'Évêque. — *In pago Lingonico, inter Bannam et Pausam villas*, 909 (Roserot : Chartes inédites, etc., n° 11). — *Banne*, 1198 (chapitre de Langres). — *Baanne*, 1336 (Arch. nat., JJ. 70, f° 106 v°, n° 235). — *Bannes*, 1675 (arch. Haute-Marne, G. 85).

Nous n'avons pu admettre l'identification qu'on a faite de Banne avec *Bannus*, cité dans une charte de 1059, de la chronique de Bèze (édit. Bougaud et Garnier, p. 355).

En 1789, Banne faisait partie de la province de Champagne, bailliage et élection de Langres. Son église paroissiale, du diocèse de Langres, doyenné du Moge, était dédiée à saint Laurent; la cure était à la présentation de l'abbé de Saint-Bénigne de Dijon, suivant le Pouillé de 1732.

La seigneurie appartenait au chapitre de Langres.

Baraque (La), lieu dit, c^ne de Germainvilliers, section D.

Baraque (La), écart, c^ne de Noncourt, au nord.

Baraque (La), lieu dit, c^ne de Vesvre-sous-Chalancey, section A.

Baraques (Les), m^on for., c^ne de Clefmont.

Baraques (Les), lieu dit, c^ne de Genevrières, section C.

Baraques (Les), m^on for., c^ne de la Neuvelle-lez-Coiffy.

Baraques (Les), lieu dit, c^ne des Loges, section A.

Baraques (Les), f., c^ne d'Odival.

Baraques (Les), lieu dit, c^ne de Rivière-les-Fosses, section F.

Baraques (Les), lieu dit, c^ne de Vicq, section B.

Baraques-Degand (Les), f., c^ne de Pouilly.

Baraques-Fèvre (Les), m^on is., c^ne de Pouilly. — *Ferme Febvre*, 1888 (État-major et Intérieur).

Barbouillottes (Les)), f., c^ne de Hortes.

Bardaucourt, ancien bois, c^ne de Leschères. — *Le bois de Bardaucourt*, 1515 (Arch. nat., P. 176², n° 486). — *Bardancourt*, xixe s. (cadastre, section D).

Barémont, m^on isolée, c^ne de Manois, située sur un versant de la montagne de Barémont, qui s'étend aussi sur le territoire de Rimaucourt; on y a trouvé des vestiges de constructions romaines. Au bas de la colline se trouve une ferme du même nom. — *Barrimons*, 1197 (Esnouveaux). — *Bois de Barémont*, xviiie s. (Cassini). — *Ferme de Barémont*, xixe s. (carte de l'Intérieur).

Barillot, m^ln, c^ne de Violot.

Baron (Le). — *Voir* Gagnage-du-Baron.

Baronnie (La), lieu dit, c^ne d'Attancourt, où se trouvent des vestiges de constructions.

Baronnie (La), ancien fief, c^ne de Charmoilles, dont il relevait. — *La Maison au baron ou Le Cray*, 1687 (Arch. nat., Q¹. 696). — *La Baronnie*, 1769 (Chalmandrier). — *Labaronnie*, 1858 (Jolibois, Haute-Marne, p. 281).

Barres (Les), f. dét., c^ne de Flammerécourt; elle appartenait à la commanderie du Corgebin. — *Les Barres*, 1492 (arch. Aube, Clairvaux). — *Les Barres*, xviiie s. (Cassini). — *Le Val des Barres, le Pré des Barres, la Haie des Barres*, etc., xixe s. (cadastre).

Barrière (La), m^on is., c^ne de Vignory.

Barrois (Le), pagus et comté, puis duché, dont Bar-le-Duc (Meuse), était le centre administratif. Henri III, comte de Bar, qui s'était allié à Édouard Ier d'Angleterre, contre le roi de France, fut battu et fait prisonnier en 1302; il reconnut alors la suzeraineté du roi de France pour les territoires de son comté qui étaient situés sur la rive gauche de la Meuse. C'est de là que proviennent les dénominations de *Barrois mouvant* (rive gauche) et *Barrois non mouvant* (rive droite). Un certain nombre de localités de la Haute-Marne dépendaient de ces deux Barrois (*voir* ce que nous en avons dit dans l'Introduction).

BARROIS (LE), pagus et comté dont Bar-sur-Aube (Aube) était le chef-lieu, et dont le souvenir persiste dans le nom d'Arc-en-Barrois (Haute-Marne). Ses limites se sont conservées jusqu'à la Révolution dans celles du doyenné de Bar-sur-Aube, de l'ancien diocèse de Langres, qui formait avec le doyenné de Chaumont, et l'addition de celui de Châteauvillain, vers 1736, l'archidiaconé du Barrois. — *Pagus sive comitatus Barrinsis*, 886 (Roserot, Dipl. carol., p. 19). — *Barrois*, 1255 (arch. Allier, Vauclair). — *Barroix*, 1420 (arch Aube, Clairvaux). — *Barroys*, 1563 (prieuré de la Ferté-sur-Aube).

BAS-DE-CARNOT (LE), m^on is., c^ne de Vicq.

BAS-DE-CHANOY (LE), f., c^ne de Rolampont. — *Chanoy*, 1769 (Chalmandrier). — *Le Bois de Chanoy*, 1889 (ann. Haute-Marne).

BAS-DE-LA-CÔTE (LE), f., c^ne de Montessou.

BAS-DE-LA-CÔTE (LE), m^on is., c^ne de la Neuville-au-Pont.

BAS-DES-FOURCHES (LE), m^on is., c^ne de Langres.

BAS-DU-RIAUT (LE), f., c^ne de Rosoy.

BASPRÉ, h., c^ne de la Chapelle-en-Blésy. — *Bassum Pratum*, 1200 (prieuré de Sexfontaine). — *Bas-Pré*, 1209 (Thors). — *La ville de Bas-Prey*, 1233 (Thors). — *Baspré*, 1270 (Thors). — *Li dit frere dou Temple, por leur maison de Baspré*, 1270 (Thors). — *Basprey*, 1492 (arch. Aube, Clairvaux). — *Basprey lez la Chapelle en Blésy*, 1522 (Thors). — *Bas Prés*, 1769 (Chalmandrier). — *Le hameau de Bas Prez*, 1773 (arch. Haute-Marne, C. 262).

La seigneurie de Baspré a successivement appartenu aux Templiers et aux Hospitaliers de Saint-Jean de Jérusalem, à cause de leur commanderie de Thors.

BASPRÉ, fief, qui était au territoire de Gillancourt.

BASSIGNY, étangs, c^ne d'Échenay.

BASSE-REVENUE (LA), f., c^ne de Vesaignes-sur-Marne. — *La Basse-Revenue*, 1769 (Chalmandrier). — *Labasse-Revenue*, 1858 (Jolibois, *Haute-Marne*, p. 281). — *La Basse Revenne*, 1890 (État-major).

BASSIGNY (LE), pagus et comté, qui paraît tirer son nom de Basin, l'un de ses anciens comtes. Son territoire a formé l'archidiaconé de Bassigny, au diocèse de Langres, qui se composait des doyennés d'Is-en-Bassigny et de Pierrefaite (voir l'Introduction). — *Comitatus Bassiniacus*, 921 (Roserot, Chartes inédites, n° 14). — *Bassignei*, 1208 (Morimond). — *Bassigneium*, 1234 (Morimond). — *Mastres Johans de Tavos, arcediacres de Basigné*, 1254 (Morimond). — *Basseigni*, 1265 (Val-des-Écoliers). — *Demenges, curiez d'Iz et doiens de Bassigné*, 1268 (Benoîtevaux). — *Bassignie*, 1274 (la Crête). — *Besseneig*, 1275 (Morimond). — *Les marches de Basseigny*, 1297 (la Chapelle-aux-Planches).

BASSONCOURT, c^ne de Clefmont. — *Basonis curtis*(?), 1145 (cartul. S. Mihiel, n° XLVII). — *Bassoncourt*, 1333 (arch. Côte-d'Or, B. 11476). — *Bassoncour*, 1732 (Pouillé de 1732, p. 121).

En 1789, Bassoncourt formait, avec Meuvy, une enclave de Bourgogne en Champagne, et dépendait du bailliage de Dijon. Son église, dédiée à saint Barthélemi, du diocèse de Langres, doyenné d'Is-en-Bassigny, était alternativement, de six mois en six mois, succursale de Meuvy (Bourgogne) et de Choiseul (Champagne).

BATELERIE (LA), lieu dit, c^ne de Bassoncourt, section B.

BATIOU, f., c^ne de Biesle. — *Batiou*, 1858 (Dict. des postes de la Haute-Marne).

BATTANT-D'ÉCORCE (LE), usine, c^ne de Bourbonne-les-Bains.

BATTANTS (LES), lieu dit, c^ne de Cohons, section C.

BATTANTS (LES), m^in dét., c^ne d'Orquevaux. — *Le moulin des Battans*, 1626 (Arch. nat., P. 191^1, n° 1639).

BATTERIE (LA), usine, c^ne de Bettaincourt; aujourd'hui scierie hydraulique. — *Batterie*, 1769 (Chalmandrier).

BATTERIE (LA), usine dét., c^ne de Châteauvillain. — *La cense de la Batterie*, 1773 (arch. Haute-Marne, C. 262).

BATTERIE (LA), m^on is., c^ne de Cirey-lez-Mareilles.

BATTERIE (LA), usine dét., c^ne de Coupray. — *La Batterie*, 1773 (arch. Haute-Marne, C. 262).

BATTERIE (LA), usine dét., c^ne de Doulaincourt. — *Batterie*, 1769 (Chalmandrier).

BATTERIE (LA), usine dét., c^ne de Forcey. — *Forcey, la Batterie*, 1773 (arch. Haute-Marne, C. 262).

BATTERIE (LA), usine dét., c^ne de Lanques. — *Lanques, les deux Batteries*, 1773 (arch. Haute-Marne, C. 262).

BATTERIE (LA), dite aussi FOURNEAU-DU-HAUT, forge dét., c^ne de Noncourt. — *La Batterie*, 1858 (Dict. des postes de la Haute-Marne).

BATTERIE (LA), lieu dit, c^ne de Pancey, section C.

BAUDRAY, forêt et m^on for., c^ne d'Osne-le-Val. — *Le bois de Baudreis*, 1401 (Arch. nat., P. 189^2, n° 1588). — *Le bois de Baudret, le bois de Baudret*, 1621 (Jobin, *Prieuré d'Osne-le-Val*, p. 59). — *Forêt de Baudrés*, XVIIIe s. (Cassini). — *Ferme de Faudray*, 1889 (ann. Haute-Marne).

2.

BAUDRECOURT, c⁰ⁿ de Doulevant. — Ce village est
composé de *Baudrecourt-la-Grande*, situé sur la
rive gauche du Blaiseron, et de *Baudrecourt-la-
Petite*, sur la rive droite. — *Balduficurtis*, ix⁰ s.
(polyptyque de Montier-en-Der, au cartul. I,
f⁰ 126 v⁰). — *In pago Blesensi, in villa Baldulfi
curte*, x⁰ s. (*ibid.*, f⁰ 34 r⁰). — *Boudricort*, 1208
(la Crête). — *Boudricort*, 1229 (la Crête). —
Boudricourt-la-Petite, 1401 (Arch. nat, P. 189²,
n° 1588). — *Boudrecuria*, 1402 (Pouillé de Toul).
— *Boudrecourt-la-Grant, Boudrecourt-la-Petite*,
1448 (Arch. nat., P. 177², n° 649). — *Boudre-
court-la-Grande et la Petite*, 1524 (Arch. Aube,
Clairvaux). — *Baudricourt*, 1531 (Clairvaux). —
Boudrecourt, 1532 (chapitre de Joinville). —
Baudricourt-la-Petite, 1576 (Arch. nat., P. 189¹,
n° 1585). — *Baudricourt-la-Grande et Baudricourt-la-Petite*, 1700 (Dillon). — *Baudrecourt*,
1763 (arch. Haute-Marne, C. 317). — *Baudre-
court-le-Petit*, xviii⁰ s. (Cassini).

Baudrecourt a été quelquefois confondu avec
Baudricourt, c⁰⁰ du cant. de Mirecourt (Vosges)
[*voir* Roserot, *Observations sur la Notice de la
Lorraine, de dom Calmet*, p. 4].

Baudrecourt dépendait, en 1789, de la province
de Champagne, bailliage de Chaumont, prévôté
de Vassy, châtellenie et élection de Joinville. Son
église paroissiale, dédiée à saint Bénigne et saint
Louvent, était du diocèse de Toul, doyenné de la
Rivière-de-Blaise.

La présentation de la cure appartenait-à l'abbé
de Jovilliers.

La seigneurie de Baudrecourt-la-Grande appartenait à l'abbaye de Montier-en-Der et celle de
Baudrecourt-la-Petite au duc de Guise.

BAUME (LA), f., c⁰⁰ de Corlée. — *Baume*, 1769
(Chalmandrier). — *La Baume*, xviii⁰ s. (Cassini).
— *Beaume*, 1889 (ann. Haute-Marne).

Il y avait à la Baume une chapelle, sous le vocable de Notre-Dame, qui existait encore au
xviii⁰ siècle.

BAY, c⁰ⁿ d'Auberive. — *Bayz*, 1189 (Auberive). —
Baiz, 1229 (Auberive). — *Baye*, 1254 (chapitre
de Châteauvillain). — *Baix*, 1261 (chapitre
de Châteauvillain). — *Baix*, 1464 (Arch. nat.,
P. 174², n° 330 *bis*). — *Bay*, 1675 (arch. Haute-
Marne, G. 85).

En 1789, Bay dépendait de la province de
Champagne, bailliage de Langres. Son église, dédiée à saint Hippolyte, du diocèse et du doyenné
de Langres, était succursale de celle de Vitry-en-
Montagne.

BAYARD, m⁰ⁿ is., c⁰⁰ de Gourzon.

BAYARD, usine, c⁰⁰ de la Neuville-à-Bayard; ancien
moulin. — *Molendinum quam vocant Baiart*, 1137
(Ruetz). — *Molendinum Bayard*, 1233 (Saint-
Urbain). — *Bayart-sour-Mârne*, 1272 (recueil
Jolibois, XI, f⁰ 36). — *Molins de Baiart, qui
sunt de la maison de Ruetz*, 1343 (Ruetz). —
Bayard, 1448 (Arch. nat., P. 177², n° 649).

BAZINIÈRE (LA), écart dét., c⁰⁰ de Joinville. — *La
Bazinière*, xviii⁰ s. (Cassini).

BEAUCHARMOIS (LE), f., c⁰⁰ d'Illoud, sur les hauteurs,
au nord.

BEAUCHARMOY, c⁰ⁿ de Bourbonne-les-Bains. — *Bel-
Chalmei*, 1181 (Morimond). — *Belcharmoy*, 1538
(Arch. nat., P. 176², n° 488). — *Beaucharmoy*,
1769 (Chalmandrier).

En 1789, Beaucharmoy formait une enclave du
Barrois en Champagne et dépendait du bailliage
de la Marche. Son église, dédiée à l'Assomption,
était succursale de Pouilly, au diocèse de Langres,
doyenné d'Is-en-Bassigny.

BEAUCHEMIN, c⁰⁰ de Langres. — *Ecclesia de Bello
Chemino*, 1187 (Auberive). — *Fratres et ecclesia
de Belchemin*, 1202 (Auberive). — *Bellus chi-
minus*, 1247 (Auberive). — *Biauchemin*, 1274-
1275 (Longnon, Doc. I, n° 6932). — *Hospitale
Bellichemini*, 1436 (Longnon, Pouillés, I). —
Bauchemin, 1675 (arch. Haute-Marne, G. 85).
Beauchemin, 1732 (Pouillé de 1732, p. 122).

En 1789, Beauchemin dépendait de la province
de Champagne, bailliage et élection de Langres.
Son église, dédiée à la Nativité de la Sainte-Vierge,
était succursale de celle de Faverolles, au diocèse
de Langres, doyenné d'Is-en-Bassigny.

Il y avait, à Beauchemin, une maison de l'ordre
du Temple, devenue ensuite possession des Hospitaliers de Saint-Jean de Jérusalem, qui dépendait tout d'abord de Morment, et fut ensuite érigée
en commanderie.

La seigneurie appartenait au grand-prieur de
Champagne.

BEAUJUAN, m¹ⁿ, c⁰⁰ de Gilley, au nord. — *Moulin de
Baujoint*, 1769 (Chalmandrier). — *Beaujouan*,
xix⁰ s. (carte de l'Intérieur). — *Beau-Juan*, 1889
(ann. Haute-Marne).

BEAULIEU, f., c⁰⁰ de Chevillon; anciens fourneau et
bocards.

BEAULIEU, m⁰⁰ for., c⁰⁰ d'Éclaron. — *Le carrefour de
Beaulieu*, 1889 (ann. Haute-Marne).

BEAULIEU, chât. et f., c⁰⁰ de Hortes. Abbaye d'hommes,
sous le vocable de Notre-Dame, ordre de Cîteaux,
fille de Cherlieu, diocèse de Langres, fondée en

1166, en un lieu appelé «Mons Rafredi» (*voir* Morofroy*). — *Abbatia Belli Loci*, 1168 (Beaulieu). — *Le convent de Biau Luef*, 1251 (Beaulieu). — *Le covant de Bel Leu*, 1253 (Beaulieu). — *Le convent de Biau Lui*, 1270 (Beaulieu). — *Bealus*, 1291 (Beaulieu). — *Beaulieu*, 1464 (Arch. nat., P. 174², n° 330 *bis*). — *Baulieu*, 1675 (arch. Haute-Marne, G. 85).

En 1789, Beaulieu et ses dépendances formaient une communauté de l'élection de Langres. L'abbaye était à la nomination du roi.

Beaulieu, chef-lieu d'une commune en 1790, a été réuni à celle de Hortes par une loi du 20 février 1849.

BEAULIEU, f. dét., cⁿᵉ de Leurville. Serait une ancienne léproserie à laquelle Hugue, sire de la Fauche, aurait fait une donation en 1227 (Jolibois, *La Haute-Marne*). — *Leureville et la cense de Beaulieu*, 1773 (arch. Haute-Marne, C. 262).

BEAUREGARD, f., cᵗᵉ de Braucourt; elle provient de l'abbaye de Haute-Fontaine (Marne). — *Beauregard*, xviiiᵉ s. (Cassini).

BEAUREGARD, usine à chaux, cⁿᵉ de Créancey.

BEAUREGARD, f., fⁿᵉ d'Écot. — *Beauregard*, 1769 (Chalmandrier).

BEAUREGARD, f., cⁿᵉ de Hortes. — *Beauregard*, 1769 (Chalmandrier).

BEAUREGARD, mᵉⁿ dét., cⁿᵉ de Mathons; ancien fief relevant de Joinville. — *Belresgard*, 1401 (Arch. nat., P. 189², n° 1588). — *La maison de Bel Regart*, 1443 (Arch. nat., P. 176³, n° 508). — *La maison de Bel Regard*, 1448 (Arch. nat., P. 177³, n° 649).

BEAUREGARD, f., cⁿᵉ de Montesson.

BEAUREGARD, chât. et f., cⁿᵉ de Vignory, section C. — *Beauregard*, 1769 (Chalmandrier). — *La cense de Beauregard*, 1773 (arch. Haute-Marne, C. 262).

BEAUREPAIRE, mᵒⁿ is., cⁿᵉ de Fresne-sur-Apance.

BEAUSÉJOUR, usine, cⁿᵉ d'Ormoy-sur-Aube.

BEAUSOLEIL, f. cⁿᵉ de Hortes.

BEAUTEMPS, mⁿ, cⁿᵉ de Graffigny-Chemin.

BEAUTEMPS, mⁿ, cⁿᵉ de Nijon, au sud.

BEAUVAU, lieu détruit, près de Poulangy; siège d'une justice de la prévôté de Nogent-le-Roi. — *Poulangy, Beauvau et le Vauley*, 1700 (Dillon).

BEAUVOIR, f. dét., au territoire de Hûmes. — *Grangia de Belvoir*, 1334 (terrier de Langres). — *Bévoie, lieu dit*, xixᵉ s. (cadastre, section B).

BEAUVOISIN, chât. et f., cⁿᵉ de Marac; a été appelée *Malvoisin* jusqu'à la fin du xviiiᵉ s. (Courtépée, IV, p. 276) et figure encore sous ce nom au cadastre. — *Malvoisin*, 1769 (Chalmandrier).

BEDEVILLE, lieu dit, cⁿᵉ de Vaudremont, section A.

BEL-AIR, f., cⁿᵉ de Châteauvillain.

BEL-AIR, f., cⁿᵉ d'Écot, section B.

BEL-AIR, faubourg de Langres.

BEL-AIR, chât. et f., cⁿᵉ de Mareilles, section C.

BEL-AIR, f. et auberge, cⁿᵉ d'Occey.

BEL-AIR, auberge, cⁿᵉ de Vesaignes-sous-la-Fauche.

BELCÉDA, écart, cᵃᵉ de Trémilly, dans le bois du Grand-Deffaut. — *Bethzéda*, xviiiᵉ s. (Cassini). — *Belcéda*, xixᵉ s. (cartes de l'Intérieur et de l'État-major).

BELFAYS, f. cⁿᵉ de Montigny-en-Bassigny; abbaye de femmes sous le vocable de Notre-Dame, ordre de Cîteaux, diocèse de Langres, dépendant de Tart, fondée au xiiᵉ siècle, unie à l'abbaye de Morimond en 1389. — *Beaufaes*, vers 1124 (Gall. christ., IV, instr. col. 157). — *Ecclesia de Belfail*, 1172 (Morimond). — *Nostre Dame de Belfey*, 1236 (Morimond). — *Bel Fail*, 1261 (*ibid.*). — *Biaul Fay*, 1262 (Morimond). — *Biaufay souz Montigny* (Longnon : Doc. II, p. 168). — *Belfay*, 1277 (Morimond). — *Monasterium de Bello Failio*, 1389 (Morimond). — *Belle Fay*, 1398 (Arch. nat., P. 175², n° 370). — *Beltus Faillus*, xivᵉ s. (Longnon : Pouillés, I). — *Bel Fay*, 1412 (Arch. nat., P. 175², n° 375). — *Bellum Faylum*, 1436 (Longnon : Pouillés, I). — *La grange de Belfayl*, 1675 (arch. Haute-Marne, G. 85). — *Béfay*, 1769 (Chalmandrier). — *Befail*, 1770 (arch. Haute-Marne, C. 344). — *Belfays*, xviiiᵉ s. (Cassini).

Belfays a été identifié avec *Bonus Fagetus*, abbaye de femmes, cité dans une charte de 1150 environ (Roussel, Dioc. de Langres, II, p. 399); ce *Bonus Fagetus*, qui dépendait du diocèse de Toul, est Bonfays, cⁿᵉ de Légeville (Vosges).

BELFOND, h., cⁿᵉ de Genevrières. — *Belfonds*, 1633 (arch. Côte-d'Or, la Romagne). — *Belfont*, 1732 (Pouillé de 1732, p. 135). — *Belfonds*, 1858 (Jolibois, *la Haute-Marne*, p. 54).

En 1789, Belfond formait, avec Genevrières, une communauté de l'élection de Langres. Il y avait une église, simple chapelle, dédiée à saint Sulpice, suivant M. l'abbé Roussel (Dioc. de Langres, II, p. 269). Quoi qu'il en soit, le Pouillé de 1732 la cite comme succursale de Genevrières, diocèse de Langres, doyenné de Fouvent.

BELLE-CHAPELLE (LA), h., cⁿᵉ de Saint-Geômes. — *Belle-Chapelle*, 1769 (Chalmandrier).

BELLE-CHARME (LA), f., cⁿᵉ de Saulles. — *Bellecharme*, 1769 (Chalmandrier).

BELLE-ÉPINE (LA), f., cⁿᵉ de Chantraine.

Belle-Fontaine (La), f., avec chapelle dédiée à sainte Anne, c⁰ᵉ de Bourmont. Ancien ermitage. — *Hermitage de Bellefontaine*, xviii° s. (Cassini). — *Belle Fontaine*, xix° s. (carte de l'Intérieur).

Belle-Fontaine (La), chât., c⁰ᵉ de Châteauvillain.

Belle-Fontaine (La), f., c⁰ᵉ de la Crête. — *Belle-Fontaine, maison*, 1769 (Chalmandrier).

Belle-Maison (La), m⁰ⁿ for., c⁰ᵉ d'Eurville.

Belle-Maison (La), lieu dit, c⁰ᵉ de Saint-Dizier, section D.

Belle-Négresse (La), m⁰ⁿ isolée, c⁰ᵉ de Ville-en-Blaisois.

Belles-Ondes (Les), m¹ⁿ, puis tuilerie, c⁰ᵉ de Rolampont.

Bellevaux, lieu dit, c⁰ᵉ de Vitry-en-Montagne, sur le chemin de Rochetaillée, où l'on a trouvé des vestiges de constructions et des pièces de monnaie anciennes.

Belle-Vue, f., c⁰ᵉ de Chaudenay.

Belle-Vue, f., c⁰ᵉ de Joinville.

Belle-Vue, auberge, ancienne ferme, c⁰ᵉ de Mareilles. — *La grange de Belvoirs*, 1508 (Arch. nat., P. 174², n° 308).

Belle-Vue, f., c⁰ᵉ de Noidant-le-Rocheux.

Belle-Vue, f., c⁰ᵉ d'Ormoy-sur-Aube.

Belle-Vue, f. dét., c⁰ᵉ de Sarrey. — Existait encore en 1850 (cadastre, section E). — *Belle Vue*, 1769 (Chalmandrier).

Belle-Vue, f., c⁰ᵉ de Vicq, section C.

Belmont, c⁰ᵉ du Fays-Billot. Abbaye de femmes, ordre de Cîteaux, première fille de Tart, sous le vocable de Notre-Dame, fondée vers 1127. — *Biaulmont*, vers 1124 (Gall. christ., IV, instr. col. 157). — *Bellus Mons*, 1147 (Belmont). — *Beata Maria de Pulchro Monte*, 1226 (Belmont). — *Belmont*, 1307 (Belmont). — *Belmont-les-Nonains*, xiv° s. (Longnon, Pouillés, I). — *Belmont-les-Dames*, 1530 (Belmont). — *Bémond*, 1770 (arch. Haute-Marne, C. 344).

En 1789, l'abbaye de Notre-Dame de Belmont était du diocèse de Langres, doyenné du Moge. Quant à l'église du village, dédiée à l'Assomption, elle était succursale de celle de Buxières-lez-Belmont.

La seigneurie appartenait au commandeur d'Aumônières (Haute-Saône), de l'ordre de Malte.

Belmont n'a été érigé en commune qu'en 1831, par ordonnance royale du 9 août; antérieurement ce n'était qu'une dépendance de Buxières-lez-Belmont, appelé alors Buxières-et-Belmont.

Belvoir, f., c⁰ᵉ de Buxières-lez-Belmont. Ancienne grange de l'abbaye de Belmont. — *Belvoye*, 1769

(Chalmandrier). — *La grange de Besvois*, 1770 (arch. Haute-Marne, C. 344). — *Belvoir*, xix° s. (carte de l'Intérieur).

Bénarde (La), f., c⁰ᵉ d'Annonville. — *La Bécarde*, 1858 (Dict. des postes de la Haute-Marne). — *La Bénarde*, xix° s. (carte de l'Intérieur).

Béni, f., c⁰ᵉ d'Écot. — Ferme *Bénite*, 1769 (Chalmandrier).

Benoitevaux, f., c⁰ᵉ de Busson; abbaye de femmes, ordre de Cîteaux, diocèse de Toul, sous le vocable de Notre-Dame, fondée au xii° siècle et transférée à Reynel en 1701. — *Elizabez, abbatissa Vallis Benedicte*, 1231 (Benoitevaux). — *Beata Maria Benedicte Vallis*, 1231 (Benoitevaux). — *Au dames de Vaulbenoit*, 1245 (Benoitevaux). — *Nostre Dame de Vaul Benoit*, 1248 (Benoitevaux). — *Benoite Vaus*, 1249 (Val-des-Écoliers). — *Vaul Benoiient*, 1253 (Benoitevaux). — *Benoite Vaux*, 1264 (Benoitevaux). — *Benotes Vaus*, 1268 (Benoitevaux). — *Vaubenoit, Val Benoit*, 1270 (Benoitevaux). — *Benoitevals, Benoitevauls*, 1343 (Saint-Urbain). — *Benoitevaux*, 1402 (Benoitevaux). — *Benoitevaux*, 1700 (Dillon). — *La cense de Benoît de Vaux*, 1763 (arch. Haute-Marne, C. 317).

En 1789, Benoitevaux était du bailliage de Chaumont, prévôté d'Andelot.

Bérard, f., c⁰ᵉ de Fronville, au nord-est, sur la rive droite de la Marne.

Bergère (La), lieu dit, c⁰ᵉ d'Andelot, section D.

Bergère (La), lieu dit, c⁰ᵉ d'Anrosey, section B.

Bergère (La), lieu dit, c⁰ᵉ de Châtoillenot, section D.

Bergère (La), lieu dit, c⁰ᵉ d'Épizon, section A.

Bergère (La), lieu dit, c⁰ᵉ de Meuvy, section B.

Bergère (La), lieu dit, c⁰ᵉ de Saint-Maurice, section A.

Bergères (Les), lieu dit, c⁰ᵉ d'Audeloncourt, section A.

Bergères, f. dét., c⁰ᵉ de Chermoy; elle appartenait à l'abbaye de Beaulieu. — *Burgeriae*, 1190 (Beaulieu). — *Borgères*, 1220 (Beaulieu). — *Borgières*, 1248 (Beaulieu). — *Burgères*, 1251 (Beaulieu). — *La Bergerie*, xix° s. (cadastre, section G).

Bergères (Les), lieu dit, c⁰ᵉ de Gonaincourt, section A.

Bergères (Les), lieu dit, c⁰ᵉ de Marcilly, section E.

Bergères (Les), lieu dit, c⁰ᵉ d'Orbigny-au-Val, section A.

Bergères (Les), lieu dit, c⁰ᵉ de Verceilles-le-Haut.

Bergerie (La), lieu dit, c⁰ᵉ d'Ageville, section D.

BERGERIE (LA), lieu dit, cⁿᵉ d'Arc-en-Barrois, section D.

BERGERIE (LA), lieu dit, cⁿᵉ d'Auberive, section A.

BERGERIE (LA), f., cⁿᵉ de Châteauvillain. — *La Bergerie*, 1769 (Chalmandrier).

BERGERIE (LA), lieu dit, cⁿᵉ de Genrupt, section A.

BERGERIE (LA), f. dét., cⁿᵉ de Lanques. — *La Bergerie*, 1443 (Arch. nat., P. 174¹, n° 299).

BERGERIE (LA), lieu dit, cⁿᵉ de Marmesse.

BERGERIE (LA), lieu dit, cⁿᵉ d'Osne-le-Val, section A.

BERGERIE (LA), ancien fief, cⁿᵉ de Riaucourt.

BERGERIE (LA), f., cⁿᵉ de Silvarouvre.

BERGERIES (LES), nom de plusieurs mares, cⁿᵉ d'Anglus, section B.

BERGERIES (LES), lieu dit, cⁿᵉ de Bricon, section A.

BERGERIES (LES), lieu dit, cⁿᵉ de Buchey, section B.

BERGERIES (LES), lieu dit, cⁿᵉ de Pont-la-Ville, section D.

BERGIN, mⁱⁿ, cⁿᵉ de Plénoy.

BERMOUCHE, f., cⁿᵉ de Villiers-aux-Chênes.

BERNARD, f., cⁿᵉ d'Écot, section B. — *Ferme Bernard*, 1769 (Chalmandrier). — *La cense de la Grange Bernard*, 1773 (arch. Haute-Marne, C. 262).

BERNARD, f., cⁿᵉ de Meuvy, sur l'ancien territoire des Gouttes.

BERNARDIN, f., cⁿᵉ de Clinchamp.

BERNARDINE (LA), mⁿ is., cⁿᵉ de Saint-Dizier.

BERNAY, fief de la seigneurie de Prez-sous-la-Fauche. — *Bernay*, 1684 (Recueil Jolibois, VIII, fᵒ 7 rᵒ).

BERNAY, fief, cⁿᵉ de Viéville. — *Bernay*, 1750 (Arch. nat., Q¹. 693).

BERNEHAUT, f. dét., cⁿᵉ de Montier-en-Der. — *La cense de Bernehaut*, 1763 (arch. Haute-Marne, C. 317). — *Bornéo*, XVIIIᵉ s. (Cassini).

BERSEY, lieu dit, cⁿᵉ de Voisines, où l'on a trouvé des vestiges de constructions.

BERSOT, mⁿ dét., près de Chalancey. — *Chalancey et le moulin Berceaux*, 1770 (arch. Haute-Marne, C. 344).

BERTEHEY, lieu dit, cⁿᵉ de Sommermont, section A.

BERZILLIÈRES, f. et tuilerie, cⁿᵉ de Droye. — *Thuilerie de Berzillières*, XVIIIᵉ s. (Cassini). — *Bertzillières*, 1858 (Jolibois, *la Haute-Marne*, p. 196).

BESANCOURT, lieu dit, cⁿᵉ de Troisfontaines-la-Ville, section A.

BESSEVAUX, f., cⁿᵉ de Vaillant. — *La grange de Bourcevaux*, 1770 (arch. Haute-Marne, C. 344). — *Besseveaux*, 1858 (Dict. des Postes de la Haute-Marne). — *Besseveaux*, 1889 (ann. Haute-Marne).

Bessevaux formait, en 1789, une communauté de l'élection de Langres.

BESSEY, fief, cⁿᵉ de Juzennecourt. — *Le Bessey*, 1772 (Arch. nat., Q¹. 691).

BETTAINCOURT, cⁿᵉ de Doulaincourt. — *Beteincort*, 1270 (Benoitevaux). — *Betaincort*, 1277 (Benoitevaux). — *Bétaincourt*, 1443 (Arch. nat., P. 176³, n° 508). — *Betincour*, 1732 (Pouillé de 1732, p. 93). — *Bettaincourt*, 1787 (arch. Haute-Marne, C. 262).

Bettaincourt n'est pas la même chose que Saint-Èvre, village détruit, qui était situé au même finage, car il existait avant la disparition de Saint-Èvre, et ne paraît pas non plus lui avoir succédé comme paroisse.

En 1789, Bettaincourt était de la province de Champagne, bailliage et élection de Chaumont, prévôté du Val-de-Rognon, châtellenie de Montéclair. Son église, dédiée à la Nativité de la Sainte-Vierge, était succursale de celle de Roche-sur-Rognon, au diocèse de Langres, doyenné de Chaumont.

BETTANCOURT-LA-FERRÉE, cⁿᵉ de Saint-Dizier. — *Betuncurt*, 1170 (arch. Marne, Troisfontaines). — *Betoncort*, 1249 (Troisfontaines). — *Bettencourt-la-Ferrée*, 1325 (Arch. nat., JJ. 66, fᵒ 47 rᵒ, n° 128). — *Bethencourt-la-Ferrée*, 1484 (Arch. nat., P. 163¹, n° 899). — *Bettancourt-la-Ferrée*, 1515 (chapitre de Joinville). — *Betancour-la-Ferrée*, XVIIIᵉ s. (Cassini).

Bettancourt-la-Ferrée faisait partie, en 1789, de la province de Champagne, bailliage et élection de Vitry, et suivait la coutume de Vitry. Son église paroissiale, dédiée à saint Denis, avec celles de Chamouilley et de Chancenay pour succursales, était du diocèse de Châlons-sur-Marne, doyenné de Joinville; la présentation de la cure appartenait alternativement à l'abbé de Saint-Urbain et au chapitre de la Trinité de Châlons. La seigneurie était au domaine engagé du Roi.

Il y a aussi un Bettancourt dans la Marne.

BETTONCOURT, cⁿᵉ de Poissons. — *Bertunni curia*, 1108-1126 (Saint-Urbain). — *Betumcort*, 1231 (la Crête). — *Betuncuria*, 1236 (la Crête). — *Betuncort*, 1238 (la Crête). — *Betoncort*, 1245 (la Crête). — *Betoncurt*, 1274-1275 (Longnon, Doc. 1, n° 6998). — *Betoncuria*, 1299 (la Crête). — *Bethoncourt*, 1576 (Arch. nat., P. 189³, n° 1585). — *Bettoncourt*, XVIIᵉ s. (Cassini).

Le Bettoncourt de la Haute-Marne a été confondu avec Bettoncourt, commune des Vosges, cant. de Charmes, arrond. de Mirecourt, qui était aussi du diocèse de Toul (voir Roserot, *Notice de la Lorraine de Dom Calmet*, p. 7).

En 1789, Bettoncourt dépendait de la province de Champagne, bailliage de Chaumont, prévôté d'Andelot, châtellenie et élection de Joinville. Son église paroissiale, dédiée à saint Martin, était du diocèse de Toul, au doyenné de Reynel; l'abbé de Saint-Urbain avait la présentation de la cure.

BEUILLON (LE), fief, c⁰ⁿ de la Neuvelle-lez-Coiffy; il relevait de Bourbonne. — Le Beuillon, 1438 (arch. Pimodan). — Le Beullon, 1538 (Arch. nat., P. 176², n° 488). — Le Bouillon, 1570 (Arch. nat., P. 176², n° 498). — Le Beullion, xix⁰ s. (cadastre, section A).

En 1789, le Beuillon était du bailliage de Chaumont et de la prévôté de Coiffy.

BEURNINCOURT, lieu dit, c⁰ⁿ d'Is-en-Bassigny, section F.
BEURTHENAY, lieu dit, c⁰ⁿ de Sarrey, section D.
BEURVILLE, c⁰ⁿ de Doulevant. — Burvilla, 1179 (arch. Aube, Beaulieu). — Burrivilla, vers 1200 (Longnon, Doc. I, n° 2147). — Borrevilla, 1204-1210 environ (Longnon, Doc. I, n° 2799). — Burivilla, 1221-1243 (Longnon, Doc. I, n° 4438). — Breuvilla, 1243 (Recueil Jolibois, VII, f° 85). — Burreville, 1249-1252 (Longnon, Rôles, n° 25). — Burrevilla, 1250 (arch. Aube, Clairvaux). — Bure Vile, 1274-1275 (Longnon, Doc. I, n° 7037). — Burriville, 1326 (Longnon, Doc. I, n° 5766). — Buerville, 1412 (Clairvaux). — Beureville, Beurreville, 1520 (Thors). — Beurville, 1784 (Courtalon, III, 331, et Cassini).

Beurville faisait partie, en 1789, de la province de Champagne (Vallage), bailliage de Chaumont, prévôté et élection de Bar-sur-Aube. Son église paroissiale, sous le vocable de saint Étienne, était du diocèse de Troyes, doyenné de Margerie; la collation de la cure appartenait à l'évêque.

La seigneurie était partagée entre l'abbé de Clairvaux, le commandeur de Thors et un laïque.

BEURVILLE, c⁰ⁿ d'Essey-lez-Pont. — Beurreville, 1503 (Arch. nat., P. 174², n° 305). — Bureville, 1579 (Arch. nat., P. 175¹, n° 356). — Beurville, 1603 (Arch. nat., P. 189¹, n° 1587).
BEURVILLE, lieu dit, c⁰ⁿ de Saint-Martin, section B.
BEUSSECOURT, lieu dit, c⁰ⁿ de Meure, section A.
BEUVERIE (LA), lieu dit, c⁰ⁿ de Changey, section B.
BEUVERIE (LA), lieu dit, c⁰ⁿ de Châtenay-Vaudin, section A.

BÉVAUX, f., c⁰ⁿ d'Andelot; fief relevant de Montéclair. — Besvaux, 1683 (Arch. nat., Q¹. 688). — Bévaux, 1755 (Arch. nat., Q¹. 688). — Besveaux, 1782 (Arch. nat., Q¹. 688). — Béveaux, 1858 (Jolibois, la Haute-Marne, p. 60).

Voir FONT-BÉVAUX.

BÉVINVELLE, lieu dit, c⁰ⁿ de Goncourt, section B.
BICHECOURT, lieu dit, c⁰ⁿ de Vaudrecourt, section B.
BIENVILLE, c⁰ⁿ de Chevillon. — Buinivilla, 1137 (Ruetz). — Biunvilla, 1140 (Saint-Urbain). — Bienvilla, 1285 (recueil Jolibois, VII, f° 84). — Buienvilla, 1249 (arch. Aube, Clairvaux). — Bienville, 1289 (Clairvaux). — Bien Ville, 1290 (Clairvaux). — Bienville, 1498 (Arch. nat., P. 163¹, n° 815). — Bienville-sur-Marne, 1539 (Arch. nat., P. 181³, n° 1297). — Byenville, 1563 (Clairvaux).

Suivant Jolibois (La Haute-Marne, p. 33 et 60), Bienville serait cité dans une charte en langue vulgaire de 1167, conservée aux archives de la Haute-Marne, fonds de Ruetz; mais cette charte est certainement fausse, au moins comme original, et l'œuvre d'un scribe bien maladroit. Ce n'est, vraisemblablement, qu'une traduction d'une charte latine.

En 1789, Bienville faisait partie de la province de Champagne (Vallage), bailliage et élection de Vitry, châtellenie de Saint-Dizier. Son église paroissiale, dédiée à sainte Menehould, et antérieurement à saint Michel, dépendait du diocèse de Châlons-sur-Marne, doyenné de Joinville. La présentation de la cure appartenait à l'abbé de Saint-Urbain.

BIERNE, c⁰ⁿ de Juzennecourt. — Sancta Bierna, 1231 (arch. Aube, Clairvaux). — Sainte Bierne, Scinte Bierne, 1285 (Clairvaux). — Bierne, 1447 (Arch. nat., P. 174¹, n° 301). — Bienne, xviii⁰ s. (Cassini). — Biernes, 1886 (dénombrement).

Bierne dépendait, en 1789, de la province de Champagne, bailliage de Chaumont, prévôté de Bar-sur-Aube, châtellenie de Chaumont, et auparavant baronnie de la Voivre. Son église, sous le vocable de saint Pierre et saint Paul, était succursale de celle de Harricourt, au diocèse de Langres, doyenné de Bar-sur-Aube.

BIESLE, c⁰ⁿ de Nogent-en-Bassigny. — Bills, 1226 (Val-des-Écoliers). — Bile, 1249-1252 (Longnon, Rôles, n° 599). — Billa, 1252 (Layettes, n° 4005). — Bielle, 1274-1275 (Longnon, Doc. I, n° 6936). — Bielles, 1597 (Arch. nat., P. 191³, n° 1647). — Biesle, 1645 (Val-des-Écoliers). — Biesles, 1889 (ann. Haute-Marne).

En 1789, Biesle faisait partie de la province de Champagne, bailliage de Chaumont, prévôté et châtellenie de Nogent-le-Roi, élection de Langres. Son église paroissiale, dédiée à saint Pierre et saint Paul, était du diocèse de Langres, doyenné d'Is-en-Bassigny. La présentation de la cure appartenait à l'abbesse de Poulangy.

Bignélory, lieu dit, c^ne d'Effincourt, section A.

Bignory, lieu dit, c^ne de Chameroy, section B.

Bilistain, fief, relevant de l'abbaye de Saint-Urbain, au territoire de Poissons. — *Bilistain*, 1580 (Saint-Urbain). — *Le fief de Sampigny et de Bilistain*, 1627 (Saint-Urbain).

Bilistain, fief, c^ne de Vesaignes-sous-la-Fauche, relevant de la Fauche. — *Bilistain*, 1684 (Recueil Jolibois, VIII, f° 7 r°).

En 1789, le fief de Bilistain appartenait aux Minimes de Bracancourt.

Billory, h., c^ne de Robert-Magnil. — *Brillol Rivus*, 1127 (cartul. de Montier-en-Der, I, f° 118 v°). — *Le molin de Billeurry*, 1534 (Montier-en-Der). — *La paroisse de Robertmagnil et Billory*, 1539 (Recueil Jolibois, X, f° 142). — *Nostre grosse forge à fer de Billorry*, 1543 (Montier-en-Der). — *Billaury*, xviiie s. (Cassini).

Bise-Lassaux, m^in, c^ne de Piépape. — *Moulin de Bize l'Assaut*, 1769 (Chalmandrier). — *Le moulin de Bisselassaux*, 1770 (arch. Haute-Marne, C. 344). — *Bise Lassaut*, 1770-1779 (hôpital de la Charité de Langres, B. 27, p. 34). — *Bise-l'Assaut*, 1858 (Dict. des Postes de la Haute-Marne). — *Bize-l'Assault*, 1889 (ann. Haute-Marne).

Bize, c^ne de la Ferté-sur-Amance. — *Bises*, 1274-1275 (Longnon, Doc. I, n° 6928). — *Bize*, 1461 (Beaulieu). — *Bise*, 1769 (Chalmandrier).

En 1789, Bize dépendait de la province de Champagne, bailliage de Langres, prévôté de Coiffy, élection de Langres. Son église, dédiée à la Conception de la sainte Vierge, était succursale d'Anrosey, au diocèse de Langres, doyenné de Pierrefaite.

Bizet, m^in, c^ne de Châteauvillain. — *Le moulin Bizet*, xixe s. (cadastre, section D).

Bizet, f., ancien m^in, c^ne de Montribourg. — *Biset*, 1769 (Chalmandrier).

Blaise (La), riv., affluent de la Marne, rive gauche, qui prend sa source à Gillancourt, passe à Blaisy, Juzennecourt, la Chapelle-en-Blésy, la Mothe-en-Blésy, Curmont, Blaise, Guindrecourt-sur-Blaise, Daillancourt, Bouzancourt, Cirey-sur-Blaise, Arnancourt, Doulevant-le-Château, Dommartin-le-Saint-Père, Courcelles-sur-Blaise, Dommartin-le-Franc, Ville-en-Blaisois, Doulevant-le-Petit, Ragecourt-sur-Blaise, Vaux-sur-Blaise, Montreuil-sur-Blaise, Brousseval, Vassy, Attancourt, Louvemont, Eclaron. Elle pénètre dans le département de la Marne par le finage de Sainte-Livière et se jette dans la rivière de Marne en face de Larzicourt. — La Blaise a donné son nom à un doyenné

du diocèse de Toul (*voir* le mot Blaisois). — *Blesa*, ixe s. (polyptyque de Montier-en-Der, au cartul. I, f° 129 r°). — *La rivière de Bloisse*, 1264 (Montier-en-Der). — *La Bloise*, 1279 (Saint-Urbain). — *La Bloize*, 1448 (Arch. nat., P. 177³, n° 249). — *La Blaize*, 1555 (Montier-en-Der). — *La Blaise, la Blayse*, 1576 (Arch. nat., P. 189², n° 1585).

Blaise, c^ne de Vignory. — *Blesia*, 1210 (Montier-en-Der). — *Blesa*, 1368 (Montier-en-Der). — *Bloyse*, 1398 (Arch. nat., P. 174¹, n° 285). — *Bloise*, 1447 (Arch. nat., P. 174¹, n° 301). — *Blayse*, 1490 (Arch. nat., P. 164¹, n° 1357). — *Blaise*, 1563 (Recueil Jolibois, X, f° 36). — *Blaize*, 1690 (Roserot, Ban et arrière-ban, p. 50). *Blaize-le-Chatel*, 1703 (arch. Aube, Clairvaux). — *Blaize-le-Chatel*, 1763 (Arch. Haute-Marne, C. 317).

En 1789, Blaise dépendait de la province de Champagne, bailliage, prévôté et châtellenie de Chaumont, élection de Joinville. Son église paroissiale, sous le vocable de saint Michel, était du diocèse de Langres, doyenné de Châteauvillain, et auparavant du doyenné de Bar-sur-Aube. La présentation de la cure appartenait à l'abbé de Montier-en-Der.

Blaiseron (Le), petite rivière qui prend sa source à Ambonville, fait mouvoir les usines à fer de Charmes-en-l'Angle et se jette dans la Blaise à Courcelles-sur-Blaise. — *Fluvius Blesironis*, xe s. (cartul. Montier-en-Der, I, f° 34 r°). — *La rivière de Bliseron*, 1264 (Saint-Urbain). — *Le Blaiseron*, 1576 (Arch. nat., P. 189¹, n° 1585).

Blaisois ou Blaisy (Le), contrée arrosée par la rivière de Blaise, qui lui a donné son nom; *pagus* paraissant avoir dépendu originairement de la cité des *Tricasses* (Troyes), et confinant au *pagus Breonensis* (Brienne), l'un des cinq *pagi* troyens. Ses limites se sont conservées dans celles de l'ancien doyenné de la Rivière de Blaise, du diocèse de Toul, archidiaconé de Reynel. — *Pagus Blesensis*, 760 (cartul. Montier-en-Der, I, f° 10 r°). — *Advocaria Blesensis pagi*, vers 1027 (cartul. Montier-en-Der, I, f° 36 r°). — *Theobaldus, archidiaconus de Bleseron*, 1218 (arch. Aube, Clairvaux). — *Manasses, decanus de Bleserom*, 1232 (Clairvaux). — *Radulfus, decanus christianitis Riparie de Bleserum*, 1235 (Clairvaux). — *Manasses, decanus de Riparia de Bleserun*, 1247 (Clairvaux). — *Blesois*, 1264 (Montier-en-Der). — *Hues de Fay, doiens de la crestienté de la Rivière de Blose*, 1279 (Saint-Urbain). — *Blésy*,

1447 (Arch. nat., P. 174¹, n° 301). — *Blessy*, 1577 (Thors). — *Blaisois*, 1723 (Montier-en-Der). — *Blézy*, xviii⁸ s. (Cassini). — *Blaisy*, 1858 (Jolibois, *Haute-Marne*).

BLAISY, dit aussi BLÉZY, c⁰⁰ de Juzennecourt. — *Blesis*, vers 1172 (Longuon, Doc. I, n° 149). — *Blesilli*, vers 1200 (Longnon, Doc. I, n° 2149). — *Blaisiacum*, 1210-1214 environ (Longnon, Doc. I, n° 2992). — *Blesi*, 1220 (Thors). — *Blésy*, 1286 (prieuré de Sexfontaine). — *Blesiacus*, 1299 (Sexfontaine). — *Blesacus*, 1328 (Arch. nat., JJ. 65², n° 65). — *Blesiacum*, 1436 (Longnon, Pouillés, I). — *Blézy*, 1498 (Arch. nat., P. 164¹, n° 1361). — *Blessy*, 1649 (Roserot, États gén. de 1649, n° 35). — *Blésy*, 1769 (Chalmandrier). — *Blaizy*, 1773 (arch. Haute-Marne, C. 262).

En 1789, Blaisy faisait partie de la province de Champagne, bailliage de Chaumont, mairie royale de la Villeneuve-au-Roi, élection de Chaumont. Son église paroissiale, dédiée à saint Martin, était du diocèse de Langres, doyenné de Châteauvillain, et auparavant du doyenné de Bar-sur-Aube. La cure était à la présentation du prieur de Sexfontaine.

BLAISY, lieu dit, c⁰⁰ d'Autreville, section A.

BLANCHART, étang, près de Morimond. — *Stagnum de Blenchart*, 1192 (Morimond).

BLANCHE-FONTAINE, m⁰⁰ is. et source, c⁰⁰ de Langres. — *Le lieu qui est dit Blanche-Fontaine*, 1336 (Arch. nat., JJ. 70, f° 103 r°, n° 235).

BLANCHE-FONTAINE, tuil., c⁰⁰ de Saint-Geômes.

BLANCHELINE, m¹ⁿ, c⁰⁰ de Vieux-Moulin.

BLANCHERIE (LA), m⁰⁰ is., c⁰⁰ d'Aprey. — *La Blanchisserie*, 1769 (Chalmandrier). — *La Brancherie*, 1858 (Jolibois, *La Haute-Marne*, p. 26).

BLANCHETAILLE, tuil., c⁰⁰ de Robert-Magnil. — *Blanchetaille*, 1889 (État-major).

BLANCUBVILLE, c⁰⁰ d'Andelot. D'abord simple hameau, appelé la Neuville ou la Ville-Neuve, érigé en village et appelé Blancheville à la suite d'un acte de pariage intervenu entre Jean, abbé de Septfontaines, et Blanche de Navarre, comtesse de Champagne, au mois d'avril 1220. — *Villa Nova*, 1155 (Septfontaines). — *Blanche Vile*, vers 1252 (Longnon, Doc. II, p. 172, note). — *Blanche Vile*, 1268 (Septfontaines). — *Blaincheville*, 1275 (Septfontaines). — *Aubeville*, 1276-78 (Longnon, Doc. II, p. 174). — *Blanca Villa*, xiv⁸ s. (Longnon, Pouillés, I). — *Alba Villa*, 1436 (Longnon, Pouillés, I). — *Blancheville*, 1548 (Septfontaines).

Blancheville faisait partie, en 1789, de la province de Champagne, bailliage et élection de Chaumont, prévôté d'Andelot. Son église paroissiale, dédiée à saint Nicolas, au diocèse de Langres, doyenné de Chaumont, était à la présentation de l'abbé de Septfontaines.

BLANCHISSERIE (LA), usine, c⁰⁰ de Bourmont.

BLANCHISSERIE (LA), usine, c⁰⁰ de Goncourt.

BLÉCOURT, c⁰⁰ de Joinville. — *Bleheycurtis*, 1140 (Saint-Urbain). — *Blehecort*, 1209 (Saint-Urbain). — *Bleicuria*, 1232 (Saint-Urbain). — *Bleecourt*, 1264 (Saint-Urbain). — *Bleicors*, 1268 (Saint-Urbain). — *Bléhécourt*, fin du xiii⁸ s. (cartulaire S.-Laurent de Joinville, n° XIX). — *Blécourt*, 1405 (Pouillé de Châlons).

En 1789, Blécourt était de la province de Champagne, bailliage de Chaumont, prévôté de Vassy, élection de Joinville. L'église paroissiale, sous le vocable de la Nativité de la Sainte-Vierge, avec celle de Ferrières pour succursale, était du diocèse de Châlons-sur-Marne, doyenné de Joinville; la présentation de la cure appartenait à l'abbé de Saint-Urbain, qui avait aussi la seigneurie.

BLESSONVILLE, c⁰⁰ de Châteauvillain. — *Bleceumvilla*, 1231 (Val-des-Écoliers). — *Blecunvilla*, 1246 (arch. Allier, Vauclair). — *Bleconville*, *Bleconvile*, 1258 (chapitre de Châteauvillain). — *Bleson Woi*, 1270 (la Crête). — *Bleconvilla*, xiv⁸ s. (Longnon, Pouillés, I). — *Blessonville*, 1432 (Val-des-Écoliers). — *Blesonville*, 1436 (Longnon, Pouillés, I). — *Blessonvilla*, 1478 (Val-des-Écoliers).

Blessonville dépendait, en 1789, de la province de Champagne, bailliage, prévôté et élection de Chaumont. Son église paroissiale, dédiée à saint Pierre et saint Paul, était du diocèse de Langres, doyenné de Châteauvillain, et auparavant de celui de Bar-sur-Aube; la présentation de la cure appartenait à l'abbé du Val-des-Écoliers.

BLIGNY, lieu dit, c⁰⁰ de Genevrières, section B.

BLINFEY, f., c⁰⁰ de Beurville; ancien gagnage de l'abbaye de Clairvaux, qui l'avait acquis, vers la fin du xii⁸ siècle, de l'abbaye de Beaulieu (c⁰⁰ de Trannes, Aube). — *Belymfay*, 1226 (arch. Aube, Clairvaux). — *Bellyfay*, 1545 (Clairvaux). — *Blifay*, 1580 (Clairvaux). — *Blifay*, 1580 (Clairvaux). — *Biffay*, 1592 (Clairvaux). — *Blifayl*, 1641 (Clairvaux). — *Belifay*, 1653 (Clairvaux). — *Blinfey*, xviii⁸ s. (Cassini). — *Blinfeix*, xix⁸ s. (État-major et Intérieur).

BLOTTE (LA), f., c⁰⁰ de Celles. — *La Blotte*, 1769 (Chalmandrier). — *Lablotte*, 1858 (Jolibois, *La*

Haute-Marne, p. 282). — *La Belotte*, 1889 (ann. Haute-Marne).

Blumerey, cⁿᵉ de Doulevant. — *Blemeries*, 1202 (arch. Aube, Clairvaux). — *Stephanus de Blemereiis*, 1204-1210 environ (Longnon, Doc. I, n° 2816). — *Blemereium*, 1241 (Clairvaux). — *Blemerés*, 1250 (Clairvaux). — *Blumereix*, 1331 (Clairvaux). — *Blumerees*, 1379 (Clairvaux). — *Bleumeris*, 1393 (Arch. nat., P. 177², n° 593). — *Blemerees*, xivᵉ s. (Longnon, Pouillés, I). — *Blemerez*, 1401 (Arch. nat., P. 189², n° 1589). — *Blemereis*, 1436 (Longnon, Pouillés, I). — *Blumerey*, 1522 (Clairvaux). — *Blumereyz*, 1530 (Clairvaux). — *Blumerées*, 1668 (Montier-en-Der). — *Blumerez*, 1683 (arch. Aube, E. 660). — *Blumeré*, xviiiᵉ s. (Cassini). — *Blumeray*, 1889 (ann. Haute-Marne).

En 1789, Blumerey dépendait de la province de Champagne, bailliage de Chaumont, prévôté de Vassy, élection de Bar-sur-Aube. L'église paroissiale, dédiée à saint Laurent, était du diocèse de Langres, doyenné de Bar-sur-Aube; l'évêque de Langres avait la collation de la cure.

Bobotte (La), auberge, cⁿᵉ de Hallignicourt. — *Labobotte*, 1858 (Jolibois, *La Haute-Marne*, p. 282).

Bocard (Le), écart, cⁿᵉ de Suzannecourt.

Bocard-à-Mine (Le), usine, cⁿᵉ de Liffol-le-Petit.

Bœufs (Les), f., cⁿᵉ de Rougeux. — *La Grange-aux-Bœufs*, 1769 (Chalmandrier). — *Le Bœuf*, 1770 (arch. Haute-Marne, C. 344).

Boichaule (La), f., cⁿᵉ de Poulangy. — *Boicholle*, 1769 (Chalmandrier). — *Boicheule*, 1858 (Jolibois, *La Haute-Marne*, p. 444). — *La Boichaule*, 1889 (ann. de la Haute-Marne).

Bois (Le), mⁱⁿ, cⁿᵉ de Brevannes.

Bois (Le), f. cⁿᵉ de Musseau; ancien moulin. — *Moulin du Bois*, 1769 (Chalmandrier).

Bois-Banal (Le), f., cⁿᵉ du Fays-Billot. — *Le Bois Bannal*, 1769 (Chalmandrier).

Bois-Brûlé ou Méchant-Bois (Le), bois, cⁿᵉ de Baudrecourt, où l'on a trouvé des cercueils de l'époque gallo-romaine.

Bois-de-Rosoy (Le), bois et chât., cⁿᵉ de Rosoy.

Bois-des-Convers (Le), bois, dans le voisinage de Boulancourt, qui appartenait à cette abbaye. — *Lour bois que on apelle Bois des Convers*, 1261 (Boulancourt).

Bois-des-Côtes (Le), f., cⁿᵉ de Pierrefaite. — *Grange des Côtes*, 1769 (Chalmandrier). — *Grange-du-Bois-des-Côtes*, xviiiᵉ s. (Cassini).

Bois-du-Danonce (Le), h., cⁿᵉ de Bourbonne-les-Bains (cf. Danonce).

Boise, f., cⁿᵉ de Parnot. — *La grange de Boize*, 1538 (Arch. nat., P. 176², n° 488).

Bois-Fontaine, fief, cⁿᵉ de Villars-en-Azois, qui relevait de la Ferté-sur-Aube. — *Baule Fontaine ou Bauly Fontaine*, 1603 (Arch. nat., P. 189², n° 1587). — *Bois-Fontaine*, 1769 (Chalmandrier).

Bois-Guyotte, mᵒⁿ for., cⁿᵉ de Violot.

Bois-Lapierre (Le), chât., cⁿᵉ de Louvemont; de construction moderne.

Bois-Lassus (Le), h., cⁿᵉ de Thilleux, section B. — *Bressassu ou Boislassus*, 1784 (Courtalon, III, p. 375).

Bois-Madame (Le), f., dans le bois du même nom, cⁿᵉ de Châteauvillain. — *Le Boys Madame*, 1579 (Arch. nat., P. 175¹, n° 356). — *Le Bois Madame*, 1769 (Chalmandrier).

Bois-Prieur (Le), f., cⁿᵉ du Fays-Billot.

Bois-Renard (Le), f., cⁿᵉ de Montesson.

Bois-Saint-Georges (Le), f., cⁿᵉ de Semoutier; ancien fief. — *La justice et mairye des Bois Saint Georges*, 1630 (Val-des-Écoliers). — *La grange du Bois Saint-Georges*, 1775-1785 (Courtépée, IV, 225).

Bois-Saint-Georges a été détaché de Richebourg et réuni à Semoutier par décret impérial du 17 ventôse an xiii.

Bois-Saint-Remy, lieu dit, cⁿᵉ de Vecqueville, section C.

Bois-Sattier, f., cⁿᵉ de Narcy (ann. Haute-Marne, 1889).

Bologne, cⁿᵉ de Vignory. — *Ecclesia Bolonie*, 1101 (arch. Côte-d'Or et Gall. christ., IV, instr. col., 149). — *Boloigne*, 1261 (Thors). — *Bouloine*, 1274-1275 (Longnon, Doc. I, n° 6926). — *Bouloingne*, 1396 (Longnon, Doc. I, n° 5851). — *Boloigne-sur-Marne*, 1419 (Arch. nat., P. 174¹, n° 298). — *Boulongne*, 1488 (Thors). — *Bolongne*, 1545 (la Crête). — *Boulongne-sur-Marne*, 1551 (arch. Aube, Clairvaux). — *Boullongna*, 1573 (Arch. nat., P. 175¹, n° 350). — *Boulogne*, 1704 (Clairvaux). — *Bologne*, 1732 (Pouillé de 1732, p. 89). — *Bollogne*, 1787 (arch. Haute-Marne, C. 262).

Bologne a été le chef-lieu d'un *pagus* ou comté (voir le mot Bolonois).

En 1789, Bologne dépendait de la province de Champagne, bailliage, prévôté et élection de Chaumont, baronnie de Sexfontaine. Son église paroissiale, dédiée à sainte Bologne, était du diocèse de Langres, doyenné de Chaumont. La présentation de la cure appartenait au chapitre de Chaumont, et antérieurement à l'abbé de Molême.

3.

Bolonois (Le), *pagus* ou comté de la cité des Lingons qui avait Bologne pour chef-lieu; son territoire semble avoir été incorporé, dès le milieu du xiii° siècle, à la circonscription civile du Bassigny et au doyenné de Chaumont. — *Pagus Boloniensis*, 834 (Roserot, Dipl. carol., p. 8). — *Comitatus Buloniensis*, 961 (Dom Bouquet, IX, 624). — *Bononiensis comitatus*, 1050-1052 (Prieuré de Vignory, et Arbaumont, p. 36). — *Marescum in Bolonia*, 1425 (Prieuré de Sexfontaine). — *Marault en Bouloigne*, 1457 (arch. Haute-Marne, G. 326). — *Marault en Boulongne*, 1519 (Arch. nat., P. 174¹, n° 315). — *Marault en Boullongne*, 1573 (Arch. nat., P. 175¹, n° 350). — *Marault en Bologne*, 1683 (Arch. nat., Q¹, 691).

Bolotebie (La), écart, c^ne d'Arnancourt (ann. Haute-Marne, 1889).

Bon-Air, f., c^ne de Créancey.

Bonay, f., c^ne du Fays-Billot, provenant des jésuites de Langres. — *Bonney*, 1769 (Chalmandrier). — *Boney*, xviii° s. (Cassini). — *Bonet*, 1858 (Jolibois, La Haute-Marne, p. 212). — *Bonay*, 1858 (Dict. des postes de la Haute-Marne).

Bondice (La), f., c^ne de la Rivière. — *La Bondice*, 1788 (arch. Haute-Marne, C. 343). — *Labondice*, 1889 (ann. Haute-Marne).

En 1789, la Bondice était une verrerie située au finage d'Aigremont.

Bon-Dieu-de-Pitié (Le), chap., c^ne de Coiffy-le-Bas, à l'entrée du village, du côté de Coiffy-le-Haut; reconstruite en 1875.

Bon-Espoir, f., c^ne d'Esnouveaux.

Bonheur (Le), auberge, c^ne de Vesaignes-sous-la-Fauche.

Bonlieu, f., c^ne d'Euffigneix; ancienne grange de l'abbaye de Septfontaines, avec chapelle. — *Bonlieu*, 1681 (Septfontaines). — *Le gagnage de Bonlieu*, 1655 (Septfontaines).

Bonmarchais, vill. dét. vers 1360; était sur les hauteurs qui dominent Reclancourt, c^ne de Chaumont-en-Bassigny. — *Bomarchis*, 1198 (Arch. nat., JJ. 155, f° 182 r°, n° 310, et Ordonnances, VIII, 408). — *Boc Marchis*, 1276-78 (Longnon, Doc. II, p. 158). — *Bonmarchis*, 1215 (Prieuré de Condes). — *Boim Marchis*, 1231 (la Crête). — *Bonus Marchisius*, 1266 (Prieuré de Condes). — *Villa de Bon Marchis*, 1369 (arch. de Chaumont). — *Bonus Marchius*, 1385 (Prieuré de Condes).

Bonne, m^is, près de Poiseul. — *Poiseul et le moulin Bonne*, 1770 (arch. Haute-Marne, C. 344).

Bonnecourt, c^ne de Neuilly-l'Évêque. — *Ecclesia de Bona curia*, 1136 (Gall. christ., IV, instr., col.

168). — *Bonecort*, 1224 (Beaulieu). — *Bonecourt*, 1249-1252 (Longnon, Rôles, n° 644). — *Bonnecourt*, 1440 (Morimond). — *Bonnecour*, 1732 (Pouillé de 1732, p. 25).

En 1789, Bonnecourt faisait partie de la province de Champagne, bailliage et élection de Langres, prévôté et châtellenie de Montigny-le-Roi. Il avait fait partie antérieurement du bailliage de Chaumont. Son église paroissiale, dédiée à saint Pierre, avait pour succursale celle de Frécourt, qui fut tout d'abord paroisse, et dépendait du diocèse de Langres, doyenné du Moge. La collation de la cure appartenait alternativement, d'après le Pouillé de 1732, à l'évêque et au chapitre de Langres.

Bonne-Encontre, étang, avec ancien m^in, aujourd'hui f., c^ne de Colombey-lez-Choiseul; ancienne propriété de l'abbaye de Morimond. — *Bone Encontre*, *Bonne Ancontre*, 1316 (Morimond). — *Bonne Encontre*, 1525 (Morimond). — *Bon Encontre*, 1692 (Morimond).

Bonne-Fontaine, domaine, avec parc, près de la forge de Châteauvillain. — *Le gaignage de La Bonnefontaine*, 1579 (Arch. nat., P. 175¹, n° 356).

Bonne-Fontaine, h. dét., près de Palaiseul. — *Bonnefontaine et le hameau de Caquerey, dépendant de Heuilley-le-Grand*, 1770 (arch. Haute-Marne, C. 344).

Bonnelle (La), ruisseau qui prend sa source à Saint-Geômes, passe à Brevoine, sous les murs de Langres, et se perd dans la Marne au territoire de Hûmes. Il a donné son nom à l'un des forts du camp retranché de Langres, qui est sur le territoire de Saint-Geômes. — *La Burnelle*, *La Bournelle*, 1336 (Arch. nat., JJ. 70, f° 105 r°, 106 v°, n° 235). — *Ripparia de Bornelle*, 1507 (Auberive).

Bonne-Maison (La), lieu dit, c^ne de Choignes, section C.

Bonneval, usine à fer, c^ne de Saint-Urbain.

Bonnevaux, f., c^ne de Jonchery; ancienne maison du Temple, puis de l'ordre de Saint-Jean-de-Jérusalem, qui la réunit à la commanderie de Morment. C'est là que se trouvait, jusqu'au xviii° siècle, le cimetière des villages de Jonchery et de la Harmand, dont Bonnevaux était anciennement la paroisse. — *Parrochia de Bonavalle, cum appendiciis suis, scilicet, de Juncherio et de Domo Harmandi*, 1245 (arch. Aube, Clairvaux). — *Bonnevaux*, xiv° s. (Longnon, Pouillés, I). — *Bonnevaulx*, 1470 (arch. Côte-d'Or, Morment). — *Bonneval*, 1732 (Pouillé de 1732, p. 89). — *Bonnevaux*, 1773 (arch. Haute-Marne, C. 262).

La cure de Bonnevaux, encore citée dans le Pouillé du diocèse de Langres de 1782, y est indiquée comme étant à la collation des Hospitaliers de Saint-Jean de Jérusalem.

Bons-Hommes (Les), f., cᵐᵉ de Châteauvillain; ancien couvent de l'ordre de Grandmont, dépendant de l'abbaye de Macheret (Marne), fondé par Hugue de Broyes, sire de Châteauvillain, à la fin du XIIᵉ siècle. — *Es boens hommes de Grant Mont*, 1261 (chapitre de Châteauvillain). — *Boni homines de Grandi Monte*, XIVᵉ s. (Longnon, Pouillés, I). — *Les Bons Hommes*, 1769 (Chalmandrier).

Bons-Hommes (Les), f. et bois, cᵐᵉ de Mathons; ancien couvent de l'ordre de Grandmont, fondé au XIIᵉ s. par Geoffroi III de Joinville. — *Prioratus dictus Les Bonshommes, juxta Matons*, 1519 (arch. Marne, Macheret). — *Le prieuvé des Bons Hommes en la forest de Mathons*, 1532 (chapitre de Joinville). — *Maison proche de Joinville, appellée les Bons Hommes de Mathon*, 1631 (Macheret). — *Mathons, le prieuré des Bons Hommes*, 1763 (arch. Haute-Marne, C. 317). — *Les Bons Hommes ou Saint-Fiacre*, XVIIIᵉ s. (Cassini).

La chapelle de ce prieuré était dédiée à saint Fiacre.

Borde (La), f., cᵐᵉ d'Aprey. — *Laborde*, 1858 (Jolibois, *La Haute-Marne*, p. 282).

Borde (La), f., cᵐᵉ d'Auberive; ancienne grange de cette abbaye. — *La grange de La Borde*, 1770 (arch. Haute-Marne, C. 344). — *Laborde*, 1858 (Jolibois, *La Haute-Marne*, p. 282).

Borde (La), lieu dit, cᵐᵉ de Balesme, section A.

Borde (La), lieu dit, cᵐᵉ de Banne, section C.

Borde (La), f., cᵐᵉ de Brottes, section C; ancienne propriété de la commanderie du Corgebin. — *Le gagnage de Laborde*, 1577 (Thors). — *Le gaignage de La Borde, près Courgebuyn*, 1592 (Thors). — *La cense des Bordes*, 1773 (arch. Haute-Marne, C. 262).

Borde (La), f., cᵐᵉ de Châteauvillain. — *La grange qui siet ès Bordes, desors les murs, en la voie de Bleconville*, 1260 (chapitre de Châteauvillain). — *La Borde*, 1579 (Arch. nat., P. 175¹, n° 356). — *La cense de La Borde*, 1773 (arch. Haute-Marne, C. 262). — *Laborde*, 1858 (Jolibois, *La Haute-Marne*, p. 282).

Borde (La), f. et tuil., cᵐᵉ de Heuilley-le-Grand; ancien fief. — *La Grant Borde, assise entre les villes du Pailley et de Eulley le Grant, et assez près du dit Eulley*, 1462 (arch. Haute-Marne, G. 75). — *La grange de La Borde, dépendante de Heuilley le Grand*, 1770 (arch. Haute-Marne, C. 344).

Borde (La), lieu dit, cᵐᵉ de Lécourt, section A.

Borde (La), lieu dit, cᵐᵉ de Montier-en-Der.

Borde (La), lieu dit, cᵐᵉ d'Orbigny-au-Val, section A.

Borde (La), f. dét., cᵐᵉ d'Oudincourt. — *La Borde*, 1769 (Chalmandrier). — *La cense de La Borde*, 1773 (arch. Haute-Marne, C. 262).

Borde (La), lieu dit, cᵐᵉ de Palaiseul, section A.

Borde (La), écart, cᵐᵉ de Planrupt, cité seulement par Cassini.

Borde (La), h., cᵐᵉ de Puellemontier. — *La Borde*, 1644 (Montier-en-Der). — *Laborde*, 1858 (Jolibois, *la Haute-Marne*, p. 282).

Borde (La), lieu dit, cᵐᵉ de Roche-sur-Marne, section A.

Borde (La), lieu dit, cᵐᵉ de Santenoge, section B.

Borde (La), lieu dit, cᵐᵉ de Sommevoire, section B.

Borde (La), lieu dit, cᵐᵉ de Vassy, section B.

Borde-au-Vilain (La), lieu dit, cᵐᵉ de Soyers ou de Guyonvelle.

Bordes (Les), lieu dit, cᵐᵉ d'Avrecourt, section B.

Bordes (Les), lieu dit, cᵐᵉ de Belmont, section B.

Bordes (Les), fief qui se composait d'une partie de la seigneurie de Chamouilley, et qui appartenait, comme le fief principal, à l'abbaye de Saint-Urbain depuis 1324. — *Bordae*, 1235 (Recueil Jolibois, VII, f° 84). — *Chameilley et Les Bordes*, 1346 (arch. Marne, Saint-Jacques-de-Vitry).

Bordes (Les), lieu dit, cᵐᵉ d'Essey-les-Eaux, section A.

Bordes (Les), lieu dit, cᵐᵉ de Faverolles, section D.

Bordes (Les), lieu dit, cᵐᵉ de Flornoy, section B.

Bordes (Les), lieu dit, cᵐᵉ de Marac, section C.

Bordes (Les), lieu dit, cᵐᵉ de Perthe, section D.

Bordes (Les), lieu dit, cᵐᵉ de Rançonnières, section C.

Bordes (Les), lieu dit, cᵐᵉ de Vaudremont, section F.

Bonne, mⁱⁿ, cᵐᵉ de Plénoy.

Boucherasse (La), dépendance d'Aprey (Courtépée, IV, p. 242).

Boucheraulmont, hôpital détruit, cᵐᵉ de Saint-Urbain. Fondé à la fin du XIIIᵉ siècle par Gui de Joinville, seigneur de Donjeux, sous le nom de la Charité-Notre-Dame; uni, en 1699, à l'hôpital de Sainte-Croix de Joinville, et remplacé par une ferme du nom de Saint-Louis, détruite au commencement de ce siècle. — *Le pryoré de Boucheraulmont*, 1538 (Arch. nat., P. 176¹, n° 523). — *Le prioré de Boucheraumont*, 1583 (chapitre de Joinville). — *Le prioré de Boucheromont, chef d'ordre des Billettes*, 1700 (Dillon).

En 1789, Boucheraumont était du bailliage de Chaumont, prévôté d'Andelot.

Bouchère (La), bois, c⁰ᵉ de Bouzancourt.

Boucheté (Le), m^in, c⁰ᵉ de Leffonds. — *Le Bouchetey*, xix° s. (cadastre, section B). — *Les Bouchetets*, 1890 (État-major).

Boudrival, m^in, c⁰ᵉ de la Neuvelle-lez-Coiffy. — *Fines Baldrevallis*, xi° s. (Bonvallet, p. 14, d'après arch. Côte-d'Or). — *Estang de Boudrivaulæ, molin de Boudryvault*, 1534 (Arch. nat., P. 176², n° 488). — *Estang de Boudryval*, 1538 (Arch. nat., P. 176², n° 488). — *Boudrival*, 1749 (Arch. nat., Q¹. 694).

Bougicourt, f. dét., c⁰ᵉ de Vaux-la-Douce, ayant appartenu à cette abbaye.

Bouillevaux, f., c⁰ᵉ de Varennes; ancien château. — *Boullevaulx*, 1316 (Thors). — *Boullevaux*, 1348 (Thors). — *Bouilleveau*, 1769 (Chalmandrier).

Boulaie (La), bois, f. dét., c⁰ᵉ de Buxières-lez-Belmont; ancienne grange de l'abbaye de Belmont. — *La grange de La Boulois*, 1770 (arch. Haute-Marne, C. 344). — *La Bouloye*, xviii° s. (Cassini).

Boulainvaux, fief de la châtellenie de Vassy. — *Bolesvax*, 1202 (arch. Aube, Clairvaux). — *Bollainvax, Bollaynvaus, Bollenvaus, Bolleyvaus*, 1224 (Thors). — *Boulainvaux*, 1393 (Arch. nat., P. 177², n° 593). — *Boullainvaulx, Bourlainvaulx*, 1401 (Arch. nat., P. 189², n° 1588).

Boulancourt, h., c⁰ᵉ de Longeville. Deux anciennes abbayes, l'une d'hommes, l'autre de femmes, ordre de Saint-Augustin, diocèse de Troyes, doyenné de Margerie, qui existaient dès 1121; puis une seule abbaye, d'hommes, de l'ordre de Cîteaux, sous le vocable de Notre-Dame, réformée par saint Bernard et affiliée par lui à Clairvaux en 1150. — *Berlancurt*, 1128 (Boulancourt). — *Berlancort*, 1141 (Gall. christ., XII, instr., col. 262). — *Burleincurt*, 1172 (arch. Aube, Larrivour). — *Bulleincorth*, 1182 (arch. Aube, Saint-Loup). — *Berlancarth, Bullencur*, 1157 (la Chapelle-aux-Planches). — *Bullencort*, 1182 (la Chapelle-aux-Planches). — *Borlencort*, 1249 (Val-des-Écoliers). — *Boullancourt*, 1254 (Boulancourt). — *Bourlaincourt, Boulaincourt*, 1261 (Boulancourt). — *Burlencuria*, 1264 (la Chapelle-aux-Planches). — *Bolleincort*, 1266 (Saint-Urbain). — *Bollencort*, 1270 (Boulancourt). — *Bollaincort*, 1271 (Boulancourt). — *Boullancourt*, 1750 (Boulancourt).

Boulaumont, écart, c⁰ᵉ de Châteauvillain; ancien ermitage, *dit de Sainte-Croix et de Saint-Joseph.*

— *Boulaumont, hermitage*, 1769 (Chalmandrier).

Boulerot (Le), f., c⁰ᵉ de la Crête; ancienne grange de l'abbaye de la Crête. — *Boulerot*, 1769 (Chalmandrier). — *La cense du Boullerot*, 1773 (arch. Haute-Marne, C. 262).

Boulinpont, m^in, c⁰ᵉ de Gonaincourt. — *Moulin de Boulinpont*, xviii° s. (Cassini). — *Moulin de Boulimpont*, xix° s. (carte de l'Intérieur).

Bouloye (La), f. dét., c⁰ᵉ d'Arbigny. — *La Boulaye*, 1769 (Chalmandrier). — *La grange de Boullois*, 1770 (arch. Haute-Marne, C. 344). — *La Bouloye*, xviii° s. (Cassini).

Bouloye (La), f. dét., c⁰ᵉ de Liffol-le-Petit, au territoire de Remonvaux, construite par les religieux de Remonvaux, dans les dernières années du xv° siècle.

Bouquinière (La), f., c⁰ᵉ de Saint-Ciergue.

Bourbonne-les-Bains, ch.-l. de canton, arrond. de Langres. — *Andesina* ou *Indesina*, ép. rom. (Peutinger). — Inscriptions votives dédiées au dieu *Apolloni Borvoni* (ép. rom.). — *Vernova castrum*, ix° s. (Aymoin). — *In pago Portinse, in villa Borbona*, 846 (Roserot, Dipl. carol., p. 9). — *Burbona*, vers 1105 (Gall. christ., IV, instr., col. 153). — *Borbonia*, 1224 (arch. Côte-d'Or, la Romagne). — *Borbonne*, 1256 (Morimond). — *Borbone*, 1257 (Morimond). — *Bourbonne*, 1464 (Arch. nat., P. 174², n° 330 *bis*). — *Bourbonnes-les-Bains*, 1675 (arch. Haute-Marne, G. 85). — *Bourbonne-lès-Bains*, 1770 (arch. Haute-Marne, C. 344).

Bourbonne dépendait au ix° siècle, du *pagus* de Port-sur-Saône. Il faisait partie, en 1789, de la province de Champagne, bailliage et élection de Langres, après avoir appartenu anciennement au bailliage de Chaumont; une partie était de la prévôté de Coiffy, et l'autre de la prévôté royale de Bourbonne. L'église paroissiale, sous le vocable de l'Assomption, dépendait du diocèse de Besançon, doyenné de Faverney; la cure était à la présentation de l'abbé de Saint-Vincent de Besançon.

Il y avait un hôpital, qui existe encore, fondé en 1702.

Bourceval, écart dét., c⁰ᵉ de Chaumont-en-Bassigny. — *Bourceval, proche et au finage du dict Chaumont*, 1669 (Arch. nat., Q¹. 689). — *La cense de Bourceval*, 1773 (arch. Haute-Marne, C. 262). — *Bourseval*, xviii° s. (Arch. nat., Q¹. 689).

Bourdons, c⁰ᵉ d'Andelot. — *Ecclesia Bordonis*, 1101 (arch. Côte-d'Or et Gall. christ., IV, instr., col. 149). — *Borduns*, 1146 (la Crête). — *Burdo,*

1164 (la Crète). — *Bordous*, 1171 (la Crète). — *Bourdons*, 1276-78 (Longnon, Doc. II, p. 161). — *Bourdon*, 1732 (Pouillé de 1732, p. 89).

Bourdons a été identifié, bien à tort, avec Saint-Julien-sur-Rognon (*voir* ce mot).

En 1789, Bourdons dépendait de la province de Champagne et était le chef-lieu d'une mairie royale du bailliage et de l'élection de Chaumont, comprenant dans son ressort Bourdons, Consigny et Forcey. Son église paroissiale était dédiée à la Nativité de la Sainte-Vierge et dépendait du diocèse de Langres, doyenné de Chaumont, avec le Puits-des-Mèzes pour succursale. La présentation de la cure appartenait à l'abbé de la Crète.

Bourg, c⁰⁰ de Langres. — *In comitatu Lingonico, in villa quae Burgo dicitur*, 887 (Roserot, Dipl. carol., p. 23). — *Burgum*, 1236 (arch. Aube, Notre-Dame-aux-Nonnains). — *Bourc*, 1318 (arch. de Langres). — *Burgus*, 1334 (terrier de Langres, f° 116 r°). — *Bourg*, 1464 (Arch. nat., P. 174³, n° 330 *bis*).

Bourg, seigneurie de l'évêque de Langres, et dépendant de son duché-pairie, semble avoir appartenu tout d'abord, et très anciennement (887), au chapitre de Langres.

En 1789, ce village faisait partie de la province de Champagne, bailliage et élection de Langres. Son église paroissiale, dédiée à saint Hilaire, dépendait du diocèse de Langres, doyenné du Moge. La présentation de la cure appartenait à l'abbesse de Notre-Dame-aux-Nonnains de Troyes, à cause de son prieuré de Saint-Geômes. Cette église avait pour succursale celle de Longeau.

Bourg (Le), lieu dit, c⁰⁰ d'Arc-en-Barrois, section F.

Bourg (Le), c⁰⁰ d'Éclaron, section E.

Bourg (Le), lieu dit, c⁰⁰ du Fays-Billot, section F.

Bourg-Sainte-Marie, c⁰⁰ de Bourmont. — *Burgum Sancte Marie*, 1145 (Molème). — *Burgum Sancte Marie subtus Bormont*, 1237 (Morimond). — *Bourc Seinte Marie*, 1334 (Morimond). — *Le Bourc Seinte Marie*, 1675 (arch. Haute-Marne, G. 85). — *Bourg-Marie*, ép. révolut. (liste man., arch. Haute-Marne).

En 1789, Bourg-Sainte-Marie formait une enclave de Champagne au milieu du Barrois mouvant et dépendait du bailliage de Chaumont, prévôté d'Andelot, élection de Langres. Sous le rapport paroissial, c'était une annexe de Romains-sur-Meuse, au diocèse de Toul, doyenné de Bourmont; mais il y avait une église dédiée à la Nativité de la Sainte-Vierge, qui était le siège d'un prieuré dépendant de l'abbaye de Molème, ordre

de Saint-Benoit, et fondé au commencement du xıı⁰ siècle.

La seigneurie appartenait au prieur.

Bouriers (Les), m⁰⁰ for., c⁰⁰ de Buxières-lez-Belmont.

Bourmont, cb.-l. de cant., arrond. de Chaumont. — *Bolmont, Bolmunt*, 1122 (Gall. christ., XIII, instr., col. 485-486). — *Bormont*, vers 1172 (Longnon, Doc. I, n° 167). — *Borimons*, 1178 (S.-Mihiel, 5 Q³). — *Burmunt*, 1245 (N.-D.-aux-Nonnains). — *Bourmont*, 1249-1252 (Longnon, Rôles, n° 630). — *Ecclesia de Bourmonte*, 1402 (Pouillé de Toul). — *Christianitas Bormontis*, 1451 (Morimond).

Bourmont dépendait anciennement du comté, puis duché de Bar. En 1789, il était chef-lieu de bailliage, avec ressort au parlement de Nancy, et suivait la coutume du Bassigny. Après la destruction de la ville de la Mothe (1645), on y avait transféré la sénéchaussée dont cette ville était le siège. C'était aussi un chef-lieu de recette de l'intendance de Lorraine et Barrois.

L'église paroissiale, dédiée à l'Assomption, et située dans la partie la plus basse de la ville, du côté de Saint-Thiébaud, était le siège d'un doyenné du diocèse de Toul. La cure, d'abord à la présentation du chapitre de la Mothe (transféré ensuite à Bourmont), était, en dernier lieu, à la présentation de l'abbesse de Poussay (Vosges), depuis l'année 1762, date de l'union du chapitre de Bourmont au chapitre noble (femmes) de Poussay. Le titre de la paroisse fut alors transféré à l'ancienne église canoniale, dédiée à saint Florentin, située dans le château, que les religieuses de Poussay cédèrent à la ville. Cette nouvelle église paroissiale prit dès lors le vocable de l'ancienne. L'église paroissiale avait pour succursale celle de Gonaincourt.

L'église de Saint-Florentin, qui était l'ancienne église du chapitre de Bourmont, servit en même temps, de 1645 à 1762, à l'ancien chapitre de la Mothe, qui fut réuni à celui de Bourmont.

Il y avait à Bourmont un collège et un hôpital, un couvent d'Annonciades, des Trinitaires établis en 1707, et des Vatelottes établies en 1769.

Bout-de-Cohons (Le), h., c⁰⁰ de Cohons. — *Bout de Cohons*, 1769 (Chalmandrier).

Boutte-en-Chasse, écart, c⁰⁰ de Culmont. — *La grange Boutte-Enchasse*, 1770 (arch. Haute-Marne, C. 344).

Boutte-en-Chasse, f., c⁰⁰ de Fresnoy.

Boutte-en-Chasse, auberge, c⁰⁰ de Montlandon. —

Beutenchaisse, 1769 (Chalmandrier). — *Boten-chasse*, xviii⁰ s. (Cassini). — *Boute-en-Chasse*, xix⁰ s. (carte de l'Intérieur).

Boute-en-Chasse, barrière du ch^in de fer, c^ne de Violot (ann. Haute-Marne, 1889).

Boutilly, lieu dit, c^ne de Brousseval, section A.

Bouverie (La). Voir aussi Beuverie.

Bouverie (La), lieu dit, c^ne de Celles, section A.

Bouverie (La), lieu dit, c^ne de Domremy, section C.

Bouverie (La), lieu dit, c^ne de Gilley, section C.

Bouverie (La), lieu dit, c^ne de Langres, section D.

Bouverie (La), h., c^ne de Montier-en-Der. — *Le gainnaige de La Buverie*, 1478 (Montier-en-Der). — *La cense de La Bouverie*, 1763 (arch. Haute-Marne, C. 317).

Bouverie (La), lieu dit, c^ne d'Odival, section C.

Bouverie (La), lieu dit, c^ne de Torcenay, section A.

Bouveries (Les), lieu dit, c^ne d'Annéville, section C.

Bouvenot (Le), f. dét., c^ne de Bouzancourt; elle appartenait à l'abbaye de Clairvaux.

Bouvenot (Le), m^in, c^ne de Geurupt.

Bouzancourt, c^en de Doulevant. — *Bosonis cortis*, 854 (cartul. Montier-en-Der, I, f° 19 v°). — *Bosencurt, Bozencort*, 1226 (arch. Aube, Clairvaux). — *Bosancort*, 1238 (Montier-en-Der). — *Bosoncuria*, 1243 (Clairvaux). — *Bosuncort*, 1265 (Clairvaux). — *Bosoncuria super Blesam*, 1284 (Clairvaux). — *Boisancort*, 1296 (Clairvaux). — *Bousancourt*, 1326 (Clairvaux). — *Bosancort*, 1390 (Clairvaux), 1393 (Arch. nat., P. 177², n° 593). — *Bouzaincourt*, 1401 (Arch. nat., P. 189², n° 1588). — *Bouzaincourt*, 1497 (Clairvaux). — *Bouzancour*, 1732 (Pouillé de 1732, p. 74).

En 1789, Bouzancourt faisait partie de la province de Champagne, bailliage de Chaumont, prévôté de Vassy, élection de Joinville. Son église paroissiale, dédiée à saint Antoine, était au diocèse de Langres, doyenné de Bar-sur-Aube. La cure était à la collation de l'évêque de Langres.

Brabant, fief, c^ne de Maroult.

En 1789, Brabant dépendait du bailliage et de la prévôté de Chaumont.

Bracancourt, chât., c^ne de Blaise; ancien couvent de Minimes, fondé en 1496. — *Brachonicortis*, 854 (cartul. Montier-en-Der, I, f° 19 v°). — *Bracorcortis*, 1108-1126 (cartul. Montier-en-Der, I, f° 119 r°). — *Briccionis curtis*, 1140 (Saint-Urbain). — *Bracancourt*, 1237 (arch. Aube, Clairvaux). — *Bracancourt*, 1350 (Clairvaux). — *Fratres minores de Bracancourt*, 1502 (Bracancourt). — *Couvent des frères minimes de Brac-*

quencourt lez Blaise, 1563 (Recueil Jolibois, X, f° 86). — *Bracancour*, 1732 (Pouillé de 1732, p. 84). — *Bracancourt*, 1828 (cadastre, section B).

Brachay, c^en de Doulevant. — *In pago Blesensi, in villa Brachei*, 760 (cartul. Montier-en-Der, I, f° 10 r°). — *Bracheium*, ix⁰ s. (polyptyque de Montier-en-Der, au cartul. I, f° 126 r°). — *Brachi*, vers 1172 (Longnon, Doc. I, n° 487). — *Braché*, 1228 (arch. Aube, Clairvaux). — *Brachei*, 1264 (Saint-Urbain). — *Brachey*, 1323 (Saint-Urbain). — *Brachay*, 1690 (Saint-Urbain).

Brachay dépendait, en 1789, de la province de Champagne, bailliage de Chaumont, prévôté de Vassy, élection de Joinville. Son église, dédiée à saint Pierre-ès-Liens, du diocèse de Toul, doyenné de la Rivière de Blaise, après avoir été longtemps annexe de Flammerécourt, était, en 1789, le siège d'une cure à la présentation de l'abbé de Saint-Urbain.

Brainville, c^en de Bourmont. — *Brante Villare*, 1122 (Pérard, p. 222). — *Brauilla*, 1145 (Pflugk-Harttung, p. 178). — *Brenville*, 1588 (Arch. nat., P. 176⁴, n° 523). — *Brainville*, xviii⁰ s. (Cassini).

Brainville dépendait, en 1789, du Barrois, bailliage de Bourmont, intendance de Lorraine et Barrois, et suivait la coutume du Bassigny. Son église paroissiale, dédiée à saint Loup, était du diocèse de Toul, doyenné de Bourmont. La présentation de la cure appartenait au prieur de Bourg-Sainte-Marie.

Brancuet, m^in dét., c^ne de Hûmes. Il appartenait au chapitre de Langres. — *Molendinum quod situm est in Greve*, 1233 (chapitre de Langres). — *Molendinum dictum de lan Roiche, situm in ripparia de Mouche*, 1283 (chapitre de Langres). — *Molendinum de La Roiche*, 1285 (chapitre de Langres).

Bras (Les), f., c^ne de Droye.

Braucourt, c^en de Montier-en-Der. — *Beraucort*, 1253 (arch. Marne, Saint-Pierre-au-Mont). — *Beraudicurtis*, 1254 (Saint-Pierre-au-Mont). — *Braucourt*, 1339 (Montier-en-Der). — *Braulcourt*, 1576 (Arch. nat., P. 189¹, n° 1585). — *Bremecourt*, 1700 (Dillon). — *Bracourt*, 1743 (arch. d'Aulnay).

En 1789, Braucourt était de la province de Champagne, bailliage de Chaumont, prévôté de Vassy, élection de Vitry, et suivait la coutume de Chaumont. Son église, dédiée à la Sainte-Vierge, était annexe de celle de Frampas, au diocèse de

Châlons-sur-Marne, doyenné de Perthe; mais elle avait été tout d'abord paroissiale, avec Frampas pour annexe, et à la présentation de l'abbé de Montier-en-Der.

Braux, c⁰ⁿ de Châteauvillain. — *Braos*, 1221 (arch. Aube, Clairvaux). — *Braous*, 1227 (Longuay). — *Braox*, 1240 (Clairvaux). — *Braus*, 1250 (Clairvaux). — *Braom*, 1251 (layettes, n° 3919). — *Braoux*, 1253 (arch. Allier, Vauclair). — *Branx*, 1260 (Clairvaux). — *Breonrs Vrecours*, xiv° s. (Longnon, Pouillés, I). — *Braoulx*, 1436 (Longnon, Pouillés, I). — *Braulx*, 1590 (Clairvaux). — *Breaux*, xviii° s. (Cassini).

En 1789, Braux faisait partie de la province de Champagne, bailliage et prévôté de Chaumont, élection de Bar-sur-Aube. Son église paroissiale, dédiée à saint Antoine, était du diocèse de Langres, doyenné de Châteauvillain, et antérieurement du doyenné de Bar-sur-Aube.

Braye (La), écart, c⁰ⁿ d'Aprey (ann. Haute-Marne, 1889).

Bréchainville, fief, c⁰ⁿ de Liffol-le-Petit.

Brenel, f., c⁰ⁿ de Bize. — *Brenelle*, 1769 (Chalmandrier). — *Brenet*, xviii° s. (Cassini).

Brenne, c⁰ⁿ de Longeau. — *Brana*, 1184 (arch. Aube, Notre-Dame-aux-Nonnains). — *Brena*, 1209 (chapitre de Langres). — *Brenna*, 1224 (chapitre de Langres). — *Bregna*, 1239 (Notre-Dame-aux-Nonnains). — *Brennes-sus-Roches*, 1336 (Arch. nat., JJ. 70, f° 104 v°, n° 235). — *Brennes*, 1467 (chapitre de Langres). — *Brenne*, 1769 (Chalmandrier). — *Brennes-le-Haut, Brennes-le-Bas*, 1839 (cadastre, section A).

Brenne dépendait, en 1789, de la province de Champagne, bailliage et élection de Langres. Son église paroissiale, dédiée à saint Didier, était du diocèse et du doyenné de Langres. La cure était à la présentation de l'abbesse de Notre-Dame-aux-Nonnains de Troyes, à cause du prieuré de Saint-Geômes.

La seigneurie appartenait en partie au chapitre de Langres et en partie au prieuré de Saint-Geômes.

Bressoncourt, c⁰ⁿ de Poissons. — *Bresencurtis*, 1264 (Gall. christ., XIII, col. 1901 E). — *Breconcourt*, 1401 (Arch. nat., P. 189², n° 1588). — *Bressoncourt*, 1448 (Arch. nat., P. 177², n° 649).

Bressoncourt faisait partie, en 1789, de la province de Champagne, bailliage et élection de Chaumont, prévôté d'Andelot, châtellenie de Joinville. Son église, dédiée à sainte Colombe, était succursale de celle de Germay, au diocèse de Toul, doyenné de Reynel.

Bretenay, c⁰ⁿ de Chaumont. — *Bretennai*, 1172 (la Crête). — *Bretenai*, 1212 (Val-des-Écoliers). — *Betinees*, 1214 (la Crête). — *Breteniacus*, 1220 (Thors). — *Bretennay, Bretenay, Bretennaium*, 1231 (arch. Aube, Clairvaux). — *Bregtenaium*, 1253 (Thors). — *Bretenaium*, 1256-1270 (Longnon, Doc. I, n° 5836). — *Brethenai*, 1326 (Longnon, Doc. I, n° 5864). — *Berthenay, Brethenay*, 1397 (la Crête).

En 1789, Bretenay dépendait de la province de Champagne, bailliage, prévôté, châtellenie et élection de Chaumont. Son église, dédiée à l'Assomption de la Sainte-Vierge, était succursale de celle de Condes, au diocèse de Langres, doyenné de Chaumont.

Breton, m⁰ⁿ dét., qui était près de Guindrecourt-sur-Blaise. — *Moulin Breton*, 1769 (Chalmandrier).

Breuil, c⁰ⁿ de Chevillon. — *Bruil*, 1131 (Saint-Urbain). — *Broil*, 1198 (Ruetz). — *Brueil*, 1263 (Ruetz). — *Breil*, 1309 (Saint-Urbain). — *Bruel*, 1310 (Saint-Urbain). — *Breoil*, 1326 (Ruetz). — *Breul*, 1448 (Arch. nat., P. 177², n° 649). — *Breuil, Breuyl*, 1576 (Arch. nat., P. 189¹, n° 1585). — *Breäil*, 1763 (arch. Haute-Marne, C. 317).

Breuil faisait partie, en 1789, de la province de Champagne, bailliage de Chaumont, prévôté de Vassy, châtellenie et élection de Joinville. Son église, dédiée à saint Vinebaud, était succursale de Ragecourt-sur-Marne, diocèse de Châlons-sur-Marne, doyenné de Joinville.

Breuleux (Le), m⁰ⁿ is., c⁰ⁿ d'Avrecourt.

Breuly, f. dét., qui était près de Noyers. — *Breeuly*, 1769 (Chalmandrier). — *La grange de Braslié*, 1770 (arch. Haute-Marne, C. 344). — *Breuly*, xviii° s. (Cassini). — *La Cense*, xix° s. (cadastre).

Brevannes, c⁰ⁿ de Clefmont. — *Boverounnes*, 1122 (Gall. christ., XIII, instr., col. 486). — *Bevrona*, 1178 (Morimond). — *Bevrenna*, 1197 (Morimond). — *Bevrennac*, 1238 (Morimond). — *Boverennes*, 1256 (Morimond). — *Bouvrannes, Bovrennes*, 1257 (Morimond). — *Bovrannes*, 1270 (Morimond). — *Bevrennes*, 1316 (Morimond). — *Bevroine*, xiv° s. (Longnon, Pouillés, I). — *Bouvrainnes*, 1421 (Morimond). — *Bevronnes*, 1436 (Longnon, Pouillés, I). — *Boveroinnes*, 1487 (Morimond). — *Bevennes*, 1502 (Morimond). — *Bouvrennes, Boucranes*, 1508 (Arch. nat., P. 174², n° 312). — *Broavennes*, 1515 (Arch. nat., P. 176², n° 486). — *Broevennes*, 1602 (Arch. nat., P. 176³.

n° 502). — *Decraine*, 1655 (arch. Haute-Marne, fab. de Coupray). — *Brevannes soubz Choiseul*, 1675 (arch. Haute-Marne, G. 85). — *Brevannes*, 1732 (Pouillé de 1732, p. 120). — *Brévanne* 1769 (Chalmandrier). — *Brevannes-sous-Choiseul*, 1770 (arch. Haute-Marne, C. 344). — *Brevanne*, 1779 (Durival, III, p. 64). — *Breuvanne*, XVIIIᵉ s. (Cassini). — *Breuvannes*, 1886 (dénombrement).

En 1789, Brevannes dépendait, pour partie du Barrois, bailliage de Bourmont, intendance de Lorraine et Barrois, et pour partie de la Champagne, bailliage et élection de Langres, prévôté de Montigny-le-Roi. Son église paroissiale, dédiée à saint Remi, était du diocèse de Langres, doyenné d'Is-en-Bassigny. La collation de la cure appartenait à l'évêque de Langres.

BREVIANDE, métairie dét., cᵐᵉ de Crenay. — *La grange de Braiviande, entre nostre grange que l'en dit la loige Colin et les bois de Marnay*, 1383. (Arch. Côte-d'Or, Morment). — *Breviande*, 1525. (*Ibidem*).

BREVOINE, h. de Langres; ouvrage de défense du camp retranché de Langres. — *Capella de Bevrona*, 1170 (chapitre de Langres). — *Bevronia*, 1207 (Auberive). — *Bovronia*, 1237 (Auberive). — *Bevrones*, 1264 (arch. Haute-Marne, G. 610). — *Buvronie*, 1291 (chapitre de Langres). — *Bevronias*, 1307 (Auberive). — *Villa de Brevoinis, Brevoine*, 1334 (arch. Haute-Marne, G. 839). — *Bevronnes, Bovronnes*, 1336 (Arch. nat., JJ. 70, fᵒ 105 vᵒ, n° 235). — *Brevones*, 1426 (arch. de Langres, compte original). — *Brevoinnes soubz Langres*, 1437 (Auberive). — *Ecclesia Beatae Virginis Natae de Brevoinne*, 1732 (Pouillé de 1732, p. 9).

En 1789, l'église de Brevoine, dédiée à la Nativité de la Sainte-Vierge, était une annexe de la paroisse de Saint-Pierre de Langres. La seigneurie appartenait à l'évêque de Langres.

BRIAUCOURT, cᵉⁿ d'Andelot. — *Bruoltcurt*, 1127 (cartul. Montier-en-Der, I, fᵒ 119 rᵒ). — *Briaucurt*, 1134 (Septfontaines). — *Briocurt*, 1138-1143 (Bibl. nat., coll. Champ., CLII, fᵒ 44). — *Briocort*, 1155 (Septfontaines). — *Briencortis, Briencort*, 1204-1210 environ (Longnon, Doc. I, n° 2895). — *Briocuria*, 1231 (la Crête). — *Briocuria*, 1266 (la Crête). — *Briencort*, 1274-1275 (Longnon, Doc. I, 6945). — *Briocourt*, 1326 (Longnon, Doc. I, 5850). — *Briaucourt*, 1649 (Roserot, États généraux, p. 17). — *Briaucour*, 1732 (Pouillé de 1732, p. 89).

Briaucourt dépendait, en 1789, de la province de Champagne, bailliage, prévôté et élection de Chaumont, châtellenie de Vignory. Son église paroissiale, dédiée à saint Étienne, était du diocèse de Langres, doyenné de Chaumont. La collation de la cure appartenait à l'évêque de Langres.

BRIAUCOURT, lieu dit, cᵐᵉ d'Aizanville, section A.

BRIAUCOURT, lieu dit, cᵐᵉ de Voisey, section F.

BRICON, cᵉⁿ de Châteauvillain. — *Brecon*, 1157 (arch. Côte-d'Or, Morment). — *Bricons*, 1170 (arch. Haute-Marne, G. 593). — *Brecons*, vers 1172 (Longnon, Doc. I, n° 124). — *Bricon*, 1592 (Recueil Jolibois, III, fᵒ 80).

En 1789, Bricon formait une enclave de Bourgogne en Champagne; il dépendait du bailliage de la Montagne ou de Châtillon-sur-Seine, intendance de Bourgogne. L'église paroissiale, dédiée à saint Pierre-ès-Liens, était du diocèse de Langres, doyenné de Châteauvillain, et antérieurement de celui de Bar-sur-Aube. La présentation de la cure appartenait à l'abbé de Notre-Dame de Châtillon, *alias* à l'évêque de Langres.

BRIE (LA), chât. et f., cᵐᵉ de Frampas. — *La Brie*, 1691 (arch. d'Aulnay). — *La Petite Brye*, 1725 (arch. d'Aulnay). — *La Petite Brie*, 1732 (*ibid.*).

BRIEY, f., cᵐᵉ de Flammerécourt. Ancien fief, qui consistait en une part de la seigneurie de Flammerécourt. — *Bryet*, 1680 (Arch. nat., Q¹. 684). — *Brie*, XVIIIᵉ s. (Cassini). — *Briey*, XIXᵉ s. (carte de l'Intérieur).

BRIQUERIE (LA). *Voir aussi* VIEILLE-BRIQUERIE.

BRIQUERIE (LA), lieu dit, cᵐᵉ de Saint-Dizier, section A.

BRIQUERIE, lieu dit, cᵐᵉ de Villiers-aux-Bois, section A.

BRIQUETERIE (LA), écart, cᵐᵉ de Chancenay (ann. Haute-Marne, 1889).

BRISOT, mⁱⁿ, cᵐᵉ de Villars-Saint-Marcellin.

BROCARD (LE), mⁱⁿ, cᵐᵉ d'Auberive; ancienne propriété de l'abbaye. — *Le moulin Brocard*, 1770 (arch. Haute-Marne, C. 344).

BROGÈRES (LES), éc. dét., cᵐᵉ de Frettes. — *Les Brogères*, 1769 (Chalmandrier).

BROGIÈRE (LA), lieu dit, cᵐᵉ de Corgirnon, section B.

BRONCOURT, cᵉⁿ du Fays-Billot. — *Beruncort*, 1244 (arch. Côte-d'Or, la Romagne). — *Beroncourt*, 1397 (arch. Côte-d'Or, la Romagne). — *Beruncourt*, 1429 (Beaulieu). — *Broncourt*, 1675 (arch. Haute-Marne, G. 85).

En 1789, Broncourt dépendait de la province de Champagne, bailliage de Chaumont, élection de Langres. L'église, dédiée à la Nativité de la

Sainte-Vierge, après avoir été tout d'abord paroissiale, était devenue succursale d'Arbigny-sous-Varennes, au diocèse de Langres, doyenné de Pierrefaite.

La seigneurie appartenait au commandeur de la Romagne (ordre de saint Jean de Jérusalem).

Broncourt, lieu dit, cⁿᵉ de Maizières-sur-Amance.

Brosse-Dauroт (La), f., cⁿᵉ de Pressigny. — *Brosse Doroux*, XVIIIᵉ s. (Cassini). — *Labrosse d'Auro*, 1858 (Jolibois : La Haute-Marne, p. 447). — *La Brosse*, 1884 (Intérieur). — *La Brosse d'Auro*, 1888 (État-major).

Brossotтes (Les), h. dét., près de Chassigny. — *La granche des Broussottes*, 1574 (chapitre de Langres). — *Chassigny et Les Brossottes*, 1675 (arch. Haute-Marne, G. 85).

La seigneurie des Brossottes appartenait au chapitre de Langres.

Brottes, cⁿ de Chaumont. — *Brotae*, 1197 (arch. Aube, Notre-Dame-aux-Nonnains). — *Finagium de Brotis*, 1245 (Notre-Dame-aux-Nonnains). — *Brotes*, 1274-1275 (Longnon, Doc. I, nᵒ 6930). — *Brotes*, 1326 (Longnon, Doc. I, nᵒ 5875). — *Brottes*, 1396 (Val-des-Écoliers). — *Territorium loci de Brotis*, 1460 (Val-des-Écoliers). — *Brotte*, 1691 (Val-des-Écoliers).

Brottes dépendait, en 1789, de la province de Champagne, bailliage, prévôté et élection de Chaumont. Son église paroissiale, dédiée à saint Martin, avait pour succursale celle de Chamarandes et dépendait du diocèse de Langres, doyenné de Chaumont; la présentation de la cure appartenait à l'abbesse de Notre-Dame-aux-Nonnains de Troyes, à cause de son prieuré de Saint-Geômes, et la seigneurie au commandeur du Corgebin.

Brousseval, cⁿ de Vassy. — *Brasseval*, vers 1172 (Longnon, Doc. I, nᵒ 481). — *Brasseival*, vers 1201 (Longnon, Doc. I, nᵒ 2577). — *Bosevalle*, 1263 (arch. Aube, Clairvaux). — *Brouseval*, 1265 (Thors). — *Brozeval*, 1280 (arch. Marne, G. 1193). — *Ecclesia de Brosavalle*, 1286 (arch. Marne, G. 1193). — *Bruzeval*, 1300 (Thors). — *Brouzeval*, 1401 (Arch. nat., P. 189², nᵒ 1588). — *Brousseval*, 1649 (Roserot, États généraux, p. 17). — *Amfreville-Brousseval*, 1726 (Arch. nat., Q¹. 687).

Par lettres patentes données à Versailles, au mois de mars 1726, à M. Poerier, marquis d'Amfreville, seigneur de Brousseval, le nom de Brousseval a été modifié en celui d'*Amfreville-Brousseval* (Arch. nat. Q¹. 687).

En 1789, Brousseval dépendait de la province

de Champagne, bailliage de Chaumont, prévôté et châtellenie de Vassy, élection de Joinville. Son église, dédiée à saint Louvent, était succursale de Magneux, au diocèse de Châlons-sur-Marne, doyenné de Joinville.

Broutières, cⁿᵉ de Poissons. — *Brotereium*, 1264 (Gall. christ., XIII, col. 1091). — *Broutieres*, 1343 (Saint-Urbain). — *Brothières, Brouthières*, 1531 (arch. Pimodan). — *Brouttières*, 1763 (arch. Haute-Marne, C. 317). — *Broutière*, XVIIᵉ s. (Cassini).

Broutières appartenait, en 1789, à la province de Champagne, bailliage de Chaumont, prévôté d'Andelot, élection et châtellenie de Joinville. Son église, dédiée à la Décollation de saint Jean-Baptiste, était succursale de celle de Thonnance-les-Moulins, au diocèse de Toul, doyenné de Reynel.

Broutières, fief, cⁿᵉ de Maisoncelles.

Brouville, f., cⁿᵉ de Froncles. Ancien fief.

Brulée (La), f., cⁿᵉ de Rougeux. — *La Grange Brûlée*, 1769 (Chalmandrier). — *La Grange Brulé*, XVIIIᵉ s. (Cassini).

Brulée (La), écart, cⁿᵉ de Vaux-la-Douce (ann. Haute-Marne, 1889).

Brutotte (La), mⁿ is., cⁿᵉ de Bourg. — *La Brutotte*, 1889 (ann. Haute-Marne).

Bucvécourt, lieu dit, cⁿᵉ de Vesaignes-sous-la-Fauche, section B.

Bruvères (Les), écart, cⁿᵉ de Chaudenay (ann. Haute-Marne, 1889).

Bucelin, mⁿ, cⁿᵉ de Verseilles-le-Haut. — *Moulin Bucelin*, 1769 (Chalmandrier).

Buchey, cⁿᵉ de Juzennecourt. — *Buscher*, vers 1200 (Longnon, Doc. I, nᵒ 2149). — *Buchier*, 1203 (arch. Aube, Clairvaux). — *Bucherium*, 1208 (Clairvaux). — *Buischer*, 1204-1210 environ (Longnon, Doc. I, 2775). — *Buchiers*, 1222 (Clairvaux). — *Bucherum*, 1230 (Clairvaux). — *Bucheium*, 1232-1243 (Longnon, Doc. I, nᵒ 5136). — *Bucher*, 1244 (Clairvaux). — *Buscheium*, 1249-1252 (Longnon, Rôles, nᵒ 12). — *Buchié*, 1265 (Clairvaux). — *Buchey*, 1331 (arch. Haute-Marne, G. 592). — *Busché*, 1551 (Clairvaux). — *Buché*, 1622 (chapitre de Bar-sur-Aube).

En 1789, Buchey faisait partie de la province de Champagne, bailliage de Chaumont, prévôté et élection de Bar-sur-Aube. Son église, dédiée à sainte Colombe, était succursale de Rizaucourt, au diocèse de Langres, doyenné de Bar-sur-Aube.

Buez, mⁿˢ is. et lavoir public, cⁿᵉ de Chaumont-en-Bassigny. — *Buey*, 1769 (Chalmandrier). — *Buay*, 1769 (ibid., plan de Chaumont).

4.

Bugey, f., c^ne de Vauxbons, section A; ancienne grange de la commanderie de Morment, qui la céda à l'abbaye de Vauxbons en 1374. — *Bugi*, 1187 (Auberive). — *Bugé*, 1189 (arch. Côte-d'Or, Morment). — *Bugie*, 1194 (Auberive). — *Bugeium*, 1247 (Auberive). — *Bougey*, 1356 (Auberive). — *La grainge de Bugey*, 1454 (Auberive). — *La grange de Bugey*, 1770 (arch. Haute-Marne, C. 344). — *Ferme du Buget*, xixe s. (carte de l'Intérieur).

Bugnémont, f. et m^in, c^ne de Roche-sur-Rognon; ancienne grange de l'abbaye de Septfontaines. — *Grangia que dicitur Busnemont*, 1172 (Septfontaines). — *Buignemont*, 1291 (Longnon, Doc. II, p. 173, note). — *La cense de Bugnémont*, 1683 (Septfontaines).

Bugnières, c^ne d'Arc. — *Bugnieres*, 1351 (arch. Allier, Vauclair). — *Ecclesia B. Virginis de Bugneres*, 1732 (Pouillé de 1732, p. 9). — *Bugnière*, 1769 (Chalmandrier). — *Bunière*, 1775-1785 (Courtépée, IV, p. 254).

Bugnières faisait partie, en 1789, d'une enclave de Bourgogne en Champagne et dépendait du bailliage de la Montagne ou de Châtillon-sur-Seine, intendance de Bourgogne. Son église, dédiée à la Nativité de la Sainte-Vierge, était succursale d'Arc-en-Barrois, du diocèse et du doyenné de Langres.

Buisson (Le), lieu dit, c^ne de Brottes, section D, qui était habité au xviiie siècle, et où il y avait une chapelle sous le vocable de Notre-Dame. — *Le Buisson*, 1763 (Chalmandrier). — *La cense du Buisson*, 1773 (arch. Haute-Marne, C. 262). — *La ferme du Buisson*, 1826 (cadastre).

Buisson (Le), chât. et forge, c^ne de Louvemont; ancien fief. — *Boisson*, vers 1201 (Longnon, Doc. I, n° 2699). — *Boschon*, 1210-1214 environ (Longnon, Doc. I, n° 2991). — *Bouisson*, 1318 (Montier-en-Der). — *Les forges du Buisson et du Châtelier*, 1763 (arch. Haute-Marne, C. 317).

Buisson-Marie (Le), f., c^ne de Buxières-lez-Belmont; ancienne grange de l'abbaye de Belmont. — *La grange de Buisson-Marie*, 1770 (arch. Haute-Marne, C. 344).

Buisson-Rouge (Le), colline, c^ne de Vassy, où l'on a trouvé des monnaies romaines en 1834.

Bureton, m^in dét, qui était sur la rivière de Blaise, dans le voisinage de Daillancourt. — *Un coppel de la rivière de Bloise, qui se prent dès le molin de Buretons, jusques au dessoubs d'icelle ville de Daillancourt*, 1447 (Arch. nat., P. 174¹, n° 302).

Burville, lieu dit, c^ne de Bettoncourt, section B.

Businière (La), f. dét., c^ne de Sommevoire. Elle appartint à l'abbaye de Montier-en-Der jusqu'au xvie siècle. — *Cense de la Busenière*, 1784 (Courtalon, III, p. 377). — *La Buxenière*, xviiie s. (Cassini).

Busson, c^on de Saint-Blin. — *Pierres, curez de Busson*, 1278 (chapitre de Reynel). — *Ecclesia de Bussono*, 1402 (Pouillé de Toul). — *Buisson*, 1700 (Dillon).

En 1789, Busson faisait partie de la province de Champagne, bailliage de Chaumont, prévôté d'Andelot, élection de Chaumont. L'église paroissiale, dédiée à saint Maurice, était du diocèse de Toul, doyenné de Reynel, avec celle de Leurville pour succursale. La présentation de la cure appartenait au chapitre de Reynel.

Le fief, qui avait été démembré de la châtellenie de Reynel, relevait directement de Chaumont.

Bussy, lieu dit, c^ne d'Aillianville, section A.

Bussy, lieu dit, c^ne de Cerisières, section E.

Bussy, lieu dit, c^ne de Charmes-la-Grande, section B.

Bussy, lieu dit, c^ne de Châteauvillain, section E.

Bussy, lieu dit, c^ne de Créancey, section A.

Bussy, lieu dit, c^ne de Fays, section C.

Bussy, usine, c^ne de Thonnance-lez-Joinville.

Voir aussi Grand-Bussy.

Bussy, h. et haut fourneau, c^ne de Vecqueville. — Probablement le *Buxidis*, *Buxidus*, cité au xe s. dans le 1er cartul. de Montier-en-Der, fol. 32, r°.

Butinière (La), f., c^ne de Sommevoire. — *Cense de la Butinière*, 1784 (Courtalon, III, p. 377). — *La Butenière*, xviiie s. (Cassini). — *Bussinière*, xixe s. (carte de l'Intérieur).

Buxereuilles, h., c^ne de Chaumont-en-Bassigny. — *Buxeroliae*, 1260 (Val-des-Écoliers). — *Buisseroles*, *Buisserole*, 1276-78 (Longnon, Doc. II, p. 159,160). — *Buxereulles*, 1318 (arch. Aube, Clairvaux). — *Buxereules*, 1700 (Dillon). — *Buxerolles*, 1732 (Pouillé de 1732, p. 87). — *Buxereuilles*, 1787 (arch. Haute-Marne, C. 262).

En 1789, Buxereuilles formait une communauté du bailliage, de la prévôté et de l'élection de Chaumont.

Il y avait un prieuré de l'ordre de saint Benoît, dépendant de l'abbaye de Molême, avec chapelle sous le vocable de Notre-Dame, qui existe encore. Ce prieuré fut donné au chapitre de Chaumont en 1475, mais a subsisté comme prieuré simple jusqu'en 1621; il fut ensuite uni au chapitre.

Buxereuilles et Reclancourt, après avoir formé chacun une commune pendant quelques années,

ont été réunis à Chaumont par un décret impérial du 6 janvier 1810.

Buxières-lez-Belmont, c^{ne} du Fays-Billot. — *Bos-
seres*, 1147 (Belmont). — *Buxerine*, 1190 (Beau-
lieu). — *Buxeres*, 1270 (Beaulieu). — *Buxières*,
1583 (Belmont). — *Bussières*, 1648 (Vaux-la-
Douce). — *Buxières-les-Aumônières*, 1675 (arch.
Haute-Marne, G. 85, f° 5). — *Bussières et Bel-
mont*, 1714 (Vaux-la-Douce). — *Bussières-les-
Nones*, 1769 (Chalmandrier). — *Buxières et
Bémont*, 1770 (arch. Haute-Marne, C. 344).
— *Bussières-lez-Belmont*, xviiie s. (Cassini).

Belmont a été détaché de Buxières, et érigé en
commune, par ordonnance royale du 9 août 1831.

Nous n'avons pu accepter l'identification qu'on
a faite de Buxières-lez-Belmont avec *Buxiacus*,
rapporté dans la chronique de Bèze (édit. Bougaud et Garnier, p. 345 et 352).

Buxières-lez-Belmont dépendait, en 1789, de
la province de Champagne, bailliage de Langres.
L'église paroissiale, dédiée à saint Maurice, était
du diocèse de Langres, doyenné du Moge et avait
pour succursale celle de Belmont. La cure était
à la présentation du trésorier du chapitre de
Langres.

La seigneurie appartenait à la commanderie
d'Aumônières (Haute-Saône), de l'ordre de saint
Antoine, qui l'avait acquise dans la seconde moitié
du xve siècle.

Buxières-lez-Clefmont, c^{ne} de Clefmont. — *Buxerie*,
1173 (la Crête). — *Buissières*, 1245 (Layettes,
n° 3354). — *Buxières*, 1249-1252 (Longnon,
Rôles, n° 646). — *Buseres*, 1256 (chapitre de
Langres). — *Buxerex*, 1291 (Beaulieu). —
Buxières, 1420 (arch. Meurthe-et-Moselle, H.
1760). — *Buxières-les-Clesmont*, 1732 (Pouillé du
1732, p. 121). — *Buxières-en-Bassigny*, 1770
(arch. Haute-Marne, C. 344). — *Buxierres-les-
Clefmont*, xviiie s. (Cassini).

En 1789, Buxières faisait partie de la province
de Champagne, bailliage de Chaumont, prévôté
de Nogent, châtellenie de Clefmont; élection de
Langres. Son église paroissiale, dédiée à saint
Èvre, était du diocèse de Langres, doyenné d'Is-

en-Bassigny. La collation de la cure appartenait à
l'évêque de Langres. Elle avait pour succursales
les églises de Cuves et de Perrusse.

Buxières-lez-Froncles, c^{ne} de Vignory. — *Ecclesia
de Buxeriis*, 1169 (chapitre de Langres, et Gall.
christ. IV, instr., col. 183). — *Ecclesia de Buxeriis*, 1170 (chapitre de Langres). — *Buxeires*,
Buxieres-sur-Marne, 1305 (Septfontaines). —
Bussière, 1419 (Arch. nat., P. 174¹, n° 298). —
Buxières, Ferroncles, qui est toute une parroiche,
1447 (Arch. nat., P. 174¹, n° 302). — *Bussières*,
1698 (Val-des-Écoliers). — *Buxières les Feroncles*, 1700 (Dillon). — *Buxierre-les-Froncles*,
1769 (Chalmandrier).

Buxières-lez-Froncles dépendait, en 1789, de
la province de Champagne, bailliage, élection et
prévôté de Chaumont. La seigneurie relevait de
Chaumont pour trois quarts et de Vraincourt pour
un quart. Son église paroissiale, dédiée à saint
Calixte, était du diocèse de Langres, doyenné de
Châteauvillain, et auparavant du doyenné de Bar-
sur-Aube. La collation de la cure appartenait au
chapitre de Langres. L'église de Buxières avait
pour succursales celles de Froncles et de Provenchères-sur-Marne.

Buxières-lez-Villiers, c^{ne} de Chaumont-en-Bassigny.
— *Buxerie*, xive s. (Longnon, Pouillés, I). —
Busseres, *Bussières*, 1401 (Septfontaines). —
Buxières, 1402 (Septfontaines). — *Buxières-lez-
Villiers-le-Sec*, 1519 (Arch. nat., P. 174², n° 315).
— *Buxières-lez-Villiers-le-Secq*, 1573 (Arch. nat.,
P. 175¹, n° 350). — *Bussières-lès-Villiers-le-Secq*,
1643 (arch. Aube, Clairvaux). — *Buxières-lès-
Villiers*, 1769 (Chalmandrier).

Buxières-lez-Villiers dépendait, en 1789, de
la province de Champagne, bailliage, prévôté et
élection de Chaumont. Le fief relevait de Sexfontaine. L'église, dédiée à saint Bénigne, était succursale de celle de Villiers-le-Sec, au diocèse de
Langres, doyenné de Chaumont.

Buzon (Grand et Petit), h., c^{ne} de Langres et fort
du camp retranché de Langres. — *Buzon*, 1769
(Chalmandrier).

C

Cabotte, m^{in}, c^{ne} de Vaux-la-Douce.

Callet, m^{in}, c^{ne} de Buxières-lez-Clefmont. — *Moulin
Calet*, 1769 (Chalmandrier). — *Moulin Callet*,
xviiie s. (Cassini).

Calvaire (Le), m^{on} is., c^{ne} d'Aillianville.

Calvaire (Le), m^{on} for., c^{ne} d'Arc-en-Barrois; ancien
ermitage, qui avait été transformé en un couvent
de Récollets, fondé par le maréchal de l'Hospital,

duc de Vitry, en 1635, et qui était devenu en dernier lieu un hôpital.

CALVAIRE (LE), lieu dit, c^{ne} de Dommarien, section F.

CALVAIRE (LE), lieu dit, c^{ne} de Maranville, section C.

CALVAIRE (LE), anc. calvaire, c^{ne} d'Outremécourt (Cassini).

CALVAIRE (LE), lieu dit, c^{ne} de Rennepont, section C.

CALVAIRE (LE), ancien calvaire, c^{ne} de Sommevoire. — *Calvaire*, XVIIIe s. (Cassini).

CALVAIRE (LE), lieu dit, c^{ne} de Ville-aux-Bois, section A.

CAMBUSE (LA), m^{on} is., c^{ne} d'Euffigneix.

CAMBUSE (LA), f., c^{ne} de Latrecey.

CAMP-DE-CÉSAR (LE), monticule, c^{ne} de Montsaon, où l'on a trouvé des *tumuli* renfermant des sépultures, accompagnées de monnaies romaines et d'objets appartenant à l'époque mérovingienne. — *Camp de César*, XVIIIe s. (Cassini).

CAMP-DES-SARRAZINS (LE), lieu dit, c^{ne} de Paroy, où se trouve une demi-lune entourée de fossés.

CAMP ROMAIN (LE), lieu dit, c^{ne} de Saulles, près du bois de Montamary (État-major).

CANARD (LE), f. et m^{in}, c^{ne} de Charmoy. — *Moulin du Canal*, 1769 (Chalmandrier). — *Le moulin Quenard*, 1770 (arch. Haute-Marne, C. 344). — *Le Canard*, XIXe s. (carte de l'Intérieur).

CANARDIÈRE (LA), m^{on} is., c^{ne} de Varennes.

CANNÉE (LA), lieu dit, c^{ne} d'Échenay, où l'on a trouvé des vestiges de constructions et de fossés.

CANON (LE), f., c^{ne} de Noidant-Châtenoy.

CANONNERIE (LA), lieu dit, c^{ne} de la Neuville-à-Remy, où l'on a trouvé des vestiges de constructions.

CAPITAINE. *Voir* GRANGE-AU-CAPITAINE.

CAPUCINS (LES), ancien écart, c^{ne} de Vassy, aujourd'hui compris dans la ville; ancien couvent. — *Les Capucins*, XVIIIe s. (Cassini).

CAQUEREY, h., c^{ne} de Palaiseul. — *Quequerey*, 1295 (Roussel : Dioc. de Langres, III, p. 378). — *Caquerey*, 1675 (arch. Haute-Marne, G. 85). — *Caqueray*, 1766 (Arch. nat., Q^1, 695). — *Le hameau de Caquerey, dépendant de Heulley-le-Grand*, 1770 (arch. Haute-Marne, C. 344).

En 1789, Caquerey formait une communauté du bailliage de Chaumont, prévôté de Nogent-le-Roi.

CAQUERIE, lieu dit, c^{ne} de Baudrecourt, section A.

CARBELOT, f., c^{ne} du Fays-Billot; ancien fief. — *Carbelot*, 1769 (Chalmandrier). — *Le Corbelot*, 1775-1785 (Courtépée, II, p. 189).

CARCASSERIE (LA), usine, c^{ne} de Joinville.

CARILLON (LE), fourneau, c^{ne} de Manois. — *Le Carillon*, XIXe s. (cadastre, section A).

CARPIÈRE (LA), f., c^{ne} de Frampas. — *La Carpière*, 1768 (arch. d'Aulnay).

CARQUEILLEY, lieu dit, c^{ne} de Corgirnon, section A.

CARQUILLY, lieu dit, c^{ne} de Torcenay, section B.

CARRELET, m^{in}, c^{ne} de Celles. — *Moulin Carrelet*, 1769 (Chalmandrier).

CARRIÈRE (LA), h., c^{ne} de Celles.

CARRIÈRE-ROULOT (LA), quartier de la ville de Chaumont.

CARRIÈRES (LES), m^{on} is., c^{ne} de Chalvraine.

CARRIÈRES (LES), m^{on} is., c^{ne} d'Orges.

CARRIÈRES (LES), m^{on} is., c^{ne} de Saint-Geômes.

CASTEL (LE), lieu dit, c^{ne} de Doulaincourt, section E.

CASTELLE (LA), bocard, c^{ne} de Noncourt. — *La Castelle*, XVIIIe s. (Cassini).

CATHERINET (LE), f., c^{ne} de Bugnières.

«CATUALAUNI», peuple de la Gaule belgique, au nord des Lingons, qui avait pour capitale *Duro Catalauni* ou *civitas Catuellaunorum* (Châlons-sur-Marne). Son territoire comprenait le *pagus Pertensis* ou *Perthois* (voir ce dernier mot) et s'étendait, au sud, jusqu'au-dessous de Saint-Urbain, c'est-à-dire dans le nord-ouest du département de la Haute-Marne.

CAZOT, m^{in}, c^{ne} de Lecey.

CEFFONDET (LE), m^{on} is., c^{ne} de Montier-en-Der.

CEFFONDS, c^{ne} de Montier-en-Der. — *Altare in honore sancti Remigii sacratum, de capella quœ est sita in pago Pertensi, juxta fluvium Vigere, prope monasterium jam dictum [Dervense]*, 1012 ou 1021 (cartul. Montier-en-Der, I, f° 47 r°). — *Altare Sancti Remigii Sigifontis*, 1114 (Montier-en-Der). — *Ecclesia Sancti Remigii de Sumfonz*, 1117 (arch. Aube, Montiéramey). — *Sumfunz*, 1120 (Montiéramey). — *Sefons*, 1222-1243 (Longnon, Doc. I, n° 5136). — *Seffonz*, 1249-1252 (Longnon, Rôles, n° 53). — *Sigiffons*, 1407 (Pouillé de Troyes, n° 484). — *Ceffons*, 1539 (Recueil Jolibois, X, f° 142). — *Ceffon*, 1700 (Dillon). — *Ceffond*, 1725 (arch. d'Aulnay). — *Sefonds ou Ceffonds*, 1784 (Courtalon, III, p. 374).

En 1789, Ceffonds faisait partie de la province de Champagne (Vallage), bailliage de Chaumont, prévôté de Bar-sur-Aube, élection de Joinville. Son église paroissiale, dédiée à saint Remi, était du diocèse de Troyes, doyenné de Margerie, et avait Thilleux pour annexe. La présentation de la cure appartenait à l'abbé de Montier-en-Der, qui avait aussi la seigneurie.

CELLES, c^{ne} de Varennes. — *Sailles*, 1362 (chapitre

de Langres). — *Celles*, xiv⁵ s. (Longnon, Pouillés, I). — *Celle*, 1436 (Longnon, Pouillés, I). — *Celles-lès-Andilly*, 1769 (Chalmandrier).

Celles faisait partie, en 1789, de la province de Champagne, bailliage, prévôté et élection de Langres. Son église paroissiale, dédiée à saint Vinard, était du diocèse de Langres, doyenné du Moge, et avait pour succursale celle d'Andilly. La présentation de la cure appartenait au chapitre de Langres, qui avait aussi la seigneurie.

CELSOY, cⁿᵉ de Neuilly-l'Évêque. — *Cersoi*, 1147 (Belmont). — *Celsoy*, 1268 (chapitre de Langres). — *Cellesoy*, 1498 (Recueil Jolibois, II, 196).

En 1789, Celsoy dépendait de la province de Champagne, bailliage et élection de Langres. Son église, simple chapelle, sous le vocable de saint Maur, était une annexe de celle de Montlandon, au diocèse de Langres, doyenné du Moge.

La seigneurie appartenait au chapitre de Langres.

CÈSE (LA), chap. dét., à Langres. Elle était dans la Grande-Rue, près de la Porte-au-Pain. — *Capella seu capellania sub titulo et ad altare Cornas Domini, in magno vico dicta la Porte au Pain*, 1606 (chapitre de Langres).

La présentation appartenait à l'aîné de la famille Pignard.

CERISIÈRES, cⁿᵉ de Doulaincourt. — *Sarisiacus, Sarysey*, 1108 (Arbaumont, Vignory, p. 98 et 152). — *Sarisarie*, 1252 (Auberive). — *Serisserie*, xiv⁵ s. (Longnon, Pouillés, I). — *Serisières*, 1447 (Arch. nat., P. 174¹, n° 301). — *Cerizières*, 1602 (Arch. nat., P. 175², n° 362). — *Cerisiers*, 1649 (Roserot, États généraux, p. 13). — *Serizières*, 1710 (Arch. nat., Q¹. 684). — *Cerizières*, 1738 (Pouillé de 1738, p. 75). — *Ceriziere*, 1769 (Chalmandrier).

Nous n'avons pu admettre l'identification qu'on a faite de Cerisières avec *Sariscacus* ou *Sariscacus*, cité dans la continuation de la chronique de saint Bénigne de Dijon (édit. Bougaud et Garnier, p. 203).

Cerisières dépendait, en 1789, de la province de Champagne, bailliage et châtellenie de Chaumont, prévôté de Vassy, élection de Bar-sur-Aube. Son église paroissiale, dédiée à saint Didier, était du diocèse de Langres, doyenné de Châteauvillain, et auparavant du doyenné de Bar-sur-Aube. La présentation de la cure appartenait au prieur de Vignory.

CÉRISIERS (LES), f. dét., près de Maatz. — *La grange des Cerisiers*, 1770 (arch. Haute-Marne, C. 344).

CÉSAR. *Voir* CAMP-DE-CÉSAR.

CHAGNON, plâtrières, cⁿᵉ de Bourbonne-les-Bains.

CHALANCEY, cⁿᵉ de Prauthoy. — *Chalance*, 1183 (Auberive). — *Chalanceium*, 1236 (Auberive). — *Chalencey*, 1298 (arch. Côte-d'Or, Morment). — *Chalanceyum*, xiv⁵ s. (Longnon, Pouillés, I). — *Chalancey*, 1369 (arch. Haute-Marne, G. 63).

En 1789, Chalancey dépendait de la province de Champagne, bailliage et élection de Langres. Son église paroissiale, sous le vocable de sainte Madeleine, était du diocèse de Langres, doyenné de Grancey, et avait pour succursales celles de Chalmessin, Musseau, Vesvres et Vernois (Côte-d'Or), mais l'église de Musseau en fut détachée, vers 1629, pour faire une paroisse, qui eut pour annexes Chalmessin et Mouilleron (Roussel, Dioc. de Langres, II, p. 227 et 243).

La présentation de la cure appartenait à l'abbé de Saint-Bénigne de Dijon.

CHALET (LE), écart, cⁿᵉ de Saint-Urbain.

CHALET (LE), rendez-vous de chasse, cⁿᵉ de Villiers-au-Bois, au milieu de la forêt du Val; construit depuis quelques années.

CHALET-BONOBE (LE), écart, cⁿᵉ de Bourbonne-les-Bains (ann. Haute-Marne, 1889).

CHALINDREY, cⁿᵉ de Longeau. — *Ecclesia de Chalendré*, 1170 (chapitre de Langres). — *Chalaindrey*, 1349 (chapitre de Langres). — *Chalandreium*, xiv⁵ s. (Longnon, Pouillés, I). — *Challandreyum*, 1436 (Longnon, Pouillés, I). — *Chalendreium*, 1462 (arch. Haute-Marne, G. 75). — *Chalindrey*, 1498 (Recueil Jolibois, II, f° 196). — *Chalindrey*, 1568 (Arch. nat., P. 176⁴, n° 471). — *Chalendrey*, 1584 (arch. Haute-Marne, G. 878, f° 561 v°). — *Chalindreium*, 1689 (Ibidem, G. 888, f° 7 r°).

En 1789, Chalindrey faisait partie de la province de Champagne, bailliage et élection de Langres. Son église paroissiale, dédiée à saint Gengoul, était du diocèse de Langres, doyenné du Moge, dont il fut longtemps le siège. La présentation de la cure appartenait au chapitre de Langres, qui avait aussi la seigneurie.

L'église de Chalindrey avait pour succursale celle de Culmont, et aussi, mais anciennement, l'église du Pailly, qui devint paroissiale en 1708.

Chalindrey avait anciennement un hôpital, qui était situé sur la colline de Monterot.

CHALMESSIN, cⁿᵉ d'Auberive. — *Chesamesayn*, 1198

(Auberive). — *Chesemessen*, 1205 (Auberive). — *Charemesen*, 1206 (Auberive). — *Chasemessen*, 1215 (Auberive). — *Chisemessen*, 1235 (Auberive). — *Chasemesen*, 1236 (Auberive). — *Chisamesen*, 1237 (Auberive). — *Chiessamaisain*, 1250 (Auberive). — *Charemessein*, 1257 (Auberive). — *Chiessamaissen*, 1270 (Auberive). — *Chiessamessaing*, 1306 (Auberive). — *Chesamessain*, 1328 (Auberive). — *Chiessamecains*, 1345 (Auberive). — *Challemessain*, 1621 (Auberive). — *Chalmesain*, 1675 (arch. Haute-Marne, G. 85). — *Chalmessin*, 1769 (Chalmandrier).

Chalmessin dépendait, en 1789, de la province de Champagne, bailliage et élection de Langres. Son église, sous le vocable de Notre-Dame, était succursale de Musseau, et antérieurement de Chalancey, au diocèse de Langres, doyenné de Grancey.

«CHALONGE». — Un décret impérial du 17 ventôse an XIII a enlevé à la commune de Richebourg les fermes de Chalonge et de Semobile ou les Maisons-Éboulées, et les a réunies à la commune de Semoutiers (Arch. nat., F². II, Haute-Marne, I).

CHALVRAINES, c^(on) de Saint-Blin. — *Eschelebrona*, 1163 (Morimond). — *Eschareorannes*, 1256 (Morimond). — *Eschalevrannes*, 1260 (Morimond). — *Aschalevranes, Aschaterranes*, 1261 (Morimond). — *Eschalevrennes*, 1287 (Morimond). — *Ecclesia de Eschalevrangniis*, 1402 (Pouillé de Toul). — *Eschalevraines*, 1446 (Arch. nat., P. 176³, n° 509). — *Chaleoraine*, 1474 (Arch. nat., P. 164¹, n° 1312). — *Chalvrainnes*, 1515 (Arch. nat., P. 176³, n° 486). — *Chalvraigne*, 1612 (Morimond). — *Chalvraines*, 1626 (Arch. nat., P. 191², n° 1639). — *Chalevraigne*, 1678 (Morimond). — *Chalvrenne*, 1739 (Arch. nat., Q¹. 688). — *Chalvraine*, 1770 (arch. Haute-Marne, C. 262). — *Chollevraine*, XVIIIe s. (Cassini).

Chalvraines faisait partie, en 1789, de la province de Champagne, bailliage de Chaumont, prévôté d'Andelot, châtellenie de Montéclair, élection de Chaumont. Son église paroissiale, dédiée à saint Pierre et saint Paul, était du diocèse de Toul, doyenné de Reynel. La présentation de la cure appartenait au chapitre de la Fauche.

CHAMARANDES, c^(on) de Chaumont-en-Bassigny. — *Chamarandae*, 1175 (la Crête). — *Chemerandes*, 1189 (arch. Côte-d'Or, Morment). — *Chamarandes*, 1204-1210 (Longnon, Doc. I, n° 2894). — *Chamerendes*, 1222-1243 (Longnon, Doc. I, n° 4167). — *Chamarandes*, 1225 (la Crête). —

Chimarandes, 1242 (Val-des-Écoliers). — *Chamerandae*, 1275 (Val-des-Écoliers). — *Chamerandiae*, 1455 (Val-des-Écoliers). — *Chamarande*, 1773 (arch. Haute-Marne, C. 262).

En 1789, Chamarandes appartenait à la province de Champagne, bailliage, prévôté, châtellenie et élection de Chaumont. Son église, dédiée à saint Vallier, était succursale de Brottes, au diocèse de Langres, doyenné de Chaumont.

CHAMBEAU, partie de la ville de Langres, dont le nom était encore porté récemment par une place appelée aujourd'hui «place Diderot». — *Omnia ille ex jure fisci nostri quod in Campo Bello, juxta sepefatam civitatem, consistit*, 887 (Roserot, Dipl. carol., p. 24). — *Major de Campeltis*, 1205 (cartul. du chapitre de Langres, f° 36). — *Champeaulx*, 1409 (arch. de Langres, compte original). — *Champelz*, 1429 (ibid.).

CHAMBRERIE (LA), lieu dit, c^(ne) de Dommartin-le-Saint-Père, section B.

CHAMBRONCOURT, c^(on) de Saint-Blin. — *Camericurtis*, 1145 (Pflugk-Hartlung, p. 178). — *Chamberuncuria*, 1256-1270 (Longnon, Doc. I, n° 5847). — *Chambroncuria*, 1402 (Pouillé de Toul). — *Chambroncourt*, 1443 (Arch. nat., P. 176³, n° 508).

Chambroncourt dépendait, en 1789, de la province de Champagne, bailliage, élection et châtellenie de Chaumont, prévôté d'Andelot. Son église paroissiale, dédiée à saint Thibaud, était le siège d'un prieuré-cure au diocèse de Toul, doyenné de Reynel, dépendant de l'abbaye de Molême.

La seigneurie appartenait au chambrier de Molême.

CHAMEAU (LE), f., c^(ne) de Parnot. — *Le Chameau*, 1757 (Arch. nat., Q¹. 694). — *La grange du Chamaut*, 1770 (arch. Haute-Marne, C. 344).

CHAMEROY, c^(on) d'Auberive. — *Chamerois*, 1176 (Auberive). — *Chameroys*, 1187 (Auberive). — *Chameretum*, XIVe s. (Longnon, Pouillés, I). — *Chameroix*, 1524 (Auberive). — *Chameroy*, 1675 (arch. Haute-Marne, G. 85).

Chameroy dépendait, pour la plus grande partie, en 1789, d'une enclave de Bourgogne en Champagne, bailliage de la Montagne ou de Châtillon-sur-Seine, intendance de Bourgogne. Suivant Courtépée (IV, p. 258), trois ou quatre maisons, ainsi que l'église et la cure, étaient situées en Champagne; elles dépendaient de l'élection de Langres. L'église paroissiale, dédiée à saint Remi, faisait partie du diocèse et du doyenné de Langres, avec celle de Rochetaillée pour succursale. La présentation de la cure appartenait au chapitre de Langres.

CHAMOUILLEY, c⁶ⁿ de Saint-Dizier. — *Chamolleium, Chamoylleium*, vers 1148 (Saint-Urbain). — *Chamoleium*, 1233 (Saint-Urbain). — *Chamuleium*, 1235 (Recueil Jolibois, VII, f° 84). — *Chamoilleium*, 1243 (Recueil Jolibois, VII, f° 85). — *Chamoilli*, 1245 (arch. Marne, Saint-Jacques de Vitry). — *Chamoillei*, 1303 (Saint-Urbain). — *Chauoilley*, 1319 (Saint-Urbain). — *Chamoilley*, 1346 (Saint-Jacques de Vitry). — *Chamoilley*, 1389 (Saint-Urbain). — *Chamoillé-sur-Marne*, 1448 (Saint-Urbain). — *Chamoulley*, 1624 (Saint-Urbain). — *Chamoully*, 1681 (Saint-Urbain). — *Chamouilley*, 1722 (Saint-Urbain).

Chamouilley faisait partie, en 1789, de la province de Champagne, bailliage et élection de Vitry, et suivait la coutume de Vitry. Son église, dédiée à l'Assomption de la Sainte-Vierge, était une annexe de Bettancourt-la-Ferrée, au diocèse de Châlons-sur-Marne, doyenné de Joinville.

La seigneurie appartenait à l'abbaye de Saint-Urbain, qui l'avait acquise en 1324 de la maison de Dampierre-Saint-Dizier.

CHAMOUILLEY, lieu dit, c⁶ⁿ de Celles, section D.

CHAMPAGNE (LA), f., c⁶ⁿ d'Auberive; ancienne grange de l'abbaye de Longuay. — *Grangia quæ Campania dicitur*, 1175 (Longuay). — *La Champaigne*, 1454 (Longuay). — *Champagne*, 1603 (Arch. nat., P. 189², n° 1587).

CHAMPAGNET, lieu dit, c⁶ⁿ de Chalindrey, section C.

CHAMP-AU-LOUP (LE), f., c⁶ⁿ de Montcharvot.

CHAMP-AU-MONT, f., c⁶ⁿˢ d'Orquevaux. — *Champaumont*, 1889 (ann. Haute-Marne).

CHAMP-BILLETTE, mⁿ, c⁶ⁿ de la Neuville-lez-Coiffy.

CHAMP-BONNIN, chât., c⁶ⁿ de Brousseval. — *Le Champbonin*, xvııı° s. (Cassini).

CHAMP-CLOS (LE), f., c⁶ⁿ de Bourbonne-les-Bains.

CHAMPCOURT, c⁶ⁿ de Vignory. — *Chaunicurtis*, 1050-1052 (prieuré de Vignory). — *Ecclesia de Chancort*, 1202 (Montier-en-Der). — *Chamcort*, 1210 (Montier-en-Der). — *Campicuria*, 1221 (Montier-en-Der). — *Champcourt*, 1447 (Arch. nat., P. 174¹, n° 301). — *Chancourt*, 1598 (Montier-en-Der). — *Champcecourt*, 1732 (Pouillé de 1732, p. 70).

Champcourt appartenait, en 1789, à la province de Champagne, bailliage et châtellenie de Chaumont, élection et prévôté de Bar-sur-Aube. Son église paroissiale, dédiée à la Nativité de la Sainte-Vierge, était du diocèse de Langres, doyenné de Bar-sur-Aube. La présentation de la cure appar-

tenait à l'abbé de Montier-en-Der, qui avait sur le territoire de ce village le prieuré de Saint-Bon (*voir* ce mot), postérieur au village lui-même, car il paraît n'avoir été fondé qu'au xııı° siècle.

CHAMPCOURT, lieu dit, c⁶ⁿ de Banne, section A.

CHAMPCOURT, lieu dit, c⁶ⁿ de Charmoilles, section B.

CHAMP-DE-CABOS, lieu dit, c⁶ⁿ de Vicq, où se trouvent des vestiges de constructions.

CHAMP-DE-LA-GRANGE (LE), f., c⁶ⁿ de Soncourt. — *Le Champ de la Grange*, 1602 (Arch. nat., P. 175², n° 362). — *La cense du Champ de la Grange*, 1772 (arch. Haute-Marne, C. 362).

CHAMP-DES-PIERRES (LE), écart, c⁶ⁿ de Chaudenay (ann. Haute-Marne, 1889).

CHAMP-DOLENT (LE), lieu dit, c⁶ⁿ de Chalmessin, où l'on a trouvé, en 1834, des objets en fer oxydé paraissant appartenir à l'époque romaine.

CHAMP-DU-RATEL (LE), f. dét., c⁶ⁿ de Planrupt. — *La cense du champ du Ratel*, 1763 (arch. Haute-Marne, C. 317). — *Champduratel*, xvııı° s. (Cassini).

CHAMPEIGNAT, f., c⁶ⁿ de Montier-en-Der. — *La cense de Champignat*, 1763 (arch. Haute-Marne, C. 317). — *Champeignat*, 1858 (Dict. des postes de la Haute-Marne). — *Champeignac*, 1889 (ann. Haute-Marne).

CHAMPFLEURY, f., c⁶ⁿ du Pailly. — *Champ-Fleuri*, 1769 (Chalmandrier). — *La grange de Champfleury*, 1770 (arch. Haute-Marne, C. 344). — *Champ Fleury*, xvııı° s. (Cassini).

CHAMPFOUR, f., c⁶ⁿ de Pierrefaite. — *Champfour*, 1769 (Chalmandrier).

CHAMP-GERBEAU, h., c⁶ⁿˢ de Louvemont; ancien fief relevant de Saint-Dizier. — *Campus Girboudi*, 1228 (arch. Marne, Saint-Jacques de Vitry). — *Jehannet, dit Champ Gerbiaut, escuier*, 1274 (Thors). — *Champ Gerbou*, 1576 (Arch. nat., P. 184², n° 1585). — *Champgerbault*, 1690 (Roserot, Ban et arrière-ban, p. 49). — *Champgerbaut*, 1734 (Arch. nat., Q¹. 684). — *Le hameau du Champ-Gerbault*, 1763 (arch. Haute-Marne, C. 317). — *Champ Gerbeau*, xvııı° s. (Cassini).

CHAMPGIRAULT, f. dét., finage de Cusey, citée en 1828 (arch. Haute-Marne, G. 251).

CHAMPIGNEULLES, c⁶ⁿ de Bourmont. — *Campeinueles*, 1241 (Morimond). — *Champegneules, Champinuelles*, 1289 (Morimond). — *Campignoline*, 1402 (Pouillé de Toul). — *Champegneulle, Champeigneuille*, 1445 (Arch. nat., P, 174¹, n° 300). — *Champineulles*, 1515 (Arch. nat, P. 176², n° 486). — *Champigneuille*, 1748 (Arch. nat.,

Q¹. 690). — *Champigneulle-en-Bassigny*, 1779 (Durival, III, p. 76). — *Champigneulle*, XVIII⁰ s. (Cassini).

Champigneulles dépendait, en 1789, du Barrois, bailliage de Bourmont, intendance de Lorraine et Barrois, et suivait la coutume du Bassigny. La seigneurie relevait de Choiseul. L'église paroissiale, dédiée à saint Thiébaud, était du diocèse de Toul, doyenné de Bourmont. La présentation de la cure appartenait au commandeur de Robécourt (Vosges).

CHAMPIGNY, lieu dit, cⁿᵉ de Noidant-le-Rocheux, section B.

CHAMPIGNY-LEZ-LANGRES, cⁿ de Langres. — *Champeigné*, 1249 (Beaulieu). — *Champigneyum*, 1271 (bibl. Chaumont, ms. 127, f⁰ 34). — *Champeygneyum*, 1334 (arch. Haute-Marne, G. 839, f⁰ 113 r⁰). — *Champeignie, Champigny, Champégny, Champeigney*, 1336 (Arch. nat., JJ. 70, f⁰⁵ 103 r⁰-105 r⁰, n⁰ 235). — *Champaigneyum*, XIV⁰ s. (Longnon, Pouillés, I). — *Champigné-lès-Langres*, 1468 (Beaulieu). — *Champaigney-soubz-Langres*, 1480 (Beaulieu). — *Champaigny-lez-Langres*, 1568 (Beaulieu). — *Champigny*, 1732 (Pouillé de 1732, p. 27). — *Champigny-lès-Langres*, 1770 (arch. Haute-Marne, G. 344).

En 1789, Champigny-lès-Langres faisait partie de la province de Champagne, bailliage et élection de Langres. Son église paroissiale, dédiée à saint Sébastien, dépendait du diocèse de Langres, doyenné du Moge, et avait pour succursale celle de Peigney. La cure était à la présentation du chapitre de Langres.

La seigneurie était partagée entre l'évêque et le chapitre de Langres.

CHAMPIGNY-SOUS-VARENNES, cⁿᵉ de Varennes. — *Campaniacum*, 1101 (arch. Côte-d'Or et Gall. christ., IV, instr., col. 146). — *Campagneium*, 1252 (Morimond). — *Champaigneyum*, 1263 (Morimond). — *Champaigney*, XIV⁰ s. (Longnon, Pouillés, I). — *Champoigney-soubz-Chesaulx, Champeigney-soubz-Varennes*, 1464 (Arch. nat., P. 174⁵, n⁰ 330 bis). — *Champigny-sous-Varennes*, 1675 (arch. Haute-Marne, G. 85).

Champigny-sous-Varennes dépendait, en 1789, de la province de Champagne, bailliage et élection de Langres, prévôté de Coiffy. La seigneurie appartenait au prieur de Varennes et relevait de Choiseul. Son église paroissiale, dédiée à l'Assomption de la Sainte-Vierge, était du diocèse de Langres, doyenné de Pierrefaite. La présentation de la cure appartenait au prieur de Varennes.

CHAMPLAIN, mⁿ for., cⁿᵉ d'Aubepierre; ancienne grange de l'abbaye de Longuay. — *Champlain*, 1603 (Arch. nat., P. 189², n⁰ 1587). — *La grange de Champlain*, 1770 (arch. Haute-Marne, C. 344).

CHAMP-MALHEUR, lieu dit, cⁿᵉ d'Audeloncourt. — *Champ Malheur*, XIX⁰ s. (cadastre, section B). — *Champ du Malheur*, 1858 (Jolibois : La Haute-Marne, p. 40).

CHAMP-MARCEAU, mⁿ for., cⁿᵉ de Louvemont.

CHAMP-ROTARD, f., cⁿᵉ de Vaux-la-Douce, section A. — *Campus Rotardi*, 1276 (Vaux-la-Douce). — *Campus dictus Rotart*, 1289 (Vaux-la-Douce). — *La grange Champ Rotay*, 1488 (Vaux-la-Douce). — *Le champ Rotart*, 1585 (Vaux-la-Douce). — *La grange du Champ Rotard*, 1668 (Vaux-la-Douce). — *Grange Rotard*, 1769 (Chalmandrier).

CHAMP-ROUGE OU CHAMP-ROUGEY, f., cⁿᵉ de Prangey. — *Champ-Rouge*, 1858 (Jolibois, Haute-Marne, p. 445). — *Champ-Rougey*, 1858 (Dict. des postes de la Haute-Marne). — *Champ-Rouget*, XIX⁰ s. (cadastre, section D).

CHAMPS (LES), mⁿ à vent, cⁿᵉ de Brottes. — *Moulin des Champs*, 1769 (Chalmandrier).

CHAMPS (LES), fief, cⁿᵉ de Villiers-le-Sec; il relevait de Sexfontaine. — *Les Champs*, 1683 (Arch. nat., Q¹. 691).

CHAMPSEVRAINE, bois, chât. dét., cⁿᵉ de Buxières-lez-Belmont ou des Loges. — *Cancervina*, 1147 (Belmont). — *Chan-Cevrine*, 1769 (Chalmandrier). — *Sansevrenne*, XVIII⁰ s. (Cassini). — *Sans-severine*, 1858 (Jolibois : La Haute-Marne, p. 4 et 94). — *Bois Champsevraine*, XIX⁰ s. (carte de l'Intérieur). — *Corvée de Champ Sevrenne*, XIX⁰ s. (cadastre des Loges, section C).

CHANCENAY, cⁿ de Saint-Dizier. — *Chaussannai*, 1147 (Piflagk-Harttung, p. 192). — *Chausennaium*, 1152 (*Ibidem*, p. 208). — *Chancenai*, 1240 (Saint-Jacques de Vitry). — *Champcenai*, 1244 (Saint-Urbain). — *Chancenay*, 1405 (Grignon). — *Chanssenay*, 1461 (Arch. nat., P. 163¹, n⁰ 808).

Chancenay dépendait, en 1789, de la province de Champagne, bailliage, élection et coutume de Vitry. Son église, dédiée à saint Laurent, d'abord paroissiale, était annexe de Bettancourt-la-Ferrée, au diocèse de Châlons-sur-Marne, doyenné de Joinville. La seigneurie appartenait au chapitre de Joinville.

CHANET, f., cⁿᵉ de Beurville; elle provient de la commanderie de Thors. — *Chanet*, 1769 (Chalmandrier).

Changey, c^ne de Neuilly-l'Évêque. — *Changeium*, 1169 (Ruetz). — *Changé*, 1217 (Auberive). — *Champincum, Changi*, 1249-1252 (Longnon, Rôles, n°s 626, 627). — *Changex*, 1321 (arch. Haute-Marne, chapitre de Langres). — *Humbelinus de Changeyo*, 1328 (*ibid.*). — *Changey*, 1487 (arch. Haute-Marne, G. 532). — *Changey*, 1490 (arch. Côte-d'Or, Bure).

Changey dépendait, en 1789, de la province de Champagne, bailliage de Chaumont, prévôté et châtellenie de Nogent, élection de Langres. Son église, dédiée à saint Remi, était succursale de Charmoilles, au diocèse de Langres, doyenné du Moge.

Chanois (Le), f., c^ne d'Auberive. — *Chamoy*, 1769 (Chalmandrier).

Chanois ou Chênois (Le), m^in, c^ne de Vaudrecourt. — *Moulin de Chanois*, xviiie s. (Cassini). — *Chénois*, xixe s. (carte de l'Intérieur).

Chanoy, c^ne de Langres. — *Locus dictus es croups de Chasnoy*, 1331 (arch. Haute-Marne, G. 73). — *Domus seu grangia dicta du Chasnoy, in finagio de Humis*, 1391 (*ibid.*, G. 73). — *Chasnoy, hameau dépendant de Humes*, 1770 (*ibid.*, C. 344).

Chanoy faisait partie, en 1789, de la province de Champagne, bailliage et élection de Langres, et dépendait de la paroisse de Lanne. Ce village ne possède une église que depuis 1844. Du reste, les citations que nous avons faites sous les années 1391 et 1770 montrent que son territoire était, au point de vue civil, une dépendance de celui de Hûmes.

La seigneurie appartenait à l'évêque de Langres et dépendait de son duché-pairie.

Voir aussi Bas-de-Chanoy.

Chansin, bois, ancien m^in, c^ne de Dammartin. — *Moulin de Chansin, bois de Chansin*, 1769 (Chalmandrier). — *Bois du Chansaint*, xixe s. (carte de l'Intérieur).

Chantemerle, village dét., qui était voisin de Bourbonne-les-Bains et jouissait des privilèges accordés à cette ville. — *Cantus Merule*, 1318 (Berger de Xivrey : Lettre... sur Bourbonne..., 1833, p. 220).

Chanteraine, m^in dét., c^ne de Chevillon. — *En molin que un apelle Chanteraine, qui siet à Chevillon*, 1263 (Ruetz).

Chantraine, *mieux* Chanteraine, c^ne d'Andelot. D'abord simple hameau, du nom de Wavre, puis érigé en village, sous le nom de Chanteraine, au commencement du xiiie siècle, à la suite d'un acte de pariage intervenu entre Thibaud IV, comte de Champagne, et l'abbaye de la Crête. — *Wavra*, 1167 (la Crête). — *Chanterayne*, 1228 (Septfontaines). — *Chante Rainne, Chante Raingne*, vers 1252 (Longnon, Doc. II, p. 172, note). — *Chanteraine*, 1276-78 (Longnon, Doc. II, p. 174). — *Canta Rana*, xive s. (Longnon, Pouillés, I). — *Chantreine*, 1760 (la Crête). — *Chantraine*, 1787 (arch. Haute-Marne, G. 262). — *Chantraines*, 1886 (dénombrement).

Chantraine faisait partie, en 1789, de la province de Champagne, bailliage et élection de Chaumont, prévôté d'Andelot. Son église paroissiale, dédiée à la Nativité de la Sainte-Vierge, était du diocèse de Langres, doyenné de Chaumont. La présentation de la cure appartenait à l'abbaye de la Crête.

Chapelle (La). *Voir aussi* Belle-Chapelle.

Chapelle (La), lieu dit, c^ne d'Aigremont, section A.

Chapelle (La), lieu dit, c^ne d'Arc-en-Barrois, section D.

Chapelle (La), lieu dit, c^ne d'Argentolles, section B.

Chapelle (La), lieu dit, c^ne de Bay, section A.

Chapelle (La), lieu dit, c^ne de Blaisy.

Chapelle (La), lieu dit, c^ne de Bonnecourt, section E.

Chapelle (La), lieu dit, c^ne de Chalvraines, section C.

Chapelle (La), lieu dit, c^ne de Chambroncourt, section B.

Chapelle (La), lieu dit, c^ne de Chamouilley, section B.

Chapelle (La), lieu dit, c^ne de Chantraine, section C.

Chapelle (La), lieu dit, c^ne de Charmes-la-Grande, section B.

Chapelle (La), lieu dit, c^ne de Chauffour, section C.

Chapelle (La), lieu dit, c^ne de Cirfontaine-en-Azois, section C.

Chapelle (La), lieu dit, c^ne de Clefmont, section A.

Chapelle (La), lieu dit, c^ne de Clinchamp, section A.

Chapelle (La), lieu dit, c^ne de Colombey-les-Deux-Églises.

Chapelle (La), lieu dit, c^ne de Consigny, section B.

Chapelle (La), lieu dit, c^ne de Coupray, section C.

Chapelle (La), lieu dit, c^ne de Dammartin, section E.

Chapelle (La), lieu dit, c^ne de Darmanne, section C.

Chapelle (La), lieu dit, c^ne de Droye.

Chapelle (La), lieu dit, c^ne d'Éclaron, section B.

CHAPELLE (LA), lieu dit, c^ne de Flammerécourt, section D.

CHAPELLE (LA), lieu dit, c^ne de Foulain, section A.

CHAPELLE (LA), lieu dit, c^ne de Graffigny-Chemin, section B.

CHAPELLE (LA), lieu dit, c^ne de Lanty, section A.

CHAPELLE (LA), lieu dit, c^ne de Levécourt, section B.

CHAPELLE (LA), lieu dit, c^ne de Louvières, section A.

CHAPELLE (LA), lieu dit, c^ne de Montribourg, section A.

CHAPELLE (LA), lieu dit, c^ne de Neuilly-l'Évêque, section B.

CHAPELLE (LA), f., c^ne de Parnot.

CHAPELLE (LA), lieu dit, c^ne de Perthe, section A.

CHAPELLE (LA), lieu dit, c^ne de Piépape.

CHAPELLE (LA), lieu dit, c^ne de Poiseul, section B.

CHAPELLE (LA), lieu dit, c^ne de Pouilly, section E.

CHAPELLE (LA), lieu dit, c^ne du Puits-des-Mèzes, section A.

CHAPELLE (LA), lieu dit, c^ne de Ravennefontaine, section A.

CHAPELLE (LA), lieu dit, c^ne de Richebourg. section A.

CHAPELLE (LA), lieu dit, c^ne de Rivière-les-Fosses, section A.

CHAPELLE (LA), lieu dit, c^ne de Roche-sur-Marne, section A.

CHAPELLE (LA), lieu dit, c^ne de Saint-Urbain, section A.

CHAPELLE (LA), lieu dit, c^ne de Semoutier, section C.

CHAPELLE (LA), lieu dit, c^ne de Soncourt, section A.

CHAPELLE (LA), lieu dit, c^ne de Soulaucourt, section A.

CHAPELLE (LA), lieu dit, c^ne de Vesaignes-sous-la-Fauche, section B.

CHAPELLE-AU-PONT (LA), f., c^ne de Saint-Urbain; ancien prieuré, de l'ordre de saint Benoît, qui était sous le vocable de saint Urbain. — *Prioratus de Capella prope pontem Materne*, 1525 (Saint-Urbain). — *Prioratus Capellanie ad Pontem*, 1532 (Saint-Urbain). — *Prioratus du Pont de Saint-Urbain*, 1713 (Saint-Urbain). — *Le prieuré de la chapelle, proche le pont du dit Saint-Urbain*, 1728 (Saint-Urbain). — *Prieuré ou chapelle au pont de Saint-Urbain*, 1759 (Saint-Urbain). — *La Chapelle*, 1858 (Dict. des Postes de la Haute-Marne). — *Lachapelle-au-Pont*, 1858 (Jolibois : La Haute-Marne, p. 283).

CHAPELLE-AUX-PLANCHES (LA), f., c^ne de Puellemontier; d'abord simple grange de l'abbaye de Beaulieu (Aube), puis abbaye d'hommes, de l'ordre de Prémontré, fille de Beaulieu, au diocèse de Troyes, doyenné de Margerie, fondée vers 1145. Il y eut, à l'origine, deux couvents : l'un d'hommes et l'autre de femmes. — *Odo, abbas Belli Loci, ... pro quadam sua domo que Capella dicitur, que infra paroechiam Puellarensis ecclesie sita est*, 1139 au plus tard (la Chapelle-aux-Planches). — *Sancta Maria de Capella*, 1145 (la Chapelle-aux-Planches). — *Ecclesia Sancte Marie de Capella ad Planchas*, 1219 (la Chapelle-aux-Planches) — *L'église de la chapele au Plainches*, 1247 (la Chapelle-aux-Planches). — *L'église de la chapele au Planches*, 1257 (la Chapelle-aux-Planches). — *As freres de La Chopele as Planches*, 1260 (la Chapelle-aux-Planches). — *Aus freres de la Chapele aus Planches*, 1270 (la Chapelle-aux-Planches). — *Les religieux abbé et couvent de l'église de la chapelle aux Planches*, 1361 (la Chapelle-aux-Planches). — *La Chappelle-aux-Planches*, 1364 (la Chapelle-aux-Planches). — *Lachapelle-aux-Planches*, 1858 (Jolibois : La Haute-Marne, p. 283).

CHAPELLE-DES-ANGES (LA), chap. dét., c^ne de Prez-sous-la-Fauche (Cassini).

CHAPELLE-EN-BLÉSY (LA), c^ne de Juzennecourt. — *Capella*, 1208 (arch. Aube, Clairvaux). — *La ville de la Chappelle*, 1233 (Thors). — *Capella an Blesy*, 1276 (Thors). — *La Chapele*, 1285 (Clairvaux). — *La Chappelle en Blésy*, 1522 (Thors). — *La Chappel en Blessy*, 1577 (Thors). — *La Chapelle en Blésy*, 1789 (Chalmandrier). — *Chapelle-en-Blésy*, XVIIIe s. (Cassini). — *Lachapelle-en-Blaisy*, 1858 (Jolibois : La Haute-Marne, p. 283). — *Lachapelle*, 1886 (dénombrement). — *Lachapelle-en-Blésy*, 1889 (ann. Haute-Marne).

En 1789, la Chapelle-en-Blésy faisait partie de la province de Champagne, bailliage et élection de Chaumont, mairie de la Villeneuve-au-Roi. Son église paroissiale, dédiée à saint Michel, était du diocèse de Langres, doyenné de Châteauvillain, et auparavant du doyenné de Bar-sur-Aube. La présentation de la cure appartenait au grand-prieur de Champagne.

La seigneurie dépendait de la commanderie de Thors (Aube).

CHAPELLE-LORETTE (LA), f., c^ne de Frécourt. Il y avait une chapelle, du titre de Notre-Dame, qui dépend maintenant du territoire de Bonnecourt.

CHAPELLERIE (LA), lieu dit, c^ne de Courcelles-sur-Blaise, section A.

CHAPELLES (LES), lieu dit, c^ne de Choiseul, section A.

CHAPELLES (LES), lieu dit, c^ne de Rivière-les-Fosses, section A.

CHAPELOT (LE), lieu dit, c^ne d'Osne-le-Val, section E.

CHAPELOTTE (LA), lieu dit, c^ne d'Arbot, section A.

CHAPELOTTE (LA), lieu dit, c^ne de Dampierre, section D.

CHAPELOTTE (LA), tuil., c^ne de Reynel; ancien établissement religieux. — *Lachapelotte*, 1858 (Jolibois : La Haute-Marne, p. 284).

CHAPELOTTE (LA), lieu dit, c^ne de Silvarouvre, section E.

CHAPITRE (MOULIN DU), m^in, c^ne de Noidant-le-Rocheux; ancienne propriété du chapitre de Langres. — *Moulin du Chapitre*, 1769 (Chalmandrier).

CHAPOT, f., c^ne de Peigney; ancien moulin. — *Le moulin Chopt*, 1336 (Arch. nat., JJ. 70, n° 235). — *Lieu dict ou Coste Robert, à présent dict la Coste du molin Chappot*, 1544 (Morimond). — *Moulin Chapot*, 1769 (Chalmandrier). — *Le moulin Chapeau*, 1770 (arch. Haute-Marne, C. 344). — *Le Chapot*, 1858 (Jolibois : La Haute-Marne, p. 406).

CHAR-AU-PONT (LE), m^on is., c^ne de Blaise.

CHARBONNEL, m^in, c^ne d'Arboncourt.

CHARBONNIÈRE (LA), m^on for., c^ne d'Auberive. — *Bois des Fosses, autrement dit Charbonnière*, vers 1775 (Auberive).

CHARDENOT, f. dét., près de Lecey. Elle appartenait au chapitre de Langres. — *Lecey et la grange de Chandenot*, 1675 (arch. Haute-Marne, G. 85). — *Lecey, la grange de Chardenot*, 1770 (arch. Haute-Marne, C. 344).

CHARDON, fief qui relevait de la Fauche et dont les terres s'étendaient sur les territoires de Prez-sous-la-Fauche, Liffol-le-Petit et Vesaignes-sous-la-Fauche.

CHARDONVILLE, f., c^ne de Perrancey.

CHARLEMBERT, f., c^ne de Ceffonds. — *Charambert*, 1769 (Chalmandrier). — *Charlembert*, XIXe s. (carte de l'Intérieur).

CHARLES, m^in dét., c^ne de la Vernoy. — *Moulin de Charles*, 1769 (Chalmandrier).

CHARLOT, f., c^ne d'Odival. — *Charlot*, 1700 (Dillon). — *La grange de Challot*, 1770 (arch. Haute-Marne, C. 344). — *Chalot*, XVIIIe s. (Cassini).

En 1789, Charlot dépendait du bailliage de Chaumont, prévôté de Nogent-le-Roi.

CHARME (LA). *Voir* BELLE-CHARME.

CHARMES (LES), f., c^ne de Sarrey. — *Les Charmes*, 1769 (Chalmandrier).

En 1789, les Charmes dépendaient du bailliage de Chaumont, prévôté de Nogent-le-Roi.

CHARMES-EN-L'ANGLE, c^ne de Doulevent. — *Carma*, 854 (cartul. Montier-en-Der, I, f° 19 v°). —

Carmis, 863 (cartul. du chantre Warin). — *Chalma in Angulo*, 1208 (arch. Aube, Clairvaux). — *Chermae in Angulo*, 1235 (Clairvaux). — *Chalmae in Angulo*, 1236 (Clairvaux). — *Charmae in Angulo*, 1238 (Saint-Urbain). — *Chermes in Angulo*, 1257 (Clairvaux). — *Cherme en l'Angle, Charmes en l'Angle*, fin du XIIIe s. (cartul. Saint-Laurent de Joinville, n^os v, XLI). — *Charmes en l'Aingle*, 1401 (Arch. nat., P. 189², n° 1588). — *Chermes en l'Angle*, 1524 (Clairvaux). — *Charmes, Grande et Petite, deux paroisses*, 1763 (arch. Haute-Marne, C. 317).

Les deux premières formes de nom indiquées ci-dessus peuvent s'appliquer à Charmes-la-Grande.

Charmes-en-l'Angle dépendait, en 1789, de la province de Champagne, bailliage de Chaumont, prévôté de Vassy, élection et châtellenie de Joinville. Son église paroissiale, dédiée à saint Étienne, était du diocèse de Toul, doyenné de la Rivière de Blaise. La présentation de la cure appartenait à l'archidiacre de Reynel.

CHARMES-LA-CHAPELLE, h. dét., c^ne de Charmes-la-Grande. Il y avait une chapelle dépendant du prieuré de Flammerécourt. — *Chermes la Chapele, Chermae la Chapely*, 1257 (arch. Aube, Clairvaux). — *Charmes la Chapele, en la rivière de Bliseron*, 1264 (Saint-Urbain). — *Charmes-la-Chappelle*, 1576 (Arch. nat., P. 189¹, n° 1585).

CHARMES-LA-GRANDE, c^ne de Doulevent. — *Carma*, 854 (cartul. Montier-en-Der, I, f° 19 v°). — *Carmis*, 863 (cartul. du chantre Warin). — *Chalma Grandi*, 1208 (arch. Aube, Clairvaux). — *Chermae Magnae*, 1236 (Clairvaux). — *Charma Magna*, 1252 (Clairvaux). — *Chermes la Grant*, 1257 (Clairvaux). — *Chermes la Grant*, fin du XIIIe s. (cartul. Saint-Laurent de Joinville, n° XLVIII). — *Chermes la Grande*, 1524 (Clairvaux). — *Charmes la Grande*, 1532 (chapitre de Joinville). — *Charmes, Grande et Petite, deux paroisses*, 1763 (arch. Haute-Marne, C. 317).

Les deux premières formes de nom indiquées ci-dessus peuvent appartenir à Charmes-en-l'Angle.

En 1789, Charmes-la-Grande faisait partie de la province de Champagne, bailliage de Chaumont, prévôté de Vassy, élection et châtellenie de Joinville. Son église paroissiale, dédiée à saint Aubin, était du diocèse de Toul, doyenné de la Rivière-de-Blaise. La présentation de la cure appartenait à l'archidiacre de Reynel.

CHARMES-LEZ-LANGRES, c^ne de Neuilly-l'Évêque. — *Ecclesia de Chalmis*, 1169 (chapitre de Langres et Gall. christ., IV, instr., col. 183). — *Ecclesia de Charmis*, 1170 (chapitre de Langres). — *Charmes*, 1224 (Beaulieu). — *Charmes les Langres*, 1769 (Chalmandrier).

En 1789, Charmes-lez-Langres appartenait à la province de Champagne, bailliage et élection de Langres. Son église paroissiale, dédiée à saint Didier, était du diocèse de Langres, doyenné du Moge. La présentation de la cure appartenait au chapitre de Langres.

Charmey, lieu dit, c⁰ᵉ de Celles, section D.

Charmillière, f. dét., c⁰ᵉ de Saint-Blin. — *La cense de Charmillières*, 1773 (arch. Haute-Marne, C. 262). — *Chermilhère*, XVIIIᵉ s. (Cassini).

Charmoille (La), f., c⁰ᵉ de Rivière-les-Fosses. — *La Charmoillie*, 1329 (arch. Haute-Marne, G. 261). — *La grange de La Charmoille*, 1770 (arch. Haute-Marne, C. 344). — *Lacharmoille*, 1858 (Jolibois : La Haute-Marne, p. 284).

Charmoilles, c⁰ⁿ de Neuilly-l'Évêque. — *Charmoilles*, 1228 (arch. Haute-Marne, G. 542). — *Charmailles*, 1249-1252 (Longnon, Rôles, n° 622). — *Chermoilles*, 1498 (Arch. nat., P. 163³, n° 1119). — *Charmaille*, 1559 (chapitre de Langres). — *Charmoille*, 1675 (arch. Haute-Marne, G. 85).

Chermoilles dépendait, en 1789, de la province de Champagne, en partie du bailliage de Chaumont, prévôté et châtellenie de Nogent-le-Roi, et en partie du bailliage de Langres. Son église paroissiale, dédiée à saint Remi, était du diocèse de Langres, doyenné du Moge, avec Changey pour succursale. La présentation de la cure appartenait au chapitre de Langres.

Charmois (Le), f. dét. et bois, c⁰ᵉ de Blancheville. La ferme appartenait à l'abbaye de Septfontaines. — *Nemus quod dicitur Chalmoht*, 1160 (Septfontaines). — *Silva que dicitur li Charmod*, 1187 (Septfontaines). — *Nemus quod dicitur Charnois*, 1217 (Septfontaines). — *Le Charmois*, 1769 (Chalmandrier). — *La cense de Charmoy*, 1773 (arch. Haute-Marne, C. 262).

Charmois (Le), f., c⁰ᵉ de Dancevoir.

Charmois (Le), f., c⁰ᵉ de Rouelle. — *Le Charmoy*, 1769 (Chalmandrier).

Charmont (Le), f., c⁰ᵉ de Soncourt, section B. — *Charmont*, 1769 (Chalmandrier). — *La cense du Charmont*, 1773 (arch. Haute-Marne, C. 262). — *Le Charmont*, 1889 (ann. Haute-Marne).

Charmont (Le), f., c⁰ᵉ de Thilleux, section B. — *Charmont ou Charmoi*, 1784 (Courtalon, III, p. 375). — *Le Charmont*, 1840 (cadastre).

Charmotte (La), f. avec chapelle, sous le vocable de Notre-Dame, c⁰ᵉ de Flagey. — *La grange de la Charmotte*, 1770 (arch. Haute-Marne, C. 344). — *Lacharmotte*, 1858 (Jolibois : La Haute-Marne, p. 284).

Charmotte (La), m¹ⁿ dét., qui était sur l'Aujon, entre Saint-Loup et Rochetaillée. — *Lacharmotte*, 1858 (Jolibois : La Haute-Marne, p. 284).

Charmoy, c⁰ⁿ du Fays-Billot. — *Carmetum*, 1168 (Beaulieu). — *Charmetum*, 1178 (Gall. christ., IV, instr., col. 187). — *Chalmoi*, 1185 (Beaulieu). — *Charmoi*, 1253 (Beaulieu). — *Chermoy*, 1521 (Beaulieu). — *Charmoy*, 1675 (arch. Haute-Marne, G. 85). — *Charmois*, 1732 (Pouillé de 1732, p. 130).

En 1789, Charmoy était de la province de Champagne, bailliage et élection de Langres. Son église, dédiée à saint Remi, était succursale de celle du Fays-Billot, au diocèse de Langres, doyenné de Pierrefaite.

La seigneurie était partagée entre le commandeur de la Romagne (Côte-d'Or) et l'abbaye de Beaulieu.

Charmoy (Le), écart, c⁰ᵉ de Chatenay-Mâcheron (ann. Haute-Marne, 1889).

Charmoy (Le), lieu dit, c⁰ᵉ de Rimaucourt, section C.

Charmoy (Le), lieu dit, c⁰ᵉ de Saulles, section B.

Charnelle (La), m⁰ⁿ is., c⁰ᵉ de Celles.

Charvotières (La), lieu dit, c⁰ᵉ de Rangecourt, section C.

Chasey (Le), lieu dit, c⁰ᵉ de Mertrud, section B.

Chassagne (La), f., c⁰ᵉ d'Isôme; ancienne propriété de l'ordre de Saint-Jean de Jérusalem, et auparavant du Temple, dépendant de la commanderie de la Romagne (Côte-d'Or). — *Chassagna*, 1170 (arch. Côte-d'Or, la Romagne). — *Fratres Templi de la Chassanei*, 1189 (arch. Côte-d'Or, la Romagne). — *Lachasanne*, 1231 (la Romagne). — *La Chasseigne*, 1253 (la Romagne). — *Cassania*, 1255 (arch. Côte-d'Or, la Romagne). — *La Chassaigne*, 1309 (ibid.). — *La grange de La Chassaigne, dépendante d'Yzomes*, 1770 (arch. Haute-Marne, C. 344). — *Lachassagne*, 1858 (Jolibois : La Haute-Marne, p. 284).

En 1789, la Chassagne formait une communauté de l'élection de Langres.

Chassigny, c⁰ⁿ de Prauthoy. — *Chessegnei*, 1196 (chapitre de Langres). — *Chaissené*, 1202 (chapitre de Langres). — *Chassigneium*, 1223 (chapitre de Langres). — *Chassigneyum*, 1289 (arch. Aube, Notre-Dame-aux-Nonnains). — *Chassigny, Chassigney*, 1336 (Arch. nat., JJ. 70, f⁰ˢ 103 r°, 106 v°, n° 235). — *Chasseigney*, 1381 (chapitre de Langres). — *Chassegny*, 1563 (chapitre de Langres).

Chassigny dépendait, en 1789, de la province de Champagne, bailliage et élection de Langres. Son église paroissiale, dédiée à l'Assomption de la Sainte-Vierge, était du diocèse de Langres, doyenné du Moge. La présentation de la cure appartenait au chapitre de Langres, ainsi que la seigneurie.

CHÂTÉ (LE), bois, c⁰ᵉ d'Echènay.

CHÂTEAU (LE BEAU), lieu dit, c⁰ᵉ de Bettancourt.

CHÂTEAU (LE), mⁱᵉ, c⁰ᵉ de Bonnecourt.

CHÂTEAU (LE), m⁰ⁿ is., c⁰ᵉ d'Orges.

CHÂTEAU (LE), f., c⁰ᵉ de Saint-Blin.

CHÂTEAU (LE), f., c⁰ᵉ de Vignory; sur la montagne et dans l'enceinte de l'ancien château-fort.

CHÂTEAU-D'AUBLIAC (LE), m⁰ⁿ is., c⁰ᵉ de Créancey.

CHÂTEAU-DE-L'ACQUET *ou* CHÂTEAU-DE-DANSEIN (LE), lieu dit, c⁰ᵉ de Marcilly, où l'on a trouvé un tombeau et des pièces de monnaie. — *Château-d'Ensain, d'Ensaint, d'Ensant*, 1842 (cadastre, section D).

CHÂTEAU-DES-LANDES (LE), ruines, c⁰ᵉ de Braucourt, dans un bois.

CHÂTEAU-DES-SARRASINS (LE), lieu dit, c⁰ᵉ de Circy-sur-Blaise. — *Le Château Sarrazin*, xⁱxᵉ s. (cadastre, section B).

CHÂTEAU-FOLLIOT (LE), lieu dit, c⁰ᵉ de Neuilly-l'Évêque, section B.

CHÂTEAU-GAILLARD (LE), chât. dét. au xvⁱⁱⁱᵉ siècle, c⁰ᵉ de Circy-sur-Blaise; il était à l'endroit où se trouve le château actuel.

CHÂTEAU-GAILLARD (LE), lieu dit, c⁰ⁿᵉ d'Esnoms, section D.

CHÂTEAU-GILBERT (LE), roche qui sépare Marnay de Poulangy.

CHÂTEAU-LION (LE), colline, c⁰ᵉ de Villemoron.

CHÂTEAU-NEUF (LE), chât., c⁰ⁿᵉ d'Orquevaux.

CHÂTEAU-PAILLOT (LE), écart, c⁰ᵉ de Beurville (ann. Haute-Marne, 1889).

CHÂTEAU-PAILLOT (LE), quartier de la ville de Chaumont. — *Château-Paillot*, 1769 (Chalmandrier).

CHÂTEAU-RENARD (LE), écart, c⁰ᵉ de Saint-Dizier, section E, dans une presqu'île formée par la Marne. — *Le Château-Renard*, xvⁱⁱⁱᵉ s. (Cassini).

CHÂTEAU-THIERRY (LE), chât. dét., c⁰ᵉ de Bay.

CHÂTEAU-VENT (LE), lieu dit, c⁰ᵉ de Bettancourt.

CHÂTEAUVILLAIN, ch.-l. de canton, arrond. de Chaumont. — *Castrum Villani*, vers 1172 (Longnon, Doc. I, n° 85). — *Castrum Villanum*, 1213 (Val-des-Écoliers). — *Chastiavilain*, 1251 (layettes, n° 3919). — *Chastiavillain*, 1254 (chapitre de

Châteauvillain). — *Chatelvillain*, 1257 (Longuay). — *Chatelvilain*, 1258 (chapitre de Châteauvilain). — *Chatiauvilain*, 1259 (Longuay). — *Chatiauvilein*, 1265 (Val-des-Écoliers). — *Chastelvilain*, 1269 (arch. Haute-Marne, G. 610). — *Chastel Vilein*, 1276-78 (Longnon, Doc. II. p. 183). — *Chateauvillain*, 1371 (Val-des-Écoliers). — *Chastelvillain*, 1434 (arch. de Langres). — *Château-Villain*, 1769 (Chalmandrier). — *Château Vilain*, xvⁱⁱⁱᵉ s. (Cassini). — *Ville-sur-Aujon*, an II (Recueil Jolibois, VII, f⁰ 112 *bis* et Arch. nat., Q¹, 693, chemise de classement). — *Commune-sur-Aujon*, 1793 (Figuères).

Par lettres patentes du mois de juin 1650, non enregistrées, le comté de Châteauvillain et le marquisat d'Arc-en-Barrois furent érigés en duché-pairie, sous le nom de Vitry, en faveur de François-Marie de l'Hospital, marquis de Vitry. Ce duché-pairie fut rétabli, mais sous le nom de Châteauvillain, en faveur du comte de Toulouse, légitimé de France, par lettres patentes de mai 1703, vérifiées au Parlement le 29 août suivant (P. Ans. V, p. 53-58).

En 1789, Châteauvillain dépendait de la province de Champagne, bailliage, prévôté, châtellenie et élection de Chaumont. Son église paroissiale, dédiée à l'Assomption et à saint Bercaire, était en même temps canoniale et dépendait du diocèse de Langres. Le chapitre, placé spécialement sous le patronage de saint Bercaire, avait la collation de la cure, qui lui avait été unie. Châteauvillain était chef-lieu d'un doyenné démembré de celui de Bar-sur-Aube vers l'année 1735.

Plusieurs établissements religieux se trouvaient dans cette ville : un chapitre, des cordeliers, franciscains, récollets et récollettes. Il y avait aussi plusieurs hôpitaux, dont un, fondé en 1660 par la maréchale de Vitry, qui existe encore. Enfin, une maladrerie, dont les biens furent réunis à l'ordre du Mont-Carmel en 1674, puis à l'hospice de Bar-sur-Aube, en 1695 (Roussel, Dioc. de Langres, II, p. 64).

Il y avait aussi un collège.

En dehors de la ville était le prieuré des Bonshommes (*voir* ce mot).

CHÂTELET (LE), emplacement d'un château fort, qui aurait existé au territoire d'Ageville (Roussel, Dioc. de Langres, II, p. 158, 2ᵉ col.).

CHÂTELET (LE), bois, c⁰ᵉ de Beaucharnoy; il domine le village.

CHÂTELET (LE), lieu dit, c⁰ᵉ de Beauchemin, section A.

CHÂTELET (LE), lieu dit, c^ne de Belmont, section B.

CHÂTELET (LE), lieu dit, c°° de Buxières-lez-Belmont, section G.

CHÂTELET (LE), lieu dit, c^ne de Cerisières, section A.

CHÂTELET (LE), lieu dit, c^ne de Donjeux, section B.

CHÂTELET (LE), lieu dit, c^ne du Fays-Billot, section E.

CHÂTELET (LE), monticule, c^ne de Gourzon, sur lequel était une villa gallo-romaine. On y a fait de nombreuses fouilles, depuis le XVIIIe siècle. Ce lieu était habité dès l'époque gauloise. — *Le bois du Chastellet*, 1537 (Ruetz). — *Le Chatelet*, XVIIIe s. (Cassini).

CHÂTELET (LE), f., c^ne d'Is-en-Bassigny. Dans l'ancienne motte, aujourd'hui détruite, on a trouvé des armes anciennes. — *Le Châtelet*, 1769 (Chalmandrier).

CHÂTELET (LE), lieu dit, c^ne de Lécourt, section A.

CHÂTELET (LE), lieu dit, c^ne de Leffonds, section B.

CHÂTELET (LE), lieu dit, c^ne de la Mancine, section B.

CHÂTELET (LE), lieu dit, c^ne de Mandres, section C.

CHÂTELET (LE), lieu dit, c°° de Montlandon, section B.

CHÂTELET (LE), lieu dit, c°° de Montribourg, section A.

CHÂTELET (LE), lieu dit, c^ne de Neuilly-l'Évêque, section A.

CHÂTELET (LE), lieu dit, c^ne de Noidant-le-Rocheux, section E.

CHÂTELET (LE), lieu dit, c^ne de Pouilly, section E.

CHÂTELET (LE), lieu dit, c^ne de Poulangy, où l'on a trouvé des vestiges de constructions.

CHÂTELET (LE), lieu dit, c^ne de Rolampont, section E. — *Le Châtelet ou la Roche-Morand,* 1858 (Jolibois : LA HAUTE-MARNE, p. 466).

CHÂTELET (LE), lieu dit, c^ne de Saint-Ciergue, section A.

CHÂTELET (LE), lieu dit, c^ne de Sarcey, section A.

CHÂTELET (LE), lieu dit, c^ne de Vesvre-sous-Chalancey, section B.

CHÂTELET (LE), lieu dit, c°° de Villiers-en-Lieu, section A. — *Le Châtelet ou Grande-Taille,* 1827 (cadastre).

CHÂTELET (LE), lieu dit, c°° de Vitry-lez-Nogent, section A.

CHÂTELETS (LES), lieu dit, c^ne de Colombey-les-Deux-Églises, section C.

CHÂTELETS (LES), bois, c^ne de Doulaincourt.

CHÂTELETS (LES), lieu dit, c^ne de Provenchères-sur-Meuse, section D.

CHÂTELETS (LES), lieu dit, c^ne de Roche-sur-Rognon, section C.

CHÂTELIER (LE), lieu dit, c^ne de Ceffonds.

CHÂTELIER (LE), chât. et forges, c^ne de Louvemont; ancien fief. — *Chasteler,* 1228 (arch. Marne, Saint-Jacques de Vitry). — *Castellarium,* 1256 (arch. Aube, Clairvaux). — *Le Chastellier, le Grand Chastellier, le Grand-Chastellier-lez-Loupremont,* 1576 (Arch. nat., P. 189², n° 1585). — *Les forges du Buisson et du Châtelier,* 1763 (arch. Haute-Marne, C. 317). — *Le Châtellier,* XIXe s. (État-major).

En 1789, le Châtelier formait une communauté du bailliage de Chaumont, prévôté de Vassy.

CHÂTELMONT, lieu dit, c^ne d'Orquevaux, section B.

CHÂTELOT (LE), monticule, c°° d'Arbot; il y avait une ferme du même nom, aujourd'hui détruite.

CHÂTELOT (LE), lieu dit, c^ne de la Crête, section A.

CHÂTELOT, f., c^ne du Fays-Billot.

CHÂTELOT (LE), lieu dit, c^ne de Rouvre, section D.

CHÂTELOT (LE), lieu dit, c^ne de Sommeville, section B.

CHÂTELOTS (LES), lieu dit, c^ne de Mirbel, section A.

CHÂTENAY-MACHERON, c^ne de Langres. — *Catenniacum,* vers 1050 (chapitre de Langres). — *Chategna,* 1189 (chapitre de Langres). — *Chatenay,* 1248 (chapitre de Langres). — *Chatenaium,* 1288 (chapitre de Langres). — *Chatenayum,* 1293 (chapitre de Langres). — *Chatenayum Macheronx,* 1304 (chapitre de Langres). — *Chastenay Macherans,* 1336 (Arch. nat., JJ. 70, f° 106 r°, n° 235). — *Chastenay Macheroux,* 1488 (chapitre de Langres). — *Chastenay Macheron,* 1568 (chapitre de Langres). — *Chatenay Macheron,* 1675 (arch. Haute-Marne, G. 85).

Châtenay-Macheron dépendait, en 1789, de la province de Champagne, bailliage et élection de Langres, et faisait partie de la paroisse de Saint-Vallier, au diocèse de Langres, doyenné du Moge.

La seigneurie appartenait au chapitre de Langres.

CHÂTENAY-VAUDIN, c^ne de Langres. — *Chatenayum Vaudini,* 1289 (Beaulieu). — *Chatenayum Vaudin,* 1293 (Beaulieu). — *Chatenay,* 1344 (Beaulieu). — *Chatenay Vauldin,* 1464 (Arch. nat., P. 174³, n° 330 *bis*). — *Chatenay Vauldin,* 1504 (Beaulieu). — *Chatenay Vaudin,* 1675 (arch. Haute-Marne, G. 85). — *Chastenay Vaudin,* 1681 (Arch. nat., Q¹. 695). — *Chatenay Vaudin,* 1770 (arch. Haute-Marne, C. 344).

Châtenay-Vaudin dépendait, en 1789, de la province de Champagne, bailliage et élection de

Langres. Son église, dédiée à la Translation des reliques de saint Mammès, était succursale de Lecey, au diocèse de Langres, doyenné du Moge.

Châtenoy, f. dét., c⁰ⁿ du Pailly.

Châtigny, lieu dit, c⁰ᵉ de Vassy, section E. — *Le Grand Chatigny*, 1849 (cadastre).

Châtillon, bois, c⁰ⁿ d'Autigny-le-Grand.

Châtillon, bois communal, c⁰ᵉ de Chatonrupt, section A.

Châtillon, lieu dit, c⁰ᵉ de Chaumont-la-Ville, section A.

Châtillon, lieu dit, c⁰ᵉ de Chevillon, sur les hauteurs, où se trouvent des vestiges de constructions; ancien fief. — *Chasteillon*, 1401 (Arch. nat., P. 189², nᵒ 1588). — *Chastillon*, 1576 (Arch. nat., P. 189², nᵒ 1585).

Châtillon, lieu dit, c⁰ᵉ de Domremy, section B.

Châtillon, lieu dit, c⁰ⁿ de Donjeux, section C.

Châtillon, lieu dit, c⁰ᵉ de Germisey, section B.

Châtillon, lieu dit, c⁰ᵉ de Goncourt, section B.

Châtillon, lieu dit, c⁰ᵉ de Longchamp-lez-Millières, section A.

Châtillon, lieu dit, c⁰ᵉ de Magneux, section D. — *Chastillons*, 1280 (arch. Marne, G. 1193). — *Locus qui dicitur et appellatur gallice Chatillons, parrochiatus dicte parrochialis ecclesie de Manillis*, 1286 (arch. Marne, G. 1193).

Châtillon, lieu dit, c⁰ᵉ de Noncourt, section B.

Châtillon, lieu dit, c⁰ᵉ d'Outremécourt, section A.

Châtillon, lieu dit, c⁰ᵉ de Sailly, section C.

Châtillon, lieu dit, c⁰ᵉ de Sommérécourt, section B.

Châtillon, lieu dit, c⁰ᵉ de Thol-lez-Millières, section A.

Châtillon, bois, c⁰ᵉ de Thonnance-lez-Joinville.

Châtillon, lieu dit, c⁰ᵉ de Troisfontaines-la-Ville, section A.

Châtillon, lieu dit, c⁰ᵉ de Valleret, section A.

Châtillon, lieu dit, c⁰ᵉ de Villiers-aux-Bois, section B.

Châtoillenot, c⁰ⁿ de Prauthoy. — *Castoyllenoth*, 1189 (arch. Côte-d'Or, Bure). — *Castellenet, Castellencit, Chasteillonet*, 1219 (Auberive). — *Castellenot*, 1220 (Auberive). — *Chastolenot*, 1221 (Auberive). — *Chastollenot*, 1226 (Auberive). — *Castelliunculum*, 1244 (Auberive). — *Castellionetum*, 1254 (arch. Côte-d'Or, Bure). — *Castellionculum*, 1291 (chapitre de Langres). — *Chastoillenet*, 1336 (Arch. nat., JJ. 70, fᵒ 103 vᵒ, nᵒ 235). — *Chastoillenot*, 1369 (arch. Haute-Marne, G. 63). — *Chastillonnot, Chasteillonnot*, 1464 (Arch. nat., P. 174², nᵒ 330 *bis*). — *Chastellenot*, 1465 (arch. Côte-d'Or, Bure). — *Cha-*

toillenot, 1670 (arch. Côte-d'Or, Bure). — *Châtoillenot*, 1675 (arch. Haute-Marne, G. 85).

En 1789, Châtoillenot dépendait de la province de Champagne, bailliage et élection de Langres. Son église paroissiale, dédiée à saint Étienne, était du diocèse de Langres, doyenné de Grancey. La collation de la cure appartenait à l'évêque de Langres, qui avait aussi la seigneurie.

Châtoillenot, lieu dit, c⁰ᵉ de Rivière-les-Fosses, section E.

Châtoillon, lieu dit, c⁰ᵉ de Flagey.

Châtoillon, lieu dit, c⁰ᵉ de Saulles, section D.

Chatonrupt, c⁰ⁿ de Joinville. — *Catonis Rivus*, 1131 (Saint-Urbain). — *Chatonis Rivus*, 1227 (arch. Marne, Troisfontaines). — *Chattonru*, 1228 (Saint-Urbain). — *Chatonru*, 1256 (Saint-Urbain). — *Chastonru, Chatonrup*, 1364 (Saint-Urbain). — *Chatonrup*, 1401 (Arch. nat., P. 189², nᵒ 1588). — *Chatompru*, 1412 (Saint-Urbain). — *Chasteauroup*, 1700 (Dillon). — *Chattonrupt*, 1763 (arch. Haute-Marne, C. 317).

Chatonrupt faisait partie, en 1789, de la province de Champagne, bailliage et prévôté de Chaumont, châtellenie et élection de Joinville. Son église paroissiale, dédiée à saint Brice, était du diocèse de Châlons-sur-Marne, doyenné de Joinville. La présentation de la cure appartenait à l'abbé de Saint-Urbain.

Chattenivers (Les), m⁰ⁿ, c⁰ᵉ d'Enfonvelle. — *Les Chattenivers*, 1858 (Dict. des postes de la Haute-Marne). — *Les Châteniverts*, 1889 (ann. Haute-Marne).

Chaudenay, c⁰ⁿ du Fays-Billot. — *In eodem pago* [*Lingonico*], *in Cildennaco*, 834 (Roserot, Dipl. carol., p. 8). — *Chaudenai*, 1178 (Beaulieu). — *Chaudenaium*, 1246 (Beaulieu). — *Chaudenay, Chodenay*, 1254 (Beaulieu). — *Chaudenayum*, 1337 (Beaulieu). — *Chaudenayum*, 1436 (Longnon, Pouillés, I). — *Chaudenet*, 1769 (Chalmandrier).

En 1789, Chaudenay dépendait de la province de Champagne, bailliage de Chaumont, prévôté de Nogent, élection de Langres. Son église, dédiée à saint André, était succursale de Corgirnon, au diocèse de Langres, doyenné du Moge.

Chaudenay, fief, c⁰ᵉ d'Anrosey. — *Anrozey, auquel lieu il y a le fief de Chaudenay*, 1675 (arch. Haute-Marne, G. 85). — *Chaudenet*, xixᵉ s. (cadastre, section A).

Chaubenons (Les), canton de vignes, c⁰ᵉ de Chalindrey, où se trouvent des vestiges de constructions.

CHAUDERONS (LES), ancien terrage, à Flammerécourt, qui tirait son nom de l'importante famille féodale du même nom. — *Ens terrages des Chauderons, à Flamerecort*, 1250 (Benoitevaux).

CHAUD-FOUR (LE), lieu dit, c^{ne} d'Avrainville, section A.

CHAUD-FOUR (LE), lieu dit, c^{ne} de Charmes-en-l'Angle, section A.

CHAUD-FOUR (LE), lieu dit, c^{ne} de Corgirnon, section A.

CHAUD-FOUR (LE), lieu dit, c^{ne} de Dommartin-le-Saint-Père, section B.

CHAUD-FOUR (LE), lieu dit, c^{ne} d'Éclaron, section B.

CHAUD-FOUR (LE), lieu dit, c^{ne} d'Eurville, section B.

CHAUD-FOUR (LE), lieu dit, c^{ne} de Harréville, section C.

CHAUD-FOUR (LE), lieu dit, c^{ne} de Narcy, section D.

CHAUD-FOUR (LE), lieu dit, c^{ne} de Serqueux, section D.

CHAUD-FOURNEAU (LE), lieu dit, c^{ne} de Curel, section A.

CHAUD-FOURNEAU (LE), lieu dit, c^{ne} de Joinville, section D.

CHAUD-FOURNEAU (LE), lieu dit, c^{ne} de Vassy, section E.

CHAUDIÈRES (LES), lieu dit, c^{ne} de Domblain, section D.

CHAUDS-FOURS (LES), lieu dit, c^{ne} de Chaumont-en-Bassigny, section A.

CHAUDS-FOURS (LES), lieu dit, c^{ne} de Rouelles, section A.

CHAUDS-FOURS (LES), lieu dit, c^{ne} de Saint-Blin, section C.

CHAUDS-FOURS (LES), lieu dit, c^{ne} de Sommevoire, section A.

CHAUFFOUR, *mieux* CHAUFOUR, c^{on} de Montigny-en-Bassigny. — *Chalfurnus*, 1167 (arch. Côte-d'Or, Morment). — *Chaufor*, 1210 (Layettes, I, n° 947). — *Calidus Furnus*, 1217 (Val-des-Écoliers). — *Chaut For*, 1219 (Val-des-Écoliers). — *Chauffourt*, 1249-1252 (Longnon, Rôles, n° 655). — *Chauffour en Bassigny*, 1340 (Val-des-Écoliers). — *Chaufour*, 1351 (Val-des-Écoliers). — *Calidus Furnus*, 1422 (Val-des-Écoliers). — *Chaufours*, 1436 (Longnon, Pouillés, I). — *Chauffour*, 1487 (arch. Haute-Marne, G. 522). — *Chaufort*, 1597 (arch. Haute-Marne, G. 543). — *Chaufour en Bassigny*, 1769 (Chalmandrier).

Chauffour dépendait, en 1789, de la province de Champagne, bailliage de Chaumont, prévôté de Nogent-le-Roi, élection de Langres. Son église paroissiale, dédiée à saint Julien, était du diocèse de Langres, doyenné d'Is-en-Bassigny. La présentation de la cure appartenait à l'abbé du Val-des-Écoliers.

CHAUFFOUR, f., c^{ne} de Meuvy; ancienne grange de l'abbaye de Morimond. — *Chauffourt*, 1889 (ann. Haute-Marne).

CHAUFOUR (LE), lieu dit, c^{ne} d'Aizanville, section A.

CHAUFOUR (LE), lieu dit, c^{ne} d'Autreville, section A.

CHAUFOUR (LE), lieu dit, c^{ne} de Bettaincourt, section A.

CHAUFOUR (LE), lieu dit, c^{ne} de Bettoncourt, section B.

CHAUFOUR (LE), lieu dit, c^{ne} de Bourbonne, section B.

CHAUFOUR (LE), lieu dit, c^{ne} de Breuil, section A.

CHAUFOUR (LE), lieu dit, c^{ne} de Brevanne, section A.

CHAUFOUR (LE), lieu dit, c^{ne} de Briaucourt, section B.

CHAUFOUR (LE), lieu dit, c^{ne} de Chantraine, section B.

CHAUFOUR (LE), lieu dit, c^{ne} de Colombey-lez-Choiseul, section C.

CHAUFOUR (LE), lieu dit, c^{ne} de Curel, section B.

CHAUFOUR (LE), lieu dit, c^{ne} de Darmanne, section C.

CHAUFOUR (LE), lieu dit, c^{ne} de Donjeux, section D.

CHAUFOUR (LE), lieu dit, c^{ne} d'Enfonvelle, section B.

CHAUFOUR (LE), lieu dit, c^{ne} de Faverolles, section B.

CHAUFOUR (LE), lieu dit, c^{ne} de Fays, section B.

CHAUFOUR (LE), lieu dit, c^{ne} de Genrupt, section B.

CHAUFOUR (LE), lieu dit, c^{ne} de Graffigny-Chemin.

CHAUFOUR (LE), lieu dit, c^{ne} d'Is-en-Bassigny, section A.

CHAUFOUR (LE), lieu dit, c^{ne} de Lanéville, section B.

CHAUFOUR (LE), lieu dit, c^{ne} de Lanty, section C.

CHAUFOUR (LE), lieu dit, c^{ne} de Lavernoy, section B.

CHAUFOUR (LE), lieu dit, c^{ne} de Leurville, section C.

CHAUFOUR (LE), lieu dit, c^{ne} de Mareilles, section B.

CHAUFOUR (LE), lieu dit, c^{ne} de Maulain, section D.

CHAUFOUR (LE), lieu dit, c^{ne} de Montsaugeon, section D.

CHAUFOUR (LE), lieu dit, c^{ne} de Morionvilliers, section B.

CHAUFOUR (LE), lieu dit, c^{ne} de la Mothe-en-Blésy, section C.

CHAUFOUR (LE), lieu dit, c^{ne} de la Neuville-aux-Bois, section B.

CHAUFOUR (LE), lieu dit, c^{ne} d'Orges, section C.

CHAUFOUR (LE), lieu dit, c^{ne} d'Ozières, section C.

CHAUFOUR (LE), lieu dit, c^{ne} de Pancey, section B.

CHAUFOUR (LE), lieu dit, c^{ne} de Parnot, section A.

CHALFOUR (LE), lieu dit, c⁰ᵉ de Percey-le-Petit, section B.

CHALFOUR (LE), lieu dit, c⁰ᵉ de Prauthoy, section C.

CHALFOUR (LE), lieu dit, c⁰ᵉ de Vieux-Moulin, section B.

CHALFOUR (LE), lieu dit, c⁰ᵉ de la Ville-aux-Bois, section A.

CHALFOUR (LE), lieu dit, c⁰ᵉ de Villiers-sur-Marne, section A.

CHALFOURS (LES), lieu dit, c⁰ᵉ de Créancey, section C.

CHALFOURS (LES), lieu dit, c⁰ᵉ de Domblain, section B.

CHALFOURS (LES), lieu dit, c⁰ᵉ de Meuse, section C.

CHALFOURS (LES), lieu dit, c⁰ᵉ d'Ormoy-sur-Aube, section C.

CHALFOURS (LES), lieu dit, c⁰ᵉ de Sommeville, section A.

CHALFOURS (LES), lieu dit, c⁰ᵉ de Vesaignes-sous-la-Fauche, section B.

CHALFOURS (LES), lieu dit, c⁰ᵉ de Vicq, section C.

CHAULOT, f., c⁰ᵉ de Corlée (ann. Haute-Marne, 1889).

CHAUME (LA), f., c⁰ᵉ de Rougeux; ancienne grange de l'abbaye de Beaulieu. — *La grange de la Chaume*, 1770 (arch. Haute-Marne, C. 344). — *Lachaume*, 1858 (Jolibois : La Haute-Marne, p. 284).

CHAUMIÈRE (LA), m⁰ⁿ is., c⁰ᵉ de Condes.

CHAUMONDEL, lieu détruit, c⁰ᵉ de Pisseloup. Ancien village, où il y avait une église dont le titre fut transféré à Pisseloup. Fief de la châtellenie de Coiffy. — *Calvus Mons*, 1239 (Vaux-la-Douce). — *Chaumondelz*, xivᵉ s. (Longnon, Pouillés, I). — *Chamondel*, 1487 (Vaux-la-Douce). — *Chaumondelle sur Amans*, 1508 (Arch. nat., P. 164¹, n° M II⁶ LIII). — *Chaumondel*, 1682 (Arch. nat., Q¹. 695). — *Pisseloup ou Chaumondel*, 1732 (Pouillé de 1732, p. 131). — *Chaumondel, dit Pisse-Loup*, 1769 (Chalmandrier). — *Chaumondel et Pisseloup*, 1770 (arch. Haute-Marne, C. 344). — *Chaumondelle*, 1858 (Jolibois : La Haute-Marne, p. 126).

Chaumondel était distinct de Pisseloup, avec lequel on a voulu l'identifier (Jolibois : La Haute-Marne, p. 417); du reste, Cassini mentionne encore, au xviiiᵉ siècle, Chaumondel et Pisseloup.

CHAUMONT-EN-BASSIGNY, cb.-l. du département. — *Chalmunt*, 1134 (Septfontaines). — *Chalvus Mons, Calvus Mons*, 1167 (arch. Côte-d'Or, Morment). — *Calidus Mons*, vers 1172 (Longnon, Doc. 1, n° 39). — *Chaumont*, 1226 (Val-des-Écoliers). — *Chaumunt*, 1252 (Layettes, n° 4017). — *Calvus Mons in Bassigneio*, 1256-1270 (H. d'Ar-

bois de Jubainville, Hist. des Comtes de Champ., II, Feoda Campanie, n° 574). — *Chamont en Bassigny*, 1258 (Recüeil Jolibois, X, f° 139). — *Chaumont en Bassigni*, 1265 (Val-des-Écoliers). — *Calvus Mons in Bassigneyo*, 1338 (Arch. nat., JJ. 72, f° 136 r°, n° 207). — *Chaumont en Bassigni*, 1382 (Arch. nat., P. 174¹, n° 274 *ter*). — *Chaumont en Baseigny*, 1395 (Arch. nat., P. 174¹, n° 275). — *Chamont, Chaulmont*, 1508 (Arch. nat., P. 174¹, n°ˢ 308 et 312). — *Chaulmont en Bassigny*, 1518 (Arch. nat., P. 174¹, n° 314). — *Chaumont en Bassigny*, 1611 (Arch. nat., P. 175³, n° 369).

En 1789, Chaumont-en-Bassigny était chef-lieu d'un grand bailliage royal et présidial, d'une prévôté, d'une élection et d'une maîtrise des eaux et forêts de Champagne; enfin d'une châtellenie royale, qui avait succédé à celle des comtes de Champagne, seigneurs de Chaumont dès la fin xiiᵉ siècle. Les fiefs de cette châtellenie relevaient de la tour Hautefeuille, dépendant de l'ancien château des comtes de Champagne.

Chaumont était aussi le chef-lieu d'un doyenné du diocèse de Langres. Son église paroissiale, dédiée à saint Jean-Baptiste, avait pour succursale l'église de Saint-Michel, dans la même ville. Le curé de Saint-Jean était à la présentation du chapitre qui avait été établi dans cette église en 1474.

Des établissements religieux avaient été fondés à Chaumont : des capucins à la fin du xviᵉ siècle, des carmélites en 1623 et des ursulines en 1618. Il y avait un hôpital dès le xiiiᵉ siècle, et une léproserie qui fut unie à la cure de Saint-Jean en 1451.

Un collège y avait été fondé en 1541.

CHAUMONT-LA-VILLE, c⁰ᵉ de Bourmont. — *Chaumont-la-Ville*, 1286 (Coll. Lorraine, t. 982, n° 17). — *Calvomontis villa*, 1402 (Pouillé de Toul). — *Chaumont-la-Ville*, 1680 (Morimond).

En 1789, Chaumont-la-Ville dépendait du Barrois, bailliage de Bourmont, intendance de Lorraine et Barrois, et suivait la coutume du Bassigny. Son église paroissiale, dédiée à saint Martin, était du diocèse de Toul, doyenné de Bourmont. La présentation de la cure appartenait au commandeur de Robécourt (Vosges), de l'ordre de Malte.

CHAUMONT-LE-BOIS, c⁰ᵉ de Chaumont-en-Bassigny. — *Chaumont-le-Bois*, 1769 (Chalmandrier).

CHAUVELETS (LES), m⁰ⁿ is., c⁰ᵉ de Soyers.

CHAVAGNE, village dét., qui était sur les hauteurs, entre Chameroy et Voisines.

CHAVANAY, lieu dit, entre Vesvre et Esnoms, sur une

6.

montagne. On y a trouvé de nombreux vestiges de constructions. — *Finagium de Cavegne*, 1170 (Auberive).

CHAVANNE (LA), faubourg de Bourbonne-les-Bains.

CHAVENAY, lieu détruit, c^ne de Dommartin-le-Saint-Père, sur la route de Bar-sur-Aube à Bar-le-Duc. — *Chavenet*, XIXe s. (cadastre, section A).

CHAVIGNY, lieu dit, c^ne d'Arbot, section A.

CHEMIN, h., c^ne de Graffigny-Chemin.

En 1789, Chemin formait une communauté du Barrois, au bailliage de Bourmont. Son église, qui existe encore, était annexe de celle de Graffigny, au diocèse de Toul, doyenné de Bourmont.

CHEMIN-BŒUF, f., c^ne d'Aubepierre. Ancien fief, avec chapelle du titre de Saint-André; ancienne grange de l'abbaye de Longuay. — *Chemin-aux-Bœufs*, 1603 (Arch. nat., P. 189², n° 1587). — *Chemin-Bœuf*, 1700 (Longuay). — *Cheminbœuf*, 1769 (Chalmandrier). — *La grange de Chambœuf*, 1770 (arch. Haute-Marne, C. 344).

CHÊNE (LE), f., c^ne de Dampierre. — *Le Chesne*, 1700 (Dillon).

En 1789, le Chêne formait une communauté du bailliage de Chaumont, prévôté de Nogent.

CHÊNE (LE), f., c^ne de Hortes; ancienne grange de l'abbaye de Beaulieu. — *La grange du Chêne*, 1770 (arch. Haute-Marne, C. 344).

CHÊNE (LE), f., anc. m^in, c^ne de Rosoy. — *Moulin du Chêne*, 1769 (Chalmandrier). — *Moulin du Chesne*, XVIIIe s. (Cassini).

CHÊNE (LE), anc. grange de l'abbaye de Troisfontaines (Marne), c^ne de Villiers-au-Chêne.

CHÊNE PÂQUIS (LE), f., c^ne de Crenay.

CHÊNEZONVAL, petit cours d'eau et bocard, c^ne de Poissons (Jolibois : La Haute-Marne, p. 442). — *Chenesonval*, XIXe s. (cadastre, section A).

CHÊNOIS (LE), f., c^ne de Ceffonds; ancienne propriété de l'abbaye de Montier-en-Der, devenue ensuite fief laïque. — *Le Chesnoy*, 1686 (Montier-en-Der). — *Le fief du Chesnoy*, 1763 (arch. Haute-Marne, C. 317). — *Hameau du Chênois*, 1784 (Courtalon, III, p. 351). — *Fief du Chenois*, 1784 (Courtalon, III, p. 375). — *Le Chénoy*, 1858 (Dict. des postes de la Haute-Marne).

CHÊNOIS (LE), bois, c^ne de Chantraine. — *Chasnetum*, 1238 (la Crête). — *Le Chasnoy*, 1574 (la Crête). — *Le Chesnoy*, 1577 (la Crête).

CHÊNOIS (LE), m^in et bois, c^ne de Colombey-lez-Choiseul. — *Li bois cum dit Chasnesuel*, 1316 (Morimond).

CHENOT, f. dét., c^ne de Marac; existait encore en 1824 (cadastre, section A).

CHÉRIN, m^in, c^ne de Louze. — *Moulin Chrin*, XIXe s. (cadastre). — *Moulin Chérin*, 1884 (carte de l'Intérieur).

CHERREY, auberge, c^ne de Bourg. Ancien village, où il y avait un prieuré, du titre de Saint-Geômes, qui fut réuni à la cure de Bourg, et, récemment encore, une chapelle sous le vocable de Notre-Dame. — *Villa de Chierre*, 1213 (cartul. Clairvaux, t. I, Champigni, n° XLVI). — *Chérey*, 1858 (Jolibois : La Haute-Marne, p. 139).

CHEVALIER, étang, c^ne de Braucourt. — *L'étang Chevalier*, XIXe s. (État-major).

CHEVECEY, f., c^ne de Darmanne; ancienne grange de l'abbaye de la Crête. — *Silva que Severceias appellatur*, 1137 (la Crête). — *Alodium de Severceiis*, 1138-1143 (Bibl. nat., coll. Champ., t. CLII, f° 44). — *Severceis*, 1158 (la Crête). — *Sevecey*, 1169 (la Crête). — *Cevercex*, 1325 (la Crête). — *Seversel*, 1508 (Arch. nat., P. 174², n° 309). — *Scufchey*, 1769 (Chalmandrier). — *La cense de Chevecey*, 1773 (arch. Haute-Marne, C. 262). — *Chevecheix*, XVIIIe s. (Cassini).

CHEVILLE, lieu dit, c^ne de Rivière-les-Fosses, section F.

CHEVILLEY, lieu dit, c^ne de Saint-Ciergue, section A.

CHEVILLON, ch.-l. de cant., arrond. de Vassy. — *Altaria Cavillonis*, 1131 (Saint-Urbain). — *Chevillon*, vers 1172 (Longnon, Doc. I, n° 483). — *Chevelum*, 1174 (arch. Marne, Troisfontaines). — *Chevellon*, 1187 (Jobin, Val-d'Osne, p. 42). — *Chevelen*, 1274 (Ruetz). — *Chevyloin, Chevilom*, 1396 (Longnon, Doc. I, n°° 5784, 5848).

Chevillon dépendait, en 1789, de la province de Champagne, bailliage de Chaumont, prévôté de Vassy, élection et châtellenie de Joinville. Son église paroissiale, dédiée à saint Hilaire, était du diocèse de Châlons-sur-Marne, doyenné de Joinville. Le présentation de la cure appartenait à l'abbé de Saint-Urbain. *Voir* SAINT-GERMAIN.

CHEVRAMBERT, lieu dit, c^ne de Leffonds. — *Chevrambert*, 1769 (Chalmandrier).

CHEVRAUCOURT, patouillet, anc. m^in, sur la Suize, finage de Buxereuilles, c^ne de Chaumont-en-Bassigny; il dépendait de la commanderie de Morment. — *Moulin de Chevraucourt*, 1326 (Longnon, Doc. I, n° 5921). — *Le molin et foullon de Chevraulcourt, assis sur la rivière de Marne, près Buxereulles*, 1573 (arch. Côte-d'Or, Morment). — *Cherreaucourt*, 1769 (Chalmandrier). — *Buxereulles, annexe de Chaumont; le moulin de Chevraucourt*, 1773 (arch. Haute-Marne, C. 262).

CHÈVRE (LA), anc. m^in à vent, c^ne d'Orbigny-au-

Mont. — *Moulin de la Chèvre*, 1769 (Chalmandrier).

Chevrey, lieu dit, c⁰ˢ de Consigny, section A. — *Le Vieux Chevrey*, xixᵉ s. (cadastre).

Chevrière, lieu dit, c⁰ˢ d'Autigny le-Grand, section A.

Chevroley, usine, c⁰ˢ de Dancevoir; ancienne forge de l'abbaye de Longuay. — *Vallis Cervelex*, 1194 (Longuay). — *Les forges de Chevrollet*, 1548 (Longuay). — *Forge de Chevroley*, 1769 (Chalmandrier).

Chézeaux, c⁰ⁿ de Varennes. — *Chesaus*, 1227 (Vaux-la-Douce). — *Chesaiz*, 1271 (Morimond). — *Chesaux*, 1312 (arch. Meurthe, Trés. des chartes). — *Chesaulx*, xivᵉ s. (Longnon, Pouillés, I). — *Chassaulx*, 1461 (Arch. nat., P. 164¹, n° 1349). — *Chesaulx-soubz-Varennes*, 1508 (Arch. nat, P. 177¹, n° 551). — *La grange de Chezaux*, 1675 (arch. Haute-Marne, G. 85). — *Chézeaux*, 1769 (Chalmandrier). — *Chézeaux*, 1770 (arch. Haute-Marne, C. 344).

Chézeaux faisait partie, en 1789, de la province de Champagne, bailliage et élection de Langres, prévôté et châtellenie de Coiffy, et avait appartenu antérieurement au bailliage de Chaumont. Son église paroissiale, dédiée à sainte Madeleine, dépendait du diocèse de Langres, doyenné de Pierrefaite. La présentation de la cure appartenait au prieur de Varennes.

Chézoy, f., c⁰ˢ de Montigny-en-Bassigny; ancienne grange de l'abbaye de Belfays, puis de Morimond. — *Chasoi*, 1176 (Morimond). — *Chaisois*, 1180 (Morimond). — *Chasoe*, 1184 (Morimond). — *Chesoy*, 1313 (Morimond). — *Chezaux*, 1483 (Morimond). — *Le gagnage de Chezaulx, la grange de Chesaulx, proche Montigny le Roy*, 1612 (Morimond). — *La grange de Chésaux*, 1659 (Morimond). — *Chezoy, sance appartenant aux vénérables abbé, etc., de Morimond*, 1710 (Morimond). — *Chézois*, 1851 (cadastre, section E).

Chifflard, f., c⁰ˢ de Charmoy. — *Chiflard*, 1769 (Chalmandrier). — *La grange Siflat*, 1770 (arch. Haute-Marne, C. 344). — *Chifflard*, xviiiᵉ s. (Cassini).

Chirey, lieu dit, c⁰ˢ de Faverolles, section E.

Choigne, c⁰ˢ de Chaumont-en-Bassigny. — *Chosne*, 1173 (la Crête). — *Chesna*, 1182 (arch. Côte-d'Or, Morment). — *Choznein*, 1207 (la Crête). — *Choine*, 1212 (Layettes, n° 1038). — *Choigne*, 1217 (Layettes, n° 1238). — *Choyne*, 1221 (la Crête). — *Choysne*, 1231 (la Crête). — *Chone*, 1274-1275 (Longnon, Doc. I, n° 6940). —

Chooigne, Chooine, 1326 (Longnon, Doc. I, n°ˢ 5801, 5859). — *Choigna*, xivᵉ s. (Longnon, Pouillés, I). — *Choingne*, 1508 (Arch. nat., P. 174², n° 306). — *Choigne*, 1732 (Pouillé de 1732, p. 90).

En 1789, Choigne dépendait de la province de Champagne, bailliage, prévôté et élection de Chaumont. Son église paroissiale, dédiée à saint Martin, était du diocèse de Langres, doyenné de Chaumont. La présentation de la cure appartenait à l'abbé du Val-des-Écoliers.

La seigneurie appartenait anciennement à l'évêque de Langres, qui la céda au comte de Champagne, en 1217, en échange d'Aubepierre.

Choilley, c⁰ⁿ de Prauthoy. — *Cheilleyum*, 1267 (chapitre de Langres). — *Choilleyum*, 1252 (chapitre de Langres). — *Choiley*, 1416 (arch. de Langres). — *Choillé*, 1464 (Arch. nat., P. 174², n° 330 bis). — *Choilly*, 1483 (chapitre de Langres).

Choilley dépendait, en 1789, de la province de Champagne, bailliage et élection de Langres. Son église, dédiée à saint Germain, suivant le Pouillé de 1732, ou à l'Assomption de la Sainte-Vierge, suivant M. l'abbé Roussel (Dioc. de Langres, II, p. 447), était succursale de celle de Dommarien, au diocèse de Langres, doyenné du Moge, mais la carte de Chalmandrier (1769) la met au doyenné de Grancey.

La seigneurie appartenait à l'évêque de Langres et dépendait de son comté de Montsaugeon.

Croiseul, c⁰ⁿ de Clefmont. — *Raynerius, miles de Causeolo*, 1084 (Bonvallet, p. 10, note). — *Choisol*, vers 1172 (Longnon, Doc. I, n° 76). — *Choisoil*, 1204-1210 environ (Longnon, Doc. I, n° 2927). — *Chosel*, 1218 (Layettes, n° 1276). — *Choiseul*, 1236 (Morimond). — *Chasolius*, 1222-1243 (Longnon, Doc. I, n° 4453). — *Chousel*, 1239 (Morimond). — *Cuissel*, 1251 (Layettes, n° 3991). — *Choisel, Choisel*, 1255 (Layettes, n° 4189). — *Cusel*, 1259 (Layettes, n° 4587). — *Choisel*, 1304 (Longnon, Doc. I, p. 439, n° 2). — *Choyseul*, 1443 (Arch. nat., P. 174¹, n° 299). — *Casseolum*, xivᵉ s. (Longnon, Pouillés, I). — *Choizeu*, 1503 (Arch. nat., P. 174², n° 305). — *Choiseuil*, 1602 (Arch. nat., P. 176², n° 502). — *Choiseul*, 1675 (arch. Haute-Marne, G. 85).

Choiseul dépendait, en 1789, de la province de Champagne, bailliage de Chaumont, prévôté de Montigny-le-Roi, élection de Langres. Son église paroissiale, dédiée à l'Assomption de la

Sainte-Vierge, était du diocèse de Langres, doyenné d'Is-en-Bassigny. Elle avait pour succursale l'église de Bassoncourt, de six en six mois, alternativement avec celle de Meuvy. La présentation de la cure appartenait à l'abbé de Molême.

L'église paroissiale était en même temps le siège d'un prieuré de l'ordre de saint Benoît, dépendant de Molême.

CHUREY, f., c⁰ⁿ de Bourdons, section C. — *Churey*, 1769 (Chalmandrier).

Churey a été enlevé à la commune de la Crête et incorporé à celle de Bourdons, par ordonnance royale du 4 novembre 1829.

CIMETIÈRE (LE), lieu dit, cⁿᵉ de Mathons, section A.

CIMETIÈRE-AU-BŒUF (LE), lieu dit, cⁿᵉ de Mareilles, section B.

CIMETIÈRE-DES-JUIFS (LE), cimetière, cⁿᵉ de Joinville (carte de l'Intérieur).

CIREY-LEZ-MAREILLES, cⁿᵉ d'Andelot. — *Presbyter, territorium de Ceresio*, 1138-1143 (Bibl. nat., coll. Champ., t. CLII, fᵒ 44). — *Cyrex*, 1207 (la Crête). — *Ciresium*, 1213 (la Crête). — *Cireix, Cereis*, 1263 (la Crête). — *Seris*, 1276-78 (Longnon, Doc. II, p. 159). — *Cereix*, 1298 (Arch. nat., K. 1155). — *Ciresyum*, 1325 (la Crête). — *Cirex*, XIVᵉ s. (Longnon, Pouillés, I). — *Cireix*, 1551 (la Crête). — *Cireix*, 1574 (la Crête). — *Cirey les Mareilles*, 1607 (la Crête). — *Cirey*, 1732 (Pouillé de 1732, p. 91). — *Cirex lès Mareilles*, 1770 (arch. Haute-Marne, C. 262).

En 1789, Cirey-lez-Mareilles dépendait de la province de Champagne, bailliage et élection de Chaumont, prévôté d'Andelot. Son église paroissiale, dédiée à saint Martin, était du diocèse de Langres, doyenné de Chaumont. La présentation de la cure appartenait à l'abbé du Val-des-Écoliers.

CIREY-SUR-BLAISE, cⁿᵉ de Doulevant. — *Villa Ciresio nomine*, XIᵉ s. (cartul. Montier-en-Der, I, fᵒ 83 rᵒ). — *Cyreis*, vers 1140 (Johin, Val-d'Osne, p. 40). — *Ceris*, vers 1172 (Longnon, Doc. I, nᵒ 87). — *Cerix*, 1204-1210 environ (Longnon, Doc. I, nᵒ 2780). — *Cereys*, 1219 (Montier-en-Der). — *Cyrex*, 1214 (arch. Aube, Clairvaux). — *Cyris*, 1226 (Clairvaux). — *Ciresium*, 1257 (Clairvaux). — *Cerys*, 1274-1275 (Longnon, Doc. I, nᵒ 7027). — *Cireix*, 1326 (Longnon, Doc. I, nᵒ5763). — *Cirex*, 1348 (Thors). — *Ceriz*, 1393 (Arch. nat., P. 177², nᵒ 593). — *Cereiz*, 1438 (arch. Pimodan). — *Cereix le Chastel*, 1446 (Arch. nat., P. 190, nᵒ 613). — *Sireix-le-Chastel*, 1460 (Arch. nat., P. 176², nᵒ 467). — *Cireix le Chas-*

tel, 1518 (Arch. nat., P. 177², nᵒ 600). — *Cirey-le-Chastel, Sirey le Chastel*, 1700 (Dillon). — *Cirey le Chatel*, 1732 (Pouillé de 1732, p. 70). — *Cirey le Château*, 1769 (Chalmandrier). — *Cirey le Châtel*, 1780 (arch. Haute-Marne, C. 317). — *Cirey*, XVIIIᵉ s. (Cassini). — *Cirey-sur-Blaise*, époque révolut. (Figuère).

En 1789, Cirey-sur-Blaise dépendait de la province de Champagne, bailliage et châtellenie de Chaumont, prévôté de Vassy, élection de Joinville. Son église paroissiale, dédiée à saint Pierre-ès-Liens, était du diocèse de Langres, doyenné de Bar-sur-Aube. La présentation de la cure appartenait à l'abbé de Molême.

L'église paroissiale était le siège d'un prieuré dépendant de Molême.

CIRFONTAINE-EN-AZOIS, cⁿᵉ de Châteauvillain. — *Syrefons*, vers 1172 (Longnon, Doc. I, nᵒ 42). — *Sirus Fons*, 1186 (Longuay). — *Sirefons*, vers 1200 (Longnon, Doc. I, nᵒ 2114). — *Syrofons*, 1220 (la Crête). — *Sirofons*, 1221 (la Crête). — *Sirefonteigne, Sirefontene, Sirefontaigne*, 1274-1275 (Longnon, Doc. I, nᵒˢ 7002, 7006, 7018). — *Sirefontaine, Serifontainne, Sirefontainne*, 1326 (Longnon, Doc. I, nᵒˢ 5758, 5809). — *Sirefonteinne, preis de Laffertei sour Aube*, 1308 (la Crête). — *Sirefontenne*, 1380 (arch. Aube, Clairvaux). — *Syre Fontaingne*, 1498 (Longuay). — *Cirefontainnes*, 1563 (prieuré de la Ferté-sur-Aube). — *Cirefontaine*, 1603 (Arch. nat., P. 198², nᵒ 1587). — *Cir-Fontaine*, 1769 (Chalmandrier). — *Cire-Fontaine*, XVIIIᵉ s. (Cassini). — *Cirfontaines-en-Azois*, 1896 (dénombrement).

Cirfontaine-en-Azois dépendait, en 1789, de la province de Champagne, bailliage et prévôté de Chaumont, élection de Bar-sur-Aube. Son église paroissiale, dédiée à la Sainte-Vierge et auparavant à saint Hilaire, était du diocèse de Langres, doyenné de Châteauvillain, et antérieurement du doyenné de Bar-sur-Aube. La présentation de la cure appartenait à l'abbé de Saint-Claude du Jura.

La seigneurie se partageait par moitié entre l'abbé de Clairvaux et le prieur de la Ferté-sur-Aube.

CIRFONTAINE-EN-ORNOIS, cⁿᵉ de Poissons. — *Sirefontene*, 1234 (Mureau). — *Au mostier de Sirefontenne*, 1249 (Val-des-Écoliers). — *Syrefontainne*, 1255 (Mureau). — *Sirefontaine*, 1340 (Mureau). — *Cirefontaines*, 1500 (Mureau). — *Cirefontaine en Ornois*, 1700 (Dillon). — *Cirfontaine*, 1770 (Mureau). — *Cire Fontaine*, 1780 (arch. Haute-

Marne, C. 317). — *Cirefontaine*, xviii⁰ s. (Cassini).

En 1789, Cirfontaine-en-Ornois dépendait de la province de Champagne, bailliage de Chaumont, prévôté d'Andelot, élection de Joinville. Son église, dédiée à saint Pierre et saint Paul, était annexe de Mandres (Meuse), au diocèse de Toul, doyenné de Gondrecourt.

La mention du «mostier de Sirefoutenne», en 1249 atteste l'existence d'un établissement religieux dont nous n'avons pas trouvé de trace.

Citadelle (La), lieu dit, cⁿᵉ de Chancenay, section B.

Citadelle (La), faubourg de Langres, qui tire son nom de la citadelle de cette ville forte.

Citadelle (La), lieu dit, cⁿᵉ de Mertrud, section B .

Citadelle (La), lieu dit, cⁿᵉ de Poinson-lez-Fays, section A.

Citadelle (La), lieu dit, cⁿᵉ de Prauthoy.

Citadelle (La), lieu dit, cⁿᵉ de Saint-Blin, section C.

Cizelle, f., cⁿᵉ de Coiffy-le-Haut. — *La grange Seviel*, 1769 (Chalmandrier). — *La grange de Cizelle*, 1770 (arch. Haute-Marne, G. 344). — *La grange Seizel*, xviii⁰ s. (Cassini). — *Siezelle*, 1858 (Jolibois : La Haute-Marne, p. 156). — *Cizelle*, 1858 (Dict. des postes de la Haute-Marne).

Clair-Chêne (Le), f., cⁿᵉ de Saudron, section A. — *Le Claire Chêne*, xviii⁰ s. (Cassini). — *Les Clairs-Chênes*, 1834 (cadastre). — *Le Clair-Chêne*, 1858 (Jolibois : La Haute-Marne, p. 497-498).

Claire-Fontaine (La), lavoir à mine, cⁿᵉ de Thonnance-lez-Joinville.

Clairvaux, lieu dit, cⁿᵉ de Bailly-aux-Forges, section A. — *Les Petits Clairvaux*, xixᵉ s. (cadastre).

Clamart, cimetière, cⁿᵉ de Chaumont-en-Bassigny. — *Clamart*, xixᵉ s. (cadastre, section B).

Clefmont, ch.-l. de cant., arrond. de Chaumont-en-Bassigny. — *Clarus Mons*, 1092 (Pérard, p. 197). — *Cella de Claro monte*, 1105 (Privilège de Pascal II. pour S.-Bénigne de Dijon: Pflugk-Harttung, p. 83). — *Clémont*, *Clénunt*, 1254 (Morimond). — *Clainmont*, 1278 (Thors). — *Clarus Mons in Bassigneio*, 1256-1270 (Longnon, Doc. I, n° 5846). — *Clermont en Bassigni*, 1344 (la Crête). — *Clermont en Bassigny*, 1378 (Arch. nat., P. 171¹, n° 274 bis). — *Clesmont*, 1457 (Saint-Urbain). — *Clefmont*, 1593 (Recueil Jolibois, III, f° 83).

En 1789, Clefmont était de la province de Champagne, bailliage de Chaumont, prévôté de Nogent-le-Roi, élection de Langres. Son église paroissiale, dédiée à saint Thiébaud, était du diocèse de Langres, doyenné d'Is-en-Bassigny, et avait pour succursale celle d'Audeloncourt. Cette église était le siège d'un prieuré dépendant de l'abbaye de Luxeuil, qui fut uni à l'hôpital de la Charité de Langres en 1779. — Saint-Bénigne de Dijon paraît y avoir eu un prieuré au xii⁰ s.

La présentation de la cure appartenait au prieur.

Il y avait anciennement un hôpital, encore indiqué par Cassini.

Clémont, fief, qui était au finage de Saint-Broingt-les-Fosses. — *Saint Beroingt les Fosses, pour le fief de Clesmont*, 1675 (arch. Haute-Marne, G. 85).

Clermont, fief, cⁿᵉ de Viéville. — *Clermont*, 1750 (Arch. nat., Q¹. 693).

Cléray, lieu dit, cⁿᵉ de Rochetaillée, section C.

Clinchamp, cⁿᵉ de Bourmont. — *Cline Campus*, 1122 (Pérard, p. 223). — *Clincampus*, 1163 (Morimond). — *Clinchamp*, 1165 (Morimond). — *Clinchan*, 1274-1275 (Longnon, Doc. I, n° 6946). — *Ecclesia de Clivocampo*, 1402 (Pouillé de Toul). — *Clinchampt*, 1446 (Arch. nat., P. 176³, n° 509). — *Clinchamps*, 1700 (Dillon).

Clinchamp dépendait, en 1789, de la province de Champagne, bailliage et élection de Chaumont, prévôté de Nogent. Son église paroissiale, dédiée à saint Pierre-ès-Liens, était du diocèse de Toul, doyenné de Bourmont. La présentation de la cure appartenait au prieur de Saint-Blin.

Cloncourt, lieu dit, cⁿᵉ de Cirfontaine-en-Ornois, section B, et cⁿᵉ de Lézéville, section A.

Clongeon, f., cⁿᵉ du Fays-Billot.

Clos (Le), f., cⁿᵉ de Vaux-la-Douce. — *Grange de la Fond*, 1769 (Chalmandrier). — *Le moulin du Clos*, 1770 (arch. Haute-Marne, C. 344).

Clos (Le), ancien moulin, cⁿᵉ de Violot, section A. — *Moulin-du-Clos*, 1839 (cadastre).

Clos (Les), lieu dit, cⁿᵉ de Rivière-les-Fosses, section F.

Closiers (Les), f., cⁿᵉ de Champigny-lez-Langres. — *Les Closiers*, 1769 (Chalmandrier).

Clos-Mortier (Le), haut fourneau, cⁿᵉ de Saint-Dizier, section D. — *Forge du Clos-Mortier*, xviii⁰ s. (Cassini).

Clos-Mussey (Le), fief, qui était au territoire de Valleret. — *Le Clos Mussey, le Clou Mussey, tenant d'une part au pacquis de la ville, et de tous les costez au chemin royal*, 1526 (Arch. nat., P. 177², n° 601). — *Le Clos Mussey*, 1682 (Arch. nat., Q¹. 684).

Cloyes (Les), mⁿ dét., qui était dans le voisinage de Bettaincourt et de Doulaincourt. — *Molin de Cloies*, 1270 (Benoitevaux).

Cobiche (La), fief, avec château fort, c⁰ⁿ de Villiers-en-Lieu. — *La Cobuhe*, 1738 (Vaveray, p. 542). — *Lacobiche*, 1858 (Jolibois : La Haute-Marne, p. 284 et 554).

Cochelle (La), f., c⁰ⁿ de Montesson. — *Cochée*, 1769 (Chalmandrier).

Cognelot (Le), f., c⁰ⁿ de Chalindrey ; fort du camp retranché de Langres. — *Quoigneloi*, 1301 (arch. Haute-Marne, G. 134). — *Cognelot*, 1769 (Chalmandrier). — *La grange de Colnot*, 1770 (arch. Haute-Marne, C. 344).

Cogniot (Le), barrière du chemin de fer, c⁰ⁿ de Prauthoy.

Cohons, c⁰ⁿ de Longeau. — *Sancta Maria Coconis Ville*(?), 950-952 (Roserot, Chartes inédites, n° 16). — *Cons*, vers 1172 (Longnon, Doc. I, n° 82). — *Ecclesia de Coyum*, 1169 (chapitre de Langres). — *Coto*, 1198 (Auberive). — *Coom*, 1204-1210 environ (Longnon, Doc. I, n° 2752). — *Coun*, 1214 (Auberive). — *Coonz*, 1214 (arch. Haute-Marne, G. 148). — *Coon*, 1215 (arch. Haute-Marne, G. 148). — *Conz*, 1224 (arch. Haute-Marne, G. 484). — *Cohum*, 1236 (arch. Aube, Notre-Dame-aux-Nonnains). — *Choons*, 1239 (Layettes, n° 2824). — *Cohuns*, 1243 (Notre-Dame-aux-Nonnains). — *Cotho*, 1256 (Notre-Dame-aux-Nonnains). — *Cohons*, 1258 (Notre-Dame-aux-Nonnains). — *Couhons*, *Cohon*, 1386 (Arch. nat., JJ. 70, fᵒˢ 103 vᵒ, 105 rᵒ, n° 235).

Cohons dépendait, en 1789, de la province de Champagne, bailliage et élection de Langres. La seigneurie appartenait à l'évêque de Langres et faisait partie de son duché-pairie. L'église paroissiale, dédiée à la Nativité de la Sainte-Vierge, était du diocèse de Langres, doyenné du Moge, et avait pour succursale celle de Percey-le-Pautel. La présentation de la cure appartenait au chapitre de Langres.

La prononciation en usage dans la Haute-Marne est restée fidèle à la vieille forme *Cons*, en faisant sonner l's.

Coiffy-le-Bas, c⁰ⁿ de Varennes. — *Ecclesia de Coyfei*, 1101 (arch. Côte-d'Or, et Gall. christ., IV, instr., col. 149). — *Cofeium*, *Copheium*, 1145, 1170 (Pflugk-Harttung, p. 177 et 244). — *Coiffy-la-Ville*, 1276-78 (Longnon, Doc. II, p. 178). — *Coeffeyum*, xiv⁰ s. (Longnon, Pouillés, I). — *Coiffy-le-Bas*, époque révolut. (Figuère).

Coiffy-le-Bas faisait partie, en 1789, de la province de Champagne, bailliage et élection de Langres, prévôté de Coiffy-le-Château. Il avait appartenu antérieurement au bailliage de Chaumont. Son église paroissiale, dédiée à la Nativité de la Sainte-Vierge, avait pour succursales celles de Coiffy-le-Haut et de la Neuvelle-lez-Coiffy, et dépendait du diocèse de Langres, doyenné de Pierrefaite. La présentation de la cure appartenait au prieur de Varennes.

La seigneurie était partagée entre le Roi, comme successeur des comtes de Champagne, et le prieur de Varennes, en vertu d'une charte de pariage de 1250.

Coiffy-le-Haut, c⁰ⁿ de Bourbonne-les-Bains. — *Coifé*, 1172 (Recueil Jolibois, XI, fᵒ 252). — *Coyfi*, 1250 (Layettes, n° 3886). — *Cufy*, 1255 (Layettes, n° 4189). — *Cufiy*, 1255 (arch. Haute-Marne, G. 6). — *Coifei*, 1257 (Morimond). — *Coyfeium*, 1260 (Layettes, n° 4585). — *Coyfei*, 1260 (arch. Côte-d'Or, prieuré de Varennes, H. 7). — *Coyfi*, 1269 (Vaux-la-Douce). — *Coffi*, 1274-1275 (Longnon, Doc. I, n° 6992). — *Coiffy le Chastel*, 1276-78 (Longnon, Doc. II, p. 179). — *Coiffy*, 1381 (Recueil Jolibois, XI, fᵒ 253). — *Castrum Coffeiaci*, 1407 (Vaux-la-Douce). — *Coeffy*, 1444 (Vaux-la-Douce). — *Coiffey*, 1508 (Arch. nat., P. 177¹, n° 549). — *Coffeyum Castrum*, 1580 (arch. Haute-Marne, G. 880, fᵒ 249 rᵒ). — *Coiffeyum Castrum*, 1587 (ibid., fᵒ 359 vᵒ). — *Coiffy-le-Chôtel*, 1675 (arch. Haute-Marne, G. 85). — *Coiffy-le-Haut*, époque révolut. (Figuère).

Coiffy-le-Haut dépendait, en 1789, de la province de Champagne ; il était chef-lieu d'une prévôté et châtellenie du bailliage de Langres, auparavant de Chaumont, et faisait partie de l'élection de Langres. Son église, dédiée à la Nativité de la Sainte-Vierge, était succursale de celle de Coiffy-le-Bas, appelé alors Coiffy-la-Ville.

Les comtes de Champagne en avaient fait le chef-lieu d'une de leurs châtellenies.

Colas, m⁽ⁱⁿ⁾, c⁰ⁿ de Maizières-sur-Amance. — *Moulin Colas*, 1769 (Chalmandrier). — *Le moulin Collas*, 1770 (arch. Haute-Marne, C. 344).

Colinière (La), faubourg de Langres.

Collège (Le). *Voir aussi* Petit-Collège.

Collège (Le), lieu dit, c⁰ⁿ d'Arc-en-Barrois, section D.

Collège (Le), lieu dit, c⁰ⁿ de Chalindrey, section F.

Collège (Le), lieu dit, c⁰ⁿ de Daumartin, section B.

Collot (Le), coutellerie, c⁰ⁿ de Consigny. — *Moulin Calo*, 1769 (Chalmandrier).

Collotte (La), m⁽ⁱⁿ⁾ et scierie, c⁰ⁿ de Fresne-sur-Apance ; auparavant forge, fourneau et fonderie établis en 1773.

Colmier-le-Bas, c⁰ⁿ d'Auberive. — *Colummerium*

Bassum, 1493 (Auberive). — Collemiers-le-Bas, 1649 (Auberive). — Colomier-le-Bas, 1675 (arch. Haute-Marne, G. 85). — Colmier-le-Bas, 1732 (Pouillé de 1732, p. 111).

En 1789, Colmier-le-Bas dépendait de la province de Champagne, bailliage et élection de Langres. Son église, dédiée à saint Laurent, était succursale de Buxerolles (Côte-d'Or), au diocèse de Langres, doyenné de Châtillon-sur-Seine.

Colmier-le-Haut, cⁿᵉ d'Auberive. — De Calginco, villa Colombarensi, 887 (Roserot. Dipl. carol., p. 22). — Colommé, 1194 (Auberive). — Colomiers, 1214 (Auberive). — Colummiers, 1217 (Auberive). — Colummeium, 1225 (Auberive). — Colummé, 1237 (Auberive). — Colummeyum, 1248 (Auberive). — Colummerium, Colemeium, 1255 (Auberive). — Quelommey, 1285 (Auberive). — Columbeium, 1288 (Auberive). — Colummerium Altum, 1293 (Auberive). — Colomeyum juxta Buxerolias, 1334 (terrier de Langres, fᵒ 290 rᵒ). — Coullemiers, 1464 (Arch. nat., P. 174³, nᵒ 330 bis). — Collomier-le-Hault, 1543 (Auberive). — Coulemiers-le-Hault, 1586 (Auberive). — Collemiers-le-Hault, 1649 (Auberive). — Colomier-le-Haut, 1675 (arch. Haute-Marne, G. 85). — Colmier-le-Haut, 1732 (Pouillé de 1732, p. 111). — Collemiers-le-Haut, 1769 (Chalmandrier).

Colmier-le-Haut dépendait, en 1789, de la province de Champagne, bailliage et élection de Langres. Son église, dédiée à sainte Madeleine, et antérieurement à saint Bénigne, était succursale de celle de Buxerolles (Côte-d'Or), au diocèse de Langres, doyenné de Châtillon-sur-Seine.

Colomberie (La), lieu dit, cⁿᵉ de Foulain, section B.

Colombey-lez-Choiseul, cⁿᵉ de Clefmont. — Columbey, 1316 (Morimond). — Columbeyum, xivᵉ s. (Longnon, Pouillés, I). — Coullonbiez, 1450 (Morimond). — Colombey-en-Bassigny, 1601 (Morimond). — Colombé, 1628 (Morimond). — Colombey, 1657 (Morimond). — Colombey-les-Choiseul, 1769 (Chalmandrier).

En 1789, Colombey-lez-Choiseul dépendait du Barrois, bailliage de Bourmont, intendance de Lorraine et Barrois, et suivait la coutume du Bassigny. Son église paroissiale, dédiée à saint Martin, était du diocèse de Langres, doyenné d'Is-en-Bassigny. La cure était à la présentation du chapitre de Langres.

Colombey-les-Deux-Églises, cⁿᵉ de Juzennecourt. — Colombei, ubi duæ ecclesiæ sunt, 1108 (Arbaumont,

p. 152). — Columbarium, Columberium, 1198 (arch. Haute-Marne, cartul. Longuay, de Barro). — Columbeium ad duas ecclesias, 1203 (arch. Aube, Clairvaux). — Colanbeium cognomine Ad Duas Ecclesias, 1231 (Val-des-Écoliers). — Colummiers de duabus ecclesiis, 1239 (Layettes, nᵒ 2820). — Coulanbeium ad duas ecclesias, 1257 (Clairvaux). — Colembeium ad duas ecclesias, 1271 (Clairvaux). — Columbier a dues eglises, 1285 (Clairvaux). — Columbier a deus eglises, 1286 (Clairvaux). — Colombey aus deus eglyses, 1290 (Clairvaux). — Colombey as dous eglyses, 1297 (arch. Haute-Marne, fabrique de Colombey). — Columbeyum ad duas ecclesias, 1328 (Arch. nat. JJ. 65ᵃ, nᵒ 65) — Coulombey aux deux esglises, 1401 (Arch. nat., P. 189³, nᵒ 1588). — Columbaris ad duas ecclesias, 1436 (Longnon, Pouillés, I). — Colombey aux deux eglises, 1447 (Arch. nat., P. 174¹, nᵒ 301). — Colombel-aux-deux-églises, 1481 (Arch. nat., P. 163¹ nᵒ 919). — Colombey aux deux esglises, 1508 (Arch. nat., P. 174³, nᵒ 312). — Colombey aux deux églises, 1538 (Arch. nat., P. 174⁴, nᵒ 319). — Colombey-les-deux-eglises, 1603 (Arch. nat., P. 172³, nᵒ 72). — Colombé les deux églises, 1649 (Roserot : États généraux p. 13). — Colombey les deux esglises, 1660 (Clairvaux). — Colombé-aux-deux-églises, 1700 (Dillon). — Colombey les deux Églises, 1732 (Pouillé de 1732, p. 70). — Colombé-la-Montagne, an II (arch. Haute-Marne, fabrique de Colombey).

Colombey-les-Deux-Églises dépendait, en 1789, de la province de Champagne, bailliage de Chaumont, élection et prévôté de Bar-sur-Aube. Son église paroissiale, dédiée à l'Assomption de la Sainte-Vierge, était du diocèse de Langres, doyenné de Bar-sur-Aube. La présentation de la cure appartenait au prieur du lieu.

Le prieuré dépendait de Cluny et était sous le vocable de saint Jean-Baptiste.

Colombey-Mont, lieu dit, cⁿᵉ de Colombey-les-Deux-Églises ; emplacement d'un ancien château. — Colombey aux deux églises, ... une place appellée Colombey Mont, où souloit avoir ung chastel, 1515 (Arch. nat., P. 176², nᵒ 486).

Coulombière (La), fief, cⁿᵉ d'Essey-lez-Pont ; il relevait de la Ferté-sur-Aube. — La Coulombière, 1603 (Arch. nat., P. 189², nᵒ 1587).

Combé (Le), f., cⁿᵉ de Buxières-lez-Belmont. — Le Combé, 1769 (Chalmandrier).

Combé-aux-Mines (La), mⁿᵉ is., cⁿᵉ de la Neuvelle-lez-Coiffy.

Combe-aux-Verrons (La), auberge, c^{ne} de Mareilles. Elle est de construction récente.

Combe-du-Puy (La), f., c^{ne} d'Occey.

Combelles (Les), m^{on} is., c^{ne} de Romains-sur-Meuse.

Combe-Pacotte (La), m^{on} is., c^{ne} de Prauthoy.

Côme, fief, qui était sur les finages de Buxières et de Froncles, et appartenait à l'abbaye de Saint-Urbain. — *Le fief de Cosme et Molinet*, 1633 (Saint-Urbain). — *Le fief de Cosme et Moullinet*, 1720 (Saint-Urbain).

Commanderie (La), lieu dit, c^{ne} de la Chapelle-en-Blésy. — *La Commanderie*, xixe s. (cadastre, section B).

Commanderie (La), bois, c^{ne} de Cirey-sur-Blaise. Il y a aussi l'étang du Commandeur.

Commanderie (La), lieu dit, c^{ne} de Meuvy, section B.

Commets (Les), écart, c^{ne} d'Aprey (ann. Haute-Marne, 1889).

Commotte (La), m^{on} is., c^{ne} de Vaux-sous-Aubigny, section D.

Cona (Le), terrain planté d'arbres, à Bourmont, servant de promenade; il y avait un calvaire, érigé en 1759. — *Calvaire*, xviiie s. (Cassini). — *Le Cona*, xixe s. (carte de l'Intérieur).

Condes, c^{ne} de Chaumont-en-Bassigny. — *Cortem que vocatur Condeda scilicet in comitatu Bulo-niensi*, 961 (Dom Bouquet, IX, 624). — *Conda-dum*, vers 991 (Saint-Remi de Reims, liasse 15, n° 2). — *Conda*, comm. du xie s. (polyptyque de Saint-Remi de Reims, édit. Guérard, XIII, 38). — *Condum*, 1090 (Saint-Remi de Reims, l. 15, n° 3). — *In territorio Lingonensi, apud villam Cun-das*, 1148 (Saint-Remi de Reims, l. 1, n° 3 *bis*). — *Condeda curtis*, 1151 (Saint-Remi de Reims, l. 15, n° 5). — *In territorio Lingonensi, Condedas*, 1154 (Saint-Remi de Reims, l. 1, n° 5). — *Condes*, 1155 (la Crête). — *Cunda*, 1198 (prieuré de Condes). — *Condae*, 1216 (prieuré de Condes). — *N. prior de Condetis*, 1228 (prieuré de Condes). — *Condel*, 1232 (Layettes, n° 2207).

Il y avait à Condes un prieuré de l'ordre de saint Benoît, sous le vocable de saint Marcoul et saint Gengoul, fondé au xe siècle et dépendant de l'abbaye de Saint-Remi de Reims. Le prieur avait la présentation de la cure, avant son union au chapitre de Chaumont.

Condes a été confondu quelquefois avec Condé-sur-Marne (Marne), où l'abbé de Saint-Remi de Reims avait aussi des droits, entre autres la présentation de la cure.

En 1789, Condes faisait partie de la province de Champagne, bailliage, prévôté et élection de Chaumont. Son église paroissiale, dédiée à saint Valier, était du diocèse de Langres, doyenné de Chaumont, et avait pour succursale celle de Bretenay. La présentation de la cure appartenait au chapitre de Chaumont.

Confévron, f., c^{ne} de Dampierre; ancien fief qui relevait de Chaumont. — *Courfavrex, Confaverie*, 1249-1252 (Longnon, Rôles, n°s 594, 653). — *Finaige de Dampierre, ou terraige, que on dit de Confavrons*, 1302 (chapitre de Langres). — *Corfavreux*, 1326 (Longnon, Doc. I, n° 5920). — *Confavron*, 1508 (Arch. nat., P. 177², n° 599). — *Confesvron*, 1557 (arch. Haute-Marne, G. 544). — *Causeron*, 1700 (Dillon). — *Confevron*, 1755 (Arch. nat., Q¹. 696). — *Confabvron*, 1769 (Chalmandrier).

En 1789, Confévron était du bailliage de Chaumont, prévôté de Nogent.

Consigny, c^{ne} d'Andelot. Village fondé vers 1250. — *Consignés*, 1245 (Layettes, n° 3354). — *Consigneis, Conseigneis, Consaigneis*, 1252 (Layettes, n° 3994). — *Je Symons, sires de Clermont, faz savoir..... que j'ai acquittei à l'abbei et au couvent de La Creste les querelles..... pour édifier la ville de Concigneis*, 1258 (la Crête). — *Consigneium*, 1256-1270 (Longnon, Doc. I, 5846). — *Cocignis, Cocignies*, 1276-78 (Longnon, Doc. II, p. 161, 162). — *Consignées*, xive s. (Longnon, Pouillés, I). — *Consigneux*, 1412 (Arch. nat., P. 174¹, n° 294). — *Conseignies*, 1443 (Arch. nat., P. 174¹, n° 299). — *Concigneix*, 1539 (Arch. nat., P. 174², n° 322). — *Consigney*, 1684 (Arch. nat., Q¹, 690). — *Consigney*, 1732 (pouillé de 1732, p. 90).

Consigny dépendait, en 1789, de la province de Champagne, bailliage et élection de Chaumont, mairie royale de Bourdons. Son église paroissiale, dédiée à saint Pierre-ès-Liens, était du diocèse de Langres, doyenné de Chaumont. La présentation de la cure appartenait au prieur de Clefmont.

Content (Le), fourneau dét., c^{ne} d'Orquevaux. — *Le fourneau du Content*, 1773 (arch. Haute-Marne, G. 262).

Contrées-Brûlées (Les), lieu dit, c^{ne} de la Mancine.

Contrigny, lieu dit, c^{ne} de Rouécourt, section B.

Coqs (Les), f., c^{ne} de Montier-en-Der. — *Les Coqs*, 1784 (Courtalon, III, p. 343).

Corbeillon (Le), écart, c^{ne} de Bologne (ann. Haute-Marne, 1889).

Corbrey, lieu dit, c^{ne} de Consigny, section C.

Corbeville, lieu dit, c^{ne} de Dongeux, section F. —

Pasquis, lieu dit Corbeville, joignant la rivière de Marne, 1605 (Arch. nat., P. 176⁴, n° 538).

Corbey, lieu dit, cᵒⁿ de Rivière-les-Fosses, section E.

Cordamble, f., cⁿᵉ de Peigney; commanderie du Temple. — *Cordamble*, 1169 (Ruetz). — *Cordamblia*, 1173 (Ruetz). — *Curtdambla*, 1178 (Ruetz). — *Cordambla*, 1183 (Ruetz). — *Cortdamble*, 1220 (Ruetz). — *Cordamble*, 1241 (Ruetz). — *Cortamble*, 1249 (Ruetz). — *Cordanblia*, 1273 (Ruetz). — *Courdanble*, 1292 (Ruetz). — *Curtdamble*, 1401 (Ruetz).

En 1789, Cordamble formait avec Montruchot une communauté de l'élection de Langres.

Cordellerie (La), usine, cⁿᵉ de Saint-Dizier.

Voir aussi Ancienne Cordellerie.

Corgebin (Le), chât., cᵒⁿ de Brottes; commanderie du Temple, puis de Saint-Jean-de-Jérusalem, unie à celle de Thors (Aube) au xɪvᵉ siècle. La chapelle était sous le vocable de sainte Madeleine. — *Fratres Milicie Templi dou Corjebuin*, 1264 (Thors). — *La maison et hospital du Courgebuyn*, 1488 (Thors). — *Le Corjubin*, 1520 (Thors). — *Corgebin*, 1668 (Thors). — *Le Corjebin*, 1769 (Chalmandrier).

Corgirnon, cᵒⁿ du Fays-Billot. — *Corgenirum*, 1197 (Beaulieu). — *Corgeneron*, 1278 (arch. Haute-Marne, G. 523). — *Corgernious*, xɪvᵉ s. (Longnon, Pouillés, I). — *Corgeirnon*, 1436 (Longnon, Pouillés, I). — *Corgirnon*, 1448 (arch. de Langres). — *Corgeniron*, 1464 (Arch. nat., P. 174³, n° 330 *bis*). — *Courgirenom*, 1529 (Beaulieu). — *Corgirenon*, 1675 (arch. Haute-Marne, G. 85).

En 1789, Corgirnon dépendait de la province de Champagne, bailliage et élection de Langres. Son église paroissiale, du diocèse de Langres, doyenné du Moge, était dédiée à saint Léger et avait pour succursale celle de Chaudenay. La collation appartenait à l'évêque de Langres, et la seigneurie au chapitre de Langres depuis 1481.

Corlée, cᵒⁿ de Langres; redoute du camp retranché de Langres. — *Corlée, ante Lingonem*, vers 1200 (Longnon, Doc. I, n° 2131). — *Colleys*, 1291 (chapitre de Langres). — *Corleya*, 1334 (arch. Haute-Marne, G. 839, f° 105 r°). — *Courlée, Coullée, Collée*, 1336 (Arch. nat., JJ. 70, n° 235, f°ˢ 104 r°, 105 v°, 106 v°). — *Colleya*, xɪvᵉ s. (Longnon, Pouillés, I). — *Courlée-lès-Langres*, 1519 (Beaulieu). — *Corlée*, 1675 (arch. Haute-Marne, G. 85).

Corlée faisait partie, en 1789, de la province de Champagne, bailliage et élection de Langres.

Son église paroissiale, du diocèse de Langres, doyenné du Moge, était dédiée à saint Pierre et saint Paul. La présentation de la cure appartenait au chapitre de Langres.

L'évêque de Langres avait la seigneurie, qui dépendait directement de son duché-pairie.

Corneloy, f., cᵒⁿ d'Essey-les-Eaux. — *Corneloy*, 1508 (Arch. nat., P. 177², n° 599). — *Le Colenat*, 1769 (Chalmandrier). — *Corneloy, maison*, xɪxᵉ s. (cadastre, section B). — *L'Abondance ou Corneloy*, 1889 (ann. Haute-Marne). — *L'Abondance*, xɪxᵉ s. (carte de l'Intérieur).

Cornets (Les), f., cⁿᵉ de Bourbonne-les-Bains.

Corperey, lieu dit, cᵒⁿ de Saulxures, section B.

Corps-de-Garde (Le), lieu dit, cⁿᵉ de Latrecey, section E.

Corroy (Le), f., cⁿᵉ de Culmont. — *Grange du Queuroy*, 1769 (Chalmandrier).

Corroy (Le), f., cⁿᵉ de Prez-sous-la-Fauche.

Corrupt, mᵒⁿ is., cⁿᵉ de Bourg-Sainte-Marie, avec chapelle sous le vocable de Notre-Dame. Ancien ermitage. — *Curtus Rivus*, xɪɪᵉ s. (Saint-Mihiel, 5 Q³). — *Hermitage Corupt*, xvɪɪɪᵉ s. (Cassini). — *Caulrupt*, 1858 (Dict. des postes de la Haute-Marne).

Côte-Bouillant (La), f., cⁿᵉ de Pierrefaite. — *Côte Bouillant*, xɪxᵉ s. (cadastre, section A).

Côte-d'Hortes (La), écart, cⁿᵉ d'Arbigny-sous-Varennes (ann. Haute-Marne, 1889).

Côte-du-Puy (La), f., cⁿᵉ de Couzon. — *La Côte-du-Puy*, 1858 (Dict. des postes de la Haute-Marne). — *La Combe du Puy*, 1889 (ann. Haute-Marne).

Côte-Évrard (La), f., cⁿᵉ de Montcharvot.

Côte-la-Demoiselle (La), mᵒⁿ is., cⁿᵉ de Vaux-sur-Blaise.

Côtes (Les), mᵒⁿ is., cⁿᵉ de Droyc.

Côtes-d'Alun (Les), auberge et plâtrière, cⁿᵉ d'Euffigneix; elles empruntent leur nom à des collines qui séparent le bassin de la Marne de celui de la Blaise. — *Les Cottes d'Alun*, 1767 (arch. Haute-Marne, C. 42).

Coublant, cᵒⁿ de Prauthoy. — *Confluens*, vers 1105 (Gall. christ., IV, instr., col. 153). — *Covlant, Covlans*, vers 1172 (Longnon, Doc. I, n°ˢ 34, 139). — *Convlentum*, 1190 (arch. Haute-Marne, G. 38). — *Conflentum*, 1242 (arch. Aube, Notre-Dame-aux-Nonnains). — *Coublens*, 1270 (Beaulieu). — *Coulanz*, 1278 (arch. Haute-Marne, G. 523). — *Coulentum*, 1330 (arch. Haute-Marne, G. 394). — *Coublenz-le-Chastel*, 1336 (arch. Haute-Marne, G. 409). — *Conflantum, Colentum*, 1436 (Longnon, Pouillés, I). — *Comblans*, 1464

7.

(Arch. nat., 1743, n° 330 bis). — Coublanc, 1498 (Recueil Jolibois, II, f° 196).

Coublant dépendait, en 1789, de la province de Champagne, bailliage et élection de Langres. Son église paroissiale, dédiée à saint Pierre, du diocèse de Langres, doyenné de Fouvent, qui avait Maatz pour succursale, était le siège d'un prieuré-cure dépendant de l'abbaye de Bèze.

La seigneurie, qui appartenait en partie à l'évêque de Langres, était chef-lieu d'une châtellenie qui comprenait Coublant, Grandchamp, Maatz, Rivière-le-Bois, Saint-Broingt-le-Bois et Violot.

La commune de Coublant paraît avoir englobé tout d'abord le territoire de Maatz. Il devait en être encore ainsi en 1830, lors de l'approbation du cadastre.

Coucheny (Le), lieu dit, c⁰ᵉ d'Annonville, section B.

Coudre (La), ruisseau qui descend de Dampierre, passe sur le finage de Charmoilles et se jette dans le ruisseau de Neuilly-l'Évêque, près de Lanne. Il a donné son nom à un moulin, aujourd'hui détruit, qui était au territoire de Dampierre. — Le moulin de la Coudre, 1770 (arch. Haute-Marne, C. 344).

Coudre (La), mⁱⁿ, c⁰ᵉ de la Fauche; ancien moulin seigneurial. — La Corve, 1446 (Arch. nat., P. 176³, n° 509). — La Coudre, xvIII° s. (Cassini). — Lacoudre, xIx° s. (carte de l'Intérieur).

Couée (La), f., c⁰ˢ de Saint-Broingt-les-Fosses. — La grange de la Couhée, 1770 (arch. Haute-Marne, C. 344).

Couelle (La), lieu dit, c⁰ᵉ de Maulain, où l'on a trouvé, en 1850, une statue et des briques.

Coulange (La), m⁰ⁿ is., c⁰ᵉ de Couzon.

Coupe (La), f., c⁰ᵉ de Pierrefaite.

Coupotte (La), fief qui était à Viéville. — La Coupotte, 1768 (Arch. nat., Q¹, 693).

Coupray, mieux Coupréy, c⁰ᵐ d'Arc-en-Barrois. — Curtum Pratum, 1186 (Longuay). — Couprey, 1503 (Arch. nat., P. 174³, n° 305). — Couprey, 1520 (Longuay). — Couppray, 1579 (Arch. nat., P. 175¹, n° 356). — Coupré, 1603 (Arch. nat., P. 189³, n° 1587). — Couperey, 1769 (Chalmandrier).

Coupray faisait partie, en 1789, de la province de Champagne, bailliage et élection de Chaumont. Son église, dédiée à saint Vincent, était succursale de celle de Cour-l'Évêque, au diocèse et doyenné de Langres.

La seigneurie dépendait du domaine de Châteauvillain.

Cour (La), lieu dit, c⁰ᵉ de Blumerey, section C.

Cour (La), lieu dit, c⁰ᵉ de Broncourt, section B. — Le jardin de la Cour, 1838 (cadastre).

Cour (La), fief, qui était à Cerisières. — La Cour, 1757 (Arch. nat., Q¹, 684).

Cour (La), lieu dit, c⁰ᵉ de la Chapelle-en-Blésy, section C.

Cour (La), ancien fief de la baronnie de Clinchamp. — Lacour, 1858 (Jolibois : La Haute-Marne, p. 321).

Cour (La), nom de la partie de Dommartin-le-Franc qui n'appartenait pas au roi. On l'appelait aussi Dommartin-la-Cour (Jolibois : La Haute-Marne, p. 192). — Fontaine la Cour, xIx° s. (cadastre, section A).

Cour (La), lieu dit, c⁰ᵉ de Droye. — La Grande-Cour, xIx° s. (cadastre).

Cour (La), lieu dit, c⁰ᵉ d'Enfonvelle, section C.

Cour (La), lieu dit, c⁰ᵉ de Farincourt, section A.

Cour (La), lieu dit, c⁰ᵉ de Gillancourt, section C.

Cour (La), anc. fief, c⁰ᵉ de Juzennecourt. — La Cour, 1772 (Arch. nat., Q¹, 691).

Cour (La), lieu dit, c⁰ᵉ de Manois, section A. — La Grande Cour, xIx° s. (cadastre).

Cour (La), lieu dit, c⁰ᵉ de Mertrud, section C. — La Grande-Cour, xIx° s. (cadastre).

Cour (La), fief qui était au territoire de Mussey; il relevait de Joinville pour moitié et de Reynel pour l'autre moitié. — La Cour, 1633 (Arch. nat., Q¹, 684). Voir aussi Tour (La).

Cour (La), lieu dit, c⁰ᵉ d'Occey, section B.

Cour (La), lieu dit, c⁰ᵉ de Piépape.

Cour (La), lieu dit, c⁰ᵉ de Suzannecourt, section B.

Cour (La), lieu dit, c⁰ᵉ de Vaillant, section A.

Courberoie (La), f., c⁰ᵉ de Soulaincourt. — Courberoy, xvIII° s. (Cassini). — Courberoies, xIx° s. (Carte de l'Intérieur).

Courcelle, lieu dit, c⁰ᵉ de Celsoy, section B.

Courcelle, lieu dit, c⁰ᵉ de Montlandon, section A.

Courcelle, f. et coutellerie, c⁰ᵉ de Nogent-en-Bassigny. Anc. mⁱⁿ, acheté du Domaine, par l'abbaye de Poulangy, au commencement du xvII° siècle. — Courceles, vers 1252 (Longnon, Doc. II, p. 172, note). — Moulin de Courcelles, 1769 (Chalmandrier).

Courcelles-en-Montagne, c⁰ⁿ de Langres. — In Lingonico comitatu, in Curticella, 854 (Roserot, Dipl. carol., p. 11). — In pago Lingonico, in fine Corcellensi, 871 (Roserot, Dipl. carol., p. 13). — Curcellae Superiores, 1185 (chapitre de Langres). — Corcellae in Montania, 1320 (chapitre de Langres). — Corcelles, 1321 (arch. Haute-Marne, cha-

pitre de Langres). — *Courcelles en Montaigne*, 1453
(chapitre de Langres). — *Courcelles en Montagne*,
1606 (chapitre de Langres)

En 1789, Courcelles-en-Montagne dépendait de
la province de Champagne, bailliage et élection de
Langres. Son église, dédiée à saint Didier, était
succursale de celle de Voisines, au diocèse et au
doyenné de Langres.

La seigneurie appartenait au chapitre de Langres.

COURCELLES-LES-TOURS, m^in, c^ne de Léniseul. Ancien
fief relevant de Choiseul. — *Courcelles*, 1515
(Arch. nat., P. 176², n° 486). — *La forte maison
et moulin de Courcelles*, 1602 (Arch. nat., P. 176²,
n° 502). — *Courcelle-les-Tours*, 1714 (Arch.
nat., Q¹. 690). — *Courcelles-les-Tours*, 1769
(Chalmandrier).

COURCELLES-SUR-AUJON, c^ne d'Auberive. — *Corcellae*,
1195 (Auberive). — *Corcellae desuper rivum de
Sancto Lupo*, 1223 (Auberive). — *Corcellae
domini Castri Villani*, 1266 (Auberive). — *Corcelles*, 1266 (Auberive). — *Corcelles-dessoubz-
Saint-Loup*, 1361 (Auberive). — *Courcelles-sur-
Aujon*, 1464 (Arch. nat., P. 174³, n° 330 bis).

Courcelles-sur-Aujon faisait partie, en 1789,
de la Bourgogne, bailliage de la Montagne ou de
Châtillon-sur-Seine, intendance de Bourgogne.
Il n'y avait pas d'église, et c'était, comme aujour-
d'hui encore, une dépendance de Saint-Loup,
qui est aujourd'hui annexe de Giey-sur-Aujon.

COURCELLES-SUR-BLAISE, c^ne de Doulevant. — *Corticella*,
854 (cartul. Montier-en-Der, I, f° 20 r°). — *Courcelles*, 1276-78 (Longnon, Doc. II, p. 157). —
Corcelles, fin du XIII° s. (cartul. Saint-Laurent
de Joinville, n° XXXVI). — *Courcellae prope
Domum Martini Francum*, 1402 (Pouillé de Toul).
— *Courcelle*, 1763 (arch. Haute-Marne, C. 317).

En 1789, Courcelles-sur-Blaise faisait partie de
la province de Champagne, bailliage de Chaumont,
prévôté de Vassy, élection de Joinville. Son église
paroissiale, du diocèse de Toul, doyenné de la
Rivière-de-Blaise, était dédiée à saint Didier. La
présentation de la cure appartenait à l'archidiacre
de Reynel.

COURCELLES-VAL-D'ESNOMS, c^ne de Prauthoy. — *Cor-
cellae*, 1217 (Auberive). — *Corcelles*, 1263 (Au-
berive). — *Corcelliae*, 1334 (terrier de Langres,
f° 166 v°). — *Courcelles ou Vaul des Nons*, 1427
(Auberive). — *Courcelles au val desnoms*, 1427
(Auberive). — *Courcelles ou Val des Noms*, 1464
(Arch. nat., P. 174³, n° 330 bis). — *Esnoms, et
Courcelle Val du dict Esnoms*, 1636 (Auberive).

— *Courcelles au Val d'Esnoms*, 1675 (arch. Haute-
Marne, G. 85). — *Courcelle Val d'Enom*, 1769
(Chalmandrier).

Courcelles-Val-d'Esnoms dépendait, en 1789,
de la province de Champagne, bailliage et élection de Langres. Son église, dédiée à saint Michel,
était succursale de celle d'Esmons, au diocèse de
Langres, doyenné de Grancey.

La seigneurie appartenait à l'évêque de Langres
depuis 1712.

COURCELOTTE, écart, c^ne de Courcelles-sur-Aujon,
avec un orphelinat de jeunes filles et chapelle
dédiée à sainte Anne. Ancien fief. — *Courcelottes*,
1732 (Pouillé de 1732, p. 10).

COURCEY, lieu dit, c^ne de Braux, section C.

COURCHAMP, lieu dit, c^ne de Rolampont. — *Cour-
champs*, 1769 (Chalmandrier).

COURCHAMP, f., c^ne de Langres, sur Brevoine.

COUR-DES-PRUNEAUX (LA), h., c^ne de Robert-Magnil,
section C. — *La cense de la Cour des Prugniaux*,
1763 (arch. Haute-Marne, C. 317). — *Cour des
Prunaux*, XVIII° s. (Cassini).

COUR-L'ÉVÊQUE, c^ne d'Arc-en-Barrois. — *Curia Episcopi*, 1159 (Longuay). — *Curtis Episcopi*, 1186
(Longuay). — *Cortelévesque*, 1254 (chapitre de
Châteauvillain). — *Cortévesque*, 1261 (chapitre
de Châteauvillain). — *Courtévesque*, 1420 (arch.
Aube, Clairvaux). — *Cour Évesque*, 1498 (Clairvaux). — *Cour-l'Évêque*, 1769 (Chalmandrier).
— *Parochialis ecclesia S Sulpitii de Courlévêque*,
1732 (Pouillé de 1732, p. 10).

L'identification de Cour-l'Évêque avec *Curtis
Gregorii*, village du *pagus* de Langres, cité en
834 (Roserot, Dipl. carol., p. 8), a été adoptée
par un auteur moderne (Roussel, Dioc. de Langres, II, p. 31), mais nous la croyons impossible.

En 1789, Cour-l'Évêque dépendait de la Bourgogne, bailliage de la Montagne ou de Châtillon-
sur-Seine, intendance de Bourgogne. Son église
paroissiale, qui avait pour succursale celle de Coupray, était du diocèse et du doyenné de Langres,
et dédiée à saint Sulpice. La collation de la cure
appartenait à l'évêque de Langres.

COURNOY (LE), h., c^ne de Santenoge, section A. —
Couroy, 1769 (Chalmaudrier). — *La grange du
Corrois*, 1770 (arch. Haute-Marne, C. 344). —
Cœurroy, 1829 (cadastre). — *Cœuroy*, 1858 (Jo-
libois : La Haute-Marne, p. 496). — *Le Courroy*,
1889 (ann. Haute-Marne).

COURS (LES), lieu dit, c^ne de Cirfontaine-en-Ornois,
section A. — *Les Trois Cours*, XIX° s. (cadastre).

COURTAILLON, f. et m^in, c^ne des Loges; ancienne

propriété de l'Oratoire de Langres, puis du grand séminaire. — *Courtaulain*, 1654 (grand séminaire de Langres). — *Courtollen*, 1659 (grand séminaire de Langres). — *Courteaulain*, 1675 (grand séminaire de Langres). — *Courtaulloin*, 1681 (grand séminaire de Langres). — *Courtauloin*, 1749 (grand séminaire de Langres).

COURTEVILLE, lieu dit, c⁴ d'Autigny-le-Grand, section A.

COUR-VARENNES, f., c⁴ de Frettes. — *Coulvarenne*, 1769 (Chalmandrier). — *Courvarenne*, XVIII⁴ s. (Cassini). — *Courvarennes*, 1889 (ann. Haute-Marne).

COUVENT (LE), lieu dit, c⁴ de Frettes, section C.

COUZON, c⁴ de Prauthoy. — *Coson*, 1254 (chapitre de Langres). — *Finagium de Cosone*, 1290 (chapitre de Langres). — *Couson*, 1464 (Arch. nat., P. 174³, n° 330 bis). — *Couzon*, 1728 (chapitre de Langres).

Couzon dépendait, en 1789, de la province de Champagne, bailliage et élection de Langres. Suivant M. l'abbé Roussel (Dioc. de Langres, II, p. 450), ce n'était qu'un hameau, sans église, dépendant de Prauthoy sous le rapport ecclésiastique et d'Isômes sous le rapport temporel, mais le Pouillé de 1732 (p. 34) l'indique comme succursale de Prauthoy.

La seigneurie appartenait à l'évêque de Langres et dépendait de son comté de Montsaugeon.

CRAA (LA), f., c⁴ d'Andelot.

CRASSÉES (LES), fourneau, c⁴ de Saint-Dizier.

CRASSIER (LE), lieu dit, c⁴ d'Argentolles, section A.

CRASSIER (LE), f., c⁴ de Liffol-le-Petit.

CRÉANCEY, c⁴ de Châteauvillain. — *Crienceum*, 1199 (Longuay). — *Criancei*, 1253 (arch. Allier, Vauclair). — *Creancei*, 1261 (chapitre de Châteauvillain). — *Criancey*, 1265 (chapitre de Châteauvillain). — *Crienceyum*, 1372 (Vauclair). — *Creanceyum*, 1436 (Longnon, Pouillés, I). — *Créancey*, 1592 (Recueil Jolibois, III, f° 80). — *Créancé*, XVIII⁴ s. (Cassini).

En 1789, Créancey dépendait de la Bourgogne, bailliage de la Montagne ou de Châtillon-sur-Seine, intendance de Bourgogne. Son église paroissiale, dédiée à la Nativité de la Sainte-Vierge, était du diocèse de Langres, doyenné de Châteauvillain, et auparavant du doyenné de Bar-sur-Aube, avec l'église de Montribourg pour annexe. La présentation de la cure appartenait au chapitre de Châteauvillain depuis 1384.

CRÉANVAUX, f., c⁴ d'Oudincourt. — *Créanvaux*,

1769 (Chalmandrier). — *Cranvaux*, XVIII⁴ s. (Cassini).

CRENAY, c⁴ de Chaumont-en-Bassigny. — *Crennaium*, 1182 (arch. Côte-d'Or, Morment). — *Cresnai*, XII⁴ s. (Morment). — *Crenai*, 1213 (Val-des-Écoliers). — *Crenay*, 1376-78 (Longnon, Doc. II, p. 159). — *Crenayum*, XIV⁴ s. (Longnon, Pouillés, I). — *Creney*, 1589 (Morment). — *Crenay-sur-Suize*, 1775-1785 (Courtépée, IV, p. 262).

En 1789, Crenay dépendait en partie de la province de Champagne, bailliage, élection et prévôté de Chaumont. L'autre partie appartenait à la Bourgogne, bailliage de la Montagne ou de Châtillon-sur-Seine, intendance de Bourgogne. Son église paroissiale, dédiée à saint Martin, était du diocèse de Langres, doyenné de Chaumont. La présentation de la cure appartenait à l'abbesse de Poulangy.

CRESSOT, f., c⁴ de Corgirmon.

CRÈTE (LA), c⁴ d'Andelot. Anc. abbaye d'hommes, ordre de Cîteaux; seconde fille de Morimond, fondée en 1121, dédiée à la Purification de la Sainte-Vierge. — *Crista*, 1136 (la Crête). — *La Creste*, 1254 (la Crête). — *La Crauste*, 1325 (la Crête). — *La Crete, la Crette*, 1732 (pouillé de 1732, p. 87 et 89). — *La Crête*, 1769 (Chalmandrier). — *Lacrête*, 1858 (Jolibois : La Haute-Marne, p. 284).

Voir VIEILLE-CRÊTE.

En 1789, la Crête était de la province de Champagne, bailliage et élection de Chaumont, prévôté d'Andelot. Suivant l'usage de l'ordre de Cîteaux, il y avait en dehors de l'abbaye une chapelle servant de paroisse domestique.

A la fin de l'Ancien régime, cette abbaye était à la nomination du roi.

CRÉTEL, m⁴, c⁴ de Cuves.

CREVET, bois m⁴ for., c⁴ de Varennes.

CRAY (LE), f., dét., c⁴ de Nogent-en-Bassigny; elle avait été achetée du Domaine du roi par l'abbaye de Poulangy. — *Le Cray*, 1769 (Chalmandrier).

CREY (LE), m⁴ is., c⁴ de Prauthoy.

CRILLEY, f., c⁴ d'Auberive; anc. grange de l'abbaye d'Auberive, avec chapelle. — *Crillé*, 1135 (Auberive). — *Crilley*, 1395 (Auberive). — *La grange de Crilley*, 1770 (arch. Haute-Marne, C. 344).

Suivant Courtépée (IV, p. 258). Crilley dépendait autrefois de la paroisse de Chameroy, qui était en Bourgogne; Auberive était en Champagne.

CROISÉE (LA), f., c⁴ de Chaudenay.

Croisée (La), f., c^ne d'Is-en-Bassigny. — *Lacroisée*, 1858 (Jolibois : La Haute-Marne, p. 285).

*Croisée (La), f., c^ne de Mandres.

Croisée-des-Routes (La), f., c^ne de Broncourt.

Croix (La), lieu dit, c^ne d'Autreville, section D. — *Le mont de la Croix*, XIXe s. (cadastre).

Croix (La), lieu dit, c^ne de Riaucourt, section B.

Croix-Bénite (La), lieu dit, c^ne de Graffigny-Chemin, section C.

Croix-Blanches (Les), f., c^ne de Droye.

Croix-Cabot (La), lieu dit, c^ne d'Andelot, section D.

Croix-Coquillon (La), m^on is., c^ne de Chaumont-en-Bassigny.

Croix-d'Arles (La), auberge, c^ne de Saint-Geômes, sections D et E. On a trouvé en cet endroit de nombreux objets antiques. — *Crucem d'Arle*, *inter Sanctos Geminos et Burgum*, 1334 (arch. Haute-Marne, G. 839). — *La Croix d'Arles*, 1464 (Arch. nat., P. 174³, n° 330 *bis*). — *Croix d'Arles*, 1884 (carte de l'Intérieur).

Croix-de-la-Chapelle (La), lieu dit, c^ne de Faverolles, section B.

Croix-de-la-Montagne (La), croix, au nord-est de Leschères (Cassini).

Croix-de-Mission (La), lieu dit, c^ne de Blaise, section A.

Croix-de-Mission (La), lieu dit, c^ne de Chaumont, section B.

Croix-de-Mission (La), lieu dit, c^ne de Colombey-lez-Choiseul, section D.

Croix-de-Mission (La), lieu dit, c^ne de Reynel, section C.

Croix-de-Mission (La), lieu dit, c^ne de Rizaucourt, sections C et F.

Croix-de-Mission (La), lieu dit, c^ne de Vesaignes-sous-la-Fauche, section B.

Croix-de-Mission (La), lieu dit, c^ne de Villers-Saint-Marcellin, section A.

Croix-des-Allemands (La), lieu dit, c^ne de Vouécourt, dans la forêt de Han.

Croix-Neuve (La), lieu dit, c^ne d'Autreville, section A.

Croix-Saint-Blaise (La), lieu dit, c^ne de Manois, section D.

Croix-Sainte-Barbe (La), lieu dit, c^ne de Landéville, section A.

Croix-Saint-François (La), lieu dit, c^ne de Viéville, section B.

Croix-Saint-Louis (La), lieu dit, c^ne de Domremy, section C.

Croix-Saint-Nicolas (La), lieu dit, c^ne de Dommartin-le-Saint-Père, section A.

Cude (La), chât. et f., c^ne de Bay; ancien fief, avec forge. — *Couhe de mouton*, 1298 (Auberive). — *Couedemoton*, 1316 (Auberive). — *Couhe de mouton*, 1346 (Auberive). — *Queue de mouton*, 1464 (Arch. nat., P. 174³, n° 330 *bis*). — *Queue de Mouton; la Cude, forge*, 1769 (Chalmandrier). — *Queue de Mouton, grange inhabitée*, 1770 (arch. Haute-Marne, C. 344). — *La Cude*, 1771 (Auberive). — *Lacude*, 1858 (Jolibois : La Haute-Marne, p. 285).

En 1789, la Cude formait une communauté de l'élection de Langres.

Cuderie (La), écart, c^ne de Chanoy. — *La tuilerie de la Cuderie*, 1889 (ann. Haute-Marne, 1889).

Cuesy, écart, c^ne de Torcenay (ann. Haute-Marne, 1889).

Cul-du-Bois (Le), petit cours d'eau qui prend sa source entre Biesle et Mandre et se jette dans la Marne, rive droite, près de Foulain. — *Le Cul-du-Bois*, XVIIIe s. (Cassini). — *Ruisseau de Moiron*, XIXe s. (carte de l'Intérieur).

Culmont, c^on de Langres. — *Culmont*, 1464 (Arch. nat., P. 174³, n° 330 *bis*).

Culmont dépendait, en 1789, de la province de Champagne, bailliage et élection de Langres. Son église, dédiée à saint Georges, était succursale de celle de Chalindrey, au diocèse de Langres, doyenné du Moge.

La seigneurie appartenait au trésorier du chapitre de Langres.

Cultru, h., c^ne de Roche-sur-Rognon, section A. (Il y a aussi le Petit-Cultru, c^ne de Bettaincourt.) — *Cortru*, 1236 (arch. Aube, Clairvaux). — *Curtru*, 1248 (Clairvaux). — *Curtru*, 1277 (Benoîtevaux). — *Cultrud*, 1733 (Arch. nat., Q¹. 684) — *Cultrut*, 1857 (cadastre).

En 1789, Cultru formait une communauté du bailliage de Chaumont, prévôté du Val-de-Rognon.

Curbigny, lieu dit, c^ne de Harméville, section B.

Curel, c^on de Chevillon. — *Curellus*, 1140 (Saint-Urbain). — *Curel*, 1143-1147 (Jobin, Val-d'Osne, p. 41). — *Cuizel*, vers 1201 (Longnon, Doc. I, n° 2681). — *Cuirel*, 1244 (Saint-Urbain). — *Curer*, 1271 (Ruetz). — *Curuel*, 1274-1275 (Longnon, Doc. I, n° 7049). — *Curay*, 1457 (Saint-Urbain).

Curel dépendait, en 1789, de la province de Champagne, bailliage de Chaumont, prévôté de Vassy, élection et principauté de Joinville. Son église paroissiale, dédiée à la Nativité de la Sainte-Vierge, était du diocèse de Châlons-sur-Marne, doyenné de Joinville. La présentation de la cure appartenait à l'abbé de Saint-Urbain.

Curmont, c^on de Juzennecourt. — *Culmont*, 1231 (Thors). — *Curmont*, 1281 (arch. Aube, Clairvaux). — *Cuermont*, 1285 (Clairvaux). — *Curemont*, 1773 (Arch. nat., Q¹ 684).

Curmont faisait partie, en 1789, de la province de Champagne, bailliage, châtellenie et prévôté de Chaumont, élection de Bar-sur-Aube. Son église paroissiale, dédiée à la Conception de la Sainte-Vierge, était du diocèse de Langres, doyenné de Châteauvillain, et antérieurement de celui de Bar-sur-Aube. La collation de la cure appartenait à l'évêque de Langres; suivant M. l'abbé Roussel (Dioc. de Langres, II, p. 143), elle serait devenue, en dernier lieu, succursale de celle de la Mothen-Blésy.

Curmont, fief qui était au territoire de Cerisières. — *Curmont*, 1757 (Arch. nat., Q¹, 684).

«Curtis Gregorii», village indéterminé, qui était au *pagus* de Langres. — *Et in eodem pago* (Lingonico), *villam quae dicitur Curtis Gregorii*, 834 (Roserot, Dipl. carol., p. 8).

Voir Cour-l'Évêque.

Cusey, c^on de Prauthoy. — *Cusé*, 1170 (arch. Côte-d'Or, la Romagne). — *Cuseyum*, 1235 (Auberive). — *Cuysoium*, 1255 (arch. Haute-Marne, G. 161). — *Cusei amprès Montsaujon*, 1311 (arch. Haute-Marne, G. 162). — *Cuscoy*, 1347 (Arch.

nat., JJ. 78, n° 53). — *Cusey*, 1464 (Arch. nat., P. 174², n° 330 *bis*). — *Cussey*, 1769 (Chalmandrier).

En 1789, Cusey dépendait de la province de Champagne, bailliage et élection de Langres. Son église paroissiale, dédiée à saint Julien, était du diocèse de Langres; la collation de la cure appartenait à l'évêque. Suivant M. l'abbé Roussel (Dioc. de Langres, II, p. 450), cette paroisse appartint au doyenné de Bèze jusqu'à l'érection de l'évêché de Dijon (1731) et fut alors incorporée au nouveau doyenné de Grancey. Cette dernière situation lui est, en effet, assignée par le pouillé du diocèse de Langres de 1732.

Cuves, c^on de Clefmont. — *Cuvae*, 1174 (la Crête). — *Cuve*, 1249-1252 (Longnon, Rôles, n° 604). — *Cupae*, 1253 (la Crête). — *Molendinum de Cuppis*, 1258 (Val-des-Écoliers). — *Cuves*, 1276 (la Crête).

En 1789, Cuves dépendait de la province de Champagne, bailliage de Chaumont, prévôté de Nogent, châtellenie de Clefmont, élection de Langres. Son église paroissiale, dédiée à saint Éloi, était succursale de celle de Buxières-lez-Clefmont, au diocèse de Langres, doyenné d'Is-en-Bassigny.

Cylindre (Le), forge, c^ne de Manois.

D

Daillancourt, c^on de Vignory. — *Dayllancourt, Dayllancort, Daylencort*, 1229 (arch. Aube, Clairvaux). — *Daillancort*, 1289 (Clairvaux). — *Daillancourt*, 1323 (Clairvaux). — *Dailancourt*, 1326 (Longnon, Doc. I, n° 5763). — *Delancuria*, xive s. (Longnon, Pouillés, I). — *Daillancourt*, 1426 (Clairvaux). — *Daillancour*, 1732 (Pouillé de 1732, p. 76). — *Aillencourt*, 1773 (Arch. nat., Q¹. 684).

En 1789, Daillancourt faisait partie de la province de Champagne, bailliage de Chaumont, prévôté de Bar-sur-Aube, élection de Joinville. Son église paroissiale, dédiée à saint Sulpice, était du diocèse de Langres, doyenné de Bar-sur-Aube. La collation de la cure appartenait à l'évêque.

Daillancourt, fief qui était situé à Viéville. — *Daillancourt*, 1750 (Arch. nat., Q¹. 693).

Daillecourt, c^ne de Clefmont. — *Dayllecort*, 1242 (Morimond). — *Daillecor*, 1249-1252 (Longnon, Rôles, n° 597). — *Daillancuria*, xive s. (Longnon,

Pouillés, I). — *Daillecourt*, 1443 (Arch. nat., P. 174¹, n° 299). — *Daillecour*, 1732 (Pouillé de 1732, p. 121).

En 1789, Daillecourt appartenait à la province de Champagne, bailliage de Chaumont, prévôté de Nogent-le-Roi, élection de Langres. Son église paroissiale, dédiée à saint Martin, était du diocèse de Langres, doyenné d'Is-en-Bassigny. La collation de la cure appartenait à l'évêque.

Dame-Alix (La Grande et la Petite), fermes, c^ne de Coublant. — *Dame Alix*, 1769 (Chalmandrier).

Dame-Huguenotte (La), f., c^ne de Chaumont-en-Bassigny. — *La Dame Huguenotte*, 1769 (Chalmandrier). — *La Huguenotte*, 1858 (Dict. des postes de la Haute-Marne).

Dames (Les), lieu dét., c^ne de Lougeville, près de Boulancourt. — *Les Dames*, xviiie s. (Cassini).

Dammartin, c^ne de Montigny-en-Bassigny. — *Domnus Martinus*, 1224 (arch. Côte-d'Or, la Romagne). — *Dognus martinus*, 125. (Morimond). — *Dan*

Martin, 1274-1275 (Longnon, Doc. I, n° 6992). — *Dammartin*, 1277 (Morimond). — *Donnus Martinus*, XIVᵉ s. (Longnon, Pouillés, 1). — *Dampmartin*, 1439 (Morimond). — *Doupmartin, Danpmartin*, 1445 (Arch. nat., P. 174³, n° 300). — *Dammartin*, 1515 (Arch. nat., P. 176², n° 486). — *Dompmartin*, 1602 (Arch. nat., P. 176³, n° 502). — *Dammartin*, 1732 (Pouillé de 1732, p. 121).

En 1789, Dammartin dépendait de la province de Champagne, bailliage de Langres, et auparavant du bailliage de Chaumont, prévôté de Montigny-le-Roi, élection de Langres. Son église paroissiale, dédiée à saint Martin, était du diocèse de Langres, doyenné d'Is-en-Bassigny, et avait pour succursale celle de Meuse.

La collation de la cure appartenait à l'évêque.

Damolvaux, mᵗⁿ dét., qui était dans le voisinage de Lecey. — *Lecey, le moulin Damolvaux*, 1770 (arch. Haute-Marne, C. 344).

Damparis, h., cⁿᵉ de Marcilly, anc. mⁱⁿ. — *Le moulin Demparis, le moulin Damparis*, 1547 (chapitre de Langres). — *Le moulin Demparis*, 1770 (arch. Haute-Marne, C. 344).

Damparis, écart, cⁿᵉ de Provenchères-sur-Meuse.

Damphal, f., cⁿᵉ de Provenchères-sur-Meuse; ancien village. — *Danfalle*, 1274-1275 (Longnon, Doc. I, 6979). — *Danfoile*, 1276 (la Crète). — *Danfale*, 1276-78 (Longnon, Doc. II, p. 166). — *Danfoile*, 1316 (Morimond). — *Damphalle*, 1443 (Arch. nat., P. 174¹, n° 299). — *Damphale*, 1475 (Arch. nat., P. 163³, n° 1115). — *Damphelle*, 1499 (Arch. nat., P. 176², n° 469). — *Damphal*, 1683 (Arch. nat., Q¹, n° 695). — *Danfalle*, 1770 (arch. Haute-Marne, C. 344). — *Danfal*, XVIIIᵉ s. (Cassini). — *Domphal*, 1889 (ann. Haute-Marne).

En 1789, Damphal formait une communauté de l'élection de Langres.

Il y avait anciennement une église dédiée à saint Phal, qui était succursale de celle de Provenchères-sur-Meuse, au diocèse de Langres, doyenné d'Is-en-Bassigny.

Dampierre, cⁿᵉ de Neuilly-l'Évêque. — *Dongna Petra*, 1225 (Val-des-Écoliers). — *Donna Petra*, 1229 (Val-des-Écoliers). — *Donnipetra, Dampetra*, 1249-1252 (Longnon, Rôles, n° 597, 687). — *Donna Petra*, 1254 (arch. Haute-Marne, G. 545). — *Dampierre*, 1263 (arch. Haute-Marne, G. 622). — *Dampierre-lès-Nogent*, 1326 (Longnon: Doc. I, n° 5903). — *Damptpierre*, 1434 (R. P. Denifle: La Désolation, etc., I, p. 354, n° 756). — *Dempierre-en-Bassigny*,

1577 (Val-des-Écoliers). — *Dampierre-lès-Changey*, 1727 (Arch. nat., Q¹. 696).

Dampierre dépendait, en 1789, de la province de Champagne, bailliage de Chaumont, prévôté et châtellenie de Nogent-le-Roi, élection de Langres. Son église paroissiale, dédiée à saint Pierre et saint Paul, était du diocèse de Langres, doyenné du Moge. La cure était à la présentation du chantre du chapitre de Langres.

Dampierre (Fort de), cⁿᵉ de Chauffour, fort du camp retranché de Langres.

Damrémont, cⁿᵉ de Bourbonne-les-Bains. — *Dan Raymond, Dan Reymond*, 1276-78 (Longnon, Doc. II, p. 179). — *Dampremont*, 1629 (Vaux-la-Douce). — *Danvrémont*, 1732 (Pouillé de 1732, p. 131). — *Danremont*, 1770 (arch. Haute-Marne, C. 344).

En 1789, Damrémont faisait partie de la province de Champagne, bailliage de Chaumont, prévôté de Coiffy, élection de Langres. Son église, dédiée à saint Nicolas, était succursale de celle de Varennes, au diocèse de Langres, doyenné de Pierrefaite.

Une partie de la seigneurie appartenait au prieur de Varennes.

Dancevoir, cⁿᵉ d'Arc-en-Barrois. — *Dancevoi, Dancevoy*, 1219 (Longuay). — *Danceuvoy*, 1222 (Longuay). — *Dancevoy*, 1224 (Longuay). — *Danceretum*, 1436 (Longnon, Pouillés, I). — *Les deux villes de Dancevoy*, 1548 (Longuay). — *Dancevoir*, 1579 (Longuay). — *Dancepvoie, Dancepvoir*, 1603 (Arch. nat., P. 189², n° 1587). — *Dancevoir, Bas Dancevoir*, 1769 (Chalmandrier). — *Dancevoir*, 1770 (arch. Haute-Marne, C. 344).

Dancevoir faisait partie, en 1789, de la province de Champagne, bailliage de Chaumont, élection de Langres. Son église paroissiale, dédiée à saint Pierre-ès-liens, était du diocèse de Langres, doyenné de Châtillon-sur-Seine, et la collation de la cure appartenait à l'évêque.

La seigneurie appartenait à l'abbaye de Longuay.

Daniès, f., cⁿᵉ de Noidant-Châtenoy.

Danonce (Le), mⁱⁿ et bois, cⁿᵉ de Bourbonne-les-Bains. — *Une contrée de bois vulgairement appelée les Revenus, quoique, depuis l'arpentage qui en a été fait en 1746, elle soit dénommée Forest du Danonce*, 1749 (Arch. nat., Q¹. 694). Cf. Bois du Danonce.

Dardenay, cⁿᵉ de Prauthoy. — *Dardenay*, 1215 (chapitre de Langres). — *Dardenai*, 1224 (chapitre de Langres). — *Dardenaium*, 1253 (chapitre de Langres). — *Dardenaynm*, 1334 (terr. de Langres, f° 189 v°).

En 1789, Dardenay dépendait de la province de Champagne, bailliage et élection de Langres. Son église, dédiée à l'Épiphanie, était succursale de celle de Dommarien, au diocèse de Langres, doyenné du Moge, mais la carte de Chalmandrier (1769) la met au doyenné de Grancey.

La seigneurie appartenait en partie à l'évêque de Langres et dépendait de son comté de Montsaugeon.

Dardru, f., c^ne d'Audeloncourt; anc. village, où il y avait une grange de l'abbaye de la Crête. — *Dardruth*, 1136 (la Crête). — *Dardru*, 1162 (la Crête). — *Dardruz*, 1245 (Layettes, n° 3354). — *Dardrui*, 1335 (la Crête). — *Dardus, Dardu*, 1539 (Arch. nat., P. 174², n° 322). — *Ferme de Dardue*, 1769 (Chalmandrier).

Darmanne, c^ne d'Andelot. — *Darmanna*, 1155 (la Crête). — *Darmannia*, 1165 (la Crête). — *Darmandes*, 1182 (prieuré de Condes). — *Dalmania*, 1216 (prieuré de Condes). — *Darmania*, 1231 (prieuré de Condes). — *Darmanne*, 1233 (prieuré de Condes). — *Dermanne*, 1276-78 (Longnon, Doc. II, p. 158. M). — *Darmenne*, 1419 (Arch. nat., P. 174¹, n° 298). — *Darmanes*, 1770 (arch. Haute-Marne, C. 262). — *Darmannes*, 1889 (ann. Haute-Marne).

Darmanne faisait partie, en 1789, de la province de Champagne, bailliage, prévôté et élection de Chaumont. Son église paroissiale, dédiée à saint Martin, était du diocèse de Langres, doyenné de Chaumont. La présentation de la cure appartenait au prieur de Condes.

Darney, fief qui était situé à Pisseloup et relevait de la Ferté-sur-Amance. — *Darney*, 1599 (Arch. nat., P. 177¹, n° 560). — *Darnay*, 1699 (Arch. nat., Q¹. 695).

«Dartré serait le nom d'un lieu habité, qui aurait précédé le village de Bologne. (Jolibois : La Haute-Marne, etc. p. 69; Roussel : Le Diocèse de Langres, IV, p. 193.)

Daucourt, lieu dit, c^ne de Récourt. — *Au bas de Daucourt, en Daucourt*, 1770 (hôpital de la Charité de Langres, B. 27, p. 6). — *Doncourt*, xix° s. (cadastre, section A).

Dauly (Le), lieu dit, c^ne de Créancey, section A.

Dauhot. *Voir* Brosse-Dauhot.

Davin, m^in, c^ne de Couzon. — *Moulin de Davin*, 1769 (Chalmandrier). — *Le moulin Dauvain*, 1770 (arch. Haute-Marne, C. 344).

Dévoy (Le), f., c^ne de Daillecourt.

Degand, f. dét., c^ne de Damrémont.

Degand, écart, c^ne de Vaux-la-Douce (ann. Haute-Marne, 1889).

Delage, écart, c^ne de Langres.

Demoiselles (Les), lieu dit, c^ne de Brachay, où l'on trouve des cercueils en pierre et des débris de poteries. — *Le champ des Demoiselles*, xix° s. (cadastre).

Demongeot, f., c^ne de Langres.

Der (Le), forêt, arrond. de Vassy, l'une des plus importantes du département, située entre la Blaise et la Voire. Elle se prolonge jusque dans le département de l'Aube. — *Foresta Dervus*, 662 (cartul. Montier-en-Der, I, f° 1 r°). — *Der, Derf*, 1263 (Montier-en-Der).

Der (Le), m^on forestière, c^ne d'Éclaron.

Derville, f., c^ne de Châteauvillain. — *Derville*, 1769 (Chalmandrier). — *Censes de . . . . . Dairville*, 1773 (arch. Haute-marne, C. 262).

Désert (Le), f., c^ne de Longeville. — *Le Désert*, xix° s. (État-major).

Désert (Le), écart, c^ne de Voisey.

Devarennes, m^in, c^ne de Pont-la-Ville. — *Moulin Devaranne*, xix° s. (État-major et Intérieur.)

Douys (La), f., c^ne de Courcelles-Val d'Esnoms. Elle appartint d'abord à l'hôpital de Sussy, puis à l'abbaye d'Auberive. — *La Doix*, 1369 (Auberive). — *La Duye*, 1769 (Chalmandrier). — *Le grange de la Doüix, dépendante de Courcelles-au-Val-d'Esnoms*, 1770 (arch. Haute-Marne, C. 344). — *Laduye*, 1858 (Jolibois : La Haute-Marne, p. 285). — *La Douys*, 1889 (ann. Haute-Marne). — *La Dhuis*, xix° s. (carte de l'Intérieur).

Douys (La), lieu dit, c^ne de Fresne-sur-Apance, où se trouvent des vestiges de constructions romaines. — *Les Dhuis*, 1889 (ann. Haute-Marne).

Douys (Les), f., c^ne d'Esnouveaux.

Douys (Les), f., c^ne de Millières. — *La cense de Lesdhuy*, 1773 (arch. Haute-Marne, C. 262). — *Les Duis*, 1858 (Jolibois : La Haute-Marne, p. 360). — *Les D'huits*, 1889 (ann. Haute-Marne).

Douys (Les), m^in, c^ne de Monterie; anc. usine de l'abbaye de Clairvaux. — *Le moulin des Duyets*, 1581 (arch. Aube, Clairvaux). — *Les D'huits*, 1684 (Clairvaux). — *Le fourneau des D'huy*, 1736 (Clairvaux). — *Les Duis*, xviii° s. (Cassini). — *Les Dhuits*, 1889 (ann. Haute-Marne).

Diderot, f., c^ne de Vaillant.

Dieu-de-Pitié, chap. dét., qui était dans le cimetière de Bassoncourt.

Dieu-de-Pitié (Le). *Voir aussi* Bon-Dieu-de-Pitié.

Dieu-de-Pitié (Le), chap., c^ne de Choiseul, à l'extrémité de la Rue-Neuve.

Discourt, lieu dit, c^ne de Donnemarie, section A.

Dinteville, c^ne de Châteauvillain. — *Dintevilla*, vers 1172 (Longnon : Doc. I, n° 14). — *Dintivilla*. 1179 (arch. Aube, Clairvaux). — *Dintavilla*, 1240 (chapitre de Langres). — *Tinteville*, 1222-1243 (Longnon, Doc. I, n° 4165). — *Dyntavilla*, 1244 (arch. Côte-d'Or, Épailly). — *Dinteville*, 1250 (Clairvaux). — *Dynteville*, 1251 (Layettes, n° 3919). — *Dintheville*, 1603 (Arch. nat., P. 189², n° 1587). — *Inteville*, 1682 (Arch. nat.. Q¹. 693).

Dinteville dépendait, en 1789, de la province de Champagne, bailliage et prévôté de Chaumont. élection de Bar-sur-Aube. Son église paroissiale, dédiée à saint Remi, était du diocèse de Langres, doyenné de Châteauvillain, et auparavant du doyenné de Bar-sur-Aube. La collation de la cure appartenait au chapitre de Langres.

Doubarres, fief qui avait été constitué au XVI° siècle par un démembrement de la seigneurie de Latrecey.

Domblain, c^ne de Vassy. — *Donbelain*, 1248 (Montier-en-Der). — *Dombelain*, 1401 (Arch. nat.. P. 189², n° 1588). — *Domvessain*, 1402 (Pouillé de Toul). — *Dhombelain*, 1608 (Ruetz). — *Domblain*, 1675 (Ruetz). — *Domblin*, 1780 (arch. Haute-Marne, C. 317).

En 1789, Domblain faisait partie de la province de Champagne, bailliage de Chaumont, prévôté de Vassy, élection de Joinville. Son église paroissiale, dédiée à saint Bénigne, était du diocèse de Toul, doyenné de la Rivière de Blaise. La présentation de la cure appartenait au prieur de Saint-Blin, *alias* à l'archidiacre de Reynel.

Dôme, f., c^ne de Chalvraine; anc. grange de l'abbaye de Morimond, devenue, dans le courant du XVII° siècle, un couvent de religieuses cisterciennes soumises à Morimond. — *Doisma*, 1165 (Morimond). — *Doysma*, 1200 (Morimond). — *Douosme*, 1260 (Morimond). — *Duome*, 1262 (Morimond). — *Doame*, *Duama*, 1284 (Morimond). — *Douasme*, 1446 (Arch. nat., P. 176³, n° 509). — *Le Dosme*, 1700 (Dillon). — *Le prieuré de Dôme*, 1773 (arch. Haute-Marne, C. 262).

Dommarien, c^ne de Prauthoy. — *Domarin*, 1101 (Chron. de Bèze, édit. Bougaud et Garnier, p. 388). — *Domairin*, *Domarin*, 1222 (Auberive). — *Donus Marinus*, 1230 (Auberive). — *Donmarien*, 1242 (arch. Aube. Notre-Dame-aux-Nonnains).

— *Donnaryem*, 1243 (Notre-Dame-aux-Nonnains). — *Dompnus Marinus*, 1244 (Notre-Dame-aux-Nonnains). — *Dompmarien*, 1251 (arch. Haute-Marne, G. 612). — *Domnus Marinus*, 1256 (Notre-Dame-aux-Nonnains). — *Donmarien*, 1336 (Arch. nat., JJ. 70, f° 105 r°, n° 235). — *Domus Marinus*, 1436 (Longnon. Pouillés, I).

Dommarien dépendait, en 1789, de la province de Champagne, bailliage et élection de Langres. Son église paroissiale, dédiée à saint Remi, était du diocèse de Langres, doyenné du Moge, mais la carte de Chalmandrier (1769) la met au doyenné de Grancey. Elle avait pour succursales celles de Choilley et de Dardenay. La présentation de la cure appartenait au chapitre de Langres.

Dommartin-le-Franc, c^ne de Vassy. — *Donnus Martinus Francorum*, 1097-1125 (Cartul. Montier-en-Der, I, f° 107 r°). — *Donnus Martinus Francus*, 1127 (ibid., f° 119 v°). — *Donnus Martinus*, 1140 (Saint-Urbain). — *Dommartin-le-Franc*, 1214 (Montier-en-Der). — *Donnus Martinus Francus*, 1215 (Montier-en-Der). — *Domartin lou Franc*, 1264 (Montier-en-Der). — *Donmartin le Franc*, 1274-1275 (Longnon, Doc. I, n° 7049). — *Donmartin*, 1276-78 (Longnon, Doc. II, p. 157). — *Donmartin le Franc*, 1401 (Arch. nat., P. 189², n° 1588). — *Domnus Martinus Francum*, 1402 (Pouillé de Toul). — *Ecclesia de Dompno Martino Franco*, 1593 (Lalore : Princip. cartul., IV, p. XXXI, n° 63). — *Daumartin le Franc*, 1720 (Saint-Urbain). — *Donmartin le Franc*, 1728 (Saint-Urbain). — *Dom Martin le Franc*, 1772 (Saint-Urbain).

Dommartin-le-Franc faisait partie, en 1789, de la province de Champagne, bailliage de Chaumont, prévôté de Vassy, élection de Joinville, châtellenie de Saint-Dizier. Son église paroissiale, dédiée à saint Martin, était du diocèse de Toul, doyenné de la Rivière de Blaise. La présentation de la cure appartenait alternativement à l'abbaye de Monlier-en-Der et au chapitre de Joinville.

Dommartin-le-Saint-Père, c^ne de Doulevant. — *Capella Sancti Martini, que est in villa Guioldicurte ou Givoldicurte*, 857 (Cartul. Montier-en-Der. I, f° 18 v°). — *Donnus Martinus Sancti Petri*, 1263 (Montier-en-Der). — *Domartin*, 1264 (Montier-en-Der). — *Ecclesia de Dompno Martino Sancti Petri*, 1402 (Pouillé de Toul). — *Dompmartin le Soinct Père*, 1562 (Montier-en-Der). — *Ecclesia de Dampno Martino Sancti Petri*, 1593 (Lalore : Princip. cartul. IV, p. XXXI, n° 60). — *Dompmartin le saint Père*, 1780 (arch. Haute-Marne,

C. 317). — *Domartin-le-saint-Père*, xviii° s. (Cassini).

En 1789, Dommartin-le-Saint-Père dépendait de la province de Champagne, bailliage de Chaumont, prévôté de Vassy, élection de Joinville, châtellenie de Montéclair. Son église paroissiale, dédiée à saint Martin, était du diocèse de Toul, doyenné de la Rivière de Blaise. La présentation de la cure appartenait à l'abbé de Montier-en-Der.

Domremy-en-Ornois, c°ⁿ de Doulaincourt. — *Domnus Remigius*, comm. du xi° s. (Polyptyque de Saint-Remi, édit. Guérard, XIII, 37). — *In episcopatu Tullensi, Domnus Remigius*, 1154 (Saint-Remi de Reims, l. 1, n° 5). — *Vicaria de Dogno Remigio*, 1246 (Saint-Remi de Reims, l. 93 bis, n° 1). — *Dun Remy*, 1276-78 (Longnon, Doc. II, p. 159). — *Dompremi*, 1439 (Saint-Remi de Reims, l. 93 bis, n° 3). — *Dompnus Remigius juxta Sanctum Urbanum*, 1402 (Pouillé de Toul). — *Dompremy*, 1403 (Septfontaines). — *Dompremi-en-Ornois*, 1485 (Septfontaines). — *Dompremy-en-Ornoys*, 1541 (Saint-Urbain). — *Domremy aux Chèvres, autrement en Ornois*, 1642 (Saint-Remi de Reims, l. 93, n° 5). — *Ecclesia Sancti Remigii de Domino Remigio*, 1684 (Saint-Remi de Reims, l. 93, n° 7). — *Dom Remy en Ornois*, 1700 (Dillon). — *Dompremy-en-Ornois*, 1731 (Arch. nat., Q¹. 684). — *Dompremy*, 1770 (arch. Haute-Marne, C. 262). — *Domremy en Ornois*, xviii° s. (Cassini). — *Domremy*, 1889 (ann. Haute-Marne).

En 1789, Domremy-en-Ornois dépendait de la province de Champagne, bailliage, prévôté et élection de Chaumont. Son église paroissiale, dédiée à saint Remi, était du diocèse de Toul, doyenné de Reynel. La présentation de la cure appartenait à l'abbé de Saint-Remi de Reims.

Donat, m°ⁿ, c°ⁿ de Bourg-Sainte-Marie. — *Moulin Dona*, xviii° s. (Cassini). — *Moulin Donat*, xix° s. (carte de l'Intérieur).

Doncourt, c°ⁿ de Bourmont. — *Doncort*, 1163 (Morimond). — *Doncuria*, 1402 (Pouillé de Toul). — *La place de Doncourt, qui est en remast et désert*, 1445 (arch. Haute-Marne, G. 84). — *Dombcourt*, 1499 (Arch. nat., P. 176², n° 469).

En 1789, Doncourt faisait partie du Barrois, bailliage de Bourmont, intendance de Lorraine et Barrois, et suivait la coutume du Bassigny. Son église paroissiale, dédiée à saint Maurice, était du diocèse de Toul, doyenné de Bourmont. La présentation de la cure appartenait au seigneur.

Doncourt, f., c°ⁿ de Fresnoy; anc. fief. — *Doncort*, 1163 (Morimond). — *Le moulin de Doncourt*, 1770 (arch. Haute-Marne, C. 344).

Donjeux, c°ⁿ de Doulaincourt. — *Domnus Georgius*, 1140 (Saint-Urbain). — *Donjeux*, 1189 (Saint-Urbain). — *Dongiaux*, 1274-1275 (Longnon, Doc. I, n° 7000). — *Dongieux, Dongex*, 1284 (Saint-Urbain). — *Dongues*, 1294 (Septfontaines). *Dongieux*, 1296 (arch. Marne, Saint-Jacques de Vitry). — *Donjeus*, 1326 (Longnon, Doc. I, n° 5769). — *Donjeulx*, 1423 (arch. de Langres). — *Dongieulx*, 1438 (arch. Pimodan). — *Dongiex*, 1448 (Arch. nat., P. 177², n° 649). — *Danjeux*, 1485 (Arch. nat., P. 164¹, n° 1316). — *Donjieux*, 1498 (Arch. nat., P. 164¹, n° 1366). — *Donjeux*, 1780 (arch. Haute-Marne, C. 317).

Donjeux faisait partie, en 1789, de la province de Champagne, bailliage de Chaumont, prévôté d'Andelot, élection de Joinville. Son église paroissiale, dédiée à saint Georges, était du diocèse de Châlons-sur-Marne, doyenné de Joinville. La présentation de la cure appartenait à l'abbé de Saint-Urbain.

Donjeux a été chef-lieu d'un canton du district de Joinville, puis de l'arrondissement de Vassy, de 1790 à 1834; il a été remplacé par Doulaincourt.

Donjon (Le), f. et m°ⁿ, c°ⁿ de Brousseval.

Donjon (Le), m°ⁿ is., c°ⁿ de Vassy; anc. propriété de la commanderie de Thors (Aube). — *Fratres de Donjionne prope Waisseyum*, 1265 (Thors). — *Frères Raoulz Adant, frères et garde de la maison dou Temple dou Donjon delès Waissy*, 1300 (Thors). — *Le Donjon delez Waissey*, 1365 (Thors). — *Le Donjon*, xviii° s. (Cassini).

Donnemarie, c°ⁿ de Nogent-en-Bassigny. — *Douna Maria*, 1232 (la Crête). — *Dumpnemarie*, 1249-1252 (Longnon, Rôles, n° 598). — *Donnemarye, Donnemarie*, 1539 (Arch. nat., P. 174²; n° 323). — *Dompnemarie*, 1576 (Arch. nat., P. 189¹. n° 1585).

Donnemarie faisait partie, en 1789, de la province de Champagne, bailliage de Chaumont, prévôté de Nogent, châtellenie d'Is-en-Bassigny, élection de Langres. Son église paroissiale, dédiée à la Nativité de la Sainte-Vierge, était du diocèse de Langres, doyenné d'Is-en-Bassigny, et avait pour succursale celle d'Essey-les-Eaux. La collation de la cure appartenait à l'évêque.

Douée (La), f., c°ⁿ de Chalindrey; ancienne grange de l'hôpital de Sussy. — *La Doüay*, 1769 (Chalmandrier). — *Le Dousy*, xviii° s. (Cassini).

Doulaincourt, ch. l. de cant., arrond. de Vassy, depuis 1834, en remplacement de Donjeux. — *Do-leucort*, 1225 (arch. Aube, Clairvaux). — *Dolen-curia*, 1226 (Thors). — *Dolxincort*, 1231 (Clairvaux). — *Dolancuria*, 1244 (Clairvaux). — *Dolanis curia*, 1245 (Clairvaux). — *Doleincuria*, 1248 (Clairvaux). — *Doleincourt*, 1270 (Benoitevaux). — *Dolaincort*, 1277 (Benoitevaux). — *Delaincourt*, 1395 (Septfontaines). — *Doulain-court*, 1600 (Thors). — *Dollaincourt*, 1603 (Clairvaux). — *Dollincuria*, 1672 (chapitre de Langres). — *Doulaincour*, 1732 (Pouillé de 1732, p. 90). — *Doulincourt*, 1780 (arch. Haute-Marne, C. 317).

En 1789, Douaincourt dépendait de la province de Champagne, bailliage de Chaumont, élection de Joinville, et était chef-lieu de la prévôté du Val-de-Rognon. Son église paroissiale, dédiée à saint Martin, était du diocèse de Langres, doyenné de Chaumont. La présentation de la cure appartenait au chapitre de Reynel.

Doulevant-le-Château, ch.-l. de cant., arrond. de Vassy. — *Villa que vocatur ex nomine Donni Lupentii*, XIe s. (Cartul. Montier-en-Der, I, f° 52 v°). — *Donluvenz*, 1140 (Saint-Urbain). — *Doule-venz*, 1179 (la Crête). — *Doulevenz*, 1201 (arch. Aube, Clairvaux). — *Doulevant Magnus*, 1214 (Montier-en-Der). — *Donnus Lupentius Magnus*, 1263 (Montier-en-Der). — *Dolevanz*, 1264 (Montier-en-Der). — *Doulevant*, 1289 (Clairvaux). — *Dolevans, Dolevens*, 1348 (Thors). — *Doulevans*, 1401 (Arch. nat., P. 189², n° 1588). — *Dolosus Ventus Magnus*, 1402 (Pouillé de Toul). — *Doulevant le Chastel*, 1448 (Arch. nat., P. 177³, n° 649). — *Dolevant le Chastel*, 1460 (Arch. nat., P. 163³, n° 1236). — *Donnus Lupentius castrum*, 1483 (Montier-en-Der). — *Doulevant*, 1561 (Saint-Urbain). — *Doullevant le Châtel*, 1763 (arch. Haute-Marne, C. 317). — *Doulevent le Château*, XVIIIe s. (Cassini).

Doulevant-le-Château faisait partie, en 1789, de la province de Champagne, bailliage de Chaumont, prévôté de Vassy, élection de Joinville. Son église paroissiale, dédiée à saint Louvent, était du diocèse de Toul, doyenné de la Rivière-de-Blaise, et avait pour succursale celle de Villiers-au-Chêne. La présentation de la cure appartenait au chapitre de Toul.

Il y avait à Doulevant-le-Château un hôpital fondé en 1501, réuni à l'un de ceux de Joinville en 1695, et un couvent de Minimes fondé en 1653, supprimé en 1778 (Roussel, Dioc. de Langres, II, p. 520).

Doulevant-le-Petit, c^ne^ de Vassy. — *Donlovenz Parvus*, 1193 (Boulancourt). — *Doulevant Parvus*, 1214 (Montier-en-Der). — *Donnus Lupentius Parvus*, 1266 (Montier-en-Der). — *Dolosus Ventus*, 1402 (Pouillé de Toul). — *Doullevant le Petit*, 1763 (arch. Haute-Marne, C. 317). — *Doulevent le Petit*, XVIIIe s. (Cassini).

Doulevant-le-Petit dépendait, en 1789, de la province de Champagne, bailliage de Chaumont, prévôté de Vassy, élection de Joinville. Son église, dédiée à saint Louvent, était succursale de Suzémont, au diocèse de Toul, doyenné de la Rivière-de-Blaise.

La seigneurie appartenait au chambrier de Montier-en-Der.

Dreuil, f., c^ne^ de Saint-Vallier, section A. — *La grange de Dreüille, dépendans de S. Vallier*, 1770 (arch. Haute-Marne, C. 344).

En 1789, Dreuil formait une communauté de l'élection de Langres.

Dréville, lieu dit, c^ne^ de Suzannecourt, section A.

Dricourt, lieu dit, c^ne^ de Hortes, section A.

Droite-Côte (la), f., c^ne^ de Pierrefaite.

Droye (la), petite rivière qui sort des étangs de la forêt du Der, sert pendant quelque temps de limite entre cette forêt et le département de la Marne, où elle pénètre ensuite et passe à Giffaumont, puis rentre dans la Haute-Marne et se jette dans la Héronne, rive droite, au-dessus du village de Droye. — *Dria*, 692 (Cartul. Montier-en-Der, I, f° 4 r°). — *La Droye*, XIXe s. (carte de l'Intérieur).

Droye, c^ne^ de Montier-en-Der. — *Dreia, Breoensi comitatu*, 1114-1125 (Cartul. Montier-en-Der, I, f° 106 r°). — *Droya*, 1249-1252 (Longnon, Rôles, n° 46). — *Droies*, 1269 (Montier-en-Der). — *Droys*, 1539 (Recueil Jolibois, X, f° 142). — *Droye*, 1690 (Roserot, Ban et arrière-ban, p. 50). — *Droyes*, 1784 (Courtalon, III, p. 342).

En 1789, Droye dépendait de la province de Champagne, bailliage de Chaumont, prévôté de Bar-sur-Aube, élection de Vitry, et suivait la coutume de Chaumont. Son église paroissiale, dédiée à l'Assomption, était du diocèse de Troyes, doyenné de Margerie, et avait pour succursale celle de Puellemontier, qui fut d'abord paroissiale. La présentation de la cure appartenait à l'abbé de Montier-en-Der, qui était seigneur depuis le XIIIe siècle.

Durand, m^in^, c^ne^ de Charmoilles.

Duy (la), anc. m^ins^ bannaux d'Orges. — *Les moulins de la Duy*, 1579 (Arch. nat., P. 175¹, n° 356).

E

ÉCHÈNAY, c⁰ⁿ de Poissons. — *Les Chanels*, 1305 (Saint-Urbain). — *Les Chaasnelz*, 1330 (Thors). — *Les Chaasnels*, 1334 (Saint-Urbain). — *Les Chasnelz*, 1401 (Arch. nat., P. 189², n° 1588). — *Eschanetz, Eschasnetz, Les Chasnetz, Les Chanetz*, 1539 (arch. Pimodan). — *Eschenetz*, 1568 (Ruetz). — *Les Chesnetz*, 1603 (Arch. nat., P. 172², n° 72). — *Les Chenets*, 1657 (arch. Pimodan). — *Eschenetz*, 1742 (*ibid.*). — *Echenay*, 1758 (Arch. nat., Q¹. 693). — *Échénay*, xviii° s. (Cassini).

Échènay, ou mieux les Chesnets, n'a été pendant longtemps que le nom du château, et a fini par supplanter celui d'Espinceloy (*voir* ce mot), qui était le nom du village.

Échènay dépendait, en 1789, de la province de Champagne, bailliage de Chaumont, prévôté d'Andelot, élection et principauté de Joinville. Son église paroissiale, dédiée à saint Martin, était du diocèse de Toul, doyenné de Dammarie, et avait pour succursale celle de Gillaumé. La présentation de la cure appartenait au chapitre de Joinville.

ÉCHET (L'), m⁰ⁿ for., c⁰ⁿ de Chalindrey. — *Les Eschets*, 1889 (ann. Haute-Marne).

ÉCLARON, c⁰ⁿ de Saint-Dizier. — *In comitatu Pertensi, in villa que nuncupatur Sclarons*, x° s. (Cartul. Montier-en-Der, I, f° 33 v°). — *Esclarvan*, 1225 (arch. Marne, Troisfontaines). — *Esclaron*, 1230 (arch. Marne, Saint-Pierre-au-Mont). — *Esclaron*, 1273 (Troisfontaines). — *Esclarrom*, 1286 (Longnon, Doc. I, n° 5817). — *Éclaron*, 1331 (Arch. nat., JJ. 74, f° 267 r°, n° 361). — *Escleron*, 1463 (Arch. nat., Q¹. 684). — *Esclairon*, 1576 (Arch. nat., P. 189¹, n° 1585).

Éclaron faisait partie, en 1789, de la province de Champagne, bailliage de Chaumont, prévôté de Vassy, élection de Joinville. Son église paroissiale, dédiée à saint Laurent, était du diocèse de Châlons-sur-Marne, doyenné de Perthe.

Hôpital, fondé en 1786, qui existe encore.

ÉCOT, c⁰ⁿ d'Andelot. — *Escot*, 1127 (Cartul. Montier-en-Der, I, f° 119 r°). — *Escoth*, 1160 (la Crête). — *Escoz*, vers 1172 (Longnon, Doc. I, n° 158). — *Haymo, miles, dominus de Scotis*, 1199 (Morimond). — *Eschos*, 1248 (Morimond). — *Escoiz*, 1278 (Morimond). — *Aquoz*, 1343 (Mo-

rimond). — *Escos*, 1436 (Longnon, Pouillés, I). — *Escox*, 1443 (Arch. nat., P. 176³, n° 508). — *Écot*, 1732 (Pouillé de 1732, p. 90). — *Escosts*, 1770 (arch. Haute-Marne, C. 262). — *Escots*, 1778 (arch. Haute-Marne, C. 262).

Écot faisait partie, en 1789, de la province de Champagne, bailliage de Chaumont, prévôté d'Andelot, châtellenie de Reynel. Son église paroissiale, dédiée à la Nativité de la Sainte-Vierge, était du diocèse de Langres, doyenné de Chaumont. La présentation de la cure appartenait au seigneur, suivant le Pouillé de 1732 (p. 90).

ÉCRUES (Les), f., c⁰ⁿ de Poncey. — *Les Écries*, xviii° s. (Cassini). — *Les Écruts*, 1858 (Dict. des postes de la Haute-Marne). — *Les Écrus*, 1889 (ann. Haute-Marne).

ÉCURET, faub. de Joinville. — *Escurey*, 1576 (Arch. nat., P. 189¹, n° 1585).

EFFINCOURT, c⁰ⁿ de Poissons. — *Vulfinicortis*, ix° s. (Polyptyque de Montier-en-Der, Cartul. I, f° 130 r°). — *In Vulfinicorto, et ad Villare, et ad Morini Montem*, xi° s. (1ᵉʳ cartul. Montier-en-Der, fol. 89 v°). — *Urfincorz*, 1205 (Ruetz). — *Euffincuria*, 1286 (Gall. christ., XIII, col. 109a, A). — *Effincourt*, 1345 (Arch. nat., JJ. 72, f° 300 v°, n° 441). — *Uffincuria*, 1402 (Pouillé de Toul). — *Effincourt*, 1402 (Arch. nat., P. 189², n° 1588). — *Effincour*, xviii° s. (Cassini).

Effincourt faisait partie, en 1789, de la province de Champagne, bailliage de Chaumont, prévôté d'Andelot, élection et principauté de Joinville. Son église paroissiale, dédiée à saint Agnan, était du diocèse de Toul, doyenné de Dammarie. La présentation de la cure appartenait à l'abbé de Saint-Mansuy de Toul.

ÉGLISE (L'). *Voir* VIEILLE-ÉGLISE.

ENFONVELLE, c⁰ⁿ de Bourbonne-les-Bains. — *Offonis villa*, vii° s. (Gall. christ., XIII, col. 964). — *Quasdam abbatias... sitas in pago Portensi... quorum monasteriorum unum dicitur Faverniacum..., alterum dicitur Offonis Villa, dicatum et ipsum in honore S. Leodegarii martyris*, 940 (Pérard, instr. 165, et D. Bouquet, IX, 592. D). — *Ansnisvilla*, 1212 (prieuré d'Enfonvelle). — *Amphonisvilla*, 1240 (prieuré d'Enfonvelle). — *Anfanvile*, 1249 (prieuré d'Enfonvelle). — *Anfanvile*, 1250 (prieuré d'Enfonvelle). — *Affonivilla*, 1252 (prieuré d'Enfonvelle). — *Enfon Ville*, 1276-78 (Longnon, Doc. II, p. 179). — *Anfonville*, 1410 (prieuré d'Enfonvelle). — *Amphonville*, 1418 (prieuré d'Enfonvelle). — *Anfonville*, 1438 (prieuré d'Enfonvelle). — *Anffonville*, 1442 (prieuré d'Enfonvelle). — *Auffonville*, 1445 (prieuré d'Enfonvelle). — *Enfonvelle*, 1491 (prieuré d'Enfonvelle). — *Enffonvelle*, 1498 (prieuré d'Enfonvelle). — *Anfonvilla*, 1545 (prieuré d'Enfonvelle). — *Enfonville*, 1700 (Dillon). — *Amfonvelle*, 1770 (arch. Haute-Marne, C. 344).

Enfouvelle formait, en 1789, une enclave de la Champagne en Franche-Comté et dépendait du bailliage de Chaumont, prévôté de Coiffy, élection de Langres. Son église, dédiée à saint Léger, était le siège d'un prieuré-cure de l'ordre de saint Benoît, dépendant de l'abbaye de Saint-Bénigne de Dijon, diocèse de Besançon, doyenné de Faverney, fondé vers la fin du xᵉ s. Une partie de la seigneurie appartenait au prieur.

Épagny, f., cⁿᵉ de Rivière-les-Fosses, section B; nom de la section E de Vaux-sous-Aubigny. — *Épagny*, 1769 (Chalmandrier). — *La grange d'Espagny*, 1770 (arch. Haute-Marne, C. 344).

Épaille (L'), barrière du chⁱⁿ de fer, cⁿᵉ de Coublant (ann. Haute-Marne, 1889).

Épilant, h., cⁿᵉ de Châteauvillain; anc. paroisse. — *Ecclesia de Ispielent, cum capella Divitis Burgi*, 1101 (arch. Côte-d'Or et Gall. christ., IV, instr., col. 149). — *Espielant*, 1145 (arch. Côte-d'Or. Molême). — *Espyelant*, 1236 (Morment). — *Espillan*, 1503 (Arch. nat., P. 174², n° 305). — *Espillant*, 1543 (Chalmandrier). — *Épilan*, 1769 (Chalmandrier). — *Espilan*, xviiiᵉ s. (Cassini). — *Épilans*, 1889 (ann. Haute-Marne).

Épilant a été détaché de Richebourg et uni à Châteauvillain par arrêté préfectoral du 19 germinal an XIII.

Épinant, cⁿᵉ de Montigny-en-Bassigny. — *Espinant*, 1249-1252 (Longnon, Rôles, n° 602). — *Espinent*, 1274-1275 (Longnon, Doc. I, n° 6974). — *Espinantum*, 1293 (Esnouveaux). — *Espinal*, 1407 (Arch. nat., P. 176², n° 462). — *Espinan*, 1489 (Esnouveaux). — *Espinen*, 1683 (Arch. nat., Q². 695). — *Épinant*, 1732 (Pouillé de 1732, p. 121).

En 1789, Épinant dépendait de la province de Champagne, bailliage de Chaumont, prévôté de Nogent, élection de Langres. Son église paroissiale, dédiée à l'Assomption de la Sainte-Vierge, était du diocèse de Langres, doyenné d'Is-en-Bassigny. La collation de la cure appartenait à l'évêque.

Épine (L'). *Voir* Belle-Épine.

Épine-d'Achimont (L'). *Voir* Arcimont.

Épine-de-Lanty (L'), f., cⁿᵉ de Lanty.

Épineuseval, lieu dit, cⁿᵉ de Villiers-au-Bois. Anc. prieuré de l'ordre du Val-des-Écoliers, dioc. de Châlons, doyenné de Joinville, sous le vocable de Notre-Dame, fondé vers 1215. L'église et ce qui subsistait des bâtiments claustraux furent vendus en 1777 pour être démolis. — *Prieuré d'Espineuseval*, 1532 (chapitre de Joinville). — *Prioratus Beate Marie Spinose Vallis*, 1586 (Val-des-Écoliers). — *Épineuseval*, 1720 (Val-des-Écoliers). — *Espineuseval*, xviiiᵉ s. (Cassini).

Épizon, cⁿᵉ de Poissons. — *Espizon*, 1245 (Benoitevaux). — *Espison-en-Ornois*, vers 1252 (Longnon, Doc. II, p. 172, note). — *Espiscuna*, 1271 (arch. Marne, Troisfontaines). — *Ecclesia de Espizonno*, 1402 (Pouillé de Toul). — *Espizon*, 1443 (Arch. nat., P. 176², n° 508). — *Épizon*, xviiiᵉ s. (Cassini).

Épizon dépendait, en 1789, de la province de Champagne, bailliage de Chaumont, prévôté d'Andelot, châtellenie de Montéclair, élection de Chaumont. Son église paroissiale, dédiée à saint Didier, était du diocèse de Toul, doyenné de Reynel. La présentation de la cure appartenait à l'archidiacre de Reynel.

Épreuves (Les), f., cⁿᵉ de Chaumont-en-Bassigny.

Érelles (Les), f., cⁿᵉ d'Arbot; anc. grange dépendant au xiiᵉ siècle, de la maison de Morment, et qui serait devenue au xiiiᵉ siècle propriété de l'abbaye d'Auberive. — *Areolae*, 1158 (Auberive). — *Grangia de Areelles*, 1202 (Auberive). — *Araellae*, 1204 (Auberive). — *Araeles*, 1205 (Auberive). — *Areelles*, 1216 (Auberive). — *Arelles*, 1351 (Auberive). — *Domus seu grangia de Areilles*, 1364 (Auberive). — *Hérel*, 1769 (Chalmandrier). — *La grange d'Érelle*, 1770 (arch. Haute-Marne, C. 344).

Une ordonnance royale du 19 septembre 1829 a enlevé à la ferme des Érelles à la commune d'Auberive; elle a réuni une partie des terres à Saint-Loup, et l'autre, contenant les constructions, à Arbot.

Ériseul, cⁿᵉ d'Auberive. — *Arisoles*, 1226 (Auberive). — *Arisoliae*, 1274 (Auberive). — *Harizelles*, 1371 (arch. Haute-Marne, G. 284). — *Harisoliae*, 1393 (Auberive). — *Hériseulles*, 1448 (arch. de Langres). — *Arizoles*, 1484 (arch. Haute-Marne, G. 285). — *Hérizeulles*, 1575 (arch. Haute-Marne, G. 283). — *Eriseul*, 1675 (arch.

64 DÉPARTEMENT DE LA HAUTE-MARNE.

Haute-Marne, G. 85). — *Hérizeul*, 1732 (Pouillé de 1732, p. 10). — *Hérizeulle*, 1770 (arch. Haute-Marne, C. 344).

En 1789, Ériseul faisait partie de la Bourgogne, bailliage de la Montagne ou de Châtillon-sur-Seine. Sous le rapport ecclésiastique, ce n'était, comme aujourd'hui, qu'une dépendance de Saint-Loup, annexe de Giey-sur-Aujon, aux diocèse et doyenné de Langres.

Ermitage (L'), lieu dit, c^{ne} de Morancourt, section B.

Ermitage (L'), lieu dit, c^{ne} de Thonnance-les-Moulins, section B.

Ermitage (L'), m^{on} is., c^{ne} de Vitry-en-Montagne.

Ermite (L'), lieu dit, c^{ne} de Bettaincourt, section B.

Ermite (L'), lieu dit, c^{ne} de Buxières-lez-Belmont, section F. — *Le champ l'Ermite*, xiie s. (cadastre).

Ermite (L'), lieu dit, c^{ne} de Chalindrey, section F.

Ermite (L'), lieu dit, c^{ne} d'Ormancey, section A.

Ermite (L'), lieu dit, c^{ne} de Rolampont, section E. — *La Roche l'Ermite*, 1836 (cadastre).

Ermite (L'), f., c^{ne} de Vicq, section C. — *La Grange Hermite*, 1769 (Chalmaudrier). — *La grange l'Hermite*, xviiie s. (Cassini). — *Les Hermites*, 1842 (cadastre). — *L'Ermita*, 1884 (carte de l'Intérieur).

Ermites (Les). *Voir aussi* Notre-Dame-des-Ermites.

Ermites (Les), lieu dit, c^{ne} de Beaucharmoy.

Ermites (Les), lieu dit, c^{ne} de Cerisières, section E.

Ermites (Les), lieu dit, c^{ne} de la Genevroie, section A.

Ermites (Les), lieu dit, c^{ne} de Mirbel, section B. — *La voie des Ermites*, xixe s. (cadastre).

Ermites (Les), lieu dit, c^{ne} de Vignory; ermitage fondé au xie s., uni au prieuré de Vignory. — *Nos denique duo, venientes in quandam silvam quam Cymercurt vocant, juxta castrum Wangionis Rivi....., amore solitariae vitae ibidem manere coepimus, aedificavimusque in eodem loco aecclesiam in honore Sanctae Trinitatis*, 1081-1112 (Arbaumont, Prieuré de Vignory, p. 38). — *Les Hermites*, 1769 (Chalmandrier).

Éroncourts (Les), lieu dit, c^{ne} de Bressoncourt.

Esnoms, c^{on} de Prauthoy. — *Les Nuz*, 1195 (Auberive). — *Finagium des Nunz*, 1198 (Auberive). — *Les Nonz*, 1206 (Auberive). — *Les Nons*, 1221 (Auberive). — *Les Nund*, 1225 (Auberive). — *Vallis de as Nunz*, 1242 (Auberive). — *Nomina*, 1269 (Auberive). — *Les Noms*, 1464 (Arch. nat., P. 174³, n° 330 bis). — *Esnoms*, 1528 (Auberive).

Esnoms dépendait, en 1789, de la province de Champagne, bailliage de Langres. La seigneurie appartenait à l'évêque de Langres et ressortissait à son comté de Montsaugeon. L'église paroissiale, dédiée à saint Vallier, était du diocèse de Langres, doyenné de Grancey, et avait pour succursale celle de Courcelles-Val-d'Esnoms. La collation de la cure appartenait à l'évêque de Langres.

Esnouveaux, c^{on} de Nogent-en-Bassigny. Ancien ch.-l. d'une commanderie de l'ordre de Saint-Jean-de-Jérusalem. — *Novales*, 1181 (Esnouveaux). — *Novaus*, 1187 (Esnouveaux). — *Navaud*, 1258 (la Crête). — *Les Nouvaus*, 1302 (Esnouveaux). — *Novalia*, xive s. (Longnon, Pouillés, I). — *Les Nouvaulx*, 1443 (Arch. nat., P. 174¹, n° 299). — *Esnouvaulx*, 1597 (Arch. nat., P. 191³, n° 1647). — *Esnouvaux*, 1687 (Esnouveaux). — *Les Nouvaux*, 1700 (Dillon). — *Les Nouveaux*, 1732 (Pouillé de 1732, p. 92). — *Les Esnouveaux*, xviiie s. (Cassini).

En 1789, Esnouveaux faisait partie de la province de Champagne, bailliage et élection de Chaumont, prévôté de Nogent-le-Roi, châtellenie de Clefmont. Son église, dédiée à saint Jean-Baptiste, était succursale de celle d'Ageville, après avoir été tout d'abord paroissiale, et appartenait au diocèse de Langres, doyenné de Chaumont. Le commandeur d'Esnouveaux avait la présentation de la cure.

Espautrènes, h. dét., qui était situé près de l'ancien village de Chavagne, entre Chameroy et Voisines. — *Espoteriae*, 1187 (Auberive). — *Espulteriac*, 1193 (Auberive). — *Espuntères*, 1199 (chapitre de Langres). — *Espoutères*, 1200 (Auberive). — *Espotères*, 1214 (Auberive).

Espérance (L'), f., c^{ne} de Prez-sous-la-Fauche.

Espinceloy, ancien nom du village d'Échenay, avant que ce dernier nom, appliqué seulement au château, l'eût supplanté. — *Molin d'Espinceloi*, 1272 (Benoitevaux). — *Espinceloy*, 1330 (Ruetz). — *La cure d'Espinceloy et Gillaumot son annexe*, 1564 (chapitre de Joinville). — *Le chastel et maison fort du dict Eschenetz, avec le villaige d'Espinceloy, qui est joignant et contigu du dict chastel*, 1539 (Aveu et dénombrement, arch. Pimodan). — *Espinceloy-lès-Eschenetz*, 1568 (Ruetz). — *Le chasteau et maison dud. Eschènetz, avec le village d'Espinceloy, dit à présent Eschenetz*, 1682 (Aveu et dénombrement, arch. Pimodan). — *Pincelay*, 1858 (Jolibois : La Haute-Marne, etc., p. 416).

Essarts (Les), m^{on} for., anc. f., c^{ne} d'Arc-en-Barrois.

Une ordonnance royale du 5 octobre 1815 a enlevé la ferme des Essarts à la commune de Richebourg et l'a incorporée à celle d'Arc-en-Barrois.

Essarts (Les), f. et bois, c^me de Dinteville; anc. fief, qui relevait de la Ferté-sur-Aube. — *Les Essartz*, 1603 (Arch. nat., P. 189², n° 1587). — *Les Essarts*, 1769 (Chalmandrier).

Essarts (Les), f., c^me de Vaux-la-Douce; anc. grange de l'abbaye. — *Grange Rouge*, 1769 (Chalmandrier). — *La grange des Essarts*, 1770 (arch. Haute-Marne, C. 344).

Essey-les-Eaux, c^me de Nogent-en-Bassigny. — *In comitatu Basiniacensi, in villa quæ vocatur Abiacus*, vers 860 (D. Bouquet, VIII, 412, A). — *Acé*, 1160 (la Crête). — *Aceium*, 1200 (la Crête). — *Ayssæium, Ayxeium*, 1229 (arch. Aube, Clairvaux). — *Axeium*, 1264 (la Crête). — *Aissey*, 1407 (Arch. nat., P. 176³, n° 462). — *Assy*, 1475 (Arch. nat., P. 163¹, n° 915). — *Essey, près Ys en Bassigny*, 1539 (Arch. nat., P. 174³, n° 323). — *Essey-les-Eaux*, 1732 (Pouillé de 1732, p. 122). — *Essey*, 1769 (Chalmandrier). — *Essey-en-Bassigny*, 1770 (arch. Haute-Marne, C. 344).

Essey-les-Eaux dépendait, en 1789, de la province de Champagne, bailliage de Chaumont, prévôté et châtellenie de Nogent, élection de Langres. Son église, dédiée à sainte Barbe, était succursale de celle de Donnemarie, au diocèse de Langres, doyenné d'Is-en-Bassigny.

Essey-lez-Pont, c^on de Châteauvillain. — *In comitatu Barrinse, et in villa Asciaco*, 950-952 (Roserot, Chartes inédites, etc., n° 16). — *Aissi*, vers 1172 (Longnon, Doc. I, n° 16). — *Ayssey*, 1194 (Longuay). — *Aixeium*, 1240 (arch. Aube, Clairvaux). — *Asseyum*, 1250 (Clairvaux). — *Oissy*, 1251 (Layettes, n° 3919). — *Aissei*, 1273 (arch. Allier, Vauclair). — *Aissie*, 1274-1275 (Longnon, Doc. I, n° 7002). — *Aissy, Issy*, 1276-78 (Longnon, Doc. II, p. 181, 182).—*Aissey*, 1325 (Clairvaux). — *Assi*, 1326 (Longnon, Doc. I, n° 5781, 5808, 5820). — *Aysseyum*, xiv° s. (Longnon, Pouillés, I). — *Aiseyum*, 1436 (Longnon, Pouillés, I). — *Essey*, 1495 (Clairvaux). — *Ayssey*, 1503 (Arch. nat., P. 174³, n° 305). — *Aissay*, 1520 (Clairvaux). — *Essay*, 1579 (Arch. nat., P. 175¹, n° 356). — *Aessey, Eissé, Aeissey, Assey*, 1603 (Arch. nat., P. 189³, n° 1587). — *Essey*, 1732 (Pouillé de 1732, p. 76). — *Essey-les-Ponts*, 1769 (Chalmandrier).

Essey-lez-Pont dépendait, en 1789, de la province de Champagne, bailliage, prévôté et élection de Chaumont, châtellenie de la Ferté-sur-Aube. Son église paroissiale, dédiée à saint Siméon ou saint Simon, était du diocèse de Langres, doyenné de Châteauvillain, et antérieurement du doyenné de Bar-sur-Aube. La cure était à la collation de l'évêque de Langres; elle avait pour succursale Pont-la-Ville.

Estavillon, chap., près de Morimond.

Estrey, anc. gagnage, commune de Rimaucourt, section B, qui aurait appartenu à la maison de Morment, puis à la commanderie d'Esnouveaux. — *Estrey*, 1443 (Arch. nat., P. 176³, n° 508). — *Estreiz*, 1571 (Esnouveaux). — *Estrée*, 1586 (Esnouveaux). — *Estré*, 1667 (Esnouveaux). — *Étrées*, 1830 (cadastre).

Estury. Aurait été une commanderie, c^me de Cirey-sur-Blaise, dépendant du Temple; puis unie à celle d'Esnouveaux, de l'ordre de Saint-Jean de Jérusalem; située au lieu dit *le Vol-d'Estury* ou *de l'Étang* (Roussel, Dioc. de Langres, II, p. 517).

Voir les mots Commanderie (bois), Étang du Commandeur.

Étanche (L'), m^on dét., qui était au finage de Vesaignes-sous-la-Fauche. — *L'Estanche*, 1446 (Arch. nat., P. 176². n° 509).

Étang (L'), m^in, c^me d'Anrosey. — *Le moulin de l'Étang*, 1770 (arch. Haute-Marne, C. 344).

Étang (L'), f., anc. m^in, c^me de Changey. — *Le moulin de l'Étang*, 1770 (arch. Haute-Marne, C. 344).

Étang (L'), m^in, c^me de Longchamp.

Étang (L'), m^in dét., c^me du Pailly. — *Moulin de l'Étang*, 1769 (Chalmandrier).

Étang (L'), f., c^me de Saint-Broingt-le-Bois, section B; ancien m^in du chapitre de Langres. — *L'estang des Bourseney*, 1623 (chapitre de Langres). — *Le moulin de l'Estang*, 1770 (arch. Haute-Marne, C. 344).

Étang (L'), usine, c^me de Saint-Giergue; anc. papeterie.

Étang (L'), m^in, c^me de Thivet.

Étang (L'), f., c^me de Vaux-la-Douce, section A. — *L'Étang*, 1840 (cadastre). — *Les Étangs*, 1858 (Jolibois : La Haute-Marne, p. 560).

Étang-Court (L'), f., c^me de Montigny-en-Bassigny.

Étang-de-la-Ville (L'), f., c^me de Humbécourt.

Étang-Neuf (L'), étang, c^me de Puellemontier. — *Etang-Neuf*, xix° s. (État-major).

Étangs (Les), f., c^me de Rougeux.

Étoile (L'), f., c^me de Marbéville.

Étoile (L'), forêt qui s'étend sur les territoires de Blaise, Marbéville, Ormoy-lez-Sexfontaine,

Sexfontaine, Juzennecourt, la Chapelle-en-Blésy, la Mothe-en-Blésy et Curmont.

Étuf, chât. et f., c^{ne} de Rouvre-sur-Aube. — *Étufs*, 1769 (Chalmandrier). — *La grange d'Astun*, 1770 (arch. Haute-Marne, C. 344).

Euffigneix, c^{ne} de Chaumont-en-Bassigny. — *Huffinees*, 1196 (Septfontaines). — *Uffignies*, 1228 (arch. Aube, Clairvaux). — *Euffignees*, 1235 (Septfontaines). — *Hufinees*, 1256 (Clairvaux). — *Uffenies*, 1326 (Longnon, Doc. I, n° 5854). — *Euffinees*, xive s. (Longnon, Pouillés, I). — *Euffineix*, 1407 (Septfontaines). — *Uffignex, Uffeigneux*, 1419 (Arch. nat., P. 174^1, n° 298). — *Euffigneux*, 1555 (Septfontaines). — *Euffigneix*, 1638 (Clairvaux). — *Euffigney*, 1672 (Septfontaines). — *Eufigneix*, 1687 (Septfontaines). — *Eufineix*, 1770 (arch. Haute-Marne, C. 262).

En 1789, Euffigneix dépendait de la province de Champagne, bailliage, prévôté et élection de Chaumont, baronnie de Sexfontaine. Son église paroissiale, dédiée à saint Blaise et saint Sulpice, était du diocèse de Langres, doyenné de Chaumont. La présentation de la cure appartenait à l'abbé de Septfontaines.

Euoécourt, f. dét., c^{ne} de Rochefort, section B.; anc. grange de l'abbaye de Septfontaines. — *Ogiscorht*, 1177 (Sexfontaines). — *Ougiscort*, 1181 (Sexfontaines). — *Hugécourt*, 1425 (Septfontaines). — *Eugécourt*, 1741 (Septfontaines). — *Les Eugécourts*, 1784 (Septfontaines). — *La contrée des Euchécours*, xviiie s. (Septfontaines). — *Les Heuchécours, bois d'Heuchécourt*, 1831 (cadastre).

Eurville, c^{ne} de Chevillon. — *Urtis villa, in pago Pertensi*, 887 (Roserot, Dipl. carol., p. 22). — *In pago Catalaunico, ecclesiam de Autarii villa*, 1107 (arch. Aube, Montier-la-Celle). — *Oervilla, Autarivilla*, 1164 (Montier-la-Celle). — *Horrivilla, Orvilla*, 1230 (Montier-la-Celle). — *Orville, Orville-sur-Marne*, 1385 (Arch. nat., P. 177^2, n° 591). — *Ureville*, 1386 (Arch. nat., P. 174^1, n° 282). — *Urville-sur-Marne*, 1391 (Arch. nat., P. 177^3, n° 592). — *Eurville*, 1538 (Arch. nat., P. 176^1, n° 523). — *Eurville*, 1576 (Arch. nat., P. 189^1, n° 1585). — *Urville*, 1700 (Dillon).

Eurville dépendait, en 1789, de la province de Champagne, bailliage de Chaumont, prévôté et châtellenie de Vassy, élection de Vitry. Son église paroissiale, dédiée à la Nativité de la Sainte-Vierge, était du diocèse de Châlons-sur-Marne, doyenné de Joinville. La présentation de la cure appartenait à l'abbé de Saint-Urbain, et plus anciennement à celui de Montier-la-Celle.

F

Faisanderie (La), f., c^{ne} d'Écot.

Faisse, f. dét., c^{ne} de Cusey. — *Faysses*, 1222 (Arch. Côte-d'Or, la Romagne).

Falcourt, m^{in}, c^{ne} de Meure. — *Fallecourt*, 1683 (Arch. nat., Q^1. 691).

Fargoust, fief qui était au finage de Rôcourt-la-Côte. — *Fargoust*, 1773 (Arch. nat., Q^1. 693).

Farincourt, c^{ne} du Fays-Billot. — *Farincourt*, 1675 (arch. Haute-Marne, G. 85).

Farincourt dépendait, en 1789, de la province de Champagne, bailliage et élection de Langres. Son église, dédiée à saint Mathieu, était succursale de celle de Gilley, au diocèse de Langres, doyenné de Fouvent.

Faubourg (Le), lieu dit, c^{ne} d'Aigremont, section A.

Fauche (La), c^{ne} de Saint-Blin. — *Fisca*, vers 1172 (Longnon, Doc. I, n° 365). — *La Feische*, 1204-1210 environ (Longnon, Doc. I, n° 2781). — *La Foische*, 1210-1214 environ (Longnon, Doc. I, n° 3157). — *Fischa*, 1227 (Morimond). — *La Fesche*, 1248 (Benoitevaux). — *Feschia*, 1256-1270 (Longnon, Doc. I, n° 3841). — *La Faiche, La Feiche*, 1294 (arch. Allier, Septfons). — *La Foiche*, 1295 (arch. Haute-Marne, série E, fonds de Broglie). — *La Fauche*, 1345 (Arch. nat., JJ. 72, f° 300 v°, n° 441). — *Fixta*, 1402 (Pouillé de Toul). — *La Faulche*, 1446 (Arch. nat., P. 176^2, n° 510). — *Lafauche*, 1886 (dénombrement).

La Fauche dépendait, en 1789, de la province de Champagne, bailliage et élection de Chaumont, prévôté d'Andelot, châtellenie de Montéclair. Son église, dédiée à l'Assomption, et antérieurement à saint Laurent, était annexe de Prez-sous-la-Fauche, après avoir été tout d'abord paroissiale; elle faisait partie du diocèse de Toul, doyenné de Reynel.

Faulé (Le), f. et m^{on} is., c^{ne} de Hortes; anc. grange de l'abbaye de Beaulieu. — *Le Faulé*, 1769 (Chalmandrier). — *La grange de Faullet*, 1770 (arch. Haute-Marne, C. 344). — *Le Follet*, 1858 (Jolibois : La Haute-Marne, p. 251). — *Le Faulet*, xixe s. (cadastre).

Facssigny, f., c^{ne} de Poinson-lez-Nogent; elle provient de l'abbaye du Val-des-Écoliers. — *Le gaignage de Faulcigny, Faucigny*, 1603 (Val-des-Écoliers). — *Faulciny*, 1626 (Val-des-Écoliers). — *Faucigneix*, 1700 (Dillon). — *Les granges Faussigny et Faussigny-le-Haut*, 1770 (arch. Haute-Marne, C. 344).

En 1789, Faussigny formait une communauté du bailliage de Chaumont, prévôté de Nogent-le-Roi.

Favelle, f., c^{ne} de la Neuvelle-lez-Coiffy.

Faverolles, c^{ne} de Langres. — *Radulfus de Faverolis*, 1143 (arch. Côte-d'Or, Morment). — *Faveroles*, 1223 (Val-des-Écoliers). — *Faverolae*, 1229 (arch. Aube, Notre-Dame-aux-Nonnains). — *Faverueles*, 1235 (Val-des-Écoliers). — *Faveroiles*, 1256 (chapitre de Langres). — *Faverolie*, 1334 (terrier de Langres). — *Faverolles*, 1381 (Val-des-Écoliers). — *La maison ou hospital de Favereulles*, 1445 (Morment). — *Favereules*, 1700 (Dillon). — *Faverolles-lès-Marat*, an II (État général).

En 1789, Faverolles dépendait de la province de Champagne, bailliage et prévôté de Chaumont, élection de Langres. Son église paroissiale, dédiée à saint Germain, était du diocèse de Langres, doyenné d'Is-en-Bassigny, et avait celle de Beauchemin pour succursale. La présentation de la cure appartenait au grand-prieur de Champagne.

Fayelot (Le), f., c^{ne} de Marcilly.

Fayot (Le), f., c^{ne} de Noidant-le-Rocheux.

Fays (Le), c^{ne} de Vassy. — *Faih*, 1027 (Cartul. Montier-en-Der, I, f° 35 r°). — *Faietum*, 1050-1080 (Cartul. Montier-en-Der, I, f° 57 v°). — *Fay*, 1140 (Saint-Urbain). — *Fayetum*, 1203 (Montier-en-Der). — *Fagetum*, 1247 (Montier-en-Der). — *Fail*, 1248 (Montier-en-Der). — *Fays*, 1402 (Pouillé de Toul). — *Fey*, 1700 (Dillon).

Le Fays dépendait, en 1789, de la province de Champagne, bailliage de Chaumont, prévôté et châtellenie de Vassy, élection de Joinville. Son église paroissiale, dédiée à saint Martin, était du diocèse de Toul, doyenné de la Rivière-de-Blaise, et avait pour succursale celle de Guindrecourt-aux-Ormes. La cure était à la présentation du chapitre de Toul.

Fays (Le), f. et bois, c^{ne} de Chaumont-en-Bassigny. — *Le Fays*, 1769 (Chalmandrier).

Fays (Le), f., c^{ne} de Nogent-en-Bassigny. — *Les Fays*, 1769 (Chalmondrier).

Fays-Billot (Le). ch.-l. de cant., arrond. de Langres. — *Failum, Faylum*, 1220 (Beaulieu). — *Fagetum*, 1234 (Lalore : Princip. cartul., VII, p. 336). — *Fayl*, 1255 (Beaulieu). — *Fail*, 1256 (Beaulieu). — *Faillum*, 1299 (Beaulieu). — *Le Fay*, 1429 (Beaulieu). — *Le Fayl-Billot*, 1732 (Pouillé de 1732, p. 130).

Le Fays-Billot formait, en 1789, avec Poinson-lez-Fays, une enclave de Bourgogne en Champagne et dépendait du bailliage de Dijon. Son église, dédiée à la Nativité de la Sainte-Vierge, du diocèse de Langres, doyenné de Pierrefaite, était le siège d'un prieuré-cure de l'ordre de saint Benoit, dépendant de l'abbaye de Montiéramey, et avait l'église de Charmoy pour succursale.

Le Fays-Billot possède un hôpital, fondé en 1730.

Fées (Les). *Voir* Fontaine-aux-Fées.

Feins, f., c^{ne} de Silvarouvre. Anc. village; anc. grange, donnée à l'abbaye de Clairvaux en 1204. — *Grangia que vocatur Fenis, grangia de Phenis*, 1204 (arch. Aube, Clairvaux). — *Fains*, 1205 (Clairvaux). — *Feinx*, 1210 (Clairvaux). — *Fenyx*, 1220 (Clairvaux). — *Fayns*, 1233 (Clairvaux). — *Fenix*, 1242 (Clairvaux). — *Feyns*, 1243 (Clairvaux). — *Feings*, 1523 (Clairvaux). — *Feins*, 1603 (Arch. nat., P. 189², n° 1587). — *Faims*, 1769 (Chalmandrier). — *Fins*, 1889 (ann. Haute-Marne).

Fenderie (La), usine, c^{ne} de Bologne.

Fenderie (La), usine dét., c^{ne} de Châteauvillain. — *La cense de la Fenderie*, 1773 (arch. Haute-Marne, C. 262).

Fenderie (La), usine dét., c^{ne} de Coupray. — *La Fenderie*, 1773 (arch. Haute-Marne, C. 262).

Fenderie (La), lieu dit, c^{ne} de Menois, section A.

Ferme (La), lieu dit, c^{ne} de Richebourg, section A.

Ferme (La), lieu dit, c^{ne} de la Rivière, section D.

Ferme (La), lieu dit, c^{ne} de Rouécourt, section A.

Ferme-au-Loup (La), écart, c^{ne} de Neuilly-sur-Suize.

Ferme-Brûlée (La), écart, c^{ne} de Hortes.

Ferme-du-Bastien (La), écart, c^{ne} de Vaux-la-Douce.

Ferme-du-Bois (La), écart, c^{ne} de Rosoy.

Ferme-Neuve (La), f., c^{ne} de Beurville. — *Les Fermes neuves*, 1884 (carte de l'Intérieur). — *La Ferme-Neuve*, 1889 (ann. Haute-Marne).

Ferme-Neuve (La), f., c^{ne} de Hoéricourt.

Ferme-Neuve (La), lieu dit, c^{ne} de la Neuvelle-lez-Coiffy, section A.

Ferme-Neuve (La), f., c^{ne} de Vesaignes-sur-Marne.

Ferme-Rouge (La), f., c^{ne} de Champcourt.

Fernée (La), écart, c^{ne} de Vaux-sur-Saint-Urbain (ann. Haute-Marne, 1889).

9.

Ferrière, barrière du ch^in de fer, c^ne de Coublant (Ann. Haute-Marne, 1889).

Ferrière (La), f., c^ne de Hortes. — *Ferrière*, 1769 (Chalmandrier). — *La Ferrière*, XVIIIe s. (Cassini). — *Laferrière*, 1858 (Jolibois : La Haute-Marne, p. 287).

Ferrières, c^ne de Joinville. Ville neuve fondée par Jean de Joinville vers 1267. — *Je Jehans sires de Joinville, seneschaux de Champaigne, fas savoir..., que cum decorde fut meue antre moi, d'une part, et l'abbei et le convent de Saint Urbain, d'autre, sur ce que je avoie faite une vile nueve qu'on apele Ferrieres, an une partie de mon bois de Maton*, 1268 (Saint-Urbain). — *Farrières*, 1532 (Chapitre de Joinville). — *Ferrières et la Folie, hameaux dépendans de Blécourt*, 1763 (arch. Haute-Marne, C. 317). — *Ferrière*, XVIIIe s. (Cassini). — *Ferrières et Lafolie*, 1886 (dénombrement). — *Ferrières-et-La-Folie*, 1889 (ann. Haute-Marne).

En 1789, la réunion de Ferrières et de la Folie, hameaux de la paroisse de Blécourt, formait une communauté du bailliage de Chaumont, prévôté de Vassy, élection et châtellenie de Joinville. L'église de Ferrières, dédiée à saint Jean-Baptiste, était succursale de celle de Blécourt, diocèse de Châlons-sur-Marne, doyenné de Joinville.

Le souvenir de la réunion de Ferrières et de la Folie a persisté dans la dénomination de cette commune, qui est encore désignée, dans les documents administratifs, sous le nom de *Ferrières et la Folie*.

Ferrières, nom d'un fief qui relevait de Dammartin.

Ferté-sur-Amance (La), ch.-l. de cant., arrond. de Langres. — *Firmitas*, 1165 (Vaux-la-Douce). — *La Ferté*, 1191 (arch. Côte-d'Or, la Romagne). — *Firmitas super Esmantiam*, 1234 (Vaux-la-Douce). — *Firmitas super Amanciam*, 1236 (arch. Aube, Clairvaux). — *Firmitas super Amantiam*, 1247 (Layettes, n° 3615). — *La Ferté sus Esmance*, 1251 (Beaulieu). — *Laferté sus Amance*, 1265 (Vaux-la-Douce). — *Laferté sur Amance*, 1333 (chapitre de Langres). — *Laffertey sur Amance*, 1515 (Arch. nat., P. 176², n° 486). — *La Fertey sur Amance*, 1539 (Arch. nat., P. 174², n° 323). — *Lafferté sur Amance*, 1675 (arch. Haute-Marne, G. 85). — *La Ferté sur Mance*, 1748 (Arch. nat., Q¹, 690).

En 1789, la Ferté-sur-Amance dépendait de la province de Champagne, bailliage de Langres (par démembrement de celui de Chaumont), prévôté de Coiffy, châtellenie de Choiseul, élection de Langres. Son église, dédiée à saint Pierre-ès-Liens,

était succursale de celle d'Aurosey, au diocèse de Langres, doyenné de Pierrefaite, et servait en même temps à un prieuré, de l'ordre de Cluny, établi dans ce village.

Ferté-sur-Aube (La), c^ne de Châteauvillain. — *Firmitas*, 1115 (Gall. christ., IV, instr., col. 155). — *Feritas*, vers 1172 (Longnon, Doc. I, n° 1). — *Firmitas super Albam*, 1227 (Layettes, n° 1941). — *La Ferté sor Aube*, 1232 (arch. la Ferté-sur-Aube). — *La Ferté sur Albe*, 1257 (Longuay). — *La Ferté sur Aube*, 1258 (la Crête). — *La Ferté seur Aube*, 1260 (arch. Aube, Clairvaux). — *La Ferté sus Aube*, 1265 (Val-des-Écoliers). — *Lafferté sour Aube*, 1308 (la Crête). — *La Fertei sus Albe*, 1317 (Clairvaux). — *La Ferneté, La Ferté*, 1396 (Longnon, Doc. I, n°° 5758, 5812). — *Lafferté sur Aube*, 1317 (Clairvaux). — *Lafferté sur Aulbe*, 1548 (Longuay). — *La Fertey*, 1563 (Prieuré de la Ferté-sur-Aube). — *Laferté-sur-Aube*, 1732 (Pouillé de 1732, p. 70).

En 1789, la Ferté-sur-Aube faisait partie de la province de Champagne, bailliage et prévôté de Chaumont. Son église paroissiale, dédiée à la Sainte-Vierge, suivant le pouillé de 1732 (p. 77), était du diocèse de Langres, doyenné de Châteauvillain, et antérieurement du doyenné de Bar-sur-Aube. La présentation de la cure appartenait au prieur du lieu ou à l'abbé de Saint-Claude.

Le prieuré de la Ferté, dédié à sainte Madeleine, était de l'ordre de saint Benoît et dépendait de l'abbaye de Saint-Oyan ou Saint-Claude du Jura.

La seigneurie, acquise par les comtes de Champagne vers 1078, était devenue chef-lieu de châtellenie sous le comte Henri Ier (1152-1181).

Il y avait à la Ferté une léproserie, qui fut unie en 1695 à l'hôpital de Bar-sur-Aube.

Par lettres patentes de mars 1728 la terre et seigneurie de la Ferté-sur-Aube fut incorporée au duché-pairie de Châteauvillain qui avait été érigé en 1703 en faveur du comte de Toulouse (P. Ans., IV, p. 58-59).

Fève (La), m^in, c^nes de Rivière-le-Bois et de Saint-Broingt-le-Bois, sur la Flasse. — *Le moulin de la Fève*, 1770 (arch. Haute-Marne, C. 344). — *Moulin à plâtre*, 1884 (carte de l'Intérieur).

Ce moulin est indiqué sur les deux cadastres de Rivière et de Saint-Broingt, dressés en 1839.

Févry (Le), f., c^ne d'Ageville.

Févry, lieu dit, c^ne de Châtenay-Vaudin, section A.

Figney, lieu dit, c^ne de Châtoillenot, section D.

Filature (La), usine, c^ne de Liffol-le-Petit.

Filature (La), usine, c^ne de Poinsenot.

Filature (La), écart, c⁰ⁿ de Voisey (ann. Haute-Marne, 1889).

Filerie (La), lieu dit, c⁰ⁿ de Marmesse.

Filière (La), lieu dit, c⁰ⁿ de Poissons, section B.

Filleries (Les), écart dét., c⁰ⁿ de Châteauvillain. — *La cense de Filleries*, 1773 (arch. Haute-Marne, C. 262).

Flagey, c⁰ⁿ de Longeau. — *Flagiacum*, 1184 (arch. Aube, Notre-Dame-aux-Nonnains). — *Flaigeium*, 1235 (Notre-Dame-aux-Nonnains). — *Flageium*, 1251 (arch. Haute-Marne, G. 593). — *Flaigeyum*, xivᵉ s. (Longnon, Pouillés, I). — *Flaigeyum*, 1436 (Longnon, Pouillés, I). — *Flagey*, 1675 (arch. Haute-Marne, G. 85).

Flagey dépendait, en 1789, de la province de Champagne, bailliage et élection de Langres. Son église, dédiée à saint Isidore, était le siège d'un prieuré-cure du diocèse et doyenné de Langres, dépendant de celui de Saint-Geômes.

La seigneurie appartenait au prieur de Saint-Geômes.

Flammerécourt, c⁰ⁿ de Doulevant. — *In comitatu Blesense, in fine Flamereicurte*, ixᵉ s. (cartul. Montier-en-Der, I, fᵒ 26 rᵒ). — *Flamericurtis*, 1140 (Saint-Urbain). — *Flemmericort*, 1194 (Saint-Urbain). — *Flammericort*, vers 1201 (Longnon, Doc. I, 2684). — *Flamerecurt*, 1217 (Saint-Urbain). — *Flamericuria, Flammericuria*, 1232 (arch. Aube, Clairvaux). — *Flamericort*, 1247 (Clairvaux). — *Flamericort*, 1250 (Benoitevaux). — *Flamerecuria*, 1263 (Saint-Urbain). — *Flammericurtis*, 1268 (Saint-Urbain). — *Flamericourt*, 1323 (Saint-Urbain). — *Flamerécourt*, 1514 (Saint-Urbain). — *Flammerécourt*, 1763 (arch. Haute-Marne, C. 317).

Flammerécourt faisait partie, en 1789, de la province de Champagne, bailliage de Chaumont, prévôté de Vassy, élection de Joinville. Son église paroissiale, dédiée à saint Remi, était du diocèse de Toul, doyenné de la Rivière-de-Blaise. La présentation de la cure appartenait à l'abbé de Saint-Urbain.

Il y avait à Flammerécourt un prieuré de l'ordre de Saint-Benoît, dépendant de l'abbaye de Saint-Urbain, sous le vocable de Saint-Thiébaud.

Flancourt, h., c⁰ⁿ de Ceffonds. — *Flancourt*, 1475 (Montier-en-Der). — *Flavacourt ou Flancourt*, 1784 (Courtalon, III, p. 375). — *Flancour*, xviiiᵉ s. (Cassini).

En 1789, Flancourt formait une communauté du bailliage de Chaumont, prévôté de Bar-sur-Aube. Ce hameau dépendait de la paroisse de Cef-fonds, au diocèse de Troyes, doyenné de Margerie.

La seigneurie appartenait à l'abbaye de Montier-en-Der.

Flassigny, f. et bois, c⁰ⁿ de Puellemontier; anc. grange de l'abbaye de la Chapelle-aux-Planches. — *Monasterium puellarum super fluvium Vigore, etiam et Dria, in Dervo, in fine Flaciniacense*, 692 (Cartul. Montier-en-Der, I, fᵒ 4 rᵒ). — *Flascengiae*, 1152 (la Chapelle-aux-Planches). — *Grangia de Flaceniis*, 1182 (la Chapelle-aux-Planches). — *Grangia de Flacigneiis*, 1233 (la Chapelle-aux-Planches). — *Grangia que dicitur Flacineys*, 1299 (la Chapelle-aux-Planches). — *Tlassigny*, 1784 (Courtalon, III, p. 344, et Cassini). — *Flassigny*, xixᵉ s. (Etat-major).

Flavécourt, lieu dit, c⁰ⁿ de Vecqueville, section C.

Flavigny, lieu dit, c⁰ⁿ d'Auberive, section B. — *Sur le pont de Flavigny*, xixᵉ s. (Cadastre).

Fleuret (Le), mⁱⁿ, c⁰ⁿ de Humberville; anc. forge.

Flornoy, c⁰ⁿ de Vassy. — *In ipso pago (Pertensi), in villa quae dicitur Flornidus*, 870 (Roserot, Dipl. carol. p, 12). — *Florneium*, ixᵉ s. (Polyptyque de Montier-en-Der, dans cartul. I, fᵒ 125 rᵒ). — *Flornoi*, vers 1201 (Longnon, Doc. I, nᵒ 2577). — *Flornoy-lez-Wassy*, 1494 (arch. Marne, G. 1190). — *Fleurnoy*, 1509 (arch. Marne, G. 1190). — *Flournoy*, 1547 (arch. Marne, G. 1190). — *Flornoy*, 1700 (Dillon).

Flornoy faisait partie, en 1789, de la province de Champagne, bailliage de Vassy, prévôté de Vassy, élection de Joinville. Son église, dédiée à saint Julien, était du diocèse de Châlons-sur-Marne, doyenné de Joinville.

Foiseul, f., c⁰ⁿ de Latrecey; anc. grange de l'abbaye de Longuay. — *Foisuel*, 1223 (Longuay). — *Foiseul*, 1639 (Longuay). — *Foiseux*, xviiiᵉ s. (Cassini). — *Foiseux*, 1858 (Jolibois : La Haute-Marne, p. 321).

Folie (La), écart, c⁰ⁿ de Bienville (ann. Haute-Marne, 1889).

Folie (La), lieu dit, c⁰ⁿ de Braux, section D.

Folie (La), f., c⁰ⁿ de Broncourt. — *Lafolie*, 1858 (Jolibois : La Haute-Marne, p. 290).

Folie (La), f., c⁰ⁿ de Brousseval.

Folie (La), lieu dit, c⁰ⁿ de Chambroncourt, section C.

Folie (La), f., c⁰ⁿ de Chanoy. — *Lafolie*, 1858 (Jolibois : La Haute-Marne, p. 290).

Folie (La), lieu dit, c⁰ⁿ de Châteauvillain, section A.

Folie (La), carrière, c⁰ⁿ de Chaumont-en-Bassigny.

Folie (La), lieu dit, c⁰ⁿ de Cirfontaine-en-Azois, section A.

Folie (La), lieu dit, c⁰ⁿ de Coiffy-le-Haut, section B.

Folie (La), lieu dit, c^{ne} Courcelles-en-Montagne, section D.

Folie (La), usine, c^{ne} de Couzon, section B. — *La Folie*, 1769 (Chalmandrier). — *Lafolie*, 1858 (Jolibois: La Haute-Marne, p. 290).

Folie (La), lieu dit, c^{ne} de Daillancourt, section D.

Folie (La), auberge, c^{ne} de Dinteville.

Folie (La), h., c^{ne} de Ferrières, dont l'existence ne remonterait qu'au XVIIe siècle. — *La Follye*, 1641 (Saint-Urbain). — *Ferrières et La Folie, hameaux dépendans de Blécourt*, 1763 (arch. Haute-Marne, C. 317). — *Lafolie*, 1858 (Jolibois : La Haute-Marne, p. 290).

Folie (La), lieu dit, c^{ne} de Frampas, section C.

Folie (La), lieu dit, c^{ne} de Goncourt, section A.

Folie (La), f., c^{ne} d'Illoud.

Folie (La), lieu dit, c^{ne} de Joinville, section D.

Folie (La), lieu dit, c^{ne} de Meure, section A.

Folie (La), lieu dit, c^{ne} de Montigny, section E.

Folie (La), lieu dit, c^{ne} de Morionvilliers, section A.

Folie (La), lieu dit, c^{ne} de Noncourt, section B.

Folie (La), f., c^{ne} de Paroy, détruite vers 1850, et aujourd'hui lieu dit, section A. — *La cense de la Folie*, 1763 (arch. Haute-Marne, C. 317). — *La Folie*, XVIIIe s. (Cassini).

Folie (La), lieu dit, c^{ne} de Plénoy, section B.

Folie (La), lieu dit, c^{ne} de Rouvre, section B.

Folie (La), lieu dit, c^{ne} de Saint-Dizier, section E. — *Port de La Folie*, 1860 (cadastre).

Folie (La), f., c^{ne} de Saint-Maurice, section B.

Folie (La), lieu dit, c^{ne} de Saint-Urbain, section C.

Folie (La), lieu dit, c^{ne} de Sarcicourt.

Folie (La), lieu dit, c^{ne} de Soncourt, section A.

Folie (La), lieu dit, c^{ne} de Thonnance-lez-Joinville, section C.

Folie (La), lieu dit, c^{ne} de Tornay, section A.

Folie (La), lieu dit, c^{ne} de Treix, section A.

Folie (La), lieu dit, c^{ne} de Vassy, section F.

Folie (La), lieu dit, c^{ne} de Vecqueville, section D. — *La Haute Folie, la Basse Folie*, 1843 (cadastre).

Folie (La), lieu dit, c^{ne} de Verbiesle, section A.

Folie (La), lieu dit, c^{ne} de Vessaignes-sous-la-Fauche, section A.

Folie (La), mⁱⁿ, c^{ne} de Vicq. — *Moulin de la Folie*, 1769 (Chalmandrier).

Folie (La), lieu dit, c^{ne} de Villiers-aux-Bois, section A.

Folie (La), lieu dit, c^{ne} de Villiers-sur-Suize, section C.

Folie (La), lieu dit, c^{ne} de Vraincourt, section A.

Folie-Martin (La), lieu dit, c^{ne} de Semoutier, section A.

Folies (Les), lieu dit, c^{ne} d'Avrainville, section B.

Folies (Les), lieu dit, c^{ne} de Guindrecourt-sur-Blaise, section B.

Folies (Les), lieu dit, c^{ne} de Lanty, section C.

Folies (Les), lieu dit, c^{ne} de Soyers, section C.

Folies-Michel (Les), lieu dit, c^{ne} de Latrecey, section E.

Folliot. *Voir* Château-Folliot.

Fontaine (La). *Voir aussi* Belle-Fontaine, Blanche-Fontaine, Bonne-Fontaine, Grande-Fontaine.

Fontaine (La), mⁱⁿ, c^{ne} de Châtoillenot. — *Moulin de la Fontaine*, 1769 (Chalmandrier).

Fontaine (La), mⁱⁿ, c^{ne} de Langres.

Fontaine (La), mⁱⁿ, c^{ne} de Vicq.

Fontaine-au-Bois (La), f., c^{ne} de Saint-Ciergue.

Fontaine-au-Bois (La), h., c^{ne} de Robert-Magnil. — *La cense de la Fontaine-aux-Bois*, 1763 (arch. Haute-Marne, C. 317). — *La Fontaine-au-Bois*, XVIIIe s. (Cassini).

Fontaine-aux-Dames (La), f., c^{ne} de Robert-Magnil. — *La Fontaine-aux-Dames*, XIXe s. (carte de l'Intérieur).

Fontaine-aux-Fées (La), f., c^{ne} de Droye. — *La Fontaine aux Fées*, XIXe s. (État-major).

Fontaine-aux-Malades (La), tuilerie, c^{ne} de Saint-Geômes.

Fontaine-Croix (La), f., c^{ne} de Violot, dite vulgairement *Mal Abreuvée*. — *Fontaine-Croix*, 1769 (Chalmandrier).

Fontaine-de-la-Vierge (La), source, c^{ne} de Poinson-lez-Fays. — *Fontaine de la Vierge*, 1858 (Jolibois : La Haute-Marne, p. 420). — *Fontaine Sainte-Claire*, 1884 (Intérieur).

Fontaine-de-l'Orne (La), f., c^{ne} de Chaudenay.

Fontaine-de-Sauce (La), écart, c^{ne} de Frette. — *Fontaine de Sauce*, XIXe s. (carte de l'Intérieur).

Fontaine-du-Franc-Ru (La), écart, c^{ne} de Bourbonne-les-Bains.

Fontaine-la-Vierge (La), lieu dit, c^{ne} d'Audeloncourt, section A.

Fontaine-la-Vierge (La), lieu dit, c^{ne} de Clefmont, section A.

Fontaine-la-Vierge (La), lieu dit, c^{ne} de Vaux-sur-Saint-Urbain, section A.

Fontaine-Maréchal (La), écart, c^{ne} de Serqueux.

Fontaine-Prunier (La), f., c^{ne} de Latrecey.

Fontaine-Sainte-Libère (La), source, c^{ne} de Brottes, dans la forêt du Corgebin (État-major).

Fontaine-Saint-Hilaire (La), source, c^{ne} de Noyers.

FONTAINE-SAINT-LAURENT (LA), source, c^ne de Gene-vrières.

FONTAINE-SAINT-MARTIN (LA), lieu dét., c^ne d'Es-noms. — *Fons sancti Martini*, 1291 (chapitre de Langres). — *Grange appellée le Fons Saint Martin*, 1464 (Arch. nat., P. 174², n° 330 *bis*).

FONTAINE-SAINT-PIERRE (LA), source, c^ne de Narcy. — *Fontaine Saint-Pierre*, XVIIIe s. (Cassini).

FONTAINE-SAINT-VINEBAUD (LA), source, c^me de Hûmes. — *Fontaine-Saint-Vinebault*, 1769 (Chalman-drier).

FONTAINE-SUR-MARNE, c^ne de Chevillon. — *Fontanae*, 1137 (Ruetz). — *Fontainnes*, 1255 (Saint-Urbain). — *Fontaines*, 1401 (Arch. nat., P. 189², n° 1588). — *Fontaines-lez-Sommeville*, 1502 (Saint-Urbain). — *Fontaine-sur-Marne*, 1562 (Saint-Urbain). — *Fontaine*, 1763 (arch. Haute-Marne, C. 317). — *Fontaines-sur-Marne*, 1889 (ann. Haute-Marne).

Fontaine dépendait, en 1789, de la province de Champagne, bailliage de Chaumont, prévôté de Vassy, élection de Joinville. Son église parois-siale, dédiée à saint Laurent, était du diocèse de Châlons-sur-Marne, doyenné de Joinville, et avait pour succursale celle de Sommeville. La présenta-tion de la cure appartenait à l'abbé de Saint-Ur-bain, qui avait aussi la seigneurie.

FONTENELLE, f. et m^in, c^me d'Aulnoy. — *Fontenelle*, 1769 (Chalmandrier).

FONTENELLE, h., c^me de Braucourt. — *Les Fontenelles*, 1889 (ann. Haute-Marne).

FONTENELLE, m^in, c^me de Villars-Saint-Marcellin.

FONVILLE lieu dit, c^me de Fresnoy, section B.

FORBY, m^in, c^me de Bourbonne-les-Bains.

FORCEY, c^me d'Andelot. — *Falciolum*, 721 (Pardessus, Dipl. II, p. 325). — *Foysiacum*, 1193 (la Crête). — *Fossé*, 1206 (la Crête). — *Fusseium*, 1219 (la Crête). — *Foxxey*, 1238 (la Crête). — *Foissi*, 1240 (Layettes, n° 2876). — *Foissé*, 1244 (la Crête). — *Froisey*, 1255 (la Crête). — *Foyssei*, 1261 (la Crête). — *Forxeium*, XIVe s. (Longnon, Pouillés, I). — *Forseyum*, 1436 (Longnon, Pouillés, I). — *Foissey*, 1560 (arch. Voillemier). — *Forcey*, 1652 (la Crête).

En 1789, Forcey dépendait de la province de Champagne, bailliage et élection de Chaumont, mairie royale de Bourdons. Son église paroissiale, dédiée à saint Remi, était du diocèse de Langres, doyenné de Chaumont. La présentation de la cure appartenait au prieur de Nogent-le-Roi.

FORÊT (LA), f. dét., près de Gilley. — *La grange du Forêt*, 1770 (arch. Haute-Marne, C. 344).

FORÊT (LA), f., c^me de Sommevoire. — *Cense de la Forêt*, 1784 (Courtalon, III, p. 377).

FORÊT-LE-BOIS, bois, anc. fief, c^me d'Illoud. — *Fo-rest*, 1779 (Durival, III, p. 212).

FORÊTS (LES), f., c^mes de Villiers-sur-Suize. — *Les Forêts*, 1769 (Chalmandrier).

FORFILLIÈRES, h., c^me d'Avrecourt. — *Forferiae*, 1249 (Morimond). — *Forfereres*, 1274-1275 (Longnon, Doc. I, n° 6984). — *Fourfelières*, 1499 (Arch. nat., P. 163², n° 1192). — *Fourfelières-en-Bas-signy*, 1570 (Arch. nat., P. 176², n° 498). — *Fourfellier*, 1653 (Morimond). — *Forfelières*, 1659 (Morimond). — *Forfellier*, 1680 (Mori-mond). — *Forfilliers*, 1700 (Dillon). — *Forfe-lière*, 1717 (Morimond). — *Forfeliers*, 1732 (Pouillé de 1732, p. 120). — *Forfellière*, 1770 (arch. Haute-Marne, C. 344).

En 1789, Forfillières formait une communauté du bailliage de Langres, prévôté de Montigny-le-Roi, élection de Langres. Son église, dédiée à saint Christophe, était succursale de celle d'Avre-court, diocèse de Langres, doyenné d'Is-en-Bas-signy. La seigneurie relevait de Montigny.

FORGE (LA). *Voir aussi* VIEILLE-FORGE.

FORGE (LA), m^in, c^me d'Aigremont. — *Moulin de la Forge*, XVIIIe s. (Cassini).

FORGE (LA), lieu dit, c^me d'Ageville, section A.

FORGE (LA), m^in, c^me d'Arnoncourt.

FORGE (LA), lieu dit, c^me d'Auberive, section A.

FORGE (LA), forge, c^me de Biesle.

FORGE (LA), lieu dit, c^me de Chancenay, section D.

FORGE (LA), h., c^me de Châteauvillain. — *La cense de la Forge*, 1773 (arch. Haute-Marne, C. 262).

FORGE (LA), forge dét., c^me de Cirey-sur-Blaise. — *La Forge*, XVIIIe s. (Cassini).

FORGE (LA), usine, c^me de Colmier-le-Bas.

FORGE (LA), lieu dit, c^me de Condes, section B.

FORGE (LA), lieu dit, c^me de Cour-l'Évêque, section B.

FORGE (LA), lieu dit, c^me de Crenay, section D.

FORGE (LA), lieu dit, c^me de la Crête, section A.

FORGE (LA), lieu dit, c^me de Dinteville, section D.

FORGE (LA), lieu dit, c^me de Donjeux, section C.

FORGE (LA), fourneau, c^me de Doulevant-le-Château, section D. — *La Forge*, XVIIIe s. (Cassini).

FORGE (LA), écart, c^me de la Ferté-sur-Aube.

FORGE (LA), usine, c^me de Froncles, section D.

FORGE (LA), lieu dit, c^me de Guindrecourt-aux-Ormes.

FORGE (LA), lieu dit, c^me de Heuilley-Cothon, section A.

FORGE (LA), usine, formant écart, c^me de Joinville, section C.

FORGE (LA), lieu dit, c^me de Lanty, section E.

Forge (La), lieu dit, c^ne de Mareilles, section B.

Forge (La), lieu dit, c^ne de Montot, section B.

Forge (La), m^in, c^ne de Nogent-en-Bassigny. — *Moulin de la Forge*, 1710 (Arch. nat., Q^1. 69a).

Forge (La), lieu dit, c^ne d'Ormoy-sur-Aube, section D.

Forge (La), lieu dit, c^ne de Parnot, section B.

Forge (La), lieu dit, c^ne de Paroy, section A.

Forge (La), écart, c^ne de Poissons.

Forge (La), usine, c^ne de Ragecourt-sur-Marne.

Forge (La), lieu dit, c^ne de Riaucourt, section A.

Forge (La), h., c^ne de Robert-Magnil, section B. — *La cense de la Forge*, 1773 (arch. Haute-Marne, C. 317). — *Les Forges*, xviiie s. (Cassini).

Forge (La), lieu dit, c^ne de Roche-sur-Rognon, section C.

Forge (La), lieu dit, c^ne de Saucourt, section B.

Forge (La), lieu dit, c^ne de Signéville, section A.

Forge (La), m^in, c^ne de Sommevoire. — *Moulin de la Forge*, 1784 (Courtalon, III, p. 377).

Forge (La), lieu dit, c^ne de Viéville, section B.

Forge (La), lieu dit, c^ne de Villars-Montroyer, section B.

Forge-Anglaise (La), forge, c^ne de Doulaincourt.

Forge-Anglaise (La), forge, c^ne de Manois.

Forge-Basse (La), usine, c^ne de Chamouilley.

Forge-Basse (La), usine, c^ne de Noncourt, section C.

Forge-du-Bas (La), coutellerie, c^ne de Lanques.

Forge-du-Bas (La), lieu dit, c^ne d'Orquevaux, section D.

Forge-du-Haut (La), coutellerie, c^ne de Lanques.

Forge-Haute (La), forge, c^ne de Chamouilley.

Forge-Haute (La), forge, c^ne de Noncourt.

Forge-Neuve (La), forge, c^ne de Bienville.

Forge-Neuve (La), forge, c^ne de Saint-Dizier.

Fongeotte (La), lieu dit, c^ne de Condes, où l'on trouve des scories provenant d'une exploitation métallurgique.

Fongeotte (La), usine, c^ne de Lanty, section E.

Forges (Les), lieu dit, c^ne de Dammartin-le-Saint-Père, section C.

Forges (Les), lieu dit, c^ne de Louvemont, section D.

Forges (Les), forges dét., qui ont donné leur surnom à la Neuville-aux-Forges (aujourd'hui la Neuville-à-Remy) et à Bailly-aux-Forges. — *Une maison que on apele Les Forges, ès finages des dites Nueviles*, 1301 (Boulancourt).

Forges-Basses (Les), usine, c^ne de Bologne.

Formont (Le), f. et colline, c^ne de Ninville. — *An bois de Mansezoule et au Fromont..., pour afoueir le four de Noex*, 1276 (chapitre de Langres). — *Fortmont*, 1769 (Chalmandrier).

En 1789, le Formont était une communauté d'habitants du bailliage de Chaumont, prévôté de Nogent-le-Roi.

Cette ferme a été enlevée à Is-en-Bassigny et rattachée à Ninville par une ordonnance royale du 2 juin 1831.

Fort-Bévaux (Le), bois, c^ne d'Andelot, provenant de l'abbaye de Septfontaines, et qui dépendait de celui de la Montagne. — *La Montagne, autrement Frebeaux*, 1579 (Septfontaines). — *Le Fourbesvaux*, 1627 (Septfontaines). — *Bois de Forbevaux, faisant partie de la ditte Montagne*, 1683 (Septfontaines). — *Le Fort Bévaux*, xixe s. (carte de l'Intérieur).

Le nom de Bévaux est également porté par une ferme du même finage.

Fort-Château (Le), lieu dit, c^ne de Noidant-le-Rocheux, où se trouvent des vestiges de constructions.

Fortelle (La), h., c^ne d'Illoud. — *La Fortelle*, xviiie s. (Cassini).

En 1789, la Fortelle formait une communauté d'habitants du Barrois, bailliage de la Marche.

Fortelle (La), f., c^ne de Montreuil-sur-Thonnance. — *La Fortelle*, xviiie s. (Cassini). — *Lafertelle*, 1858 (Jolibois : La Haute-Marne, p. 376).

Fortelle (La), f. dét., c^ne de Planrupt ou de Montier-en-Der. — *La cense de La Fortelle*, 1763 (arch. Haute-Marne, C. 317).

Forte-Maison (La), lieu dit, c^ne de Bourg-Sainte-Marie, section A.

Forteresse (La), lieu dit, c^ne d'Osne-le-Val, section F.

Forteresse (La), lieu dit, c^ne de Perrusse, section A.

Fort Lieu (Le), lieu dit, c^ne de Saulles (État-major).

Fort-Ligniville (Le), fort du camp retranché de Langres, c^ne de Lanne.

Voir Saint-Menge.

Fort-Montier (Le), fort de l'enceinte de Langres, c^ne de Montlandon.

Fortune, m^in, c^ne de Planrupt. — *Le molin de Fortune, assis au finage de Planrup, sur la rivière d'Héronne*, 1574 (Montier-en-Der). — *Moulinneuf, autrement de Coffette*, 1614 (Montier-en-Der).

Fosse (La), m^in dét., c^ne de Liffol-le-Petit. — *La Fosse*, 1446 (Arch. nat., P. 176^3, n° 509). — *Lafosse*, 1858 (Jolibois : La Haute-Marne, p. 290). Ce moulin est encore indiqué sur la carte de Cassini.

Fosse-Cadet (La), usine, c^ne de Saint-Dizier.

Fosse (La) *ou* Fossé-Duval, m^on is., c^ne de Prez-sur-Marne.

Fouchène (La). f., c^ne de Dardenay. — *La Fougère,* 1769 (Chalmandrier). — *La grange de la Fouchère,* 1770 (arch. Haute-Marne, C. 344). — *Lafouchère,* 1889 (ann. Haute-Marne).

Foucheroy, lieu dit, c^ne de Saulles, section B.

Foudroyante (La), anc. forge, c^ne de Saint-Dizier, construite en 1793 pour servir de rebaterie de boulets; convertie, en 1808, en dépôt départemental de mendicité. C'est aujourd'hui un asile d'aliénés.

Fouillot, hauteur, finage de Rimaucourt, où l'on a trouvé des boulets.

Fouillot (Le), m^in et bois disparus, anc. fief, territoire de Frôcourt, c^ne de Brevannes, section A. — *Dou bois de Fouillot, qui siet en l'alnu de Froucort,* 1263 (Morimond). — *Le bois du Fouillot,* 1648 (Morimond). — *Moulin de Folot,* 1769 (Chalmandrier). — *Moulin de Foulot,* xviii^e s. (Cassini).

Fouilly, lieu dit, c^ne d'Effincourt, section A.

Fouilly, lieu dit, c^ne de Mussey, section A.

Foulain, c^ne de Nogent-en-Bassigny. — *Folein,* 1177 (arch. Côte-d'Or, Morment). — *Foulains,* 1259 (arch. Haute-Marne, G. 618). — *Foloins, Fouloins,* 1264 (arch. Haute-Marne, G. 610). — *Foleins,* xive s. (Longnon, Pouillés). — *Foulins,* 1464 (Arch. nat., P. 174², n° 330 *bis*). — *Foullain,* 1635 (arch. Haute-Marne, G. 321). — *Foulain,* 1732 (Pouillé de 1732, p. 122). — *Foulin,* 1770 (arch. Haute-Marne, C. 344).

Foulain faisait partie, en 1789, de la province de Champagne, bailliage de Chaumont, élection de Langres; la seigneurie appartenait à l'évêque de Langres et relevait de sa baronnie de Lusy. Son église paroissiale, dédiée à saint Clément, était du diocèse de Langres, doyenné d'Is-en-Bassigny. La présentation de la cure appartenait alternativement à l'abbesse de Poulangy et à celle de Notre-Dame-aux-Nonnains de Troyes, qui avait succédé aux droits du prieur de Saint-Geômes.

Foulaine (La), forge, c^ne de Lusy.

Foulon (Le), m^in, c^ne de Baissey.

Foulon (Le), lieu dit, c^ne de Bourbonne-les-Bains, section A.

Foulon (Le), lieu dit, c^ne de Choigne, section C.

Foulon (Le), lieu dit, c^ne de Forcey, section A.

Foulon (Le), lieu dit, c^ne de Léniseul, section A.

Foulon (Le), écart, c^ne de Rolampont.

Foulon (Le), usine, c^ne de Suzannecourt.

Foulon-d'en-Bas (Le), usine dét., c^ne de Chama-

randes. — *Le Foulon d'en Bas,* 1769 (Chalmandrier).

Voir aussi La Roche.

Foultot (Le), f., c^ne de Chalindrey. — *Le Foultot,* 1769 (Chalmandrier).

Foultot (Le), m^in c^ne de Chaudenay. — *Le moulin de Foulletot,* 1770 (arch. Haute-Marne, C. 344).

Foultot (Le), m^in, c^ne de Cohons. — *Le moslin au Fouletout,* 1481 (arch. Haute-Marne, G. 70). — *Moulin du Foultot,* 1769 (Chalmandrier). — *Le Foulletot,* 1858 (Jolibois : La Haute-Marne, p. 154).

Foultot (Le), colline, c^ne de Heuilley-Cothon.

Four (Le), lieu dit, c^ne d'Anglus, section B.

Four (Le), lieu dit, c^ne de Beaucharmoy, section A.

Four (Le), lieu dit, c^ne de Bienville, section C.

Four (Le), lieu dit, c^ne de Blessonville, section B.

Four (Le), lieu dit, c^ne de Champigny-lez-Langres, section C.

Four (Le), lieu dit, c^ne de Chancenay, section C.

Four (Le), lieu dit, c^ne de Châteauvillain, section B.

Four (Le), lieu dit, c^ne de Dampierre, section E.

Four (Le), lieu dit, c^ne de Doncourt, section A.

Four (Le), lieu dit, c^ne de Doulaincourt, section C.

Four (Le), lieu dit, c^ne d'Érbènay, section A.

Four (Le), lieu dit, c^ne d'Éclaron, section E.

Four (Le), lieu dit, c^ne d'Épizon, section B.

Four (Le), lieu dit, c^ne d'Ériseul, section A.

Four (Le), lieu dit, c^ne d'Esnouveaux, section D.

Four (Le), lieu dit, c^ne de Fresne-sur-Apance, section C.

Four (Le), lieu dit, c^ne de Giey-sur-Aujon, section D.

Four (Le), lieu dit, c^ne de Gourzon, section B.

Four (Le), lieu dit, c^ne de Harréville, section C.

Four (Le), lieu dit, c^ne de Nijon, section A.

Four (Le), lieu dit, c^ne d'Osne-le-Val, section B.

Four (Le), lieu dit, c^ne de Palaiseul, section A.

Four (Le), lieu dit, c^ne de Rupt, section B.

Four (Le), lieu dit, c^ne de Saint-Dizier, section A.

Four (Le), lieu dit, c^ne de Suzannecourt, section B.

Four (Le), lieu dit, c^ne de Verbiesle, section C.

Four-à-Chaux (Le), lieu dit, c^ne de Blancheville, section A.

Four-à-Chaux (Le), lieu dit, c^ne de Bourmont, section A.

Four-à-Chaux (Le), lieu dit, c^ne de Chantraine, section A.

Four-à-Chaux (Le), lieu dit, c^ne de Montribourg, section B.

Four-Banal (Le), lieu dit, c^ne de Rivière-les-Fosses, section B.

FOURCEAU (LE), ruisseau qui se jette dans le ru du Fays-Billot, près de la ferme de Carbelot.

FOURCHES (LES), m^{in} dét., qui était près de Bologne. — *Le tiers en un molin qui est apelez as Forches, séant sus Marne, desoz Boloigne,* 1261 (Thors).

FOURCHES (LES), monticule, avec m^{on} is., c^{ne} de Langres, sur lequel on a élevé en 1873 une chapelle dédiée à Notre-Dame-de-la-Délivrance. Ancien emplacement des fourches patibulaires de Langres.

FOURNEAU (LE). *Voir aussi* GRAND-FOURNEAU, GROS-FOURNEAU, PETIT-FOURNEAU, VIEUX-FOURNEAU.

FOURNEAU (LE), lieu dit, c^{ne} de Belmont, section B.

FOURNEAU (LE), lieu dit, c^{ne} de Briaucourt, section A.

FOURNEAU (LE), lieu dit, c^{ne} de Brousseval, section C.

FOURNEAU (LE), lieu dit, c^{ne} de Chalindrey, section E.

FOURNEAU (LE), anc. fourneau, c^{ne} de Chancenay, transformé en tréfilerie.

FOURNEAU (LE), lieu dit, c^{ne} de Chantraine, section A.

FOURNEAU (LE), m^{in}, c^{ne} de la Chapelle-en-Blésy, section B.

FOURNEAU (LE), lieu dit, c^{ne} de Châteauvillain. — *La cense du Fourneau,* 1773 (arch. Haute-Marne, C. 262).

FOURNEAU (LE), lieu dit, c^{ne} de Chaudenay, section B.

FOURNEAU (LE), lieu dit, c^{ne} de Chevillon, sections C et D.

FOURNEAU (LE), lieu dit, c^{ne} de Choilley, section B.

FOURNEAU (LE), lieu dit, c^{ne} de Circy-sur-Blaise, section B.

FOURNEAU (LE), lieu dit, c^{ne} de Clinchamp, section B.

FOURNEAU (LE), lieu dit, c^{ne} de Cohons, section D.

FOURNEAU (LE), usine dét., c^{ne} de Coupray. — *Le Fourneau,* 1773 (arch. Haute-Marne, C. 262).

FOURNEAU (LE), lieu dit, c^{ne} de Courcelles-en-Montagne, section E.

FOURNEAU (LE), lieu dit, c^{ne} de Darmanne, section A.

FOURNEAU (LE), écart, c^{ne} de Dinteville, section D.

FOURNEAU (LE), lieu dit, c^{ne} de Dommarien, section E.

FOURNEAU (LE), lieu dit, c^{ne} de Dommartin-le-Saint-Père, section A.

FOURNEAU (LE), lieu dit, c^{ne} d'Échènay, section A.

FOURNEAU (LE), écart, c^{ne} d'Eclaron.

FOURNEAU (LE), lieu dit, c^{ne} d'Esnouveaux, section C.

FOURNEAU (LE), lieu dit, c^{ne} de Farincourt, section A.

FOURNEAU (LE), usine dét., c^{ne} de la Fauche. — *Le Fourneau,* 1773 (arch. Haute-Marne, C. 262).

FOURNEAU (LE), lieu dit, c^{ne} de Ferrières et la Folie, section B.

FOURNEAU (LE), lieu dit, c^{ne} de Frettes, section D.

FOURNEAU (LE), lieu dit, c^{ne} de la Genevroie, section A.

FOURNEAU (LE), lieu dit, c^{ne} de Gillancourt, section B.

FOURNEAU (LE), lieu dit, c^{ne} de Harméville, section C.

FOURNEAU (LE), lieu dit, c^{ne} de Heuilley-Cothon, section A.

FOURNEAU (LE), lieu dit, c^{ne} de Heuilley-le-Grand, section A.

FOURNEAU (LE), lieu dit, c^{ne} d'Isômes, section A.

FOURNEAU (LE), lieu dit, c^{ne} de Landéville, section A.

FOURNEAU (LE), lieu dit, c^{ne} de Lanty, section E.

FOURNEAU (LE), lieu dit, c^{ne} de Leuchey, section B.

FOURNEAU (LE), lieu dit, c^{ne} de Lezéville, section C.

FOURNEAU (LE), lieu dit, c^{ne} de Liffol-le-Petit, section A.

FOURNEAU (LE), lieu dit, c^{ne} de la Mancine, section A.

FOURNEAU (LE), f., c^{ne} de Maranville.

FOURNEAU (LE), lieu dit, c^{ne} de Morteau, section A.

FOURNEAU (LE), lieu dit, c^{ne} de Mouilleron, section B.

FOURNEAU (LE), lieu dit, c^{ne} de Mussey, section C.

FOURNEAU (LE), lieu dit, c^{ne} de la Neuvelle-lez-Voisey, section C.

FOURNEAU (LE), lieu dit, c^{ne} de Noidant-Châtenoy, section B.

FOURNEAU (LE), lieu dit, c^{ne} de Noncourt, section C.

FOURNEAU (LE), lieu dit, c^{ne} d'Occey, section A.

FOURNEAU (LE), f., c^{ne} d'Orquevaux.

FOURNEAU (LE), lieu dit, c^{ne} de Perrancey, section A.

FOURNEAU (LE), lieu dit, c^{ne} de Pouilly, section A.

FOURNEAU (LE), lieu dit, c^{ne} de Ragecourt-sur-Marne, section A.

FOURNEAU (LE), lieu dit, c^{ne} de Rochefort, section A.

FOURNEAU (LE), lieu dit, c^{ne} de Saint-Loup, section A.

FOURNEAU (LE), lieu dit, c^{ne} de Saulles, section D.

FOURNEAU (LE), lieu dit, c^{ne} de Semoutier, section A.

FOURNEAU (LE), lieu dit, c^{ne} de Signéville, section A.

FOURNEAU (LE), lieu dit, c^{ne} de Ternat, section A.

FOURNEAU (LE), lieu dit, c^{ne} de Thol-lez-Millières, section A.

FOURNEAU (LE), lieu dit, c^{ne} de Varennes, section C.

FOURNEAU (LE), lieu dit, c^{ne} de Vesvre-sous-Chalancey, section A.

FOURNEAU (LE), lieu dit, c^{ne} de Villemoron, section B.

FOURNEAU (LE), lieu dit, c^{ne} de Vraincourt. — *Verincourt, la Forge et le Fourneau,* 1773 (arch. Haute-Marne, C. 262).

FOURNEAU-CAUBERT, lieu dit, c^{ne} des Loges, section C.

FOURNEAU-DE-CHAUX (LE), lieu dit, c^{ne} d'Ageville, section A.

FOURNEAU-DE-CHAUX (LE), lieu dit, c^{ne} de Corgirnon, section B.

Fourneau-de-Chaux (Le), lieu dit, c⁰ˢ des Loges, section A.

Fourneau-de-Chaux (Le), lieu dit, c⁰ˢ de Nogent-en-Bassigny, section A.

Fourneau-de-Chaux (Le), lieu dit, c⁰ᵉ d'Orges, section D.

Fourneau-Maréchal (Le), lieu dit, c⁰ˢ d'Ozières, section C.

Fourneaux (Les), lieu dit, c⁰ᵉ de Bize.

Fourneaux (Les), lieu dit, c⁰ᵉ de Cirfontaine-en-Azois, section B.

Fourneaux (Les), lieu dit, c⁰ˢ de Courcelles-sur-Blaise, section C.

Fourneaux (Les), lieu dit, c⁰ᵉ de Daillancourt, section C.

Fourneaux (Les), lieu dit, c⁰ᵉ de Domremy, section B.

Fourneaux (Les), f., c⁰ᵉ du Fays-Billot, section E.

Fourneaux (Les), lieu dit, c⁰ᵉ de Germisey, section B.

Fourneaux (Les), lieu dit, c⁰ᵉ d'Is-en-Bassigny, section F.

Fourneaux (Les), lieu dit, c⁰ᵉ de Jonchery, section C.

Fourneaux (Les), lieu dit, c⁰ᵉ de Marcilly, section D.

Fourneaux (Les), lieu dit, c⁰ᵉ de Mardor, section A.

Fourneaux (Les), lieu dit, c⁰ᵉ de Noidant-le-Rocheux, section A.

Fourneaux (Les), lieu dit, c⁰ᵉ d'Orbigny-au-Mont, section B.

Fourneaux (Les), lieu dit, c⁰ᵉ d'Ozières, section A.

Fourneaux (Les), lieu dit, c⁰ᵉ de Poinson-lez-Fays, section A.

Fourneaux (Les), lieu dit, c⁰ᵉ de Poiseul, section A.

Fourneaux (Les), lieu dit, c⁰ᵉ de Rôcourt-la-Côte, section A.

Fourneaux (Les), lieu dit, c⁰ᵉ de Rouécourt, section B.

Fourneaux (Les), lieu dit, c⁰ᵉ de Saint-Maurice, section B.

Fourneaux (Les), lieu dit, c⁰ᵉ de Saulxures, section D.

Fourneaux (Les), lieu dit, c⁰ᵉ de Thonnance-lez-Joinville, section D.

Fourneaux-à-Chaux (Les), lieu dit, c⁰ᵉ de Rizaucourt, section E.

Fourneaux-de-Chaux (Les), lieu dit, c⁰ᵉ de Soyers.

Fourneaux-du-Bas et Fourneaux-du-Haut (Les), usines, c⁰ᵉ d'Orges.

Fournière (La), lieu dit, c⁰ᵉ de Rançonnières, section C.

Fours (Les), lieu dit, c⁰ᵉ d'Osne-le-Val, section C.

Fousseu (Le Grand et Le Petit), fief, c⁰ᵉ de Villars-Saint-Marcellin; relevait de Bourbonne. — Le Fousseu, 1538 (Arch. nat., P. 176², n° 488).

Fouvette (La), f., c⁰ᵉ de la Neuvelle-lez-Coiffy. — La Fouvette, 1789 (Chalmandrier). — Favelle, 1889 (ann. Haute-Marne).

Fraigneix, f., c⁰ᵉ de Treix, section B; anc. grange de l'abbaye de la Crête. — Grangia de Froigneiis, 1155 (la Crête). — Grangia de Fraigneis, 1158 (la Crête). — Fronex, 1325 (la Crête). — Fraigney, 1571 (la Crête). — Fragneix, 1769 (Chalmandrier). — La cense de Fraigneix, 1773 (arch. Haute-Marne, C. 262).

Frampas, c⁰ᵉ de Montier-en-Der. — Francus Passus, 1165 (Montier-en-Der). — Frampas, 1370 (Montier-en-Der). — Franpas, 1734 (arch. d'Aulnay). En 1789, Frampas faisait partie de la province de Champagne, bailliage de Chaumont, prévôté de Vassy, châtellenie de Saint-Dizier, élection de Vitry. Son église paroissiale, dédiée à sainte Madeleine, était du diocèse de Châlons-sur-Marne, doyenné de Perthe. La présentation de la cure appartenait à l'abbé de Montier-en-Der. Voir Braucourt.

France (Rue et Borne de), nom d'une rue de l'ancien village de Pelongerot, aujourd'hui simple ferme, c⁰ᵉ de Rochetaillée, et d'une des bornes qui servaient à limiter son finage; elles sont indiquées dans une convention intervenue, en 1519, entre M. de Rochebaron, seigneur de Rochetaillée, et les moines d'Auberive.

Franchecourt, fief qui était au finage de Harricourt.

Franchevaux, vallon qui débouche sur le Rognon, c⁰ᵉ de Roche-sur-Rognon; premier emplacement de l'abbaye de Septfontaines, avec chapelle dédiée à saint Thiébaud (voir ce mot). — Locus qui dicitur Franches Vaus, 1134 (Septfontaines). — Vallis de Liberis Vallibus, 1155 (Septfontaines). — Franches Vas, 1194 (Septfontaines). — Francha Vallis, 1268 (Septfontaines). — Le Vaulx de Franchevaulx, 1565 (Septfontaines). — Franchevaux, 1683 (Septfontaines).

Francheville, fief qui relevait de Joinville. — La Francheville, 1401 (Arch. nat., P. 189², n° 1588).

Franchises (Les), faub., c⁰ᵉ de Langres. — Les Franchises, 1769 (Chalmandrier). Voir aussi Petite-Franchise.

Francourt, anc. fief, c⁰ᵉ de Huilliécourt.

Frécourt, c⁰ᵉ de Neuilly-l'Évêque. — Frecacuria, 1297 (arch. Haute-Marne, G. 549). — Frercuria, xiv⁰ s. (Longnon, Pouillés, I). — Freecour, 1417 (arch. Haute-Marne, G. 560). — Freecourt, 1436 (Longnon, Pouillés, I). — Frécourt, 1498 (Recueil Jolibois, II, f° 196).

10.

Frécourt dépendait, en 1789, de la province de Champagne, bailliage et élection de Langres. Son église, dédiée à saint Barthélemi, aurait été tout d'abord paroissiale; mais, en dernier lieu, elle était succursale de Bonnecourt, diocèse de Langres, doyenné du Moge.

La seigneurie appartenait à l'évêque de Langres et ressortissait à sa prévôté de Neuilly-l'Évêque.

Fremier (Le), f., cⁿᵉ de Maizières-sur-Amance. — *Fremier*, 1769 (Chalmandrier). — *La grange Fermiet*, 1770 (arch. Haute-Marne, C. 344). — *Sous-Fremier*, 1858 (Dict. des postes de la Haute-Marne).

Fremière (La), lieu dit, cⁿᵉ de Bay, section B.

Fremière (La), lieu dit, cⁿᵉ de Busson, section A.

Fremière (La), f., cⁿᵉ de Lairecey, section D.

Frènes (Les), f., cⁿᵉ de Pierrefaite. — *Les Fresnes, la Noue des Fresnes*, 1858 (Dict. des postes de la Haute-Marne).

Frénoy, f., cⁿᵉ de Hûmes. — *Frénoy*, 1769 (Chalmandrier).

Fresne-sur-Apance, cⁿⁿ de Bourbonne-les-Bains. — *Frayne*, 1235 (prieuré de Varennes). — *Frasnei*, 1250 (prieuré d'Enfonvelle). — *Fraxinus-les-Vodois*, 1329 (Bibl. nat., coll. Moreau, t. 226). — *Fraine-sur-Apance*, 1726 (Vaux-la-Douce). — *Fresnes-sur-Apance*, 1889 (ann. Haute-Marne).

Fresne-sur-Apance faisait partie, en 1789, de la Franche-Comté, bailliage de Vesoul, intendance de Franche-Comté. Son église paroissiale, dédiée à saint Julien, était du diocèse de Besançon, doyenné de Faverney. La présentation de la cure appartenait à l'abbé de Saint-Vincent de Besançon.

Fresnoy, cⁿᵉ de Montigny-en-Bassigny. — *Frasnoy, Fresnoy*, 1178 (Morimond). — *Frasnoi*, 1253 (Morimond). — *Fraisnoy*, 1284 (chapitre de Châteauvillain). — *Frasnoy, près de Moiremunt*, 1286 (Morimond). — *Franoy*, 1316 (Morimond). — *Fraisnoy*, 1336 (Arch. nat., Q¹. 698). — *Franetum*, xivᵉ s. (Longnon, Pouillés, I). — *Frasnoy*, 1443 (Arch. nat., P. 174¹, n° 299). — *Fresnoy*, 1496 (Morimond). — *Frasnoy*, 1539 (Arch. nat., P. 174², n° 322). — *Frénoy*, 1703 (Arch. nat., Q¹. 695).

Fresnoy dépendait, en 1789, de la province de Champagne, bailliage de Langres, par démembrement du bailliage de Chaumont, prévôté de Montigny-le-Roi, élection de Langres. Son église paroissiale, dédiée à la Nativité de la Sainte-Vierge, était du diocèse de Langres, doyenné d'Is-en-Bassigny. La présentation de la cure appartenait à l'abbé de Saint-Bénigne de Dijon.

Frettes, cⁿ du Pays-Billot. — *Fretac*, 1260 (cha-

pitre de Langres). — *Fretes*, 1300 (chapitre de Langres). — *Frites*, 1326 (Longnon, Doc. I, n° 5800). — *Freittes*, 1662 (chapitre de Langres). — *Freitte*, 1675 (arch. Haute-Marne, G. 85). — *Frettes*, 1711 (chapitre de Langres).

Frettes faisait partie, en 1789, de la province de Champagne, bailliage et élection de Langres. Son église paroissiale, dédiée à saint Didier, était du diocèse de Langres, doyenné de Pierrefaite. La présentation de la cure appartenait à l'abbesse de Belmont.

Fretty-aux-Anes (Le), écart. dét., cⁿᵉ d'Écot. — *La cense du Fretty-aux-Anes*, 1773 (arch. Haute-Marne, C. 262).

Friquette (La), écart dét., cⁿᵉ de Grandchamp ou de Grenant. — *La Friquette*, 1769 (Chalmandrier).

Frôcourt, fermes, cⁿᵉ de Brevannes; anc. grange de l'abbaye de Morimond. — *Frocourt*, 1168 (Morimond). — *Ferocort*, 1171 (Morimond). — *Froolcurt, Froolcult*, 1178 (Morimond). — *Frowecurt*, 1181 (Morimond). — *Froucorth*, 1202 (Morimond). — *Frocort*, 1229 (Morimond). — *Froucort*, 1263 (Morimond). — *Frecacuria*, 1290 (Morimond). — *Froucort*, 1341 (Morimond). — *Fraucourt*, 1574 (Morimond). — *Francourt*, 1769 (Chalmandrier).

Frôcourt a été enlevé à l'ancienne commune de Vaudinvilliers et uni à celle de Brevannes par un décret du 15 avril 1806.

Froideau, f., cⁿᵉ de Cerisières. — *Froidoz*, 1602 (Arch. nat., P. 175², n° 362). — *Froideau*, 1769 (Chalmandrier).

Froideau, f., cⁿᵉ de Choigne. — *Froydeau*, 1769 (Chalmandrier). — *La cense de Froideau*, 1773 (arch. Haute-Marne, C. 262).

Froide-Rivière, mⁿ dét., cⁿᵉ d'Orquevaux. — *Le moulin de Froide-Rivière*, 1626 (Arch. nat., P. 191¹, n° 1639).

Fromentelle, f., cⁿᵉ de Choilley. — *Fromentel*, 1759 (arch. Haute-Marne, G. 749). — *Fromentelle*, 1769 (Chalmandrier). — *Frumentel*, 1770 (arch. Haute-Marne, C. 344).

Fromentière (La), lieu dit, cⁿᵉ d'Autreville, section C.

Froncles, cⁿⁿ de Vignory. — *Ferronclae*, 1179-1193 (Arbaumont : Prieuré de Vignory, p. 40). — *Buzières, Ferroncles, qui est toute une parroiche*, 1447 (Arch. nat., P. 174¹, n° 302). — *Ferroncle*, 1502 (Prieuré de Vignory). — *Feroncles*, 1628 (Val-des-Écoliers). — *Froncles*, 1699 (Arch. nat., Q¹. 693).

En 1789, Froncles dépendait de la province de

Champagne, bailliage, prévôté et élection de Chaumont. Son église, dédiée à saint Joseph, était succursale de Buxières-lez-Froncles, au diocèse de Langres, doyenné de Châteauvillain, et antérieurement du doyenné de Bar-sur-Aube.

FRONVILLE, c^on de Joinville. — *Froitvilla*, ix° s. (Polyptyque de Montier-en-Der, cartul. I, f° 125 r°). — *Frunvilla*, 1140 (Saint-Urbain). — *Fronvilla*, vers 1140 (Gall. christ., VIII, instr., col. 193). — *Fronvile*, 1232 (arch. Aube, Clairvaux). —

Fronville, 1244 (Saint-Urbain). — *Frontville*, 1249-1252 (Longnon, Rôles, n° 1274).

Fronville faisait partie, en 1789, de la province de Champagne, bailliage de Chaumont, prévôté de Vassy, élection de Joinville. Son église paroissiale, dédiée à saint Lumier, était du diocèse de Châlons-sur-Marne, doyenné de Joinville. La présentation de la cure appartenait à l'abbé de Saint-Urbain. — Aurait été annexe de Rupt au xvii° s. (Grignon).

G

GABRIEL, m^in, c^ne de Rivière-le-Bois. — *Le moulin de Rivières*, 1884 (carte de l'Intérieur).

GAGNAGE (LE), écart dét., c^ne de Mandres. — *Le Gagnage*, 1769 (Chalmandrier).

GAGNAGE-DE-LA-PAIX (LE), f., c^ne de Droye. — *Le Gagnage de la Paix*, 1784 (Courtalon, III, p. 343).

GAGNAGE-DU-BARON (LE), fief, c^ne de la Harmand.

GAIETÉ (LA), f., c^ne de Beurville.

GANGUIN, m^in, c^ne de Châtoillenot. — *Moulin Guanguin*, 1769 (Chalmandrier). — *Moulin Ganguin*, xviii° s. (Cassini). — *Gangain*, 1858 (Dict. des postes de la Haute-Marne). — *Moulin Danguin*, 1889 (ann. Haute-Marne).

GARDE (LA), lieu dit, c^ne de la Villeneuve-en-Angoulancourt, section C.

GARENNE (LA), m^nn for., c^ne de Lusy.

GARENNE (LA), m^nn éclusière, c^ne de Halignicourt (ann. Haute-Marne, 1889).

GARGA, f., c^ne de Manois.

GATIÈRE (LA), f., c^ne de Rupt. — *La Galère*, xviii° s. (Cassini). — *La Gaterre*, xix° s. (Plan cadastral de Rupt). — *La Gatière*, xix° s. (État-major et Intérieur).

GAUCHER, m^in, c^ne de Langres.

GAUTEROT, m^in, c^ne de Marcilly. — *Le moulin Gautherot*, 1770 (arch. Haute-Marne, C. 344).

GEMMEMAY, m^in, c^ne de Choiseul, sur le ruisseau du Grand-Étang (Jolibois : La Haute-Marne, p. 142). Voir aussi GERMAINES.

GENEVRIÈRES, c^ne du Fays-Billot. — *Genevreres*, 1147 (Belmont). — *Genevreriae*, xiv° s. (Longnon, Pouillés, I). — *Genevrière*, 1633 (arch. Côte-d'Or, la Romagne). — *Genevrières*, 1732 (Pouillé de 1732, p. 135).

Genevrières dépendait, en 1789, de la province de Champagne, bailliage et élection de Langres. Son église paroissiale, dédiée à saint Pancrace,

était du diocèse de Langres, doyenné de Fouvent, et avait pour succursale celle de Belfond. La présentation de la cure appartenait à l'abbé de Bèze.

GENEVROIS (LA), c^on de Vignory. — *Nemus de Genevrose*, 1229 (la Crête). — *Genevroia*, 1237 (arch. Aube, Clairvaux). — *La Genevroie*, 1250 (Thors). — *Genevreia*, 1250 (Clairvaux). — *La Genevroye*, 1398 (Arch. nat., P. 174^1, n° 285). — *La Genevroye-aux-Pots*, 1602 (Arch. nat, P. 175^2, n° 362). — *La Genevroÿe*, 1626 (Arch. nat. P. 191^2, n° 1639). — *La Genevroye aux Potz*, 1700 (Dillon). — *La Genevroye au Pot*, 1768 (Arch. nat., Q^1. 693). — *La Genevroye aux Pots*, xviii° s. (Cassini). — *Lagenevroie*, 1858 (Jolibois : La Haute-Marne, p. 290). — *Lagenevroye*, 1889 (ann. Haute-Marne).

En 1789, la Genevroie faisait partie de la province de Champagne, bailliage et prévôté de Chaumont, élection de Bar-sur-Aube. Son église, dédiée à saint Barthélemi, était succursale de celle de Marbéville, au diocèse de Langres, doyenné de Châteauvillain, et auparavant du doyenné de Bar-sur-Aube.

GENEVROIE (LA), f., c^ne de Louvières, section A. — *La Gene-vrouse*, 1700 (Dillon). — *La Genevroye*, 1769 (Chalmandrier). — *La Jeune Roie*, 1835 (cadastre). — *Lagenevroie*, 1858 (Jolibois : La Haute-Marne, p. 291).

En 1789, la Genevroie était une communauté du bailliage de Chaumont, prévôté de Nogent-le-Roi.

GENEVROIE (LA), f., c^ne de Soncourt, section B; anc. prieuré du Val-des-Choux. — *Fratres de la Genevroe*, 1216 (arch. Aube, Clairvaux). — *Juniperia, Genevrie*, 1232 (Clairvaux). — *La Genevroie*, 1261 (chapitre de Châteauvillain). — *Prior et conventus de Geneveria*, 1294 (Septfontaines). — *Genevroye*, xiv⁴ s. (Longnon, Pouillés, I). — *Genevreria*, 1436 (Longnon, Pouillés, I). — *La Genevroye*, 1498 (Arch. nat., P. 164¹, n° 1361). — *La Genevroye-aux-Moines*, 1700 (Dillon). — *L'abbaye de la Genevroye*, 1828 (cadastre). — *Lagenevroie*, 1858 (Jolibois : La Haute-Marne, p. 291).

Ce prieuré, dédié à la Sainte-Vierge, dépendait du diocèse de Langres, doyenné de Chaumont. Il était, en dernier lieu, à la nomination du roi.

Genevrouse (La), f., c⁰ᵉ de Faverolles. — *Fundus Genebrose*, xiiᵉ s. (arch. Côte-d'Or, Morment). — *Jenevreuse*, 1227 (Morment). — *Genevrosa*, 1298 (Morment). — *La grange de la Genevreuse, assise entre les villes dudit Faverculles et de Marnay*, 1445 (Morment). — *La Genevrose*, 1485 (Morment). — *La Genevrouse, grange de quatre feux, dépendante de Faverolles-lès-Marac*, 1770 (arch. Haute-Marne, C. 344). — *Lagenevrouse*, 1858 (Jolibois : La Haute-Marne, p. 291).

En 1789, la Genevrouse formait une communauté de l'élection de Langres.

Génichaux, f., c⁰ᵉ de Fresnoy; anc. grange de l'abbaye de Morimond. — *Génichaut*, 1635 (Morimond). — *Genechaux*, 1670 (Morimond). — *Genichaux*, 1727 (Morimond).

Genrupt, c⁰ⁿ de Bourbonne-les-Bains. — *Jairivus*, xiᵉ s. (Bonvallet, p. 9, note 2, d'ap. arch. Côte-d'Or). — *Fratres de Templo apud Genru commorantes*, 1176 (arch. Côte-d'Or, la Romagne). — *Jaenru*, 1191 (la Romagne, H. 1238). — *Jenru*, 1224 (la Romagne). — *Janru*, 1231 (la Romagne). — *Janrui*, 1276 (la Romagne). — *Genrupt*, 1592 (la Romagne). — *Janrup*, 1700 (Dillon).

Genrupt faisait partie, en 1789, de la province de Champagne, bailliage de Chaumont, prévôté de Coiffy, élection de Langres. Son église paroissiale, dédiée à la Nativité de la Sainte-Vierge, était du diocèse de Besançon, doyenné de Faverney. La présentation de la cure appartenait au commandeur de la Romagne, qui avait aussi la seigneurie.

Genrupt, mⁱⁿ, c⁰ᵉ de Savigny.

Gentoureau, mⁱᵉ, c⁰ᵉ de la Rivière.

Germainelle (La), ruisseau qui descend du territoire d'Amorey, passe à Germaines et se réunit à l'Aube auprès d'Aulnoy.

Germaines, c⁰ⁿ d'Auberive. — *Germana*, 1230 (Auberive). — *Germanae*, 1255 (Auberive). — *Germenes*, 1258 (Auberive). — *Germaniae*, 1334 (terrier de Langres, f° 292 r°). — *Germainne*, 1524 (Auberive). — *Germaines*, 1640 (arch.

Haute-Marne, G. 288). — *Germaine*, 1675 (arch. Haute-Marne, G. 85).

Germaines faisait partie, en 1789, de la province de Champagne, bailliage et élection de Langres. Son église paroissiale, dédiée à saint Maurice, était du diocèse de Langres, doyenné de Châtillon-sur-Seine. La présentation de la cure appartenait à l'abbé de Saint-Étienne de Dijon.

Germaines était une seigneurie de l'évêque de Langres et relevait de sa baronnie de Gurgy.

Germainnes, mⁱⁿ dét., (?) qui était situé sur la Meuse, entre Léniseul et Damphel; il appartenait à l'abbaye de Morimond. — *Molendinum de Germenmeis*, 1270 (Morimond). — *Molendinum nostrum de Germainmes, situm supra fluvium de Mosa, inter Lenisueles et Damfole*, 1270 (Morimond). — *Sur la rivière de Meuse, un molin appellé Germainhuelz*, 1515 (Arch. nat., P. 176², n° 486). — *Le moulin de Germainnay, assis sur la rivière de Meuze, finage dud. Choiseul*, 1602 (Arch. nat., P. 176³, n° 502).

Suivant M. l'abbé Roussel (Dioc. de Langres, II, p. 130), ce serait aujourd'hui le Moulin-Rouge, c⁰ᵉ de Léniseul, mais c'est peut-être le moulin de Gemmemay, placé par Jolibois (La Haute-Marne, p. 142) au territoire de Choiseul, sur le ru du Grand-Étang, tout près de la Meuse.

Germainvilliers, c⁰ⁿ de Bourmont. — *Germani Villare*, 1092 (Pérard, p. 197). — *Germainviller*, 1279 (Morimond). — *Germainvillers*, 1445 (Arch. nat., P. 174¹, n° 300). — *Germainvilliers*, 1526 (Morimond).

En 1789, Germainvilliers dépendait du Barrois, intendance de Lorraine et Barrois, et suivait la coutume du Bassigny. Son église paroissiale, d'abord succursale de Damblain (Vosges), dédiée à saint Félix, était du diocèse de Langres, doyenné d'Is-en-Bassigny. La collation de la cure appartenait à l'évêque de Langres.

Germay, c⁰ⁿ de Poissons. — *Ecclesia de Germaio*, 1050 (Gall. christ., XIII, instr., col. 466). — *Jarmaium*, 1140 (Saint-Urbain). — *Jarmai, vers 1252 (Longnon, Doc. II, p. 172, note). — *Germeium*, 1264 (Gall. christ., XIII, col. 1091). — *Germayum*, 1274 (Saint-Urbain). — *Jarmay*, 1339 (Saint-Urbain). — *Germy*, 1446 (Arch. nat., P. 176³, n° 509). — *Germel*, 1583 (Saint-Urbain). — *Germey*, 1700 (Dillon).

Germay faisait partie, en 1789, de la province de Champagne, bailliage de Chaumont, prévôté d'Andelot, élection de Chaumont. Son église paroissiale, dédiée à saint Èvre, était du diocèse de

Toul, doyenné de Reynel. Elle avait pour succursales Bressoncourt et Germisey. La présentation de la cure appartenait à l'abbé de Saint-Mansuy de Toul.

Germisey, c⁰ⁿ de Poissons. — *Germisei*, 1401 (Arch. nat., P. 189², n° 1588). — *Germiseil, Germisey, Germisey-Sainte-Croix*, 1576 (Arch. nat., P. 189¹, n° 1585). — *Germisay*, 1708 (Saint-Urbain). — *Germizay*, 1773 (arch. Haute-Marne, C. 262). — *Germizey*, XVIII⁰ s. (Cassini).

Germisey faisait partie, en 1789, de la province de Champagne, bailliage de Chaumont, prévôté d'Andelot, élection de Chaumont, et relevait du château de Joinville. Son église, dédiée à saint Cosme et saint Damien, était succursale de celle de Germay, diocèse de Toul, doyenné de Reynel.

Germonville, lieu dit, c⁰ⁿ de Chantraine, section A.

Gervilliers, h., c⁰ⁿ de Puellemontier. — *In pago Breonense, in villa que dicitur Gerulvellare*, 856 ou 859 (Cartul. Montier-en-Der, I, f° 25 r°, et D. Bouquet, VIII, 549, C). — *Gervilliers*, 1644 (Montier-en-Der). — *Jurvilliers*, 1656 (Montier-en-Der). — *Jervilliers*, XVIII⁰ s. (Cassini). — *Gervillers*, XIX⁰ s. (cadastre, section B).

Gésans, anc. fief, c⁰ⁿ de Buxières-lez-Belmont (Jolibois : La Haute-Marne, p. 94).

Gevrey, m¹ⁿ, c⁰ⁿ de Voisey.

Giancourt, bocard, c⁰ⁿ de Ville-en-Blaisois.

Giette, m¹ⁿ, c⁰ⁿ d'Orbigny-au-Mont. — *Moulin Gillette*, 1769 (Chalmandrier).

Giey-sur-Aujon, c⁰ⁿ d'Auberive. — *Gid*, 1157 (arch. Côte-d'Or, Morment). — *Gyé*, 1216 (Gall. christ., IV, instr., col. 201). — *Gyeium*, 1219 (arch. Allier, prieuré de Vauclair). — *Giei*, 1254 (chapitre de Châteauvillain). — *Gieium*, 1261 (chapitre de Châteauvillain). — *Gyé-sus-Aujon*, 1262 (arch. Allier, Vauclair). — *Gieium super Aujon*, 1266 (Auberive). — *Gyé sus Aujon*, 1271 (Vauclair). — *Giey*, 1366 (Vauclair). — *Gyeyum*, XIV⁰ s. (Longnon, Pouillés, I). — *Gieyum super Aujon*, 1436 (Longnon, Pouillés, I). — *Parrochialis ecclesia S. Gengulphi de Giey-sur-Aujon*, 1732 (Pouillé de 1732, p. 10). — *Gyey sur Aujon*, 1769 (Chalmandrier). — *Giez sur Aujon*, 1858 (Jolibois : La Haute-Marne, p. 231).

En 1789, Giey dépendait de la province de Bourgogne, bailliage de la Montagne ou de Châtillon-sur-Seine, intendance de Bourgogne. Son église paroissiale, sous le vocable de saint Gengoul, était du diocèse et du doyenné de Langres, et avait pour succursales celles de Saint-Loup, de Ternat, de Courcelotte et d'Ériseul. La présenta-

tion de la cure appartenait au prieur de Saint-Amâtre de Langres.

Gigney, lieu dit, c⁰ⁿ de Noncourt, section B.

Gigny, faub. de Saint-Dizier. — *Gihini Cortis*, 854 (Cartul. Montier-en-Der, I, f° 19 v°). — *Ginneium*, 1175 (arch. Marne, Troisfontaines). — *Cum inter presbyterum de Gigneio et presbyterum Sancti Desiderii, super limitibus parrochiarum suarum, propter translationem Gigneii ad alium locum, orta questio verteretur*, 1196 (Montier-en-Der). — *Gineium*, 1228 (arch. Marne, Saint-Jacques de Vitry). — *Gigney*, 1292 (Montier-en-Der). — *Gignei*, 1301 (Saint-Jacques de Vitry). — *Gygney*, 1434 (Saint-Jacques de Vitry). — *Gigny, Giny*, 1490 (Montier-en-Der). — *Gigny-lez-Saint-Dizier*, 1493 (Montier-en-Der).

Gigny formait, en 1789, une paroisse du diocèse de Châlons-sur-Marne, doyenné de Joinville, avec une église dédiée à saint Martin. La présentation de la cure appartenait à l'abbé de Montier-en-Der. C'est encore une paroisse.

Gigny, lieu dit, c⁰ⁿ de Thonnance-les-Moulins, section B.

Gillancourt, c⁰ⁿ de Juzennecourt. — *Gillencurtis*, 1147 (prieuré de Sexfontaine). — *Gillencort*, 1210 (arch. Aube, Clairvaux). — *Gillancort*, 1226 (Clairvaux). — *Gillencuria*, 1246 (Clairvaux). — *Gillancuria*, 1263 (Clairvaux). — *Gilencourt*, 1276-78 (Longnon, Doc. II, p. 181). — *Gillancort*, 1281 (Clairvaux). — *Gilancort*, 1289 (Clairvaux). — *Gilloncourt*, 1290 (Clairvaux). — *Gilloncuria*, 1298 (prieuré de Sexfontaine). — *Gilencuria*, 1328 (Arch. nat., JJ. 65², n° 65). — *Gillancours*, 1436 (Longnon, Pouillés, I). — *Gillancour*, 1732 (Pouillé de 1732, p. 76).

Gillancourt faisait partie, en 1789, de la province de Champagne, bailliage et élection de Chaumont, mairie royale de la Villeneuve-au-Roi, et relevait de la baronnie de Sexfontaine. Son église paroissiale, dédiée à saint Bénigne, était du diocèse de Langres, doyenné de Châteauvillain, et auparavant du doyenné de Bar-sur-Aube. La présentation de la cure appartenait au prieur de Sexfontaine.

Gillancourt, lieu dit, c⁰ⁿ de Germainvilliers, section D.

Gillaumé, c⁰ⁿ de Poissons. — *Gillauneis*, 1401 (Arch. nat., P. 189², n° 1588). — *Gillaumelz*, 1448 (Arch. nat., P. 177³, n° 649). — *Gillaulmey*, 1538 (arch. Pimodan). — *Gillaumez*, 1539 (*ibid.*). — *Gillaumet*, 1564 (chapitre de Joinville). — *Gillaumey*, 1576 (Arch. nat., P. 189¹, n° 1585). — *Gillaumetz*, 1657 (arch. Pimodan). — *Gillomez*, 1682 (*ibid.*). — *Gillaumel*, 1700 (Dillon). — *Gillaumé*, 1742 (arch. Pimodan).

Gillaumé faisait partie, en 1789, de la province de Champagne, bailliage de Chaumont, prévôté d'Andelot, élection de Joinville, et relevait de la châtellenie de Joinville. Son église, dédiée à saint Martin, était succursale de celle d'Echènay, au diocèse de Toul, doyenné de Dammarie.

Gillemont, plateau, c⁰ᵉ de Champigny-sous-Varennes, où l'on a trouvé des tombeaux et des débris d'armures. Anc. village. — *Ecclesia de Gislomonte*, 1101 (arch. Côte-d'Or et Gall. christ., IV, instr., col. 149). — *Ecclesia de Gillomonte*, 1170 (Pflugk-Harttung, p. 244).

Gilley, c⁰ᵉ du Fays-Billot. — *Gilleyum*, xiv° s. (Longnon, Pouillés, I). — *Gilley*, 1605 (Arch. nat., P. 177¹, n° 561 *bis*).

Gilley dépendait, en 1789, de la province de Champagne, bailliage et élection de Langres. Son église paroissiale, dédiée à saint Brice, était du diocèse de Langres, doyenné de Fouvent, avec Farincourt et Valleroy pour annexes. La collation de la cure appartenait à l'évêque.

Gimagneux, f., c⁰ᵉ de Voillecomte.

Gingeolle (Grande et Petite), écart, c⁰ᵉ de Chalindrey. — *La Gingeole*, 1769 (Chalmandrier). — *La Petite Gingeotte*, 1858 (Jolibois : La Haute-Marne, p. 103). — *Gingeolle*, xix° s. (carte de l'Intérieur).

Giraucourt, lieu dit, c⁰ᵉ du Fays-Billot, section C.

Gîte (La), f., c⁰ᵉ de Pierrefaite.

Gonaincourt, c⁰ᵉ de Bourmont. — *Gonnencort*, 1122 (Gall. christ., XIII, instr., col. 486). — *Gunnaicourt*, xii° s. (Saint-Mihiel). — *Gonencort*, *Gonnaincourt*, 1256 (Morimond). — *Gonnaincourt*, xviii° s. (Cassini). — *Gonaincourt*, xix° s. (Intérieur).

En 1789, Gonaincourt faisait partie du Barrois, bailliage de Bourmont, intendance de Lorraine et Barrois, et suivait la coutume du Bassigny. Son église, dédiée à saint Martin, était annexe de celle de Bourmont, diocèse de Toul, doyenné de Bourmont.

Goncourt, c⁰ᵉ de Bourbonne. — *Godoni curtis*, 1122 (Pérard, p. 223). — *Goncort*, 1163 (Morimond). — *Goncuria*, 1402 (Pouillé de Toul). — *Goncourt*, xviii° s. (Cassini).

En 1789, Goncourt faisait partie du Barrois, bailliage de la Marche, intendance de Lorraine et Barrois. Son église paroissiale, dédiée à saint Martin, était du diocèse de Toul, doyenné de Bourmont. La présentation de la cure appartenait au

prieur de Saint-Blin, *alias* au chapitre de Saint-Èvre de Toul.

Goncourt, lieu dit, c⁰ᵉ de Germainvilliers, section A. — *La croix de Goncourt*, xix° s. (cadastre).

Goncourt, lieu dit, c⁰ᵉ de Mirbel, section B.

Goncourt, lieu dit, c⁰ᵉ de Vaudrecourt, section A. — *Le jardin de Goncourt*, 1845 (cadastre).

Gorge (La), écart, c⁰ᵉ du Fays-Billot. — *La Gorge*, 1769 (Chalmandrier).

Gorvilliers, lieu dit, c⁰ᵉ de Narcy, section A.

Gourzon, c⁰ⁿ de Chevillon. — *Villa de Gurgione*, 1050-1080 (Cartul. Montier-en-Der, I, f° 57 v°). — *Gurzon*, 1137 (Ruetz). — *Gurzio*, 1140 (Saint-Urbain). — *Gorzum*, 1177 (Montier-en-Der). — *Gourzon*, *Gorzon*, 1401 (Arch. nat., P. 189², n° 1588). — *Gourson*, 1584 (Ruetz). — *Ecclesia de Gourzonno*, 1593 (Lalore, Princip. cartul., IV, p. xxviii, n° 28).

Gourzon faisait partie, en 1789, de la province de Champagne, bailliage de Chaumont, prévôté de Vassy, châtellenie et élection de Joinville. Son église paroissiale, dédiée à saint Martin, était du diocèse de Châlons-sur-Marne, doyenné de Joinville. La présentation de la cure appartenait à l'abbé de Montier-en-Der.

Goussin, m⁰ⁿ, c⁰ᵉ de Tornay. — *Moulin Gursut*, 1769 (Chalmandrier). — *Moulin de Gursin*, xviii° s. (Cassini). — *Le Goussin*, 1889 (ann. Haute-Marne).

Gouttes-Basses (Les), f. et m⁰ⁿ, c⁰ᵉ de Brevannes, section B; anc. grange de l'abbaye de Morimond. — *Guttae*, 1165 (Morimond). — *Les Gouttes Basses*, 1652 (Morimond). — *Goutes Basses*, xviii° s. (Cassini).

Gouttes-Hautes (Les), h. et chât., c⁰ᵉ de Brevannes, section A; anc. grange de l'abbaye de Morimond. — *Guttae*, 1165 (Morimond). — *Les Goites*, 1262 (Morimond). — *La grange des Gouttes*, 1285 (Morimond). — *Les Gouttes Hauttes*, 1652 (Morimond). — *Gouttes Hauttes*, 1769 (Chalmandrier). — *Goutes Hautes*, xviii° s. (Cassini).

Les Gouttes Hautes et Basses ont fait partie de la commune de Vaudinvilliers jusqu'en 1806.

Gras-Dos, m⁰ⁿ, c⁰ᵉ de Langres, territ. de Brevoine. — *Gras Dos*, 1770-1779 (hôpital de la Charité de Langres, B. 27, p. 51).

Graffigny ou Graffigny-Chemin, c⁰ⁿ de Bourmont. — *Grefineium*, 1202 (arch. de la Meuse, cartul. du chapitre de Ligny). — *Graffineyum*, 1402 (Pouillé de Toul). — *Graffigny*, 1608 (Annonciades de Bourmont). — *Graffigny-Chemin*, 1886 (dénombrement).

En 1789, Graffigny formait, avec Chemin, une communauté du Barrois, bailliage de Bourmont, intendance de Lorraine et Barrois. Son église paroissiale, dédiée à saint Élophe, était du diocèse de Toul, doyenné de Bourmont, avec Malaincourt pour succursale. La présentation de la cure appartenait au chapitre de Ligny-en-Barrois.

Grammont, f., c⁰ᵉ de Longeville. — *Gramont*, xviiiᵉ s. (Cassini). — *Grandmont*, xixᵉ s. (État-major).

Grand-Bussy (Le), montagne, c⁰ᵉ de Thonnance-lez-Joinville.

Grandchamp, c⁰ᵉ de Longeau. — *Magnus Campus*, 1202 (chapitre de Langres). — *Grant Champ*, 1334 (terrier de Langres, f° 91 r°). — *Grain Champ*, 1342 (arch. Haute-Marne, chapitre de Langres). — *Grandchamp*, 1675 (arch. Haute-Marne, G. 85).

Grandchamp faisait partie, en 1789, de la province de Champagne, bailliage et élection de Langres; la seigneurie, qui appartenait en partie à l'évêque de Langres, relevait de son marquisat de Coublant. Il y avait une église, dédiée à saint Martin, qui aurait été érigée en succursale de Coublant, en 1789, diocèse de Langres, doyenné du Moge (Roussel, Dioc. de Langres, II, p. 383). Quoi qu'il en soit, le pouillé de 1732 porte : «Parochialis ecclesia S. Petri de Coublant, S. Martini de Maats, et Granchamp, *ejus succursuum.*»

Grande-Barbe (La), f., c⁰ᵉ de Robert-Magnil. — *Grande Barbe*, xixᵉ s. (État-major).

Grande-Chaîne (La), m⁰ⁿ de garde-barrière, c⁰ᵉ de Villiers-au-Bois.

Grande-Combe (La), f., c⁰ᵉ de Pressigny.

Grande-Fontaine, lieu dit, c⁰ᵉ de Corlée, où l'on a trouvé des restes d'une villa considérable. — *Couvent de Grande-Fontaine*, 1858 (Jolibois : La Haute-Marne, p. 166). — *Grand-Fontaine*, xixᵉ s. (cadastre, section B).

Grande-Grange (La), fief qui était au territoire de Droye et relevait de l'abbaye de Montier-en-Der. — *La Grand Grange*, 1535 (Montier-en-Der). — *La Grant Granche*, 1537 (Montier-en-Der). — *La Grande Granche, alias les Cacquery*, 1572 (Montier-en-Der).

Grande-Lanne (La), dépendance de Lanne. — *Magna Laanna*, 1334 (terrier de Langres, f° 32 v°).

Grande-Maison (La), lieu dit, c⁰ᵉ de la Genevroie, section A.

Grande-Maison (La), lieu dit, c⁰ᵉ de Langres, section F.

Grande-Nicole (La), f., c⁰ᵉ de Colombey-lez-Choiseul.

Grandes-Planches (Les), écart, c⁰ᵉ de Pressigny.

Grande-Tuilerie (La), f., c⁰ᵉ de Reynel.

Grand-Fourneau (Le), lieu dit, c⁰ᵉ de Maizières-sur-Amance.

Grand-Fourneau (Le), lieu dit, c⁰ᵉ de Roche-sur-Rognon, section C.

Grande-Tuilerie (La), lieu dit, c⁰ᵉ de Mertrud, section D.

Grand-Jard (Le), étang et bois, c⁰ᵉ d'Éclaron. — *L'estang du Grand Jard, au Roy*, 1576 (Arch. nat., P. 189¹, n° 1585).

Grand-Jardin (Le), chât., c⁰ᵉ de Joinville, construit par Claude de Lorraine, duc de Guise, mort en 1550.

Grand-Monveux (Le), écart, c⁰ᵉ de Chaudenay (ann. Haute-Marne, 1889).

Grand-Moulin (Le), f., c⁰ᵉ d'Audeloncourt. — *Le Grand Moulin*, 1769 (Chalmandrier).

Grand-Moulin (Le), lieu dit, c⁰ᵉ de Brevannes, section B.

Grand-Moulin (Le), m¹ⁿ, c⁰ᵉ de Fresne-sur-Apance.

Grand-Moulin (Le), m¹ⁿ, c⁰ᵉ de Voncourt.

Grand-Pont (Le), faub., c⁰ᵉ de Bourbonne-les-Bains.

Grand-Pont (Le), m⁰ⁿ is., c⁰ᵉ de Saint-Dizier.

Grand-Pré (Le), bocard, c⁰ᵉ de Suzannecourt.

Grand-Rupt, b., avec chap., c⁰ᵉ de Levécourt; anc. grange de Morimond. — *Grandis Rivus*, 1150 (Morimond). — *Gran Ru*, 1262 (Morimond). — *La grange de Grant Ru*, 1273 (Morimond). — *Grangia de Grandi Rivo*, 1284 (Morimond). — *Grant Rui et Allevescort, granges de Moiremont*, 1285 (Morimond). — *Magnus Rivus*, 1591 (Morimond). — *Grand Bupt*, 1684 (Morimond).

Grand-Rupt a été constitué en ville neuve, conjointement avec Levécourt, en 1285.

Grands-Charmes (Les), f., c⁰ᵉ de Noidant-le-Rocheux.

Grands-Fourneaux (Les), lieu dit, c⁰ᵉ de Liffol-le-Petit, section B.

Grands-Moulins (Les), m¹ⁿ, c⁰ᵉ de Saint-Urbain.

Grand-Tremblot (Le), écart dét., c⁰ᵉ d'Aigremont. — *Grand Tremblot*, xviiiᵉ s. (Cassini).

Grand-Vaux, f. dét., c⁰ᵉ de Dardenay. — *La grange de Grandvaux*, 1770 (Arch. nat., Q¹, 695).

Grand-Vaux, f., c⁰ᵉ d'Épinant. — *Estang de Grant Val*, 1407 (Arch. nat., P. 176², n° 462). — *Granveaux*, 1769 (Chalmandrier). — *Grandveau*, 1888 (État-major). — *Granvaux*, 1889 (Intérieur).

Grand-Vaux, f., c⁰ᵉ de Vouécourt; anc. maison de l'ordre de saint Antoine. — *L'ospital de Grant*

Val, 1447 (Arch. nat., P. 174¹, n° 301). — *Grand Vaulx*, 1600 (Arch. nat., Q¹. 693). — *Le prieuré hospitalier de Grand Vau*, 1602 (Arch. nat., P. 175², n° 362). — *Grand Vaux*, 1602 (Arch. nat., Q¹. 693). — *Granvaux*, 1700 (Dillon). — *La cense de Grandvaux*, 1773 (arch. Haute-Marne, C. 262).

GRANGE (LA). *Voir aussi* ROUGE-GRANGE, VIEILLE-GRANGE, VIDE-GRANGE.

GRANGE (LA), lieu dit, cⁿᵉ de Courcelles-en-Montagne, section C.

GRANGE (LA), f., cⁿᵉ de Fontaine. — *La Grange* XVIII° s. (Cassini).

GRANGE (LA), lieu dit, cⁿᵉ de Meslay, section A.

GRANGE (LA), lieu dit, cⁿᵉ de Narcy, section B.

GRANGE (LA), lieu dit, cⁿᵉ d'Osne-le-Val, section A. — *Val-de-la-Grange*, 1845 (cadastre).

GRANGE-ADAM (LA), f. dét., cⁿᵉ de Montier-en-Der, ayant appartenu à l'abbaye de ce nom. — *Nostre gainnaige de la grange Adam, lequel est de présent totalement en friche et désert*, 1478 (Montier-en-Der).

GRANGE-AU-BOIS (LA), écart, cⁿᵉ de Chatonrupt, près de Sommermont, indiqué par Cassini; serait peut-être la ferme aujourd'hui appelée de Saint-Éloi. — *La Grange aux Bois*, XVIII° s. (Cassini).

GRANGE-AU-BOIS (LA), f., cⁿᵉ de Droye; anc. prieuré, sous le vocable de Saint-Jean-du-Parc, qui dépendait de l'abbaye de Montier-en-Der. — *La Granche aux Bois*, 1508 (Montier-en-Der). — *La grange aux Bois*, 1680 (Montier-en-Der). — *La Grange aux Bois, autrement Saint Jean du Parc, à l'abbaye*, 1738 (Vaveray, p. 164). — *Prieuré du titre de Saint Jean du Parc*, 1784 (Courtalon, III, p. 343).

GRANGE-AU-BOIS (LA), f., cⁿᵉ de Humbécourt. — *La Grange au Bois*, XVIII° s. (Cassini).

GRANGE-AU-BOIS (LA), lieu dit, cⁿᵉ de Montsaon, section A.

GRANGE-AU-BOIS (LA), lieu dit, cⁿᵉ de Rolampont, section B.

GRANGE-AU-CAPITAINE (LA), f., cⁿᵉ de Châteauvillain. — *Capitaine*, 1769 (Chalmandrier). — *Cense de la grange au Capitaine*, 1773 (arch. Haute-Marne, C. 262). — *La Grange*, 1889 (ann. Haute-Marne).

GRANGE-AU-PRIEUR (LA), h., cⁿᵉ de Langres. — *La Grange-au-Prieur*, 1769 (Chalmandrier).

GRANGE-AU-RUPT (LA), lieu dit, cⁿᵉ de Hallignicourt, section D.

GRANGE-AU-RUPT (LA), h., cⁿᵉ de Vassy. — *La Grange-au-Rupt*, 1763 (arch. Haute-Marne, C. 317).

GRANGE-BÉGUINOT (LA), f. dét., cⁿᵉ de Chaudenay. — *La Grange Béguinot*, 1770 (arch. Haute-Marne, C. 344).

GRANGE-COLLARD (LA), lieu dit, cⁿᵉ de Vassy, section F.

GRANGE-DES-VIGNES (LA), écart, cⁿᵉ de Vaux-la-Douce.

GRANGE-DU-BOIS (LA), f. dét., qui était dans le voisinage de la Neuvelle-lez-Coiffy (Cassini). — *La Grange du Bois*, 1770 (arch. Haute-Marne, C. 344).

GRANGE-GUYOT (LA), lieu dit, cⁿᵉ de Varennes, section A. — *Sentier de la Grange Guyot*, 1842 (cadastre).

GRANGE-GUYOT (LA), f., cⁿᵉ de Vicq. — *La Grange Guiot*, 1769 (Chalmandrier). — *La Grange Guyot*, 1770 (arch. Haute-Marne, C. 344).

GRANGE-LA-DAME (LA), lieu dit, cⁿᵉ de Clefmont, section A.

GRANGE-NEUVE (LA), f., cⁿᵉ de Buxières-lez-Belmont; anc. grange de l'abbaye de Belmont. — *Les Granges Neuves*, 1770 (arch. Haute-Marne, C. 344). — *La Grange-Neuve*, XIX° s. (cadastre, section F).

GRANGE-NEUVE (LA), mⁿ, anc. f., cⁿᵉ de Chézeaux. — *La Grange Neufve*, 1538 (Arch. nat.. P. 176², n° 488). — *La Grange Neuve*, 1750 (Arch. nat., Q¹. 694).

GRANGE-NEUVE (LA), f., cⁿᵉ de Corgirnon. — *La Grange Neuve*, 1769 (Chalmandrier).

GRANGE-NEUVE (LA), f. dét., dans le voisinage de Morancourt; elle appartenait à l'abbaye de Boulancourt. — *La Nuefve Grange*, 1448 (Arch. nat., P. 177², n° 649).

GRANGEOLLE (LA), lieu dit, cⁿᵉ de la Genevroie, section B.

GRANGEOTTE (LA), lieu dit, cⁿᵉ d'Avrecourt, section B.

GRANGEOTTES (LES), lieu dit, cⁿᵉ de Cirey-lez-Mareilles, section B.

GRANGEOTTES (LES), lieu dit, cⁿᵉ de Vitry-lez-Nogent, section B.

GRANGE-PIOCHE (LA), f., cⁿᵉ de Chitenay-Mâcheron. — *La Grange-Pioche*, 1770 (arch. Haute-Marne, C. 344). — *La Grande Pioche*, XIX° s. (cadastre, section A.)

GRANGE-ROBERT (LA), fief qui dépendait de la paroisse de Valcourt. — *Grange-Robert*, XVIII° s. (Cassini).

GRANGE-ROUGE (LA), lieu dit, cⁿᵉ de Châtenay-Vaudin.

GRANGES (LES), lieu dit, cⁿᵉ de Choiseul, section A.

GRANGES (LES), lieu dit, cⁿᵉ de Darmanne, section C.

GRANGES (LES), h., cⁿᵉ de Droye. — *Les Granges*, 1784 (Courtalon, III, p. 342).

GRANGES (Les), lieu dit, c^{ne} de Lanques, section B.

GRANGES (Les), lieu dit, c^{ne} de Rivière-les-Fosses, section A.

GRANGES-DU-VOL (Les), h., c^{ne} de Coiffy-le-Haut. — *La grange du Vol*, 1407 (Arch. nat., P. 176², n° 465). — *La grange du Vol, l'estang du Vol*, 1460 (Arch. nat., P. 176², n° 466). — *Le hameau du Vaux*, 1770 (arch. Haute-Marne, C. 344).

GRANGES-FRANCHES (Les), f., c^{ne} de Maatz. — *Les Granges Fra..ches*, xixe s. (Cadastre, section C).

GRANGES-HUGUET (Les), h., c^{ne} de Coiffy-le-Haut. — *La Grange Huguet*, 1769 (Chalmandrier). — *Les granges appelées Huguettes*, 1770 (arch. Haute-Marne, C. 344). — *Les Granges Huguet*, xixe s. (carte de l'Intérieur). — *Les Granges du Gué*, xixe s. (cadastre, section C).

GRANGES-MARIVET (Les), f., c^{ne} de Leccy.

GRANGETTES (Les), lieu dit, c^{ne} de Langres, section A.

GRATTEDOS, m^{in}, c^{ne} d'Aprey; anc. fief, avec château fort, c^{ne} de Villiers-lez-Aprey, section B. — *Grattedos*, 1456 (arch. Haute-Marne, G. 592). — *La forte maison de Gratte Doux*, 1464 (Arch. nat., P. 174³, n° 330 bis). — *Grathedos*, 1481 (arch. Haute-Marne, G. 592). — *Gratedoz*, 1607 (arch. Haute-Marne, G. 592). — *Château de Gratedos*, 1710 (arch. Haute-Marne, G. 592).

GRAVIÈRE (La), anc. fief, c^{ne} de Ragecourt-sur-Blaise.

GRAVILLEULLE (La), anc. gagnage de l'abbaye de Haute-Fontaine, c^{ne} de Perthe. — *La Grande Gravileule*, 1661 (arch. Marne, Haute-Fontaine). — *La Petite Gravilleulle*, 1661 (Haute-Fontaine). — *La Gravilieul*, 1671 (Haute-Fontaine). — *La Gravillieul*, 1725 (Haute-Fontaine). — *La Gravillieulle*, 1747 (Haute-Fontaine).

GRAZUN, m^{in}, c^{ne} de Chalancey. — *Grazin*, 1889 (ann. Haute-Marne).

GRENANT, c^{ne} du Pays-Billot. — *Granant*, 1120 (arch. Haute-Marne, Grand-Sémin., Grosse-Sauve). — *Grenant*, 1147 (Belmont). — *Grenantum*, 1293 (chapitre de Langres). — *Grenand*, 1770 (arch. Haute-Marne, C. 344).

Grenant dépendait, en 1789, de la province de Champagne, bailliage de Langres. Une partie de la seigneurie appartenait à l'évêque de Langres. Son église paroissiale, dédiée à saint Martin, était du diocèse de Langres, doyenné de Fouvent, avec celle de Saulles pour succursale. La présentation de la cure appartenait à l'abbesse de Belmont.

GRÈVE (La), h., c^{ne} de Ceffonds. — *La Grève*, 1519 (Montier-en-Der). — *La Gresve*, 1530 (Mon-

tier-en-Der). — *La Grève, paroisse du dict Ceffonds*, 1539 (Recueil Jolibois, X, f° 142).

En 1789, la Grève formait une communauté du bailliage de Chaumont, prévôté de Bar-sur-Aube. La seigneurie appartenait à l'abbaye de Montier-en-Der.

GRIFFONNOTE (La Grande et La Petite), écart., c^{ne} de Torcenay.

GRIGBY, lieu dit, c^{ne} d'Autreville, section A.

GRIGNEHAR, f., c^{ne} de Robert-Magnil. — *Cense ou ferme appellée Grignehart*, 1677 (Montier-en-Der). — *Grinhart*, 1718 (Montier-en-Der). — *La cense de Grignehard*, 1763 (arch. Haute-Marne, C. 317). — *Grignehar*, xviiie s. (Cassini).

GRIGNONCOURT, f., c^{ne} de Fresnoy; anc. grange de l'abbaye de Morimond. — *Grannoncort*, 1165 (Morimond). — *Gruygnuncort*, 1176 (arch. Côte-d'Or, la Romagne). — *Gregnecort*, 1262 (Morimond). — *Grinoncourt*, 1602 (Arch. nat., P. 176², n° 502). — *Grignoncourt-lez-Morimond*, 1635 (Morimond). — *Grignoncour*, 1675 (Morimond). — *Grignancourt*, 1769 (Chalmandrier).

En 1789, Grignoncourt était du bailliage de Langres, prévôté de Passavant-en-Vosge.

GRIGNOT, m^{in} dét., c^{ne} d'Outremécourt. Il aurait été détruit au xviie siècle, pendant un des sièges de la ville de la Mothe.

GRIGNY, fief qui était au finage d'Attancourt. — *Le moulin et emplacement de la grosse forge, à Grigny*, 1576 (Arch. nat., P. 189¹, n° 1585). — *Attancourt et les fiefs de Grigny et de La Mothe*, 1763 (arch. Haute-Marne, C. 317).

GRIGNY, lieu dit, c^{ne} de Villiers-aux-Bois, section B.

GRISCOURT, lieu dit, dans le voisinage de Vignory. — *Grincurtis, Grincort*, 1108 (Arbaumont : Prieuré de Vignory, p. 28 et 152).

GRIPERIE (La), lieu dit, c^{ne} d'Andelot, section C.

GRIVELET, f., c^{ne} de Créancey.

GRONNAY, fief qui était au territoire de Maranville, ou de Saint-Martin, et relevait de la Ferté-sur-Aube. — *Gronnay*, 1603 (Arch. nat., P. 189², n° 1587).

GROS-FOURNEAU (Le), lieu dit, c^{ne} de Montreuil-sur-Thonnance, section B.

GROS-MOULIN (Le), lieu dit, c^{ne} de la Ferté-sur-Aube, section B.

GROSSE-PIERRE (La), m^{in}, c^{ne} d'Illoud.

GROSSE-SAULE ou L'ARVISENAIE, f., c^{ne} de Dommarien. — *Grosse-Saule ou l'Arcisenaie*, 1889 (ann. Haute-Marne). — *Grosse Saule*, xixe s. (cadastre, section A).

GROSSE-SAUVE, f. et tuil., c^{ne} des Loges; anc. hôpital,

11.

de l'ordre de saint Augustin, puis prieuré, uni au grand séminaire de Langres. — *Domus Dei de Grossa Silva*, 1120 (Grand séminaire, et Gall. christ., IV, instr., col. 156). — *Grosse Saulve*, 1464 (Arch. nat., P. 174³, n° 330 *bis*). — *Grosse Sauve*, 1675 (arch. Hàute-Marne, G. 85). — *Grossaulve*, 1732 (Pouillé de 1732, p. 28).

En 1789, la réunion de Grosse-Sauve et de Montfricon formait une communauté de l'élection de Langres.

GAUYÈRE (LA), m^{in}, c^{ne} de Vicq, section F.

GUDMONT, c^{ne} de Doulaincourt. — *Capella Guimontis*, 1115 (Cartul. de Gorze, p. 257). — *Guimont*, 1447 (Arch. nat., P. 174¹, n° 302). — *Gumont*, 1538 (Arch. nat., P. 174², n° 319). — *Gudmont-sur-Marne*, 1547 (Arch. nat., P. 174³, n° 324). — *Gudmont*, 1581 (Arch. nat., P. 176⁴, n° 534). — *Guemont*, 1605 (Arch. nat., P. 176⁴, n° 538). *Gumon, Gumond*, 1751 (arch. Haute-Marne, C. 75). — *Gudmond*, 1762 (arch. Haute-Marne, C. 75).

Il nous paraît impossible d'admettre l'identification qu'on a faite de cette localité (*Revue de Champ. et de Brie*, oct.-nov. 1899, p. 733) avec la *Silva Gundus Mons, super fluvium Otomnam*, mentionnée en 863.

Gudmont faisait partie, en 1789, de la province de Champagne, bailliage de Chaumont, prévôté d'Andelot, élection de Joinville. Son église paroissiale, dédiée à saint Gorgon, était du diocèse de Châlons-sur-Marne, doyenné de Joinville. La présentation de la cure appartenait à l'abbé de Gorze. Il y avait un prieuré simple, supprimé vers 1680.

GUESSINCOURT, lieu dit, c^{ne} de Voisey, section D.

GUICHAUMONT, h., c^{ne} de Robert-Magnil, section B. — *Guychaumont*, 1530 (Montier-en-Der). — *Guichaumont*, 1588 (Arch. nat., P. 176², n° 446). — *Guichaulmont*, 1679 (Montier-en-Der). — *La cense de Guichaumont*, 1763 (arch. Haute-Marne, C. 317).

GUILLONCOURT, lieu dit, c^{ne} d'Osne-le-Val, section C.

GUINDRECOURT-AUX-ORMES, c^{ne} de Joinville. — *Guindrici cortis*, 854 (Cartul. Montier-en-Der, I, f° 19 v°). — *Gondricuria*, 1203 (Montier-en-Der). — *Gondrecort*, 1448 (Montier-en-Der). — *Gondrecourt-la-Ville*, 1448 (Arch. nat., P. 177², n° 649). — *Gondrecourt-aux-Ormes*, 1532 (chapitre de Joinville). — *Guyndrecourt-aux-Ormes*, 1553 (Arch. nat., Q¹, 684). — *Guindrecourt-aux-Ormes*, 1576 (Arch. nat., P. 189¹, n° 1585). — *Guindrecourt, annexe de Fay*, 1763 (arch. Haute-Marne, C. 317).

Guindrecourt-aux-Ormes faisait partie, en 1789, de la province de Champagne, bailliage de Chaumont, prévôté de Vassy, élection et châtellenie de Joinville. Son église, dédiée à l'Assomption, était succursale de celle du Fays, diocèse de Toul, doyenné de la Rivière-de-Blaise.

GUINDRECOURT-SUR-BLAISE, c^{ne} de Vignory. — *Guindrici cortis*, vers 1059 (Cartul. Montier-en-Der, I, f° 81 v°). — *Gundricortis*, 1108-1126 (Cartul. Montier-en-Der, I, f° 111 r°). — *Gondricuria*, 1224 (Montier-en-Der). — *Gundricuria juxta Blesam*, 1230 (Montier-en-Der). — *Gondricours*, 1436 (Longnon, Pouillés, I). — *Gondrecourt*, 1447 (Arch. nat., P. 174¹, n° 301). — *Guindrecourt*, 1519 (Arch. nat., P. 174², n° 319). — *Gondrecourt-sur-Blaise*, 1555 (Montier-en-Der). — *Gundrecourt*, 1700 (Dillon). — *Gundrecourt-sur-Blaise*, 1701 (Montier-en-Der). — *Gundrecour*, 1732 (Pouillé de 1732, p. 77). — *Guindrecourt-sous-Blaise*, 1769 (Chatmandrier).

Nous n'avons pu accepter l'identification qu'on a faite de Guindrecourt-sur-Blaise avec *Grincurtis*, rapporté dans la Continuation de la chronique de Saint-Bénigne de Dijon (édit. Bougaud et Garnier, p. 204).

Voir GRINCOURT.

En 1789, Guindrecourt-sur-Blaise dépendait de la province de Champagne, bailliage de Chaumont, prévôté et élection de Bar-sur-Aube. Son église paroissiale, dédiée à saint Maurice, était du diocèse de Langres, doyenné de Bar-sur-Aube. La présentation de la cure appartenait à l'abbé de Montier-en-Der, qui avait aussi la seigneurie.

GUINGUETTE (LA), haut fourneau, c^{ne} d'Écot, sur la Sueur.

GUINGUETTE (LA), écart, c^{ne} de Ville-en-Blaisois (ann. Haute-Marne, 1889).

GUYONVELLE, c^{ne} de la Ferté-sur-Amance. — *Guion-ville*, 1274-1275 (Longnon, Doc. I, n° 6928). — *Guidonis villa*, 1284 (Vaux-la-Douce). — *Guionvelle*, 1519 (arch. Haute-Marne, G. 63). — *Guyonvelle*, 1560 (Vaux-la-Douce). — *Guyon-ville*, 1770 (arch. Haute-Marne, C. 344).

Guyonvelle dépendait, en 1789, de la province de Champagne, bailliage et élection de Langres, prévôté de Coiffy. Son église, dédiée à saint Luc, était succursale de celle d'Anrosey, diocèse de Langres, doyenné de Pierrefaite.

GYPSIÈRES (LES), écart, c^{ne} de la Neuvelle-lez-Coiffy. — *Les Gypsières*, 1858 (Dict. des postes de la Haute-Marne). — *Gypière*, 1889 (ann. Haute-Marne).

H

Hâcourt, c^on de Bourmont. — *Heycort*, 1163 (Morimond). — *Hacort*, 1270 (Morimond). — *Hancuria*, 1402 (Pouillé de Toul). — *Hacourt*, 1779 (Durival, III, p. 181). — *Haccourt*, xviii° s. (Cassini).

En 1789, Hâcourt dépendait du Barrois, bailliage de Bourmont, intendance de Lorraine et Barrois. Son église paroissiale, dédiée à saint Martin, était du diocèse de Toul, doyenné de Bourmont. La présentation de la cure appartenait au seigneur.

Hacourt, lieu dit, c^on de Villiers-en-Lieu, section B. — *La fontaine Hacourt*, 1827 (cadastre).

Haie-de-la-Roche (La). m^on is., c^on de Rougeux.

Haies-de-la-Corbechère (Les), lieu dit, c^on d'Andilly, où l'on a trouvé, en 1832, des restes importants de constructions.

Hailloncourt, lieu dit, c^on de Bourmont, section E.

Hallier (Le), f., c^on de Sommevoire, section A. Anc. bois, où l'on a trouvé des vestiges de constructions. — *Bois du Hallier*, 1784 (Courtalon, III, p. 377).

Hallionicourt, c^on de Saint-Dizier. — *Aliniacacortis*, 854 ou 858 (Cartul. Montier-en-Der, I, f° 23 r°). — *In pago Pertense....., in fine Alinciscurtis*, 875 ou 876 (Cartul. Montier-en-Der, I, f° 21 r°). — *Haliniscurtis*, 1140 (Saint-Urbain). — *Halineicourt*, 1151 (arch. Marne, Troisfontaines). — *Halineycuria*, 1208 (Saint-Urbain). — *Halignicort*, 1240 (arch. Marne, Saint-Jacques de Vitry). — *Hallignicort*, 1241 (Saint-Jacques de Vitry). — *Harignecort*, 1250 (Saint-Jacques de Vitry). — *Halignycourt*, 1304 (Saint-Jacques de Vitry). — *Halignycourt*, 1331 (Saint-Jacques de Vitry). — *Halignincourt*, 1450 (Arch. nat., Q¹. 684). — *Halignicourt*, 1491 (Arch. nat., P. 163¹, n° 813). — *Halignecourt*, 1501 (*ibid.*, n° 819). — *Hallignicourt*, 1565 (chapitre de Joinville). — *Haillignicourt*, 1638 (Arch. nat., Q¹. 684).

Hallignicourt faisait partie, en 1789, de la province de Champagne, bailliage, élection et coutume de Vitry. Son église paroissiale, dédiée à saint Martin, était du diocèse de Châlons-sur-Marne, doyenné de Joinville. La présentation de la cure appartenait à l'abbé de Saint-Urbain.

Ham (Le), f., c^on d'Audeloncourt; anc. fief. — *Le Ham, le Han*, 1684 (Arch. nat. Q¹. 690).

Hametel, h., c^on de Puellemontier. — *Hammetel, Hametel*, 1270 (Montier-en-Der). — *Hemetel*, 1332 (Montier-en-Der). — *Hamtelle-aux-Planches ou Hametelle*, 1784 (Courtalon, III, p. 344). — *Aunnetelle*, xviii° s. (Cassini). — *Hamtel*, xix° s. (État-major).

Hanson-la-Ville, lieu dit, c^on de Curel, section A.

Harcourt, lieu dit, c^on de Marault, section A.

Harméville, c^on de Poissons. — *Hermarivilla*, 1140 (Saint-Urbain). — *Harmyville*, 1334 (Saint-Urbain). — *Harméville*, 1401 (Arch. nat., P. 189², n° 1588). — *Hermévilla*, 1402 (Pouillé de Toul). — *Herméville*, 1448 (Arch. nat., P. 172², n° 649). — *Armévillers*, 1775 (arch. Pimodan).

Harméville faisait partie, en 1789, de la province de Champagne, bailliage de Chaumont, prévôté d'Andelot, élection et châtellenie de Joinville. Son église, dédiée à saint Martin, était succursale de celle de Lézéville, diocèse de Toul, doyenné de Reynel.

Haromagnil, f., c^on de Louze. — Hameau d'Haraumesnil ou Aromagny, 1784 (Courtalon, III, p. 374). — *Aromagny*, xviii° s. (Cassini). — *Haromagnil*, 1858 (Jolibois : La Haute-Marne, p. 340). — *Haromagny*, 1858 (Dict. des postes de la Haute-Marne). — *Harmagnil*, 1889 (ann. Haute-Marne). — *Aromagnil*, 1889 (État-major).

Harréville, c^on de Bourmont. — *Harevilla*, vers 902 (Gall. christ., XIII, col. 1273, D). — *In pago at comitatu Solecinse, id est Herei*, 904 (cartul. Saint-Mihiel, n° XIX). — *Harevila*, 1300 (Saint-Mihiel, 5 Q¹, n° 81). — *Herevilla*, 1232 (*ibid.*, n° 111). — *Harivilla*, 1402 (Pouillé de Toul). — *Harréville-sur-Meuse*, 1779 (Durival, III, p. 187). — *Harréville*, xviii° s. (Cassini).

Harréville a été et est encore appelé *Harréville-les-Chanteurs*, en souvenir du grand nombre de chanteurs ambulants, dits *de Saint-Hubert*, qu'il fournissait autrefois, en même temps que des vendeurs d'amulettes et d'images (Jolibois : La Haute-Marne, p. 246).

En 1789, Harréville dépendait du Barrois, bailliage de Bourmont, intendance de Lorraine et Barrois, et suivait la coutume du Bassigny. Son église paroissiale, dédiée à saint Germain, était du diocèse de Toul, doyenné de Bourmont. La présentation de la cure appartenait au prieur du lieu.

Le prieuré de Harréville, sous le vocable de saint Caliste, était de l'ordre de saint Benoît et dépendait de l'abbaye de Saint-Mihiel, à laquelle il fut réuni par bulles du 25 août 1749 (Durival, II, p. 169-170).

HARRICOURT, c^on de Juzennecourt. — *Hericurtis*, 1108 (Arbaumont, Prieuré de Vignory, p. 28). — *Haricuria*, 1231 (arch. Aube, Clairvaux). — *Haricourt*, 1250 (Clairvaux). — *Haricours*, 1486 (Longnon, Pouillés, I). — *Harricourt*, 1447 (Arch. nat., P. 174¹, n° 301). — *Harricourt*, 1548 (Clairvaux). — *Haricour*, 1732 (Pouillé de 1732, p. 77).

Harricourt dépendait, en 1789, de la province de Champagne, bailliage de Chaumont, prévôté et élection de Bar-sur-Aube. Son église paroissiale, dédiée à saint Remi, était du diocèse de Langres, doyenné de Bar-sur-Aube, et avait pour succursale celle de la Bierne. La présentation de la cure appartenait au prieur de Sexfontaine.

HASTEL, lieu détruit, d'abord village, puis ferme, c^ne de Coiffy-le-Bas. — *Villa que vocatur Hesterz*, ixe s. (Bonvallet, p. 9, note, d'après arch. Côted'Or). — *Ecclesia de Stercis*, 1101 (arch. Côted'Or et Gall. christ., IV, instr., col. 149). — *Domus de Hestert*, 1102 (Bonvallet, p. 15, note). — *Grange Datel*, 1769 (Chalmandrier). — *Grange Dattées*, xviiie s. (Cassini). — *La Corvée-Dastel*, xixe s. (cadastre de Coiffy-le-Bas). — *Grange d'Attée*, xixe s. (carte de l'État-major).

HAUDAGE (LA), m^on is., c^ne de Sommevoire.

HAURAUCOURT, lieu dit, c^ne de Maranville, section B.

HAUT-BOIS, f., c^ne de Hortes. — *Haute-Bois*, 1769 (Chalmandrier). — *Haut-Bois*, xviiie s. (Cassini). — *Le Haut-de-Bois*, 1889 (ann. Haute-Marne).

HAUT-BOIS (LE), f., c^ne de Paroy. — *Le Hault Boys*, 1576 (Arch. nat., P. 189¹, n° 1585). — *La cense du Hautbois*, 1763 (arch. Haute-Marne, C. 317). — *Le Haut Bois*, xviiie s. (Cassini).

HAUT-BOIS (LE), f., c^ne de la Neuvelle-lez-Coiffy. — *Le Haut-Bois*, xixe s. (cadastre, section A).

HAUT-BOIS (LE), f., c^ne de Rouvroy. — *Le Hault Bois, les Haults-Boys*, 1576 (Arch. nat., P. 189¹, n° 1585). — *Les Hauts-Bois*, xviiie et xixe s. (Cassini, État-major, Intérieur).

HAUT-CHEMIN (LE), f., c^ne de Rougeux; anc. grange de l'abbaye de Beaulieu. — *La grange du Haut Chemin*, 1770 (arch. Haute-Marne, C. 344).

HAUT-CHÊNE (LE), f., c^ne de Joinville. — *La ferme du Haut Chêne*, 1763 (arch. Haute-Marne, C. 317).

HAUT-DE-BRICARD (LE), lieu dit, c^ne de Chézeaux, où se trouvent d'importants vestiges de constructions.

HAUT-DE-QUEROT (LE), f., c^ne d'Ozières. — *Le Haut de Querot*, 1884 (carte de l'Intérieur). — *Cœurrot*, 1889 (ann. Haute-Marne).

HAUTES-MAISONS (LES), m^on is., c^ne de Louvemont.

HAUTEVILLE, f., c^ne de Bay. — *Altavilla*, 1201 (Auberive). — *Haute Ville*, 1769 (Chalmandrier).

HAUT-LE-COMTE, h. dét., c^ne de la Ferté-sur-Aube; anc. fief relevant de la Ferté. — *Les hameaulx de Hault le Conte, deppendances de ma terre et seigneurie de la Ferté sur Aulbe, et lequel Hault le Conte a esté basty depuis environ soixante ans*, 1608 (Arch. nat., P. 189³, n° 1587). — *Essey lès Pont et la cense de Haut le Comte*, 1778 (arch. Haute-Marne, C. 262).

HAUT-MANSON (LE), affluent de la Voire, au territoire de Montier-en-Der, venant de Robert-Magnil. — *Monasterium in Dervo constructum, quem donnus Bercharius construxit in pago Pertense, super fluvium Vigere et Almantia*, 829 (Cartul. Montier-en-Der, I, f° 11 v°). — *Monasterium situm in silva que vocatur Dervus, ubi fluvius Almantia ingreditur in Vigera, in pago Pertensi*, 840-875 (Cartul. Montier-en-Der, I, f° 13 v°). — *Alismantia*, 875 (ibid., f° 21 r°). — *Haut-Manson*, xixe s. (carte de l'Intérieur).

HAUT-MONT (LE), f., c^ne de Villiers-sur-Suize. — *Le Haut-Mont*, 1769 (Chalmandrier).

HAUTOREILLE, f., c^ne de Banne. — *Haute-Oreille*, 1769 (Chalmandrier).

HAUT-POIRIER (LE), f., c^ne d'Odival. — *Haut-Poirier*, 1769 (Chalmandrier).

HAUT-PONT (LE), f., c^ne de Bourbonne-les-Bains.

HAZELLE (LA), f., c^ne de Thonnance-les-Moulins. — *La Hazelle*, xviiie s. (Cassini).

HÉBINS, m^in dét., c^ne de Sarcicourt, en amont du village. — *Hébins*, 1769 (Chalmandrier).

«*HELNANE, villa in pago Boloniensi*», 834 (Roserot, Dipl. carol., p. 8).

HENANCOURT, anc. lieu dit, près d'Is-en-Bassigny. — *Vigne déserte appellée la vigne de Henancourt*, 1398 (Arch. nat., P. 175³, n° 370).

HENRY, m^in à vent, c^ne de Récourt.

HENRY, m^in, c^ne de Vicq. — *Moulin Julien Henri*, 1769 (Chalmandrier).

HERBUE (L'), f., c^ne de Colmier-le-Bas. — *La grange de l'Herbué, dépendante de Colomier-le-Bas*, 1770 (arch. Haute-Marne, C. 344).

HERBUE (L'), m^on for., c^ne de Saint-Loup-sur-Aujon; anc. grange de l'abbaye d'Auberive.

En 1789, l'Herbue formait une communauté de l'élection de Langres.

HERBUES (LES), lieu dit, c^ne de Foulain, où l'on trouve des traces de constructions.

HERCEVILLE, faub. de Maranville; anc. fief relevant de la Ferté-sur-Aube. — *Yrceville*, 1556 (arch.

Aube, Clairvaux). — *Iherceville*, 1564 (Clairvaux). — *Yerceville*, 1603 (Arch. nat., P. 189², n° 1587). — *Hurceville*, 1858 (Jolibois : La Haute-Marne, p. 347). — *Irceville*, xix⁰ s. (cadastre, section B).

Héronne (La), rivière qui parcourt la forêt du Der. Elle prend sa source dans les étangs de la Contente, passe à Frampas et près de Planrupt, et se jette dans la Droye. affluent de la Voire. — *La rivière d'Yronne*, 1521 (Montier-en-Der). — *La rivière d'Héronne*, 1574 (Montier-en-Der).

Heu, f., c⁰⁰ de Vouécourt; anc. hôpital. Son nom est aussi porté par une forêt voisine. — *L'ospital de Haulx*, 1447 (Arch. nat., P. 174¹, n° 302). — *Heuz*, 1602 (Arch. nat., P. 175², n° 362). — *La cense de Heux*, 1773 (arch. Haute-Marne, C. 262). — *Ferme de Heu, forêt du Heu*, xix⁰ s. (carte de l'Intérieur).

Heuilley-Coton, c⁰⁰ de Longeau. — *Eulleium Coton*, 1225 (chapitre de Langres). — *Euilleyum Cotho*, xiv⁰ s. (Longnon, Pouillés, I). — *Ulleyum Coton*, 1436 (Longnon, Pouillés, I). — *Eully Cothon*, 1498 (chapitre de Langres). — *Heully Couthon*, 1563 (chapitre de Langres). — *Heuilley Coton*, 1675 (arch. Haute-Marne, G. 85). — *Heuillé Cothon*, 1732 (Pouillé de 1732, p. 28). — *Heuilley Cotthon*, 1769 (Chalmandrier). — *Heuilley-Cotton*, 1770 (arch. Haute-Marne, C. 344). — *Heuilley-Cothon*, 1858 (Jolibois : La Haute-Marne, p. 249). — *Heuilley-Cotton*, 1889 (ann. Haute-Marne).

Heuilley-Coton dépendait, en 1789, de la province de Champagne, bailliage et élection de Langres. Son église paroissiale, dédiée à saint Loup, était du diocèse de Langres, doyenné du Moge, et avait pour succursale celle de Noidant-Châtenoy. La présentation de la cure appartenait au chapitre de Langres, qui avait aussi la seigneurie.

Heuilley-le-Grand, c⁰⁰ de Longeau. — *Uleium Magnum*, 1202 (chapitre de Langres). — *Eulleyum Magnum*, 1331 (arch. Haute-Marne, G. 75). — *Heuylleium Magnum*, xiv⁰ s. (Longnon, Pouillés, I). — *Ulleyum Magnum*, 1436 (Longnon, Pouillés, I). — *Eulley le Grant*, 1462 (arch. Haute-Marne, G. 75). — *Eully Major*, 1498 (chapitre de Langres). — *Heuilley-le-Grand*, 1675 (arch. Haute-Marne, G. 85). — *Heuillé le Grand*, 1732 (Pouillé de 1732, p. 28). — *Heuilley-le-Grand*, 1770 (arch. Haute-Marne, C. 344).

En 1789, Heuilley-le-Grand dépendait de la province de Champagne, bailliage et élection de Langres. Son église paroissiale, dédiée à saint

Remi et saint Germain, était du diocèse de Langres, doyenné du Moge, et avait pour succursales celles de Palaiseul et de Saint-Broingt-le-Bois. La présentation de la cure appartenait au chapitre de Langres, qui avait aussi la seigneurie.

Heurtebise, f., c⁰⁰ de Chamarandes. — *Hurtebise*, 1539 (Arch. nat., P. 174², n° 323). — *Heurtebise*, 1858 (Dict. des postes de la Haute-Marne).

Heurtebise, f., c⁰⁰ de Montier-en-Der. — *Heurtebise*, xix⁰ s. (État-major).

Hoéricourt, c⁰⁰ de Saint-Dizier. — *In pago Pertense*, *Oherecacurte*, 876 (Cartul. Montier-en-Der, f. f° 21 r°). — *In pago Catalaunensi, ecclesiam Sancti Sulpicii, de Anricurte*, 1107 (arch. Aube, Montier-la-Celle). — *Ecclesiam Sancti Sulpicii de Horicurte*, 1153 (arch. Aube, Montier-la-Celle). — *Horicourt*, 1230 (Montier-la-Celle). — *Hoiricourt*, 1240 (arch. Marne, Saint-Jacques de Vitry). — *Horicourt*, 1450 (Arch. nat., Q¹, 684). — *Hoiricourt*, 1660 (arch. Marne, Haute-Fontaine). — *Hoiricour*, xviii⁰ s. (Cassini).

Hoéricourt faisait partie, en 1789, de la province de Champagne, bailliage, élection et coutume de Vitry. Son église paroissiale, dédiée à l'Assomption, était du diocèse de Châlons-sur-Marne, doyenné de Joinville. La présentation de la cure appartenait à l'abbaye de Montier-la-Celle, du diocèse de Troyes, qui avait anciennement à Hoéricourt un prieuré sous le vocable de saint Sulpice.

Holbospol, maison de ferme, c⁰⁰ de Fronville, près de la fontaine de Sombreuil. Construite depuis quelques années. — *Holbospol*, 1884 (carte de l'Intérieur).

Homme-Mont (L'), f., c⁰⁰ de Genrupt.

Hosnoy, nom d'un château fort qui aurait existé au territoire d'Ageville (Roussel, Dioc. de Langres, II, p. 158, 2⁰ col.).

Hôpital (L'), lieu dit, c⁰⁰ de Couzon, section A.

Hôpital (L'), m¹⁰, c⁰⁰ de Langres, section E. — *Moulin de l'Hôpital*, 1769 (Chalmandrier).

Horre (La), grand étang, situé partie dans la Haute-Marne, c⁰⁰ de Puellemontier, partie dans le département de l'Aube, créé vers 1312. — *Nous Jehans de Lancastre, sires de Biaufort,..... cum nous aiens fait nouvellement un estant, par nous et par nostre gent, ou lieu cum dit la Hort*, 1312 (la Chapelle-aux-Planches). — *Étang de la Horre*, xviii⁰ s. (Cassini).

Horre (La), ruisseau qui se jette dans la Voire, près de la Chapelle-aux-Planches. — *Ego Symon, dominus Belfortis,..... concessi, laudavi et confirmavi ecclesie Sancti Dei genitricis Marie de*

Capella..... terram in qua ecclesia fundata est..... *Isti vero sunt termini : tota aqua Verie, a summitate veteris gardini usque ad torrentum de Hart, ubi cadit in Veriam,* 1184 (la Chapelle-aux-Planches). — *L'autre grant bois de Biaufort, outre Hort,* 1277 (la Chapelle-aux-Planches).

Hortes, c⁰ᵉ de Varennes. — *Macelinus de Urtis,* 1168 (Beaulieu). — *Homines de Ortis,* 1225 (Beaulieu). — *Orthes,* 1274 (arch. Haute-Marne, G. 511). — *Ortes,* 1334 (terrier de Langres, f⁰ 45 r⁰). — *Ourtes,* 1445 (arch. Haute-Marne, G. 514). — *Hortes,* 1562 (chapitre de Langres).

Hortes ne peut être identifié avec *Urtis villa,* cité dans un diplôme de Charles-le-Gros de 887, comme le proposent Jolibois (La Haute-Marne, p. 251) et Roussel (Dioc. de Langres, II, p. 472). Cette localité est désignée comme se trouvant *in pago Pertensi;* c'est Eurville (voir ce mot).

Hortes, dépendait, en 1789, de la province de Champagne, bailliage et élection de Langres. La seigneurie appartenait à l'évêque de Langres et était le chef-lieu d'un des groupes de possessions de son évêché, sous le titre de prévôté. L'église paroissiale, dédiée à saint Didier, était du diocèse de Langres, doyenné de Pierrefaite, et avait pour succursale celle de Rougeux. La collation de la cure appartenait à l'évêque.

Hortes, f., c⁰ᵉ de Maizières-sur-Amance.

Houpette (La), f., c⁰ᵉ de Montreuil-sur-Thonnance.

Houpette (La), tuil., c⁰ᵉ de la Neuville-à-Remy.

Houzette (La), fonderie, c⁰ᵉ de Furincourt.

Huilerie (L'), lieu dit, c⁰ᵉ de Bugnières, section C. — *La combe l'Huilerie,* 1816 (cadastre).

Huilerie (L'), lieu dit, c⁰ᵉ de Crenay, section D.

Huilerie (L'), lieu dit, c⁰ᵉ de Daillancourt, section B.

Huilerie (L'), lieu dit, c⁰ᵉ de Fresnoy, section E.

Huilerie (L'), lieu dit, c⁰ᵉ de Merrey, section A.

Huilière (L'), lieu dit, c⁰ᵉ de Romains-sur-Meuse, section B.

Huilliécourt, c⁰ᵉ de Bourmont. — *Huleycort,* 1163 (Morimond). — *Vuillecort,* 1171 (Morimond). — *Huillecort, Hullecourt,* 1254 (Morimond). — *Hulleycort,* 1271 (la Crête). — *Hulecort,* 1278 (Morimond). — *Hullecort,* 1281 (Morimond). — *Huleicort,* 1286 (Morimond). — *Hulleicuria,* 1291 (Morimond). — *Huilliescourt,* 1619 (Morimond). — *Huillecourt,* 1636 (Morimond). — *Huilliécourt,* 1680 (Morimond). — *Huilliécourt,* 1737 (Arch. nat., Q¹. 697). — *Huillécourt,* 1779 (Durival, III, p. 206).

En 1789, Huilliécourt faisait partie du Barrois, bailliage de la Marche, intendance de Lorraine et Barrois. Son église, d'abord paroissiale et à la présentation de l'abbé de Morimond, était annexe de Levécourt, diocèse de Toul, doyenné de Bourmont.

Humbécourt, c⁰ᵉ de Saint-Dizier. — *Umbercort,* vers 1200 (Longnon, Doc. 1, n⁰ 2147). — *Humbercort,* 1241 (arch. Marne, Haute-Fontaine). — *Humbertcourt,* 1243 (arch. Marne, Saint-Jacques de Vitry). — *Hombercort,* 1248 (Saint-Jacques de Vitry). — *Humbescourt,* 1386 (Arch. nat., P. 174¹, n⁰ 282). — *Humbescour,* 1391 (Arch. nat., P. 177², n⁰ 592). — *Humbeiscourt,* 1396 (Arch. nat., P. 177², n⁰ 594). — *Humbécourt,* 1768 (arch. Haute-Marne, C. 317).

Humbécourt dépendait, en 1789, de la province de Champagne, bailliage de Chaumont, prévôté de Vassy, élection de Joinville. Son église paroissiale, dédiée à saint Martin, était du diocèse de Châlons-sur-Marne, doyenné de Perthe. La présentation de la cure appartenait au chapitre de Saint-Étienne de Châlons.

Humbersin, b., c⁰ᵉ de Blumerey. — *Humbersin,* 1683 (arch. Aube, E. 660). — *Humbersin,* 1700 (Dillon).

En 1789, Humbersin faisait partie du bailliage de Chaumont et de la prévôté de Vassy; suivant le Pouillé de 1732 (p. 74), l'église de Humbersin était succursale de celle de Blumerey.

Humberville, c⁰ᵉ de Saint-Blin. — *Hanubuevilla,* 1402 (Pouillé de Toul). — *Humberville,* 1515 (Arch. nat., P. 176², n⁰ 486). — *Hymberville,* 1588 (Arch. nat., P. 176³, n⁰ 501).

Humberville faisait partie, en 1789, de la province de Champagne, bailliage et élection de Chaumont, prévôté d'Andelot. Son église paroissiale, dédiée à saint Hilaire, était du diocèse de Toul, doyenné de Reynel. La présentation de la cure appartenait au chapitre de Reynel.

Humblot, f., c⁰ᵉ de Crenay.

Humes, c⁰ᵉ de Langres, et batterie du camp retranché de Langres. — *Usma villa,* 921 (Roserot, Chartes inédites, etc., n⁰ 14). — *Osismus, in pago Lingonico,* ix⁰ s. (Flodoard, Historia Remensis ecclesiae, liv. II, chap. viii). — *Parrochia Ozime,* 1151 (arch. Côte-d'Or, Morment). — *Dominus de Osmis,* 1215 (Morment). — *Huismes,* 1233 (chapitre de Langres). — *Vuimes,* vers 1240 (Longnon, Rôles, appendice, n⁰ 46). — *Huymes,* 1263 (Morment). — *Finagium de Huymis,* 1268 (Auberive). — *Eumes, Umes, Uimes, Hume,*

1274-1275 (Longnon, Doc. I, n⁰ˢ 6932, 6934, 6938). — *Ecclesia de Humis*, 1285 (chapitre de Langres). — *Uymes*, *Uymez*, 1326 (Longnon, Doc. I, n⁰ˢ 5906, 5933). — *Humes*, 1334 (terrier de Langres, f⁰ 108 v⁰). — *Heusme*, 1436 (Longnon, Pouillés, I). — *Husmes*, 1675 (arch. Haute-Marne, G. 85).

Nous n'avons pu accepter l'identification qu'on a faite de Hûmes avec *Ulmis* cité dans la Chronique de Bèze (édit. Bougaud et Garnier, p. 457 et 462).

Hûmes dépendait, en 1789, de la province de Champagne, bailliage et élection de Langres; la seigneurie, qui appartenait à l'évêque de Langres, ressortissait à son duché-pairie. L'église paroissiale, dédiée à saint Vinebaud, était du diocèse et du doyenné de Langres; elle avoit pour succursale l'église de Jorquenay, et aussi, antérieurement, celle de Saint-Martin-lez-Langres.

La présentation de la cure appartenait au chapitre de Langres.

Hurtot, m⁽ⁱⁿ⁾, c⁽ⁿᵉ⁾ de Lavernoy. — *Moulin Urtot*, 1769 (Chalmandrier).

Hut (Le), château dét., c⁽ⁿᵉ⁾ de Verbiesle (Roussel, Dioc. de Langres, II, p. 117). — *Hut*, 1772 (Val-des-Écoliers).

I

Ile (L'), m⁽ⁱⁿ⁾ dét., c⁽ⁿᵉ⁾ d'Allichamp. — *Maison de Lisle*, xviiiᵉ s. (Cassini).

Ile (L'), manoir et m⁽ⁱⁿ⁾ détruits, c⁽ⁿᵉ⁾ de Viéville. — *Une masure où souloit estre une maison appellée Lysle, qui souloit estre cloze de fossez.....; le moulin de Lysle. avec justice et mayrie au dict lieu du Lysle*, 1538 (Arch. nat., P. 174², n° 319). — *Le moulin de l'Isle....., un bouverot appellé le gaignage de l'Isle, aultrement le Jarre*, 1626 (Arch. nat., P. 191², n° 1639).

Illoud, c⁽ⁿᵉ⁾ de Bourmont. — *Islo, super Mosam fluviam, in comitatu Bassiniacensi*, commencement du xiᵉ s. (Chron. de Saint-Bénigne de Dijon, p. 195, et D. Bouquet, X, 15 C). — *Hislau*, 1122 (Gall. christ., XIII, instr., col. 486). — *Islodium*, xiiᵉ s. (Saint-Mihiel, 5 Q³). — *Yllous*, 1402 (Pouillé de Toul). — *Illoud*, 1737 (Arch. nat., Q¹. 697).

En 1789, Illoud dépendait du Barrois, bailliage de la Marche, intendance de Lorraine et Barrois. Son église paroissiale, dédiée à saint Martin, était du diocèse de Toul, doyenné de Bourmont. La présentation de la cure appartenait au prieuré de Saint-Thiébaud, *alias* à l'abbé de Saint-Mihiel.

Is-en-Bassigny, c⁽ⁿᵉ⁾ de Nogent-en-Bassigny. — *Hyz*, 1219 (Layettes, n° 1343). — *Iche*, 1249-1252 (Longnon, Rôles, n° 600). — *Iz*, 1252 (Layettes, n° 3994). — *Ycium*, *Yz*, 1252 (Morimond). — *Ycum in Bassigneyo*, 1270 (Morimond). — *Is-en-Bassigny*, 1392 (Esnouveaux). — *Iz-en-Bassigny*, 1405 (Arch. nat., P. 175³, n° 371). — *Ylz*, *Ilz*, 1407 (Arch. nat., P. 176², n° 462). — *Hys-en-Bassigny*, 1515 (Arch. nat., P. 176², n° 486).

— *Ys*, 1539 (Arch. nat., P. 174², n⁰ 323). — *Hiis*, 1553 (Arch. nat., Q¹. 684). — *Issia*, *Is*, 1732 (Pouillé de 1732, p. 119 et 121). — *Is-en-Bassigny*, 1770 (arch. Haute-Marne, G. 344).

Islo, *super Mosam*, ne peut s'identifier avec Is-en-Bassigny, comme le proposent les éditeurs de la Chronique de Saint-Bénigne de Dijon (p. 555) et M. l'abbé Roussel (Dioc. de Langres, II, p. 163). D'ailleurs, ce village n'est pas situé sur la Meuse; c'est, au contraire, le cas d'Illoud, auquel il convient d'appliquer cette identification. M. l'abbé Roussel dit aussi que l'église dédiée à saint Remi, citée dans une charte de 921 (*voir* Roserot, Chartes inédites, etc.) serait celle d'Is-en-Bassigny.

Is-en-Bassigny faisait partie, en 1789, de la province de Champagne, bailliage de Chaumont, prévôté de Nogent-le-Roi, élection de Langres. Son église, dédiée à saint Remi, était le chef-lieu d'un doyenné du diocèse de Langres. La collation de la cure appartenait à l'évêque.

Isome, c⁽ⁿᵉ⁾ de Prauthoy. — *Icioma*, 1101 (Chron. de Bèze, édit. Bougaud et Garnier, p. 387). — *Ysomin*, 1291 (chapitre de Langres). — *Ysome*, 1334 (terrier de Langres, f⁰ 178 v⁰). — *Ysome*, 1408 (arch. de Langres). — *Isome*, 1675 (arch. Haute-Marne, G. 85). — *Izomes*, 1770 (arch. Haute-Marne, G. 344).

Isome dépendait, en 1789, de la province de Champagne, bailliage et élection de Langres; la seigneurie, qui appartenait à l'évêque de Langres, ressortissait à son comté de Montsaugeon. L'église paroissiale, dédiée à l'Assomption, était du diocèse de Langres, doyenné de Grancey. La présentation de la cure appartenait au prieur d'Aubigny ou à l'abbé de Bèze.

ISSONVILLE, f., c^ne de Montigny-en-Bassigny; anc. grange de l'abbaye de Beffays, puis de Morimond. — *Oisinvilla*, 1153 (Morimond). — *Ysonville*, 1653 (Morimond). — *Issonville*, 1663 (Morimond). — *Izonville*, 1680 (Morimond). — *Yssonville*, 1718 (Morimond). — *Ixonville*, 1769 (Chalmandrier). — *Issonville*, 1777 (Morimond).

J

JACOB, m^in, c^ne de Langres.

JACQUOT, forge, c^ne d'Orquevaux. — *La forge Jacot*, 1773 (arch. Haute-Marne, C. 262).

JAGÉE, h., c^ne de Ceffonds. — *Jagez*, 1535 (Montier-en-Der). — *Jagée, paroisse du dit Ceffons*, 1539 (Recueil Jolibois, X, f° 142). — *Jajoy*, 1700 (Dillon). — *Jaget*, 1763 (arch. Haute-Marne, C. 317).

En 1789, Jagée formait une communauté du bailliage de Chaumont, prévôté de Bar-sur-Aube; la seigneurie appartenait à l'abbaye de Montier-en-Der.

JAILLERT, lieu dit, c^ne de Dommartin, section F. — *Mont Jaillery*, xix° s. (cadastre).

JANÉVILLE, lieu dit, c^ne de Brottes, section B. — *Haut Janéville, Bas Janéville*, xix° s. (cadastre).

JARD (LE). — *Voir aussi* PETIT-JARD.

JARD (LE HAUT et LE BAS), fermes, c^ne de Droyo; ancien fief qui relevait de l'abbaye de Montier-en-Der. — *Girardus de Jardo*, vers 1200 (Longnon, Doc., I, n° 2334). — *Jart*, 1200-1210 environ (Longnon, Doc., I, n° 3161). — *Le Jars*, 1537 (Montier-en-Der). — *Le Jarre*, 1709 (Montier-en-Der). — *Fief du Jards*, 1784 (Courtalon, III, p. 343). — *Le Haut Jard*, xix° s. (État-major).

JARDIN (LE), lieu dit, c^ne de Thonnance-lez-Joinville, où l'on a trouvé des médailles du Haut Empire.

JARDIN-DU-VAU (LE), f., c^ne de Daillecourt.

JARNAY (LE), f., c^ne de Liffol-le-Petit.

JAYOT, bois, c^ne de Reynel, où était une léproserie appelée *Jaoz*.

JEAN-MICHEL, écart dét., c^ne d'Ageville. — *Jean-Michel*, 1769 (Chalmandrier).

JEAN-THOUREAU, m^in, c^ne d'Aigremont. — *Moulin Jean Thoureau*, xviii° s. (Cassini). — *Moulin Jean Thouro*, xix° s. (carte de l'Intérieur).

JÉRUSALEM, f., c^ne d'Effincourt.

JEUNE-CHÊNOIS (LE), f., c^ne de Coiffy-le-Bas.

JEVANCEY, lieu dit, c^ne d'Orbigny-au-Mont, section B.

JOBARD, m^in, c^ne de Pierrefaite. — *Grange et moulin* *Jobart*, 1769 (Chalmandrier). — *Moulin Jobard*, xviii° s. (Cassini).

JOINVILLE, ch.-l. de cant., arrond. de Vassy. — *Novum Castellum*, 1050-1080 (Cartul. Montier-en-Der, I, f° 57 r°). — *Junvilla*, vers 1088 (Cartul. Montier-en-Der, I, f° 92 r°). — *Jovinvilla*, 1089 (Saint-Urbain). — *Jovivilla*, 1157 (la Chapelle-aux-Planches). — *Jonvilla*, vers 1172 (Longnon, Doc. I, n° 80). — *Joinvilla*, 1190 (Saint-Urbain). — *Gienvilla*, 1239 (Arch. nat., J. 1035, n° 23). — *Joenville*, 1250 (Benoitevaux). — *Jainvilla*, 1255 (Saint-Urbain). — *Joivile*, 1260 (Saint-Urbain). — *Jenville*, 1261 (arch. Meuse). Évaux). — *Joinville*, 1261 (Boulancourt). — *Junvilla*, 1263 (Ruetz). — *Joinville*, 1268 (Saint-Urbain). — *Joanville*, 1270 (Ruetz). — *Joingvile*, 1273 (Val-des-Écoliers). — *Goinvilla*, 1275 (Ruetz). — *Janville*, 1277 (Ruetz). — *Genville*, 1286 (arch. Meuse, prieuré de Richecourt). — *Joinville sus Marne*, 1308 (Saint-Urbain). — *Jonville*, 1343 (Ruetz). — *Jainville sus Marne*, 1438 (arch. Pimodan). — *Joinville-sur-Marne*, 1470 (Arch. nat., P. 163¹, n° 811). — *Joynville*, 1576 (Arch. nat., P. 189¹, n° 1585).

Plusieurs des formes latines du nom de Joinville ont servi en même temps à désigner Jonvelle (Haute-Saône). *Voir* notamment une confusion entre ces deux noms dans l'ouvrage de Jolibois : La Haute-Marne, etc., p. 558.

Joinville dépendait, en 1789, de la province de Champagne, bailliage de Chaumont, prévôté de Vassy, et était chef-lieu d'élection, de châtellenie, et d'une subdélégation de l'intendance. La seigneurie avait le titre de principauté et relevait directement du roi, à cause de son comté de Champagne. Son église paroissiale, dédiée à la Nativité de la Sainte-Vierge, était le chef-lieu d'un archidiaconé et d'un doyenné du diocèse de Châlons-sur-Marne. La présentation de la cure appartenait à l'abbé de Saint-Urbain.

Il y avait, dans l'enceinte du vieux château, un chapitre dont l'église était sous le vocable de saint Laurent.

Il y avait aussi des couvents de capucins, d'annonciades et d'ursulines, et deux hôpitaux, l'un sous le vocable de saint Jean (supprimé en 1718), l'autre, dit *de Sainte-Croix*, fondé en 1567, qui existe encore.

Pour les autres établissements religieux, *voir* Sainte-Ame. Saint-Jacques et La Pitié.

Un collège avait été fondé en 1544.

Jolliment (Le), bois, c^ne de Consigny, qui a peut-être été un lieu habité. — *Es finages de Consegnies, de Balemont et de Jolinaut, cunme faire ville et edifier a ces diz leus...*, 1252 (Layettes, n° 3994).

Jonchery, c^ne de Chaumont. — *Juncheriacum*, 1198 (Arch. nat., JJ. 155, f° 188 r°, n° 310, et Ordonnances, VIII. 408). — *Joncheriacum, Junchereium, Juncheri*, 1231 (arch. Aube, Clairvaux). — *Joncheri*, 1232 (Layettes, n° 2207). — *Juncherium*, 1245 (Clairvaux). — *Jonchery*, 1276-78 (Longnon, Doc. II, p. 158).

En 1789, Jonchery faisait partie de la province de Champagne, bailliage, prévôté et élection de Chaumont. Son église paroissiale, dédiée à l'Assomption, était du diocèse de Langres, doyenné de Chaumont, et avait pour succursale l'église de la Harmand. La présentation de la cure appartenait à l'ordre de Malte.

La seigneurie se partageait entre le prieur de Condes, pour deux tiers, et le roi, héritier des comtes de Champagne, qui avait le dernier tiers en qualité d'avoué de Condes; en 1789, la partie appartenant au roi était engagée à la maison d'Orléans.

Jonchery (Le), lieu dit, c^ne de Sarrey, section D.

Joncourt, lieu dit, c^ne de Montigny, section A.

Jorquenay, c^ne de Langres. — *Jorquenna*, 1219 (chapitre de Langres). — *Jorquenninm*, 1269 (chapitre de Langres). — *Jonrquenay*, 1321 (chapitre de Langres). — *Villa de Jorquenayo, villa de Jorquenayo*, 1334 (arch. Haute-Marne, G. 839). — *Jorquenay*, 1464 (Arch. nat., P. 174³, n° 330 bis).

Jorquenay dépendait, en 1789, de la province de Champagne, bailliage et élection de Langres. Son église, dédiée à l'Assomption, était succursale de celle de Humes, diocèse et doyenné de Langres.

Une partie de la seigneurie appartenait à l'évêque de Langres et ressortissait à son duché-pairie.

Josel, m^in dét., c^ne de Reynel. — *Li molins Josel*, 1280 (Benoitevaux).

Voir Moulin-Madame.

Josselin, f., c^ne de Saint-Urbain.

Joux (La), m^in, c^ne de Roche-sur-Rognon, section A. — *Molendinum de Lajou*, 1249 (Septfontaines). — *Le molin de Val-de-la-Jou*, 1501 (Septfontaines). — *La Joux*, 1769 (Chalmandrier). — *La Joue*, 1857 (cadastre).

Voir aussi Val-de-la-Joux.

Joux, bocard, c^ne de Chatonrupt.

Jurville, h. dét., c^ne de Vaudrémont; anc. possession de l'abbaye de Clairvaux. — *Jurvilla*, XIIe s. (Jolibois : La Haute-Marne, p. 278). — *Jeurville*, 1557 (arch. Aube, Clairvaux). — *Jurville*, 1576 (Clairvaux). — *Jureville*, 1580 (Clairvaux).

Juvigny, fief qui relevait de la Fauche et dont les terres appartenaient aux finages de Liffol-le-Petit et de Prez-sous-la-Fauche.

Juzennecourt, ch.-l. de cant., arrond. de Chaumont. — *Jusana curia*, vers 1172 (Longnon, Doc. I, n° 105). — *Juseincourt*, 1179 (arch. Aube, Clairvaux). — *Juseincort, Juseinnicort, Gesseinnicort*, 1222-1243 (Longnon, Doc. I, n°s 3841, 3843, 4148). — *Jussanacuria*, 1224 (Clairvaux). — *Jusana Curia*, 1227 (Thors). — *Jusenecort*, 1228 (Clairvaux). — *Jusannecourt*, 1233 (Thors). — *Jusennecort*, 1245 (Clairvaux). — *Jusenicuria*, 1256-1270 (Longnon, Doc. I, n° 5760). — *Juzainnecor*, 1271 (Sexfontaine). — *Jusignicourt, Gisinicourt, Geseinecourt, Giseinecourt*, 1274-1275 (Longnon, Doc. I, n°s 6937, 7010). — *Jugenecort, Jusienecort*, 1285 (Clairvaux). — *Jusinicourt*, 1313 (Sexfontaine). — *Juseignicourt*, 1326 (Longnon, Doc. I, n° 5874). — *Jugenecourt*, 1396 (Arch. nat., P. 174¹, n° 276). — *Jusanna curia*, 1436 (Longnon, Pouillés, I). — *Jusennecourt*, 1437 (Sexfontaine). — *Juzannecort, Juzencourt*, 1486 (Sexfontaine). — *Juzannecourt*, 1519 (Arch. nat., P. 174², n° 315). — *Juzannecourt*, 1570 (Arch. nat., P. 176³, n° 498). — *Suzainnecourt*, 1700 (Dillon). — *Jusannecourt*, 1732 (Pouillé de 1732, p. 77). — *Suzennecourt*, 1769 (Chalmandrier).

Juzennecourt dépendait, en 1789, de la province de Champagne, bailliage et élection de Chaumont, mairie de la Villeneuve-au-Roi. Son église paroissiale, dédiée à sainte Madeleine, était du diocèse de Langres, doyenné de Châteauvillain, et auparavant du doyenné de Bar-sur-Aube. La présentation de la cure appartenait au chapitre de Langres.

K

Keumé, lieu dit, c^ne de Langres, finage de Brevoines, où l'on a trouvé, en 1830, des débris de poteries et un fourneau (Roussel, Dioc. de Langres, II, p. 301).

L

Lachevaul ou Lachenaul, m^in dét., territoire d'Aubigny, cité en 1336 (Arch. nat., JJ. 70, f° 106 r°, n° 235),

La Harmand, c^on de Chaumont-en-Bassigny. — *Domus Harmant*, 1198 (Arch. nat., JJ. 155, f° 182 r°, n° 410. — Ordonn. VIII, p. 408). — *Domus Harmandi*, 1231 (arch. Aube, Clairvaux). — *Domus Ermandi*, 1234 (Layettes, n° 2207). — *Domus Armendi*, 1250 (Clairvaux). — *La Maison Hermand*, 1276-79 (Longnon, Doc. II, p. 158). — *La Maison Harmant*, 1329 (Clairvaux). — *La Harmante*, 1597 (Clairvaux). — *Laharmand*, 1769 (Chalmandrier). — *Le Harmand*, 1773 (arch. Haute-Marne, C. 262). — *La Harmand*, XVIIIe s. (Cassini).

En 1789, la Harmand dépendait de la province de Champagne, bailliage, prévôté et élection de Chaumont. Son église, dédiée à l'Assomption, était succursale de celle de Jonchery, diocèse de Langres, doyenné de Chaumont.

Laiçon (Le), bois, c^ne de Noncourt. — *Dès les bonnes que je mis, qui an commencent au chemin d'Aingoulaincourt et envont par Moiemont et par le bois c'am apele Laison*, 1284 (Saint-Urbain). — *Le Laiçon*, XIXe s. (carte de l'Intérieur).

Laine (La), petite rivière qui vient du département de l'Aube, et arrose, dans la Haute-Marne, les territoires d'Anglus, Sauvage-Magnil, Louze et Longeville; sert de limite au département, sur le territoire de cette dernière commune, et se jette dans la Voire. — *Lanna, Sublana fluvius*, vers 1049 (Camuzat, Promptuarium, f° 98). — *Soulene*, 1656 (carte de Sanson). — *Ruisseau de la fontaine de Soulene*, XVIIIe s. (Cassini). — *La Laine ou Rû de la fontaine de Soulaines*, 1858 (Jolibois : La Haute-Marne). — *La Duys de Soulaines*, 1784 (Courtalon, III, p. 431). — *L'Aine*, XIXe s. (cartes de l'Intérieur et de l'État-major).

Lancourt, lieu dit, c^ne de Bierne, section C.

Landes (Les). — *Voir* Château des Landes.

Landéville, c^on de Doulaincourt. — *Landevilla*, 1190 (Saint-Urbain). — *Landeville-en-Ournois*, 1293 (Saint-Urbain). — *Landéville*, 1295 (Saint-Urbain). — *Lamdéville*, 1700 (Dillon). — *Landaiville*, 1763 (arch. Haute-Marne, C. 317).

Landéville dépendait, en 1789, de la province de Champagne, bailliage de Chaumont, prévôté d'Andelot, élection de Joinville. Son église, dédiée à saint Martin, était annexe de celle d'Annonville, diocèse de Toul, doyenné de Reynel.

Landre (La), c^ne de Chevillon. — *La Lande*, 1401 (Arch. nat., P. 189², n° 1588). — *Chevillon, le hameau de La Landre et le fourneau*, 1763 (arch. Haute-Marne, C. 317).

Langres, ch.-l. du département. — Ανδοματουννον ou Ανδοματουννον (Ptolémée). — *Andemantunnum* (Itin. d'Antonin et de Peutinger). — *Lincuenenses monita, Linconas, Lingonas*, ép. mérov. (Prou : Catal. des monnaies mérovg., n° 154 à 157). — *Linconis civitas*, ép. carol. (Prou, Catal. des monnaies carol., n° 611). — *Urbs Lingonica*, VIIIe s. (Grégoire de Tours : liv. V, chap. 28, ms. de Corbie). — *Lingonensium urbs, Lingonica civitas*, 814 (Roserot, Dipl. carol., p. 6). — *Lingonis civitas*, 852 (Roserot, Chartes inédites, etc., n° 2). — *Villa Lingona*, 854 (Roserot, Dipl. carol., p. 11). — *Lengres*, 1255 (Beaulieu). — *Laingres*, 1263 (la Crête). — *Leingres*, 1265 (Val-des-Écoliers). — *Loingres*, 1269 (arch. Haute-Marne, G. 610). — *Langres*, 1401 (arch. Haute-Marne, chapitre de Langres).

Langres était, en 1789, le chef-lieu d'un bailliage royal formé du démembrement d'une partie du bailliage de Sens et de l'adjonction de quelques localités empruntées au bailliage de Chaumont; cette ville était aussi le siège d'une élection de la généralité de Champagne. Langres était chef-lieu d'un évêché, d'un comté, puis duché-pairie ecclésiastique. L'église-cathédrale, dédiée à saint

Mammès, eut d'abord saint Jean pour patron. Il y avait, en outre, les églises paroissiales de Sainte-Croix (à Saint-Mammès), Saint-Pierre, Saint-Martin et Saint-Amâtre; le chapitre de Saint-Mammès, en l'église cathédrale; les prieurés de Saint-Amâtre, Saint-Didier, Saint-Gengoul et Saint-Martin; des couvents de capucins, carmes, dominicains, jésuites, oratoriens, annonciades, dominicaines, ursulines et visitandines; l'hôpital de Saint-Nicolas, dépendant de la maison de Morment; les hôpitaux de Saint-Laurent et de la Charité, qui existent encore, et la léproserie de Saint-Gilles.

Le collège a été dirigé par les Jésuites.

La seigneurie appartenait à l'évêque pour un tiers et au chapitre de Saint-Mammès pour deux tiers.

Langres-Marne, li., cⁿᵉ de Langres.

Langrois (Le), anc. *pagus* ou comté, dont le chef-lieu était Langres. — *Pagus Lingonicus*, 834 (Roserot, Dipl. carol., p. 7). — *Lingonicus Comitatus*, 854 (Roserot, Dipl. carol., p. 11). — *Langonensis*, 1249-1252 (Longnon, Rôles, n° 605). — *Lingoine*, 1253 (arch. Haute-Marne, G. 533). — *Lengoione*, 1326 (Longnon, Doc. I, n° 5858).

Languigny, lieu dit, cⁿᵉ de Sorrey, section B.

Lanne, cⁿᵉ de Neuilly-l'Évêque. — *Laona*, 1169 (chapitre de Langres, et Gall. christ., IV, inst., col. 183). — *Louna*, 1225 (chapitre de Langres). — *Laongna*, 1242 (chapitre de Langres). — *Loona*, 1248 (Auberive). — *Laonnia*, 1291 (chapitre de Langres). — *Laanna*, 1334 (arch. Haute-Marne, G. 839). — *Laanne*, 1464 (Arch. nat., P. 174³, n° 330 *bis*). — *Lannes*, 1559 (chapitre de Langres). — *Lanne*, 1609 (chapitre de Langres).

Lanne dépendait, en 1789, de la province de Champagne, bailliage et élection de Langres. Son église paroissiale, dédiée à saint Gengoul, était du diocèse et du doyenné de Langres; elle avait pour succursale celle de Tronchoy.

La présentation de la cure appartenait au chapitre de Langres.

La seigneurie appartenait à l'évêque de Langres et ressortissait directement à son duché-pairie.

Voir **Petite-Lanne**.

Lanques, cⁿᵉ de Nogent-en-Bassigny. — *Lanca*, 1171 (la Crête). — *Loinques*, 1222-1243 (Longnon, Doc. I, n° 455). — *Loinques*, 1223 (la Crête). — *Layanques*, 1232 (la Crête). — *Lonques*, 1249 (Morimond). — *Linguae*, 1249-1252 (Longnon, Rôles, n° 635). — *Loinques*, 1389 (arch. Aube, Clairvaux). — *Loinques*, 1394 (Arch. nat., P. 174¹,

n° 273 *ter*). — *Lanques*, XIVᵉ s. (Longnon, Pouillés, I). — *Lancques*, 1539 (Arch. nat., P. 174², n° 323). — *Lancque*, 1769 (Chalmandrier).

Lanques faisait partie, en 1789, de la province de Champagne, bailliage de Chaumont, prévôté et châtellenie de Nogent-le-Roi, élection de Chaumont. Son église paroissiale, dédiée à saint Remi, était du diocèse de Langres, doyenné de Chaumont. La collation de la cure appartenait à l'évêque.

Lansquenet (Le), f. et mⁱⁿ, cⁿᵉ de Pressigny; anc. propriété de l'abbaye de Beaulieu. — *Moulin Lansquenay*, 1769 (Chalmandrier). — *L'abbaye de Beaulieu et les granges appellées..... le Lansquenet, le moulin Lansquenet*, 1770 (arch. Haute-Marne, C. 344).

Lanty, cⁿ de Châteauvillain. — *Lentiscus*, 879 (Duchesne, Hist. de la maison de Vergy, Pr., p. 12). — *Lenti*, 1101 (arch. Côte-d'Or, et Gall. christ., IV, instr., col. 149). — *Lentilium*, 1117 (arch. Aube, Montiéramey). — *Lantil*, vers 1200 (Longnon, Doc. I, n° 2106). — *Lanti*, 1204-1210 (Longnon, Doc. I, n° 2770). — *Lenty*, 1208 (arch. Aube, Clairvaux). — *Lenticum*, 1210 (Clairvaux). — *Lentiscun*, 1211 (Clairvaux). — *Lentischus*, 1226 (Lalore, Princip. cartul., VII, p. 326). — *Lentiacum*, 1245 (Clairvaux). — *Lantiz*, 1249-1252 (Longnon, Rôles, n° 73). — *Lantilliacum*, 1269 (Clairvaux). — *Lantillum*, 1286 (arch. Haute-Marne, G. 495). — *Lentil*, 1464 (Arch. nat., P. 174³, n° 330 *bis*). — *Lanty*, 1521 (Clairvaux). — *Lanthil*, 1544 (Clairvaux).

Lanty dépendait, en 1789, de la province de Champagne, bailliage et prévôté de Chaumont, élection de Bar-sur-Aube. Son église paroissiale, dédiée à saint Laurent, était du diocèse de Langres, doyenné de Châtillon-sur-Seine. La présentation de la cure appartenait à l'abbé de Molême.

Il y avait à Lanty un prieuré de l'ordre de saint Benoît, sous le vocable de saint Sulpice, dépendant de l'abbaye de Montiéramey.

Lanry, lieu dit, cⁿᵉ de Cirey-sur-Blaise, section B.

Lanry, lieu dit, cⁿᵉ de Thonnance-lez-Joinville, section B.

Lassois (Le), ancien *pagus* ou comté dont le chef-lieu était *Latisco*, ville détruite, près de Châtillon-sur-Seine (Côte-d'Or), et dont les limites ont été conservées par celles de l'archidiaconé du Lassois, au diocèse de Langres, composé des doyennés de Bar-sur-Seine et de Châtillon-sur-Seine. Ce dernier doyenné comprenait un grand nombre de localités de la Haute-Marne. — *Comitatus Latiscensis*, 885 (Roserot, Dipl. carol., p. 16). —

Pagus Laticensis, 887 (Roserot, Dipl. carol., p. 22).
— *S. Guidonis archidiaconi Latucensis*, 1218 (Auberive). — *Archidiaconatus Latissencis*, 1732 (Pouillé de 1732, p, 97).

LASSAUT, f., c^ne de Bologne. — *La Sault*, 1769 (Chalmandrier). — *L'Assaut*, 1858 (Dict. des postes de la Haute-Marne). — *Lasault*, 1858 (Jolibois : La Haute-Marne, p. 321) — *L'Assault*, 1889 (ann. Haute-Marne). — *Assaut*, xixe s. (État-major et Intérieur).

LATRÉ, m^in dét., c^ne d'Orquevaux. — *Le moulin appellé Latré*, 1773 (arch. Haute-Marne, C. 262).

LATRECEY, c^ne de Châteauvillain. — *Latreci*, vers 1172 (Longnon, Doc. I, n° 2). — *Lastreci*, 1204-1210 (Longnon, Doc. I, n° 2759). — *Latreceyum*, 1221 (Longuay). — *Latriceyum*, 1222 (Longuay). — *Latreceium*, 1255 (arch. Aube, Clairvaux). — *Latrecé*, 1255 (arch. Allier, Vauclair). — *Latricé*, 1257 (Longuay). — *Laatrici*, 1256-1270 (Longnon : Doc. I, n° 5797). — *Latriceium*, xive s. (Longnon, Pouillés, I). — *Latrecey*, 1459 (Longuay). — *La Trecey*, 1603 (Arch. nat., P. 189³, n° 1587).

En 1789, Latrecey dépendait de la province de Bourgogne, bailliage de la Montagne ou de Châtillon-sur-Seine, intendance de Bourgogne. Son église paroissiale, dédiée à saint Pierre-ès-Liens, était du diocèse de Langres, doyenné de Châteauvillain, et auparavant du doyenné de Bar-sur-Aube. La présentation de la cure appartenait à l'abbé de Saint-Claude du Jura.

Pour le prieuré *voir* le mot SAINT-LÉGER.

LAUNAY, écart, c^ne de Vaux-la-Douce (ann. Haute-Marne, 1889).

LAURIERS (LES), f., c^ne de Romains-sur-Meuse (ann. Haute-Marne, 1889).

LAVAUX, f., c^ne de la Fauche. — *La cense de Lavaux*, 1773 (arch. Haute-Marne, C. 261). — *La Veaux*, xviiie s. (Cassini).

LAVERGISSANT, f., c^ne de Pouilly. — *La Voirgissante*, xviiie s. (Cassini). — *Lavergissant*, 1888 (État-major). — *Vergissant*, 1888 (Intérieur).

LAVERNOY, c^ne de Varennes. — *Levrenois*, 1262 (chapitre de Langres). — *Levernoys, Levernois*, 1271 (chapitre de Langres). — *Laverneyum*, 1278 (chapitre de Langres). — *Lavernoy*, 1340 (arch. Haute-Marne, G. 4).

Lavernoy dépendait, en 1789, de la province de Champagne, bailliage et élection de Langres. Son église, dédiée à saint Laurent, était succursale de celle de Vicq, diocèse de Langres, doyenné de Pierrefaite.

La seigneurie appartenait au chapitre de Langres.

LAVRIGNY, f., c^ne de Frécourt; anc. village, qui appartenait à l'évêque de Langres, et où il y avait une chapelle sous le vocable de Notre-Dame, qui est encore marquée sur la carte de Cassini. — *Levrigneyum*, 1334 (terrier de Langres, f° 40 v°). — *Levrigny*, 1464 (Arch. nat., P. 174³, n° 330 *bis*). — *Lavrigny*, 1675 (arch. Haute-Marne, G. 85). — *L'Avrigny*, 1888 (État-major).

LECEY, c^ne de Neuilly-l'Évêque. — *Liciaco villa, in pago Liugonico*, 918 (Roserot, Charles inéd., etc., n° 13). — *Liceyum*, 1217 (chapitre de Langres). — *Leceyum*, 1255 (chapitre de Langres). — *Lacey*, 1329 (chapitre de Langres).

En 1789, Lecey faisait partie de la province de Champagne, bailliage et élection de Langres. Son église paroissiale, dédiée à la Nativité de la Sainte-Vierge, était du diocèse de Langres, doyenné du Moge, et avait pour succursale celle de Châtenay-Vaudin. La présentation de la cure appartenait au chapitre de Langres, qui avait aussi la seigneurie.

LÉCHÈRE (LA), m^in, c^ne de Sommevoire. — *Laléchère*, 1858 (Jolibois : La Haute-Marne, p. 292). — *La Léchère*, xixe s. (État-major).

LÉCHEY, lieu dit, c^ne de Biesle, section A.

LÉCOURT, c^ne de Montigny-en-Bassigny. — *Lecort*, 1274 (chapitre de Langres). — *Leecort, Liécourt*, 1274-1275 (Longnon, Doc. I, n°ˢ 6954, 6979). — *Leecuria*, 1281 (chapitre de Langres). — *Leecourt*, 1326 (Longnon, Doc. I, n° 5889). — *Lécourt*, 1475 (Arch. nat., P. 163³, n° 1115). — *Lescourt*, 1683 (Arch. nat., Q¹. 692). — *Lescour*, 1683 (Arch. nat., Q¹. 695). — *Lecour*, 1732 (Pouillé de 1732, p. 123).

Lécourt dépendait, en 1789, de la province de Champagne, bailliage de Langres, prévôté et châtellenie de Montigny-le-Roi. Son église, dédiée à l'Assomption, était succursale de celle de Maulain, diocèse de Langres, doyenné d'Is-en-Bassigny.

LEFFONDS, c^ne d'Arc-en-Barrois. — *Fons*, 1189 (Morment). — *La Fonz*, xiie s. (Morment). — *Lafonz*, 1270 (Morment). — *Latus Fons*, 1296 (arch. Haute-Marne, G. 321). — *Laffons*, 1398 (Morment). — *Leffons*, 1470 (arch. Haute-Marne, G. 595). — *Lefonds les Morment*, 1684 (Morment). — *Leffont*, 1732 (Pouillé de 1732, p. 123). — *Leffond*, 1769 (Chalmandrier). — *Leffond-en-Montagne*, 1775-1785 (Courtépée, IV, p. 274).

Voir l'article d'*Agninfons*, ci-devant, page 1, deuxième colonne.

Leffonds dépendait, en 1789, de la province de Bourgogne, bailliage de la Montagne ou de Châtillon-sur-Seine, intendance de Bourgogne. Son église paroissiale, tout d'abord succursale de Villiers-sur-Suize, était dédiée à saint Denis et dépendait du diocèse de Langres, doyenné d'Is-en-Bassigny. La présentation de la cure appartenait au grand prieur de Champagne.

Leffonds était le siège d'une commanderie de l'ordre de Saint-Jean de Jérusalem.

Leffonds, f., c^ne de Vaux-la-Douce, section B.

Léniseul, c^on de Clefmont. — *Lénisueles*, 1270 (Morimond). — *Lenisolias*, xive s (Longnon : Pouillés, I). — *Lénizeulles*, 1499 (Arch. nat., P. 176², n° 468). — *Reniseul*, 1576 (Arch. nat., P. 175⁴, n° 390). — *Lénizeuille*, 1602 (Arch. nat., P. 176², n° 502). — *Léniseule*, 1675 (arch. Haute-Marne, G. 85). — *Reniseule*, 1700 (Dillon). — *Lénizeulle*, 1732 (Pouillé de 1732, p. 122). — *Lénizeul*, 1748 (Arch. nat., Q¹. 690).

Léniseul dépendait, en 1789, de la province de Champagne, bailliage et élection de Langres, prévôté de Montigny-le-Roi. Son église paroissiale, dédiée à saint Brice, était du diocèse de Langres, doyenné d'Is-en-Bassigny. La présentation de la cure appartenait à l'abbé de Molême.

Leschères, c^on de Doulevant. — *Lescheres*, 1218 (arch. Aube, Clairvaux). — *Lescheriae*, 1226 (Clairvaux). — *Leicheriae*, 1245 (Clairvaux). — *Lecheriae*, 1250 (Clairvaux). — *Lacheriae*, 1256 (Clairvaux). — *Leichieres*, 1343 (Saint-Urbain). — *Leschières*, 1402 (Clairvaux). — *Leischires*, 1492 (Clairvaux). — *Leschères*, 1551 (Clairvaux). — *Leschère*, 1577 (Clairvaux).

Leschères faisait partie, en 1789, de la province de Champagne, bailliage de Chaumont, prévôté et châtellenie de Vassy, élection de Joinville. Son église paroissiale, dédiée à la Nativité de la Sainte-Vierge, était du diocèse de Toul, doyenné de la Rivière-de-Blaise. La présentation de la cure appartenait à l'archidiacre de Reynel.

Lesmez, écart, c^ne de Colmier-le-Haut (État-major).

Lessicourt, lieu dit, c^ne d'Orges, section D. — *Buisson Lessicourt*, xixe s. (cadastre).

Leuchey, c^on de Prauthoy. — *Leugier*, 1170 (arch. Haute-Marne, G. 593). — *Lochey, Locheium*, 1235 (arch. Haute-Marne, G. 585). — *Loicheium*, 1261 (arch. Haute-Marne, G. 585). — *Loicheyum*, 1302 (arch. Haute-Marne, G. 593). — *Loyché*, 1331 (arch. Haute-Marne, G. 585). — *Lechey*, 1336 (Arch. nat., JJ. 70, f° 103 r°, n° 235). — *Louchey*, 1401 (arch. Haute-Marne,

G. 592). — *Luchey*, 1464 (Arch. nat., P. 174³, n° 330 *bis*). — *Leuchey*, 1566 (arch. Haute-Marne, G. 593).

Leuchey dépendait, en 1789, de la province de Champagne, bailliage et élection de Langres. Son église, dédiée à saint Barthélemi, était succursale de Baissey, diocèse et doyenné de Langres.

La seigneurie appartenait à l'évêque de Langres et ressortissait à sa prévôté de Baissey.

Leurville, c^on de Saint-Blin. — *Lureville*, 1443 (Arch. nat., P. 176², n° 508). — *Leureville*, 1773 (arch. Haute-Marne, C. 262). — *Leurville*, xviiie s. (Cassini).

En 1789, Leurville dépendait de la province de Champagne, bailliage et élection de Chaumont, prévôté d'Andelot, châtellenie de Montéclair. Son église, dédiée à saint Martin, était annexe de celle de Busson, au diocèse de Toul, doyenné de Reynel.

Levécourt, c^ne de Bourmont. — *Allevelcourt*, 1160 (Morimond). — *Arlyvecort*, 1163 (Morimond). — *Allevercurt*, 1164 (Morimond). — *Allevelcort*, 1178 (Morimond). — *Levescort*, 1262 (Morimond). — *La grange de Levécort*, 1281 (Morimond). — *Grangia de Allevecort*, 1284 (Morimond). — *Grant Rui et Alleveicort, granges de Moiremont*, 1285 (Morimond). — *Ellevécourt*, 1286 (Morimond). — *Leveicort*, 1296 (Morimond). — *Leveicourt*, 1304 (Morimond). — *Levé-curt*, 1372 (Morimond). — *Levescourt*, 1401 (Morimond). — *Levecuria*, 1402 (Pouillé de Toul). — *Levescourt*, 1443 (Arch. nat., P. 174¹, n° 299).

Levécourt, d'abord simple grange de l'abbaye de Morimond, fut érigé en ville neuve, avec Grandrupt, autre grange de Morimond, par une convention intervenue entre cette abbaye et Thibaud II, comte de Bar, en 1285.

En 1789, Levécourt faisait partie du Barrois, bailliage de Bourmont, intendance de Lorraine et Barrois, et suivait la coutume du Bassigny. Son église paroissiale, dédiée à saint Jean-Baptiste, était du diocèse de Toul, doyenné de Bourmont, et avait pour annexe Huilliécourt, ancienne paroisse. La présentation de la cure appartenait à l'abbé de Morimond.

Levécourt (Le), lieu dit, c^ne de Cirfontaine-en-Ornois, section B.

Levée (La), f., anc. m^in, c^ne de la Ferté-sur-Amance. — *Le moulin de la Levée*, 1770 (arch. Haute-Marne, C. 344).

Levée-Romaine (La), f., c^ne de Buxières-lez-Belmont.

Lézéville, c^ne de Poissons. — *Lizeivilla*, 1140 (Saint-

Urbain). — *Lizevilla*, 1209 (Saint-Urbain). — *Lézéville*, 1401 (Arch. nat., P. 189², n° 1588). — *Léhéville*, 1402 (Pouillé de Toul).

En 1789, Lézéville dépendait, pour une partie, du Barrois, bailliage de la Marche, intendance de Lorraine et Barrois, et, pour l'autre partie, de la province de Champagne, bailliage et élection de Chaumont, prévôté d'Andelot. Son église paroissiale, dédiée à saint Èvre, était du diocèse de Toul, doyenné de Reynel, et avait pour succursale celle de Harméville. La présentation de la cure appartenait au commandeur de Robécourt (Vosges), de l'ordre de Malte.

LIGNE-CHÂTEAU, lieu dit, c^{ne} de Joinville.

LIFFOL-LE-PETIT, c^{ne} de Saint-Blin. — *Lifo*, 1200 (Morimond). — *Lifou-lo-Petit*, 1248 (arch. Allier, Septfons). — *Lifoy-lo-Petit*, 1249 (Mureau). — *Lifo-lou-Petit*, 1253 (Mureau). — *Liffou-le-Petit*, 1349 (Clairvaux). — *Liffou-le-Petit*, 1401 (Arch. nat., P. 189², n° 1588). — *Ecclesia de Liphodio Parvo*, 1402 (Pouillé de Toul). — *Liffoul-le-Petit*, 1456 (Arch. nat., P. 176², n° 509). — *Liffol-le-Petit*, 1684 (Recueil Jolibois, VIII, f° 7 r°). — *Lifol-le-Petit*, 1787 (arch. Haute-Marne, C. 262).

Liffol-le-Petit dépendait, en 1789, de la province de Champagne, bailliage et élection de Chaumont, prévôté d'Andelot, châtellenie de la Fauche. Son église paroissiale, dédiée à saint Remi, était du diocèse de Toul, doyenné de Reynel. La présentation de la cure appartenait au chapitre de la Fauche.

LIMACE (LA), m^{in}, c^{ne} de Bourg.

«*LINERULAS, villula*», 921 (Roserot, Chartes inédites, etc., n° 14).

Était dans le voisinage de Hûmes et de Montigny-en-Bassigny.

LIONCOURT, lieu dit, c^{ne} de Bettoncourt, section C.

LIONCOURT, lieu dit, c^{ne} de Harréville, section C.

LIONCOURT, lieu dit, c^{ne} de Landéville, section A.

LOGE (LA), lieu dit, c^{ne} de Baudrecourt, section A.

LOGE (LA), lieu dit, c^{ne} de Chamarandes, section A.

LOGE (LA), lieu dit, c^{ne} de Consigny, section A.

LOGE (LA), lieu dit, c^{ne} de Donjeux, section E.

LOGE (LA), lieu dit, c^{ne} de Foulain, section B.

LOGE (LA), lieu dit, c^{ne} de Langres, section G.

LOGE (LA), anc. fief, c^{ne} de Latrecey. — *Laloge*, 1858 (Jolibois : La Haute-Marne, p. 292.)

LOGE (LA), lieu dit, c^{ne} de Leffonds, section B. — *Le gagnage de la Loge, dependant de la commanderie dudit Morment*, 1624. (Arch. Côte-d'Or, Morment).

LOGE (LA), métairie détruite, c^{ne} de Poinson-lez-

Fays. — *Laloge*, 1858 (Jolibois : La Haute-Marne, p. 292).

LOGE (LA), lieu dit, c^{ne} de Richebourg, section B. — *Le fort de la Loge*, 1818 (cadastre).

LOGE (LA), lieu dit, c^{ne} de Silvarouvre, section A.

LOGE (LA), bois, c^{ne} de Soyers.

LOGEOTTE (LA), lieu dit, c^{ne} de Riaucourt, section B.

LOGEOTTES (LES), lieu dit, c^{ne} de Romains-sur-Meuse, section B.

LOGES (LES), c^{ne} du Fays-Billot. — *Les Loges-lez-Grossesaulve*, 1566 (grand séminaire). — *Les Loges*, 1675 (arch. Haute-Marne, G. 85).

Les Loges dépendaient, en 1789, de la province de Champagne, bailliage et élection de Langres. Son église paroissiale, dédiée à saint Gaon ou saint Gond, était du diocèse de Langres, doyenné du Moge. La présentation de la cure appartenait au prieur de Grosse-Sauve, qui avait aussi la seigneurie, mais ses droits passèrent au grand séminaire de Langres après la suppression du prieuré.

LOGES (LES). *Voir aussi* VIEILLES-LOGES.

LOGES (LES), lieu dit, c^{ne} de Charmes-la-Grande, section A.

LOGES (LES), lieu dit, c^{ne} de Gudmont, section C.

LOGES (LES), lieu dit, c^{ne} de la Neuville-au-Bois, section A.

LOGES (LES), lieu dit, c^{ne} d'Outremécourt, section A.

LOGES (LES), lieu dit, c^{ne} de Villiers-lez-Aprey, section C.

LOGE-THIÉBAULT (LA), lieu dit, c^{ne} de Romains-sur-Meuse, section B.

LOISEL, m^{in}, c^{ne} de Lanne.

LONE (LA), m^{in}, c^{ne} de Verseilles-le-Bas. — *Moulin de la Lone*, 1769 (Chalmandrier). — *Lalone*, 1858 (Jolibois : La Haute-Marne, p. 292 et 544).

LONGCHAMP, c^{ne} de Clefmont. — *Longus Campus*, 1164 (la Crête). — *Lonchamp*, 1172 (la Crête). — *Longchamp*, 1592 (Recueil Jolibois, III, f° 80). — *Longchamps*, 1649 (Roserot, États gén., n° 28). — *Lonchamps*, 1700 (Dillon). — *Longchamp-les-Mellières*, 1704 (Arch. nat., Q¹. 690). — *Longchamps-les-Milliers*, 1757 (Arch. nat., Q¹. 690). — *Longchamp-lès-Millières*, 1773 (arch. Haute-Marne, C. 262).

Longchamp dépendait, en 1789, de la province de Champagne, bailliage et élection de Chaumont, prévôté de Nogent. Son église paroissiale, dédiée à saint Louvent, était du diocèse de Langres, doyenné de Chaumont. La présentation de la cure appartenait au prieur de Clefmont.

LONGCHAMP-LEZ-MILLIÈRES, f., c^{ne} de Perthes; anc. village. — *Longus Campus*, 1220 (Montier-en-

Der). — *Lonchamp*, 1249-1252 (Longnon, Rôles, n° 123). — *Longchamps*, 1889 (ann. Haute-Marne).

LONGEAU, ch.-l. de cant., arrond. de Langres. — *Longa Aqua*, 1180 (Auberive). — *Lunga Aqua*, 1269 (arch. Aube, Notre-Dame-aux-Nonnains). — *Longua Aqua*, 1274 (arch. Haute-Marne, G. 587). — *Longeau*, 1464 (Arch. nat., P. 174³, n° 330 bis). — *Longeaue*, 1562 (Auberive).

Longeau dépendait, en 1789, de la province de Champagne, bailliage et élection de Langres. Son église, dédiée à saint Hilaire, était succursale de celle de Bourg, diocèse de Langres, doyenné du Moge.

La seigneurie appartenait, en partie, à l'abbesse de Notre-Dame-aux-Nonnains de Troyes, qui avait succédé aux droits du prieur de Saint-Geômes, par l'union de ce prieuré à son abbaye.

LONGEVILLE, cⁿⁿ de Montier-en-Der. — *Ecclesia Sancte Marie de Longa Villa*, 1122 (Cartul. Montier-en-Der, I, f° 111 r°). — *Longua Villa*, 1229 (Boulancourt). — *Longevile*, 1260 (la Chapelle-aux-Planches). — *Longeville*, 1470 (Boulancourt). — *Longeville-sur-Aine*, 1889 (ann. Haute-Marne).

Longeville faisait partie, en 1789, de la province de Champagne, bailliage et prévôté de Chaumont, élection de Bar-sur-Aube. Son église paroissiale, dédiée à la Nativité de la Sainte-Vierge, était du diocèse de Troyes, doyenné de Margerie. La collation de la cure appartenait à l'évêque.

LONGUAY, mieux LONGUÉ, chât. et f., cⁿⁿ d'Aubepierre; anc. abbaye d'hommes, ordre de Saint-Augustin, puis de Cîteaux, filiation de Clairvaux. — *Longum Vadum*, 1125-1136 (Gall. christ. IV, instr., col. 172). — *Lonwé*, 1276-79 (Longnon, Doc. II, p. 183). — *Longué*, 1405 (Longuay). — *Longuey*, 1434 (arch. Côte-d'Or, Morment). — *Longuay*, 1603 (Arch. nat., P. 189², n° 1587). — *Longuet*, XVIIIᵉ s. (Cassini).

L'église abbatiale de Longuay était dédiée à la Sainte-Vierge et dépendait du diocèse et du doyenné de Langres. Suivant l'usage pratiqué dans tous les établissements de l'ordre de Cîteaux, il y avait à l'extérieur des bâtiments une église ou chapelle qui servait de paroisse domestique.

La seigneurie appartenait à l'abbé.

LORRAINE (LA), lieu dit, cⁿⁿ de Bressoncourt.

LORRAINE (LA), lieu dit, cⁿⁿ de Fresnoy, section A.

LORRAINS (LES), lieu dit, cⁿⁿ de Cerisières, section B. — *Chemin des Lorrains*, XIVᵉ s. (cadastre).

LORRAINS (LES), lieu dit, cⁿⁿ de Clefmont, section A. — *Chemin des Lorrains*, XIXᵉ s. (cadastre).

LORRAINS (LES), lieu dit, cⁿⁿ de Darmannes, section B. — *Combe aux Lorrains*, XIXᵉ s. (cadastre).

LORRAINS (LES), lieu dit, cⁿⁿ de la Villeneuve-en-Augoulancourt, section C. — *Champ des Lorrains*, XIXᵉ s. (cadastre).

LOUBERT (LA), f., cⁿⁿ de Bettancourt-la-Ferrée. — *La Louber*, XVIIIᵉ s. (Cassini).

LOUBERT (LA), f., cⁿⁿ de Saint-Dizier.

LOUCHEROY (LE), f., cⁿⁿ de Frettes. — *Loucheroy*, 1769 (Chalmandrier).

LOUOT, faubourg de Langres. — *Louot*, 1769 (Chalmandrier).

LOUP (LE), mⁱⁿ, cⁿⁿ de Hûmes. — *Moulin au Loup*, 1770-1779 (hôpital de la Charité de Langres, B. 27, p. 50).

LOUTRE, écart, cⁿⁿ de Buxières-lez-Belmont. — *Loutre*, 1769 (Chalmandrier).

LOUVEMONT, cⁿⁿ de Vassy. — *Luponis Mons*, vers 991 (Dipl. de Hugues Capet, Saint-Remi de Reims). — *Lupi Mons*, 1114 (Saint-Remi de Reims). — *Lupponis Mons*, 1152 (bibl. de Reims, fonds Saint-Remi). — *Lovemont*, 1184 (arch. Marne, Trois-fontaines). — *Louvemont*, 1231 (arch. Aube, Clairvaux). — *Loupvemont*, 1482 (Saint-Remi de Reims).

Il nous paraît impossible d'accepter l'identification qu'on a faite de cette localité (Revue de Champ. et Brie, oct.-nov. 1899, p. 733) avec la *Silva Loulmons, super fluvium Olomnan*, citée dans un diplôme de Charles-le-Chauve, de l'an 863.

Louvemont dépendait, en 1789, de la province de Champagne, bailliage de Chaumont, prévôté de Vassy. Son église paroissiale, dédiée à saint Sulpice, était du diocèse de Châlons-sur-Marne, doyenné de Joinville. La présentation de la cure appartenait à l'abbé de Saint-Remi de Reims.

LOUVIÈRE (LA), f., cⁿⁿ du Fays-Billot; anc. propriété de l'abbaye de Belmont. — *Loveres*, 1147 (Belmont). — *Louvière*, 1769 (Chalmandrier). — *Louvières*, 1889 (ann. Haute-Marne).

LOUVIÈRES, cⁿⁿ de Nogent-en-Bassigny. — *Wido de Lupanariis*, 1167 (la Crête). — *Loveres*, 1189 (arch. Côte-d'Or, Morment). — *Lovière, Lovières, Louveriae, Loveriae*, 1249-1252 (Longnon, Rôles, nᵒˢ 14, 592, 607, 608). — *Louvières*, 1508 (Arch. nat., P. 174², n° 308). — *Louvière*, 1680 (Arch. nat., Q¹. 692).

En 1789, Louvières dépendait de la province de Champagne, bailliage de Chaumont, prévôté et châtellenie de Nogent-le-Roi, élection de Langres. Son église, dédiée à saint Thomas de Cantorbéry, était succursale de celle de Poulangy, diocèse de Langres, doyenné d'Is-en-Bassigny.

Louze, c^ᵉ de Montier-en-Der. — *Lutosa*, 854 (Cartul. Montier-en-Der, I, f° 19 r°). — *Lutosae*, ix° s. (Polyptyque de Montier-en-Der, cartul.¨, 1, f° 129 r°). — *Louses*, 1318 (Montier-en-Der). — *Luthose*, 1407 (Pouillé de Troyes, n° 474). — *Louzes*, 1543 (Montier-en-Der). — *Louze*, 1661 (Montier-en-Der). — *Louse*, 1784 (Courtalon, III, p. 351).

Louze dépendait, en 1789, de la province de Champagne, bailliage de Chaumont, élection et prévôté de Bar-sur-Aube. Son église paroissiale, dédiée à saint Martin, était du diocèse de Troyes, doyenné de Margerie. La cure était à la présentation de l'abbé de Montier-en-Der, suivant Courtalon et M. l'abbé Roussel, mais le Pouillé de 1407 en attribue la collation à l'évêque.

La seigneurie appartenait à l'abbé de Montier-en-Der.

Lucine (La), f., c^ᵉ de Montribourg; anc. grange de l'abbaye de Longuay. — *Luxinae*, 1167 (Longuay). — *Lussinae*, xii° s. (Longuay). — *Luxinium*, 1227 (Longuay). — *Luxines*, 1230 (Longuay). — *Lucina*, 1318 (Longuay). — *La Luxine*, 1395 (Longuay). — *La Lucyne*, 1513 (Longuay). — *La Lucine*, 1620 (Longuay). — *Chasseigne ou Lucine*, 1769 (Chalmandrier). — *Lalucine*, 1858 (Jolibois : La Haute-Marne, p. 293).

Lusy, c^ᵉ de Chaumont. — *Luiseium*, 1197 (arch. Aube, Notre-Dame-aux-Nonnains). — *Luseium*, 1219 (Val-des-Écoliers). — *Lusó*, *Luseyum*, 1232 (Notre-Dame-aux-Nonnains). — *Lusei*, 1253 (arch. Haute-Marne, G. 533). — *Leuseium*, 1257 (arch. Haute-Marne, G. 559). — *Lusey*, 1258 (Val-des-Écoliers). — *Lusy*, 1464 (Arch. nat., P. 174², n° 330 *bis*). — *Lusy*, 1589 (Recueil Jolibois, VIII, f° 56). — *Luzi*, 1769 (Chalmandrier).

Lusy dépendait, en 1789, de la province de Champagne, bailliage de Langres, élection de Chaumont. La seigneurie, qui avait le titre de baronnie, appartenait à l'évêque de Langres et était le siège d'une prévôté épiscopale. L'église paroissiale, dédiée à saint Gal, dépendait du diocèse de Langres, doyenné de Chaumont, et avait pour annexes les églises de Verbiesle et de la Ville-au-Bois. La présentation de la cure appartenait à l'abbaye de Notre-Dame-aux-Nonnains de Troyes, et auparavant au prieur de Saint-Geômes.

Lutin (Le), m^ln, c^ᵉ de Droye. — *Lutin*, 1673 (Montier-en-Der). — *Le moulin Lutin*, xix° s. (cartes de l'Intérieur et de l'État-major).

Luxembourg (Le), lieu dit, c^ᵉ de Dinteville, section D.

Luzerain (Le), f., c^ᵉ d'Audeloncourt; anc. fief. — *Luzerain*, 1335 (la Crête). — *Luserain*, 1443 (Arch. nat., P. 174³, n° 299). — *L'Userain*, 1684 (Arch. nat., Q¹. 690). — *Mazereu*, 1769 (Chalmandrier). — *Luzeron*, xviii° s. (Cassini).

M

Maatz, c^ᵉ de Prauthoy. — *In pago Atoariense, in villa quae dicitur Maiascus*, ix° s. (Chron. de Bèze, p. 265). — *Ecclesia de Majasco*, xi° s. (Chron. de Bèze, p. 386). — *Majasoh*, 1105 (Chron. de Bèze, p. 419). — *Maas*, 1202 (chapitre de Langres). — *Maat*, 1330 (arch. Haute-Marne, G. 403). — *Maath*, 1334 (terrier de Langres, f° 89 v°). — *Maac*, 1464 (Arch. nat., P. 174³, n° 330 *bis*). — *Matz*, 1498 (Recueil Jolibois, II, f° 196). — *Maats*, 1732 (Pouillé de 1732, p. 135). — *Maast*, 1770 (arch. Haute-Marne, C. 344). — *Madts*, 1858 (Jolibois : La Haute-Marne, p. 332). — *Madtz*, 1889 (ann. Haute-Marne).

Nous n'avons pu accepter l'identification qu'on a faite de Maatz avec *Maiescum, Majescum, Maxiacus*, cités dans la Chronique de Bèze (édit. Bougaud et Garnier, p. 236, 244 et 334).

Maatz dépendait, en 1789, de la province de Champagne, bailliage et élection de Langres. Son église, dédiée à saint Martin, était succursale de celle de Coublant, au diocèse de Langres, doyenné de Fouvent.

Le territoire de Maatz semble avoir été incorporé tout d'abord à celui de la commune de Coublant et il paraît qu'il en faisait encore partie en 1830, lors de l'approbation du cadastre.

Machecourt, lieu dit, c^ᵉ de Semilly. — *Le pré Migecourt, l'étang Mugecourt*, 1626 (Arch. nat., P. 191², n° 1639). — *Machecourt*, 1858 (Jolibois : La Haute-Marne, p. 500).

Macmont, écart, c^ᵉ de Dammartin.

Maconcourt, c^ᵉ de Doulaincourt. — *Macuncurtis*, 1140 (Saint-Urbain). — *Maconcort*, 1190 (Saint-Urbain). — *Macuncuria, Magunouria*, 1215 (Saint-Urbain). — *Maconcourt*, 1323 (Saint-Urbain). — *Maconcuria*, 1402 (Pouillé de Toul).

Maconcourt dépendait, en 1789, de la province de Champagne, bailliage de Chaumont, prévôté d'Andelot, élection de Joinville. Son église paroissiale, dédiée à saint Léger, était du diocèse de Toul, doyenné de Reynel. La présentation de la cure appartenait à l'abbé de Saint-Urbain.

MADELEINE (LA), lieu dit, c^ne de Blancheville, section B. — La Magdelaine, 1830 (cadastre).

MADELEINE (LA), chap. dét., c^ne de Chaumont-en-Bassigny; fondée en 1643, au Val-des-Tanneries.

MADELEINE (LA), lieu dit, c^ne de Couzon, section A.

MADELEINE (LA), lieu dit, c^ne de Joinville, section B; emplacement d'une léproserie. — Capella leprosaria, apud Joinvillam, 1405 (Grignon). — La chapelle de la Magdeleine de Joinville, 1725 (arch. Haute-Marne, C. 84).

MADELEINE (LA), chap. dét., c^ne de Marac, section B. — La Magdelaine, 1769 (Chalmandrier). — Sainte-Madeleine, XVIIIe s. (Courtépée, IV, p. 276).

MADELEINES (LES), lieu dit, c^ne d'Effincourt, section A.

MAGNEUX, c^ne de Vassy. — In pago Pertense, in Tribus Fontanis et in Florneio, et ad Villare, et in loco qui dicitur Maisnils, vers 968. (1er cart. Montier-en-Der, f. 31 v°). — Gubertus, curatus de Mainillis, 1050 (arch. Marne, G. 1193). — Finagrium de Maisnillis, 1276 (arch. Marne, G. 1193). — Maignus, 1401 (Arch. nat., P. 189², n° 1588). — Magnus lez Waissy, 1490 (Jobin, Val-d'Osne, p. 55). — Maigneux devant Wassy, 1494 (arch. Marne, G. 1190). — Maignilz lez Voissy, 1509 (arch. Marne, G. 1190). — Maigneuz-lez-Voissy, 1547 (arch. Haute-Marne, G. 1190). — Maigneulz, Maigneut, Magneul, 1576 (Arch. nat., P. 189¹, n° 1585). — Magneulx, 1607 (arch. Marne, G. 1190). — Magneux, 1644 (arch. Marne, G. 1190).

Magneux dépendait, en 1789, de la province de Champagne, bailliage de Chaumont, prévôté de Vassy, élection de Joinville. Son église paroissiale, dédiée à saint Maurice, était du diocèse de Châlons-sur-Marne, doyenné de Joinville, et avait pour succursale Brousseval. La présentation de la cure appartenait à l'abbé de la Trinité de Châlons.

MAGNIEN, f., c^ne de Lanques. — Val Magniens, 1732 (Arch. nat., Q¹. 692). — La cense du Val Magnien, 1773 (arch. Haute-Marne, C. 262).

MAGNIS (LES), lieu dit, c^ne de Buxières-lez-Belmont, section C.

MAGNY (LE), lieu dit, c^ne de Bourdous, section D.

MAGNY (LE), lieu dit, c^ne de Broncourt, section B.

MAGNY (LE), lieu dit, c^ne de Forcey, section A.

MAGNY (LE), lieu dit, c^ne de Soncourt, section B.

MAI (LE), m^in, c^ne de Cohons. — Moulin du May, 1769 (Chalmandrier). — Le Mai, XIXe s. (carte de l'Intérieur).

MAIGNEY (LE), lieu dit, c^ne de Thonnance-lez-Joinville, section D.

MAILLY (LE), lieu dit, c^ne d'Andilly, section C. — Le Vieux Mailly, XIXe s. (cadastre).

MAIRUPT, h., c^ne de Planrupt. — Mirupt, XVIIIe s. (Cassini). — Maurupt, 1858 (Jolibois : La Haute-Marne, p. 417). — Mairupt, XIXe s. (Intérieur).

MAISONOTTES (LES), lieu dit, c^ne d'Isôme, section C.

MAISON (LA). Voir aussi BELLE, BONNE, VIEILLE-MAISON.

MAISON (LA), lieu dit, c^ne de Leffonds, section A.

MAISON (LA), écart dét., c^ne de la Neuville-lez-Coiffy. — La Maison, 1769 (Chalmandrier).

MAISON-ABANDONNÉE (LA), lieu dit, c^ne de Chalvraine, section A.

MAISON-AU-DOYEN (LA), écart disp., c^ne de Chaumont-en-Bassigny. — La Maison-Doyen, 1769 (Chalmandrier). — La cense de la Maison-au-Doyen, 1773 (arch. Haute-Marne, C. 262).

MAISON-AUX-CHAMPS (LA), lieu dit, c^ne de Clefmont, section B.

MAISON-AUX-CHAMPS (LA), lieu dit, c^ne de la Ferté-sur-Aube, section B.

MAISON-AUX-CHAMPS (LA), lieu dit, c^ne de Longeau.

MAISON-AUX-CHAMPS (LA), lieu dit, c^ne de Marault, section C.

MAISON-BAILLY (LA), lieu dit, c^ne de Louze.

MAISON-BÉLIER (LA), f., c^ne d'Esnoms, section C.

MAISON-BLANCHE (LA), auberge, c^ne de Chaumont-en-Bassigny.

MAISON-BLANCHE (LA), f., c^ne de Droye. — Maison-Blanche, XIXe s. (État-major).

MAISON-BRAYÉ (LA), lieu dit, c^ne de Langres, section B.

MAISON-BRÛLÉE (LA), lieu dit, c^ne de Vouécourt, section C.

MAISON-CAMUS (LA), m^on is., c^ne de Marnay.

MAISON-CAROLUS (LA), écart, c^ne de Vignory.

MAISONCELLES, c^ne de Clefmont. — Mesencellae, 1136 (la Crête). — Masencellae, 1163 (la Crête). — Masunceles, 1163 (Morimond). — Ecclesia de Masencellis, 1402 (Pouillé de Toul). — Maisoncelle, 1443 (Arch. nat., P. 1741, n° 299). — Maisoncelles, 1539 (Arch. nat., P. 1742, n° 322). — Maisancelles, 1684 (Arch. nat., Q¹. 690). — Mesoncelle, 1700 (Dillon). — Maizancelles, 1770 (arch. Haute-Marne, C. 344).

Maisoncelles dépendait, en 1789, de la province de Champagne, bailliage de Chaumont, élection de Langres, prévôté de Nogent-le-Roi. Son

13.

église paroissiale, dédiée à saint Martin, était du diocèse de Toul, doyenné de Bourmont. La présentation de la cure appartenait au seigneur de Clefmont.

Maison-de-la-Fontaine (La), lieu dit, cⁿᵉ d'Essey-lez-Pont, section C.

Maison-de-la-Vigne (La), écart, cⁿᵉ de Reynel.

Maison-de-l'Étang (La), écart, cⁿᵉ de Chalmessin (ann. Haute-Marne, 1889).

Maison-des-Bois (La), f. dét., cⁿᵉ de Chaumont-en-Bassigny, finage de Reclancourt. — *La cense de la Maison des Bois*, 1773 (arch. Haute-Marne, C. 262).

La Maison-des-Bois est encore indiquée sur la carte de Cassini.

Maison-des-Huguenots (La), écart disp., cⁿᵉ de Langres, près du moulin de l'Hôpital. — *Maison des Huguenots*, 1769 (Chalmandrier).

Maison-des-Noues (La), auberge, cⁿᵉ de Verbiesle.

Maison-des-Prés (La), écart, cⁿᵉ d'Andelot (ann. Haute-Marne, 1889).

Maison-Dieu (La), lieu dit, cⁿᵉ de Bricon, section B.

Maison-Dieu (La), lieu dit, cⁿᵉ de Châteauvillain, sections B et E.

Maison-Dieu (La), mⁿ is., cⁿᵉ de Clefmont.

Maison-Dieu (La), lieu dit, cⁿᵉ de Maisoncelles, section A.

Maison-Dieu (La), lieu dit, cⁿᵉ de Villiers-sur-Marne, section C.

Maison-Dorée (La), lieu dit, cⁿᵉ de Chézeaux, section C.

Maison-du-Bois (La), lieu dit, cⁿᵉ de Coupray, section A.

Maison-Dunois (La), écart, cⁿᵉ de Serqueux.

Maison-du-Bois (La), lieu dit, cⁿᵉ de Vouécourt, sections A et B.

Maison-Forte (La), anc. fief, cⁿᵉ d'Aizanville. — *La maison forte d'Aizanville*, 1572 (Arch. nat., P. 176¹, n° 436).

Maison-Forte (La), anc. écart et fief, cⁿᵉ de Brainville. — *Maison Forte*, xviiiᵉ s. (Cassini).

Maison-Forte (La), lieu dit, cⁿᵉ de Hûmes, section D.

Maison-Forte (La), lieu dit, cⁿᵉ de Noyers.

Maison-Forte (La), écart dét., cⁿᵉ de Vroncourt. — *Maison Forte*, xviiiᵉ s. (Cassini).

Maison-Fouin (La), f., cⁿᵉ d'Arc-en-Barrois, section E. — *La Maison Fouin*, 1769 (Chalmandrier). — *La Maison-Foin, La Ferme-Foin*, xixᵉ s. (cadastre).

Maison-Franche (La), mⁿ for., cⁿᵉ de Bourg-Sainte-Marie.

Maison-Gaiffon (La), f., cⁿᵉ d'Arbigny.

Maison-Gueney (La), lieu dit, cⁿᵉ de Roche-sur-Marne, section A.

Maison-Henry (La), barrière du chⁿ de fer, cⁿᵉ de Saint-Blin.

Maison-Humblot (La), lieu dit, cⁿᵉ de Crenay, section D.

Maison-Jeantet (La), mⁿ is., cⁿᵉ de Colombey-lez-Choiseul.

Maison-Lisse (La), mⁿ is., cⁿᵉ de Chamarandes.

Maison-Michelin (La), f., cⁿᵉ de Bugnières.

Maison-Minel (La), écart, cⁿᵉ de Serqueux.

Maison-Morisot (La), écart, cⁿᵉ de Marcilles (ann. Haute-Marne, 1889).

Maison-Naudet (La), mⁿ is., cⁿᵉ de Latrecey.

Maisonnette (La), écart, cⁿᵉ d'Aprey (ann. Haute-Marne, 1889).

Maisonnette (La), lieu dit, cⁿᵉ de Chevillon, section C.

Maisonnette (La), lieu dit, cⁿᵉ de Jonchery, section B.

Maisonnette (La), lieu dit, cⁿᵉ de Langres, section F.

Maisonnette (La), lieu dit, cⁿᵉ de Saudron, section A.

Maisonnettes (Les), écart, cⁿᵉ de Darmanne.

Maisonnettes (Les), lieu dit, cⁿᵉ de Huilliécourt, section B.

Maisonnettes (Les), h., cⁿᵉ de Mussey, section B.

Maison-Neuve (La), f., cⁿᵉ d'Arc-en-Barrois.

Maison-Neuve (La), f., cⁿᵉ de Marac.

Maison-Neuve (La), f., cⁿᵉ d'Occey.

Maison-Neuve (La), auberge, cⁿᵉ de Vignory.

Maisonnières (Les), lieu dit, cⁿᵉ de Chaudenay, section A.

Maison-Paulin (La), f., cⁿᵉ d'Arc-en-Barrois. — *La Maison Paulin*, 1769 (Chalmandrier).

Maison-Pillot (La), écart, cⁿᵉ de Chamarandes.

Maison-Pufois (La), lieu dit, cⁿᵉ de Vesvre-sous-Chalancey, section A.

Maison-Renard (La), lieu dit, cⁿᵉ de Richebourg, section A.

Maison-Renault (La), f., anc. fief et chap., cⁿᵉ de Richebourg. — *La Maison Renault*, 1769 (Chalmandrier).

Maison-Rouge (La), écart détruit, cⁿᵉ de Chaumont-en-Bassigny. — *Maison Rouge*, 1769 (Chalmandrier).

Maison-Rouge (La), lieu dit, cⁿᵉ de Fresnoy, section E.

Maison-Rouge (La), écart disparu, cⁿᵉ de Joinville. — *Maison-Rouge ou aux-Bois*, xviiiᵉ s. (Cassini).

Maison-Rouge (La), lieu dit, cᵐᵉ de Saint-Loup, section B.

Maison-Rouge (La), f., cⁿᵉ de Serqueux.

Maison-Rouge (La), f., cⁿᵉ de Vaux-sur-Blaise.

Maisons (Les), mᵒⁿ is., cⁿᵉ de Praslay.

Maisons-Blanches (Les), lieu dit, cⁿᵉ du Pailly, section A.

Maisons-Brûlées (Les), lieu dit, cⁿᵉ de la Mancine, section C.

Maisons-Brûlées (Les), lieu dit, cⁿᵉ de Rizaucourt, section F.

Maisons-du-Haut (Les), lieu dit, cⁿᵉ d'Épinant, section D.

Maisons-Rouges (Les), lieu dit, cⁿᵉ de Velles, section A.

Maison-Ténard, écart, cⁿᵉ de Saulxures, sur la route de Dammartin (État-major).

Maison-Tête-Vide (La), mᵒⁿ is., cⁿᵉ de Reynel, près du finage de Busson.

Maison-Thomas (La), écart, cⁿᵉ de Reynel.

Maison-Vaucaire (La), mᵒⁿ is., cⁿᵉ d'Orges.

Maizelle (La), écart, cⁿᵉ de Bourbonne-les-Bains (ann. Haute-Marne, 1889).

Maizières, mᵗⁿ, cⁿᵉ de Marcilly. — Le moulin Maizières, 1770 (arch. Haute-Marne, C. 344).

Maizières-lez-Joinville, cⁿ de Chevillon. — Maceriae, 1140 (Saint-Urbain). — Maisières, 1270 (Saint-Urbain). — Maisseres, Maiseres, 1298 (Saint-Urbain). — Maserias, fin du xıııᵉ s. (Cartul. Saint-Laurent de Joinville, nᵒ XXXII). — Maseriae, 1305 (Saint-Urbain). — Maizières, 1574 (Saint-Urbain). — Maizières-lez-Joinville, 1576 (Arch. nat., P. 189⁴, nᵒ 1585). — Mézières, 1700 (Dillon).

En 1789, Maizières-lez-Joinville dépendait de la province de Champagne, bailliage de Chaumont, prévôté de Vassy, élection de Joinville. Son église paroissiale, dédiée à saint Martin, était du diocèse de Châlons-sur-Marne, doyenné de Joinville. La présentation de la cure appartenait à l'abbé de Saint-Urbain, qui avait aussi la seigneurie.

Maizières-sur-Amance, cⁿ de la Ferté-sur-Amance. — Maserie, 1170 (arch. Côte-d'Or, la Romagne). — Maceriae, 1185 (Beaulieu). — Maiserie, 1283 (Beaulieu). — Maisières, 1423 (la Romagne). — Maiseres, 1436 (Longnon, Pouillés, I). — Maizières, 1605 (Arch. nat , P. 177¹, nᵒ 561). — Maizières-sur-Amance, 1769 (Chalmandrier). — Maizière-sur-Amance, xvıııᵉ s. (Cassini).

Maizières-sur-Amance faisait partie, en 1789, de la province de Champagne, bailliage de Langres (par démembrement de celui de Chaumont), prévôté de Coiffy, élection de Langres. Son église paroissiale, consacrée à saint Clément, était du diocèse de Langres, doyenné de Pierrefaite. La présentation de la cure appartenait au prieur de Saint-Vivant-sous Vergy, qui avait aussi la seigneurie.

Il y avait à Maizières un prieuré dédié à Saint Vivant, dépendant de Cluny.

Mal-Abreuvée (La), f., cⁿᵉ de Violot.

Malade (Le), lieu dit, cⁿᵉ de Bassoncourt, section C. — Le pré Malade, xıxᵉ s. (cadastre).

Malade (Le), lieu dit, cⁿᵉ de Charmoilles, section A. — Le pré Malade, xıxᵉ s. (cadastre).

Malade (La Côte), lieu dit, cⁿᵉ de Flammerécourt.

Malade (Le), lieu dit, cⁿᵉ de la Neuvelle-lez-Coiffy.

Malade (Le), lieu dit, cⁿᵉ de Serqueux, section B. — La fontaine au bon malade, 1844 (cadastre).

Maladerie (La), lieu dit, cⁿᵉ de Troisfontaines-la-Ville, section C.

Malades (Les). Voir aussi Fontaine-aux-Malades.

Malades (Les), lieu dit, cⁿᵉ de Brachay. — Le pré des Malades, 1519 (Arch. nat., P. 174³, nᵒ 316).

Malades (Les), lieu dit, cⁿᵉ de Darmanne, section A. — La fontaine aux malades, xıxᵉ s. (cadastre).

Malades (Les), lieu dit, cⁿᵉ de Harréville, section A. — Lit les malades, xıxᵉ s. (cadastre).

Malades (Les), lieu dit, cⁿᵉ de Mareilles, section B.

Malades (Les), lieu dit, cⁿᵉ de Prez-sous-la-Fauche, section B.

Malades (Les), lieu dit, cⁿᵉ de Sommancourt, section A.

Maladière (La), lieu dit, cⁿᵉ d'Arc-en-Barrois, section F.

Maladière (La), lieu dit, cⁿᵉ d'Aubepierre, section A.

Maladière (La), étang, lieu dit, cⁿᵉ de Bay, section A.

Maladière (La), lieu dit, cⁿᵉ de Blécourt, section A.

Maladière (La), lieu dit, cⁿᵉ de Blessonville, section A.

Maladière (La), lieu dit, cⁿᵉ de Bonnecourt, section E.

Maladière (La), lieu dit, cⁿᵉ de Bourg.

Maladière (La), lieu dit, cⁿᵉ de Braucourt, section C.

Maladière (La), lieu dit, cⁿᵉ de Braux.

Maladière (La), lieu dit, cⁿᵉ de Bricon, section C.

Maladière (La), lieu dit, cⁿᵉ de Bugnières, section C.

Maladière (La), lieu dit, cⁿᵉ de Buxières-lez-Clefmont, section C.

Maladière (La), h., cⁿᵉ de Chaumont-en-Bassigny.

— *La Maladière*, 1669 (Arch. nat., Q¹, 690).
— *La Maladerie*, 1769 (Chalmandrier).

MALADIÈRE (LA), étang, cⁿᵉ de Choiseul. — *L'estang de la Maladière*, 1602 (Arch. nat., P. 176³,
n° 502).

MALADIÈRE (LA), lieu dit, cⁿᵉ de Donjeux, section D.

MALADIÈRE (LA), lieu dit, cⁿᵉ du Fays-Billot, section F.

MALADIÈRE (LA), lieu dit, cⁿᵉ de la Ferté-sur-Aube,
section C.

MALADIÈRE (LA), lieu dit, cⁿᵉ de Fresnoy, section A.

MALADIÈRE (LA), lieu dit, cⁿᵉ de Gilley, section C.

MALADIÈRE (LA), lieu dit, cⁿᵉ de Gudmont, section A.

MALADIÈRE (LA), lieu dit, cⁿᵉ de Heuilley-le-Grand,
section D.

MALADIÈRE (LA), lieu dit, cⁿᵉ de Hûmes, section B.

MALADIÈRE (LA), lieu dit, cⁿᵉ de Juzennecourt, section B.

MALADIÈRE (LA), h., cⁿᵉ de Langres. — *Le moulin de
la Maladière*, 1336 (Arch. nat., JJ. 70, f° 106 r°,
n° 235).

MALADIÈRE (LA), lieu dit, cⁿᵉ de Leschères, section A.

MALADIÈRE (LA), lieu dit, cⁿᵉ de Silvarouvre, section A.

MALADIÈRE (LA), faub. de Sommevoire.

MALADIÈRE (LA), lieu dit, cⁿᵉ de Trémilly, section B.

MALADIÈRE (LA), lieu dit, cⁿᵉ de Villars-Montroyer,
section B.

MALADIÈRES (LES), lieu dit, cⁿᵉ d'Autreville, section A.

MALADIÈRES (LES), lieu dit, cⁿᵉ de Jorquenay, section C.

MALADRERIE (LA), lieu dit, cⁿᵉ de Soulaincourt, section B.

MALAINCOURT, cⁿᵉ de Bourmont. — *Merlencurz*,
1151 (Morimond). — *Maillourcourt*, 1181 (Morimond). — *Malaincourt-sur-Meuse*, 1779 (Durival, III, p. 250). — *Malaincourt-la-Grande*,
xviiiᵉ s. (Cassini).

Malaincourt, en 1789, dépendait du Barrois,
bailliage de Bourmont, intendance de Lorraine et
Barrois, et suivait la coutume du Bassigny. Son
église, dédiée à sainte Madeleine, était annexe de
Graffigny, diocèse de Toul, doyenné de Bourmont.

MALASSIS, f. dét., qui était sur la paroisse de Droye.

MALASSISE, f. et mⁱⁿ, cⁿᵉ de Brachay, section B; anc.
fief. — *La grange de Malessert*, xiiiᵉ s., (cartul.
Saint-Laurent de Joinville, f° 62 r°). — *Braché
et le fief de Malassise*, 1763 (arch. Haute-Marne,
C. 317). — *Malassise*, xviiiᵉ s. (Cassini).

MALASSISE, f. dét., cⁿᵉ de Ragecourt-sur-Blaise. —
La cense de Malassise, 1763 (arch. Haute-Marne,
C. 317).

MAL-AVISÉE (LA), f., cⁿᵉ de Hortes.

MALBRAN ou MAUBRAN, f. dét., qui était située sur les
hauteurs, entre Briaucourt et Andelot; anc. grange
de l'abbaye de Septfontaines (Jolibois : La Haute-
Marne, p. 345).

MALEUX (LES), f., cⁿᵉ de Soulaucourt. — *Le Mallut*,
1780 (Arch. nat., Q¹. 689). — *Malu*, xviiiᵉ s.
(Cassini).

Les Maleux étaient, en 1780, une marcairerie
appartenant au duc de Lorraine (Arch. nat., Q¹.
689).

«*MALIGNICORTIS*», localité qui était probablement voisine d'Attancourt. — *Maliniacicortis*, 855 (Lalore,
Princip. cart., IV, p. 131). — *Malignicortis, super
Blesam*, au Perthois, vers 968 (*ibid.*, p. 187).
— *Ministralis cortis Malignicortis, terrarum nos-
trarum que sunt infra Ronam fluvium*, xiᵉ s.
(1ᵉʳ cartul. Montier-en-Der, fol., 95 r°). — *Ecclesia Sancti Laurentii et Sancti Martini Malignicortis*, 1113-1122 (*ibid.*, f° 106 v°).

M. Moulé (Revue de Champ et Brie, oct.-nov.
1899, p. 736) dit avoir trouvé la forme *Hatigni-
cortis;* il faudrait admettre que le cartulaire de
Montier-en-Der présenterait une autre altération :
Sancti Laurentii au lieu de *Sancti Lupentii*. Ce
serait alors Attigny, lieu dit de la commune de
Brousseval, laquelle est précisément en Perthois,
au-dessous de la Maronne (?) [Rona], et dont
l'église est dédiée à saint Louvent.

MALINCOURT (LE), lieu dit, cⁿᵉ de Maisoncelles, section A.

MALMAISON (LA), mⁱⁿ et gagnage disparus, cⁿᵉ d'Audeloncourt. — *La Malle Maison*, 1443 (Arch.
nat., P. 174¹, n° 299). — *La Malmaison*, 1684
(Arch. nat., Q¹. 690).

MALNUIT, f., cⁿᵉ de Chantraine; anc. grange de l'abbaye
de la Crête. — *Grangia Male Noctis*, 1164 (la
Crête). — *Malnuict*, 1574 (la Crête). — *Malnuit*, 1769 (Chalmandrier).

MALNUIT, f., cⁿᵉ de Noméecourt. — *Mal Nuit*, xviiiᵉ s.
(Cassini). — *Malnuits*, 1889 (ann. Haute-
Marne).

MALOCHÈRE (LA), f. dét., dans le voisinage de l'abbaye d'Auberive, dont elle dépendait. — *L'abbaye
d'Auberive et les granges appelées la Malochère*,
1770 (arch. Haute-Marne, C. 344).

MALOTS (LES), h., cⁿᵉ de Montier-en-Der. — *Le hameau des Malots*, 1763 (arch. Haute-Marne,
C. 317).

MALPERTUIS, mⁱⁿ, cⁿᵉ de Guyonvelle. — *Moulin de Malpertuis,* 1769 (Chalmandrier).

MALPERTUIS, f., cⁿᵉ de Pressigny.

MALROY, h., cⁿᵉ de Dammartin. — *Maleroy,* 1226 (Morimond). — *Malleroi,* 1259 (Morimond). — *Meleroy,* 1276-1279 (Longnon, Doc. II, p. 166). — *Malleroy,* 1445 (Arch. nat., P. 174¹, n° 300). — *Malroy,* 1769 (Chalmandrier).

En 1789, Malroy formait une communauté d'habitants du Barrois, bailliage de la Marche, intendance de Lorraine et Barrois, recette de Bourmont, et dépendait de la paroisse de Dammartin, qui était en Champagne (Durival, III, p. 252). Le fief relevait de Choiseul.

MALVOISIÈRES, lieu dit, cⁿᵉ de Vicq, où l'on trouve des vestiges de constructions. — *Moulin de Malvaux,* 1769 (Chalmandrier). — *Moulin de Malceaux,* XVIIIᵉ s. (Cassini).

MANCINE (LA), cⁿ de Vignory. — *La Mancine,* 1261 (Thors). — *Mansina,* 1436 (Longnon, Pouillés, I). — *La Mencienne,* 1443 (Arch. nat., P. 174¹, n° 299). — *La Mencine,* 1447 (Arch. nat., P. 174¹, n° 302). — *La Manciennes,* 1480 (Arch. nat., P. 164¹, n° 1353). — *La Mancyne,* 1519 (Arch. nat., P. 174¹, n° 315). — *Mancyna,* 1649 (Roserot, États généraux, p. 13). — *Lamancine,* 1732 (Pouillé de 1732, p. 91).

La Mancine faisait partie, en 1789, de la province de Champagne, bailliage, prévôté et élection de Chaumont. Son église paroissiale, dédiée à l'Assomption, était du diocèse de Langres, doyenné de Chaumont. La collation de la cure appartenait à l'évêque.

MANDRES, cⁿ de Nogent-en-Bassigny. — *Villa Mandris,* 1160 (la Crête). — *Mandres in Ornois,* 1230 (Val-des-Écoliers). — *Mandres,* 1239 (Layettes, n° 2826). — *Mandres,* vers 1252 (Longnon, Doc. II, p. 162, note). — *Decima de Mandris en Ornois,* 1256 (la Crête). — *Mandres en Ournoys,* 1273 (Val-des-Écoliers). — *Manre,* 1326 (Longnon, Doc. I, n° 5856). — *Mandre,* XIVᵉ s. (Longnon, Pouillés, I). — *Mande,* 1436 (Longnon, Pouillés, I). — *Mandres,* 1769 (Chalmandrier).

En 1789, Mandres dépendait de la province de Champagne, bailliage de Chaumont, prévôté de Nogent-le-Roi, élection de Langres. Son église, dédiée à la Nativité de la Sainte-Vierge, était du diocèse de Langres, doyenné d'Is-en-Bassigny. La présentation de la cure appartenait au chapitre de Langres.

MANDRES, f., cⁿᵉ de Sexfontaine, section A. — *Man-*

dres, 1769 (Chalmandrier). — *La cense de Mandres,* 1773 (arch. Haute-Marne, C. 262).

MANDEVILLE, lieu dit, cⁿᵉ de Thonnance-lez-Joinville, section B.

MANOIS, cⁿ de Saint-Blin. — *Mannes,* 1122 (Gall. christ., XIII, instr., col. 486). — *Manesium,* XIIIᵉ s. (arch. Aube, Clairvaux). — *Mennoys,* 1216 (Clairvaux). — *Manois,* 1402 (Pouillé de Toul). — *Manoix,* 1443 (Arch. nat., P. 176², n° 508). — *Manoys,* 1700 (Dillon). — *Manoist,* 1770 (arch. Haute-Marne, C. 262). — *Mannois,* 1787 (arch. Haute-Marne, C. 262).

Manois dépendait, en 1789, de la province de Champagne, bailliage et élection de Chaumont, prévôté d'Andelot. Son église paroissiale, dédiée à saint Blaise, était le siège d'un prieuré-cure du diocèse de Toul, doyenné de Reynel, dépendant du prieuré de Saint-Blin.

MARAC, cⁿᵉ de Langres. — *Garnerus de Maresco,* 1151 (arch. Côte-d'Or, Morment). — *Marasc,* 1157 (Morment). — *Maresc,* 1163-1168 (arch. de Langres). — *Decima de Marasco,* 1188 (Morment). — *Marescum in Mormento,* 1263 (Clairvaux). — *Marac,* 1269 (arch. Haute-Marne, G. 610). — *Marasc,* 1276-1279 (Longnon, Doc. II, p. 159). — *Marescum prope Ormanceyum,* 1308 (arch. Allier, Vauclair). — *Marat,* an II (État général).

En 1789, Marac dépendait en partie de la Bourgogne, bailliage de la Montagne ou de Châtillon-sur-Seine, intendance de Bourgogne. L'autre partie était située en Champagne, bailliage et élection de Langres, notamment le château, qui était sur la Suize (Courtépée, IV, p. 276). Son église, dédiée à saint Léger, était annexe de celle d'Ormancey, diocèse et doyenné de Langres.

MARAIN, anc. fief, qui était à Sexfontaine et en relevait. — *Marain,* 1683 (Arch. nat., Q¹, 691).

MARAIS (LE), écart, cⁿᵉ d'Audeloncourt.

MARAIS (LE), f., cⁿᵉ de Marmesse.

MARANVILLE, cⁿ de Juzennecourt. — *Malenvilla,* 1162 (cartul. Clairvaux, *Grangia abbatie,* n° VI). — *Mandrevilla,* vers 1200 (Longnon, Doc. I, n° 2128). — *Mandavilla,* 1222-1243 (Longnon, Doc. I, n° 4166). — *Maleinvilla,* 1242 (Clairvaux). — *Maranvilla,* 1244 (Clairvaux). — *Malenvilla,* 1247 (Clairvaux). — *Marroville, Marenville,* 1276-1279 (Longnon, Doc. II, p. 181 et 182). (Thors.) — *Maranville,* 1320 (Clairvaux). — *Marenville,* 1324 (Thors). — *Maveinville,* 1348 (Thors). — *Maranville,* 1586 (Clairvaux)

Marauville dépendait, en 1789, de la province de Champagne, bailliage de Chaumont, élection de Bar-sur-Aube, et ressortissait, pour une partie, à la prévôté de Bar-sur-Aube et, pour l'autre partie, à la prévôté de la Ferté-sur-Aube. Son église paroissiale, dédiée à saint Pierre, était du diocèse de Langres, doyenné de Châteauvillain, et auparavant du doyenné de Bar-sur-Aube; elle avait pour annexe l'église de Rennepont. La présentation de la cure appartenait à l'abbé de Clairvaux.

Manaque (La), écart, c⁰⁰ d'Ageville (ann. Haute-Marne, 1889).

Marault, c⁰⁰ de Vignory. — Maroes versus Boloniam, 1199 (arch. Côte-d'Or, Morment). — Marac, 1241 (la Crête). — Mareschum, 1267 (la Crête). — Marescum, 1288 (Sexfontaine). — Maraut, 1326 (Longnon, Doc. I, p. 439, fin). — Marauc, 1342 (la Crête). — Maraux, xiv⁰ s. (Longnon, Pouillés, I). — Marescum in Bolonia, 1425 (Sexfontaine). — Maraul, 1447 (Arch. nat., P. 174¹, n° 301). — Marault en Boulongne, 1457 (arch. Haute-Marne, G. 326). — Marault, Maraulæ, 1508 (Arch. nat., P. 174², n°⁰ 306, 309). — Marault en Boulongne, 1519 (Arch. nat., P. 174², n° 315). — Maratz, 1553 (Arch. nat., Q¹. 684). — Marault en Boullongne, 1573 (Arch. nat., P. 175¹, n° 350). — Maraus, 1649 (Roserot, États généraux, p. 13). — Marault en Bologne, 1683 (Arch. nat., Q¹. 691). — Marcau, 1768 (Arch. nat., Q¹. 693). — Mareaux, 1769 (Chalmandrier).

En 1789, Marault dépendait de la province de Champagne, bailliage, élection et prévôté de Chaumont. Son église paroissiale, dédiée à saint Médard, était du diocèse de Langres, doyenné de Chaumont. La présentation de la cure appartenait au prieur de Sexfontaine.

Marbéville, c⁰⁰ de Vignory. — Marbeuvilla, 1237 (arch. Aube, Clairvaux). — Marbudville, 1248 (Thors). — Marbéville, 1350 (Clairvaux). — Marbevilla, xiv⁰ s. (Longnon, Pouillés, I). — Marbainville, 1436 (Longnon, Pouillés, I).

Marbéville faisait partie, en 1789, de la province de Champagne, bailliage et prévôté de Chaumont, élection de Bar-sur-Aube. Son église paroissiale, dédiée à saint Martin, était du diocèse de Langres, doyenné de Châteauvillain, et auparavant du doyenné de Bar-sur-Aube; elle avait pour annexe l'église de Mirbel. La présentation de la cure appartenait à l'abbesse de Poulangy.

Marblot (Le), f., c⁰⁰ de Buxières-lez-Belmont.

Marc, écart disparu, c⁰⁰ de la Ferté-sur-Amance. — Marc, 1769 (Chalmandrier).

Marche (La), anc. fief, c⁰⁰ d'Orges. — Lamarche, 1858 (Jolibois : La Haute-Marne, p. 294).

Marcheval ou Marcheva, f., c⁰⁰ de Joinville, appelée aussi Haninville, du nom d'un récent propriétaire. — Marcheval, fin du xiii⁰ s. (cartul. Saint-Laurent de Joinville, n° VIII). — Marcheva, 1858 (Jolibois : La Haute-Marne, p. 348).

Marcilly, c⁰⁰ de Varennes. — In eodem pago Lingonico, villam vocatam Marciliacum, 834 (Roserot, Dipl. carol., p. 8). — Ecclesia de Marcelliaco, 1170 (chapitre de Langres). — Marcilleium, 1256 (chapitre de Langres). — Marcilleiy, 1305 (chapitre de Langres). — Marcillex, 1321 (arch. Haute-Marne, chapitre de Langres). — Marcilloy, 1332 (chapitre de Langres). — Marcilleyum, xiv⁰ s. (Longnon, Pouillés, I). — Marcilly en Bassigny, 1547 (chapitre de Langres). — Marcilly, 1732 (Pouillé de 1732, p. 28).

Marcilly dépendait, en 1789, de la province de Champagne, bailliage et élection de Langres. Son église paroissiale, dédiée à saint Pierre-ès-Liens, avait pour succursales celles de Plénoy et de Troischamps et dépendait du diocèse de Langres, doyenné du Moge. La présentation de la cure appartenait au chapitre de Langres, qui avait aussi la seigneurie.

Mardor, c⁰⁰ de Langres. — Mardo, 1188 (arch. Côte-d'Or, Morment). — Mardotum, 1264 (arch. Haute-Marne, G. 624). — Mardetum, 1264 (arch. Haute-Marne, G. 600). — Mardou, 1264 (arch. Haute-Marne, G. 610). — Mardoul, 1382 (arch. Haute-Marne, G. 595). — Mardot, 1496 (arch. Haute-Marne, G. 609). — Mardor, 1675 (arch. Haute-Marne, G. 85).

Mardor dépendait, en 1789, de la province de Champagne, bailliage et élection de Langres; la seigneurie appartenait à l'évêque de Langres et ressortissait à sa prévôté d'Ormancey. Son église, dédiée à la Sainte-Vierge, était succursale d'Ormancey, diocèse et doyenné de Langres.

Mareilles, anc. fief, sans justice, c⁰⁰ d'Andelot.

Mareilles, c⁰⁰ d'Andelot. — Territorium, presbyter de Marelis, 1138-1143 (Bibl. nat., coll. Champ., t. CLII, f° 44). — Marellac, 1164 (la Crête). — Maroilles, 1355 (la Crête). — Marollie, xiv⁰ s. (Longnon, Pouillés, I). — Marolles, 1436 (Longnon, Pouillés, I). — Maralles, 1481 (Arch. nat., P. 164¹, n° 1354). — Maroille, 1485 (Arch. nat., P. 163¹, n° 923). — Maraillos, 1539

(Arch. nat., Q¹. 691). — *Mareille, Mareille,* 1649 (Roserot, États généraux, p. 17 et 18).

En 1789, Mareilles faisait partie de la province de Champagne, bailliage et élection de Chaumont, prévôté d'Andelot. Son église paroissiale, dédiée à saint Martin, était du diocèse de Langres, doyenné de Chaumont. La présentation de la cure appartenait à l'abbé du Val-des-Écoliers.

Mᴀʀɢᴇʟʟᴇ (Lᴀ), cᵐᵉ d'Auberive. — *Margella,* 1228 (Auberive). — *La Margelle,* 1400 (arch. Côte-d'Or, Bure). — *Lamargelle,* 1858 (Jolibois : La Haute-Marne, p. 294).

La Margelle dépendait, en 1789, de la province de Champagne, bailliage et élection de Langres. Son église, dédiée à saint Martin, était succursale de Poinson-lez-Grancey, du diocèse de Langres, doyenné de Grancey.

Il y avait également dans l'ancien diocèse de Langres une localité de ce nom, qui est aujourd'hui une commune du canton de Saint-Seine (Côte-d'Or); elle a été l'objet d'une confusion avec la Margelle de la Haute-Marne (Jolibois : La Haute-Marne, p. 294).

Mᴀʀɢɴɪᴄᴏᴜʀᴛ, lieu dit, cᵐᵉ de Vassy, section F.

Mᴀʀɪᴇ-Fᴏɴᴛᴀɪɴᴇ, écart, cᵐᵉ de Bourmont.

Mᴀʀɪᴇɴᴄᴏᴜʀᴛ, lieu dit, cᵐᵉ d'Ageville, section A.

Mᴀʀᴍᴇssᴇ, cᵐᵉ de Châteauvillain. — *Marmeesse,* 1251 (Layettes, n° 3919). — *Marmissa,* 1252 (arch. Allier, Vauclair). — *Marmaasse,* 1258 (chapitre de Châteauvillain). — *Es moingnes de Marmasse,* 1261 (chapitre de Châteauvillain). — *Marmacesse,* 1273 (Vauclair). — *Marmesse,* 1503 (Arch. nat., P. 174², n° 305). — *Marmesses,* 1579 (Arch. nat., P. 751¹, n° 356).

Marmesse dépendait, en 1789, de la province de Champagne, bailliage et prévôté de Chaumont, élection de Bar-sur-Aube. Son église paroissiale, dédiée à saint Martin, était du diocèse de Langres, doyenné de Châteauvillain, et antérieurement de celui de Bar-sur-Aube. La présentation de la cure appartenait au chapitre de Châteauvillain.

Il y avait à Marmesse un prieuré de l'ordre de Cluny, sous le vocable de saint Martin; le roi en avait la nomination.

Mᴀʀᴍᴏɴᴛ, forêt, cᵐᵉ de Vaillant. — *Finagium de Arefrait, et de Malmonz qui est de eodem finagio de Arefrait,* 1185 (Auberive). — *Quadam pars nemoris Arefracti, que dicitur Mansmonz,* 1190 (Auberive). — *Malmunt,* 1192 (Auberive). — *Mammonz,* 1199 (Auberive). — *Bois de Marmont,* 1769 (Chalmandrier). — *Forêt de Marmont,* xɪxᵉ s. (carte de l'Intérieur).

Mᴀʀɴᴀᴠᴀʟ, chât. et haut fourneau, cᵐᵉ de Saint-Dizier, section C. — *Marneuvalle,* 1751 (arch. Aube, E. 662). — *Forge de Marnaval,* xᴠɪɪɪᵉ s. (Cassini).

Mᴀʀɴᴀʏ, cᵒⁿ de Nogent-en-Bassigny. — *Marnai,* 1157 (arch. Côte-d'Or, Morment). — *Marneium,* 1188 (Morment). — *Marné,* 1244 (arch. Aube, Notre-Dame-aux-Nonnains). — *Marnay, Marna,* 1249-1252 (Longnon, Rôles, n°ˢ 598, 625). — *Marnaium,* 1264 (arch. Haute-Marne, G. 610). — *Marnais,* 1256-1270 (Longnon, Doc. I, n° 5847). — *Marnayum,* xɪᴠᵉ s. (Longnon, Pouillés, I).

En 1789, Marnay dépendait de la province de Champagne, bailliage de Chaumont, prévôté et châtellenie de Nogent-le-Roi, élection de Langres. Son église paroissiale, dédiée à saint Martin, était du diocèse de Langres, doyenné d'Is-en-Bassigny. La présentation de la cure appartenait à l'abbesse de Poulangy.

Mᴀʀɴᴀʏ, f., cᵐᵉ de Châteauvillain. — *Marnei, ma grange,* 1261 (chapitre de Châteauvillain). — *Marney,* 1579 (Arch. nat., P. 751¹, n° 356). — *Marnei,* 1769 (Chalmandrier). — *La cense de Marnay,* 1773 (arch. Haute-Marne, G. 262).

Mᴀʀɴᴇ (Lᴀ), rivière, affluent de la Seine, qui prend sa source près de Langres et parcourt le département du sud au nord. Du temps de César elle servait, avec la Seine, de limite entre les Belges et les Gaulois (Comment., liv. II, chap. 1). — *Matrona,* ép. rom. (Comment. de César. — *Materna,* 875 (cartul. du chantre Warin). — *Molin... séant sus Marne, desoz Boloigne,* 1261 (Thors).

Mᴀʀɴᴇ, mᴵⁿ, cᵐᵉ de Langres. — *Moulin de Marne,* 1769 (Chalmandrier).

Mᴀʀɴᴇ, auberge, cᵐᵉ de Peigney; anc. mᴵⁿ.

Mᴀʀɴᴇssᴇ, forêt, cᵐᵉ de Louvemont; village dét., qui était sur la Blaise. — *La forest de Marnesse,* 1576 (Arch. nat., P. 189¹, n° 1585). — *Forêt de Marnesse,* xᴠɪɪɪᵉ s. (Cassini).

Mᴀʀɴɪᴇ̀ʀᴇ (Lᴀ), f., cᵐᵉ de Longeville. — *La Marnière,* xᴠɪɪɪᵉ s. (Cassini).

Mᴀʀɴᴏɪsᴇ (Lᴀ), f., cᵐᵉ de Langres.

Mᴀʀɴᴏᴛᴛᴇ (Lᴀ), source de la Marne, cᵐᵉ de Balesme, où l'on a trouvé des vestiges de bains romains et d'un temple. Elle a donné son nom à un fief et à une ferme; la ferme existe encore. — *In eodem pago (Lingonico), in villa que apellatur Fonte Materia,* 909 (Roserot, Chartes inédites, etc., n° 11). — *La Marnotte, grange dépendante de Balêmes,* 1770 (arch. Haute-Marne, G. 344).

En 1789, la Marnotte formait une communauté de l'élection de Langres.

MARNOTTE (LA), c^{ne} de Saint-Geômes; fort du camp retranché de Langres.

MAROLLES, lieu dit, c^{ne} de Rochetaillée ou de Saint-Loup-sur-Aujon; f. dét.

MARQUELON, f., c^{ne} de Soyers, section C. — *Marculon*, 1840 (cadastre). — *Marquelon*, 1858 (Jolibois : La Haute-Marne, p. 515).

MARSOIS, l'un des deux Marsois ci-après. — *Marsoil*, 1204-1210 (Longnon, Doc. I, n° 2894). — *Marsois*, 1249-1252 (Longnon, Rôles, n° 608). — *Marsoirs, Marsoiz*, 1274-1275 (Longnon, Doc. I, n° 6955). — *Marsais, Massoic*, 1326 (Longnon, Doc. I, n° 5936, 5939).

MARSOIS-LE-BOIS, f., c^{ne} de Nogent-en-Bassigny. — *Marsois*, 1264 (arch. Haute-Marne, G. 610). — *Maisons-le-Bois*, 1700 (Dillon). — *Marsois-le-Bois*, 1769 (Chalmandrier).

En 1789, Marsois-le-Bois était du bailliage de Chaumont, prévôté de Nogent-le-Roi.

MARSOIS-LES-DEUX-ÉGLISES, f., c^{ne} de Louvières, section A. — *Les Églises*, 1700 (Dillon). — *Marsois-les-Églises*, 1769 (Chalmandrier). — *Marçois-les-deux-Églises*, 1889 (ann. Haute-Marne).

En 1789, Marsois-les-Deux-Églises était du bailliage de Chaumont, prévôté de Nogent-le-Roi.

MARTEAU (LE), f., c^{ne} de Langres.

MARTELOT (LE), f., c^{ne} de Buxières-lez-Belmont.

MARTHÉE, f., c^{ne} de Humbécourt; anc. fief relevant de Saint-Dizier. — *Marthé*, 1541 (Arch. nat., P. 183¹, n° 1298). — *Marthehay*, 1586 (Arch. nat., P. 183¹, n° 1310). — *Marthey*, 1683 (Arch. nat., Q¹. 691). — *Marthehaye, hameau dépendant d'Humbécourt*, 1763 (arch. Haute-Marne, C. 317). — *Martheaye*, 1766 (Arch. nat., Q¹. 691). — *La Marthée*, 1858 (Jolibois : La Haute-Marne, p. 253). — *Marthée*, XIX° s. (carte de l'Intérieur).

En 1789, Marthée était le siège d'une mairie royale dépendant du bailliage de Saint-Dizier.

MARTINCOURT, lieu dit, c^{ne} de Millières, section D.

MARTINET (LE), m^{on} is., c^{ne} de Biesle.

MARTINET (LE), café, anc. mⁱⁿ dit aussi *le Battant*, c^{ne} de Bourbonne-les-Bains. — *Molin Martinet*, 1538 (Arch. nat., P. 176², n° 488).

MARTINET (LE), mⁱⁿ, c^{ne} de Serqueux. — *Le moulin Martinet*, 1770 (arch. Haute-Marne, C. 344). — *Le moulin Martinot*, 1775 (Arch. nat., Q¹. 694). — *Le moulin Martinet*, 1858 (Dict. des Postes de la Haute-Marne).

MARTINET (LE), usine, c^{ne} de Thonnance-les-Moulins.

MARTROY, lieu dit, monticule boisé, c^{ne} de Faverolles, près duquel on a trouvé des cercueils en pierre,

et où il y avait, au XVIII° siècle, une croix appelée *Croix de la Chapelle* (Roussel, Dioc. de Langres, II, p. 311). — *Bois Martroi*, 1890 (État-major).

MARZELLE (LA), mⁱⁿ, c^{ne} de Thonnance-lez-Joinville. — *La Marzelle*, XIX° s. (plan cadastral de la commune).

MASSINCOURT, lieu dit, c^{ne} de Doncourt.

MASSIVAUX, f., c^{ne} du Pays-Billot. — *Madrivaux, Massivaux*, 1858 (Jolibois, La Haute-Marne, p. 212). — *Massivaux*, 1858 (Dict. des Postes de la Haute-Marne).

MASSOTTE (LA), f. dét., près de Chalindrey. — *La grange de la Massote*, 1770 (arch. Haute-Marne, C. 344).

MASURE (LA), lieu dit, c^{ne} d'Éciseul, section A.

MATHONS, c^{ne} de Joinville, et forêt, au même territoire; village fondé par Simon de Joinville au commencement du XIII° s. — *Nemus quod Mastons appellatur*, 1207 (la Crête). — *Maston*, 1209 (la Crête). — *La forest de Maaston*, 1264 (Saint-Urbain). — *Partie de mon bois de Maton, qu'on apele le bois de Ferrieres*, 1268 (Saint-Urbain, charte de Jean de Joinville). — *Manthons, Maathom*, 1312 (arch. Marne, Macheret). — *Maathon*, 1320 (Macheret). — *Maatons*, 1407 (Macheret). — *Matons*, 1479 (Arch. nat., P. 163¹, n° 917). — *Mathons*, 1576 (Arch. nat., P. 189¹, n° 1585). — *Mathon*, 1700 (Dillon).

Mathons dépendait, en 1789, de la province de Champagne, bailliage de Chaumont, prévôté de Vassy, élection de Joinville. Son église paroissiale, d'abord succursale de Nomécourt, dédiée à l'Assomption, était du diocèse de Châlons-sur-Marne, doyenné de Joinville. L'abbé de Saint-Urbain présentait à la cure. *Voir* BONS-HOMMES.

MATONVAUX, f., c^{ne} de la Ferté-sur-Aube; anc. grange du prieuré de la Ferté. — *Matonvaux*, 1769 (Chalmandrier). — *Mettonvaux*, 1858 (Dict. des Postes de la Haute-Marne). — *Mettonvaux*, 1889 (ann. Haute-Marne). — *Mathonvaux*, XIX° s. (carte de l'Intérieur).

MATONVILLE, lieu dit, c^{ne} d'Anglus, section A.

MAUCOURT, lieu dit, c^{ne} d'Avrainville, section A.

MAULAIN, c^{ne} de Montigny-en-Bassigny. — *Moillain*, 1266 (Morimond). — *Mollain*, 1274 (chapitre de Langres). — *Melein*, 1274-1275 (Longnon, Doc. I, n° 6979). — *Moillain*, 1281 (chapitre de Langres). — *Mollein*, 1286 (chapitre de Langres). — *Maalai, Moelet*, 1326 (Longnon, Doc. I, n°° 5862, 5895). — *Molain*, XIV° s. (Longnon, Pouillés, I). — *Molains*, 1436 (Longnon, Pouillés, I). — *Maallain*, 1445 (Arch. nat., P. 174¹, n° 300).

— *Maulain*, 1499 (Arch. nat., P. 176², n° 468).
— *Maulaya*, 1507 (Arch. nat., P. 176², n° 470).
— *Mellay*, 1515 (Arch. nat., P. 176², n° 486).
— *Maullain*, *Maullein*, 1679 (Arch. nat., Q¹. 695). — *Maulin*, 1748 (Arch. nat., Q¹. 690).

Maulain dépendait, en 1789, de la province de Champagne, bailliage de Langres (par démembrement de celui de Chaumont), élection de Langres. Son église paroissiale, dédiée à saint Félix, était du diocèse de Langres, doyenné d'Is-en-Bassigny, et avait pour succursale celle de Lécourt. La collation de la cure appartenait à l'évêque.

Maupas, anc. fief, cⁿᵉ d'Audeloncourt. — *Maulpas*, 1684 (Arch. nat., Q¹. 690).

Maurupt, fermes, cⁿᵉ de Montier-en-Der; ancien hameau. — *Maurup*, 153a (Recueil Jolibois, X, f°ˢ 142-160). — *Le hameau de Maurupt*, 1763 (arch. Haute-Marne, C. 317).

En 1789, Maurupt formait une communauté d'habitants du bailliage de Chaumont, prévôté de Vassy. La seigneurie appartenait à l'abbé de Montier-en-Der.

Mauvégnan, f. et bois, cⁿᵉ de Pouilly; anc. fief relevant de Choiseul. — *Le fief de Mauvaignant*, 1675 (arch. Haute-Marne, G. 85). — *Mauvéignan*, 1748 (Arch. nat., Q¹. 690). — *Mauveignan*, 1769 (Chalmandrier). — *Les granges de Mauvaignan*, 1770 (arch. Haute-Marne, C. 344). — *Le bois de Mauvaignant*, 1858 (Dict. des Postes de la Haute-Marne). — *Bois, ferme de Mauvégnant*, 1888 (État-major).

Mauvéignan, f., cⁿᵉ de Vitry-lez-Nogent. — *Monvaignan*, 1769 (Chalmandrier). — *Mauveignan*, 1858 (Jolibois : La Haute-Marne, p. 556). — *Mauvaignan*, 1889 (ann. Haute-Marne). — *Mauraignan*, 1890 (État-major).

Mavancourt, lieu dit, cⁿᵉ de Levécourt, section B.

Méchineix, écart, cⁿᵉ de Treix, section A. — *Méchineix*, 1769 (Chalmandrier). — *Méchenet*, 1826 (cadastre de Riaucourt, section B).

Méchineix, ancienne grange du prieuré de Condes, puis des Minimes de Bracancourt, au xvııᵉ siècle; avait une chapelle dédiée à la Nativité de la Sainte-Vierge, qui était l'objet d'un pèlerinage.

Médelles (Les), lieu dit, cⁿᵉ d'Andelot, où l'on a découvert les fondations d'une importante villa.

Mégny (Le), lieu dit, cⁿᵉ de Rouvre, section C.

Meilleray (Le), lieu dit, cⁿᵉ de Buxières-lez-Belmont, section A.

Melay, cⁿᵉ de Bourbonne-les-Bains. — *Meller*, 1239 (Vaux-la-Douce). — *Mellay*, 1448 (arch. Côte-

d'Or, la Romagne). — *Mellix la ville et Merlix la forteresse, près de Bourbonne*, 1464 (Arch. nat., P. 174³, n° 330 *bis*). — *Melay*, 1520 (Vaux-la-Douce). — *Mellayum*, 1521 (Vaux-la-Douce).

En 1789, Melay formait une enclave du Barrois dans la Franche-Comté, bailliage de la Marche, intendance de Lorraine et Barrois. Son église paroissiale, dédiée à saint Remi, était du diocèse de Besançon, doyenné de Faverney. La présentation de la cure appartenait au prieur de Voisey.

Meley, lieu dit, cⁿᵉ de Dancevoir, section D.

Meley, f. dét.; anc. fief, cⁿᵉ de Reynel; son nom est encore porté par un bois. — *La cense de Meley*, 1773 (arch. Haute-Marne, C. 262).

Méligne, f., cⁿᵉ d'Argentolles. — *Méligne*, xvııᵉ s. (Cassini). — *Mélines*, xıxᵉ s. (cadastre, section A).

Mélignot (Le), écart disparu, cⁿᵉ de Chaumont-en-Bassigny. — *La cense de Melignot*, 1773 (arch. Haute-Marne, C. 262).

Mélinier (Le), mᵒⁿ is., cⁿᵉ de Voillecomte.

Melville ou Melleville, chât. et f., avec papeterie, cⁿᵉ de Saint-Martin-lez-Langres; anc. papeterie du chapitre de Langres. — *Malleville*, 1858 (Jolibois : La Haute-Marne, p. 489). — *Melville*, 1858 (Dict. des Postes de la Haute-Marne). — *Melleville*, 1882 (Dict. des Postes). — *Merville*, xıxᵉ s. (cadastre, section A).

Mémont, écart disparu, cⁿᵉ d'Arnoncourt. — *Mémont*, xvıııᵉ s. (Cassini).

Mennouveaux, cᵒⁿ de Clefmont. — *Menovaul*, 1179 (la Crête). — *Menoval*, 1249-1252 (Longnon, Rôles, n° 617). — *Menovallis*, 1291 (la Crête). — *Menouval*, 1326 (Longnon, Doc. I, n° 5904). — *Menouvaulx*, 1473 (chapitre de Langres). — *Mœuvean*, 1539 (Arch. nat., P. 176³, n° 492). — *Menneveaux*, 1732 (Pouillé de 1732, p. 92). — *Menneveaux*, 1769 (Chalmandrier). — *Menouveaux*, 1773 (arch. Haute-Marne, C. 262).

Mennouveaux dépendait, en 1789, de la province de Champagne, bailliage et élection de Chaumont, prévôté de Nogent-le-Roi. Son église, dédiée à saint Martin, était succursale de Millières, diocèse de Langres, doyenné de Chaumont. La seigneurie appartenait au chapitre de Langres.

Mencs-Bois (Les), f., cⁿᵉ d'Andelot.

Mermet, f., cⁿᵉ de Langres.

Merrey, cᵒⁿ de Clefmont. — *Mairei*, *Mairé*, 1236 (Morimond). — *Mayré*, 1326 (Longnon, Doc. I, n° 5895). — *Mayreyum*, xıvᵉ s. (Longnon, Pouillés, I). — *Marreyum*, 1436 (Longnon,

Pouillés, I). — *Mavé, Mavié*, 1602 (Arch. nat., P. 176³, n° 502). — *Merrey*, 1732 (Pouillé de 1732, p. 123). — *Merrey-lès-Choiseul*, 1769 (Chalmandrier).

En 1789, Merrey dépendait de la province de Bourgogne, bailliage et recette de Dijon, intendance de Bourgogne. Son église paroissiale, dédiée à saint Pierre-ès-Liens, était du diocèse de Langres, doyenné d'Is-en-Bassigny. La collation de la cure appartenait à l'évêque.

Mertrud, c^on de Doulevant. — *Villa Mortrin*, 845 (cartul. Montier-en-Der, 1, f° 16 r°). — *In Mortriga*, IXᵉ s. (polyptyque de Montier-en-Der, cartul. I, f° 120 r°). — *Mortru*, 1215 (Montier-en-Der). — *Mortrudum*, 1235 (Montier-en-Der). — *Metrudum*, 1254 (Montier-en-Der). — *Mertru*, 1289 (Montier-en-Der). — *Mertrud*, 1402 (Pouillé de Toul). — *Mertrudz*, 1575 (Montier-en-Der). — *Ecclesia de Multrudo*, 1593 (Lalore, Princip. cartul., IV, p. xxxi, n° 62).

En 1789, Mertrud faisait partie de la province de Champagne, bailliage de Chaumont, prévôté de Vassy, élection de Joinville. Son église paroissiale, dédiée à saint Jean-Baptiste et saint Remi, était du diocèse de Toul, doyenné de la Rivière de Blaise. L'abbé de Montier-en-Der avait la présentation de la cure, et la seigneurie appartenait au chambrier de cette abbaye.

Mesnil (Le), h. dét., c^ne de Bourdons. — *Maysnilus, Masnyl*, 1108 (Arbaumont, Cartul. du prieuré de Vignory, p. 28 et 152). — *Terra de Masnilo, que est inter territorium de Borduns et de Fosse sita*, 1169 (la Crête). — *Manillon*, 1219 (la Crête). — *Sicut mete inter finagium Maisnili et finagium de Bordons, antiquitus posite, devidunt et demonstrant*, 1240 (Layettes, n° 2876).

Meuchecourt, lieu dit, c^ne de Vesaignes-sous-la-Fauche, section A. — *La haie de Meuchecourt, la combe de Meuchecourt*, 1836 (cadastre).

Meucourt, lieu dit, c^ne de Lavernoy, section A.

Meugecourt, lieu dit, c^ne de Semilly, section A.

Meure, c^ne de Juzennecourt. — *Mora*, 1034-1039 (Sexfontaine). — *Muere*, 1244 (arch. Aube, Clairvaux). — *Meures*, 1405 (Sexfontaine). — *Meures*, 1700 (Dillon). — *Meur*, XVIIIᵉ s. (Cassini).

Meure dépendait, en 1789, de la province de Champagne, bailliage, prévôté et élection de Chaumont. Son église paroissiale, dédiée à saint Pierre et saint Paul, était du diocèse de Langres, doyenné de Chaumont, et avait pour annexes les églises d'Ormoy-lez-Sexfontaine, Sarricourt et

Sexfontaine. La présentation de la cure appartenait au prieur de Sexfontaine.

Meurecourt, lieu dit, c^ne de Parnot, section D.

Meurnonville, lieu dit, c^ne de Gudmont, section A.

Meurnonville, lieu dit, c^ne de Villiers-sur-Marne, section A.

Meuse (La), fleuve qui se forme sur le territoire de la commune de Meuse, par la réunion de plusieurs sources sorties de Récourt, Forfillières, Dammartin et Pouilly. Il coule du sud au nord et sort du département par le territoire de Harréville, après avoir traversé les finages de Meuse, la Villeneuve-en-Angoulancourt, Léniseul, Meuvy, Levécourt, Hâcourt, Bourg-Sainte-Marie, Saint-Thibaud, Gonaincourt, Goncourt et Harréville. — *Mosa*, ép. rom. (carte de Peutinger). — *La Muese*, 1285 (Morimond). — *La Meuse*, 1443 (Arch. nat., P. 174¹, n° 299). — *La Meuze*, 1602 P. 176³, n° 502).

Meuse, c^ne de Montigny-en-Bassigny. — *Mueso*, 1240 (Morimond). — *Meuse*, 1274-1275 (Longnon, Doc. I, n° 6954). — *Mose, Muese la Ville*, 1277 (Morimond). — *Meuze*, 1499 (Arch. nat., P. 176², n° 469).

Meuse dépendait, en 1789, de la province de Champagne, bailliage de Langres (par démembrement de celui de Chaumont), prévôté de Montigny-le-Roi, élection de Langres. Son église, dédiée à saint Laurent, était succursale de Dammartin, diocèse de Langres, doyenné d'Is-en-Bassigny.

Meuvy, c^ne de Clefmont. — *Mosa vico*, ép. mérov. (Prou, Catal. des monnaies mérov., n° 161). — *Meuvy*, 1333 (arch. Côte-d'Or, B. 11476). — *Moviacum*, XIVᵉ s. (Longnon, Pouillés, I).

En 1789, Meuvy formait une enclave de Bourgogne en Champagne et dépendait du bailliage de Dijon, intendance de Bourgogne. Son église paroissiale, dédiée à saint Georges, était du diocèse de Langres, doyenné d'Is-en-Bassigny, et avait pour succursale celle de Bassoncourt, de six en six mois, alternativement avec la paroisse de Choiseul. La collation de la cure appartenait à l'évêque.

Mèzes (Les), m^on is., c^ne de Colmier-le-Haut.

Miellet, m^on is., c^ne du Pays-Billot.

Millenis (Les), m^on for., c^ne de Buxières-lez-Belmont.

Millières, c^ne de Clefmont. — *Milerias*, 1164 (la Crête). — *Millères*, 1251 (la Crête). — *Milleriae*, 1256 (la Crête). — *Milleires*, 1270 (la Crête). — *Millières*, 1419 (la Crête). — *Mil-*

liers, 1700 (Dillon). — *Mellières*, 1704 (Arch. nat., Q¹, 690).

Millières dépendait, en 1789, de la province de Champagne, bailliage et élection de Chaumont, prévôté et châtellenie de Nogent-le-Roi. Son église paroissiale, dédiée à saint Gengoul, était du diocèse de Langres, doyenné de Chaumont, et avait celle de Mennouveaux pour succursale. La collation de la cure appartenait à l'évêque.

Millot, m^{in}, c^{ne} de Perrancey.

Mine (La), lieu dit, c^{ne} d'Andelot, section E. — *Parc-à-Mine*, xixe s. (cadastre).

Mine (La), lieu dit, c^{ne} de Guindrecourt-sur-Blaise, section B. — *Creux de la mine*, xixe s. (cadastre).

Minières (Les), lieu dit, c^{ne} de Bettancourt-la-Ferrée, section D.

Minières (Les), lieu dit, c^{ne} de Chamouilley, section B.

Minières (Les), lieu dit, c^{ne} de Chantraine, section C.

Minières (Les), lieu dit, c^{ne} de Clinchamp, section B.

Minières (Les), lieu dit, c^{ne} de Dommartin-le-Franc, section A.

Minières (Les), lieu dit, c^{ne} de Germisey, section A.

Minières (Les), lieu dit, c^{ne} de Harréville, section A.

Minières (Les), m^{in}, c^{ne} de Poinson-lez-Grancey.

Mirbel, c^{ne} de Vignory. — *Mirabel*, 1233 (Thors). — *Mirbel*, 1398 (Arch. nat. P. 174¹, n° 285). — *Mirebellum*, 1445 (Clairvaux). — *Mirebeau*, 1498 (Arch. nat., P. 164¹, n° 361). — *Mirbel*, 1519 (Clairvaux). — *Myrbel*, 1602 (Arch. nat., P. 175², n° 362).

Mirbel dépendait, en 1789, de la province de Champagne, bailliage, prévôté et châtellenie de Chaumont, élection de Bar-sur-Aube. Son église, dédiée à la Nativité de la Sainte-Vierge, était succursale de celle de Marbéville, diocèse de Langres, doyenné de Châteauvillain, et auparavant du doyenné de Bar-sur-Aube.

Moëlain, c^{ne} de Saint-Dizier. — *Castrum Mediolanense*, 1069 (Acta Sanctorum, oct., t. IX, p. 605). — *Mediolanum castrum*, xie s. (cartul. Montier-en-Der, I, f° 75 v°). — *In pago Catalaunensi, ecclesia Sancte Marie apud Mediolanum castrum*, 1107 (arch. Aube, Montier-la-Celle). — *Mediolanum*, 1170 (arch. Marne. Troisfontaines). — *Mellain*, vers 1172 (Longnon, Doc. I, n° 366). — *Moelenn*, 1189 (arch. Marne, Cheminon). — *Meelen*, 1190 (arch. Marne, Hautefontaine). — *Maalain*, *Moelin*, vers 1200 (Longnon, Doc. I, n°° 2229, 2445). — *Maielain*, 1204-1210 environ (Lon-

gnon, Doc. I, n° 2844). — *Molen*, 1230 (Montier-la-Celle). — *Moielain*, 1240 (arch. Marne, Saint-Jacques de Vitry). — *Moyelains*, 1301 (Troisfontaines). — *Moelain*, 1304 (Troisfontaines). — *Molain*, 1329 (Cheminon). — *Molain*, 1450 (Arch. nat., Q¹, 684). — *Moillain*, 1576 (Arch. nat., P. 189¹, n° 1585). — *Moilin-sur-Marne*, 1771 (arch. Haute-Marne, C. 68). — *Moelains*, xviiie s. (Cassini). — *Moëslains*, 1889 (ann. Haute-Marne).

Cette localité a été confondue avec Moslins (mieux Molins), c^{ne} du canton d'Avize (Marne). [*Voir* Jolibois : La Haute-Marne, p. 361.]

Moëlain dépendait, en 1789, de la province de Champagne, bailliage de Chaumont, prévôté de Vassy, élection de Vitry. Son église paroissiale, d'abord succursale de Hoéricourt, dédiée à N.-D., puis à saint Aubin, était du diocèse de Châlons-sur-Marne, doyenné de Perthe, et avait pour succursale celle de Valcourt. La présentation de la cure appartenait à l'abbé de Montier-la-Celle.

Mogi (Le), nom d'un doyenné de l'ancien diocèse de Langres, qui dépendait de l'archidiaconé du Langrois; son siège, après avoir été à Chalindrey pendant plusieurs siècles, avait été transféré à Neuilly-l'Évêque. — *Mogyum*, 1235 (Sceau du doyen Pierre). — *Petres, doyns del Moyge*, 1255 (Beaulieu). — *Decanatus Mogii*, 1732 (Pouillé de 1732, p. 25).

Moinerie (La), lieu dit, c^{ne} de Dommartin-le-Franc.

Moines (Rue des), à Avrainville. Le prieuré d'Épineuseval y avait une maison, avec une chapelle qui fut détruite par les gens de guerre en 1645.

Moiré, lieu dit, c^{ne} d'Annéville, section A.

Moiron, étroite vallée, arrosée par le ruisseau du même nom, et qui appartient au territoire de trois communes : Biesle, Lusy et la Ville-au-Bois. Elle est dominée par plusieurs fermes qui lui ont emprunté leur nom et qui appartenaient au prieuré de Moiron, du titre de Sainte-Madeleine et Saint-Évrard, ordre de saint Augustin, situé dans la vallée et dépendant de Saint-Geômes. — *Hospitale de Moiron*, 1436 (Longnon, Pouillés, I). — *Prioratus s. Magdalenae et Evrardi de Moirois*, 1732 (Pouillé de 1732, p. 88).

Moiron, f., c^{ne} de Biesle.

Moiron, fourneau, c^{ne} de Foulain.

Moiron, chât., c^{ne} de Lusy.

Moiron-le-Bas, usine, c^{ne} de la Ville-au-Bois. — *La cense de Moiron-le-Bas*, 1773 (arch. Haute-Marne, C. 262).

Moiron-le-Haut, f., c^{ne} de la Ville-au-Bois. — *La*

cense de Moiron-le-Haut, 1773 (arch. Haute-Marne, C. 262).

Moléon, fief qui relevait de la Ferté-sur-Aube et qui était situé au territoire d'Orges. — *Moléon*, 1603 (Arch. nat., P. 189², n° 1587).

Molinet (Le), f. dét., près d'Euffigneix. — *La cense du Molinet*, 1773 (arch. Haute-Marne, C. 262).

Monaco, h., c⁰ᵉ de Provenchères-sur-Meuse; de création moderne. — *Monacot*, xixᵉ s. (cadastre, section C).

Monastère (Le), lieu dit, c⁰ᵉ de Thivet.

Monongon, fief, c⁰ᵉ de Rançonnières (Roussel, Dioc. de Langres, II, p. 477).

Monnepos, écart, c⁰ᵉ de Beaucharmoy.

Monsignon, village disparu, c⁰ᵉ de Chalindrey. — *Capella de Monsignon*, xivᵉ s. (Longnon, Pouillés, I). — *Monsignat*, lieu dit, 1858 (Jolibois : La Haute-Marne, p. 103). — *Moncignon*, 1858 (*ibid.*, p. 362).

Mont (Le), colline et f., c⁰ᵉ de Latrecey.

Montagne (La), région naturelle qui a donné son nom à un bailliage bourguignon dont Châtillon-sur-Seine (Côte-d'Or) était le chef-lieu. Un assez grand nombre de localités de la Haute-Marne dépendaient de ce bailliage. Quant à la région montagneuse, elle comprenait même des localités qui n'en portaient pas le nom, sans appartenir au bailliage, telles que Courcelles-en-Montagne (bailliage de Langres) et Voisines-en-Montagne (même bailliage).

Montagne (La), f., c⁰ᵉ de Créancey.

Montagne (La), manoir détruit, c⁰ᵉ de Lanques. — *La Montaingne*, 1443 (Arch. nat., P. 174¹, n° 299).

Montagne (La), bois, c⁰ᵉ de Rochefort; anc. propriété de l'abbaye de Septfontaines. — *Lieu dict en la Montaigne*, 1550 (Septfontaines). — *La Montaigne*, 1664 (Septfontaines).

Montagnotte, écart disparu, c⁰ᵉ de Leuchey ou de Vaillant. — *La Montagnotte*, xviiiᵉ s. (Cassini).

Montanson, mᵒⁿ for., c⁰ᵉ de Prauthoy.

Montant-Quénot, mᵒⁿ for., c⁰ᵉ de Bourg-Sainte-Marie. — *Montant-Quénot*, 1858 (Dict. des Postes de la Haute-Marne).

Montarby, fief qui était au Fays-Billot.

Montarby, f., c⁰ᵉ de la Ferté-sur-Amance. — *Montarby*, 1530 (Arch. nat., P. 163², n° 1157). — *Montaraby*, xviiiᵉ s. (Cassini).

Montauban, mᵒⁿ is., c⁰ᵉ de Mennouveaux.

Montauban, m⁰ⁿ et huilerie, c⁰ᵉ de Perrancey; anc. papeterie.

Montaubert, f., c⁰ᵉ de Bourbonne-les-Bains. — *La grange de Montauber*, 1538 (Arch. nat., P. 176², n° 488). — *Montaubert*, 1749 (Arch. nat., Q¹. 694). — *La grange de Montauban*, 1770 (arch. Haute-Marne, C. 344).

Montaugey, f., c⁰ᵉ de Coublant; il y avait une chapelle. Cette ferme appartint successivement à l'hôpital de Grosse-Sauve et au grand séminaire de Langres. — *Montaugey*, 1662 (grand séminaire). — *Montaugé*, 1769 (Chalmandrier). — *Montauger*, xviiiᵉ s. (Cassini). — *Montaugeon*, xixᵉ s. (cadastre, section D).

Montaut-le-Haut, anc. dépendance de Leschères, où il y avait une église. — *Ecclesia de Montauno*, 1402 (Pouillé de Toul). — *Monthault-le-Hault*, 1576 (Arch. nat., P. 189², n° 1585). — *Montaut-le-Haut*, 1722 (J. Gousset, Loix municipales).

Avant 1789, Montaut-le-Haut dépendait du bailliage de Chaumont et de la prévôté de Vassy.

Montbéliard, f., c⁰ᵉ de Bourbonne-les-Bains, section C, anc. fief. — *Montbéliard*, 1538 (Arch. nat., P. 176², n° 488). — *Montbéliard*, 1749 (Arch. nat., Q¹. 694). — *Montbelliard*, 1770 (arch. Haute-Marne, C. 344).

Montcharvot, c⁰ᵉ de Bourbonne-les-Bains. — *Mont-Charvet*, 1276-1279 (Longnon, Doc. II, p. 179). — *Mont-charvot-delez-Coyfi*, 1294 (Vaux-la-Douce). — *Montcharvot*, 1629 (Vaux-la-Douce). — *Moncharvot*, 1700 (Dillon).

En 1789, Moncharvot dépendait de la province de Champagne, bailliage de Langres (par démembrement de celui de Chaumont), prévôté de Coiffy, élection de Langres. Son église paroissiale, dédiée à la Nativité de la Sainte-Vierge, était du diocèse de Besançon, doyenné de Favorney. La présentation de la cure appartenait à l'abbé de Saint-Vincent de Besançon. La seigneurie appartenait au commandeur de la Romagne.

Mont-d'Olivote (Le), écart disparu, c⁰ᵉ du Fays-Billot. — *Mont-d'Olivote*, 1769 (Chalmandrier). — *Mont-d'Olivotte*, xviiiᵉ s. (Cassini).

Montéclain, monticule, c⁰ᵉ d'Andelot, sur lequel était un château fort construit par les comtes de Champagne, vers 1120 (H. d'Arbois de Jubainville, IV, p. 158 et 190), devenu chef-lieu de châtellenie et de prévôté, détruit par ordre de Louis XIII. Le siège de la prévôté fut transféré à Andelot, mais le nom de Montéclair continua d'être employé pour désigner la châtellenie. — *Mons Escharius*, 1221-1243 (Longnon, Doc. I, n° 5135). — *Mons Clara*, 1250 (arch. Aube,

Clairvaux). — *Mons Clarius*, 1246 (Septfontaines). — *Mont Esclaire*, 1251 (Layettes, n° 3988). — *Montesclaire*, 1260 (Saint-Urbain). — *Monte Esclaire*, 1276-1278 (Longnon, Doc. II, p. 158). — *Mons Clarus*, xiv° s. (Longnon, Pouillés, I). — *Montesclere*, 1413 (la Crête). — *Montasclere*, 1488 (Arch. nat., P. 176⁴, n° 513). — *Montaclaire*, 1498 (Arch. nat., P. 176⁴, n° 517). — *Montéclaire*, 1575 (Arch. nat., P. 176⁴, n° 525). — *Montécler*, 1587 (Arch. nat., P. 176⁴, n° 531). — *Montesclair*, 1598 (Arch. nat., P. 176⁴, n° 533). — *Montéclair*, 1769 (Chalmandrier).

Montereau, lieu dit, c^ne de Bay, où l'on a trouvé des vestiges de constructions.

Monterie, c^ne de Juzennecourt. — *Munturia*, 1179 (arch. Aube, Clairvaux). — *Mouentrie*, vers 1200 (Longnon, Doc. I, n° 2148). — *Montieri*, 1204-1210 (Longnon, Doc. I, n° 2764). — *Monterria*, 1210 (Clairvaux). — *Monterie*, 1225 (Clairvaux). — *Mons Thierrici*, 1231 (Clairvaux). — *Monterrie*, 1233 (arch. Côte-d'Or, Mormant). — *Montrerie*, 1274-1275 (Longnon, Doc. I, n° 703a). — *Muntarrie*, 1290 (Sexfontaine). — *Ecclesia de Monterio*, 1298 (Sexfontaine). — *Monteria*, xiv° s. (Longnon, Pouillés, I). — *Monterye*, 1563 (Clairvaux). — *Montherie*, 1773 (arch. Haute-Marne, C. 262). — *Montheries*, 1875 (l'abbé Roussel, Dioc. de Langres, II, p. 151).

Monterie dépendait, en 1789, de la province de Champagne, bailliage et élection de Chaumont, mairie royale de la Villeneuve-au-Roi. Son église paroissiale, dédiée à saint Martin, était du diocèse de Langres, doyenné de Châteauvillain et auparavant du Bar-sur-Aube, avec celle de la Villeneuve-au-Roi pour succursale. La présentation de la cure appartenait au chapitre de Bar-sur-Aube, suivant le Pouillé de 1732 (p. 78).

Monterot, colline, c^ne de Chalindrey, où il y avait une chapelle sous le vocable de Notre-Dame. — *Morterot*, 1584 (arch. Haute-Marne, G. 878, f° 561 v°). — *Capellam de Mortreoto*, 1689 (ibid., G. 888, f° 7 r°). — *Montrot*, 1774 (ibid., lumination de 1773-1776, p. 160).

Montesson, c^ne de la Ferté-sur-Amance. — *Montesson*, 1675 (Arch. Haute-Marne, G. 85).

Montesson faisait partie, en 1789, de la province de Champagne, bailliage et élection de Langres, prévôté de Coiffy. Ce village dépendait de la paroisse d'Anrosey, diocèse de Langres, doyenné de Pierrefaite.

Montfaucon, f., c^ne des Loges. Fief qui relevait de l'évêché de Langres; grange ayant appartenu au prieuré de Grosse-Sauve, puis au grand séminaire de Langres. — *Monfricon*, 1675 (arch. Haute-Marne, G. 85). — *Montfricon*, 1769 (Chalmandrier).

En 1789, la réunion de Montfricon et de Grosse-Sauve formait une communauté de l'élection de Langres.

Mont-Girard, écart, c^ne de Troisfontaines-la-Ville.

Montier (Le), lieu dit, c^ne de Bettaincourt.

Montier (Le), lieu dit, c^ne de Lecey, section A. — *Voie du Montier*, xix° s. (cadastre).

Montier (Le), lieu dit, c^ne de Narcy, section A. — *Voie du Montier*, xix° s. (cadastre).

Montier (Le), lieu dit, c^ne de Poissons, sections B et F).

Montier (Le), lieu dit, c^ne de Suzannecourt, section A. — *Derrière le Montier*, 1843 (cadastre).

Montier de la Motte (Le), lieu dit, c^ne de Droyes.

Montier-en-Der, ch.-l. de cant., arrond. de Vassy. Anc. abbaye d'hommes, sous le vocable de saint Pierre et saint Paul, ordre de saint Benoit, fondé par saint Bercaire vers 678. — *Religiosus abbas Bercharius, supplicans ut concederemus ei quemdam locum in foresta Dervo et in fine Vuasiacinse, in quo sibi liceret construere monasterium*, 662 (Privilège de Chilpéric, cartul. Montier-en-Der, I, f° 1 r°). — *Monasterium Putiolos, in vasta Dervi, in honore beatorum apostolorum Petri et Pauli et sancti Johannis Baptiste et sancti Johannis Evangeliste*, 692 (cartul. Montier-en-Der, I, f° 4 r°). — *Puciolus*, 692 (même charte, dans cartul. du chantre Warin). — *Monasterium sanctorum Petri et Pauli Dervense*, 829 (cartul. Montier-en-Der, I, f° 1 v°). — *Monasterium cujus vocabulum est Dervs, quod constat esse constructum in pago Pertense super fluvium Viera, quod olim vocabatur Puteolus, et dicatum in honore sancti Petri, principis apostolorum, ac sancti Bercharii*, 832 (cartul. Montier-en-Der, I, f° 12 v°). — *Dervense monasterium, Derveuse cenobium*, 843 (cartul. Montier-en-Der, I, f° 14 v°). — *Monasterium sancti Berkarii*, 1110 (Montier-en-Der). — *Moutier Anderf*, 1241 (Layettes, n° 2964). — *Monasterium Delvense*, 1246 (Thors). — *Mouter en Der, l'église de sain Père de Monter en Derf*, 1263 (Montier-en-Der). — *Mostier en Derf, Monteir en Derf*, 1264 (Montier-en-Der). — *Mostier en Der*, 1267 (Montier-en-Der). — *Monstier en Der*, 1273 (Montier-en-Der). — *Monstier Anderf*, 1274 (Thors). — *Moustier an Del*, 1276-1278 (Longnon, Doc. II, p. 158). — *Montierandel*, 1309 (Montier-en-Der). — *Conventus monasterii Derren*

sis, alias *Monstierandel*, 1499 (Montier-en-Der).
— *Monstirander*, 153g (Recueil Jolibois, X, f° 142).
— *Montirender*, 1700 (Dillon). — *Manthierander*,
1725 (arch. d'Aulnay). — *Moutirandert*, 1726
(*ibid.*). — *Moutierendey, Moutierandey, Moustier-
ender*, 1732 (Pouillé de 1732, p. 72, 75 et 77).
— *Montiérender*, 1763 (arch. Haute-Marne, C.
317).

En 1789, Montier-en-Der dépendait de la province de Champagne, bailliage de Chaumont,
prévôté de Vassy, élection de Joinville. Son église
paroissiale, dédiée à saint Remi, était du diocèse
de Châlons-sur-Marne, doyenné de Perthes. La
présentation de la cure appartenait à l'abbé de
Montier-en-Der, qui avait aussi la seigneurie.

Montier-en-Der était chef-lieu d'une subdélégation de l'intendance de Champagne; il y avait
un hôpital, une maladrerie, unie à l'hôpital de
Vassy en 1696, et un collège.

Montigny, lieu dit, cⁿᵉ d'Andelot, section A.

Montigny, f., cⁿᵉ de Chaudenay.

Montigny, lieu dit, cⁿᵉ de Coiffy-le-Bas, section A.

Montigny, lieu dit, cⁿᵉ d'Isôme, section B.

Montigny, lieu dit, cⁿᵉ de Rougeux, section B.

Montigny-en-Bassigny, ch.-l. de canton, arrond. de
Langres. — *Montiniacus*, 921 (Roserot, Chartes
inédites, etc., n° 14). — *Montaniacum*, 1105
(Pflugk-Harttung, I, 83, n° 91). — *Montagné*,
vers 1140 (Pérard, p. 231). — *Montigniacum*,
1216 (Layettes, n° 1204). — *Montigneium in
Bassigneio*, 1217 (arch. Haute-Marne, G. 553).
Montigniacum in Bassigneio, 1239 (Layettes,
n° 2826). — *Montigné*, 1266 (Morimond). —
Monteigney, 1281 (Morimond). — *Montigney*,
1368 (arch. Meurthe, Trésor des chartes de Lor-
raine, la Marche, I, n° 48). — *Montaigneium,
Montigneyum*, xivᵉ s. (Longnon, Pouillés, I). —
Montigny-le-Roy-en-Bassigny, 1401 (Arch. nat.,
P. 176¹, n° 461). — *Montigney le Roy*, 1407
(Arch. nat., P. 176², n° 664). — *Montigni-le-
Roy*, 1424 (arch. de Langres). — *Montigneyum
Regis*, 1436 (Longnon, Pouillés, I). — *Mon-
tigni*, 1443 (Arch. nat., P. 174¹, n° 299). —
Montigny-le-Roy, 1508 (Arch. nat., P. 174²,
n° 311). — *Montegny-le-Roy*, 1576 (Arch. nat.,
P. 175¹, n° 390). — *Montigny-source Meuse*, ép.
révolut. (Arch. nat., Q¹. 694, chemise de classe-
ment).

Montigny-en-Bassigny dépendait, en 1789, de
la province de Champagne, bailliage de Langres
(par démembrement de celui de Chaumont), élection de Langres; il était chef-lieu d'une prévôté et

d'une châtellenie royales. Son église paroissiale,
dédiée à sainte Madeleine, était du diocèse de
Langres, doyenné d'Is-en-Bassigny; la collation
de la cure appartenait à l'évêque. Cette église était
le siège d'un prieuré-cure de l'ordre de saint
Benoît, dépendant de Saint-Bénigne de Dijon,
qui avait été uni au grand séminaire de Langres
en 1708.

Montjaux, fief qui était à Villeret au lieu dit le
Bout-d'en-haut, et relevait de Vassy. — *Montjaux*,
1737 (Arch. nat., Q¹. 684).

Mont-Lambert (Le), f. et mᵗⁿ, cⁿᵉ d'Orbigny-au-
Mont. — *Mont Lambert*, 1769 (Chalmandrier).
— *Mont-Lambert ou Boute-en-Chasse*, 1888 (État-
major). — *Boute-en-Chasse ou Mont-Lambert*,
1888 (Intérieur).

Montlandon, cⁿᵉ de Neuilly-l'Évêque. — *Ecclesia de
Monte Landonensi*, 1170 (chapitre de Langres).
— *Mons Lando*, 1186 (Beaulieu). — *Montlandun*,
1203 (chapitre de Langres). — *Montlandon*,
1223 (chapitre de Langres). — *Montalando*, xivᵉ s.
(Longnon, Pouillés, I). — *Molandons*, 1436
(Longnon, Pouillés, I). — *Molandon*, 1498 (Recueil Jolibois, II, f° 196). — *Mollandon*, 1770
(arch. Haute-Marne, C. 344).

En 1789, Montlandon dépendait de la province
de Champagne, bailliage et élection de Langres.
Son église paroissiale, dédiée à la Nativité de la
Sainte-Vierge, était du diocèse de Langres, doyenné
du Moge, et avait pour annexe la chapelle de Celsoy. La présentation de la cure appartenait au
chapitre de Langres, qui avait aussi la seigneurie.

Mont-Lebert, f., cⁿᵉ de Vesaignes-sous-la-Fauche;
anc. château fort. — *Montlebert*, 1684 (Recueil
Jolibois, VIII, f° 7 r°). — *La cense de Mont-le-
Bert*, 1773 (arch. Haute-Marne, C. 262). —
Mont-Lebert, xviiiᵉ s. (Cassini).

Montloselle, mᵗⁿ, cⁿᵉ de Coublant. — *Montlauselle*,
1889 (ann. Haute-Marne). — *Montloselle*, xixᵉ s.
(cadastre, section D).

Mont-Marcus (Le), monticule, anc. lieu habité,
cⁿᵉ d'Audilly. — *Mont Marcus, desour Andillei*,
1256 (Bibl. nat., coll. Lorraine, t. 982, n° 5).

Montmot, f., cⁿᵉ de Celles; anc. seigneurie du chapitre de Langres. — *Terra de Mommoul*, 1297
(chapitre de Langres). — *La grange de Mont-
maol, finnage de Celles*, 1494 (chapitre de Langres). — *Montmont*, 1675 (arch. Haute-Marne,
G. 85). — *Montmot*, 1770 (arch. Haute-Marne,
C. 344). — *Monmont*, xviiiᵉ s. (Cassini).

Montmoyen, f. dét., cⁿᵉ de la Neuvelle-lez-Coiffy. —
Monnoyer, 1534 (Arch. nat., P. 176, n° 488).

— *Montmoyeu*, 1749 (Arch. nat., Q¹. 694). — *Mont-Moyen*, 1769 (Chalmandrier).

Montonval, f., cⁿᵉ de Doulevant-le-Château; anc. grange de l'abbaye d'Écurey (Meuse), avec chapelle qui était dédiée à saint Maclou. — *Moictonval*, 1554 (Arch. nat., Q¹. 686). — *La cense de Montonval*, 1763 (arch. Haute-Marne, C. 317). — *Montonval*, xviiiᵉ s. (Cassini). — *Mottonval*, xixᵉ s. (cadastre, section B).

Montormentier, cⁿᵉ de Prauthoy. — *Montremantier*, 1329 (arch. Haute-Marne, G. 951). — *Montormentier*, 1464 (Arch. nat., P. 174², n° 330 *bis*). — *Montormantier*, 1576 (Arch. nat., P. 191¹, n° 1585). — *Montourmentié*, 1715 (arch. Côte-d'Or, la Romagne).

Montormentier dépendait, en 1789, de la province de Champagne, bailliage et élection de Langres. Son église, dédiée à saint Pierre, était succursale de celle de Percey-le-Petit, diocèse de Langres, doyenné de Grancey, mais elle appartenait, avant 1731, au doyenné de Bèze.

Montot, cⁿᵉ d'Andelot. — *Montaz*, 1235 (arch. Haute-Marne, G. 130). — *Montoz*, 1256-1270 (Longnon, Doc. I. n° 5847). — *Montos*, 1436 (Longnon, Pouillés, I). — *Montoux*, 1443 (Arch. nat., P. 176³, n° 508). — *Montot*, 1524 (Septfontaines). — *Montaux*, 1732 (Pouillé de 1732, p. 92).

En 1789, Montot dépendait de la province de Bourgogne, bailliage et élection de Chaumont, prévôté d'Andelot. Son église paroissiale, dédiée à saint Martin, était du diocèse de Langres, doyenné de Chaumont. La présentation de la cure appartenait à l'abbé de Saint-Bénigne de Dijon.

Montot aurait appartenu anciennement au diocèse de Toul, doyenné de Reynel (Jolibois : La Haute-Marne, p. 375).

Montots (Les), rendez-vous de chasse, dans le bois du même nom, cⁿᵉ de Thivet.

Montrecourt-le-Bas, f., cⁿᵉ de Saulles; anc. grange de l'abbaye de Belmont. — *Les deux granges de Montricourt*, 1770 (arch. Haute-Marne, C. 344).

Montrecourt-le-Haut, f., cⁿᵉ de Grenant; anc. grange de l'abbaye de Belmont. — *La grange de Montricourt*, 1675 (arch. Haute-Marne, G. 85). — *La grange de Mondrecourt, dépendante de Grenand*. 1770 (arch. Haute-Marne, C. 344).

Mont-Remy, chât., cⁿᵉ de Nomécourt. — *Mons Sancti Remigii*, 1140 (Saint-Urbain). — *Montremy*, xviiiᵉ s. (Cassini).

Montreuil-sur-Blaise, cⁿⁿ de Vassy. — *Montreuil*, 1294 (Thors). — *Monstereul de costé Waissy*, 1401

(Arch. nat., P. 189², n° 1588). — *Monstreul lez Waissy*, 1447 (arch. Marne, Saint-Basle). — *Monstereul lez Waissy*, 1448 (Arch. nat., P. 177², n° 649). — *Monstrueil lez Wassy*, 1499 (Saint-Basle). — *Monstreul sur Bloise*, 1522 (Saint-Basle). — *Monsthereul, Monsthereul lez Wasey*, 1576 (Arch. nat., P. 191¹, n° 1585). — *Montreuil sur Blaise*, 1763 (arch. Haute-Marne, C. 317). — *Montreuil*, xviiiᵉ s. (Cassini).

Montreuil-sur-Blaise dépendait, en 1789, de la province de Champagne, bailliage de Chaumont, prévôté de Vassy, élection de Joinville. Son église paroissiale, dédiée à sainte Marguerite, était du diocèse de Châlons-sur-Marne, doyenné de Joinville. La présentation de la cure appartenait à l'abbé de Saint-Basle (Marne).

Montreuil-sur-Thonnance, cⁿⁿ de Poissons. — *Musterol*, 1188 (Jobin, Val-d'Osne, p. 43). — *Decanus christianitatis de Monsterello, Tullensis diocesis*, 1251 (Layettes, n° 3965). — *Monsteruel*, 1284 (Saint-Urbain). — *Monsteruel, fin du xiiⁱᵉ s. (cartul. Saint-Laurent de Joinville, n° LVIII bis). — *Monsterolium*, 1286 (Gall. christ., XIII, col. 1092, A). — *Ecclesia de Monstruolis*, 1402 (Pouillé de Toul). — *Monstereuil*, 1503 (Jobin, Val-d'Osne, p. 57). — *Montreuil*, 1539 (arch. Pimodan). — *Montreuil*, 1657 (idem). — *Montreuil*, 1680 (idem). — *Montreuil sur Tonance*, 1763 (arch. Haute-Marne, C. 317). — *Montreuil sur Tonnance*, 1780 (arch. Haute-Marne, C. 317). — *Montreuil sur Thonnance*, xviiiᵉ s. (Cassini).

Montreuil-sur-Thonnance dépendait, en 1789, de la province de Champagne, bailliage de Chaumont, prévôté d'Andelot, élection de Joinville. Son église paroissiale, dédiée à la Nativité de la Sainte-Vierge, et tout d'abord succursale d'Effincourt, était du diocèse de Toul, doyenné de Dammarie. La présentation de la cure appartenait à l'abbé de Saint-Mansuy de Toul.

Montribourg, cⁿⁿ de Châteauvillain. — *Montrebourg*, 1253 (arch. Allier, Vauclair). — *Montriboux*, 1673 (Longuay). — *Montribourg*, 1732 (Pouillé de 1732, p. 76). — *Montribour*, xviiiᵉ s. (Cassini).

Montribourg dépendait, en 1789, de la province de Bourgogne, bailliage de la Montagne ou de Châtillon-sur-Seine, intendance de Bourgogne. Son église, dédiée à l'Assomption, était annexe de celle de Créancey, diocèse de Langres, doyenné de Châteauvillain, et auparavant du doyenné de Bar-sur-Aube.

MONT-ROMONT, écart disparu, c⁰⁰ de Lanques. — *Montraumont*, 1732 (Arch. nat., Q¹. 692). — *Montromont*, 1769 (Chalmandrier).

MONT-ROND (LE), f., c⁰⁰ de Chaudenay.

MONTROT, h., c⁰⁰ d'Arc-en-Barrois, avec chapelle sous le vocable de Notre-Dame, érigée au commencement du xviii° siècle. — *Monsteretum*, xiv° s. (Longnon, Pouillés, I). — *Monsterotum*, 1436 (Longnon, *ibid.*, I). — *Montrot*, 1769 (Chalmandrier). — *Monterot*, 1775-1785 (Courtépée, IV, p. 209).

En 1789, Montrot formait une communauté de l'intendance de Bourgogne. Son église, dédiée à saint Pierre, était succursale de celle d'Arc-en-Barrois, diocèse et doyenné de Langres. Il y avait un prieuré, aussi sous le vocable de saint Pierre, dépendant de Cluny, qui aurait été réuni à celui de Marmesse (Roussel, Dioc. de Langres, II, p. 36).

MONTRUCHOT, f., c⁰⁰ de Peigney; anc. grange du trésorier du chapitre de Langres. — *La grange de Montruchot*, 1675 (arch. Haute-Marne, G. 85). — *Mont-Ruchot, ferme dépendante de Peigney*, 1770 (arch. Haute-Marne, C. 344).

En 1789, la réunion de Montruchot et de Cordamble formait une communauté de l'élection de Langres.

MONTSAON, c⁰⁰ de Chaumont-en-Bassigny. — *Montion*, 1101 (arch. Côte-d'Or : Molême). — *Mons Syon*, 1145 (Pflugk-Harttung, p. 177). — *Monssaon*, 1124 (Recueil Jolibois, VIII, f° 68). — *Monceons*, xiv° s. (Longnon, Pouillés, I). — *Montsaon*, 1431 (Corgebin). — *Monsaon*, 1700 (Dillon). — *Montsan-les-Froncles*, 1769 (Chalmandrier).

En 1789, Montsaon dépendait de la province de Champagne, bailliage, prévôté et élection de Chaumont. Son église paroissiale, sous le vocable de saint Didier, était du diocèse de Langres, doyenné de Châteauvillain, et auparavant du doyenné de Bar-sur-Aube. La présentation de la cure et la seigneurie appartenaient au prieuré de Saint-Didier de Langres.

MONTSAUGEON, c⁰⁰ de Prauthoy. — *Mons Salvion*, 1033 (E. Petit, Hist. des ducs de Bourg., I, p. 360). — *Mons Salvionis*, 1101 (Chron. de Bèze, édit. Bougaud et Garnier, p. 387). — *Mons Salgio*, vers 1105 (Gall. christ., IV, instr., col. 153). — *Montsaujon*, vers 1172 (Longnon, Doc. I, n° 82). — *Mons Salionis*, 1189 (arch. Côte-d'Or, la Romagne). — *Monsaujon*, 1249-1252 (Longnon, liôles, n° 658). — *Montsaujon*, 1311 (arch. Haute-Marne, G. 162). — *Monssaujon*, 1336 (arch.

Haute-Marne, G. 181). — *Montsauljon*, 1524 (arch. Côte-d'Or, la Romagne). — *Montsaulgeon*, 1592 (arch. Haute-Marne, G. 64). — *Montsalion*, 1732 (Pouillé de 1732, p. 33). — *Montsangeon*, 1769 (Chalmandrier).

Montsaugeon dépendait, en 1789, de la province de Champagne, bailliage et élection de Langres; il était chef-lieu d'une des châtellenies de l'évêché de Langres, avec titre de comté et prévôté. Son église paroissiale, dédiée à la Nativité de la Sainte-Vierge, était du diocèse de Langres, doyenné de Grancey. La présentation de la cure appartenait alternativement au prieur d'Aubigny et à l'abbé de Bèze, suivant le Pouillé de 1732.

MONTSOY, h., c⁰⁰ de Frettes, où il y avait une chapelle dédiée à Notre-Dame. — *Monzoy*, 1769 (Chalmandrier). — *Monsoy*, xviii° s. (Cassini). — *Montsoy*, xix° s. (carte de l'Intérieur). — *Montzoy*, 1889 (ann. Haute-Marne).

MONT-VENGÉ (LE), colline, c⁰⁰ de Charmoilles.

MONTVILLIERS, lieu dit, c⁰⁰ de Colombey-les-Deux-Églises.

MORAMBERT, écart, c⁰⁰ d'Allichamp; anc. fief relevant de Saint-Dizier. — *Le fief appellé le Pré d'Alichamps, autrement Morambert, scitué sur le finage du dict Alichamps*, 1699 (Arch. nat., Q¹. n° 685). — *Fief de Morambert, situé à Alichant*, 1734 (arch. d'Aulnay). — *Les Moramberts*, 1889 (ann. Haute-Marne).

MORANCOURT, c⁰⁰ de Vassy. — *Moiruncourt*, 1121 (Gall. christ., XIII, col. 997). — *Morancort*, fin du xiii° s. (cartul. Saint-Laurent de Joinville, n° III). — *Moironcourt*, 1308 (Saint-Urbain). — *Morancourt*, 1401 (Arch. nat., P. 189², n° 1588). — *Morroncuria*, 1402 (Pouillé de Toul).

Morancourt dépendait, en 1789, de la province de Champagne, bailliage de Chaumont, prévôté de Vassy, élection de Joinville. Son église paroissiale, dédiée à saint Pierre-ès-Liens, était du diocèse de Toul, doyenné de la Rivière-de-Blaise. La présentation de la cure appartenait à l'abbé de Saint-Mansuy de Toul.

MORAVOIR, f., c⁰⁰ de Nogent-en-Bassigny. — *Mauravoir*, 1769 (Chalmandrier). — *Maravoir*, xviii° s. (Cassini). — *Moravoir*, 1858 (Dict. des Postes de la Haute-Marne).

MORÉ, lieu dit, c⁰⁰ d'Aingoulaincourt, section A. — *Sur Moré*, xix° s. (cadastre).

MOREL, m¹⁰, c⁰⁰ d'Esnouveaux. — *Le molin Morel*, 1508 (Arch. nat., P. 177², n° 599). — *Le Moulin-Morel*, 1773 (arch. Haute-Marne, C. 262).

MORESCENCES, f., dét., c⁰⁰ d'Aprey. — *Morosangiae*,

1135 (Auberive). — *Morascengiae*, 1209 (Auberive). — *La grange de Moressanges*, 1356 (Auberive). — *Marescenges*, 1858 (Jolibois : La Haute-Marne, p. 26).

Moreux (Le), m^{au} for., c^{ne} de Vicq. — *La grange des Moreux*, 1769 (Chalmandrier).

Morfontaine, f., c^{ne} de Blaise ; anc. fief relevant de Chaumont. — *Morfontaine*, 1538 (Arch. nat., P. 174², n° 319).

Morillery, lieu dit, c^{ne} de Saint-Broingt-les-Fosses, section A.

Morimond, h., c^{ne} de Fresnoy. Anc. abbaye d'hommes, sous le vocable de Notre-Dame, l'une des quatre filles de Cîteaux, fondée vers 1115. — *Morimundensis ecclesia*, 1126 (Morimond). — *Morimundus*, 1165 (Morimond). — *Moiremont*, 1239 (Morimond). — *Morimunt*, 1240 (Morimond). — *Sainte Marie de Morimont*, 1256 (Morimond). — *Moirimunt*, 1287 (Morimond). — *Morismundus*, 1436 (Longnon : Pouillés, I).

Morimond et ses dépendances formaient, en 1789, une communauté d'habitants de l'intendance de Champagne, subdélégation de Langres. L'abbaye était du diocèse de Langres, doyenné d'Is-en-Bassigny ; il y avait, en dehors de la clôture, une chapelle, qui existe encore, dédiée à sainte Ursule, servant de paroisse domestique, suivant l'usage adopté par les abbayes cisterciennes.

Morimont, m^{on} is., c^{ne} de Colombey-lez-Choiseul.

Morins, f., c^{ne} de Monterie ; anc. grange de l'abbaye de Clairvaux, où il y aurait eu une chapelle dédiée à sainte Aragone. — *Moreins*, 1202 (arch. Aube, Clairvaux). — *Molines*, 1203 (Clairvaux). — *Morains*, 1207 (Clairvaux). — *Morens*, 1209 (Clairvaux). — *Morain*, 1554 (Clairvaux). — *Morins*, 1769 (Chalmandrier). — *Morin*, 1858 (Jolibois : La Haute-Marne, p. 381). — *Moirins*, 1882 (Dict. des Postes).

Morionvilliers, c^{ne} de Saint-Blin. — *Morillon Vilers*, 1248 (Benoitevaux). — *Morillon Viler en Ornois*, vers 1252 (Longnon, Doc. II, p. 172, note). — *Moreillonvillier*, 1276-1279 (ibid., p. 175). — *Moullonviller*, 1401 (Arch. nat., P. 189², n° 1588). — *Morillonvilliers*, 1446 (Arch. nat. P. 176³. n° 509). — *Morilloneviller*, 1448 (Arch. nat., P. 177², n° 649). — *Morionvilliers*, 1684 (Recueil Jolibois, VIII, f° 7 r°). — *Morionvillers*, xviii° s. (Cassini).

Morionvilliers dépendait, en 1789, de la province de Champagne, bailliage et élection de Chaumont, prévôté d'Andelot. Son église, dédiée à saint Amand, était annexe de celle de

Trampot (Vosges), diocèse de Toul, doyenné de Reynel.

Morlaix, f., c^{ne} de Millières ; anc. grange de l'abbaye de la Crête. — *Morleis*, 1172 (la Crête). — *Morléea*, 1245 (Layettes, n° 3354). — *Morelain*, 1326 (Longnon, Doc. I, n° 5892.) — *Mollérs*, 1335 (la Crête). — *Morlée*, 1443 (Arch. nat., P. 174¹, n° 299). — *Moslée, Morellée*, 1539 (Arch. nat., P. 174², n° 322). — *Morlais*, 1769 (Chalmandrier). — *La cense de Morlay*, 1773 (arch. Haute-Marne, C. 262).

Morment, f., c^{ne} de Leffonds. Hôpital, puis abbaye et commanderie ; aurait été acquis en 1230 par les chevaliers de Saint-Jean de Jérusalem. — *Molmentum*, 1120 (Gall. christ., IV, instr., col 156). — *Sancta Maria de Morment*, 1151 (Morment). — *Molmentensis domus*, 1159 (Auberive). — *Mormentum*, 1162 (Thors). — *Mormannum*, 1182 (Thors). — *L'ospital de Mourmant*, 1351 (Morment). — *Mormant*, 1732 (Pouillé de 1732, p. 123). — *Mormand*, xix° s. (cadastre, section A).

Morofroid, f., c^{ne} de Hortes ; premier emplacement de l'abbaye de Beaulieu. — *Terra Montis Rofredi*, 1166 (Beaulieu et Gall. christ., IV, instr., col 182). — *Mons Rofredi*, 1179 (Beaulieu). — *La tuilerie de Montroffoy*, 1545 (Beaulieu). — *Morrofroy*, 1769 (Chalmandrier). — *Malfrois*, 1770 (arch. Haute-Marne, C. 344). — *Mort-au-Froid*, xviii° s. (Cassini). — *Morofroid*, xix° s. (cadastre). — *Le Morofroy*, 1858 (Dict. des Postes de la Haute-Marne). — *Mort-à-Froid*, 1858 (Jolibois : La Haute-Marne, p. 382).

Morteau, c^{ne} d'Andelot. — *Mortua Aqua*, 1163 (la Crête). — *Morte Au, Mortae*, vers 1252 (Longnon, Doc. II, p. 172, note). — *Morteyaue, Martyaue*, 1276-1279 (ibid., p. 174). — *Mortaut*, 1424 (la Crête). — *Mortaulx*, 1612 (la Crête). — *Morteau*, 1690 (Septfontaines). — *La Morteau*, 1695 (Septfontaines). — *Mortaux*, 1700 (Dillon).

En 1789, Morteau dépendait de la province de Champagne, bailliage et élection de Chaumont, prévôté d'Andelot. Il y avait une chapelle, dédiée à saint Antoine et saint Sulpice, qui existe encore.

Morteau, lieu dit, c^{ne} d'Andelot. — *Forges de Morteaux*, xix° s. (cadastre).

Morvaux, f., c^{ne} de Romains-sur-Meuse, section A ; anc. grange de l'abbaye de Morimond, avec chapelle dédiée à sainte Ursule. — *Morivallis*, 1126 (Morimond). — *Territorium de Morivals*, 1165 (Morimond). — *Morevaus*, 1200 (Morimond). — *La grange de Morevaus*, 1262 (Morimond). —

La grange de Moirevaus, 1278 (Morimond). — *Morevaux*, 1281 (Morimond). — *Grangia de Morevaux*, 1284 (Morimond). — *Morvaulx*, 1481 (Morimond). — *Morvaux*, 1712 (Morimond). — *Morveau*, 1779 (Durival, III, p. 290). — *Morveaux*, 1889 (ann. Haute-Marne).

En 1789, Morvaux était le chef-lieu d'une communauté d'habitants du bailliage de Bourmont, en Barrois, et d'un groupe de fermes appelées *les Quatre censes de Morimond;* les trois autres étaient Frôcourt, les Gouttes et Vaudinvilliers.

C'était d'abord une terre appelée *Bicolia*, avant la donation qui en fut faite à Morimond par Josbert de Meuse, sous l'évêque de Langres Guilencus d'Aigremont (1125-1136).

Morville, lieu dit, c^ne de Sarcicourt, section C.

Mothe (La), montagne, c^ne d'Outremécourt, où s'élevait la ville forte de la Mothe, appartenant au duché de Lorraine et située sur ses frontières. — *La Mothe*, 1280 (Recueil Jolibois, VII, f° 12 *bis*). — *La chastelerie de la Mouthe*, 1285 (Morimond). *Ecclesia collegiata de Motha*, 1402 (Pouillé de Toul). — *Ruines de la Motte*, xviii° s. (Cassini). — *Lamothe*, 1858 (Jolibois : La Haute-Marne, p. 294). — *Ancienne ville de la Mothe*, xix° s. (carte de l'Intérieur).

La ville de la Mothe a été rasée en 1645, sur les ordres de Mazarin. Son territoire fut incorporé à celui d'Outremécourt, village voisin, par lettres de Charles IV, duc de Lorraine, du 8 octobre 1661 (Durival, III, p. 320).

La Mothe dépendait du Barrois et était le siège d'une sénéchaussée, qui fut transférée à Bourmont après la destruction de la ville.

Son église paroissiale, dédiée à la Sainte-Vierge, dépendait du diocèse de Toul, doyenné de Bourmont. La présentation de la cure appartenait au chapitre de la même ville.

Mothe-en-Blésy (La), c^ne de Juzennecourt. — *La Mote*, 1270 (Thors). — *Li Moute*, xiv° s. (Longnon, Pouillés, I). — *Mota*, 1436 (*ibid.*, I). — *Là Mote en Blésy*, 1447 (Arch. nat., P. 174¹, n° 301). — *La Mothe*, 1682 (Arch. nat., Q¹. 692). — *La Motte en Blaizy*, 1732 (Pouillé de 1732, p. 77). — *La Motte en Blésy*, 1769 (Chalmandrier). — *La Motte en Blaisois*, 1773 (Arch. nat., Q¹. 684). — *Lamothe-en-Blaizy*, 1858 (Jolibois : La Haute-Marne, p. 296). — *Lamothe*, 1886 (dénombrement).

En 1789, la Mothe-en-Blésy dépendait de la province de Champagne, bailliage et prévôté de Chaumont, élection de Bar-sur-Aube. Son église

paroissiale, dédiée à saint Nicolas, était du diocèse de Langres, doyenné de Châteauvillain, et auparavant du doyenné de Bar-sur-Aube. La collation de la cure appartenait à l'évêque de Langres.

Motte (La), h., c^ne d'Anrosey. — *La Motte, forge*, 1769 (Chalmandrier). — *La grange de la Motte*, 1770 (arch. Haute-Marne, C. 344⁹. — *Lamotte*, 1858 (Jolibois : La Haute-Marne, p. 296).

Motte (La), monticule, c^ne d'Arc-en-Barrois, au bas duquel était une chapelle dédiée à sainte Anne. — *La Motte*, 1769 (Chalmandrier). — *Lamotte*, 1858 (Jolibois : La Haute-Marne, p. 38).

Motte (La), f., c^ne d'Attancourt; anc. fief relevant de Vassy. — *La Mothe*, 1571 (Arch. nat., P. 177¹, n° 557). — *La Motte d'Attancourt*, 1649 (Roserot, États généraux, n° 175). — *Attancourt et les fiefs de Grigny et la Motte*, 1763 (arch. Haute-Marne, C. 317). — *Lamotte*, 1858 (Jolibois : La Haute-Marne, p. 296).

Motte (La), f., c^ne de Humbécourt. — *La Mothe lez Humbécourt*, 1683 (Arch. nat., Q¹, 691).

Motte (La), chât. dét., anc. fief, c^ne de Rosoy. — *Lamotte*, 1858 (Jolibois : La Haute-Marne, p. 296).

Motte (La), f., c^ne de Thonnance-les-Moulins. — *La Motte*, xviii° s. (Cassini). — *Lamothe*, 1858 (Jolibois : La Haute-Marne, p. 296)

Motte-Jouac (La), fief qui était au territoire de la Ferté-sur-Aube.

Motte-les-Moines (La), f., c^ne d'Esnouveaux.

Mouche (La), rivière qui prend sa source dans le bois de Saint-Vallier, au finage de Noidant-le-Rocheux, parcourt les territoires de Noidant, Vieux-Moulin, Perrancey, Saint-Ciergue, Saint-Martin-lez-Langres, et se jette dans la Marne à Hûmes. — *Riveria de Moeche*, 1274 (chapitre de Langres). — *Ripparia de Mouche*, 1283 (chapitre de Langres). — *Ripparia de Moicha*, 1326 (chapitre de Langres). — *Ripparia de Musca*, 1349 (*ibid.*).

Mouillère (La), usine à fer, c^ne d'Orquevaux.

Mouillères (Les), f., c^ne de Pierrefaite. — *Grange des Mouillères*, 1769 (Chalmandrier).

Mouilleron, c^ne d'Auberive. — *Mouilleron*, 1675 (arch. Haute-Marne, G. 85).

Mouilleron dépendait, en 1789, de la province de Champagne, bailliage et élection de Langres, et de la paroisse de Musseau; il n'y avait qu'une chapelle, dédiée à saint Gilbert, érigée en 1773.

Moulin (Le). *Voir aussi* Grand, Gros, Petit, Vieux-Moulin.

Moulin (Le), h., c^ne d'Ageville.

Moulin (Le), lieu dit, c^ne d'Aillianville, section C.

Moulin (Le), lieu dit, cne d'Ambonville, section D.

Moulin (Le), lieu dit, cne d'Annéville, section C.

Moulin (Le), lieu dit, cne d'Annonville, section A.

Moulin (Le), lieu dit, cne d'Arbigny-sous-Varennes, sections C et D.

Moulin (Le), lieu dit, cne d'Argentolles, section A.

Moulin (Le), lieu dit, cne d'Avrainville, section B.

Moulin (Le), lieu dit, cne de Blaise, section A.

Moulin (Le), lieu dit, cne de Blessonville, section A.

Moulin (Le), lieu dit, cne de Bourg, section B.

Moulin (Le), lieu dit, cne de Braux, section D.

Moulin (Le), lieu dit, cne de Brenne, section C.

Moulin (Le), lieu dit, cne de Buchey, section B.

Moulin (Le), f., cne de Bugnières.

Moulin (Le), f., cne de Buxières-lez-Villiers.

Moulin (Le), lieu dit, cne de Latrecey, section G.

Moulin (Le), lieu dit, cne de Leuchey.

Moulin (Le), lieu dit, cne de Louvières, section B.

Moulin (Le), f., cne de Magneux.

Moulin (Le), lieu dit, cne de Mennouveaux, section C.

Moulin (Le), lieu dit, cne d'Ormoy-sur-Aube, section D.

Moulin (Le), lieu dit, cne d'Outremécourt, section A.

Moulin (Le), lieu dit, cne de Riaucourt, section A.

Moulin (Le), lieu dit, cne de Rimaucourt, section A.

Moulin (Le), lieu dit, cne de Rivière-les-Fosses, section C.

Moulin (Le), lieu dit, cne de Rizaucourt, section C.

Moulin (Le), lieu dit, cne de Rochetaillée, section A.

Moulin (Le), lieu dit, cne de Rosoy, section C.

Moulin (Le), lieu dit, cne de Rouécourt, section B.

Moulin (Le), lieu dit, cne de Rouelles, section A.

Moulin (Le), lieu dit, cne de Rupt, section B.

Moulin (Le), lieu dit, cne de Sailly, section B.

Moulin (Le), lieu dit, cne de Saint-Broingt-les-Fosses, section A.

Moulin (Le), lieu dit, cne de Saint-Ciergue, section E.

Moulin (Le), lieu dit, cne de Signéville, section D.

Moulin (Le), lieu dit, cne de Soulaucourt, section B.

Moulin (Le), lieu dit, cne de Suzannecourt, section B.

Moulin (Le), lieu dit, cne de Thilleux, section A.

Moulin (Le), lieu dit, cne de Vauxbons, section B.

Moulin (Le), lieu dit, cne de Vignes, section A.

Moulin (Le), lieu dit, cne de Villars-Saint-Marcellin, section A.

Moulin (Le), lieu dit, cne de Villegusien, section C.

Moulin (Le), lieu dit, cne de Voillecomte, section E.

Moulin-Cheval (Le), lieu dit, cne de Saulxures.

Moulin-au-Loup (Le), lieu dit, cne de Hûmes.

Moulin-aux-Moines (Le), mln, cne du Fays-Billot. — Moulin aux Moines, 1769 (Chalmandrier).

Moulin-aux-Moines (Le), mln, cne de Vaux-sous-Aubigny, section A. — Moulin-aux-Moines, 1769 (Chalmandrier). — Moulin du Moine, xviiie s. (Cassini).

Moulin-à-Vent (Le). Voir aussi Ancien, Vieux-Moulin-à-Vent.

Moulin-à-Vent (Le), mn is., cne d'Aillianville.

Moulin-à-Vent (Le), lieu dit, cne d'Andelot, section C.

Moulin-à-Vent (Le), lieu dit, cne d'Autreville, section B.

Moulin-à-Vent (Le), mn is., cne d'Avrecourt, section B.

Moulin-à-Vent (Le), f., cne de Biesle, section A.

Moulin-à-Vent (Le), lieu dit, cne de Blessonville, section B.

Moulin-à-Vent (Le), lieu dit, cne de Cerisières, section A.

Moulin-à-Vent (Le), mn is., cne de Chalvraine.

Moulin-à-Vent (Le), lieu dit, cne de Champigneulles, section A.

Moulin-à-Vent (Le), mn dét., cne de Chassigny. — Chassigny et Brossottes, et le moulin à vent, 1770 (arch. Haute-Marne, C. 344).

Moulin-à-Vent (Le), mn dét., cne de Châtenay-Vaudin.

Moulin-à-Vent (Le), lieu dit, cne de Chaumont-la-Ville, section C.

Moulin-à-Vent (Le), lieu dit, cne de Cirey-lez-Mareilles, section C.

Moulin-à-Vent (Le), lieu dit, cne de Coiffy-le-Haut, section A.

Moulin-à-Vent (Le), lieu dit, cne de Daillecourt, section B.

Moulin-à-Vent (Le), mn is., cne de Dampierre.

Moulin-à-Vent (Le), lieu dit, cne de Damrémont, section C.

Moulin-à-Vent (Le), mn is., cne de Dancevoir.

Moulin-à-Vent (Le), lieu dit, cne du Fays-Billot, section A.

Moulin-à-Vent (Le), lieu dit, cne de Germainvilliers, section D.

Moulin-à-Vent (Le), lieu dit, cne de Gillancourt, section A.

Moulin-à-Vent (Le), lieu dit, cne de Graffigny-Chemin, section A.

Moulin-à-Vent (Le), mn dét., cne de Guindrecourt-aux-Ormes. — Le moulin à vent, 1858 (Dict. des Postes de la Haute-Marne).

Moulin-à-Vent (Le), lieu dit, c^ne de Heuilley-Coton, section C.

Moulin-à-Vent (Le), m^on is., c^ne de Heuilley-le-Grand.

Moulin-à-Vent (Le), lieu dit, c^ne de Huilliécourt, section A.

Moulin-à-Vent (Le), lieu dit, c^ne de Landéville, section A.

Moulin-à-Vent (Le), lieu dit, c^ne de Léniscul, section B.

Moulin-à-Vent (Le), lieu dit, c^ne de Mareilles, section B.

Moulin-à-Vent (Le), lieu dit, c^ne de Meuvy, section C.

Moulin-à-Vent (Le), lieu dit, c^ne de Montormentier, section B.

Moulin-à-Vent (Le), lieu dit, c^ne de Montsaugeon, section B.

Moulin-à-Vent (Le), lieu dit, c^ne de Narcy, section A.

Moulin-à-Vent (Le), lieu dit, c^ne de Neuville-à-Remy.

Moulin-à-Vent (Le), lieu dit, c^ne d'Ormancey, section E.

Moulin-à-Vent (Le), lieu dit, c^ne d'Ozières, section A.

Moulin-à-Vent (Le), m^on is., c^ne de Plesnoy.

Moulin-à-Vent (Le), f., c^ne de Rançonnières.

Moulin-à-Vent (Le), lieu dit, c^ne de Saint-Broingt-les-Fosses, section E.

Moulin-à-Vent (Le), lieu dit, c^ne de Saint-Geômes, sections C et D.

Moulin-à-Vent (Le), lieu dit, c^ne de Saulles, section B.

Moulin-à-Vent (Le), lieu dit, c^ne de Thol, section B.

Moulin-à-Vent (Le), lieu dit, c^ne de Vicq, section A.

Moulin-Bas (Le), m^in, c^ne d'Effincourt, section A.

Moulin-Bas (Le), lieu dit, c^ne d'Esnoms, section B.

Moulin-Bas (Le), lieu dit, c^ne de Monterie, section C.

Moulin-Bas (Le), lieu dit, c^ne de Rivière-les-Fosses, section C.

Moulin-Blanc (Le), m^in, c^ne de Coiffy-le-Bas.

Moulin-Blanc (Le), m^in, c^ne d'Orcevaux. — *Monlin-Blanc*, 1769 (Chalmandrier).

Moulin-Blanc (Le), m^in, c^ne de Vicq, section F.

Moulin-Blanchard (Le), écart, c^ne de Voisey (ann. de la Haute-Marne, 1889).

Moulin-Bournot (Le), écart, c^ne de Voisey (ann. Haute-Marne, 1889).

Moulin-Brillant (Le), lieu dit, c^ne de Forcey, section A.

Moulin-Brûlé (Le), lieu dit, c^ne d'Ageville, section A.

Moulin-Brûlé (Le), lieu dit, c^ne de Bricon, section B.

Moulin-Brûlé (Le), m^in, c^ne de Courcelles-sur-Aujon.

Moulin-Brûlé (Le), lieu dit, c^ne de Doulevant-le-Château, section E.

Moulin-Brûlé (Le), m^in, c^ne de Humes, section B.

Moulin-Brûlé (Le), lieu dit, c^ne de Morionvilliers, section A.

Moulin-Chevalier (Le), écart, c^ne de Serqueux (ann. Haute-Marne, 1889).

Moulin-de-Marne (Le), lieu dit, c^ne de Vignory, section B.

Moulin-d'en-Bas (Le), m^in dét., c^ne de Clinchamp. — *La cense du Moulin d'en bas*, 1773 (arch. Haute-Marne, C. 262).

Moulin-d'en-Bas (Le), m^in, c^ne d'Is-en-Bassigny, section F. — *Moulin-d'en-bas*, 1769 (Chalmandrier).

Moulin-d'en-Bas (Le), m^in, c^ne de Leschères (Cassini).

Moulin-d'en-Bas (Le), m^in, c^ne de Thonnance-lez-Joinville.

Moulin-d'en-Haut (Le), m^in, c^ne d'Is-en-Bassigny. — *Moulin-d'en-Haut*, 1769 (Chalmandrier).

Moulin-d'en-Haut (Le), m^in, c^ne de Thonnance-lez-Joinville.

Moulin-d'en-Haut (Le), m^in dét., c^ne de Villiers-lez-Aprey. — *Moulin d'en Haut*, 1769 (Chalmandrier).

Moulin-des-Malades (Le), m^in dét., c^ne de Reynel. — *Li molins les malades*, 1280 (Benoitevaux).

Moulin-de-Soncourt (Le), m^in, c^ne de Vouécourt, section C.

Moulin-Dessus (Le), lieu dit, c^ne de Sarrey, section C.

Moulin-de-Vignory (Le), m^in, c^ne de Vouécourt.

Moulin-du-Bas (Le), m^in, c^ne de Charmes-la-Grande.

Moulin-du-Bas (Le), m^in, c^ne de Rougeux.

Moulin-du-Bas (Le), m^in, c^ne de Villiers-lez-Aprey. — *Moulin d'en bas*, 1769 (Chalmandrier).

Moulin-du-Bas (Le), m^in, c^ne de Vroncourt, section A.

Moulin-du-But (Le), m^in, c^ne de Neuilly-l'Évêque.

Moulin-du-Comte (Le), m^in, c^ne de Maranville.

Moulin-Ducros (Le), m^in, c^ne de Rançonnières — *Moulin de Rançonnières*, xviiie s. (Cassini). — *Moulin Ducros*, xixe s. (État-major). — *Moulin-Guyot*, xixe s. (Intérieur). — *Moulin-du-Croc*, 1889 (ann. Haute-Marne).

Moulin-du-Haut (Le), m^in, c^ne de Dommarien.

Moulin-du-Haut (Le), m^in, c^ne de Vroncourt.

Moulin-du-Milieu (Le), lieu dit, c^ne de Dommartin-le-Saint-Père, section D.

Moulin-du-Milieu (Le), m^in, c^ne de Fresnoy.

Moulin-du-Vaux (Le), m^in, c^ne de Rolampont.

Moulin-du-Viau, m^in, c^ne de Neuilly-l'Évêque.

Moulinet (Le), lieu dit, c^ne d'Aizanville, section C.

Moulinet (Le), lieu dit, c^ne de Briaucourt, section A.

Moulinet (Le), m^in, c^ne de Celles.

Moulinet (Le), m^in, c^ne d'Esnoms, section E.

Moulinet (Le), m^in, c^ne de Hallignicourt.

Moulinet (Le), lieu dit, c^ne de Nully, section A.

Moulin-Forgeot (Le), f., c^ne de Montigny-en-Bassigny.

Moulin-Haut (Le), lieu dit, c^ne d'Is-en-Bassigny, section C.

Moulin-Haut (Le), lieu dit, c^ne de Meure, section B.

Moulin-Julien (Le), lieu dit, c^ne de Vicq, section C.

Moulin-Madame (Le), m^in dét., c^ne de Reynel, ayant appartenu aux religieuses de Benoitevaux. — *Quatre molins que elles ont en Glaiourru, desouz Rinel, ce est à savoir li molins Ma Dame, li molins Jasel, li molins neuf et li molins les Malades*, 1280 (Benoitevaux).

Moulin-Neuf (Le), lieu dit, c^ne d'Arbot, section C.

Moulin-Neuf (Le), lieu dit, c^ne d'Arc-en-Barrois, section D.

Moulin-Neuf (Le), m^in dét., c^ne de Belmont. — *Moulin-Neuf*, 1769 (Chalmandrier).

Moulin-Neuf (Le), m^in, c^ne de Bourbonne-les-Bains, section E.

Moulin-Neuf (Le), m^in, c^ne de Brevanne.

Moulin-Neuf (Le), m^in, c^ne de Chaumont-en-Bassigny. — *Le Mollin Neuf*, 1574 (Arch. nat., Q^1. 684). — *Le Moulin Neuf*, 1769 (Chalmandrier).

Moulin-Neuf (Le), m^in, c^ne de Clinchamp, section D. — *Moulin-Neuf*, xviii^e s. (Cassini).

Moulin-Neuf (Le), m^in, c^ne de Colombey-lez-Choiseul.

Moulin-Neuf (Le), m^in, c^ne de la Fauche. — *Moulin-Neuf*, xviii^e s. (Cassini).

Moulin-Neuf (Le), m^in, c^ne d'Illoud, section A.

Moulin-Neuf (Le), m^in, c^ne de Langres.

Moulin-Neuf (Le), m^in, c^ne de Perrancey. — *Molendinum dictum de la Vilote*, 1274 (chapitre de Langres). — *Le molin Chiesse*, 1555 (chapitre de Langres). — *Le molin neuf*, 1577 (chapitre de Langres).

Moulin-Neuf (Le), m^in dét., c^ne de Reynel. — *Li molins nuef*, 1280 (Benoitevaux).

Voir Moulin-Madame.

Moulin-Neuf (Le), lieu dit, c^ne de Saulles, section A.

Moulin-Neuf (Le), m^in, c^ne de Serqueux. — *Le moulin neuf*, 1770 (arch. Haute-Marne, C. 344).

Moulin-Neuf (Le), m^in dét., c^ne de Sommevoire, section A. — *Moulin-Neuf*, xviiie s. (Cassini).

Moulin-Neuf (Le), lieu dit, c^ne de Vouécourt, section C.

Moulin-Notre-Dame (Le), m^in, c^ne de Neuilly-l'Évêque.

Moulinot (Le), f., c^ne de Champigny-lez-Langres.

Moulinot (Le), m^in, c^ne de Chézeaux. — *Moulinet*, 1769 (Chalmandrier). — *Le Moulinot*, 1770 (arch. Haute-Marne, C. 344).

Moulinot (Le), m^in, c^ne de Langres.

Moulinot (Le), m^in, c^ne de Vaux-sous-Aubigny. — *Moulinot*, 1769 (Chalmandrier).

Moulinot (Le), f., c^ne de Velle, section B. — *La grange du Moulinot*, 1770 (arch. Haute-Marne, C. 344).

Moulinot (Le), lieu dit, c^ne de Villars-en-Azois, section B.

Moulin-Paillot (Le), m^in, c^ne de Varennes, section A. — *Moulin Palliot*, 1769 (Chalmandrier). — *Le moulin Paillot*, 1770 (arch. Haute-Marne, C. 344).

Moulin-Paillot (Le), lieu dit, c^ne de Vicq, section D.

Moulin-Paillot (Le), m^in, c^ne de Velle. — *Moulin Paillot*, 1769 (Chalmandrier). — *Moulin-Paillat*, xviiie s. (Cassini). — *Moulin Paillotte*, 1888 (État-major et Intérieur).

Moulin-Pennerot (Le), m^in, c^ne de Bourmont, section E. — *Moulin de Pénerot*, xviiie s. (Cassini). — *Le moulin Pénerot*, 1829 (cadastre). — *Le moulin Pennerot*, 1858 (Jolibois : La Haute-Marne, etc., p. 83). — *Usine de Pennerot*, 1885 (Intérieur).

Moulin-Pont (Le), lieu dit, c^ne de Saint-Thiébault, section A.

Moulin-Robert (Le), m^in, c^ne de Rançonnières.

Moulin-Robert (Le), lieu dit, c^ne de Vicq, section D.

Moulin-Rotard (Le), m^in, c^ne de Guyonvelle.

Moulin-Rouge (Le), m^in, c^ne d'Arnoncourt. — *Le moulin Rouge*, xviiie s. (Cassini).

Moulin-Rouge (Le), écart, c^ne de Champigny-lez-Langres. — *La scierie du Moulin-Rouge*, 1889 (ann. Haute-Marne, 1889).

Moulin-Rouge (Le), m^in dét., c^ne de Clinchamp. — *La ceuse du Moulin Rouge*, 1773 (arch. Haute-Marne, C. 262).

Moulin-Rouge (Le), m^in, c^ne de Courcelles-sur-Aujon.

Moulin-Rouge (Le), m^in, c^ne de Langres, section A. — *Le moulin Rouge*, 1336 (Arch. nat., JJ. 70, f° 103 v°, n° 235).

Moulin-Rouge (Le), lieu dit, c⁷ˢ de Lanty, section E.

Moulin-Rouge (Le), mⁱⁿ, cⁿᵉ de Léniseul, provenant de l'abbaye de Morimond. — *Moulin Rouge*, 1769 (Chalmandrier).

Moulin-Rouge (Le), mⁱⁿ dét., près du Pailly. — *Le Pailley..., et le moulin Rouge*, 1770 (arch. Haute-Marne, C. 344).

Moulin-Rouge (Le), mⁱⁿ dét., cⁿᵉ de Saint-Martin-lez-Langres. — *Le Molin Rouge, ou finaige de Saint-Martin*, 1487 (arch. Côte-d'Or, Morment).

Moulin-Rouge (Le), mⁱⁿ, cⁿᵉ de Velle, provenant de l'abbaye de Vaux-la-Douce. — *Sur ce que cil de Douces Vaus disoient que il pooient et devoient l'escluse de lor molin c'um dit le molin Rouge*, 1268 (Vaux-la-Douce). — *Moulin Rouge*, 1527 (Vaux-la-Douce).

Moulin-Royot (Le), lieu dit, cⁿᵉ de Rosoy, section C.

Moulins (Les), lieu dit, cⁿᵉ de Perrusse, section A.

Moulins (Les), lieu dit, cⁿᵉ de Rolampont, section C.

Moulins (Les), lieu dit, cⁿᵉ de Savigny, section A.

Moulins-à-Vent (Les), lieu dit, cⁿᵉˢ de Créancey, section C.

Moulins-à-Vent (Les), lieu dit, cⁿᵉ de Cormont, section D.

Moulins-à-Vent (Les), lieu dit, cⁿᵉ de Neuilly-l'Évêque, section B.

Moulins-à-Vent (Les), lieu dit, cⁿᵉ de Villiers-le-Sec, section C.

Moulins-Royaux (Les), lieu dit, cⁿᵉ de Montlandon, section D.

Moulinvelle, lieu dit, cⁿᵉ de Villars-Saint-Marcellin, section C.

Mousseuière (La), f., cⁿᵉ de Latrecey.

Moutier (Le), lieu dit, cⁿᵉ d'Arc-en-Barrois, section D.

Moutier (Le), lieu dit, cⁿᵉ de Cirey-lez-Marcilles, section C.

Mouzon (Le), rivière qui vient de Martigny (Vosges), passe à Soulaucourt, et à Sommerécourt et se jette dans la Meuse. — *La rivière de Moson*, 1254

(Morimond). — *La rivière de Mozon*, 1576 (Voillemier).

Musseau, cⁿ d'Auberive. — *Mussé*, 1198 (Auberive). — *Muxeium, juxta Chalanceium*, 1257 (Auberive). — *Muxeotum, prope Chalanceyum*, 1319 (Auberive). — *Muxiotum*, 1420 (Auberive). — *Muxiottum*, 1430 (Auberive). — *Musseaux*, 1769 (Chalmandrier). — *Musseau*, 1770 (arch. Haute-Marne, C. 344). — *Meussiau ou Musseau*, 1775 (Courtépée, II, 220).

En 1789, Musseau formait, avec Praslay, une enclave de Bourgogne en Champagne, à l'exception du presbytère et de l'église, qui furent maintenus en Champagne par un arrêt du parlement de Paris, de 1741 (Courtépée, II, 220), et dépendait du bailliage de Dijon. Son église paroissiale, dédiée à saint Pierre, était du diocèse de Langres, doyenné de Grancey. La collation de la cure appartenait à l'évêque.

Mussey, cⁿᵉ de Doulaincourt. — *Muceium*, 1115 (cartul. de Gorze, p. 257). — *Mucei*, 1189 (Saint-Urbain). — *Muci*, 1249-1252 (Longnon, Rôles, n° 1312). — *Muceyum*, fin du xiiiᵉ s. (cartul. Saint-Laurent de Joinville, n° LXIX). — *Mussey*, 1401 (Arch. nat., P. 189², n° 1588). — *Mecoy*, 1443 (Arch. nat., P. 176², n° 508). — *Messey*, 1582 (Saint-Urbain).

Mussey dépendait, en 1789, de la province de Champagne, bailliage de Chaumont, prévôté de Vassy, élection de Joinville. Son église paroissiale, dédiée à la Nativité de la Sainte-Vierge, était du diocèse de Châlons-sur-Marne, doyenné de Joinville. La présentation de la cure appartenait à l'abbé de Gorze.

Mutier (Le), colline couronnée de bois, communes de Bay et de Vitry, sur laquelle était une église appartenant à l'abbaye de Luxeuil (Jolibois : La Haute-Marne, p. 50). — *Le Mutier*, xixᵉ s. (cadastre de Bay, section A). — *Muthier*, 1858 (Jolibois : La Haute-Marne, p. 50).

N

Nageot, mⁱⁿ, cⁿᵉ de Colombey-lez-Choiseul.

Nancery, écart, cⁿᵉ de Langres. — *Nancery*, 1769 (Chalmandrier).

«Nanvinea *villa, in pago Lingonico*», 909 (Roserot, Chartes inédites, etc., n° 11).

Ce village était probablement dans le voisinage de Peigney et de la Marnotte.

Narcy, cⁿᵉ de Chevillon. — *Narci*, 1216 (Benoitevaux). — *Narceium*, 1219 (Ruetz). — *Narcei*, 1249-1252 (Longnon, Rôles, n° 1233). — *Narcey*, 1264 (Ruetz). — *Nercey*, 1270 (Benoitevaux). — *Narcy*, 1457 (Saint-Urbain).

Narcy dépendait, en 1789, de la province de Champagne, bailliage de Vitry, élection de Joinville. Son église paroissiale, dédiée à saint Pierre-ès-Liens, était du diocèse de Châlons-sur-Marne, doyenné de Joinville. La présentation de la cure appartenait à l'abbesse de Sainte-Glossinde de Metz.

NAUROY, colline, c^ne de Heuilley-Cotton, où l'on a trouvé de nombreux débris de constructions et des médailles romaines. — *Nourroy*, 1875 (Roussel, Dioc. de Langres, II, p. 383).

NEMOURS, écart, c^ne d'Eurville. — *Le carrefour Nemours*, 1889 (ann. Haute-Marne).

NEUFCHATEAU, lieu dit, c^ne d'Isômes, section C.

NEUF-MOULINS (LES), lieu dit, c^ne de Vraincourt, section A). — *La fontaine des neuf moulins*, 1828 (cadastre).

NEUILLY-L'ÉVÊQUE, ch.-l. de cant., arrond. de Langres. — *Nulleium*, 1184 (arch. Haute-Marne, G. 531). — *Nuellei en Langoine*, 1225 (arch. Haute-Marne, G. 89). — *Neullé in Langonensi, Nuelli*, 1249-1252 (Longnon, Rôles, n°s 605, 638). — *Nuellei en Langoine*, 1253 (arch. Haute-Marne, G. 533). — *Neulleium*, 1256 (arch. Haute-Marne, G. 528). — *Neuleium*, 1257 (arch. Haute-Marne, G. 533). — *Neuilleium*, 1257 (arch. Haute-Marne, G. 536). — *Neuelleium*, 1259 (ibid., G. 532). — *Nehulleium Episcopi*, 1297 (arch. Haute-Marne, G. 549). — *Nuili au Leingoine*, 1326 (Longnon, Doc. I, n° 5858). — *Neuilleyum*, 1334 (terrier de Langres, f° 27 r°). — *Nuelly*, 1336 (Arch. nat., JJ. 70. f° 103 r°, n° 235). — *Nuelley, Neulley*, 1417 (arch. Haute-Marne, G. 560). — *Neuilley l'Evesque*, 1489 (arch. Haute-Marne, G. 530). — *Neuilly l'Évêque*, 1732 (Pouillé de 1732, p. 29). — *Neuilly l'Évêque*, 1770 (arch. Haute-Marne, C. 344). — *Neuilly-lez-Langres*, 1805 (Arch. nat., F^3 I, 844).

Neuilly-l'Évêque dépendait, en 1789, de la province de Champagne, bailliage et élection de Langres, et était le chef-lieu d'un groupe de possessions de l'évêché de Langres, avec le titre de prévôté. Son église paroissiale, dédiée à la Sainte-Vierge, était du diocèse de Langres, doyenné du Moge, et le siège de ce doyenné, quand Chalindrey eut cessé de l'être; elle avait pour succursale celle de Poiseul. La cure était à la collation de l'évêque.

NEUILLY-SUR-SUIZE, c^ne de Chaumont-en-Bassigny. — *Nuillincum*, 1204-1210 environ (Longnon, Doc. I, n° 2894). — *Nuilleium*, 1227 (Val-des-Écoliers). — *Nuelli*, vers 1240 (Longnon, Rôles, Appendice, n° 40). — *Nuellincum super Susam*,

1249-1252 (Longnon, Rôles, n° 643). — *Nulleyum*, 1258 (Val-des-Écoliers). — *Nuilly-sur-Suyse*, 1276-1278 (Longnon, Doc. II, p. 161). — *Neulleyum super Suysam*, 1297 (Val-des-Écoliers). — *Nulley-sur-Suize*, 1399 (arch. Haute-Marne, G. 333). — *Neulleyum super Suyziam*, 1455 (Val-des-Écoliers). — *Neuilly-sur-Suyse*, 1498 (Arch. nat., P. 164^1, n° 1361). — *Neuilly sur Suize*, 1508 (Arch. nat., P. 174^2, n° 311). — *Nully sur Suyse*, 1614 (Val-des-Écoliers). — *Neuilly sur Suize*, 1617 (Val-des-Écoliers). — *Nuilly-sur-Suize*, 1700 (Dillon). — *Neuilly-sur-Suize*, 1707 (Arch. nat., Q^1. 690). — *Neuilly sur Suize*, 1732 (Pouillé de 1732, p. 92). — *Neuilly sur Suize*, 1773 (arch. Haute-Marne, C. 262).

En 1789, Neuilly-sur-Suize dépendait de la province de Champagne, bailliage, élection et prévôté de Chaumont. Son église paroissiale, dédiée à saint Pierre et saint Paul, était du diocèse de Langres, doyenné de Chaumont. La présentation de la cure appartenait à l'abbé du Val-des-Écoliers.

NEUVE-GRANGE (LA), lieu dit, c^ne de Morancourt, section D.

NEUVELLE-LEZ-COIFFY (LA), c^on de Varennes. — *Capella de Nova Villa*, 1101 (arch. Côte-d'Or et Gall. christ., IV, instr., col. 149). — *Nueville*, 1276-1278 (Longnon, Doc. II, p. 179). — *La Neufvelle soubz le Beullon, La Neufvelle lez Coiffy*, 1538 (Arch. nat., P. 176^2, n° 488). — *La Neufvelle soubz le Bouillon*, 1570 (Arch. nat., P. 176^3, n° 498). — *Neuvelle*, 1732 (Pouillé de 1732, p. 130). — *La Neuvelle*, 1749 (Arch. nat., Q^1. 694). — *Neuvelle lès Coiffy*, 1770 (arch. Haute-Marne, C. 344). — *Laneuvelle*, 1858 (Jolibois : La Haute-Marne, p. 297).

La Neuvelle-lez-Coiffy dépendait, en 1789, de la province de Champagne, bailliage et élection de Langres, prévôté de Coiffy. Son église, dédiée à saint Pierre-ès-Liens, était succursale de celle de Coiffy-la-Ville ou Coiffy-le-Bas, diocèse de Langres, doyenné de Pierrefaite.

NEUVELLE-LEZ-VOISEY (LA), c^ne de la Ferté-sur-Amance. — *Nova villa*, 1176 (arch. Côte-d'Or, la Romagne). — *Neufville*, 1406 (la Romagne). — *Neufvelle les Voulsey*, 1448 (la Romagne). — *Neufvelle les Voisey*, 1496 (la Romagne). — *Neuvelle lès Voisey*, 1675 (arch. Haute-Marne, G. 85). — *La Neufville les Bouzey*, 1700 (Dillon).

La Neuvelle-lez-Voisey dépendait, en 1789, de la province de Champagne, bailliage de Langres, par démembrement de celui de Chaumont, prévôté de Coiffy, élection de Langres. Son église, dédiée à saint Genest, était succursale de celle de Voisey, diocèse de Besançon, doyenné de Faverney. La seigneurie appartenait au commandeur de la Romagne.

Neuville-à-Bayard (La), c^{on} de Chevillon. — *Nova Villa*, vers 1201 (Longnon, Doc. I, n° 2574). — *La Nuefve à Baiart*, 1343 (Ruetz). — *La Nuefve ville à Bayart*, 1401 (Arch. nat., P. 189², n° 1588). — *Nuefville à Bayard*, 1448 (Arch. nat., P. 177², n° 649). — *La Nœufville à Bayard*, *La Neufville à Bayard*, 1576 (Arch. nat., P. 189¹. n° 1585). — *La Neuville à Bayard*, 1763 (arch. Haute-Marne, C. 317). — *La Neuve Ville en Bayard*, XVIII° s. (Cassini). — *Laneuville à Bayard*, 1858 (Jolibois : La Haute-Marne, p. 297).

La Neuville-à-Bayard a été identifié, par erreur, avec la Neuville-au-Temple, qui est un hameau de Dampierre-au-Temple, département de la Marne (Roussel, Dioc. de Langres, II , p. 489).

En 1789, la Neuville-à-Bayard dépendait de la province de Champagne, bailliage de Chaumont, prévôté de Vassy, élection de Joinville, diocèse de Châlons-sur-Marne, paroisse de Gourzon. *Voir* Saint-Lumier.

Neuville-à-Mathons (La), localité distincte de la Neuville-à-Bayard, de la Neuville-à-Remy ou aux-Forges et de Mathons, car elle est citée en même temps que celles-ci en 1763; c'est peut-être la Neuville-au-Bois. — *La Nove Ville*, *La Nove Ville à Mastons*, fin du XIII° s. (cartul. Saint-Laurent de Joinville, n°° LXXXVI, LXXXVII). — *La Neuville-à-Mathons*, 1763 (arch. Haute-Marne, C. 317).

Neuville-à-Remy (La), c^{on} de Vassy. — *Nova Villa*, XI° s. (Montier-en-Der). — *Nova Villa prope Vasseium*, 1198 (cartul. Boulancourt). — *La Vile Nove Remi*, 1274-1275 (Longnon, Doc. I, n° 7052). — *Les Nueviles as Forges, delès Wuissey, de la diocèse de Chaalons*, 1301 (Boulancourt). — *La Neufville aux Forges, La Neuville aux Forges*, 1700 (Dillon). — *La Neuville à Remy ou aux Forges*, 1763 (arch. Haute-Marne, C. 317). — *La Neufville Army*, XVIII° s. (Cassini). — *Laneuville à Remy*, 1858 (Jolibois : La Haute-Marne. p. 297).

La Neuville-à-Remy dépendait, en 1789, de la province de Champagne, bailliage de Chaumont, prévôté de Vassy, élection de Joinville. Son église paroissiale, dédiée à l'Assomption, était du diocèse de Châlons-sur-Marne, doyenné de Joinville. La présentation de la cure appartenait à l'abbé de Montier-en-Der.

Neuville-au-Bois (La). c^{on} de Poissons. — *Nova*

Villa, 1402 (Pouillé de Toul). — *Neuville-aux-Bois*, 1773 (arch. Haute-Marne, C. 262). — *La Neuve Ville aux Bois*, XVIII° s. (Cassini). — *Laneuville-au-Bois*, 1858 (Jolibois : La Haute-Marne, p. 298). — *Laneuville aux Bois*, 1886 (dénombrement).

En 1789, la Neuville-au-Bois dépendait de la province de Champagne, bailliage de Chaumont, prévôté d'Andelot, élection de Chaumont ou de Joinville. Son église paroissiale, dédiée à saint Pierre et saint Paul, était du diocèse de Toul, doyenné de Reynel. La présentation de la cure appartenait au chapitre de Reynel.

Neuville-au-Pont (La), c^{on} de Saint-Dizier. — *La Neufville au Pont*, 1576 (Arch. nat., P. 189¹, n° 1585). — *La Villeneufve-au-Pont*, 1700 (Dillon). — *La Neuville lez Saint Dizier*, 1738 (Vaveray, p. 268). — *La Neuville au Pont les Saint Dizier*, XVIII° s. (Cassini). — *Laneuville-au-Pont*, 1858 (Jolibois : La Haute-Marne, p. 298).

La Neuville-au-Pont dépendait, en 1789, de la province de Champagne, bailliage de Chaumont, prévôté de Vassy, élection de Vitry, et suivait la coutume de Vitry. Son église, dédiée à saint Lumier ou à N.-D., était du diocèse de Châlons-sur-Marne, doyenné de Perthe. La présentation de la cure appartenait à l'abbé de Montier-en-Der(?).

Une commune du même nom se trouve dans la Marne, département limitrophe, au canton de Sainte-Menehould.

Neuvilley (La), lieu dit, c^{ne} de Curel, section B.

Niécourt, lieu dit, c^{ne} de Montigny, section E.

Nijon, c^{on} de Bourmont. — *Noviomagus*, époque rom. (Table de Peutinger). — *Neions*, 1402 (Pouillé de Toul). — *Nijon*, 1562 (Morimond).

En 1789, Nijon dépendait du Barrois, bailliage de Bourmont, intendance de Lorraine et Barrois, et suivait la coutume du Bassigny. Son église paroissiale, dédiée à saint Remi, était du diocèse de Toul, doyenné de Bourmont. La présentation de la cure appartenait à l'abbesse du chapitre noble de Poussay.

Ninvau (Le), bois, anc. fief, c^{ne} de Lanques, section A.

Ninville, c^{on} de Nogent-en-Bassigny. — *Liniville*, 1173 (la Crête). — *Lignivilla*, XIV° s. (Longnon, Pouillés, I). — *Niville, Nyville*, 1508 (Arch. nat., P. 176², n° 471). — *Nivylle*, 1539 (Arch. nat., P. 176², n° 492). — *Ninville*, 1679 (Val-des-Écoliers).

Ninville dépendait, en 1789, de la province de Champagne, bailliage de Chaumont, prévôté et châtellenie de Nogent-le-Roi, élection de Langres. Son église paroissiale, dédiée à saint Martin, était du diocèse de Langres, doyenné d'Is-en-Bassigny. La collation de la cure appartenait à l'évêque.

Noblesse (La), m[in], c[ne] de Langres.

Nogent-en-Bassigny, ch.-l. de cant., arrond. de Chaumont. — *Nongentum*, 1084 (Bonvallet, p. 10, note, d'après arch. Côte-d'Or). — *Nuiant*, 1157 (arch. Côte-d'Or, Morment). — *Nojentum*, 1188 (Morment). — *Nogentum in Bassigniaco*, vers 1200 (Longnon, Doc. I, n° 2437). — *Nogentum in Bassigneio*, vers 1240 (Longnon, Rôles, Appendice, n° 37). — *Nugentum in Basseigniaco*, 1249-1252 (Longnon, Rôles, p. 127). — *Nogent*, 1253 (arch. Haute-Marne, G. 533). — *Nojant*, 1255 (la Crète). — *Nojant an Bassignei*, 1274 (la Crète). — *Noviant*, 1277 (Morimond). — *Nongant, Nongent*, 1326 (Longnon, Doc. I, n°ˢ 5882, 5948). — *Noigentum*, xiv° s. (Longnon, Pouillés, I). — *Noigent en Bassigny*, 1412 (Arch. nat., P. 174¹, n° 294). — *Noigent-le-Roy*, 1498 (Arch. nat., P. 164¹, n° 1365). — *Nongent le Roy*, 1499 (Arch. nat., P. 176², n° 468). — *Nogent le Roy*, 1508 (Arch. nat., P. 174², n° 308). — *Nongent le Roy*, 1576 (Arch. nat., P. 175⁴, n° 390). — *Nogent-le-Haut*, 1732 (Pouillé de 1732, p. 124). — *Nogent-Haute-Marne*, an II (État général, II, p. 71).

Nogent-en-Bassigny dépendait, en 1789, de la province de Champagne, bailliage de Chaumont, élection de Langres, et était le chef-lieu d'une châtellenie et prévôté royales, après avoir été tout d'abord châtellenie des comtes de Champagne, qui avaient conquis cette forteresse en 1233 (H. d'Arbois de Jubainville, IV, p. 911). Son église, dédiée à saint Jean l'Évangéliste, était succursale de celle de Nogent-le-Bas, diocèse de Langres, doyenné d'Is-en-Bassigny.

Nogent-le-Bas, h., c[ne] de Nogent-en-Bassigny. — *Nogent*, 1105 (Pflugk-Harttung, p. 83). — *Nogentum Villa*, 1249-1252 (Longnon, Rôles, n° 597). — *Nogent-la-Ville*, 1276-1278 (Longnon, Doc. II, p. 163). — *Nogent-le-Bas*, 1732 (Pouillé).

En 1789, l'église paroissiale de Nogent-le-Bas, dédiée à saint Germain, qui avait pour succursale celle de Nogent-le-Roi, ou Nogent-le-Haut, aujourd'hui Nogent-en-Bassigny, était du diocèse de Langres, doyenné d'Is-en-Bassigny. La présentation de la cure appartenait au prieur du lieu. Le prieuré de Nogent-le-Bas, sous le vocable de saint Germain, dépendait de l'abbaye de Saint-Bénigne de Dijon.

Noidant-Chatenoy, c[on] de Longeau. — *Noydantum Chastenoy*, 1196 (chapitre de Langres). — *Noidantum Chastenoi*, 1242 (arch. Aube, Notre-Dame-aux-Nonnains). — *Nodantum Chastenoy*, 1244 (arch. Aube, Clairvaux). — *Noydentum Chastenoy*, 1274 (chapitre de Langres). — *Nodantum Chatenoy*, 1280 (Beaulieu). — *Noidantum*, 1316 (chapitre de Langres). — *Noydant Chastenoy, Noidant Chastenoy*, 1336 (Arch. nat., JJ. 70, f° 104 v°, n° 235). — *Noidentum Chatenoiz*, 1347 (chapitre de Langres). — *Noident Chastenoy*, 1481 (chapitre de Langres). — *Noydan Chastenoy*, 1498 (Recueil Jolibois, II, f° 196). — *Noidant-Châtenoy*, 1675 (arch. Haute-Marne, G. 85). — *Noydant Châtenoy*, 1769 (Chalmandrier).

Noidant-Châtenoy dépendait, en 1789, de la province de Champagne, bailliage et élection de Langres. Son église, dédiée à saint Christophe, était succursale de celle de Heuilley-Coton, diocèse de Langres, doyenné du Moge. La seigneurie appartenait au chapitre de Langres.

Noidant-le-Rocheux, c[on] de Langres. — *In pago Lingonico..., in villa Noidant*, 871 (Roserot, Dipl. carol., p. 13). — *Nondant le Rocheus*, 1245 (arch. Aube, Notre-Dame-aux-Nonnains). — *Noidentum*, 1242 (chapitre de Langres). — *Noidantum Saxosum*, 1276 (chapitre de Langres). — *Neudentum*, 1282 (chapitre de Langres). — *La maison fort de Noidant lou Roichoux*, 1284 (chapitre de Langres). — *Noydantum Saxosum*, 1286 (Notre-Dame-aux-Nonnains). — *Noident le Rachoux*, 1334 (chapitre de Langres). — *Noidentum Saxosum*, 1344 (Notre-Dame-aux-Nonnains). — *Noidencium*, xiv° s. (Longnon, Pouillés, I). — *Noident le Roicheulx*, 1461 (chapitre de Langres). — *Noydenty le Roichoux*, 1464 (Arch. nat., P. 174³, n° 330 bis). — *Noident le Roicheux*, 1549 (chapitre de Langres). — *Noidant le Rocheux*, 1675 (arch. Haute-Marne, G. 85). — *Noydant le Rocheux*, 1769 (Chalmandrier). — *Noydant le Rocheux*, xviii° s. (Cassini).

Noidant-le-Rocheux dépendait, en 1789, de la province de Champagne, bailliage et élection de Langres. Son église, dédiée à saint Vallier, était le siège d'un prieuré-cure, diocèse et doyenné de Langres, dépendant de Saint-Geômes, et avait pour succursale l'église de Vieux-Moulin.

Une partie de la seigneurie appartenait au chapitre de Langres et l'autre au prieuré de Saint-Geômes.

Noir (Le), écart dét., c[ne] de Lusy. — *Le Noir*, 1769 (Chalmandrier).

16.

Noisement, lieu dit, c⁰ⁿ de Jorquenay, section A.

Noisenotte (La), écart, c⁰ⁿ de Soyers, composé de deux ou trois maisons construites il y a environ cinquante ans.

Nom-de-Jésus (Le), écart disparu, c⁰ⁿ de Chaumont-en-Bassigny. — *La cense du Nom de Jésus*, 1773 (arch. Haute-Marne, G. 262).

Nomécourt, c⁰ⁿ de Joinville. — *Nomaricurtis, in pago Pertensi*, 865 (Gall. christ., X, instr., col. 148). — *Nunnecort*, 1188 (Jobin, Val d'Osne, p. 43). — *Nomercuria*, 1237 (Saint-Urbain). — *Nommecort*, 1264 (Saint-Urbain). — *Nommécourt*, 1274 (Ruetz). — *Nommescourt*, 1298 (arch. Marne, Macheret). — *Nommescourt*, 1401 (Arch. nat., P. 189², n° 1588). — *Noumécourt*, 1700 (Dillon). — *Nonmécourt*, 1763 (arch. Haute-Marne, C. 317). — *Nomécourt*, xviii⁰ s. (Cassini).

Nomécourt dépendait, en 1789, de la province de Champagne, bailliage de Chaumont, prévôté de Vassy, prévôté de Joinville. Son église paroissiale, dédiée à sainte Colombe, était du diocèse de Châlons-sur-Marne, doyenné de Joinville. La présentation de la cure appartenait à l'abbé de Saint-Urbain.

Noncourt, c⁰ⁿ de Poissons. — *Nuncurt*, 1140 (Saint-Urbain). — *Noncort*, 1250 (Benoitevaux). — *Nouoncort*, 1258 (Saint-Urbain). — *Noncourt*, 1284 (Saint-Urbain).

Noncourt faisait partie, en 1789, de la province de Champagne, bailliage de Chaumont, prévôté d'Andelot, élection de Joinville. Son église paroissiale, dédiée à saint Félix, d'abord succursale de celle de Sailly, était du diocèse de Toul, doyenné de Reynel. La présentation de la cure appartenait au chapitre de Joinville.

Nonnerie (La), lieu dit, c⁰ⁿ de Fresnoy.

Normand, m¹ⁿ, c⁰ⁿ de Chézeaux.

Notre-Dame, chap., à Montrot, c⁰ⁿ d'Arc-en-Barrois, érigée au commencement du xvii⁰ s. (Roussel : Le Diocèse de Langres, II, p. 37).

Notre-Dame, chap. dét., au cimetière de Baissey. — *Capellam in honorem Beate Marie et sancti Nicolai, in cymiterio parochialis ecclesie de Besseyo*, 1572 (arch. Haute-Marne, G. 876, f° 753 v°). — *Capella B. Virginis, in pago de Bessey, in dispositione episcopi*, 1732 (Pouillé de 1732, p. 22).

Notre-Dame, lieu dit, c⁰ⁿ de Beauchemin, section A. — *Champ Notre-Dame*, xix⁰ s. (cadastre).

Notre-Dame, lieu dit, c⁰ⁿ de Bugnières, section A. — *Combe Notre-Dame*, 1816 (cadastre).

Notre-Dame, chap. dét., sur la colline de Montrot, c⁰ⁿ de Chalindrey, transférée dans l'église. —

Capellam sub invocatione Nostrae Dominae de Mortrot, prope Chalindrey, 1584 (arch. Haute-Marne, G. 878, f° 561 v°). — *Capellam sub titulo Beate Mariae de Mortreoto, apud Chalindreium*, 1689 (arch. Haute-Marne, G. 888, f° 7 r°). — *Capellam sub invocatione Nostrae Dominae de Montrot, in ecclesia parrochiali de Chalindrey*, 1774 (arch. Haute-Marne, Insinuations de 1773 à 1776, p. 160).

Notre-Dame, lieu dit, c⁰ⁿ de Genrupt, section B. — *Pré Notre-Dame*, xix⁰ s. (cadastre).

Notre-Dame, lieu dit, c⁰ⁿ de Guindrecourt-aux-Ormes, section D. — *Vallée Notre-Dame*, xix⁰ s. (cadastre).

Notre-Dame, lieu dit, c⁰ⁿ de Hallignicourt, section A. — *Champ-Notre-Dame*, xix⁰ s. (cadastre).

Notre-Dame, chap., c⁰ⁿ de Huilliécourt, au sud.

Notre-Dame, lieu dit, c⁰ⁿ de Jorquenay, section C. — *Champ-Notre-Dame*, xix⁰ s. (cadastre).

Notre-Dame, lieu dit, c⁰ⁿ de Magneux, section A. — *La Vallée Notre-Dame*, xix⁰ s. (cadastre).

Notre-Dame, lieu dit, c⁰ⁿ de Marault, section A. — *Champ Notre-Dame*, xix⁰ s. (cadastre).

Notre-Dame, lieu dit, c⁰ⁿ de Mardor, section A. — *Combe Notre-Dame*, xix⁰ s. (cadastre).

Notre-Dame, lieu dit, c⁰ⁿ de Mussey, section C. — *Combe Notre-Dame*, xix⁰ s. (cadastre).

Notre-Dame, chap., à Bayard, c⁰ⁿ de la Neuville-à-Bayard. — *Notre-Dame de Bayart*, 1532 (chapitre de Joinville).

Notre-Dame, lieu dit, c⁰ⁿ d'Ormancey, section A. — *Combe Notre-Dame*, xix⁰ s. (cadastre).

Notre-Dame, lieu dit, c⁰ⁿ de Pancey, section A.

Notre-Dame, lieu dit, c⁰ⁿ de Peigney, section B. — *Champ Notre-Dame*, xix⁰ s. (cadastre).

Notre-Dame, lieu dit, c⁰ⁿ de Perrancey, section C. — *Combe Notre-Dame*, xix⁰ s. (cadastre).

Notre-Dame, lieu dit, c⁰ⁿ de Poinsenot, section A. — *Combe Notre-Dame*, xix⁰ s. (cadastre).

Notre-Dame, lieu dit, c⁰ⁿ de Poulangy, section B. — *Poirier-Notre-Dame*, xix⁰ s. (cadastre).

Notre-Dame, lieu dit, c⁰ⁿ de Rouécourt, sections A et D. — *L'épine Notre-Dame*, xix⁰ s. (cadastre).

Notre-Dame, anc. abbaye de femmes, ordre de Cîteaux, à Saint-Dizier, fondée en 1227 par Guillaume de Dampierre, sire de Saint-Dizier, et Marguerite de Flandre, sa femme; unie à l'abbaye de Saint-Jacques de Vitry, en 1747. — *Abbacia Sancti Desiderii*, 1227 (Notre-Dame de Vitry). — *L'abbaye de Saint-Dizier*, 1700 (Dillon). Voir S. Pantaléon.

Notre-Dame, lieu dit, c⁰ⁿ de Saint-Urbain, section B.

Notre-Dame, chap., c⁰ⁿ de Vicq, érigée en 1857.

Notre-Dame, lieu dit, c⁹ᵉ de Villemoron, section D. — *Combe Notre-Dame*, xixᵉ s. (cadastre).

Notre-Dame, chap. dét., cⁿᵉ de Villiers-le-Sec (Cassini).

Notre-Dame-de-Bonne-Guide, chap. dét., cⁿᵉ de Soncourt. — *Notre-Dame-de-Bonne-Guide*, 1769 (Chalmandrier).

Notre-Dame-de-Bonne-Nouvelle, chap. dét., cⁿᵉ de Chaumont.

Notre-Dame-de-la-Délivrance, chap., cⁿᵉ de Langres, sur la colline des Fourches; érigée en 1873, en vertu d'un vœu fait par les Langrois, en 1870, pour le cas où leur ville ne tomberait pas au pouvoir de l'ennemi.

Notre-Dame-de-la-Paix, chap., cⁿᵉ de Belmont; construite en 1871.

Notre-Dame-de-la-Reconnaissance, chap., cⁿᵉ de la Neuvelle-lez-Coiffy; érigée en 1854.

Notre-Dame-de-la-Salette, chap., cⁿᵉ de Villars-Saint-Marcellin; construite en 1854.

Notre-Dame-de-l'Épine, chap., cⁿᵉ de Poiseul, au nord.

Notre-Dame-de-Lorette, chap., cⁿᵉ de Bonnecourt. — *La chapelle de Lorette, seize au territoire de Bonnecourt; capella seu capellania Beatae Mariae Lauretanae, in territorio de Bonnecourt*, 1683 (arch. Haute-Marne, G. 885, f° 38 v°). — *Chapelle de Notre Dame de Lorette, sur le finage de Bonnecourt*, 1775 (arch. Haute-Marne, Insinuations de 1775-1779, f° 410). — *Notre-Dame de Lorette*, 1769 (Chalmandrier).

Près de cette chapelle, mais sur le territoire de Frécourt, est la ferme de la Chapelle-Lorette.

Notre-Dame-de-Lorette, chap. dét., cⁿᵉ de Chaumont-en-Bassigny; elle était au lieu dit *les Quatre-Vents*.

Notre-Dame-de-Lorette, chap. dét., cⁿᵉ de Clefmont. — *Notre-Dame-de-Loretto*, 1769 (Chalmandrier).

Notre-Dame-de-Lourdes, chap., cⁿᵉ de Melay; construite il y a environ vingt ans.

Notre-Dame-de-Pitié, chap., cⁿᵉ de Fresne-sur-Apance; construite vers 1856.

Notre-Dame-de-Pitié, chap. dét., cⁿᵉ de Plénoy.

Notre-Dame-de-Presle, f. et chap., cⁿᵉ de Marcilly-lez-Langres. — *Capella Beatae Mariae de Praellis*, 1436 (Denifle : La Désolation, etc., I, p. 354, n° 754).

Notre-Dame-des-Anges, chap. dét., cⁿᵉ de Prez-sous-la-Fauche.

Elle était située sur le chemin de Prez à Liffol et marquait, sans doute, l'emplacement de l'ancienne maladrerie, qui était dans cette situation et avait une chapelle dédiée à Notre-Dame,

encore citée en 1446 (Arch. nat., P. 176³, n° 509).

Notre-Dame-des-Champs, f., cⁿᵉ de Bettancourt-la-Ferrée. — *Notre-Dame*, 1884 (carte de l'Intérieur). — *Notre-Dame-des-Champs*, 1889 (ann. Haute-Marne).

Notre-Dame-des-Ermites, chap., anc. ermitage, cⁿᵉ de Cuves. — *Notre-Dame-des-Hermites*, 1769 (Chalmandrier).

Notre-Dame-des-Ermites, chap. dét., cⁿᵉ de Thonnance-les-Moulins. — *Notre-Dame-des-Hermites*, xviiiᵉ s. (Cassini).

Notre-Dame-des-Ermites, lieu dit, cⁿᵉ de Vassy. Ancien ermitage, prieuré de l'ordre du Val-des-Écoliers, diocèse de Châlons-sur-Marne, réuni à l'hôpital de Vassy au xviiiᵉ s. — *Le prieuré des Hermites*, 1763 (arch. Haute-Marne, C. 317). — *Les Hermites, prieuré*, xviiiᵉ s. (Cassini).

Notre-Dame-des-Prés, chap. et ermitage disparus. cⁿᵉ de Doulevant-le-Château. — *Notre-Dame-des-Prés*, xviiiᵉ s. (Cassini).

Notre-Dame-des-Rieux, lieu dit, cⁿᵉ de Parnot; ancien ermitage. — *Les Ruaux, hermitage*, 1769 (Chalmandrier).

Notre-Dame-du-Chêne, chap. et f. dét., cⁿᵉ de Dampierre; anc. hôpital. — *Hospitale pauperum et capella B. Mariae Du Chesne vulgariter appellata, sita infra limites parrochialis ecclesie de Damptpierre*, 1434 (R. P. Denifle : La Désolation, etc., I, p. 354, n° 756). — *La grange de Notre-Dame-du-Chêne*, 1770 (arch. Haute-Marne, C. 344).

Notre-Dame-du-Val, chap., cⁿᵉ de Vignory. — *Notre-Dame-du-Val*, 1769 (Chalmandrier).

Notre-Dame-sur-les-Murs-Fraicts, chap. dét., à Langres. — *Capella seu capellania ad altare vel sub invocatione Beate Marie, super muros fractos Lingonis*, 1695 (arch. Haute-Marne, G. 892, f° 19 r°).

Noue (La), mⁿᵉ de garde-barrière, cⁿᵉ de Braux.

Noue (La), fief à Orges, qui relevait de la Ferté-sur-Aube. — *La Noue*, 1603 (Arch. nat., P. 189², n° 1587).

Noue (La), faub. de Saint-Dizier. — *La Noue*, xviiiᵉ s. (Cassini). — *Lanoue*, 1858 (Jolibois : La Haute-Marne, p. 318).

En 1789, l'église paroissiale de la Noue, dédiée à saint Martin, dépendait du diocèse de Châlons-sur-Marne, doyenné de Joinville. La présentation de la cure appartenait à l'abbé de Saint-Urbain. — *Olonna ne convient pas à la Noue.*

Noues (Les), f. dét., cⁿᵉ de Pancey. — *Ferme des Noues*, xviiiᵉ s. (Cassini).

Nourry (Le), f., c⁰ᵉ de Chaumont-en-Bassigny, au pied du côteau du Château-Paillot; anc. fief. — *Finagium de Nurri*, 1212 (la Crête). — *Nouri*, *Nouri-le-Bas*, 1769 (Chalmandrier, plan de Chaumont). — *La cense de Nourry*, 1773 (arch. Haute-Marne, C. 262).

Noyers, c⁰ᵉ de Clefmont. — *Noierias*, 1235 (chapitre de Langres). — *Noés*, 1254 (Morimond). — *Noex*, 1256 (chapitre de Langres). — *Noeriae*, 1293 (chapitre de Langres). — *Nouex*, 1307 (chapitre de Langres). — *Nuiers*, 1326 (Longnon, Doc. I, n° 5881). — *Noués*, 1398 (Arch. nat., P. 175², n° 370). — *Noiers*, 1407 (Arch. nat., P. 176², n° 4148). — *Noyers-en-Bassigny*, 1473 (chapitre de Langres). — *Noyer*, 1499 (Arch. nat., P. 176², n° 468). — *Noyers*, 1732 (Pouillé de 1732, p. 124).

En 1789, Noyers dépendait de la province de Champagne, bailliage de Chaumont, prévôté de Nogent-le-Roi, élection de Langres. Son église paroissiale, dédiée à saint Hilaire, était du diocèse de Langres, doyenné d'Is-en-Bassigny, et avait pour succursale celle de Rangecourt. La présentation de la cure appartenait au chapitre de Langres, qui avait aussi la seigneurie.

Noyers (Les), f., c⁰ᵉ de Brainville. — *Le Champ des Noyers*, 1858 (Jolibois : La Haute-Marne, p. 107).

Noyers-le-Bas, h., c⁰ᵉ de Noyers.

Nuisement, f., c⁰ᵉ d'Aulnoy; anc. grange de l'abbaye d'Auberive. — *Nuysemant*, 1212 (Auberive). — *Nuisement*, 1769 (Chalmandrier). — *La grange de Buzemant*, 1770 (arch. Haute-Marne, C. 344).

Nuisement, f., c⁰ᵉ de Lanty; anc. grange de l'abbaye de Clairvaux. — *Nuysement*, 1507 (arch. Aube, Clairvaux). — *Nuisement*, 1603 (Arch. nat, P. 189², n° 1587). — *Nuisement*, 1706 (Clairvaux).

Nully, c⁰ᵉ de Doulevant. — *Nuilli, Nucilii*, vers 1172 (Longnon, Doc. I, n°ˢ 86, 146). — *Nuilleium*, 1212 (Montier-en-Der). — *Nueleium*, 1219 (Montier-en-Der). — *Nulliacum*, 1237 (Montier-en-Der). — *Nuleium*, 1241 (arch. Aube, Clairvaux). — *Nuilliacum*, 1222-1243 (Longnon, Doc. I, n° 4148). — *Nuelai*, 1249 (Val-des-Écoliers). — *Neulli*, 1249-1252 (Longnon, Rôles, n° 655). — *Nullie*, 1280 (Thors). — *Nuili*, 1326 (Longnon, Doc. I, n° 5778). — *Nuilleyum*, 1381 (Pouillé de Troyes, p. 225, n° 401). — *Nuylleyum*, 1407 (Pouillé de Troyes, n° 476). — *Nully*, 1572 (Arch. nat., P. 176¹, n° 437). — *Neully en Champagne*, 1700 (Dillon). — *Nuilly*, 1770 (arch. Haute-Marne, C. 262). — *Neuilly*, 1784 (Courtalon, III, p. 361, et Cassini).

En 1789, Nully dépendait de la province de Champagne, bailliage de Chaumont, élection, prévôté et châtellenie de Bar-sur-Aube. Son église paroissiale, dédiée à la Nativité de la Sainte-Vierge, était du diocèse de Troyes, doyenné de Margerie. La collation de la cure appartenait à l'évêque.

O

Occey, c⁰ᵉ de Prauthoy. — *In pago Attoariorum, in villa Ociaci, in fine Ociacense*, 858-880 (Roserot, Chartes inédites, etc., n° 5). — *Occium*, 1092 (Pérard, p. 197). — *Océ*, 1154 (Gall. christ., IV, instr., col. 173). — *Oceium*, 1291 (chapitre de Langres). — *Occeyum*, 1296 (arch. Côte-d'Or, la Romagne). — *Occeium*, 1334 (terrier de Langres, fᵒ 178 rᵒ). — *Oceyum*, 1436 (Longnon, Pouillés, I). — *Occey*, 1464 (Arch. nat., P. 174³, n° 330 bis). — *Ossey*, 1769 (Chalmandrier).

Occey dépendait, en 1789, de la province de Champagne, bailliage et élection de Langres. Son église paroissiale, dédiée à saint Remi, était du diocèse de Langres, doyenné de Grancey. La présentation de la cure appartenait à l'abbé de Saint-Étienne de Dijon, suivant le Pouillé de 1732.

Nous n'avons pu admettre l'identification qu'on a faite d'Occey avec *Excelsum*, rapporté dans la Chronique de Bèze (édit. Bougaud et Garnier, p. 463).

Odival, c⁰ᵉ de Nogent-en-Bassigny. — *Odival*, 1249-1252 (Longnon, Rôles, n° 49). — *Odini Vallis, Odinval*, vers 1252 (Longnon, Doc. II, p. 162, note). — *Odivet*, 1276-1278 (ibid., p. 163). — *Oudivaul*, 1345 (Val-des-Écoliers). — *Odivallis*, xiv° s. (Longnon, Pouillés, I). — *Odivaux*, 1436 (Longnon, Pouillés, I). — *Oudivaulx*, 1498 (Arch. nat., P. 164¹, n° 1365). — *Oudival*, 1539 (Arch. nat., P. 174², n° 323). — *Odival*, 1732 (Pouillé de 1732, p. 124). — *Oudeval*, 1741 (Arch. nat., Q¹. 692).

Odival dépendait, en 1789, de la province de Champagne, bailliage de Chaumont, prévôté et châtellenie de Nogent-le-Roi, élection de Langres. Son église paroissiale, dédiée à saint Marcel, était du diocèse de Langres, doyenné d'Is-en-Bassigny.

La présentation de la cure appartenait au prieur de Tronchoy.

Offrécourt, m^in. chap. dét., c^ne de Soulaucourt. — *Offrecuria*, 1402 (Ponillé de Toul). — *Offrécourt, l'ermitage*, XVIIIe s. (Cassini). — *Auffrécourt*, vignes, 1845 (cadastre, section A).

Suivant Durival (III, p. 314), cette chapelle aurait été tout d'abord la mère-église de Soulaucourt.

«Oflaincourt», lieu dét., finage de Rimaucourt. — *Deux parz dou dime qui siet ou finaige de Rymaucourt, ou len c'on dit et apele communnement Oflaincourt*, 1278 (Roserot : Seize chartes originales, etc., p. 19, n° XII).

Oicourt, h. dét., qui était situé entre Andelot et Briaucourt.

«Oisselot», m^in dét., c^ne de Coublant. — *Oisselot*, 1464 (Arch. nat., P. 174², n° 330 *bis*).

Onze-mille-Vierges (Les), chap. dét., c^ne de Choiseul.

Orancourt, village dét., c^ne de Vaudremont, indiqué par Chalmandrier; fief qui relevait de la Ferté-sur-Aube. — *Orancourt*, 1326 (Longnon, Doc. I, n° 5825). — *Orancourt*, 1858 (Jolibois : La Haute-Marne, p. 400).

Oratoire (L'), m^in. c^ne des Loges, qu'il faut peut-être identifier avec le moulin des Loges. — *Les Loges et le moulin de l'Oratoire*, 1770 (arch. Haute-Marne, C. 344).

Orbigny-au-Mont, c^ne de Neuilly-l'Évêque. — *In eodem pago (Lingonico), villam muncupatam Ihurbanniacum*, 834 (Roserot, Dipl. carol., p. 8). — *Orbaegniacum in Monte*, 1183 (Cordamble). — *Orbeneium in colle*, 1208 (chapitre de Langres). — *Orbigney in monte*, 1234 (Beaulieu). — *Orbeigné el mont*, 1258 (Beaulieu). — *Orbigneium in monte*, 1262 (Beaulieu). — *Orbigneyum in monte*, 1287 (arch. Haute-Marne, G. 554). — *Orbaigneyum in monte*, XIVe s. (Longnon, Pouillés, I). — *Orbigny ou Mont*, 1436 (Longnon : Pouillés, I). — *Orbigny-au-Mont*, 1675 (arch. Haute-Marne, G. 85).

Orbigny-au-Mont dépendait, en 1789, de la province de Champagne, bailliage et élection de Langres. Son église paroissiale, dédiée à saint Pierre et saint Paul, était du diocèse de Langres, doyenné du Moge. La collation de la cure appartenait à l'évêque, et la seigneurie au chapitre de Langres.

Orbigny-au-Val, c^ne de Neuilly-l'Évêque. — *Orbigneium in valle*, 1255 (chapitre de Langres). — *Orbigney ou Val*, 1336 (Arch. nat., JJ. 70,

f° 103 r°, n° 235). — *Orbaigneyum in Valle*, XIVe s. (Longnon, Pouillés, I). — *Orbeigney ou Val*, 1436 (Longnon, Pouillés, I). — *Orbigney*, 1475 (chapitre de Langres). — *Orbigney ou Vaul*, 1485 (chapitre de Langres). — *Orbigney ou Val*, 1498 (Recueil Jolibois, II, f° 196). — *Orbigny-au-Val*, 1675 (arch. Haute-Marne, G. 85). — *Orbigni-au-Val*, 1787 (arch. Haute-Marne, C. 344).

En 1789, Orbigny-au-Val dépendait de la province de Champagne, bailliage et élection de Langres. Son église paroissiale, dédiée à saint Remi, était du diocèse de Langres, doyenné du Moge. La présentation de la cure appartenait au prieur de Saint-Amâtre de Langres et la seigneurie au chapitre de la même ville.

Orcevaux, c^ne de Longeau. — *Orceval*, 1235 (arch. Aube, Notre-Dame-aux-Nonnains). — *Orcevaux*, 1675 (arch. Haute-Marne, G. 85). — *Orcevaux, hameau et chapelle*, 1769 (Chalmandrier).

Orcevaux dépendait, en 1789, de la province de Champagne, bailliage et élection de Langres. Son église, dédiée à saint Bénigne, était succursale de celle de Flagey, diocèse et doyenné de Langres. La seigneurie appartenait à l'abbaye de Notre-Dame-aux-Nonnains de Troyes, et auparavant au prieuré de Saint-Géômes.

Orgères (Les), f., c^ne de Droye. — *Les Orgères*, 1784 (Courtalon, III, p. 342).

Orgères (Les), f., c^ne de Mareilles, section C.

Orges, c^ne de Châteauvillain. — *Odo de Orgeis*, 1151 (arch. Côte-d'Or, Morment). — *N. de Orgis*, vers 1172 (Longnon, Doc. I, n° 37). — *Orges*, 1204-1210 (Longnon, Doc. I, n° 2775). — *Finagium de Orgiis*, 1259 (Val-des-Écoliers). — *Ourges*, 1326 (Longnon, Doc. I, n° 5809). — *Ouges*, XIVe s. (Longnon, Doc. I, n° 5809). — *Orges-lez-Chastelvillain*, 1529 (Val-des-Écoliers). — *Orge*, 1603 (Arch. nat., P. 189², n° 1587).

En 1789, Orges dépendait de la province de Champagne, bailliage, prévôté et élection de Chaumont. Son église paroissiale, dédiée à saint Didier, était du diocèse de Langres, doyenné de Châteauvillain, et auparavant du doyenné de Bar-sur-Aube. La présentation de la cure appartenait au grand-prieur de Champagne.

Ormancey, c^ne de Langres. — *Ormenceium*, 1188 (arch. Côte-d'Or, Morment). — *Ormenci*, 1190 (Morment). — *Ourmanci*, 1261 (arch. Haute-Marne, G. 600). — *Ormancei*, 1262 (arch. Haute-Marne, G. 600). — *Ormancé*, 1263 (arch. Haute-Marne, G. 600). — *Ormancey*, 1264 (arch. Haute-Marne, G. 600). — *Ormancé*, 1269

(arch. Haute-Marne, G. 610). — *Ormanci*, 1256-
1270 (Longnon, Doc. I, 5798). — *Orman-
ceium*, 1272 (arch. Haute-Marne, G. 595). —
Ormanceyum, xivᵉ s. (Longnon, Pouillés, I).

Ormancey dépendait, en 1789, de la province
de Champagne, bailliage et élection de Langres.
Son église paroissiale, dédiée à saint André, était
du diocèse et du doyenné de Langres, et avait
pour succursales celles de Marac et de Mardor.
La présentation de la cure appartenait à l'abbé
de Saint-Étienne de Dijon.

Ormancey était le chef-lieu d'un des groupes de
possessions de l'évêché de Langres, sous le titre
de prévôté.

Oaxe (L'), barrière de chᵢₙ de fer, cᵉ de Coublant
(ann. Haute-Marne, 1889).

Ormont, f., cᵉ de Belmont; anc. grange de l'abbaye
de Belmont. — *Ormont*, 1769 (Chalmandrier). —
La grange de Dormond, 1770 (arch. Haute-Marne,
C. 344).

Ormoy-lez-Sexfontaine, cᵉ de Vignory. — *Urmet*,
1326 (Longnon, Doc. I, n° 5856). — *Ormoy*,
1447 (Arch. nat., P. 174ᵗ, n° 301).

Ormoy-le-Sexfontaine dépendait, en 1789, de
la province de Champagne, bailliage, élection et
prévôté de Chaumont. Son église, dédiée à l'Assomption, était succursale de celle de Meure, diocèse de Langres, doyenné de Chaumont.

Ormoy-sur-Aube, cᵉ de Châteauvillain. — *Ulmedum*,
721 (Pardessus, Diplomata, II, p. 325). — *Ul-
metum, Ulmeium*, vers 1172 (Longnon, Doc. I,
n° 19). — *Almoy, Ulmayum*, 1194 (Longuay).
— *Ulmoy*, 1195 (Longuay). — *Ulmoi*, vers 1200
(Longnon, Doc. I, n° 2121). — *Ourmoi*, 1249-
1252 (Longnon, Rôles, n° 64). — *Ormoy*, 1254
(Longuay). — *Urmetum*, 1265 (Longuay). —
Ormetum, xivᵉ s. (Longnon, Pouillés, I). — *Ormoy-sur-Aube*, 1603 (Arch. nat., P. 192², n° 1587).
— *Ormoy sur Aulbe*, 1625 (arch. Aube, Clairvaux).

Ormoy-sur-Aube dépendait, en 1789, de la
province de Champagne, bailliage et prévôté de
Chaumont, élection de Bar-sur-Aube. Son église
paroissiale, dédiée à saint Martin, était du diocèse
de Langres, doyenné de Châteauvillain, et auparavant du doyenné de Bar-sur-Aube. La présentation de la cure appartenait à l'abbé de Molême.

Ornain (L'), rivière qui se jette dans la Meuse après
avoir arrosé Bar-le-Duc. Elle prend sa source au
bois de Germay, sous le nom de l'*Oignon*, passe à
la Neuville-au-Bois et entre ensuite dans le département de la Meuse.

Ornelle (L'), petite rivière, qui prend sa source à
Sommelonne (Meuse) et se jette dans la Marne,
à Saint-Dizier, après un cours de quelques kilomètres. — *In pago Pertensi, super fluvium Olom-
nam, in loco qui Forensis curtis dicitur*, 865 (Gall.
christ., X, instr., col. 148. Cf. D. Bouquet, VIII,
584, *ad annum*, 862).

Orquevaux, cᵉ de Saint-Blin. — *Orqueval*, vers 1252
(Longnon, Doc. II, p. 173, note). — *Orque-
vaus*, 1256-1270 (Longnon, Doc. I, n° 584²).
— *Obscura Vallis*, 1402 (Pouillé de Toul). —
Orquevaulx, 1446 (Arch. nat., P. 176³,
n° 509). *Horquevaulx*, 1474 (Arch. nat., P. 164ᵗ,
n° 1312). — *Orquevault*, 1501 (*ibid.*, n° 1374).
— *Orquevaux*, 1515 (Arch. nat., P. 176²,
n° 486). — *Orquvaux*, 1787 (arch. Haute-Marne,
C. 262).

Orquevaux dépendait, en 1789, de la province
de Champagne, bailliage et élection de Chaumont,
prévôté d'Andelot. Son église paroissiale, dédiée à
saint André, était du diocèse de Toul, doyenné
de Reynel. La présentation de la cure appartenait
à l'abbé de Chaumousey.

Orsor, étroite vallée qui commence à Ninville et finit
à Lanques, où le ruisseau qui l'arrose se jette dans
le Rognon; elle a donné son nom à la ferme du
Val-d'Orsoy, commune de Lanques.

Orsor, f., cᵉ de Mennouveaux, section C. — *Ors-
sois*, 1245 (Layettes, n° 3354). — *Le gagnage
d'Orsois*, 1587 (la Crête). — *Orsoys*, 1716 (la
Crête). — *Orsoy*, 1832 (cadastre). — *Orsoyes*,
1882 (Dict. gén. des postes).

Cette ferme est différente de celle du Val-
d'Orsoy, située sur le territoire, voisin, de Lanques.

Ortenise, mᵉ is., cᵉ de Puellemontier.

Osièbe (L'), mᵢₙ, cᵉ de Sarrey. — *Lozière*, 1889
(ann. Haute-Marne).

Osne (L'), petite rivière qui descend du Val-d'Enfer,
sur la commune d'Osne-le-Val, à laquelle elle a
donné son nom.

Osne-le-Val, cᵉ de Chevillon. — *Ona*, 1140 (Saint-
Urbain). — *Sanctimoniales de Ona*, 1146 (Saint-
Urbain). — *Onne*, 1273 (Saint-Urbain). — *One*,
fin du xiiiᵉ s. (cartul. Saint-Laurent de Joinville,
n° XLII). — *Osne*, 1621 (Jobin, Val-d'Osne,
p. 59). — *Osne-le-Val*, xviiiᵉ s. (Cassini).

Osne-le-Val dépendait, en 1789, de la province
de Champagne, bailliage de Chaumont, prévôté
d'Andelot, élection de Joinville. Son église paroissiale, dédiée à saint Cyriaque, était du diocèse de
Châlons-sur-Marne, doyenné de Joinville. La pré-

sentation de la cure appartenait au chapitre de Joinville.

Oudincourt, c^on de Vignory. — *Odincourt*, 1237 (arch. Aube, Clairvaux). — *Odincuria*, 1266 (Clairvaux). — *Oudincourt*, 1350 (Clairvaux). — *Odincourt*, 1447 (Arch. nat., P. 174¹, n° 301). — *Oudincour*, 1687 (la Crête). — *Odincour*, 1732 (Pouillé de 1732, p. 92).

Oudincourt dépendait, en 1789, de la province de Champagne, bailliage et élection de Chaumont. Son église paroissiale, dédiée à saint Didier, était du diocèse de Langres, doyenné de Chaumont, et avait pour succursale l'église d'Annéville. La collation de la cure appartenait à l'évêque.

Outremécourt, c^on de Bourmont. — *Outremecuria*, 1402 (pouillé de Toul). — *Oultreméscourt desoubz La Mothe*, 1498 (arch. Meurthe-et-Moselle, layettes du Trésor des chartes de Lorraine). — *Outremécourt*, xviiie s. (Cassini).

En 1789, Outremécourt dépendait du Barrois, bailliage de Bourmont, intendance de Lorraine et Barrois, et suivait la coutume du Bassigny. Son église paroissiale, dédiée à la Nativité de la Sainte-Vierge, était du diocèse de Toul, doyenné de Bourmont. La collation de la cure appartenait à

l'évêque de Toul; *alias*, la présentation au prieur de Saint-Blin.

Le territoire de la Mothe a été incorporé à celui d'Outremécourt, après la destruction de cette ville.

Outremont, f., c^ne de Mont-Saon; anc. fief, provenant du prieuré de Sexfontaine. — *Capella de Ultramonte*, 1101 (arch. Côte-d'Or, Molème, et Gall. christ., IV, inst., col. 149). — *Oultremont, finage de Bussières*, 1633 (arch. Aube, Clairvaux). — *La grange d'Outremont*, 1644 (Clairvaux).

Ouville, f., anc. fief, c^ne de Rouécourt, section B. — *Ouville*, 1769 (Chalmandrier). — *La cense de Houville*, 1773 (arch. Haute-Marne, C. 262).

Ozière (L'), m^in, c^ne de Sarrey.

Ozières, c^on de Bourmont. — *Olzerias*, 1164 (la Crête). — *Orzerias*, 1178 (la Crête). — *Ozier* 1701 (Morimond). — *Ozière*, 1737 (Arch. nat., Q¹. 697). — *Ozière*, 1755 (Arch. nat., Q¹. 690). — *Ozières*, xviiie s. (Cassini).

En 1789, Ozières dépendait du Barrois, bailliage de la Marche, intendance de Lorraine et Barrois. Son église, dédiée à saint Amand, était annexe de celle de Thol-lez-Millières, située en Champagne, diocèse de Toul, doyenné de Bourmont.

P

Paille (La), f., c^ne de Vaux-la-Douce, section A. — *Grange de Paille*, 1769 (Chalmandrier). — *La grange de La Paille*, 1858 (Jolibois : La Haute-Marne, p. 540).

Pailly (Le), c^on de Longeau. — *Le Pailley*, 1336 (Arch. nat., JJ. 70, f° 104 v°, n° 285). — *Le Pailly*, 1708 (chapitre de Langres). — *Le Pailly*, 1732 (Pouillé de 1732, p. 29).

Le Pailly dépendait, en 1789, de la province de Champagne, bailliage de Chaumont, prévôté de Nogent-le-Roi, élection de Langres. Son église, dédiée à saint Jean-Baptiste, d'abord annexe de Chalindrey, était paroissiale depuis 1708 (Roussel, Dioc. de Langres, II, p. 385) et faisait partie du diocèse de Langres, doyenné du Moge. La collation de la cure appartenait alternativement au seigneur et au chapitre de Langres.

Paix (La), f., c^ne de Liffol-le-Petit : anc. métairie du prieuré de Remonvaux. — *La cense de la Paix*, 1773 (arch. Haute-Marne, C. 262). — *La métairie de la Paix*, 1778 (arch. Allier, Septfons).

Palaiseul, c^on de Longeau. — *Palayseul*, 1464 (Arch. nat., P. 174³, n° 330 bis). — *Palaiseul*, 1508 (Arch. nat., P. 176², n° 471). — *Palaizeux*, 1732 (Pouillé de 1732, p. 28). — *Palaiseul*, 1766 (Arch. nat., Q¹. 695).

Palaiseul faisait partie, en 1789, de la province de Champagne, bailliage et élection de Langres. Son église, dédiée à saint Adrien, était succursale de celle de Heuilley-le-Grand, diocèse de Langres, doyenné du Moge.

Pancérupt, usine, c^ne de Pancey.

Pancey, c^ne de Poissons. — *Pancei*, 1284 (Saint-Urbain). — *Panssey*, 1401 (Arch. nat. P. 189², n° 1588). — *Panceyum*, 1402 (Pouillé de Toul). — *Pancey, Pencey*, 1448 (Arch. nat. P. 177², n° 649). — *Pensey*, 1700 (Dillon). — *Pansey*, 1758 (arch. Haute-Marne, C. 66).

En 1789, Pancey dépendait de la province de Champagne, bailliage de Chaumont, prévôté d'Andelot, élection de Joinville. Son église paroissiale, dédiée à saint Brice, était du diocèse de Toul, doyenné de Dammarie. La présentation de la cure appartenait au chapitre de Ligny-en-Barrois.

Papeterie (La). *Voir aussi* Ancienne Papeterie.

Papeterie (La), f., c^ne du Fays-Billot. — *La Papeterie*, 1769 (Chalmandrier).

Papeterie (La), f., c^ne de Goncourt.

Papeterie (La), m^in, c^ne de Leffonds. — *Papeterie*, 1769 (Chalmandrier).

Papeterie (La), lieu dit, c^ne de Perrancey, section B. *Voir aussi* Montauban.

Papeterie (La), papeterie, c^ne de Saint-Martin-lez-Langres. Anc. papeterie du chapitre de Langres, sur la Mouche, établie vers 1566. — *Molendinum papiraceum....., in finagio de Sancto Cirico....., domini (canonici) permiserunt extruere,* 1566 (chapitre de Langres, délib. capit. 1566, p. 184).

Voir Melville.

Papeterie (La), m^in, c^ne de Villiers-sur-Marne.

Paquis (Le), écart, c^ne de Bourmont, au nord.

Parc (Le), m^en is., c^ne de Neuilly-l'Evêque.

Parge (Le), m^in détr., c^ne d'Orquevaux. — *Le moulin du Parge,* 1626 (Arch. nat., P. 191¹, n° 1689). — *Le moulin appelé le Parge,* 1773 (arch. Haute-Marne, C. 262).

Paris, m^en is., c^ne de Provenchères-sur-Meuse.

Parlement (Le), h., c^ne de Frampas. — *Le Parlement,* xixe s. (carte de l'Etat-major).

Parnot, c^ne de Bourbonne-les-Bains. — *Parnou,* 1243 (chapitre de Langres). — *Parnou,* 1270 (Morimond). — *Parno,* 1293 (Morimond). — *Parnos,* 1300 (Morimond). — *Pargnou,* 1304 (Morimond). — *Parnoul,* 1310 (Morimond). — *Pernou,* 1461 (Arch. nat., P. 163², n° 1349). — *Parnol,* 1509 (Arch. nat., P. 177¹, n° 551). — *Parnot,* 1560 (Arch. nat., P. 177¹, n° 554). — *Pernot,* 1700 (Dillon).

Parnot dépendait, en 1789, de la province de Champagne, bailliage de Langres, par démembrement de celui de Chaumont, prévôté de Montigny-le-Roi, élection de Langres. Son église, dédiée à la Nativité de la Sainte-Vierge, était succursale de celle de Pouilly, diocèse de Langres, doyenné d'Is-en-Bassigny.

Paroi, c^ne de Poissons. — *Paries,* vers 1140 (Gall. christ., VIII, instr., col. 193). — *Perroie,* 1326 Longnon, Doc. I, n° 5862). — *Paroy,* 1401 (Arch. nat., P. 189², n° 1588). — *Parroy,* 1576 (Arch. nat., P. 189¹, n° 1585).

En 1789, Paroy faisait partie de la province de Champagne, bailliage de Chaumont, prévôté d'Andelot, élection de Joinville. Son église, dédiée à

saint Èvre, était succursale de celle de Montier-sur-Saulx (Meuse), diocèse de Toul, doyenné de Dammarie.

Passavant, m^in détr., c^ne de Nijon. — *Passavant,* xviiie s. (Cassini).

Pâtis (Le), auberge, c^ne de Brainville.

Pâtis (Le), écart, c^ne de Sommeville (ann. Haute-Marne, 1889).

Pâtis (Les), f., c^ne de Celle, au nord.

Patouillet (Le), lieu dit, c^ne de Farincourt, section A.

Pâture (La), m^es is., c^ne de Rolampont.

Pautaines, c^ne de Doulaincourt. — *Pauteinnes,* 1339 (Saint-Urbain). — *Pauthaines,* 1506 (Saint-Urbain). — *Pauthainnes,* 1560 (Saint-Urbain). — *Paulthaines,* 1610 (Saint-Urbain). — *Pautaine,* 1700 (Dillon). — *Potaines,* 1751 (arch. Haute-Marne, G. 90). — *Pôtaines,* 1766 (arch. Haute-Marne, G. 90).

Pautaines dépendait, en 1789, de la province de Champagne, bailliage de Chaumont, prévôté d'Andelot, élection de Joinville. Son église, dédiée à saint Nicolas, était annexe de celle d'Augeville, diocèse de Toul, doyenné de Reynel. La présentation de la cure appartenait au prieur de Saint-Blin.

Pautel, f., c^ne de Buxières-lez-Belmont; anc. grange de l'abbaye de Belmont. — *La grange du Potel,* 1770 (arch. Haute-Marne, C. 344). — *Le Pautel,* xixe s. (cadastre, section F).

Pavillon (Le), loge du parc de Châteauvillain.

Pêcheux (Le), m^in, c^ne de Foulain.

Pêcheux (Le), m^in, c^ne de Lusy; provient de l'abbaye de Poulangy.

Pêcheux (Le), f., c^ne de Nogent-en-Bassigny. — *Paicheux,* 1769 (Chalmandrier).

Pêcheux (Le), m^in, c^ne de Nogent-en-Bassigny. — *Le moulin de Paicheux,* 1769 (Chalmandrier).

Pêcheux-le-Haut, f., c^ne de Sarcey.

Peigney, c^ne de Langres; fort du camp retranché de Langres. — *In pago Lingonico, in Paniaco villa,* 909 (Roserot, Chartes inédites, etc., n° 11). — *Paegniacum,* 1188 (Rustz). — *Paigneyum,* 1268 (Beaulieu). — *Peigneyum,* 1276 (Beaulieu). — *Peigné, Peygné, Peigney,* 1336 (Arch. nat., JJ. 70, f°s 103 r°, 104 r° et v°, n° 935). — *Paigneyum prope Lingonas,* 1415 (Beaulieu). — *Peigney,* 1446 (Beaulieu). — *Paigné,* 1464 (Arch. nat., P. 174³, n° 330 *bis*).

Peigney dépendait, en 1789, de la province de Champagne, bailliage et élection de Langres. Son église, dédiée à l'Assomption, était succursale de celle de Champigny-lez-Langres, diocèse de Langres, doyenné du Moge. La seigneurie appartenait au trésorier du chapitre de Langres.

PEINE (LA), f., c⁣ᵉ de Choigne. — *La Peine*, 1769 (Chalmandrier). — *Lapeine*, 1858 (Jolibois : La Haute-Marne, p. 319).

PELONGEROT. f., cᵗᵉ de Rochetaillée, section D, provenant de l'abbaye d'Auberive; anc. village. — *Pelongeret*, 1178 (Auberive). — *Polungerot*, 1193 (Auberive). — *Polungeroth*, 1199 (chapitre de Langres). — *Polungerot*, 1201 (Auberive). — *Plongerot*, 1769 (Chalmandrier).

PENEL, mᶦⁿ, cⁿᵉ de Pierrefaite. — *Grange et moulin Pagnier*, 1769 (Chalmandrier). — *Penelle*, 1858 (Jolibois : La Haute-Marne, p. 408). — *Moulin Penel*, xıxᵉ s. (carte de l'Intérieur)

PÉNISSIÈRES (LES), f., cⁿᵉ de Saint-Dizier. — *Les terres des Péniciers*, 1527 (arch. Marne, Saint-Jacques de Vitry). — *Les Pénissières*, 1581 (Saint-Jacques de Vitry).

PENNECIÈRE, bois, cⁿᵉ de Choiseul; emplacement de l'ancien château fort. — *Penessières*, 1515 (Arch. nat., P. 176², n° 486). — *Pensières*, 1602 (Arch. nat., P. 176³, n° 502). — *Pennecière*, 1885 (carte de l'Intérieur).

PENOY (LA), mᵐᵉ isolée, cⁿᵉ de Buxières-lez-Belmont.

PERCEY-LE-PAUTEL, cⁿᵉ de Longeau. — *Presceium*, 1266 (arch. Aube, Notre-Dame-aux-Nonnains). — *Perceyum*, 1267 (Notre-Dame-aux-Nonnains). — *Percey-le-Pautez*, 1347 (Notre-Dame-aux-Nonnains). — *Percey-le-Pautez*, 1356 (Notre-Dame-aux-Nonnains). — *Percey-le-Pauthez*, 1544 (Notre-Dame-aux-Nonnains). — *Percey-le-Pauthey*, 1575 (chapitre de Langres). — *Percey-le-Paulthey*, 1576 (chapitre de Langres). — *Precey-le-Paultey*, 1691 (chapitre de Langres). — *Percey-le-Pautel*, 1675 (arch. Haute-Marne, G. 85). — *Percey-le-Potel*, 1732 (Pouillé de 1782, p. 27). — *Percey-le-Pautel*, 1770 (arch. Haute-Marne, C. 344).

En 1789, Percey-le-Pautel dépendait de la province de Champagne, bailliage et élection de Langres, et de la paroisse de Cohons, diocèse de Langres, doyenné du Moge.

PERCEY-LE-PETIT, cⁿ de Prauthoy. — *Perceyum Parvum*, 1334 (terrier de Langres, f° 189 r°). — *Percey-le-Petit*, *Percy-le-Petit*, 1464 (Arch. nat., P. 174³, n° 339 bis).

Percey-le-Petit dépendait, en 1789, de la province de Champagne, bailliage et élection de Langres. Son église paroissiale, dédiée à sainte Marthe, était du diocèse de Langres, doyenné de Grancey, depuis 1731, et antérieurement du doyenné de Bèze; elle avait pour succursale l'église

de Montormentier. La collation de la cure appartenait à l'évêque.

PERCHE (LE), lieu dit, cⁿᵉ de Monterie, où l'abbaye de Clairvaux aurait possédé une grange. — *Leperche*, 1858 (Jolibois : La Haute-Marne, p. 367).

PERCHE (LA), mᶦⁿ, cⁿᵉ de Prauthoy.

PÈRES (LES), mᶦⁿ, cⁿᵉ de Vieux-Moulin. — *Moulin de Saunois*, 1769 (Chalmandrier). — *Le moulin des Pères*, 1770 (arch. Haute-Marne, C. 344).

PÉREUX, f., cⁿᵉ de Sarcicourt, sur la côte d'Alun. — *Le Preux*, 1769 (Chalmandrier). — *La cense du Perreux*, 1773 (arch. Haute-Marne, C. 262). — *Le Péreux*, 1858 (Jolibois : La Haute-Marne, p. 497).

PÉRIGARD, mᶦⁿ, cⁿᵉ de Chalindrey, sur la Resaigue. — *Moulin Périgard*, 1769 (Chalmandrier).

PERRANCEY, cⁿ de Langres. — *Perrenceium*, 1239 (chapitre de Langres). — *Perranceium*, 1274 (chapitre de Langres). — *Perrancé*, 1328 (arch. Haute-Marne, G. 251). — *Perrancey*, 1336 (Arch. nat., JJ. 70, f° 103 r°, n° 235). — *Perranceyum*, xıvᵉ s. (Longnon, Pouillés, I). — *Parranceyum*, 1436 (Longnon, Pouillés, I). — *Prancey*, 1675 (arch. Haute-Marne, G. 85). — *Perancey*, 1770 (arch. Haute-Marne, C. 344).

Nous n'avons pas admis l'identification qu'on a faite de Perrancey avec la *Petracinensis finis* (Roussel, Dioc. de Langres, II, p. 360), citée dans un diplôme de 871 (Roserot, Dipl. carol., p. 13). Il s'agit ici de Perrecin, village détruit, commune de Bayel (Aube).

En 1789, Perrancey dépendait de la province de Champagne, bailliage et élection de Langres. Son église paroissiale, dédiée à saint Sébastien, était du diocèse et du doyenné de Langres; elle avait pour succursales les églises de Saint-Ciergues et de Saint-Martin-lez-Langres. La présentation de la cure appartenait au chapitre de Langres, qui avait aussi la seigneurie.

PERRIÈRE (LA), mᶦⁿ à vent, cⁿᵉ de Lecey.

PERRIÈRE (LA), h., cⁿᵉ de Nogent-en-Bassigny. — *La Perrière*, 1769 (Chalmandrier).

PERRIÈRE (LA), f., cⁿᵉ de Rupt (ann. Haute-Marne, 1889).

PERRIÈRES (LES), mᵐᵉ is., cⁿᵉ de Frécourt.

PERROGNEY, cⁿ de Longeau. — *Perregné*, 1193 (chapitre de Langres). — *Perregnez*, 1203 (Auberive). — *Perregné*, 1205 (Auberive). — *Perreignetum*, 1206 (Auberive). — *Perrinetum*, 1210 (Auberive). — *Perreigné*, 1212 (Auberive). — *Perroigneium*, 1256 (Auberive). — *Perroigneyum*, 1276 (Aube-

17.

rive). — *Perroigney*, 1345 (Auberive). — *Perrogneyum*, xiv° s. (Longnon, Pouillés, I). — *Parroigneyum*, 1436 (Longnon, Pouillés, I). — *Perroingné*, 1484 (Auberive). — *Peroigney*, 1501 (Auberive). — *Proingney*, 1625 (Auberive). — *Progney*, 1675 (arch. Haute-Marne, G. 85). — *Parochialis ecclesia S. Martini de Perrogney*, 1732 (Pouillé de 1732, p. 11).

Perrogney dépendait, en 1789, de la province de Champagne, bailliage et élection de Langres. Son église paroissiale, dédiée à saint Martin, était du diocèse et du doyenné de Langres. La présentation de la cure appartenait au chapitre de Langres, qui se partageait la seigneurie avec l'évêque.

Un fief particulier appartenait à l'abbaye d'Auberive.

Perron (Le), bois, c^ne de Chamarandes; ancien village. — *Villa nova au Perron*, 1291 (arch. Haute-Marne, compte des revenus de l'évêché, pendant la vacance). — *Villa nova episcopi, au Perrom*, 1334 (arch. Haute-Marne, G. 839, f° 81 r°). — *La Ville Neufve l'Évesque, au Perron*, 1464 (Arch. nat., P. 174³, n° 330 *bis*). — *Perron*, 1769 (Chalmandrier).

Perrusses, c^on de Clefmont. — *Perrissae*, 1178 (la Crête). — *Parrices*, 1245 (Layettes, n° 3354). — *Perrices*, 1249-1252 (Longnon, Rôles, n° 598). — *Perreces*, 1254 (Morimond). — *Perrisses*, 1378 (Arch. nat., P. 174¹, n° 274 *bis*). — *Perrusses*, 1539 (Arch. nat., P. 174³, n° 322). — *Serusse*, 1700 (Dillon). — *Peruze*, 1732 (Pouillé de 1732, p. 121). — *Perrusse*, 1769 (Chalmandrier). — *Pérusses*, 1770 (arch. Haute-Marne, C. 344). — *Pérusse*, xviii° s. (Cassini).

En 1789, Perrusses dépendait de la province de Champagne, bailliage de Chaumont, prévôté de Nogent-le-Roi, élection de Langres. Son église, dédiée à saint Martin, était succursale de celle de Buxières-lez-Clefmont, diocèse de Langres, doyenné d'Is-en-Bassigny.

Perthe, c^ne de Saint-Dizier. — *Perta vico*, ép. mérov. (Prou, Catal. des monn. mérov., n° 1073). — *Perta*, 854 ou 858 (cartul. Montier-en-Der, I, f° 23 r°). — *La prieuté de Perte*, 1267 (Montier-en-Der). — *Perte-en-Pertois*, 1292 (Montier-en-Der). — *Pertes*, 1450 (Arch. nat., Q¹. 684). — *Perthe-en-Pertois*, 1677 (Montier-en-Der). — *Perthes*, 1693 (Montier-en-Der). — *Perthe*, xviii° s. (Cassini).

Perthe, chef-lieu du *pagus Pertensis* ou Perthois et d'un doyenné du diocèse de Châlons-sur-Marne, était le siège d'un prieuré, dédié à Notre-Dame,

uni à Montier-en-Der en 1694. Ce village dépendait, en 1789, de la province de Champagne, bailliage et élection de Vitry, et suivait la coutume de Vitry. Son église paroissiale était dédiée à la Nativité de la Sainte-Vierge.

Perthois (Le), *pagus* ou comté de la *civitas Catelluanuorum*; il devait son nom à Perthe (Haute-Marne), qui en fut d'abord le chef-lieu. Son territoire a formé l'archidiaconé du même nom, au diocèse de Châlons-sur-Marne, composé des doyennés de Perthe et de Joinville. — *Pagus Pertensis*, 829 (cartul. Montier-en-Der, I, f° 11, v°). — *Pertois*, 1292 (Montier-en-Der).

Perville, lieu dit, c^ne de Dancevoir, section C.

Perville, lieu dit, c^ne de Jonchery, section G.

Pésány, lieu dit, c^ne de Corlée, section D.

Pétasse, f., c^ne de Villegusien. — *Quedam domus que gallice nuncupatur Petasse, sita in finagio de Villagusana*, 1326 (chapitre de Langres). — *Petosse*, 1329 (chapitre de Langres). — *Pétace*, 1675 (arch. Haute-Marne, G. 85).

En 1789, Petasse formait une communauté de l'élection de Langres; la seigneurie appartenait au chapitre de Langres.

Cette ferme a été enlevée à la commune de Cohons et incorporée à celle de Villegusien par décret impérial du 25 prairial an XIII.

Petignon, f., c^ne de Marcilly. — *La Grange Petignon*, 1769 (Chalmandrier). — *Petitgnon*, 1889 (ann. Haute-Marne).

Pétigny, lieu dit, c^ne de Millières, section D.

Pétigny, lieu dit, c^ne de Vaux-sur-Blaise, section B. — *Le haut du pont de Pétigay, au pont de Pétigny*, 1849 (cadastre).

Petit, m^in, c^ne d'Aujeurre. — *Le moulin Petit*, 1770 (arch. Haute-Marne, C. 344).

Petit-Bois (Le), m^in, c^ne de Brevannes. — *Moulin du Bois*, 1769 (Chalmandrier).

Petit-Bois (Le), m^in, c^ne de Longeau.

Petit-Bois (Le), m^in, c^ne de Pierrefaite. — *Moulin du Petit-Bois*, 1769 (Chalmandrier).

Petit-Bretenay (Le), f., c^ne de Condes.

Petit-Collège (Le), m^on isol., c^ne de Puellemontier.

Petit-Cultru (Le), h., c^ne de Bettaincourt.

Petite-Auberive (La), f., c^ne d'Esnoms. — *La Petite Auberive*, 1769 (Chalmandrier).

Petite-Brie (La), lieu dit, c^ne du Fays, où se trouvent des dépôts de crasse indiquant l'existence d'anciennes forges à bras.

Petite-Côte (La), m^in, c^ne de Reynel.

Petite-Franchise (La), f., c^ne de Langres. — *La Petite Franchise*, 1769 (Chalmandrier).

PETITE-LANNE (LA), f., c^ne de Lanne. — *Laogna Parva, Laonna Parra*, 1231 (chapitre de Langres). — *Loognia Parva, Loogna Parva*, 1242 (chapitre de Langres). — *Parva Laonneta*, 1269 (chapitre de Langres). — *Parva Laonna*, 1334 (terrier de Langres, f° 32 r°).

PETITE-NEUVILLE (LA), f., c^ne de Montier-en-Der. — *La cense de la Petite Neuville*, 1763 (arch. Haute-Marne, C. 317).

PETITES-TUILIÈRES (LES), f., c^ne d'Anrosey.

PETITE-TUILERIE (LA), f., c^ne de Reynel.

PETITE-VILLE (LA), fief qui aurait été au territoire de Prez-sur-Marne (Roussel, Dioc. de Langres, II, p. 492).

PETITE-VILLE-AU-BOIS (LA), auberge, c^ne de la Ville-au-Bois.

PETIT-FOURNEAU (LE), lieu dit, c^ne de Maizières-sur-Amance.

PETIT-FOURNEAU (LE), lieu dit, c^ne de Roche-sur-Rognon, section C.

PETIT-JARD (LE), f., c^ne de la Neuville-au-Pont.

PETIT-MARAIS (LE), f., c^ne de Marmesse.

PETIT-MORIMOND (LE), f., c^ne de Langres. — *Petit Morimond*, 1769 (Chalmandrier). — *Le Petit Morimond*, 1889 (ann. Haute-Marne).

PETIT-MOULIN (LE), lieu dit, c^ne du Fays-Billot, section C.

PETIT-MOULIN (LE), m^in, c^ne de Hortes. — *Moulin-Guiot ou Moulin Petit*, 1769 (Chalmandrier).

PETIT-MOULIN (LE), foulon, c^ne de Saint-Urbain.

PETIT-MOULIN (LE), m^in de Voncourt.

PETIT-PLÉNOY (LE), f., c^ne d'Ageville.

PETIT-PONT (LE), m^in, c^ne de Rolampont.

PETITS-CHAMPS (LES), bocard, c^ne de Vassy.

PETITS-CROCS (LES), m^in, c^ne de Poinson-lez-Fays. — *Maison et moulin des Petits Crocs*, 1769 (Chalmandrier).

PETIT-SERIN (LE), f., c^ne de Villiers-aux-Chênes; anc. fief. — *Le gagnage du Petit Serin*, 1576 (Arch. nat., P. 189¹, n° 1585). — *Le fief du Petit Serin*, 1763 (arch. Haute-Marne, C. 317). — *Petit-Cerin*, 1769 (Chalmandrier). — *Le Petit-Seriaux*, 1875 (Roussel, Dioc. de Langres, II, n° 146).

PETITS-FOURNEAUX (LES), lieu dit, c^ne de Liffol-le-Petit, section B.

PETITS-LOTS (LES), écart détr., c^ne de la Neuville-lez-Coiffy. — *Les Petits-Lots*, 1769 (Chalmandrier).

PETONCOURT, lieu dit, c^ne de Daillecourt, section C. — *Peutoncourt*, XIX° s. (cadastre).

PETONCOURT, f. et nom de la section A, c^ne de Montigny-en-Bassigny.

PETONCOURT, lieu dit, c^ne de Noyers, section B. — *Le pré Petoncourt*, XIX° s. (cadastre).

PEUTTE-FOSSE (LA), usine, c^ne d'Euffigneix; anc. gagnage de l'abbaye de Clairvaux. — *Le gagnage de la Peutte Fosse*, 1638 (arch. Aube, Clairvaux). — *La Pute Fosse*, 1647 (Clairvaux).

PICARD, m^in, c^ne de Flammerécourt. — *Moulin Picard*, XVIII° s. (Cassini).

PIÉMONT (LE), f., c^ne de Chézeaux.

Mauvaise orthographe employée dans les cartes modernes. *Voir* PIMONT.

PIÉPAPE, c^ne de Longeau. — *Pleapapa*, 1227 (chapitre de Langres). — *Pleopapa*, 1267 (arch. Aube, Notre-Dame-aux-Nonnains). — *Pleepape*, 1269 (Notre-Dame-aux-Nonnains). — *Pleopa*, 1335 (chapitre de Langres). — *Pleespape*, 1336 (Arch. nat., JJ. 70, f° 106 v°, n° 235). — *Plépape*, 1464 (Arch. nat., P. 174³, n° 330 *bis*). — *Pleupape*, 1485 (chapitre de Langres). — *Piépaple*, 1503 (arch. Haute-Marne, G. 617). — *Piépape*, 1512 (chapitre de Langres). — *Piedpape*, 1732 (Pouillé de 1732, p. 31).

En 1789, Piépape dépendait de la province de Champagne, bailliage et élection de Langres. Son église, dédiée à l'Assomption, était succursale de celle de Villegusien, diocèse de Langres, doyenné du Moge.

PIERRECOURT, lieu dit, c^ne de Genevrières, section A. — *Le Pré de Pierrecourt*, XIX° s. (cadastre).

PIERREFAITE, c^ne de la Ferté-sur-Amance. — *Petra Ficta*, 1166 (Beaulieu). — *Pierre Ficte*, 1253 (Beaulieu). — *Pierrefiete*, 1265 (Beaulieu). — *Pierrefite*, 1268 (Vaux-la-Douce). — *Pierrefecte*, 1468 (Beaulieu). — *Pierrefaicte*, 1675 (arch. Haute-Marne, G. 85). — *Pierrefaite*, 1732 (Pouillé de 1732, p. 131). — *Pierre-Faite*, 1770 (arch. Haute-Marne, C. 344).

Pierrefaite faisait partie, en 1789, de la province de Champagne, bailliage et élection de Langres, prévôté de Coiffy. Son église paroissiale, dédiée à l'Assomption, était le siège d'un doyenné du diocèse de Langres. La présentation de la cure appartenait à l'abbé de Bèze.

PIERREFONTAINE, c^ne de Longeau. — *Alode quem Petre Fontanam vocant*, 870 (Roserot, Chartes inédites, etc., n° 4). — *In pago Lingonico..., in villa Petrafontana, sive in fine Petrafontanensi*, 871 (Roserot, Dipl. carol., p. 13). — *Petrafons*, 1199 (chapitre de Langres). — *Petrinus Fons*, 1274 (chapitre de Langres). — *Petrofons*, 1276 (chapitre de Langres). — *Pierrefontainne*, 1501 (chapitre de Langres). — *Pierrefontaine*, 1675

(arch. Haute-Marne, G. 85). — *Pierre-Fontaine*,
1770 (arch. Haute-Marne, C. 344).

En 1789, Pierrefontaine était, au temporel et
au spirituel, une dépendance de Perrogney, province de Champagne, bailliage et élection de Langres, et n'avait pas d'église, ni même de chapelle.
La seigneurie appartenait au chapitre de Langres.

PIERRETTES (LES), m^{in}, c^{ne} de Serqueux.

PILON (LE), usine, c^{ne} de Bettaincourt.

PILOT, m^{on} isol., c^{ne} de Choigne.

PIMONT, f., c^{ne} de Chézeaux; anc. village. — *Acutus
Mons*, xi° s. (Bonvallet, p. 9, note, d'après arch.
Côte-d'Or). — *Ecclesia Acuti Montis*, 1101 (Gall.
christ., IV, instr., col. 149, et orig. arch. Côte-
d'Or). — *Pimont*, 1750 (Arch. nat., Q¹, 694). —
La grange du Piémont, 1770 (arch. Haute-Marne,
C. 344). — *Giémont*, 1888 (État-major).

PINCOURT, f. et m^{in}, anc. fief, c^{ne} d'Essey-les-Eaux,
section C; anc. grange de l'abbaye de la Crête.
— *Alodium de Pincort*, 1166 (Recueil Jolibois,
X, f° 106). — *Pincurt*, 1178 (Auberive). —
Pincuria, 1328 (arch. Haute-Marne, G. 545).
— *La grange de Pincourt*, 1342 (la Crête). —
Pincour, 1398 (Arch. nat., P. 175³, n° 370).

En 1789, Pincourt formait une communauté
du bailliage de Chaumont, prévôté de Nogent-le-
Roi.

PIOT, m^{in}, c^{ne} de Romains-sur-Meuse.

PISSELOUP, c^{ne} de la Ferté-sur-Amance. — *Pisselop*,
1246 (Vaux-la-Douce). — *Pisselouf*, 1310 (Vaux-
la-Douce). — *Pisseloupf*, 1351 (Vaux-la-Douce).
— *Pisseloup*, 1487 (Vaux-la-Douce). — *Pisselo*,
1508 (Arch. nat., P. 164¹, n° M II° LIII). — *Pisselou*, 1682 (Arch. nat., Q¹, 688). — *Pisseloup
ou Chaumondel*, 1732 (Pouillé de 1732, p. 131).

Pisseloup dépendait, en 1789, de la province
de Champagne, bailliage de Langres, par démembrement de celui de Chaumont, prévôté de Coiffy,
élection de Langres. Son église paroissiale, dédiée
à saint Ferréol et saint Ferjeux, était du diocèse
de Langres, doyenné de Pierrefaite, et avait pour
succursale l'église de Velle. La présentation de la
cure appartenait au prieur de la Ferté-sur-Amance.

Anciennement le siège de la paroisse était à
Chaumondel. *Voir* ce mot.

PISSELOUP, f., c^{ne} de Pierrefaite.

PISSEROTTE (LA), f., c^{ne} de Pouilly.

PISSE-VACHE, f., c^{ne} de Sommevoire. — *Cense de
Pissevaches*, 1784 (Courtalon, III, p. 377). —
Pissevache, xviii° s. (Cassini).

PISSOTTE (LA), bois, anc. gagnage, c^{ne} de Villiers-
au-Chêne. — *Le gagnage de la Pissotte, le*

bois de la Pissotte, 1576 (Arch. nat., P. 189¹,
n° 1585).

PITIÉ. *Voir* BON-DIEU-DE-PITIÉ, DIEU-DE-PITIÉ, NOTRE-
DAME-DE-PITIÉ.

PITIÉ (LA), lieu dit, c^{ne} de Joinville, où il y avait
un couvent de bénédictins sous le vocable de Notre-
Dame, dépendant de l'abbaye de Saint-Pierre de
Reims, fondé peu avant 1550 par Antoinette de
Bourbon, duchesse de Guise, et doté par elle en
1553. — *Prieuré Nostre Dame de Pitié*, 1553
(Arch. nat., Q¹. 684). — *Nostre-Dame-de-Pitié-
lez-Joinville*, 1583 (chapitre de Joinville). — *La
Pitié*, xviii° s. (Cassini).

PIVOTTE (LA), écart, c^{ne} de Serqueux.

PLACE-MARIANNE (LA), baraque, c^{ne} de la Neuvelle-
lez-Coiffy (ann. Haute-Marne, 1889).

PLAISIR (LE), f., c^{ne} de Maizières-sur-Amance.

PLANCHOTTE (LA), dite aussi LA BOUARIQUE, m^{in}, anc.
bocard, c^{nes} d'Antigny-le-Grand et de Chatonrupt.

PLANCOURT, f., c^{ne} de Coiffy-le-Bas, section A.

PLANRUPT, c^{ne} de Montier-en-Der. — *Pelauru*, 1446
(Montier-en-Der). — *Palempru, Planru, Peloin-
rups*, 1493 (Montier-en-Der). — *Plainrupz*,
1513 (Montier-en-Der). — *Planrupz*, 1520 (Mon-
tier-en-Der). — *La paroisse de Planrupt*, 1539
(Recueil Jolibois, X, f° 142). — *Ecclesia bentorum
Symonis et Jude de Plano Rivo*, 1593 (Lalore,
Princip. cartul., IV, p. xxviii, n° 18). — *Planrup*,
1700 (Dillon). — *Planrup*, 1763 (arch. Haute-
Marne, C. 317).

Suivant M. l'abbé Roussel (Dioc. de Langres,
II, p. 554), Planrupt serait cité dans un diplôme
de 692, émané de Bertoendus, évêque de Châlons-sur-Marne, mais nous n'en avons pas trouvé
mention dans ce document, qui figure au premier
cartulaire de Montier-en-Der, f° 4 r°, et qui a été
publié par M. l'abbé Lalore (dans ses *Principaux
cartulaires*, etc., IV, p. 116).

En 1789, Planrupt dépendait de la province
de Champagne, bailliage de Chaumont, prévôté
de Vassy, élection de Joinville. Son église paroissiale, dédiée à saint Simon et saint Jude, était du
diocèse de Châlons-sur-Marne, doyenné de Perthe.
La présentation de la cure appartenait à l'abbé
de Montier-en-Der, et la seigneurie au cuisinier
de cette abbaye.

PLANTÉMONT, f., c^{ne} de Pierrefaite. — *Plantemont*,
1769 (Chalmandrier).

PLATEL, f., c^{ne} d'Anrosey. — *La grange Platel*, 1769
(Chalmandrier). — *La grange de Platté*, 1770
(arch. Haute-Marne, C. 344).

PLÉMONT, bois, f. détr., c^{ne} de Buxières-lez-Belmont

anc. grange de l'abbaye de Belmont. — *Plémont-le-Bas*, *Plémont-le-Haut*, 1769 (Chalmandrier).

PLÉMONT, bois, près de Cirey-sur-Blaise, cédé à l'abbaye de Clairvaux, par Geoffroi, sire de Cirey, en 1226. — *Nemus quod dicitur Planus Mons*, 1226 (arch. Aube. Clairvaux).

PLÉNOY, c^on de Neuilly-l'Évêque. — *Ecclesia de Marcelliaco et de Planiaco*, 1170 (chapitre de Langres). — *Plaenetum*, 1289 (chapitre de Langres). — *Plananoy*, 1305 (chapitre de Langres). — *Planois*, 1321 (arch. Haute-Marne, chapitre de Langres). — *Plannetum*, 1341 (chapitre de Langres). — *Plennoy*, 1460 (chapitre de Langres). — *Plesnoy*, 1490 (chapitre de Langres). — *Plénoy*, 1519 (chapitre de Langres). — *Plesnoy*, 1897 (dénombrement).

Plénoy dépendait, en 1789, de la province de Champagne, bailliage et élection de Langres. Son église, dédiée à saint Fal, suivant le Pouillé de 1732 (p. 28), et à sainte Foi, suivant M. l'abbé Roussel (Dioc. de Langres, II, p. 436), et était succursale de celle de Marcilly, diocèse de Langres, doyenné du Moge. La seigneurie appartenait au chapitre de Langres.

PLÉNOY, f., c^ne d'Aurosey.

PLÉNOY, f., c^ne d'Essey-les-Eaux. — *Plénoy*, 1769 (Chalmandrier). — *Le Plesnoy*, 1889 (ann. Haute-Marne).

PLÉNOY, f., c^ne de Lanques. — *Prénoy*, 1769 (Chalmandrier). — *Prénoi*, xviiie s. (Cassini). — *Le Plesnoy*, 1889 (ann. Haute-Marne).

PLESSIS (LE), lieu dit, c^ne de Bassoncourt, section B.

PLESSIS (LE), f., c^ne de Louze. — *Le Plécy*, xviiie s. (Cassini). — *Le Plessis*, xixe s. (État-major).

PLESSIS (LE), lieu dit, c^ne de la Neuville-aux-Bois, section A.

PLESSIS (LE), hôpital détr., qui aurait été situé entre Reynel et Rimaucourt.

PLESSIS (LE), lieu dit, c^ne de Rivière-les-Fosses, section B.

POCTIERS (LES), f., c^ne de Buxières-lez-Belmont; anc. grange de l'abbaye de Belmont. — *La grange des Peultiers*, 1770 (arch. Haute-Marne, C. 344). — *Les Poqueliers*, 1858 (Jolibois : La Haute-Marne, p. 94). — *Les Poctiers*, xixe s. (carte de l'Intérieur).

POINSENOT, c^ne d'Auberive. — *Poisson le Petit*, 1295 (arch. Côte-d'Or, Bure). — *Le Petit Poisson*, 1298 (Bure). — *Le Petit Poissons*, 1348 (Bure). — *Poinssenot*, 1400 (Bure). — *Poinsenot*, 1448 (Bure). — *Poinsenot*, 1675 (arch. Haute-Marne, G. 85).

En 1789, une partie de Poinsenot dépendait de la Bourgogne, bailliage de Dijon, intendance de Bourgogne, et avait pour seigneur le commandeur de Bure; l'autre partie, dépendant de la province de Champagne, bailliage et élection de Langres, formait une seigneurie appartenant aux seigneurs de Poinson-lez-Grancey. Son église, sous le vocable de Notre-Dame, était succursale de celle de Poinson-lez-Grancey, diocèse de Langres, doyenné de Grancey.

La dénomination de *Poinson-le-Petit* a été longtemps employée pour distinguer Poinsenot de Poinson-lez-Grancey, qu'on appelait Poinson-le-Grand.

POINSON-LEZ-FAYS, c^ne du Fays-Billot. — *Poyssuns*, 1226 (Beaulieu). — *Poissons*, 1227 (Beaulieu). — *Poyssons*, 1234 (Beaulieu). — *Poyssons selonc le Fail*, 1256 (Beaulieu). — *Poissons*, 1258 (Beaulieu). — *Poissons versus Faillum*, 1299 (Beaulieu). — *Poisson* (Pouillé de 1732, p. 131). — *Poinson-les-Fayl*, 1769 (Chalmandrier).

En 1789, Poinson-lez-Fays formait, avec le Fays-Billot, une enclave de la Bourgogne en Champagne, dépendant du bailliage de Dijon et de l'intendance de Bourgogne. Son église paroissiale, dédiée à saint Martin, était du diocèse de Langres, doyenné de Pierrefaite. La collation de la cure appartenait à l'évêque.

POINSON-LEZ-GRANCEY, c^ne d'Auberive. — *Poisson*, 1143 (arch. Côte-d'Or, Morment). — *Poissons*, 1183 (Auberive). — *Poissons*, 1213 (Auberive). — *Poissons*, 1214 (Auberive). — *Poissuns-lo-Franc*, 1238 (Auberive). — *Possuns*, 1238 (arch. Côte-d'Or, Bure). — *Poissons-le-Franc*, 1241 (Bure). — *Poisson-le-Grant*, 1295 (Bure). — *Magnus Poissons juxta Granceyum castrum*, 1303 (Auberive). — *Poinssons*, 1436 (Longnon, Pouillés, I). — *Poinssons-les-Grancey*, 1487 (Auberive). — *Poinson-lès-Grancey*, 1675 (arch. Haute-Marne, G. 85). — *Poinssons-lès-Grancey*, 1770 (arch. Haute-Marne, C. 344).

Poinson-lez-Grancey dépendait, en 1789, de la province de Champagne, bailliage et élection de Langres. Son église paroissiale, dédiée à la Sainte-Vierge, suivant le Pouillé de 1732, était du diocèse de Langres, doyenné de Grancey, et avait pour succursales celles de la Margelle, Neuvelle-lez-Grancey (Côte-d'Or), Poinsenot et Santenoge. La collation de la cure appartenait à l'évêque.

POINSON-LEZ-NOGENT, c^ne de Nogent-en-Bassigny. — *Poissons*, 1224 (Val-des-Écoliers). — *Poyssun*, 1226 (Val-des-Écoliers). — *Possons*, vers 1240

(Longnon, Rôles, appendice, n° 37). — *Possons, Poyssons,* 1242 (Val-des-Écoliers). — *Poissom,* 1244 (Val-des-Écoliers). — *Poisons,* 1249 (Val-des-Écoliers). — *Poisuns, Poisun,* 1249-1252 (Longnon, Rôles, n°ˢ 596, 601). — *Poissons in Bassigneyo,* 1259 (Val-des-Écoliers). — *Poissuns,* 1262 (Val-des-Écoliers). — *Poixons,* 1277 (Val-des-Écoliers). — *Poinsons,* xivᵉ s. (Longnon, Pouillés, I). — *Poinssons,* 1436 (Longnon, Pouillés, I). — *Poissons lez Nogent,* 1485 (Val-des-Écoliers). — *Poinsson,* 1494 (Val-des-Écoliers). — *Poinsson les Nogent,* 1497 (Val-des-Écoliers). — *Poissons-en-Bassigny,* 1603 (Val-des-Écoliers). — *Poinson-les-Nogent,* 1732 (Pouillé de 1732, p. 124). — *Poinson-en-Bassigny,* 1770 (arch. Haute-Marne, C. 344).

Poinson-lez-Nogent dépendait, en 1789, de la province de Champagne, bailliage de Chaumont, prévôté de Nogent-le-Roi, élection de Langres. Son église paroissiale, dédiée à saint Léger, était du diocèse de Langres, doyenné d'Is-en-Bassigny. La présentation de la cure appartenait à l'abbé du Val-des-Écoliers.

Poinsot, f. et mⁱⁿ, cᵐᵉ de Montier-en-Der. — *Le moulin de Poinsot,* 1768 (arch. Haute-Marne, C. 317). — *Moulin Poinçot,* xixᵉ s. (État-major et Intérieur).

Pointé, fief, cⁿᵉ de Buxières-lez-Belmont. — *Pointé,* 1858 (Jolibois : La Haute-Marne, p. 94). — *Poinctes,* 1875 (Roussel, Dioc. de Langres, II, p. 260).

Pointe-de-Diamant (La), cᵐᵉ de Saint-Ciergue. Fort du camp retranché de Langres.

Poisay, village dét., cᵐᵉ de Marac, où il y avait une maison de l'ordre du Temple, puis de Saint-Jean-de-Jérusalem, dépendant de Morment. — *Pusaticum,* 1112-1125 (Pérard, p. 94). — *Poisatum,* 1169 (Cordamble). — *Puisatum,* 1183 (Cordamble). — *Domus de Poisaz,* 1188 (arch. Côte-d'Or. Morment). — *Posetum,* 1190 (Morment). — *Puysiacus, prope Marascum,* 1260 (arch. Haute-Marne, G. 610). — *De la ville et dou finaige que l'en apele Le Poisat,* 1269 (arch. Haute-Marne, G. 610). — *Lieu dit : Côteau sur Poisat,* 1858 (Jolibois : La Haute-Marne, p. 347).

Voir Puisots (Les).

Poiskul, cⁿᵉ de Neuilly-l'Évêque. — *In pago Lingonico, inter Bannam et Pausam villas,* 909 (Roserot, Chartes inédites, etc., p. 11). — *Poisues,* 1256 (Bibl. nat., coll. Lorraine, t. 982, n° 51). — *Puthevlum,* xivᵉ s. (Longnon, Pouillés, I). — *Poiseulx,* 1417 (arch. Haute-Marne, G. 560). —

Pouseux, 1436 (Longnon, Pouillés, I). — *Poisseulx,* 1448 (arch. de Langres). — *Poyseulx,* 1498 (Arch. nat., P. 164¹, n° 1365). — *Poiseux,* 1588 (Arch. nat., P. 176³, n° 501). — *Poiseul,* 1675 (arch. Haute-Marne, G. 85). — *Poiseul-l'Évesque,* xviiⁱᵉ s. (Cassini).

Poiseul dépendait, en 1789, de la province de Champagne, bailliage de Langres, par démembrement de celui de Chaumont, prévôté de Montigny-le-Roi, élection de Langres. Son église, dédiée à saint Loup, était succursale de Neuilly-l'Évêque, diocèse de Langres, doyenné du Moge, mais elle aurait été antérieurement paroissiale et à la collation de l'évêque.

Poisky, lieu dit, cⁿᵉ d'Aprey, section B.

Poissons, ch.-l. du cant., arrond. de Vassy. — *In pago Portensi..., in Piscione villa,* 863 (cartul. du chantre Warin; *cf.* Mabillon, Ann. Bénéd., III, 675; Gall. christ., X, instr., col. 148, et D. Bouquet, VIII, 584 B). — *Ecclesia que est in villa Piscioni, in honore sancti Amandi confessoris,* ixᵉ-xᵉ s. (cartul. Montier-en-Der, I, f° 38 v°). — *Pisces,* 1254 (Saint-Urbain). — *Le moulin saint Amant de Pisson,* 1266 (arch. Marne, Haute-Fontaine). — *Peission,* 1258 (Saint-Urbain). — *Pison,* 1270 (Benoitevaux). — *Poisson,* 1276 (Saint-Urbain). — *Peisson,* 1284 (Saint-Urbain). — *Poisson,* 1319 (arch. Allier, Sepfons). — *Ecclesia de Pissonno,* 1402 (Pouillé de Toul). — *Poissons,* 1405 (Pouillé de Châlons).

En 1789, Poissons dépendait de la province de Champagne, bailliage de Chaumont, prévôté d'Andelot, élection de Joinville. Son église paroissiale, dédiée à saint Agnan, était du diocèse de Toul, doyenné de Reynel. La présentation de la cure appartenait à l'abbé de Saint-Urbain, ainsi que la seigneurie.

Pendant longtemps Poissons fut partagé entre deux diocèses; outre l'église paroissiale de saint Agnan, du diocèse de Toul, il y en avait une autre, l'église paroissiale de saint Amand, du diocèse de Châlons-sur-Marne, doyenné de Joinville, dont la présentation appartenait au chapitre de Joinville. La peste de 1638 ayant décimé la population, la cure de Saint-Amand fut alors supprimée et réunie à celle de Saint-Agnan. Poissons n'est devenu chef-lieu de canton qu'en 1825.

Pommeraye (La), mⁱⁿ, cⁿᵉ de Marnay. — *Lapommeraie,* 1858 (Jolibois : La Haute-Marne, p. 350).

Pont-à-Bœufs (Le), f., cⁿᵉ de Rosières, section C. — *Pontaboeuf,* 1784 (Courtalon, III, 377). — *Pont-à-Bœuf,* 1832 (cadastre).

Pont-Cabut, écart, c^ne de Thilleux. — *Pontcabut ou Pontchaloup*, 1784 (Courtalon, III, p. 375). — *Pontcabut*, xviiie s. (Cassini).

Pont-de-Chaumont (Le), écart, c^ne de la Ferté-sur-Aube (ann. Haute-Marne, 1889).

Pont-de-Créniot (Le), écart, c^ne d'Outremécourt. — *Pont-de-Gréniot*, xviiie s. (Cassini). — *Pont-de-Créniot*, xixe s. (carte de l'Intérieur).

Pont-de-Fresne (Le), auberge, c^ne de Verbiesle.

Pont-de-la-Croix-Bertaut (Le), écart, c^ne de Serqueux.

Pont-de-l'Oxière (Le), écart, c^ne de Serqueux.

Pont-de-Marne (Le), auberge, c^ne de Champigny-lez-Langres.

Pont-de-Marne (Le), auberge, c^ne de Langres; anc. village. — *Villa illa quae dicitur Pons secus Matronam*, 854 (Roserot, Dipl. carol., p. 11).

Pont-des-Bolats (Le), écart, c^ne de Serqueux.

Pont-des-Grilles (Le), écart, c^ne de la Ferté-sur-Aube (ann. Haute-Marne, 1889).

Pont-la-Ville, c^ne de Châteauvillain. — *Pons*, 1196 (Longuay). — *Villa de Ponto*, 1235 (Longuay). — *Pont-la-Ville*, 1251 (Layettes, n° 3919). — *Le Pont devant La Fermeté*, 1326 (Longnon, Doc. I, n° 5807). — *Le Pont*, 1380 (arch. Aube, Clairvaux). — *Essey et Pont la-Ville son annexe*, 1555 (Longuay). — *Le Pont-la-Ville, Pont-la-Vie*, 1603 (Arch. nat., P. 189^5, n° 1587). — *Pon-la-Ville*, 1626 (Clairvaux).

Pont-la-Ville dépendait, en 1789, de la province de Champagne, bailliage, élection et prévôté de Chaumont. Son église, dédiée à l'Assomption, était succursale de celle d'Essey-lez-Pont, diocèse de Langres, doyenné de Châteauvillain, et auparavant du doyenné de Bar-sur-Aube.

Pont-Minard, forge, c^ne de Forcey; anc. fief relevant de Nogent-le-Roi. — *Alodium de Ponte*, 1174 (la Crête). — *Le pont que l'on apèle Ménart*, 1245 (Layettes, n° 3354). — *Pons Menardi*, 1256-1270 (Longnon, Doc. I, 5846). — *Ponminart, Pont Mygnart, Pontmignuac*, 1539 (Arch. nat., P. 174^2, n° 322). — *Le Pont Minard*, 1700 (Dillon). — *La batterie du Pont-Minard*, 1773 (arch. Haute-Marne, C. 262). — *Le Pominard*, 1788 (arch. Haute-Marne, C. 277).

En 1789, Pont-Minard était une communauté du bailliage de Chaumont, prévôté de Nogent-le-Roi.

Pontot (Le), m^in. c^ne d'Aprey.

Pont-Urgin (Le), f., c^ne de Plaurupt. — *La cense de Pont Regin*, 1763 (arch. Haute-Marne, C. 317). — *Ponturgin*, xviiie s. (Cassini). — *Pont Urgin*, xixe s. (État-major).

Pont-Varin (Le), h., c^ne de Vassy, section F, avec église dédiée à saint Memmie, qui existe encore. — *Le hameau du Pont-Varin*, 1763 (arch. Haute-Marne, C. 317).

Pontvin, m^in. c^ne de Châtenay-Mâcheron, provenant du chapitre de Langres. — *Terra de Pontguayn*, 1219 (chapitre de Langres). — *Serjantia de terra de Pontvayn*, 1235 (chapitre de Langres). — *Pont Vahin*, 1240 (chapitre de Langres). — *Pons Vaym*, 1261 (chapitre de Langres). — *Pons Vanus, Pons Vaynus*, 1336 (chapitre de Langres). — *Moulin de Pont Vain*, 1658 (chapitre de Langres). — *Moulin de Pauvain*, 1681 (chapitre de Langres). — *Pouvain*, 1769 (Chalmandrier). — *Le moulin Pouvant*, 1770 (arch. Haute-Marne, C. 344). — *Pontvin*, 1858 (Jolibois : La Haute-Marne, p. 123).

Potence (La), écart, c^ne de Praulhoy.

Poterie (La), lieu dit, c^ne de Vesaignes-sur-Marne, section B.

Pouilly, c^ne de Bourbonne-les-Bains. — *Poolleium*, 1253 (Morimond). — *Poolli*, 1255 (Layettes, n° 4189). — *Poilleyum*, xive s. (Longnon, Pouillés, I). — *Pouiley*, 1445 (Arch. nat. P. 174^1, n° 300). — *Poilley-en-Bassigny*, 1452 (Morimond). — *Poley, Polley*, 1515 (Arch. nat., P. 176^2, n° 486). — *Poilly*, 1598 (Morimond). — *Pouilly-an-Bassigny*, 1660 (arch. Côte-d'Or, la Romagne). — *Poüilly-en-Bassigny*, 1675 (arch. Haute-Marne, G. 85). — *Pouly*, 1700 (Dillon). — *Pouilly*, 1769 (Chalmandrier).

Pouilly dépendait, en 1789, de la province de Champagne, bailliage de Langres (par démembrement de celui de Chaumont), prévôté de Montigny-le-Roi, élection de Langres. Son église paroissiale, dédiée à saint Symphorien, diocèse de Langres, doyenné d'Is-en-Bassigny, avait pour succursale l'église de Parnot. La collation de la cure appartenait à l'évêque.

Pouilly, lieu dit, c^ne de Colombey-lez-Choiseul. section C.

Poulangy, c^ne de Nogent-en-Bassigny. Abbaye de femmes, sous le vocable de Saint-Pierre, d'abord de l'ordre de saint Benoit, dépendant de Tart, existant dès 1038, puis soumise à Cîteaux par saint Bernard en 1149, diocèse d'Is-en-Bassigny. (Poulangy). — *Sanctus Petrus in Polungio*, vers 1105 (Gall. christ. IV, instr., col. 153). — *Polongies*, vers 1124 (Gall. christ., IV, instr., col. 156). — *Polongé*, 1157 (arch. Côte-d'Or, Morment). — *Pelongé*, 1172 (Morimond). — *Polengeium*, 1182 (Morment). — *Pelongeium*,

1296 (arch. Haute-Marne, G. 334 et 623). — *Polangi*, 1326 (Longnon, Doc. I, n° 5882). — *Pelongeyum*, xiv° s. (Longnon, Pouillés, I). — *Pelungeium*, 1436 (Longnon, Pouillés, I). — *Pelongey*, 1443 (Arch. nat., P. 174¹, n° 299). — *Poulengey*, 1470 (Val-des-Écoliers). — *Sanctus Petrus de Poulangeyo*, 1510 (Val-des-Écoliers). — *Poulangey*, 1595 (Val-des-Écoliers). — *Poulangy*, 1635 (Val-des-Écoliers). — *Poullangy*, 1770 (arch. Haute-Marne, C. 344).

En 1789, Poulangy dépendait de la province de Champagne, bailliage de Chaumont, prévôté de Nogent-le-Roi, élection de Langres. Son église paroissiale, dédiée à la Nativité de la Sainte-Vierge, était du diocèse de Langres, doyenné d'Is-en-Bassigny, et avait pour succursale l'église de Louvières. La présentation de la cure appartenait à l'abbesse.

Pracey, lieu dit, c°° de Rançonnières, section C.

Prairie (La), f., c°° de Rupt (ann. Haute-Marne, 1889).

Pralot, m^in, c°° de Meure.

Prangey, c°° de Longeau. — *In eodem pago (Lingonico)..., illam colonicam quae est in Primiaco villa*, 834 (Roserot, Dipl. carol., p. 8). — *Prenggé*, 1193 (Auberive). — *Preingé*, 1240 (Auberive). — *Proingeium*, *Prangeyum*, *Prengeyum*, 1275 (Auberive). — *Proingeyum*, 1302 (arch. Haute-Marne, G. 593). — *Prangey*, 1428 (Auberive). — *Prengey*, 1464 (Arch. nat., P. 174², n° 330 *bis*). — *Proingey-soubz-Vesures*, 1481 (chapitre de Langres).

Prangey formait, en 1789, une enclave de Bourgogne en Champagne, et dépendait du bailliage de la Montagne ou Châtillon-sur-Seine, intendance de Bourgogne. Son église paroissiale, dédiée à saint Grégoire, était du diocèse et du doyenné de Langres. La présentation de la cure appartenait au prieur de Saint-Amâtre de Langres.

Praslay, c°° d'Auberive. — *Ecclesia de Viveriis et de Praalato*, 1169 (chapitre de Langres et Gall. christ., IV, instr., col. 183). — *Praalas*, 1199 (Auberive). — *Praalais*, 1203 (Auberive). — *Praalays*, 1238 (Auberive). — *Praeletum*, 1331 (Auberive). — *Praalayum*, xiv° s. (Longnon, Pouillés, I). — *Praalay*, 1400 (Auberive). — *Pralaix*, 1465 (Auberive). — *Praelaix*, 1485. (Auberive). — *Prallaix*, 1538 (Auberive). — *Preslay*, 1587 (Auberive). — *Parochialis ecclesia S. Remigii de Pralay*, 1732 (Pouillé de 1732, p. 11).

En 1789, Praslay formait, avec Musseau, une

enclave de Bourgogne en Champagne, appartenant au bailliage de la Montagne ou Châtillon-sur-Seine, intendance de Bourgogne. Son église paroissiale, dédiée à saint Remi, dépendait du diocèse et du doyenné de Langres. La collation de la cure appartenait à l'évêque.

Pratz, c°° de Juzennecourt. — *Preelz*, 1449 (Arch. nat., P. 174¹, n° 302). — *Praye*, 1538 (Arch. nat., P. 174², n° 319). — *Praz*, 1602 (Arch. nat., P. 175², n° 362). — *Pratz*, 1700 (Dillon). — *Prats*, 1769 (Chalmandrier).

En 1789, Pratz dépendait de la province de Champagne, bailliage de Chaumont, élection et prévôté de Bar-sur-Aube. Suivant M. l'abbé Roussel (Dioc. de Langres, II, p. 152), son église, dédiée à sainte Madeleine, était succursale de celle de Colombey-les-Deux-Églises, diocèse de Langres, doyenné de Bar-sur-Aube.

Prauthoy, ch.-l. de cant., arrond. de Langres. — *Prauteyum*, 1179 (Auberive). — *Praautheyum*, 1229 (arch. Aube, Notre-Dame-aux-Nonnains). — *Praauthé*, 1233 (Notre-Dame-aux-Nonnains). — *Praauteium*, *Prauteium*, 1237 (Notre-Dame-aux-Nonnains). — *Proteium*, 1250 (Notre-Dame-aux-Nonnains). — *Preauteyum*, 1291 (chapitre de Langres). — *Prauthoy*, 1464 (Arch. nat., P. 174², n° 330 *bis*). — *Prauthayum*, 1602 (chapitre de Langres).

Nous n'avons pu accepter l'identification qu'on a faite de Prauthoy avec *Prunosthel*, rapporté dans la Chronique de Bèze (édit. Bougaud et Garnier, p. 352).

Prauthoy dépendait, en 1789, de la province de Champagne, bailliage et élection de Langres. Son église paroissiale, dédiée à saint Piat, était du diocèse de Langres, doyenné de Grancey. Suivant le Pouillé de 1732, elle avait pour succursales Aubigny, Couzon et Vaux-sous-Aubigny. La présentation de la cure appartenait alternativement à l'abbé de Bèze et au prieur d'Aubigny. L'évêque de Langres avait une partie de la seigneurie.

Pré-Alard (Le), m^in, c°° de Grenant. — *Moulin Préalard*, 1769 (Chalmandrier). — *Pré-à-Lard*, 1889 (ann. Haute-Marne).

Pré-aux-Voix (Le), f., c°° de Ceffonds. — *Le Pré-aux-Voix*, xix° s. (État-major).

Pré-Bas (Le), usine, c°° de Sommermont.

Pré-Bertin (Le), m°° isol., c°° d'Andilly.

Précourt, lieu dit, c°° de Colmier-le-Haut, section D.

Préfontaine, f., c°° de Lanty; anc. fief relevant de l'abbaye de Clairvaux.

Présneux, m^in, c^ne de Villars-Saint-Marcellin.

Pré-Godot (Le), h., c^ne de Longeville. — *Pré Godot*, xviiie s. (Cassini).

Pré-Janny (Le), f., c^ne de Hortes.

Pré-Lavaux, m^on isol., c^ne de Celles.

Pré-le-Taureau (Le), tuil., c^ne de Manois.

Prénobin, contrée située entre Vivey, Praslay et le Val-Clavin, pour laquelle les religieux d'Auberive ont déterminé, en 1348, la condition des hommes qui voudraient y habiter.

Préney, anc. gagnage de la commanderie d'Esnouveaux, c^ne d'Is-en-Bassigny; il y avait une chapelle dédiée à saint Jean-Baptiste. — *Le grant chemin qui tire dudit Raingecourt à Preney*, 1499 (Arch. nat., P. 176³, n° 468). — *Le gangnaige de Preney, assis et situé ou banc et finaige de Ys en Bassigny*, 1521 (Esnouveaux). — *Les Prenets, territoire de Noyers*, 1858 (Jolibois : La Haute-Marne, p. 447). — *Pernay*, 1875 (Roussel, Dioc. de Langres, II, p. 163, 2e col.).

Il y avait à Preney une chapelle sous le vocable de Saint-Jean (Roussel, *ibid.*).

Prénois (Le), f., c^ne de Lanques. — *Presnoy*, 1732 (Arch. nat., Q¹. 692). — *Prénoy*, 1769 (Chalmandrier).

Pré-Notre-Dame (Le), m^in détr., près de Genrupt. — *Genrupt et le moulin du Pré Notre-Dame*, 1770 (arch. Haute-Marne, C. 344).

Prés (Les), m^in, c^ne d'Allichamp.

Prés (Les), m^on isol., c^ne de Droye.

Prés (Les), lieu dit, entre Heuilley-Coton et Perceyle-Petit, où l'on a trouvé des vestiges de constructions.

Prés (Les), m^in, c^ne de Neuilly-l'Évêque. — *Moulin des Prés*, 1769 (Chalmandrier).

Prés (Les), m^in, c^ne de Sommevoire (ann. Haute-Marne, 1889).

Prés (Les), m^in, c^ne de Varennes. — *Moulin des Preys*, 1769 (Chalmandrier). — *Le moulin des Prez*, 1770 (arch. Haute-Marne, C. 344).

Prés-Bas (Les), fourneau, c^ne de Poissons.

Prés-des-Moulins (Les), écart, c^ne de Frampas. — *Près des Moulins*, 1858 (Jolibois : La Haute-Marne). — *Prés des Moulins*, xixe s. (État-major).

Presle, m^in, c^ne de Fresne-sur-Apance.

Presle, f. et chap., c^ne de Marcilly; ancien pèlerinage. — *Villa Pratella*, 854 (Roserot, Dipl. carol., p. 11). — *Praeles*, 1216 (chapitre de Langres). — *La grange de Presle*, 1770 (arch. Haute-Marne, C. 344).

Presle, m^in, c^ne de la Neuvelle-lez-Voisey.

Presle (La), barrière du chemin de fer, c^ne de Saint-Michel.

Preslots (Les), m^in, c^ne d'Arbigny.

Pressant, h., c^ne de Rivière-les-Fosses, section D. — *Pressau*, 1769 (Chalmandrier). — *Le hameau de Pressant*, 1770 (arch. Haute-Marne, C. 344).

Pressigny, c^on du Fays-Billot. — *Pressigné*, 1259 (arch. Côte-d'Or, la Romagne). — *Pressigney*, 1397 (la Romagne). — *Pressigneyum*, xive s. (Longnon, Pouillés, I). — *Precigneyum*, 1436 (Longnon, *ibid.*). — *Précigny*, 1464 (Arch. nat., P. 174³, n° 330 *bis*). — *Pressigny*, 1732 (Pouillé de 1732, p. 131).

Pressigny dépendait, en 1789, de la province de Champagne, bailliage et élection de Langres. Son église paroissiale, dédiée à saint Pierre-ès-Liens, était du diocèse de Langres, doyenné de Pierrefaite. La collation de la cure appartenait à l'évêque.

Pressoir (Le), f., c^ne de Latrecey; ancien pressoir de la ferme de la Lucine, qui appartenait à l'abbaye de Longuay. — *Pressoir*, 1769 (Chalmandrier).

Pressot, écart détr., c^ne de Neuilly-l'Évêque. — *Pressot*, 1769 (Chalmandrier).

Pré-Viard (Le), f., c^ne de Dampierre. — *Moulin de Préviard*, 1769 (Chalmandrier).

Prévot (Moulin-au-), m^in détr., c^ne de Humes, qui appartenait au chapitre de Langres. — *Molin au Prévost*, 1627 (chapitre de Langres).

Prez-sous-la-Fauche, c^ne de Saint-Blin. — *Prees*, 1163 (Morimond). — *La communetez de Prees desous La Feiche*, 1295 (arch. Haute-Marne, E, fonds de Broglie). — *Ecclesia de Pratellis subtus Fiscam*, 1402 (Pouillé de Toul). — *Prees soubz La Fauche, Preez, Preelz*, 1446 (Arch. nat., P. 176³, n° 509). — *Preys-soubz-la-Fauche*, 1576 (Arch. nat., P. 189¹, n° 1585). — *Prez*, 1684 (Recueil Jolibois, VIII, f° 7 r°). — *Prez-sous-la-Fauche*, 1773 (arch. Haute-Marne, C. 262). — *Prey-sous-la-Fauche*, xviiie s. (Cassini). — *Prez-sous-Lafauche*, 1858 (Jolibois : La Haute-Marne, p. 448).

En 1789, Prez-sous-la-Fauche dépendait de la province de Champagne, bailliage et élection de Chaumont, prévôté d'Andelot, châtellenie de la Fauche. Son église paroissiale, dédiée à saint Didier, était du diocèse de Toul, doyenné de Reynel, et avait pour succursale l'église de la Fauche, qui fut d'abord paroissiale. La présentation de la cure appartenait à l'abbé de Mureau, *alias* au chapitre de la Fauche.

Prez-sur-Marne, c⁰⁰ de Chevillon. — *Preia*, 1131 (Pflugk-Harttung, p. 143). — *Preix*, 1140(Saint-Urbain). — *Praez*, 1248 (Thors). — *Pree*, 1445 (Saint-Urbain). — *Presa*, 1506 (Saint-Urbain). — *Pré-sur-Marne*, 1509 (Arch. nat., P. 181², n° 1295). — *Prez-sur-Marne*, 1539 (Arch. nat., P. 183¹, n° 1298). — *Prey-sur-Marne*, 1563 (Ruetz). — *Preyz-sur-Marne*, 1574 (Arch. nat., Q¹. 684).

Prez-sur-Marne dépendait, en 1789, de la province de Champagne, bailliage de Chaumont, prévôté de Vassy, élection de Vitry, et suivait la coutume de Chaumont. Son église paroissiale, dédiée à la Conversion de saint Paul, était du diocèse de Châlons-sur-Marne, doyenné de Joinville. La présentation de la cure appartenait à l'abbé de Saint-Urbain.

Prieuré (Le), faubourg de Bourbonne-les-Bains, section G.

Prieuré (Le), lieu dit, c⁰⁰ d'Ériseul, section A.

Prieuré (Le), Paroles (La), lieu dit, c⁰⁰ de Flammerécourt, où l'on voit encore l'ancienne grange aux dîmes du prieuré.

Prieuré (Le), lieu dit, c⁰⁰ de Rougeux, sections A et B.

Prieuré (Le), lieu dit, c⁰⁰ de Saint-Thiébaud, section B.

Prieuré (Le), lieu dit, c⁰⁰ de Vignory, section E.

Prieuré (Le), lieu dit, c⁰⁰ de Voisey, section G.

Princhey, lieu dit, c⁰⁰ du Fays-Billot, section A.

Princeys (Les), lieu dit, c⁰⁰ de Rivière-les-Fosses, section F.

Priolée (La), terrain attenant à l'église de Perthe.

Priolet (Le), lieu dit, c⁰⁰ de Celles, section C.

Priolet (Le), lieu dit, c⁰⁰ de Landéville, section A.

Prioné (Le), lieu dit, c⁰⁰ de Choiseul, section D.

Profonde-Fontaine(?), village détr. qui semble avoir été dans le voisinage de Fontaine-sur-Marne. — *Ex dono Ugonis, comitis de Durnay, villam que dicitur Profunda Funtana*, 1131 (Saint-Urbain). — *Deux viles nostres, oil est à savoir à Fontainnes et à Parfondes Fontainnes*, 1255 (Saint-Urbain).

Progot (Le), m⁽ⁱⁿ⁾, c⁰⁰ d'Enfonvelle.

Pnousey, lieu dit, c⁰⁰ de Ravennefontaine, section C.

Provenchères, ancien fief, finage de Poissons, qui relevait de l'abbaye de Saint-Urbain. — *Provenchierres*, 1609 (Saint-Urbain). — *Provenchères*, 1631 (Saint-Urbain).

Provenchères-sur-Marne, c⁰⁰ de Doulaincourt. — *Ecclesia de Provencheriis*, 1169 (chapitre de Langres et Gall. christ., IV, instr., col. 183). — *Provenchières*, vers 1201 (Longnon, Doc. I, n° 2582).

— *Provenchariae*, 1238 (arch. Aube. Clairvaux). — *Provencherias*, 1249-1252 (Longnon, Rôles, n° 13). — *Provenchères*, 1258 (Val-des-Écoliers). — *Parvenchères*, 1485 (Saint-Urbain). — *Provenchières*, 1508 (Arch. nat., P. 174², n° 309). — *Provanchères*, 1674 (Val-des-Écoliers). — *Provenchère*, 1677 (Val-des-Écoliers). — *Provenchère-sur-Marne*, 1769 (Chalmandrier). — *Provanchères*, 1773 (arch. Haute-Marne, C. 262).

En 1789, Provenchères-sur-Marne dépendait de la province de Champagne, bailliage et élection de Chaumont, prévôté de Bar-sur-Aube. Son église, dédiée à l'Assomption, était succursale de celle de Buxières-lez-Froncles.

Provenchères-sur-Meuse, c⁰⁰ de Montigny-en-Bassigny. — *Finagium de Provencheris*, 1187 (Morimond). — *Provencherias, Provanchières*, vers 1240 (Longnon, Rôles, Appendice, n°ˢ 47, 130, 131). — *Provoincherias*, 1249-1252 (Longnon, Rôles, n° 596). — *Provanchierres*, 1282 (Morimond). — *Provanchieres*, 1398 (Arch. nat., P. 175², n° 370). — *Provenchières*, 1406 (Arch. nat., P. 175², n° 371). — *Provoincherie*, XIV° s. (Longnon, Pouillés, I). — *Prevoinchères*, 1436 (Longnon, Pouillés, I). — *Provanchères près de Montigny*, 1464 (Arch. nat., P. 174³, n° 330 bis). — *Prevoinchières*, 1508 (Arch. nat., P. 176², n° 476). — *Provanchères*, 1675 (arch. Haute-Marne, G. 85). — *Provanchères*, 1679 (Arch. nat., Q¹. 695). — *Provanchère en Bassigny*, 1769 (Chalmandrier). — *Provenchères-en-Bassigny*, XVIII° s. (Cassini).

Provenchères-sur-Meuse dépendait, en 1789, de la province de Champagne, bailliage de Langres, par démembrement de celui de Chaumont, prévôté de Montigny-le-Roi. Son église paroissiale, dédiée à saint Èvre, était du diocèse de Langres, doyenné d'Is-en-Bassigny. La collation de la cure appartenait à l'évêque.

Providence (La), écart, c⁰⁰ de Sommeville (ann. Haute-Marne, 1889).

Puellemontier, c⁰⁰ de Montier-en-Der. — Abbaye de femmes, sous le vocable de Notre-Dame, diocèse de Troyes, fondée au VII° siècle par saint Bercaire. Des religieux de Montier-en-Der les remplacèrent au XI° s. Cette abbaye fut supprimée peu de temps après et réunie à celle de Montier-en-Der. — *Puellari Monasterium*, 854 ou 858 (cartul. Montier-en-Der, I, f° 23 r°). — *Villa quae dicitur Puellare Monasterium*, 1050 (Cartul. Montier-en-Der, 1, f° 54 r°). — *Parrochia Puellarensis ecclesie*, 1139 au plus tard (la Chapelle-aux-Planches).

— *Pelemonstier*, 1346 (Montier-en-Der). — *Puel-montier*, 1539 (Recueil Jolibois, X, f° 142-160). — *Puellemonstier*, 1602 (Montier-en-Der). — *Pelmontier*, 1656 (Montier-en-Der). — *Pellemon-tier*, 1700 (Dillon). — *Puellemontier ou Prllemon-tier*, 1784 (Courtalon, III, p. 343).

En 1789, Puellemontier dépendait de la province de Champagne, bailliage de Chaumont, prévôté de Bar-sur-Aube, élection de Troyes, et suivait la coutume de Chaumont. Son église, dé-diée à la Nativité de la Sainte-Vierge, fut d'abord paroissiale, et la cure à la présentation de l'abbé de Montier-en-Der; en dernier lieu elle était suc-cursale de celle de Droye, diocèse de Troyes, doyenné de Margerie.

La seigneurie appartenait à l'abbé de Montier-en-Der.

Pugey, lieu dit, c^ne de Ravennefontaine, section C.

Puisé (Le), m^on isol., c^ne de Cirey-lez-Mareilles.

Puisots (Les), f., c^ne de Leffonds. — *Les Puisats*, xixe s. (État-major). — *Les Puisots*, xixe s. (Inté-rieur). — Voir Poisat.

Puisy, h., c^ne de Montier-en-Der. — *Puisie*, 1478 (Montier-en-Der). — *Capella leproserie, in loco de Puysia*, 1593 (Bibl. Chaumont, ms. 31, f° 2 v°). — *La cense de Puisy*, 1763 (arch. Haute-Marne, C. 317). — Voir Montier-en-Der, an. 692 et 832.

Puits-d'Enfer (Le), f., c^ne de Maizières-sur-Amance.

Puits-des-Mèzes (Le), c^ne de Chaumont-en-Bassigny. — *Le Puis des Maizes*, 1653 (la Crête). — *Puit des Mèzes*, 1769 Chalmandrier). — *Le Puis des Mèzes*, 1770 (arch. Haute-Marne, C. 262). — *Le Puit des Maizes*, 1787 (arch. Haute-Marne, C. 262). — *Le Puits des Mèzes*, xviiie s. (Cas-sini).

En 1789, le Puits-des-Mèzes dépendait de la province de Champagne, bailliage et élection de Chaumont, mairie royale de Bourdons. Son église, dédiée à la Nativité de la Sainte-Vierge, était suc-cursale de celle de Bourdons, diocèse de Langres, doyenné de Chaumont.

Ce village est peu ancien et ne paraît pas remonter au delà du xviie siècle; la seigneurie appartenait à l'abbaye de la Crête.

Q

Quartiers (Les), f., c^ne de Riaucourt, section A; anc. grange de l'abbaye de la Crête. — *La maison des Quartiers*, 1355 (la Crête). — *La grange des Cartelx*, 1397 (la Crête). — *La cense des Quar-tiers*, 1773 (arch. Haute-Marne, C. 262).

Quatre-Censes-de-Morimond (Les), communauté d'ha-bitants qui était formée de la réunion de Frô-court, les Gouttes, Morvaux et Vaudinvilliers, granges de l'abbaye de Morimond. Elles dépen-daient du Barrois, bailliage de Bourmont, et sui-vaient la coutume du Bassigny.

Quatre-Moulins (Les), m^in, c^ne de Chaumont-en-Bassigny. — *Buxereulles, annexe de Chaumont..., les Quatre Moulins*, 1773 (arch. Haute-Marne, C. 262).

Quatre-Tours (Les). m^in, c^ne de Léniseul.

Quatre-Vents (Les), m^on isol., c^ne de Chaumont-en-Bassigny.

Quegnot (Le), f., c^ne d'Audeloncourt (ann. Haute-Marne, 1889).

Quenard, m^in, c^ne de Monterie.

Quenissières, lieu dit, c^ne de Guyonvelle, où l'on a trouvé des cercueils de pierre et des monnaies gauloises.

Quincampoix, m^in, c^ne d'Aizanville.

Quincampoix, f., c^ne de Montier-en-Der. — *La cense de Quinquempoix*, 1763 (arch. Haute-Marne, C. 317). — *Quincampoix*, xixe s. (État-major).

Quinquengrogne, m^in, c^ne de Bourmont, section D. — *Quinquengrogne*, 1829 (cadastre). — *Qui-quengrogne, xixe s. (carte de l'Intérieur).

R

Ragecourt-sur-Blaise, c^ne de Vassy. — *Ratgisicortis*, 854 (cartul. Montier-en-Der, I, f° 20 r°). — *In comitatu Blesensi, in Rangiscurte*, 865 (Gall. christ., X, instr., col. 148). — *Ecclesia de Ra-gisicorte*, 1027 (cartul. Montier-en-Der, I, f° 35 r°). — *Ragecort*, 1256 (Saint-Urbain). — *Ragecourt*, 1264 (Montier-en-Der). — *Ragicuria*, 1273 (Montier-en-Der). — *Ragecort-sus-Bloise, Raige-cort-sus-Bloise, Ragicourt-sus-Bloise*, 1279 (Saint-Urbain). — *Ragecourt*, 1319 (Montier-en-Der). — *Ragecourt-sur-Bloise*, 1401 (Arch. nat., P. 189², n° 1588). — *Raigecuria*, 1402 (Pouillé de Toul).

— *Raigecourt-sur-Blaize*, 1448 (Arch. nat., P. 177², n° 649). — *Ragecourt*, 1542 (Montier-en-Der). — *Raigecourt*, 1561 (Montier-en-Der). — *Rachecour*, 1646 (Montier-en-Der). — *Rachecourt-sur-Blaise*, 1896 (dénombrement).

En 1789, Ragecourt-sur-Blaise dépendait de la province de Champagne, bailliage de Chaumont, prévôté de Vassy, élection de Joinville. Son église paroissiale, dédiée à saint Antoine, était du diocèse de Toul, doyenné de la Rivière-de-Blaise, et avait pour succursale l'église de Vaux-sur-Blaise. La présentation de la cure appartenait à l'abbé de Montier-en-Der, et la seigneurie au chambrier de la même abbaye.

Ragecourt-sur-Marne, c^on de Chevillon. — *Ragis curtis*, 1131 (Saint-Urbain, bulle d'Innocent II). — *Ragecort*, 1263 (Ruetz). — *Rogecur-sur-Marne*, *Ragecort-suer-Marne*, 1279 (Ruetz). — *Rogecort*, 1302 (Saint-Urbain). — *Raigecourt-sur-Marne*, 1401 (Arch. nat., P. 189², n° 1588). — *Ragecuria*, 1405 (Pouillé de Châlons-sur-Marne). — *Ragecourt-sur-Marne*, 1576 (Arch. nat., P. 189¹, n° 1585). — *Rachecourt*, XVIIIe s. (Cassini). — *Rachecourt-sur-Marne*, 1896 (dénombrement).

Ragecourt-sur-Marne dépendait, en 1789, de la province de Champagne, bailliage de Chaumont, prévôté de Vassy, élection de Joinville. Son église paroissiale, sous le vocable du saint Sauveur, était du diocèse de Châlons-sur-Marne, doyenné de Joinville, et avait pour succursale l'église de Breuil. La présentation de la cure appartenait à l'abbé de Saint-Urbain.

Raguiche, fief, avec grange, qui était au territoire d'Audeloncourt. — *Raguiche*, 1684 (Arch. nat., Q¹. 690).

Raillemont (Le), bois, anc. village, c^nes d'Esnouveaux, de Millières et de Consigny. — *Es finaiges de Consseigneis, de Ralemont et de Jolimant, cumne faire ville et édifier à ces dix leus...*, 1252 (Layettes, n° 3994).

Rampant, f., c^ne de Joinville. — *Rampant*, XIXe s. (cartes de l'État-major et de l'Intérieur).

C'est le nom d'un récent propriétaire; cette ferme est plus habituellement connue sous le nom de *Meurt-de-Soif*.

Rampont, f., c^ne de Reynel. — *La cense de Rampont*, 1773 (arch. Haute-Marne, C. 262).

Rançonnières, c^on de Varennes. — *In pago vero Bassiniacensi, Ramsonarias*, 892 (D. Bouquet, IX, 675^a). — *Ranxenerias*, 1234 (Morimond). — *Ransenieres*, 1326 (Longnon, Doc. I, n° 5909).

— *Ranceneriae*, XIVe s. (Longnon, Pouillés, I). — *Rancenières*, 1407 (Arch. nat., P. 176², n° 465). — *Rancenères*, 1436 (Longnon, Pouillés, I). — *Rencenières*, 1508 (Arch. nat., P. 176², n° 472). — *Ransonnière*, 1538 (Arch. nat., P. 176², n° 491). — *Ransonnières*, 1675 (arch. Haute-Marne, G. 85). — *Rencenière*, 1700 (Dillon). — *Rançonnières*, 1732 (Pouillé de 1732, p. 125).

Rançonnières dépendait, en 1789, de la province de Champagne, bailliage de Langres, par démembrement du bailliage de Chaumont, prévôté de Montigny-le-Roi, élection de Langres. Son église paroissiale, dédiée à saint Étienne, était du diocèse de Langres, doyenné d'Is-en-Bassigny, et avait pour succursale l'église de Saulxures. La présentation de la cure appartenait au prieur de Saint-Amâtre de Langres ou au seigneur du lieu.

Rancourt, lieu dit, c^ne de Fresnoy, section F.

Rancourt, lieu dit, c^ne de Magneux, section A.

Rangecourt, c^on de Clefmont. — *Rangescurt*, 1204 (Morimond). — *Roingecort*, 1270 (Morimond). — *Rangiocourt*, 1274-1275 (Longnon, Doc. I, n° 6963). — *Roingecourt*, 1293 (chapitre de Langres). — *Rangecourt*, 1398 (Arch. nat., P. 175³, n° 370). — *Rengecourt*, 1473 (chapitre de Langres). — *Raingecourt*, 1499 (Arch. nat., P. 176², n° 468). — *Rongecourt*, 1576 (Arch. nat., P. 175⁴, n° 390). — *Rangecour*, 1732 (Pouillé de 1732, p. 124).

En 1789, Rangecourt faisait partie de la province de Champagne, bailliage de Chaumont, prévôté de Nogent-le-Roi, élection de Langres. Son église, dédiée à saint Barthélemi, était succursale de celle de Noyers, diocèse de Langres, doyenné d'Is-en-Bassigny. Une partie de la seigneurie appartenait au chapitre de Langres.

Ravenne-Fontaine, c^on de Montigny-en-Bassigny. — *Rainnefontaine*, *Ravinnefontainne*, *Ravine Fontaine*, 1263 (Longnon, Doc. I, n° 5892, 5895, 5912). — *Rivus Fons*, XIVe s. (Longnon, Pouillés, I). — *Revennefontainne*, 1445 (Arch. nat., P. 174¹, n° 300). — *Ravans Fontaine*, 1498 (Arch. nat., P. 163², n° 1120). — *Revennefontaynne*, 1508 (Arch. nat., P. 174², n° 312). — *Ravennefontaine*, 1521 (Morimond). — *Ravennefontainne*, 1539 (Arch. nat., P. 174², n° 322). — *Revennefontaine*, 1683 (Arch. nat., Q¹. 695). — *Ravennefontaine*, 1732 (Pouillé de 1732, p. 125). — *Ravenne-Fontaine*, 1770 (arch. Haute-Marne, C. 344).

Ravennefontaine dépendait, en 1789, de la province de Champagne, bailliage de Chaumont, prévôté de Nogent-le-Roi (pour partie), élection de Langres. Son église paroissiale, dédiée à saint Pierre, était du diocèse de Langres, doyenné d'Is-en-Bassigny. La collation de la cure appartenait à l'évêque de Langres.

RAVEROTTES (Les), m^lu, c^ne de Voisey.

RECEY, était le nom d'une des trois seigneuries dont se composait la terre de Poinson-lez-Nogent. — *Recey*, 1586 (Voillemier).

RECLANCOURT, h., c^ne de Chaumont-en-Bassigny. — *Reclencort*, 1212 (la Crête). — *Reclencurt, Recleincort*, 1214 (la Crête). — *Reclayncort*, 1226 (la Crête). — *Reclaincort*, 1246 (Layettes, n° 3575). — *Reclaigcort, Reclancort*, 1252 (Layettes, n°ᵇ 4016, 4017). — *Recleincourt, Reclancort*, 1274-1275 (Longnon, Doc. I, n°ᵇ 6933, 6940). — *Reclan-court*, 1276-1278 (Longnon, Doc. II, p. 159). — *Reclancuria*, 1369 (arch. de Chaumont). — *Reclancour*, 1669 (Arch. nat., Q^1. 690).

En 1789, Reclancourt formait une communauté d'habitants dépendant du bailliage, de la prévôté et de l'élection de Chaumont-en-Bassigny; son église, dédiée à saint Agnan, était succursale de l'église Saint-Jean-Baptiste de Chaumont, dio-cèse de Langres, doyenné de Chaumont.

Ce hameau a formé une commune de 1790 à 1810.

Voir BUXEREUILLES.

RECLANCOURT, lieu dit, c^ne de Rimaucourt, section C. — *La grange de Reclancourt*, 1830 (cadastre).

RÉCOLLETS (Les), couvent des religieux de ce nom, qui était en dehors de la ville d'Arc-en-Barrois. — *Les Récolets*, 1769 (Chalmandrier).

RÉCOURT, c^ne de Montigny-en-Bassigny. — *Reheicort*, 1163 (Morimond). — *Recurtis subtus Montignia-cum*, 1263 (Longnon, Doc. I, n° 5846). — *Rec-court*, 1274-1275 (Longnon, Doc. I, n° 6991). — *Recouria*, XIVe s. (Longnon, Pouillés, I). — *Reycourt*, 1499 (Arch. nat., P. 163³, n° 1122). — *Récourt*, 1539 (Arch. nat., P. 174³, n° 822). — *Recour*, 1732 (Pouillé de 1732, p. 120). — *Reicourt*, 1762 (Arch. nat., Q^1. 690).

Récourt faisait partie, en 1789, de la province de Champagne, bailliage de Langres, par démem-brement de celui de Chaumont, prévôté de Mon-tigny-le-Roi, élection de Langres. Son église, dédiée à saint Christophe, était succursale de celle d'Avrecourt, diocèse de Langres, doyenné d'Is-en-Bassigny.

RÉCOURT, m^ln, c^ne de Coiffy-le-Bas.

RECULÉE (LA), f., c^ne de Pierrefaite. — *Grange de Reculée*, 1769 (Chalmandrier). — *Reculée*, XVIIIe s. (Cassini).

REGNARD, m^ln détr., c^ne de Bourbonne-les-Bains. — *Le molin Messire Regnard, près de l'oppital de Saint-Anthoine*, 1460 (Arch. nat., P. 177^1, n° 542). — *Le molin sire Regnard*, 1537 (Arch. nat., P. 176³, n° 488). — *Le molin Regnard*, 1538 (Arch. nat., P. 176³, n° 488).

REGNAULT, usine, c^ne d'Osne-le-Val.

REINE (LA), f. et m^ln, c^ne de Pierrefaite. — *Grange de la Reine*, 1769 (Chalmandrier).

RELAVOTTE (LA), bocard détr., c^ne de Chatonrupt.

REMÉCOURT, lieu dit, c^ne de Busson, section A.

RÉMONT (LE), f., c^ne de Soyers, section A. — *Ro-mont*, 1769 (Chalmandrier). — *La grange de Rémond*, 1770 (arch. Haute-Marne, C. 344). — *Rémont*, XVIIIe s. (Cassini).

REMONVAUX, f., c^ne de Liffol-le-Petit; ancien prieuré, avec hôpital, dépendant du Val-des-Choux, fondé au XIIIe s. par Hue, sire de la Fauche. — *Aus frères de Remonval, qui sont de l'ordre du Val des Chous*, 1248 (arch. Allier, Remonvaux). — *Re-monvaul*, 1281 (Remonvaux). — *L'esglise de Remonvaulz*, 1313 (Remonvaux). — *L'église et maison de Remonvaux, dor l'ordre dou Vaul des Chous*, 1373 (Remonvaux). — *Remonvaulx*, 1507 (Remonvaux). — *Le prieuré de Rémonvaux*, 1773 (arch. Haute-Marne, C. 262). — *Remanvaux*, XVIIIe s. (Cassini). — *Remonveaux*, 1889 (ann. Haute-Marne).

REMONVAUX, m^ns des religieux de ce nom, qui était située à Liffol-le-Petit. — *Autre maison à Liffol, appelée la maison de Remonvaux; en ruines et abandonnée*, 1778 (arch. Allier, Remonvaux).

RENARDIÈRE (LA), f., c^ne de Vesaignes-sur-Marne. — *La Renardière*, 1769 (Chalmandrier).

RENAUDS (LA), f., c^ne de Guindrecourt-sur-Blaise.

RENDUE (LA), f., c^ne de Ferrières. — *La cense L^a Rendüe*, 1763 (arch. Haute-Marne, C. 317).

RENNE (LA), rivière qui descend de Valdelancourt, traverse Autreville, Saint-Martin-lez-Autreville, la Villeneuve-au-Roi et Monterie, et se jette dans l'Aujon à Rennepont. — *In pago sive comitatu Barinse, et in loco qui Altera villa nuncupatur, ubi fluviolus qui Aderen vocatur discurrit*, 886 (Roserot, Dipl. carol., p. 19).

RENNEPONT, c^ne de Juzennecourt. — *Renepons*, vers 1172 (Longnon, Doc. I, n° 40). — *Renepont*, 1202 (arch. Aube, Clairvaux). — *Arrenepont*, 1221 (Clairvaux). — *Arrenepons*, 1278 (Clair-vaux). — *Renepond*, 1603 (Arch. nat., P. 172^1, n° 72). — *Arnepont*, 1603 (Arch. nat., P. 189³, n° 1587). — *Rennepont*, 1649 (Roserot, États généraux, n° 41).

Rennepont dépendait, en 1789, de la province de Champagne, bailliage et prévôté de Chaumont, élection de Bar-sur-Aube. Son église, dédiée à saint Maurice, était succursale de celle de Maranville, diocèse de Langres, doyenné de Châteauvillain, et auparavant du doyenné de Bar-sur-Aube.

RENTE-SUR-VILLIERS (LA), f., c^ne de Giey-sur-Aujon. — *Sautevilliers*, 1775-1785 (Courtépée, IV, p. 271). — *Survilliers*, 1858 (Jolibois : La Haute-Marne, p. 231). — *Sur Villiers*, 1858 (Dict. des postes de la Haute-Marne). — *La Rente-sur-Villiers*, 1882 (Dict. gén. des postes). — *Route et Rente-sur-Villiers*, xixe s. (cadastre, section B).

REPENTIR (LE), f., c^ne du Fays-Billot.

REUGY, lieu dit, c^ne de Domremy, section C.

REYNEL, c^on d'Andelot. — *Risnel*, 1122 (Gall. christ., XIII, instr., col. 486). — *Arnulfus, Risnellensis comes*, 1127 (cartul. Montier-en-Der, I, f° 118 r°). — *Risnellum*, vers 1172 (Longnon, Doc. I, n° 862). — *Rinel*, 1216 (arch. Aube, Clairvaux). — *Rignellum*, 1249 (Layettes, n° 3858). — *Risnellum*, 1258 (Clairvaux). — *Rignel*, 1276 (arch. Meuse, Evaux). — *Risnel, Ryenel*, 1278 (Thors). — *Rynel, Rygnel*, 1443 (Arch. nat., P. 176², n° 508). — *Renel*, 1733 (arch. d'Aulnay). — *Rynel, dit Reynel*, 1769 (Chalmandrier et Cassini). — *Reynel*, 1773 (arch. Haute-Marne, C. 262).

Reynel dépendait, en 1789, de la province de Champagne, bailliage de Chaumont, prévôté d'Andelot, châtellenie de Montéclair, élection de Chaumont. Son église paroissiale, dédiée à l'Assomption, était le chef-lieu d'un archidiaconé et d'un doyenné du diocèse de Toul. La présentation de la cure appartenait au chapitre du lieu.

Outre le chapitre, il y avait à Reynel un prieuré, sous le vocable de saint Laurent, dépendant de l'abbaye de saint Mansui de Toul, ordre de saint Benoît; un hôpital, qui fut uni à la commanderie d'Esnouveaux (Roussel, II, p. 20), et une léproserie, unie à l'abbaye de Benoitevaux en 1247.

L'abbaye de Benoitevaux, transférée à Reynel en 1701, a été souvent désignée, depuis cette époque, sous le nom d'abbaye de Reynel.

RIAUCOURT, c^ne de Chaumont-en-Bassigny. — *Riocort*, 1204-1210 environ (Longnon, Doc. I, n° 2893). — *Riocurt*, 1290 (la Crête). — *Rioucurt*, 1253 (la Crête). — *Rioicurt*, 1326 (Longnon, Doc. I, n° 5848). — *Riocuria*, xive s. (Longnon, Pouillés, I). — *Rioucourt*, 1410 (Arch. nat., P. 174¹, n° 229). — *Ryoucourt*, 1443 (Arch.

nat., P. 176², n° 508). — *Ryocourt*, 1508 (Arch. nat., P. 174², n° 309). — *Riocourt*, 1619 (la Crête). — *Ryaucourt*, 1649 (Roserot, États généraux, n° 53). — *Riaucour*, 1732 (Pouillé de 1732, p. 92).

En 1789, Riaucourt dépendait de la province de Champagne, bailliage, élection et prévôté de Chaumont. Son église paroissiale, dédiée à l'Assomption, était du diocèse de Langres, doyenné de Chaumont. La présentation de la cure appartenait à l'abbé de Molême.

RIAUCOURT, fief qui se composait d'une partie de la seigneurie de Poissons et relevait de l'abbaye de Saint-Urbain. — *Ryocot*, 1485 (Saint-Urbain). — *Riocourt*, 1529 (Saint-Urbain). — *Riaucourt*, 1781 (Saint-Urbain).

RIBAVAULT, lieu dit, c^ne de Marac, où l'on a trouvé, en 1835, des médailles romaines du ive s. (Jolibois : La Haute-Marne, p. 347).

RIBEAUFONTAINE, f., c^ne de Pressigny.

RICHEBOURG, c^ne d'Arc-en-Barrois. — *Ecclesia de Ispielent, cum capella Divitis Burgi*, 1101 (arch. Côte-d'Or, et Gall. christ., IV, instr., col. 149). — *Ecclesia de Richiburgo*, 1136 (Pflugk-Harttung, p. 152). — *Richebore*, 1219 (Val-des-Écoliers). — *Richebourt*, 1320 (Auberive). — *Richebours*, 1436 (Longnon, Pouillés, I). — *Richebourg*, 1445 (Val-des-Écoliers).

En 1789, Richebourg faisait partie de la Bourgogne, bailliage de la Montagne ou de Châtillon-sur-Seine, intendance de Bourgogne. Son église paroissiale, dédiée à saint Nicolas, était du diocèse de Langres, doyenné de Châteauvillain, et auparavant du doyenné de Bar-sur-Aube. La collation de la cure appartenait à l'évêque.

La citation de 1101 semble prouver que l'église de Richebourg fut d'abord succursale de celle d'Épiziant.

RIEPPE (LA), f., c^ne de Pierrefaite.

RIEPPES (LES), f., finage de Reclancourt, c^ne de Chaumont-en-Bassigny. — *La cense des Rieppes*, 1773 (arch. Haute-Marne, C. 262).

RIMAUCOURT, c^ne d'Andelot. — *Rimaucort*, 1171 (la Crête). — *Rimalcort*, 1216 (la Crête). — *Rimacicuria*, 1218 (la Crête). — *Rimarticuria*, 1231 (la Crête). — *Rimacort*, 1258 (arch. Aube, Clairvaux). — *Rymaucourt*, 1313 (la Crête). — *Rimaudicourt*, 1326 (Longnon, Doc. I, n° 5848). — *Rimaucuria, Remaucuria*, xive s. (Longnon, Pouillés, I). — *Rimaucourt*, 1401 (Arch. nat., P. 189², n° 1588). — *Rimaulcourt*, 1447 (Arch. nat., P. 174¹, n° 301). — *Rimocourt*, 1700 (Dillon). — *Rimaucour*, 1732 (Pouillé de 1732, p. 93).

Rimaucourt dépendait, en 1789, de la province de Champagne, bailliage de Chaumont, prévôté d'Andelot, élection de Chaumont. Son église paroissiale, dédiée à saint Pierre et saint Paul, était du diocèse de Langres, doyenné de Chaumont, et avait pour succursale l'église de Vignes. La présentation de la cure appartenait à l'abbé de Flavigny.

Il y avait à Rimaucourt un prieuré sous le vocable de saint Claude, dépendant de l'abbaye de Flavigny, ordre de saint Benoît.

Rimaucourt, h. détr., finage de Baspré, c⁰ⁿ de la Chapelle-en-Blésy, sections A et B, indiqué par Cassini. — *La Chappelle, les homeaux de Bas Prez et de Rimaucourt*, 1773 (arch. Haute-Marne, C. 262).

Rimaucourt, nom d'une partie de la seigneurie d'Orquevaux. — *La moitié des villaige, ban et seigneurie d'Orquevaulx, appellée d'anciennetté la seigneurie de Rimaucourt*, 1508 (Arch. nat., P. 174², n° 312).

Rimaucourt, fief, finage de Varennes. — *Le fief de Rimaucourt, scitué au finage de Varennes*, 1675 (arch. Haute-Marne, G. 85).

Rincourt, lieu dit, c⁰ⁿ de Saucourt, section A.

Rinvaux (Le), f., c⁰ⁿ d'Is-en-Bassigny. — *Rinvaux*, 1769 (Chalmandrier).

Rippe (La), bois, c⁰ⁿ d'Andelot; anc. propriété de l'abbaye de Septfontaines. — *Nemus quod dicitur Rispa*, 1211 (Septfontaines). — *La forest de Rippe*, 1664 (Septfontaines).

Rivière (La), c⁰ⁿ de Bourbonne-les-Bains. — *Riparia*, 1262 (Morimond). — *La ville de la Rivière, qui est dessoubz Aigremont*, 1445 (arch. Haute-Marne, G. 84). — *La Ryvière*, 1538 (Arch. nat., P. 176², n° 488). — *Larivière*, 1858 (Jolibois: La Haute-Marne, p. 320).

En 1789, la Rivière dépendait de la province de Champagne, bailliage de Langres. Son église, dédiée à saint Charles, était succursale de celle d'Aigremont, diocèse de Besançon, doyenné de Faverney.

Rivière-le-Bois, c⁰ⁿ de Longeau. — *Riveria in Bosco*, 1330 (arch. Haute-Marne, G. 404). — *Riveria juxta Grosseam Silvam*, xiv⁰ s. (Longnon, Pouillés, I). — *Rivière-le-Bois*, 1675 (arch. Haute-Marne, G. 85). — *Rivières-le-Bois*, 1732 (Pouillé de 1732, p. 29).

Rivière-le-Bois dépendait, en 1789, de la province de Champagne, bailliage et élection de Langres. Son église paroissiale, dédiée à la Nativité de la Sainte-Vierge, était du diocèse de Langres, doyenné du Moge, et avait pour succursale l'église de Violot. La présentation de la cure appartenait à l'abbé de Bèze.

Rivière-les-Fosses, c⁰ⁿ de Prauthoy. — *Riveria*, 1334 (terrier de Langres, f° 176 v°). — *Rivières-les-Fousses*, 1464 (Arch. nat., P. 174¹, n° 330 bis). — *Rivière-les-Fosses*, 1675 (arch. Haute-Marne, G. 85). — *Rivières-les-Fosses*, 1732 (Pouillé de 1732, p. 34).

Rivière-les-Fosses dépendait, en 1789, de la province de Champagne, bailliage et élection de Langres. Son église paroissiale, dédiée à saint Mammès, était du diocèse de Langres, doyenné de Grancey. La présentation de la cure appartenait au chapitre de Langres, et la seigneurie à l'évêque.

Rizaucourt, c⁰ⁿ de Juzennecourt. — *Risocurt*, 1208 (arch. Aube, Clairvaux). — *Risocurt*, 1222 (Clairvaux). — *Risocort*, 1230 (Clairvaux). — *Risocuria*, 1232 (Clairvaux). — *Risaucuria*, 1244 (Clairvaux). — *Riseucourt*, 1249-1252 (Longnon, Rôles, n° 33). — *Risocort*, 1251 (Clairvaux). — *Rissocourt*, 1267 (Clairvaux). — *Risancours, Risoucourt*, 1274-1275 (Longnon, Doc. I, n⁰ˢ 6934, 7028). — *Rizaucourt*, 1508 (Arch. nat., P. 176¹, n° 407). — *Rizaulcourt*, 1555 (Clairvaux). — *Risaucourt*, 1689 (Arch. nat., Q¹. 691). — *Rizaucour*, 1732 (Pouillé de 1732, p. 79).

En 1789, Rizaucourt dépendait de la province de Champagne, bailliage de Chaumont, élection et prévôté de Bar-sur-Aube. Son église paroissiale, dédiée à l'Assomption, était du diocèse de Langres, doyenné de Bar-sur-Aube, et avait pour succursale l'église de Buchey. La collation de la cure appartenait à l'évêque.

Robert-Magnil, c⁰ᵐ de Montier-en-Der. — *Rimbert Masnil*, ix⁰ s. (polyptyque de Montier-en-Der, cartul. I, f° 129 r°). — *Rimberti Mensus, Rumberti Mansus*, 1127 (cartul. Montier-en-Der, I, f° 118 v°). — *Rumbert Mainil*, 1276-1278 (Longnon, Doc. II, p. 157). — *Robert Maigny*, 1534 (Montier-en-Der). — *La paroisse de Robertmagnil et Billory*, 1339 (Recueil Jolibois, X, f° 142). — *Robert Magniz*, 1588 (Montier-en-Der). — *Robertmesgnil*, 1648 (Montier-en-Der). — *Robert Magny*, 1700 (Dillon). — *Robert Magnil*, 1722 (Montier-en-Der).

Robert-Magnil dépendait, en 1789, de la province de Champagne, bailliage de Chaumont, prévôté de Vassy, élection de Joinville. Son église paroissiale, dédiée à saint Barthélemi, était du diocèse de Châlons-sur-Marne, doyenné de Perthe. La présentation de la cure appartenait à l'abbé de Montier-en-Der, qui avait aussi la seigneurie.

Robert-Mont, bois, cᵐᵉ de Guindrecourt-aux-Ormes.

Robert-Mont, bois, cᵐᵉ de Nomécourt.

Roche (La), f., cᵐᵉ d'Ageville.

Roche (La), mᵗⁿ et mⁿ is., cᵐᵉ d'Aubepierre.

Roche (La) ou Foulon-de-la-Roche, usine, cᵐᵉ de Chamarandes. — Le Foulon de la Roche, 1769 (Chalmandrier).

Roche (La), mᵗⁿ, cᵐᵉ de Giey-sur-Aujon.

Roche (La), chât. et mᵗⁿ, cᵐᵉ de Sommevoire.

Roche-Damas (La), colline, en forme de promontoire, cᵐᵉ de Signéville, où l'on a trouvé des traces de fortifications et des médailles romaines.

Roche-du-Four (La), tuil., cᵐᵉ de Perrancey.

Rochefontaine, h., cᵐᵉ de Courcelles-Val-d'Esnoms. — Les granges de Rochefontaine, 1770 (arch. Haute-Marne, C. 344).

Rochefort, cᵉⁿ d'Andelot. — Rochefort, Roiche Fort, vers 1252 (Longnon, Doc. II, p. 172, note). — Ruppis Fortis, 1295 (Septfontaines). — Roichefors, 1436 (Longnon, Pouillés, I). — Roichefort, 1447 (Arch. nat., P. 174¹, n° 301). — Rochefort-les-Audetots (lès-Andelot), 1769 (Chalmandrier).

Rochefort dépendait, en 1789, de la province de Champagne, bailliage de Chaumont, prévôté d'Andelot, élection de Chaumont. Son église, dédiée à l'Assomption, était du diocèse de Langres, doyenné de Chaumont. La présentation de la cure appartenait à l'abbé de Septfontaines. Rochefort, d'abord simple hameau, fut érigé en village par les religieux de Septfontaines, dans la charte de Blancheville (voir ce mot), en 1220.

Roche-l'Ermite (La), lieu dit, cᵐᵉ de Rolampont.

Rochelle (La), f., cᵐᵉ de Poinson-lez-Nogent. — La Rochelle, 1769 (Chalmandrier).

Rochelle (La), f., cᵐᵉ de Serqueux. — La Rochelle, 1858 (Dict. des postes de la Haute-Marne). — La Rochette, 1858 (Jolibois : La Haute-Marne, p. 502).

Rochère (La), fief, à Graffigny, érigé en 1667 (Durival, III, p. 171).

Roches (Les), f., cᵐᵉ de Noidant-Châtenoy.

Roche-sur-Marne, cᵐᵉ de Saint-Dizier. — Roca, 1235 (Recueil Jolibois, VII, f° 84). — Roche, 1378 (arch. Allier, Septfons). — Roches-sur-Marne, 1471 (Recueil Jolibois, VIII, f° 87). — Roches, 1532 (chapitre de Joinville). — Roche-sur-Marne, 1722 (Saint-Urbain).

En 1789, Roche-sur-Marne dépendait de la province de Champagne, bailliage de Chaumont, prévôté et châtellenie de Vassy, élection de Vitry, et suivait la coutume de Vitry. Son église paroissiale, dédiée à saint Martin, était du diocèse de Châlons-sur-Marne, doyenné de Joinville. La présentation de la cure appartenait au prieur de Saint-Thiébaud-lez-Vitry.

Roche-sur-Rognon, cᵐᵉ de Doulaincourt. — Domus de Roche, sita super fluvium Veiram, 1172 (Septfontaines). — Roiche, 1276 (Septfontaines). — Rocha, 1378 (Septfontaines). — Roiches ou vaul de Roingnon, 1379 (Septfontaines). — Royche, xivᵉ s. (Longnon, Pouillés, I). — Roches-sur-Rognon, 1733 (Arch. nat., Q¹. 684). — Roche-sur-Rognon, 1769 (Chalmandrier).

La Veira, citée en 1172, est le ruisseau de la Voire, et non la rivière de la Voire, quoiqu'il y ait, d'autre part, le château et le moulin de la Roche, au finage de Sommevoire, et par conséquent sur la Voire.

Roche-sur-Rognon faisait partie, en 1789, de la province de Champagne, bailliage de Chaumont, prévôté du Val-de-Rognon, élection de Chaumont. Son église paroissiale, dédiée à la Nativité de la Sainte-Vierge, était du diocèse de Langres, doyenné de Chaumont, et avait pour succursale l'église de Bettaincourt. La présentation de la cure appartenait à l'abbé de Septfontaines.

Rochetaillée, cᵉⁿ d'Auberive. — Rupes Incisa, vers 1135 (arch. Côte-d'Or, Morment). — Rocca Taillata, 1140 (Gall. christ., IV, instr., col. 170). — Rochetallue, 1188 (Auberive). — Rochetaillye, 1196 (Auberive). — Rocha Tayllata, xiiiᵉ s. (Morment). — Rupes Cissa, 1200 (Auberive). — Rupes Cisa, 1240 (Auberive). — Rochetaillée, 1222-1243 (Longnon, Doc. I, n° 4141). — Rochetaillée, Roichétaillie, 1249-1252 (Longnon, Rôles, n° 635, 637). — Ruppecissa, 1257 (arch. Haute-Marne, G. 536). — Roichetaillé, 1463 (Auberive). — Rochetaille, Rochetailles, 1517 (Auberive). — Roichetaillye, 1520 (Auberive).

Rochetaillée dépendait, en 1789, de la province de Bourgogne, bailliage de la Montagne ou de Châtillon-sur-Seine, intendance de Bourgogne. Son église, dédiée à saint Jean-Baptiste, était succursale de celle de Chameroy, diocèse et doyenné de Langres.

Rochette (La), fief, paroisse de Riaucourt, qui relevait de Chaumont. — La Rochette, xviiiᵉ s. (Arch. nat., Q¹. 689).

Rochevilliers ou Rocvilliers, chât. et f., cᵐᵉ de

Leffonds; anc. f. de la commanderie de Morment, anc. forge. — *La grange de Rouvilliers et le mambre de Crenay*, 1525 (arch. Côte-d'Or, Morment). — *Rovilliers*, 1579 (Morment). — *Rochvilliers*, 1722 (Morment). — *Rochevilliers*, xixᵉ s. (carte de l'Intérieur).

Dans la Haute-Marne, on prononce *Rovilliers*, en restant fidèle aux vieilles formes du nom.

Rôcourt-la-Côte, cᵉⁿ de Vignory. — *Raolcort*, 1466 (la Crête). — *Roocourt*, 1170 (la Crête). — *Roochult*, 1175 (Septfontaines). — *Roocort*, 1230 (prieuré de Condes). — *Radulficuria*, 1231 (prieuré de Condes). — *Roocuria*, 1233 (prieuré de Condes). — *Rocourt*, 1256 (la Crête). — *Raucourt*, 1321 (prieuré de Condes). — *Rocourt-la-Coste*, 1429 (Sexfontaine). — *Roocourt*, 1447 (Arch. nat., P. 174¹, n° 301). — *Roocourt-la-Coste*, 1488 (Thors). — *Rescourt la Coste*, 1498 (Arch. nat., P. 164¹, n° 1367). — *Roucourt la Coste*, *Rouecourt la Coste*, 1538 (Arch. nat., P. 174², n° 319). — *Rocour*, 1732 (Pouillé de 1732, p. 93). — *Roocourt-la-Côte*, 1769 (Chalmandrier). — *Rocour-la-Côte*, an XIII (Recueil Jolibois, VIII, fᵒ 88). — *Rôdcourt-la-Côte*, 1806 (dénombrement).

En 1789, Rôcourt-la-Côte dépendait de la province de Champagne, bailliage, élection et prévôté de Chaumont. Son église, dédiée à saint Martin, était succursale de celle de Viéville, diocèse de Langres, doyenné de Chaumont. Une partie de la seigneurie appartenait à la commanderie du Corgebin.

Rognon (Le), rivière qui prend sa source au bois d'Epinant, traverse les territoires d'Is-en-Bassigny, Donnemarie, Lanques, Pont-Minard, Forcey, Bourdons, la Vieille-Crête, Morteau, Andelot, Montot, Roche-sur-Rognon, Doulaincourt, Saucourt, les forges de Donjeux et se jette bientôt dans la Marne, rive droite, après un parcours de quarante-cinq kilomètres. — *Rodigio*, 1173 (la Crête). — *Le Roignon*, 1240 (Layettes n° 2876). — *Le Roignun*, 1244 (la Crête). — *Le Roingnon*, 1379 (Septfontaines). — *Le Rongnon*, 1397 (Arch. nat., P. 177¹, n° 539 *bis*). — *Le Rougnon*, 1538 (Arch. nat., P. 176⁴, n° 523). — *Le Rognon*, 1733 (Arch. nat., Q¹. 684).

Roidon (Le), f., cⁿᵉ de Rochefort; anc. grange de l'abbaye de Septfontaines. — *Terra de Roidon*, 1177 (Septfontaines). — *Roidon*, 1221 (Longnon, Doc. II, p. 173, note — *Le gagnage de Roidon*, 1592 (Septfontaines). — *Le Roydon*, 1773 (arch. Haute-Marne, C. 262).

Roisottes (Les), f. et mⁱⁿ, cⁿᵉ de Troischamps, section A.

Rolampont, cᵉⁿ de Neuilly-l'Evêque. — *In eodem pago* (Lingonico), *in loco qui dicitur Radalenis Pons*, 834 (Roserot, Dipl. carol., p. 8). — *Ecclesia de Releponte*, 1170 (chapitre de Langres). — *Relempont*, 1242 (chapitre de Langres). — *Relempont*, 1249-1252 (Longnon, Rôles, nº 614). — *Ralempons*, 1298 (arch. Côte-d'Or, Morment). — *Relampont*, 1321 (arch. Haute-Marne, chapitre de Langres). — *Relampons*, xivᵉ s. (Longnon, Pouillés, I). — *Relampont*, 1414 (arch. de Langres). — *Relampont ou Roland Pont*, 1769 (Chalmandrier). — *Rollampont*, 1770 (arch. Haute-Marne, C. 344).

La prononciation en usage dans la Haute-Marne est restée fidèle à la vieille forme de ce nom : on prononce *Relampont*, mais sans faire sonner l'*e*.

Rolampont dépendait, en 1789, de la province de Champagne, bailliage et élection de Langres. Son église paroissiale, dédiée à saint Pierre-ès-Liens, était du diocèse de Langres, doyenné d'Is-en-Bassigny. La présentation de la cure appartenait au chapitre de Langres, qui avait aussi la seigneurie.

Romains-sur-Meuse, cᵉⁿ de Bourmont. — *Romans*, 1145 (Pflugk-Harttung, p. 178). — *Romanas*, 1170 (*ibid.*, p. 246). — *Romains*, 1163 (Morimond). — *Villa que Romanis dicitur, Alodium de Romens*, 1165 (Morimond). — *Romaens*, 1237 (Morimond). — *Romeins*, 1241 (Morimond). — *Roumeins*, 1249-1252 (Longnon, Rôles, nº 1310). — *Romains ante Bourmontem*, 1402 (Pouillé de Toul). — *Romains sur Meuse*, 1443 (Arch. nat., P. 174¹, nº 299). — *Romains sur Meuze*, 1539 (Arch. nat., P. 174², nº 322). — *Romain-sur-Meuze*, 1675 (Morimond). — *Romain-sur-Meuse*, 1779 (Durival, III, p. 362).

En 1789, Romains-sur-Meuse dépendait du Barrois, bailliage de la Marche, intendance de Lorraine et Barrois. Son église paroissiale, dédiée à saint Èvre, était du diocèse de Toul, doyenné de Bourmont. La présentation de la cure appartenait au prieur de Bourg-Sainte-Marie.

Rommecourt, fief qui se composait d'une partie de la seigneurie de Marault. — *Rommecourt*, 1683 (Arch. nat., Q¹. 691).

Roncourt, lieu dit, cⁿᵉ d'Andilly, section A.

Roscourt, lieu dit, cⁿᵉ de Rançonnières, section C.

Rondchamp (Le), f., cⁿᵉ de Liffol-le-Petit.

Rondelet (Le), mⁱⁿ, cⁿᵉ de Louvières. — *Le Bondelet*, 1889 (ann. Haute-Marne).

Rondet (Le), f. et m^in, c^ne d'Esnouveaux. — *Le Rondez*, 1889 (ann. Haute-Marne).

Rongeant (Le), anc. fourneau, c^ne de Joinville, sur le cours d'eau du même nom.

Roquette (La), m^on is., c^ne de Grandchamp (ann. (Haute-Marne, 1889).

Roserelles (Les), m^in, c^ne de Fresne-sur-Apance.

Rosery (Le), f., c^ne de Villiers-sur-Suize.

Roseval, m^on isol., c^ne de Sarcicourt, construite au xixe siècle.

Rosière (La), f., c^ne de Vessaignes-sur-Marne. — *La Rosière*, 1769 (Chalmandrier). — *La grange de la Rozière*, 1770 (arch. Haute-Marne, C. 344).

Rosières, c^en de Montier-en-Der. — *Roserias*, 1082 (cartul. Montier-en-Der, I, f° 59 r°). — *Rosières*, 1482 (Montier-en-Der). — *Rozières, en la parroisse de Sommevoire*, 1555 (Montier-en-Der). — *Rozière*, 1700 (Dillon). — *Baubiac*, époq. révolut. (Figuères).

En 1789, Rosières dépendait de la province de Champagne, bailliage de Chaumont, prévôté de Bar-sur-Aube. Son église, dédiée à sainte Barbe, était succursale de celle de Sommevoire, diocèse de Troyes, doyenné de Margerie. La citation de 1555 prouve que Rosières faisait anciennement partie de la paroisse de Sommevoire.

Rosières, f. détr., c^ne de Chantraine; elle appartenait à l'abbaye de Septfontaines. — *Roserias*, 1134 (Septfontaines). — *Rozière*, 1706 (la Crête). — *La ferme de Rozières, situé sur le finage du dit Chantraine*, 1741 (la Crête). — *Rosières*, 1769 (Chalmandrier).

Rosières, village détr., près de Marac, qui avait, en 1120, une église dépendant de l'abbaye de Saint-Étienne de Dijon (Roussel, Le Diocèse de Langres, II, p. 355).

Rosoy, c^en du Fays-Billot. — *Rossoy*, 1202 (Beaulieu). — *Rosayn*, 1227 (Beaulieu). — *Rousoy*, 1249 (Beaulieu). — *Rosoy*, 1289 (Beaulieu). — *Rosetum*, 1292 (Beaulieu). — *Rozoy*, 1577 (Arch. nat., P. 176¹, n° 443).

Rosoy dépendait, en 1789, de la province de Champagne, bailliage de Chaumont, prévôté de Nogent-le-Roi, élection de Langres (pour partie). Son église paroissiale, dédiée à saint Gengoul, était du diocèse de Langres, doyenné de Pierrefaite. La collation de la cure appartenait à l'évêque.

Rotebeau, f., c^ne de la Ferté-sur-Amance. — *Rotebot*, 1769 (Chalmandrier).

Roteux (Le), petite rivière, qui prend sa source dans le bois de Fresnoy, parcourt le canton de Bourbonne et se jette dans l'Apance. — *Rivus de Rousth*, 1212 (Morimond).

Roteux (Le), m^in, sur le ruisseau du même nom, c^ne de Parnot. — *Le Rotheux*, 1737 (Arch. nat., Q¹. 694). — *Le Roteux*, 1769 (Chalmandrier). — *Le moulin Roulleux*, 1770 (arch. Haute-Marne, C. 344).

Rouécourt, c^en de Doulaincourt. — *Rohencurtis, Rohecort*, 1108 (Arbaumont, Prieuré de Vignory, p. 28 et 152). — *Ruicort*, vers 1200 (Longnon, Doc. I, n° 2146). — *Roycourt*, 1326 (Longnon, Doc. I, n° 5784). — *Roheicuria*, 1402 (Pouillé de Toul). — *Rouécourt*, 1447 (Arch. nat., P. 174¹, n° 301). — *Roécourt*, 1544 (arch. Aube, Clairvaux). — *Roüécourt*, 1763 (arch. Haute-Marne, C. 317).

Rouécourt dépendait, en 1789, de la province de Champagne, bailliage et prévôté de Chaumont, élection de Joinville. Son église paroissiale, dédiée à l'Assomption, était du diocèse de Toul, doyenné de la Rivière-de-Blaise. La présentation de la cure appartenait à l'archidiacre de Reynel.

Rouelles, c^en d'Auberive. — *Ruelcs*, 1178 (Auberive). — *Roellaa*, 1219 (Auberive). — *Roello*, 1232 (Auberive). — *Roelos*, 1243 (Auberive). — *Rouelles*, 1586 (Auberive). — *Rouelle*, 1769 (Auberive).

En 1789, Rouelles formait une enclave de Bourgogne en Champagne et dépendait du bailliage de la Montagne ou de Châtillon-sur-Seine, intendance de Bourgogne. Son église, dédiée à l'Assomption, était succursale de celle de Vitry-en-Montagne, diocèse et doyenné de Langres.

Manufacture de glaces, auj. détr., établie en 1759.

Rouge-Grange (La), lieu dit, c^ne de Charmes-en-l'Angle, section A.

Rougelot, m^on isol., c^ne de Heuilley-le-Grand.

Rougers (Les), f., c^ne de Couzon.

Rougeux, c^en du Fays-Billot. — *Rogeolus*, 1198 (Beaulieu). — *Ruegol*, 1213 (Beaulieu). — *Rojol*, 1248 (Beaulieu). — *Roguel*, 1255 (Beaulieu). — *Roiguel*, 1312 (Beaulieu). — *Rougieul*, 1379 (Beaulieu). — *Rubeolus*, 1451 (Beaulieu). — *Rougeul*, 1459 (Beaulieu). — *Rougeux*, 1463 (Beaulieu). — *Rongeux*, 1700 (Dillon).

En 1789, Rougeux dépendait de la province de Champagne, bailliage de Langres, par démembrement de celui de Chaumont, prévôté de Coiffy, élection de Langres. Son église, dédiée à l'Assomption, était succursale de Hortes, diocèse de Langres, doyenné de Pierrefaite.

Une partie de la seigneurie appartenait à la commanderie de la Romagne (Côte-d'Or) et l'autre à l'abbaye de Beaulieu.

Rocillot (Le), f., cⁿᵉ de Chassigny.

Route (La), f., cⁿᵉ d'Anrosey. — *Moulin la Route*, 1769 (Chalmandrier).

Rouville, f., cⁿᵉ de Cour-l'Évêque. — *Raovilla*, 1224 (Longuay). — *Raouvilla, Raouvile, Raouville*, xiiiᵉ s. (cartul. Longuay, fᵒ 83 rᵒ, nᵒˢ XIII, XVI). — *Roville*, 1858 (Dict. des postes de la Haute-Marne, et cadastre, section A). — *Ranville*, 1858 (Jolibois : La Haute-Marne, p. 168). — *Rouville*, 1882 (Dict. général des postes).

Rouvre-sur-Aube, cⁿᵉ d'Auberive. — *Rovra*, 1189 (Auberive). — *Rouvre*, 1575 (Longuay). — *Rouvre-sur-Aulbe*, 1609 (Longuay). — *Rouvre-sur-Aube*, 1675 (arch. Haute-Marne, G. 85). — *Rouvres-sur-Aube*, 1889 (ann. Haute-Marne).

Rubrum, in comitatu Barrensi, est cité dans une charte de 935, mais ce nom peut s'appliquer aussi à Rouvre (Aube), canton de Bar-sur-Aube.

Rouvre-sur-Aube dépendait, en 1789, de la province de Champagne, bailliage et élection de Langres. Son église paroissiale, dédiée à saint Pierre et saint Paul, était du diocèse et du doyenné de Langres. La collation de la cure appartenait à l'évêque.

Rouvroy, cⁿ de Doulaincourt. — *Rovreium*, 1140 (Saint-Urbain). — *Rovroi*, 1209 (Saint-Urbain). — *Rouvroi*, 1233 (Saint-Urbain). — *Rouvroy*, 1397 (Arch. nat., P. 177¹, nᵒ 539 *bis*).

En 1789, Rouvroy dépendait de la province de Champagne, bailliage de Chaumont, prévôté de Vassy, élection de Joinville. Son église paroissiale, dédiée à saint Martin, était du diocèse de Châlons-sur-Marne, doyenné de Joinville. La présentation de la cure appartenait à l'abbé de Saint-Urbain.

Roux, mⁱⁿ, cⁿᵉ de Lanne. — *Moulin Roux*, 1678 (chapitre de Langres). — *Moulin Ros*, xixᵉ s. (cadastre, section D).

Roy, mⁱⁿ, cⁿᵉ de Langres.

Ruaux (Les), faubourg de Joinville.

Ru-Chanois (Le), écart détr., cⁿᵉ d'Anrosey. — *Le Ru-Chanois*, 1769 (Chalmandrier). — *Le Ruchanois*, xviiiᵉ s. (Cassini).

Ru-d'Acherey (Le), mⁱⁿ, cⁿᵉ d'Esnouveaux.

Ru-de-Chassigny (Le), f., cⁿᵉ de Chassigny. — *Moulin de Rupt*, 1769 (Chalmandrier).

Ru-de-Chevry (Le), f., cⁿᵉ de Droye. — *Rue-de-Chevry*, xviiiᵉ s. (Cassini). — *Ru de Chevry*, xixᵉ s. (État-major).

Ru-de-l'Orme (Le), f., cⁿᵉ de Neuilly-l'Évêque. — *Le Rupt de l'Orme*, 1858 (Jolibois : La Haute-Marne, p. 387). — *Le Rupt d'Ormes*, 1858 (Dict. des postes de la Haute-Marne). — *Le Rupt d'Orme*, xixᵉ s. (carte de l'Intérieur).

Ru-des-Rottes (Le), tuil., cⁿᵉ de Voisey.

Ru-d'Herbe (Le), f., cⁿᵉ de Bourbonne-les-Bains. — *Le Rupt d'Herbe*, 1858 (Dict. des postes de la Haute-Marne).

Ru-Dieu (Le), f., cⁿᵉ de Coublant. — *Le Rupt de Dieu*, 1769 (Chalmandrier). — *Le Rupt-Dieu*, 1858 (Jolibois : La Haute-Marne, p. 341).

Ru-d'Osne (Le), f., cⁿᵉ de Montier-en-Der; anc. hameau. — *Le hameau des Rusdosnes*, 1763 (arch. Haute-Marne, C. 317). — *Rup d'Aunes*, xviiiᵉ s. (Cassini). — *Le Rupt d'Osne*, 1858 (Jolibois : La Haute-Marne, p. 371). — *Les Rups d'Aunes*, 1889 (État-major).

Rue (La), fief, à Orges, qui relevait de la Ferté-sur-Aube. — *La Rue*, 1603 (Arch. nat., P. 189², nᵒ 1587).

Ruetz, f., cⁿᵉ de Gourzon; commanderie du Temple, puis de l'ordre de Malte, fondée vers 1137. — *Terra que Ruellus dicitur, in territorio Gourzon*, 1137 (Ruetz). — *Rueys*, 1193 (Thors). — *Li freire de la chevalerie dou Temple de Rués*, 1256 (Ruetz). — *Ruels*, 1261 (Ruetz). — *Ruex*, 1263 (Ruetz). — *Ruaus*, 1274 (Ruetz). — *Ruiels, Ruiaus*, 1277 (Ruetz). — *Ruelz*, 1401 (Arch. nat., P. 189², nᵒ 1588). — *Ruetz*, 1576 (Arch. nat., P. 189¹, nᵒ 1585). — *Ruel*, 1605 (Ruetz). — *Ruè*, 1700 (Dillon). — *La commanderie de Rüel*, 1763 (arch. Haute-Marne, C. 317). — *Les Ruetz*, xixᵉ s. (cadastre, section A).

Ruetz, tuil., cⁿᵉ de Narcy.

Rupt, cⁿᵉ de Joinville. — *Rivus*, 854 (cartul. Montier-en-Der, I, fᵒ 20 rᵒ). — *Ruz*, 1189 (Jobin, Prieuré du Val-d'Osne, p. 44). — *Ra*, 1268 (Saint-Urbain). — *Ruz devant Joinville*, 1293 (cartul. chapitre de Joinville, fᵒ 5 rᵒ). — *Rus delez Joinville-sur-Marne*, 1299 (chapitre de Reynel). — *Rups*, 1339 (Saint-Urbain). — *Rups delez Joinville*, 1401 (Arch. nat., P. 189², nᵒ 1588). — *Rups lès Joinville*, 1418 (Jobin, Val-d'Osne, p. 53). — *Rupt*, 1576 (Arch. nat., P. 189¹, nᵒ 1585).

Ce village a été confondu avec Rupt-aux-Nonnains (cant. d'Ancerville [Meuse]), qui n'en est pas très éloigné. (Voir Jolibois : La Haute-Marne, p. 475; Roussel : Dioc. de Langres, II, p. 537).

Rupt dépendait, en 1789, de la province de

Champagne, bailliage de Chaumont, prévôté de Vassy, élection de Joinville. Son église paroissiale, dédiée à l'Assomption, était du diocèse de Châlons-sur-Marne, doyenné de Joinville. La présentation de la cure appartenait à l'abbé de Saint-Urbain.

Rupt-du-Rondi (Le), écart, c^ne de Hortes. — *Rupt-Haut du Cherin*, 1769 (Chalmandrier). — *Rupt-Haut du Cherain*, XVIIIe s. (Cassini). — *Rupt-du-Rondi*, XIXe s. (carte de l'Intérieur).

Russey, lieu dit, c^ne de Châtenay-Mâcheron, section A.

S

Sabinière (La), lieu dit, c^ne d'Esnoms, section C.

Saboterie (La), lieu dit, c^ne de Paroy, section C.

Sabotières (Les), lieu dit, c^ne d'Aizanville, section A.

Sacquenay, fief, c^ne du Fays-Billot.

Sacquenay, fief qui relevait de Sarrey.

Sailly, c^ne de Poissons. — *Sailleium*, vers 1200 (Longnon, Doc. I, n° 2443). — *Salleyi*, 1220 (Boulancourt). — *Sailli*, 1244 (Saint-Urbain). — *Saillé*, 1247 (Ruetz). — *Sailei*, 1250 (Layettes, n° 3887). — *Sailley*, 1254 (Saint-Urbain). — *Salli*, 1258 (arch. Meurthe, Saint-Mihiel, 4, S¹). — *Saili, Saillei*, 1263 (arch. Meurthe-et-Moselle, B. 722, n°s 23 et 24). — *Salley*, 1284 (Saint-Urbain). — *Sallei*, fin du XIIIe s. (cartul. Saint-Laurent de Joinville, n° XXIX). — *Sailly*, 1304 (Longnon, Doc. I, p. 439, n° 2). — *Sailly*, 1763 (arch. Haute-Marne, C, 317).

En 1789, Sailly dépendait de la province de Champagne, bailliage de Chaumont, prévôté d'Andelot, élection de Joinville. Son église paroissiale, dédiée à saint Maurice, était du diocèse de Toul, doyenné de Reynel. La présentation de la cure appartenait au chapitre de Joinville.

Il y avait un chapitre, fondé dans la chapelle castrale, sous le vocable de Notre-Dame.

Saint-Agnan, lieu dit, c^ne de Poissons, section B.

Saint-Alarmont, fief, c^ne d'Outremécourt, sur le territoire de l'ancienne ville de la Mothe. C'était aussi le vocable du chapitre de la Mothe. — *Saint Alarmont, saint Hilairemont ou Alarmont*, 1779 (Durival, II, p. 168; III, p. 6).

Saint-Amand, chap. détr., c^ne de Liffol-le-Petit.

Voir Saint-Avent.

Saint-Amand, fief, qui se composait d'une partie de la seigneurie de Pancey.

Saint-Amand, église et m^ln détr., c^ne de Poissons, section F. — *Moulin Saint Amant de Pisson*, 1258 (Saint-Urbain).

Saint-Amâtre, église paroissiale et prieuré, dépendant de Saint-Bénigne de Dijon, à Langres. — *Exceptis his rebus quae sub jure ac potestate sanc-*

torum Amatoris et Ferreoli esse noscuntur, 834 (Roserot, Dipl. carol., p. 8). — *Saint-Amatre*, 1409 (arch. de Langres). — *Prioratus, parochialis ecclesia, Sancti Amatoris de Lingonis*, 1732 (Pouillé de 1732, p. 7 et 9).

La cure de Saint-Amâtre était à la présentation du prieur. Le prieuré fut uni au grand séminaire de Langres par bulle d'Urbain VIII, en 1625 (Roussel, Dioc. de Langres, II, p. 319).

Saint-Ambouche, lieu dit, c^ne de Bierne, section B. — *Val-Saint-Ambouche*, 1844 (cadastre).

Saint-Ambroise, lieu dit, c^ne de Bricon, section A.

Saint-Amou, f., c^ne de Noncourt.

Saint-André, lieu dit, c^ne du Fays-Billot, section C.

Saint-Anseaume, maison religieuse détruite, près de Rôcourt-la-Côte.

Saint-Antoine, lieu dit, c^ne d'Andelot, section A.

Saint-Antoine et Saint-Évrard, chap. dét., c^ne d'Aprey, au territoire de Servin. — *Capella sanctorum Antonii et Eudvrardi, seu Euvrardi, loci de Servain, prope d'Aujeurre seu d'Anjeurre*, 1696 (arch. Haute-Marne, G. 892, f. 115 r°).

La collation appartenait à l'évêque de Langres.

Saint-Antoine, f., c^ne de Bourbonne-les-Bains, section E. — *La grange de Saint-Antoine*, 1770 (arch. Haute-Marne, C. 344).

Saint-Antoine, lieu dit, c^ne de Champigny-sous-Varennes, section B.

Saint-Antoine, f., c^ne de Curel.

Saint-Antoine, c^ne d'Enfonvelle, section B.

Saint-Antoine, fontaine, c^ne de Langres, section B.

Saint-Antoine, lieu dit, c^ne de Leschères. — *Saint-Antoine*, XIXe s. (État-major).

Saint-Antoine, lieu dit, c^ne de Morancourt, section A.

Saint-Antoine, écart, c^ne de Pouilly (ann. Haute-Marne, 1889).

Saint-Antoine, lieu dit, c^ne de Vesaignes-sur-Marne, section B.

Saint-Aubin, f., c^ne de Moëlain.

Saint-Avent, lieu dit, c^ne de la Fauche, section B.

Saint-Avent, lieu dit, c^ne de Liffol-le-Petit, section A. — *Saint Avant*, xviiie s. (Cassini).

Saint-Barthélemi, lieu dit, c^ne de Bricon, section A. — *Poirier Saint-Barthélemy*, 1847 (cadastre).

Saint-Barthélemi, chap. détr., c^ne de Châteauvillain.

Saint-Bénigne, chap., c^ne d'Orcevaux.

Saint-Bercaire, chap., c^ne de Montier-en-Der. — *Saint-Bercaire*, xviiie s. (Cassini).

Saint-Bernard, lieu dit, c^ne d'Autreville, section A.

Saint-Blin, ch.-l. de cant., arrond. de Chaumont. — *Brittiniaca curtis*, vers 767 (Gall. christ., XIII, col. 966). — *Hertiniaca curtis*, 992 (Pérard, p. 166). — *Oratorium sancti Benigni Bertiniacae curtis*, 1005 (Gall. christ., XIII, col. 983). — *Bertinensa curtis, Bertineaca curtis*, 1231 (Arbaumont, Prieuré de Vignory, p. 50 et 51). — *Sanctus Benignus*, 1402 (Pouillé de Toul). — *Saint Belin*, 1649 (Roserot, États généraux, n° 14). — *Saint Blain*, 1770 (arch. Haute-Marne, C. 262).

Le nom de *Bertiniaca curtis* a été identifié par erreur avec celui de Bétignicourt (Aube), à propos du prieuré (H. d'Arbois de Jubainville : Comtes de Champ., cat., n°s 313, 2962; Boutiot et Socard : Dict. topogr. de l'Aube). Bétignicourt n'avait pas de prieuré et dépendait du diocèse de Troyes, doyenné de Margerie.

Saint-Blin dépendait, en 1789, de la province de Champagne, bailliage et élection de Chaumont, prévôté d'Andelot. Son église paroissiale, dédiée à l'Assomption, était du diocèse de Toul, doyenné de Reynel. La présentation de la cure appartenait au prieur.

Le prieuré de Saint-Blin, de l'ordre de saint Benoit, dépendait de l'abbaye de Saint-Bénigne de Dijon.

Saint-Bon, ferme-école départementale, c^ne de Champcourt; anc. prieuré, du diocèse de Châlons-sur-Marne, ordre de Saint-Benoit, dépendant de Montier-en-Der. — *Prieuré de saint Bon de Chancourt*, 1598 (Montier-en-Der). — *Prioratus sancti Boniti de Champecour*, 1732 (Pouillé de 1732, p. 70).

Saint-Brice, village détr., près de Doulaincourt. — *Sanctus Bricius*, 1245 (arch. Aube, Clairvaux). — *Sanctus Briccius*, 1248 (Clairvaux). — *Sanz Brez*, 1253 (Clairvaux). — *Sainct Brice*, 1603 (Clairvaux). — *Capella sub invocatione Sancti Brictii, in Valle Rodigionis, vulgo au Val de Rognon*, 1672 (chapitre de Langres). — *Saint Brice*, 1769 (Chalmandrier).

L'église de Saint-Brice, détruite il y a seulement un siècle, appartenait à l'abbaye de Sept-

fontaines et était, sans doute, comme celle de Doulaincourt, du diocèse de Langres, doyenné de Chaumont.

Le nom de Saint-Brice est encore porté par un bois, même finage.

Saint-Brice, h. détr., c^ne de Chatonrupt, section D. — *Champ Saint-Brice*, xixe s. (cadastre).

Saint-Brice, lieu dit, c^ne de Langres, section D. — *Champ Saint Brice, granges Saint-Brice*, xixe s. (cadastre).

Saint-Broingt-le-Bois, c^ne de Longeau. — *Sanctus Benignus de Nemore*, 1224 (arch. Haute-Marne, G. 407). — *Sanctus Benignus in Bosco*, 1330 (arch. Haute-Marne, G. 394). — *Saint Beroing le Bois*, 1404 (arch. Haute-Marne, G. 406). — *Saint Beroing le Boys*, 1464 (Arch. nat., P. 174^3, n° 330 bis). — *Sainct Beroing le Boys*, 1554 (chapitre de Langres). — *Saint Broing le Bois*, 1782 (Pouillé de 1732, p. 28). — *Saint Beroin le Bois*, 1770 (arch. Haute-Marne, C. 344).

La forme *Sanctus Benignus de Bosco* a été employée pour désigner Saint-Broingt-les-Moines (Côte-d'Or), prieuré dépendant de Molême.

Saint-Broingt-le-Bois faisait partie, en 1789, de la province de Champagne, bailliage et élection de Langres. Son église, dédiée à saint Bénigne, était succursale de celle de Heuilley-le-Grand, diocèse de Langres, doyenné du Moge. La seigneurie appartenait au chapitre de Langres.

Saint-Broingt-les-Fosses, c^ne de Prauthoy. — *Senz Berenz*, 1189 (Auberive). — *Sanctus Bereng*, 1204 (Auberive). — *Sanctus Benignus de Foveis*, 1225 (arch. Haute-Marne, G. 215). — *Sanctus Benignus juxta Sureium*, 1231 (Auberive). — *Saint Baroing des Fosses*, 1289 (Auberive). — *Sanctus Benignus ad Faveas*, 1293 (arch. Haute-Marne, G. 210). — *Sanctus Benignus in Foveis*, 1329 (arch. Haute-Marne, G. 213). — *Saint Baroing les Fosses*, 1336 (Arch. nat., JJ. 70, f° 104 r°, n° 235). — *Saint Beroing les Fousses*, 1464 (Arch. nat., P. 174^3, n° 330 bis). — *Saint Beroing les Fosses*, 1554 (arch. Haute-Marne, G. 210). — *Sainct Beroing les Fosses*, 1570 (Arch. nat., P. 176^3, n° 499). — *Saint Broing les Fosses*, 1732 (Pouillé de 1732, p. 29). — *Saint Beroin les Fosses*, 1770 (arch. Haute-Marne, C. 344).

En 1789, Saint-Broingt-les-Fosses dépendait de la province de Champagne, bailliage et élection de Langres. Son église paroissiale, dédiée à saint Bénigne, était du diocèse de Langres, doyenné du Moge. La présentation de la cure appartint

successivement au maître de Sussy et à l'hôpital de
la Charité de Langres, auquel fut uni l'hôpital
de Sussy.

La seigneurie appartenait à l'évêque de Langres et ressortissait à son comté de Montsaugeon.

SAINT-CHARLES, chap. dét., cⁿᵉ de Clinchamp. —
Chapelle Saint-Charles, XVIIIᵉ s. (Cassini).

Elle était située sur un monticule, au nord.

SAINT-CIERGUE, cⁿᵉ de Langres. — *Sanctus Sergius,*
1207 (chapitre de Langres). — *Sanctus Cyriacus,*
1223 (chapitre de Langres). — *Sanctus Ciricus,*
1226 (chapitre de Langres). — *Sanctus Cirgus,*
1249-1252 (Longnon, Rôles, n° 640). — *Saint-
Siergue,* 1274-1275 (Longnon, Doc. I, n° 6974).
— *Saint Cierge, Saint Cierve,* 1326 (Longnon,
Doc. I, nᵒˢ 5824, 5910). — *Saint Ciergue,* 1675
(arch. Haute-Marne, C. 85). — *Saint Ciergues,*
1770 (arch. Haute-Marne, C. 344).

En 1789, Saint-Ciergue dépendait de la province de Champagne, bailliage et élection de Langres. Son église, dédiée à saint Cyr, était succursale de celle de Perrancey, diocèse et doyenné
de Langres. La seigneurie appartenait au chapitre de
Langres.

SAINT-CLAUDE, chap. détr., cⁿᵉ d'Andelot, section D.
— *Saint Claude,* 1769 (Chalmandrier).

SAINT-CLAUDE, lieu dit, cⁿᵉ de Clefmont, section A.

SAINT-CLAUDE, chap. détr., cⁿᵉ de la Ferté-sur-Aube.
— *Capella S. Claudii, à Laferté supra Albam,*
1732 (Pouillé de 1732, p. 82).

Cette chapellenie était à la présentation du
prieur de la Ferté.

SAINT-CLAUDE, chap. détr., qui était dans l'ancien
cimetière d'Is-en-Bassigny. — *Saint-Claude,* 1769
(Chalmandrier).

SAINT-CLAUDE, lieu dit, cⁿᵉ d'Isôme, section B. —
Combe Saint-Claude, XIXᵉ s. (cadastre).

SAINT-CLAUDE, lieu dit, cⁿᵉ de Narcy, section D.

SAINT-CLAUDE, lieu dit, cⁿᵉ de Vignory, section B.

SAINT-CRÉPIN, lieu dit, cⁿᵉ de Vassy, section F. —
Pré Saint-Crépin, 1849 (cadastre).

SAINT-DENIS, lieu dit, cⁿᵉ de Sommancourt, section B.

SAINT-DENIS, lieu dit, cⁿᵉ de la Villeneuve-en-Angoulancourt, section C. — *Faubourg Saint-Denis,*
XIXᵉ s. (cadastre).

SAINT-DIDIER, lieu dit, cⁿᵉ d'Aubepierre, section B.

SAINT-DIDIER, lieu dit, cⁿᵉ de Cerisières, section D. — *Fontaine Saint-Didier,* XIXᵉ s. (cadastre).

SAINT-DIDIER, lieu dit, cⁿᵉ de Courcelles-en-Montagne,
section B.

SAINT-DIDIER, font., chap. détr., cⁿᵉ de Courcelles-
sur-Blaise, section A. — *Saint Didier,* XVIIIᵉ s.
(Cassini).

SAINT-DIDIER, lieu dit, cⁿᵉ d'Épizon, section A. —
Croix-Saint-Didier, fontaine Saint-Didier, XIXᵉ s.
(cadastre).

SAINT-DIDIER, lieu dit, cⁿᵉ de Hortes, section B.

SAINT-DIDIER, lieu dit, cⁿᵉ de Jorquenay, section C.

SAINT-DIDIER, faub. de Langres. Anc. prieuré, sous
le vocable de saint Didier et sainte Madeleine,
dépendant de l'abbaye de Molême, ordre de saint
Benoît, et anciennement de l'ordre de saint Augustin. — *Ecclesia beati Desiderii, infra muros
Lingonicae urbis,* 1101 (arch. Côte-d'Or et Gall.
christ., IV, instr., col. 149). — *Vicus Sancti
Desiderii,* 1351 (arch. Haute-Marne, chapitre de
Langres).

SAINT-DIDIER, lieu dit, cⁿᵉ de Montsaon, section C.
— *Fontaine Saint Didier,* XIXᵉ s. (cadastre).

SAINT-DIDIER, lieu dit, cⁿᵉ de Prez-sous-la-Fauche,
section C. — *Clos Saint-Didier,* XIXᵉ s. (cadastre).

SAINT-DIZIER, ch.-lieu de cant., arrond. de Vassy. —
*Olonna, cum ecclesia una in honore sancti Desiderii
consecrata,* 854 ou 858 (cartul. Montier-en-Der,
I, f° 23 r°). — *Actum Pertense, ad basilicam
Sancti Desiderii, ubi vocabulum est Olunna, vico
publico,* 875 ou 876 (cartul. Montier-en-Der, I,
f° 21 v°). — *Olona,* 1151 (arch. Marne. Troisfontaines). — *Sanctus Desiderius,* 1190 (Troisfontaines). — *Olonia,* 1208 (Saint-Urbain). —
Saint Disier, 1245 (arch. Marne, Saint-Jacques
de Vitry). — *Saint Desier,* 1246 (Saint-Jacques
de Vitry). — *Seint Disier,* 1252 (Layettes, n° 4018).
— *Saint Dysier,* 1289 (arch. Aube, Clairvaux).
— *Saint Disié,* 1320 (Longnon, Doc. I, p. 443,
2ᵉ col.). — *Saint Dizier,* 1471 (Recueil Jolibois,
VIII, f° 87). — *Saint Disier en Partois, Saint Disier en Partoys, Saint Disier en Portoys,* 1484,
1498 et 1499 (Arch. nat., P. 163¹, nᵒˢ 812,
814 et 817). — *Sainct Disier,* 1539 (Arch. nat.,
P. 183¹, n° 1298). — *Sainct Dizier,* 1541 (Arch.
nat., P. 183¹, n° 1299).

M. d'Herbomez, dans les notes de son édition
du Cartulaire de Gorze (*Mettensia,* II, p. 376),
hésite à maintenir l'identification avec Saint-Dizier de la localité dite *Holonna,* dans la charte
n°2, puis *Solomna,* dans la charte n° 3, attribuées
toutes deux à l'année 754. Il serait plus juste d'y
voir plutôt le village de Sommelonne (Meuse).
C'est aussi notre opinion.

Saint-Dizier dépendait, en 1789, de la province de Champagne, bailliage de Chaumont, prévôté de Vassy, élection de Vitry, et était le siège

d'une subdélégation de l'intendance de Champagne.

Son église, dédiée d'abord à saint Didier, puis à l'Assomption de Notre-Dame, était le siège d'une cure du diocèse de Châlons-sur-Marne, doyenné de Joinville, à la collation de l'abbé de Montier-en-Der. *Voir aussi* Gigny et La Noue.

Outre l'abbaye de Notre-Dame, réunie à Saint-Jacques de Vitry en 1747, il y avait des couvents de capucins, régentes, ursulines, visitandines, et deux hôpitaux.

Sainte-Ame, monticule, c^ne de Joinville ou de Vecqueville, sur lequel était un prieuré du titre de Sainte-Ame, dépendant de l'abbaye de Saint-Urbain, paraissant avoir eu pour origine une église ou chapelle, de ce vocable, donnée à Saint-Urbain par Bernon, évêque de Châlons-sur-Marne (878-882); uni à l'hôpital de Sainte-Croix de Joinville, en 1567, et remplacé alors par un couvent de Cordeliers. — *Ecclesiam Sancte Ame, per manum Bernonis catalaunensis episcopi concessam,* 1131 (Saint-Urbain). — *Molendinum quod est prope collem Sancte Ame ecclesie,* 1195 (Saint-Urbain). — *Monachi de Sancta Ama,* 1204 (Saint-Urbain). — *Li prioleis de Saint Ame...,* pour ces molins de Saint Ame, 1264 (Saint-Urbain). — *Sainte Ame,* 1401 (Arch. nat., P. 189², n° 1588). — *Sainct Ame,* 153a (chapitre de Joinville). — *Sainte Ame lez Joinville,* 1631 (Montier-en-Der). — *Sainte Ame,* xviiie s. (Cassini).

Sainte-Anastasie, chap. c^ne de Semoutier. — *Sainte Anastasie,* 1769 (Chalmandrier).

Sainte-Anne, chap. détr. et lieu dit, c^ne d'Arc-en-Barrois, sections A et B. — *Sainte-Anne,* 1769 (Chalmandrier).

Cette chapelle était située au pied du monticule de la Motte et fut élevée pendant la peste de 1629.

Sainte-Anne, lieu dit, c^ne d'Autreville, section A. — *Val-Sainte-Anne,* xixe s. (cadastre).

Sainte-Anne, lieu dit, c^ne de Brainville, section C. — *Côte Sainte-Anne,* xixe s. (cadastre).

Sainte-Anne, chap. construite en 185a, à Brevoine, c^ne de Langres, dans la maison de campagne des sœurs de la Providence de Langres (Roussel, Dioc. de Langres, II, p. 301).

Sainte-Anne, chap., c^ne de Clinchamp, sur un monticule, au sud; anc. ermitage. — *Sainte Anne,* 1769 (Chalmandrier).

Sainte-Anne, chap. à Courcelotte, c^ne de Courcelles-sur-Aujon.

Sainte-Anne, chap., c^ne du Fays-Billot. — *Sainte Anne,* 1769 (Chalmandrier).

Sainte-Anne, lieu dit, c^ne de la Ferté-sur-Aube, section B. — *Mont-Sainte-Anne,* xixe s. (cadastre).

Sainte-Anne, chap. détr., c^ne de Hâcourt.

Sainte-Anne, lieu dit, c^ne de Heuilley-Coton, section A.

Sainte-Anne, lieu dit, c^ne d'Isôme, section D.

Sainte-Anne, chap., au cimetière de Joinville.

Sainte-Anne, lieu dit, c^ne de Meure, section B. — *Val Sainte-Anne,* xixe s. (cadastre).

Sainte-Anne, chap., c^ne de Meuvy. — *Sainte Anne,* 1769 (Chalmandrier).

Sainte-Anne, lieu dit, c^ne de Vignory, section B.

Sainte-Anne, chap. anc. ermitage, c^ne de Vitry-en-Montagne. — *Sainte Anne,* 1769 (Chalmandrier).

Sainte-Aragone, chap. détr., territoire de Morins, c^ne de Monterie. — *Sainte Radegonde,* 1769 (Chalmandrier). — *Sainte Aragone ou Sainte Radegonde,* xviiie s. (Cassini).

Sainte-Asceline, chap., c^ne de Longeville. — *Sainte Asseline,* xviiie s. (Cassini).

Sainte-Barbe, lieu dit, c^ne d'Andelot, section A. — *Croix-Sainte-Barbe,* xixe s. (cadastre).

Sainte-Barbe, lieu dit, c^ne d'Autigny-le-Grand.

Sainte-Barbe, chap. détr., c^ne de Bourbonne-les-Bains.

Sainte-Barbe, chap., c^ne d'Épizon, section C. — *Sainte Barbe,* xviiie s. (Cassini).

Sainte-Barbe, fontaine, c^ne d'Essey-les-Eaux.

Sainte-Barbe, lieu dit, c^ne de Langres, section G.

Sainte-Barbe, lieu dit, c^ne de Noncourt, section A.

Sainte-Barbe, chap. détr., c^ne de Sommevoire.

Sainte-Barbe, chap. et m^on is., c^ne de Varennes, section A. — *Sainte Barbe,* 1769 (Chalmandrier).

Sainte-Bologne, chap., c^ne de Rôcourt-la-Côte. Construite au xixe s.

Sainte-Catherine, lieu dit, c^ne d'Aizanville, section A. — *Val Sainte-Catherine,* xixe s. (cadastre).

Sainte-Catherine, chap. détr., de l'ancien château de Clefmont.

Sainte-Catherine, m^in, c^ne de Coiffy-le-Bas.

Sainte-Catherine, chap. détr., c^ne de Coiffy-le-Haut, dans le cimetière. — *Capellam sub invocatione Sancte Catherine, in cimeterio de Coffeyo Castro,* 1580 (arch. Haute-Marne, G. 880, f° 249 r°). — *Capellam sub invocatione Sancte Catherine, in cimeterio de Coiffy-le-Chastel,* 1708 (ibid., G. 899, f° 211 v°). — *Chapelle de sainte Catherine, église de Coiffy-le-Châtel,* 1777 (ibid., Insinuations de 1776-1779, f° 62).

Sainte-Catherine, lieu dit, c^ne de Serqueux, section E. — *Pré-Sainte-Catherine*, XIXᵉ s. (cadastre).

SAINTE-CATHERINE, chap. détr., cⁿᵉ de Vauxbons.

SAINTE-CÈRE, lieu dit, cⁿᵉ de Mussey, section B.

SAINTE-COLOMBE, chap., cⁿᵉˢ de Rimaucourt. — *Sainte-Colombe*, 1769 (Chalmandrier).

SAINTE-COLOMBE, f., cⁿᵉ de Sommevoire; anc. chap. et ermitage. — *Sainte-Colombe*, XVIIIᵉ s. (Cassini).

SAINTE-CROIX, anc. paroisse, à Langres, qui était érigée dans l'église cathédrale. — *Parrochia Sancte Crucis, in matrice ecclesia*, vers 1170 (Gall. christ., IV, instr., col. 184).

SAINTE-CROIX, lieu dit, cⁿᵉ de Suzannecourt, section A.

SAINTE-GLOSSINDE. f. détr., cⁿᵉ de Narcy; prieuré de femmes, dépendant de Sainte-Glossinde de Metz. — *Sainte Glossinde*, 1759 (Cassini). — *Narcy, le prieuré de Sainte-Glossinde*, 1763 (arch. Haute-Marne, C. 317). — *Sainte Glossine*, 1858 (Jolibois : La Haute-Marne, p. 386). — *Sainte Clossinde*, XIXᵉ s. (cadastre, section D).

SAINTE-LIBÈRE. *Voir aussi* FONTAINE-SAINTE-LIBÈRE.

SAINTE-LIBÈRE, ou *mieux* SAINT-LIBÈRE, m⁽ⁿ⁾, chap. détr., cⁿᵉ d'Aizanville. — *Capella S. Liberii, prope Aizanville*, 1732 (Pouillé de 1732, p. 83). — *Sainte-Libère*, 1858 (Jolibois : La Haute-Marne, p. 494). — *Sainte Libert*, XIXᵉ s. (cadastre).

Cette chapelle avait été unie au prieuré de Sainte-Germaine, de Bar-sur-Aube.

SAINT-ÉLOI, f., cⁿᵉ de Chatonrupt; fief qui relevait de Joinville. — *La Grainge au Bois*, 1401 (Arch. nat., P. 189², n° 1588). — *La Grange au Bois*, 1448 (Arch. nat., P. 177³, n° 649). — *Un gagnaige ou métayrie appellé la Granche aux Bois..., en laquelle y a une chappelle fondée en l'honneur de Monsieur Sainct Eloy*, 1576 (Arch. nat., P. 189¹, n° 1555). — *La Grange-aux-Bois, cense dépendante de Chatonrupt*, 1763 (arch. Haute-Marne, C. 317). — *La ferme de la Grange-au-Bois ou de Saint-Éloi*, 1858 (Jolibois : La Haute-Marne, p. 124). — *La Grange-aux-Bois*, 1858 (Dict. des postes de la Haute-Marne). — *Saint-Éloi*, 1889 (ann. Haute-Marne).

SAINTE-MADELEINE. *Voir aussi* MADELEINE (LA).

SAINTE-MADELEINE, chap., cⁿᵉ de Leuchey, dans le bois de Bagneux.

SAINTE-MADELEINE, chap. détr., cⁿᵉ de Vassy. C'était la chapelle de la maladrerie.

SAINTE-MARGUERITE, f., cⁿᵉ de Vaux-la-Douce, section A; anc. grange de l'abbaye de Vaux-la-Douce. — *Grange Sainte-Marguerite*, 1769 (Chalmandrier).

SAINTE-MARIE, lieu dit, cⁿᵉ d'Arnancourt, section A.

SAINTE-MARIE, lieu dit, cⁿᵉ de Bassoncourt, section A.

SAINTE-MARIE, écart et chap., cⁿᵉ de Bourg-Sainte-Marie.

SAINTE-MARIE, lieu dit, cⁿᵉ de Brenne, section E.

SAINTE-MARIE, lieu dit, cⁿᵉ de Doulevant-le-Château, section C.

SAINTE-MARIE, lieu dit, cⁿᵉ d'Échenay, section A.

SAINTE-MARIE, lieu dit, cⁿᵉ de Flammerécourt, section A.

SAINTE-MARIE, lieu dit, cⁿᵉ de Fresnoy, section C.

SAINTE-MARIE, lieu dit, cⁿᵉ de Gillaumé, section A.

SAINTE-MARIE, lieu dit, cⁿᵉ de Meuvy, section B.

SAINTE-MARIE, lieu dit, cⁿᵉ de Montreuil-sur-Thonnance, section B.

SAINTE-MARIE, lieu dit, cⁿᵉ de Nully, section B.

SAINTE-MARIE, lieu dit, cⁿᵉ de Poinson-lez-Nogent, section B.

SAINTE-MARIE, écart, cⁿᵉ de Saint-Dizier (ann. Haute-Marne, 1889).

SAINTE-MENEHOULD, chap., cⁿᵉ de Bienville, de construction moderne, et fontaine, section B.

SAINTE-PÉTRONILLE, chap. détr., finage des Charmes, cⁿᵉ de Sarrey.

SAINTE-SIRE, lieu dit, cⁿᵉ d'Ormancoy, section A.

SAINTE-SIRE, chap. détr., qui était au milieu du village de Savigny.

SAINT-ESPRIT (LE), m⁽ᵒⁿ⁾ religieuse détr., cⁿᵉ de Châteauvillain, section D.

SAINT-ESPRIT (LE), lieu dit, cⁿᵉ d'Orges, section D.

SAINT-ÉTIENNE, lieu dit, cⁿᵉ de Marault, section D.

SAINTE-URSULE, chap. détr., cⁿᵉ de Choiseul.

SAINT-ÉVRARD. *Voir* SAINT-ANTOINE.

SAINT-ÉVRE, village détr., anc. paroisse, cⁿᵉ de Bettaincourt, section B. — *Ecclesia de Sancto Apro, in Valle Rodigionis*, 1189 (Septfontaines). — *Saint Èvre*, 1260 (Saint-Urbain). — *Saint Evre*, 1276 (Septfontaines). — *Sainct-Evre*, 1603 (arch. Aube, Clairvaux). — *Capella sub invocatione Sancti Apri, in valle Rodigionis, vulgo au Val de Rognon*, 1672 (chapitre de Langres).

SAINT-ÉVRE, lieu dit, cⁿᵉ d'Effincourt, section A.

SAINT-ÉVRE, lieu dit, cⁿᵉ de Provenchères-sur-Meuse, section B.

SAINT-ÉVRE, anc. ermitage, cⁿᵉ de Trémilly, section A; chap. reconstruite en 1820. — *Saint Evre*, XVIIIᵉ s. (Cassini). — *Grange Saint-Eve*, 1884 (Intérieur). — *Ferme Saint-Eve*, 1889 (État-major).

SAINT-ÉVRE, f., cⁿᵉ de Voisey; anc. ermitage. — *Saint Evre*, 1858 (Jolibois La Haute-Marne, p. 558). — *Saint Epvre*, 1889 ann. Haute-Marne).

SAINT-FÉLIX, bois et font., cⁿᵉ de Maulain, sections B et C.

SAINT-FERJEUX. prieuré de l'ordre de saint Benoit, qui était dans la ville de Langres et dépendait de l'abbaye de Saint-Bénigne de Dijon; fut uni au prieuré de Saint-Amâtre de la même ville. Une des tours de l'enceinte de Langres porte encore ce nom. — *Sanctus Ferreolus*, 834 (Roserot, Dipl. carol., p. 8). — *Le guet de Saint Fergeul*, 1409 (arch. de Langres).

SAINT-FLORENTIN, église collégiale de Bourmont, devenue paroissiale lors de la suppression de l'église Notre-Dame. — *Capellania Sancti Florentini de Bourmonte*, 1402 (Pouillé de Toul).

SAINT-FRONT, lieu dit, cⁿᵉ de Noidant-le-Rocheux, section E. — *Les crêts saint Fronc*, xixᵉ s. (cadastre).

SAINT-GALLES, lieu dit, cⁿᵉ de Lusy, section B.

SAINT-GELIN, lieu dit, cⁿᵉ de Chauffour, section A.

SAINT-GENEST, chap., cⁿᵉ de Chalvraines. — *Saint Genest*, xviiiᵉ s. (Cassini).

SAINT-GENGOUL, lieu dit, cⁿᵉ de Chalindrey, section E.

SAINT-GENGOUL, fontaine, anc. chap., cⁿᵉ de Choiseul. — *Capella S. Gengulphi, à Choiseul*, 1732 (Pouillé de 1732, p. 127).

SAINT-GENGOUL, chap. détr., cⁿᵉ de Giey-sur-Aujon.

SAINT-GENGOUL. prieuré, à Langres, ordre de saint Benoit, dépendant de l'abbaye de Bèze; fondé en 1033, uni au collège de Langres en 1631. — *Le guet de saint Gengoul*, 1409 (arch. de Langres). — *Prioratus S. Gengulphi de Lingonis*, 1732 (Pouillé de 1732, p. 8).

SAINT-GENGOUL, lieu dit, cⁿᵉ de Noidant-Châtenoy, section B.

SAINT-GENGOUL. chap. et fontaine, cⁿᵉ de Varennes. — *Saint-Gengon*, 1842 (cadastre).

SAINT-GEOFFROY, lieu dit, cⁿᵉ de la Mothe-en-Blésy, section C.

SAINT-GEÔMES, cⁿᵉ de Langres. Abbaye, puis prieuré, de l'ordre de saint Augustin, dépendant de l'abbaye de Saint-Étienne de Dijon depuis 1147; uni en 1609 à la mense capitulaire de Langres et, en 1728, en vertu d'un brevet de 1704, à l'abbaye de Notre-Dame-aux-Nonnains de Troyes. — *Urbatus*, iiᵉ ou iiiᵉ s. (*Acta sanctorum*, dans l'Annuaire du diocèse de Langres de 1839, p. 86). — *Juxta eamdem civitatem* (Lingonis), *monasterium Sanctorum Geminorum*, 814 (Roserot, Dipl. carol., p. 6). — *Saint Jomes*, 1084 (chapitre de Langres). — *Saint Joumes*, 1336 (Arch. nat., JJ., 70, f° 105 r°, n° 335). — *Saint Jomes*, 1342

(arch. Aube, Notre-Dame-aux-Nonnains). — *Saint Josmes*, 1348 (Notre-Dame-aux-Nonnains). — *Saint Geosmes*, 1574 (chapitre de Langres). — *Prioratus SS. Geminorum, vulgo S. Geosme*, 1732 (Pouillé de 1732, p. 8). — *Saint Geômes*, 1769 (Chalmandrier).

Saint-Geômes dépendait, en 1789, de la province de Champagne, bailliage et élection de Langres. Il n'y avait que l'église du prieuré, dédiée aux Saints Jumeaux. La seigneurie appartenait au prieur.

SAINT-GEÔMES, lieu dit, cⁿᵉ de Perrancey, section C.

SAINT-GEÔMES, lieu dit, cⁿᵉ de Vieux-Moulin, section B.

SAINT-GEORGES, chap. détr., cⁿᵉ d'Aujeurre, dans le cimetière.

SAINT-GEORGES, bois, cⁿᵉ de Meuvy, section A.

SAINT-GEORGES, chap. détr. et clos, cⁿᵉ de Morancourt, section D.

SAINT-GEORGES, lieu dit, cⁿᵉ de Villiers-sur-Marne, section A.

SAINT-GERMAIN, église détr., cⁿᵉ de Chevillon, section D. — *Rue, val Saint Germain*, xixᵉ s. (cadastre).

Cette église existait en même temps que celle de Saint-Hilaire; elle subsistait encore en 1715, mais il n'en est plus question dans la liste des paroisses du diocèse de Châlons, de 1749 (Griguon, n° 317).

SAINT-GERMAIN, lieu dit, cⁿᵉ de Curel, section A.

SAINT-GERMAIN, lieu dit, cⁿᵉ de Faverolles, section A.

SAINT-GERMAIN, chap., cⁿᵉ de Grenant, section E. — *Saint Germain*, 1769 (Chalmandrier).

SAINT-GILLES, lieu dit, cⁿᵉ de Daillecourt, section B.

SAINT-GILLES, écart, cⁿᵉ de Langres; anc. léproserie, unie au couvent des carmes déchaussés de la même ville. — *Capella sive perpetua capellania ad altare seu sub invocatione beati Egidii, subtus muros Lingonenses, cum leprosaria eidem capellae annexa*, 1573 (chapitre de Langres).

SAINT-GILLES, lieu dit, cⁿᵉ de Montsaugeon, section B.

SAINT-GILLES, écart, cⁿᵉ de Villiers-sur-Marne, section D. — Anc. chap., qui était un bénéfice simple à la présentation de l'abbé de Jovilliers. — *Capella seu capellania ad altare sancti Egidii, situm in finagio de Vilarii supra Matronam, gallice Villers sur Marne*, 1586 (Thors). — *Chapelle Saint Gilles*, 1769 (Chalmandrier).

SAINT-GNOS, lieu dit, cⁿᵉ d'Ériseul, anc. chap.

SAINT-HENRI, f., cⁿᵉ de Chatonrupt.

SAINT-HILAIRE. *Voir aussi* FONTAINE-SAINT-HILAIRE.

Saint-Hilaire, chap., c⁰ᵉ de Brevannes, section A. — *Saint Hilaire, hermitage*, 1769 (Chalmandrier).

Saint-Hilaire, lieu dit, c⁰ᵉ de Chevillon, section C.

Saint-Hilaire, lieu dit, c⁰ᵉ de Rangecourt, section B.

Saint-Hilaire, chap., c⁰ᵉ de Soncourt, section A. — *Saint Hilaire*, 1769 (Chalmandrier).

Saint-Hilaire, lieu dit, c⁰ᵉ de Vaudrecourt, section A.

Saint-Hilaire, mⁿ isol., c⁰ᵉ de Vignory.

Saint-Hilarion, anc. ermitage, c⁰ᵉ de Buxières-lez-Belmont.

Saint-Hubert, lieu dit, c⁰ᵉ de Manois, section B.

Saint-Hubert, f., c⁰ᵉ de Monterie. — *Saint-Hubert, ferme*, xix⁰ s. (État-major). — *Baraque et Ferme Saint-Hubert*, xix⁰ s. (Intérieur).

Saint-Hubert, f. et barrière du chⁱⁿ de fer, c⁰ᵉ de Saint-Blin, section C. — *La cense de Saint Hubert*, 1773 (arch. Haute-Marne, C. 262).

Saint-Hubert, chap. détr., c⁰ᵉ de Vitry-lez-Nogent.

Saint-Jacques, tuil., c⁰ᵉ de Bourbonne-les-Bains.

Saint-Jacques, lieu dit, c⁰ᵉ de Châteauvillain, section C.

Saint-Jacques, prieuré, c⁰ᵉ de Joinville, dépendant de l'abbaye de Saint-Urbain; d'abord hôpital. Ce prieuré aurait été uni au couvent des bénédictines de la Pitié-lez-Joinville, en 1557. — *Ecclesia sancti Jacobi*, 1181 (Saint-Urbain). — *Prieuré de Saint Jaque de Joinville*, 1358 (Saint-Urbain). — *Sainct Jacques lez Joinville*, 1552 (chapitre de Joinville).

Saint-Jacques, lieu dit, c⁰ᵉ de Lusy, section B.

Saint-Jacques, lieu dit, c⁰ᵉ de Sommevoire, section B.

Saint-Jean, chap., c⁰ᵉ d'Aillianville. — *Saint Jean*, xviii⁰ s. (Cassini).

Saint-Jean, lieu dit, c⁰ᵉ d'Arbigny-sous-Varennes, section C.

Saint-Jean, lieu dit, c⁰ᵉ de Broutières.

Saint-Jean, lieu dit, c⁰ᵉ de Busson, section A.

Saint-Jean, lieu dit, c⁰ᵉ de Chauffour, section B.

Saint-Jean, chap. détr., c⁰ᵉ de Dommartin-le-Saint-Père.

Saint-Jean, f., c⁰ᵉ d'Is-en-Bassigny; anc. grange de la commanderie d'Esnouveaux.

Saint-Jean, lieu dit, c⁰ᵉ de Mirbel, section A.

Saint-Jean, chap. de l'ancienne ville de la Mothe, c⁰ᵉ d'Outremécourt. — *Capellania Sancti Johannis de Motha*, 1402 (Pouillé de Toul).

Saint-Jean, chap. détr., c⁰ᵉ de la Neuvelle-lez-Voisey.

Saint-Jean, anc. ermitage, mⁱⁿ, c⁰ᵉ de Nijon, section B.

Saint-Jean, lieu dit, c⁰ᵉ de Nogent-en-Bassigny, section A.

Saint-Jean, lieu dit, c⁰ᵉ de Saint-Urbain, section B.

Saint-Jean-de-Paris, lieu dit, c⁰ᵉ de Rochefort, section A. — *Château-Saint-Jean-de-Paris*, 1831 (cadastre).

Saint-Jean-Gardeur, lieu dit, c⁰ᵉ de Cirey-lez-Mareilles, section C.

Saint-Joachim, mⁿ isol., avec chap., c⁰ᵉ de Vignory, section A. — *Saint Joachim*, 1769 (Chalmandrier).

Saint-Jobert, lieu dit, c⁰ᵉ de Donjeux, section F.

Saint-Joseph, f., c⁰ᵉ de Harréville; anc. chap. — *Saint-Joseph*, xviii⁰ s. (Cassini).

Saint-Jude, chap. détr., à Langres.

    Voir Saint-Simon.

Saint-Julien, lieu dit, à Cohons, section D. — *Terragium Sancti Juliani*, 1334 (terrier de Langres).

Saint-Julien-sur-Rognon, village détr., c⁰ᵉ de Bourdons, fondé par les religieux de la Crête entre 1220 et 1240. — *Hugo, Dei gratia Lingonensis episcopus, abbati et conventui de Crista... In proprio fundo de Crista quamdam villam novam vultis edificare... concedimus...*, 1220 (la Crête). — *Ad villam novam, in proprio fundo nostro edificatam, Sanctum Julianum super Roignon appellatam, inter Foissi et Cristam sitam*, 1240 (Layettes, n° 2876).

    Suivant Jolibois (La Haute-Marne, p. 487), Saint-Julien-sur-Rognon serait l'ancien nom de la commune de Bourdons, et ce dernier village aurait succédé à celui de Saint-Julien, au commencement du xiii⁰ siècle (*ibid.*, p. 81, et Roussel, Dioc. de Langres, II, p. 7). Mais ces deux villages ont existé simultanément, et Bourdons était au contraire antérieur à Saint-Julien (*voir* le mot Bourdons).

Saint-Just, anc. lieu dit, c⁰ᵉ d'Andelot. — *En finaige d'Andelou, desus Saint Just*, 1275 (Septfontaines).

Saint-Just, lieu dit, c⁰ᵉ de Vignes, section A.

Saint-Lambert (Nonnes(?) de), lieu dit, c⁰ᵉ de Dommartin-le-Saint-Père, section D. — *Bois des Nonnes*, xix⁰ s. (carte de l'Intérieur). — *Noue Saint Lambert*, xix⁰ s. (cadastre).

Saint-Laurent. *Voir* aussi Fontaine-Saint-Laurent.

Saint-Laurent, chap. détr., c⁰ᵉ du Fays-Billot. — *Saint-Laurent*, 1769 (Chalmandrier).

Saint-Laurent, église canoniale, détr., qui dépendait du château de Joinville et servait de paroisse domestique.

Saint-Laurent, anc. ermitage, qui était situé entre

Langres et Ninville. — *Saint Laurent*, 1769 (Chalmandrier).

Saino-Laurent, lieu dit, c^ne de Lanty, section A. — *Fontaines Saint-Laurent*, xixe s. (cadastre).

Saint-Laurent, lieu dit, c^ter de Lavernoy, section B. — *Fontaine S. Laurent*, xixe s. (cadastre).

Saint-Laurent, bois, c^ne de la Margelle..

Saint-Laurent, lieu dit, c^ne de Mennouveaux, section C.

Saint-Laurent, lieu dit, c^ne d'Ormancey, section A.

Saint-Lazare, chap., c^ne de Charmes-la-Grande. — *Saint-Lazare*, xviiie s. (Cassini).

Saint-Lazare, lieu dit, c^ne de Longeville.

Saint-Lazare, f., c^ne de Montier-en-Der, appartenant à l'hôpital de Vassy; anc. chap. dépendant de l'abbaye de Montier-en-Der. — *La chapelle Saint-Lazare, du dict Monstierender*, 1656 (Montier-en-Der).

Saint-Lazare, chap. détr., c^ne de Saint-Dizier; anc. chap. de la maladrerie.

Saint-Lazare, chap., c^ne de Vassy.

Saint-Léger, village détr., c^ne de Dinteville. — *Du dict Dinteville dépendoit un village nommé Sainct Liger, tout proche, qui est ruyné par les guerres, sans qu'il reste aucunes maisons*, 1626 (Arch. nat., P. 191³, n° 1639). — *Carrière Saint-Léger*, xixe s. (cadastre, section B).

Saint-Léger, hameau détr., qui était au territoire de Latrecey et devait son origine à un prieuré du même nom, ordre de Saint-Benoit, dépendant de Saint-Claude du Jura, fondé par les comtes de Bar-sur-Aube. — *Sanctus Leodegarius*, vers 1172 (Longnon, Doc. I, n° 44). — *Finaige de Saint Legier*, 1296 (arch. Aube, Clairvaux). — *Saint Ligier*, 1326 (Longnon, Doc. I, n° 5812).

Le prieuré de Saint-Léger est encore mentionné en 1732, dans le Pouillé du diocèse de Langres.

Saint-Louis, m^on forestière, c^ne de Donjeux. Anc. ferme, qui avait remplacé l'hôpital de Boucheraumont, dont la chapelle était dédiée à saint Louis.

Saint-Louis, chap. détr., c^ne de Joinville. Elle était sur la place de l'Auditoire.

Saint-Louis, f., c^ne de Saint-Urbain, section D.

Saint-Loup, f. ou hameau, et chap. détr., c^ne d'Autreville. — *Finagium quod appellatur Boscus Sancti Lupi*, 1232 (arch. Aube, Clairvaux). — *Finagium nemoris Sancti Lupi siti inter Monterie et Sanctum Martinum*, 1248 (Clairvaux). — *Saint Loup*, 1769 (Chalmandrier).

Saint-Loup, lieu dit, c^ne de Brainville, section A. — *La roche Saint-Loup*, xix^e s. (cadastre).

Saint-Loup et Saint-Loup-de-Cornay, lieu dit, c^ne de Frettes, section C.

Saint-Loup, lieu dit, c^ne de Gilley, section A.

Saint-Loup, lieu dit, c^ne de Morancourt, section C.

Saint-Loup, lieu dit, c^ne de Valleret, section A.

Saint-Loup-sur-Aujon, c^ne d'Auberive. — *Ecclesia Sancti Lupi*, 1101 (arch. Côte-d'Or, et Gall. christ., IV, instr., col. 149). — *Saint Lou*, 1266 (Auberive). — *Saint Loup*, 1317 (Auberive).

En 1789, Saint-Loup-sur-Aujon dépendait de la province de Champagne, bailliage et élection de Langres. Son église, dédiée à saint Loup, était succursale de celle de Giey, diocèse et doyenné de Langres. La seigneurie appartenait à l'abbaye d'Auberive.

Saint-Louvent, lieu dit, c^ne d'Andelot, section A.

Saint-Louvent, lieu dit, c^ne de Brousseval, section B.

Saint-Louvent, lieu dit, c^ne d'Éclaron, section C.

Saint-Louvent, lieu dit, c^ne de Fontaine-sur-Marne, section B.

Saint-Luce, chap. détr., de Chaumont-en-Bassigny, fondée vers 1663. — *Capellam sub titulo Sancti Luciani*, 1704 (arch. Haute-Marne, G. 897, f° 226 r°). — *Capella S. Lucii de Calvomonte*, 1732 (Pouillé de 1732, p. 95). — *Chapelle de Saint Luce, pape et martyr, dans l'étendue de la paroisse de Saint-Jean-Baptiste de Chaumont*, 1778 (ibid., insinuations de 1776-79, f° 206 r°).

La nomination appartenait à l'aîné de la famille Laborne, de Chaumont.

Saint-Lumier, chap. détr., c^ne de Dommartin-le-Saint-Père, section D. — *Saint Lumier*, xviiie s. (Cassini).

Saint-Lumier, lieu dit, c^ne de Fronville, section A.

Saint-Lumier, chap. détr., c^ne de la Neuville-à-Bayard. — *Capella de Novis Villis de Bayart, chapelle de Saint-Ludmier à la Neuville-à-Bayard*, 1648 (Grignon, n° 366).

Saint-Mammès, chapitre et église-cathédrale de Langres. — *Munitionem Lingonicas civitatis, ubi habetur ecclesia in honore Sancti Mammetis, eximii martyris*, 814 (Roserot, Dipl. carol., p. 6). — *Fluvialus, colonus Sancti Mamae*, 834 (Roserot, Dipl. carol., p 8). — *Mensa fratrum congregationis Sancti Mammetis*, 854 (Roserot, Dipl. carol., p. 10). — *Saint Memer*, 1325 (arch. Haute-Marne, G. 73).

Saint-Marc, lieu dit, c^ne de Châteauvillain, section C.

Saint-Marcou, anc. prieuré, c^ne de Condes. — *Saint Marcou*, 1769 (Chalmandrier).

Saint-Martin. *Voir aussi* Fontaine-Saint-Martin.

SAINT-MARTIN, c^m de Juzennecourt. — *Sanctus Martinus,* 1172 (Longnon, Doc. I, n° 28). — *Saint Martin,* 1251 (arch. Aube, Clairvaux). — *Saint-Martin-la-ville,* 1274-1275 (Longnon, Doc. I, n° 7005). — *Saint Martin près Monterris, Saint Martin lez Monterrie,* 1326 (Longnon, Doc. I, n°s 5800, 5818). — *Sainct Martin près Aultreville,* 1580 (Longuay). — *Saint Martin lès Autreville,* 1732 (Pouillé de 1732, p. 79). — *Sainct-Martin-lès-Aultreville,* 1769 (Chalmandrier).

En 1789, Saint-Martin dépendait de la province de Champagne, bailliage de Chaumont. Les habitants qui étaient bourgeois du roi ressortissaient à la mairie de la Villeneuve-au-Roi, et les autres à la prévôté de la Ferté-sur-Aube. Son église paroissiale, dédiée à saint Martin, était du diocèse de Langres, doyenné de Châteauvillain, et auparavant du doyenné de Bar-sur-Aube. La collation de la cure appartenait à l'évêque.

SAINT-MARTIN, lieu dit, c^ne de Baudrecourt, section B.

SAINT-MARTIN, lieu dit, c^ne de Bricon, section B.

SAINT-MARTIN, lieu dit, c^ne de Chalindrey, sections A et C.

SAINT-MARTIN, lieu dit, c^ne de la Chapelle-en-Blésy, section C.

SAINT-MARTIN, lieu dit, c^ne de Darmanne, section B.

SAINT-MARTIN, lieu dit, c^ne de Dommartin-le-Saint-Père, section A. — *Fontaine S. Martin,* xixe s. (cadastre).

SAINT-MARTIN, lieu dit, c^ne du Fays, section A.

SAINT-MARTIN, lieu dit, c^ne de Guindrecourt-aux-Ormes, section D.

SAINT-MARTIN, lieu dit, c^ne de Hallignicourt, section D. — *Fontaine-Saint-Martin,* xixe s. (cadastre).

SAINT-MARTIN, lieu dit, c^ne de Harréville, section A.

SAINT-MARTIN, église paroissiale à Langres, ancienne église prieurale. Le prieuré était de l'ordre de saint Benoit et dépendait de l'abbaye de Saint-Seine (Côte-d'Or). Le curé était à la présentation du prieur. — *Ecclesia Sancti Martini Lingonensis,* 1170 (chapitre de Langres). — *Prioratus Sancti Martini de Lingonis,* 1732 (Pouillé de 1732, p. 8). — *Parochialis ecclesia S. Martini de Lingonis,* 1732 (*ibid.,* p. 9).

SAINT-MARTIN, m^in, c^ne de Langres, sur la Bonnelle; anc. propriété du chapitre de Langres.

SAINT-MARTIN, lieu dit, c^ne de Lécourt, section A.

SAINT-MARTIN, lieu dit, c^ne de Louze. — *Fontaine-Saint-Martin,* xixe s. (cadastre).

SAINT-MARTIN, lieu dit, c^ne de Maisoncelles, section B.

SAINT-MARTIN, bois communal, à Maizières-lez-Joinville, section C.

SAINT-MARTIN, lieu dit, c^ne de Maulain, section B.

SAINT-MARTIN, lieu dit, c^ne de Montot, section B.

SAINT-MARTIN, lieu dit, c^ne de Narcy, section A.

SAINT-MARTIN, lieu dit, c^ne d'Ormancey, section A.

SAINT-MARTIN, lieu dit, c^ne de Saint-Blin, section E.

SAINT-MARTIN, lieu dit, c^ne de Saint-Dizier, section E.

SAINT-MARTIN, lieu dit, c^ne de Saint-Loup-sur-Aujon, section C. — *Fontaine-Saint-Martin,* 1829 (cadastre).

SAINT-MARTIN, lieu dit, c^ne de Sarcicourt, section B.

SAINT-MARTIN, lieu dit, c^ne de Saulles, section A.

SAINT-MARTIN, lieu dit, c^ne de Trémilly, section B.

SAINT-MARTIN, lieu dit, c^ne de Vesaignes-sous-la-Fauche, section B.

SAINT-MARTIN, lieu dit, c^ne de Vieux-Moulin, section B.

SAINT-MARTIN-DU-BERT, lieu dit, c^ne de Marcilles, section D.

SAINT-MARTIN-LEZ-LANGRES, c^ne de Langres. — *Saint Martin desus Eumes,* 1274-1275 (Longnon, Doc. I, n° 6982). — *Saint Martin lez Langres,* 1544 (chapitre de Langres). — *Saint Martin lez Lengres,* 1675 (arch. Haute-Marne, G. 85). — *Saint Martin,* 1732 (Pouillé de 1732, p. 10). — *Saint Martin lès Langres,* 1770 (arch. Haute-Marne, C. 344).

Saint-Martin-lez-Langres dépendait, en 1789, de la province de Champagne, bailliage et élection de Langres. Son église, dédiée à la Nativité de la Sainte-Vierge, était succursale de celle de Perrancey, et auparavant de l'église de Hûmes, diocèse et doyenné de Langres. La seigneurie appartenait au chapitre de Langres.

SAINT-MAURICE, c^ne de Langres; village fondé au xiiie s., à la suite d'une charte de pariage intervenue, en 1207, entre le chapitre de Langres et le prieuré de Saint-Geômes. — *Sanctus Mauritius,* 1209 (chapitre de Langres). — *Sanctus Mauricius,* 1289 (arch. Aube, Notre-Dame-aux-Nonnains). — *Saint Moris, Saint Morice,* 1336 (Arch. nat., JJ. 70, f°s 104 r° et 106 r°, n° 235). — *Saint Mauris,* 1675 (arch. Haute-Marne, G. 85). — *Saint Maurice lès Langres,* 1770 (arch. Haute-Marne, C. 344).

Saint-Maurice faisait partie, en 1789, de la province de Champagne, bailliage et élection de Langres. Son église, dédiée à saint Maurice, était succursale de celle de Saint-Vallier, diocèse de Langres, doyenné du Moge. La seigneurie était partagée entre le chapitre de Langres et le prieur de Saint-Geômes, remplacé en dernier lieu par l'abbesse de Notre-Dame-aux-Nonnains de Troyes.

SAINT-MAURICE, lieu dit, c^{ne} de Busson, section A. — *Le Feu Saint-Maurice*, XIXe s. (cadastre).

SAINT-MAURICE, lieu dit, c^{ne} de Doncourt, section A.

SAINT-MAURICE, lieu dit, c^{ne} de Doulevant-le-Petit, section B.

SAINT-MAURICE, m^{in} et chap., c^{ne} de Guindrecourt-sur-Blaise. — *Saint-Maurice*, 1769 (Chalmandrier).

SAINT-MAURICE, lieu dit, c^{ne} de Montier-en-Der. — *Clos Saint-Maurice, bannet Saint-Maurice*, XIXe s. (cadastre).

SAINT-MAURICE, lieu dit, c^{ne} de Sailly, section C. — *La coste Sainct Maurice*, 1576 (Arch. nat., P. 189^4, n° 1585). — *Côte Saint-Maurice*, 1837 (cadastre).

SAINT-MAURICE, lieu dit, c^{ne} de Ville-en-Blaisois, section B.

SAINT-MAURICE-DES-PRÉS, ermitage détr., c^{ne} de Robert-Magnil, au finage de Billory, lieu dit *Banet-Saint-Maurice*. Ce serait l'endroit où saint Bercaire, fondateur de Montier-en-Der, aurait établi la celle de Saint-Maurice.

SAINT-MENGE, lieu dit, c^{ne} de Chamouilley, section C.

SAINT-MENGE, village disparu, c^{ne} de Lanne; était situé sur une hauteur où l'on a construit l'un des forts du camp retranché de Langres, appelé pendant quelque temps le *Fort saint Menge*, et, depuis peu, *le Fort Ligniville*. Il y eut un ermitage jusqu'à la fin du XVIIIe siècle, et une chapelle qui existe encore. — *Ecclesia de Sancto Memmio*, 1136 (Gall. christ., instr., IV, col. 168). — *Ecclesia Sancti Memmii et de Lanna*, 1169 (chapitre de Langres, et Gall. christ., IV, instr., col. 183). — *Mons Sancti Mencii*, 1242 (chapitre de Langres). — *Mons Sancti Memmii*, 1259 (chapitre de Langres). — *Saint Menge*, 1769 (Chalmandrier). — *Côte Saint Menche*, 1836 (cadastre de Rolampont, section C).

SAINT-MICHEL, c^{ne} de Longeau. — *Sanctus Micael*, 1239 (arch. Haute-Marne, G. 220). — *Sanctus Michael*, 1309 (arch. Haute-Marne, G. 593). — *Sanctus Michiel*, 1334 (terrier de Langres, f° 195 v°). — *Saint Michiel*, 1464 (Arch. nat., P. 174^3, n° 330 bis). — *Saint-Michel*, 1675 (arch. Haute-Marne, G. 85).

En 1789, Saint-Michel dépendait de la province de Champagne, bailliage et élection de Langres. Son église, dédiée à saint Michel, était succursale de celle de Villegusien, diocèse de Langres, doyenné du Moge. La seigneurie appartenait à l'évêque de Langres et relevait de son comté de Montsaugeon.

SAINT-MICHEL, chap. détr., du cimetière d'Aigremont, lequel était commun aux trois villages d'Aigremont, d'Arnoncourt et de la Rivière.

SAINT-MICHEL, lieu dit, c^{ne} de Chamarandes, section B.

SAINT-MICHEL, église détr., anc. paroisse à Chaumont-en-Bassigny.

SAINT-MICHEL, chap. détr., c^{ne} de Cusey; détruite en 1820.

SAINT-MICHEL, chap. détr., c^{ne} de Joinville. Elle était sur le chemin conduisant de la ville au château.

SAINT-MICHEL, église détr., à Langres. Elle avait été donnée aux dominicains de cette ville, au XIIIe s.

SAINT-MICHEL, lieu dit, c^{ne} de Rouécourt, section D.

SAINT-NICOLAS, chap. détr., c^{ne} d'Aillianville. — *Saint Nicolas*, XVIIIe s. (Cassini).

SAINT-NICOLAS, f., c^{ne} d'Autigny-le-Petit.

SAINT-NICOLAS, faubourg de Bourbonne-les-Bains.

SAINT-NICOLAS, chap., c^{ne} de Choiseul, section A, sur la montagne où était l'ancien château; détruite en 1796. — *Capella S. Nicolai, à Choiseul*, 1732 (Pouillé de 1732, p. 127). — *Saint Nicolas*, 1769 (Chalmandrier). — *Côte Saint-Nicolas*, XIXe s. (cadastre).

SAINT-NICOLAS, lieu dit, c^{ne} de Cirey-lez-Mareilles, section B.

SAINT-NICOLAS, m^{on} forestière, c^{ne} de Coiffy-le-Bas. Anc. ermitage. — *Saint Nicolas*, 1769 (Chalmandrier).

SAINT-NICOLAS, chap. détr., c^{ne} de Corgirnon.

SAINT-NICOLAS, chap., c^{ne} de Huilliécourt. — *Saint Nicolas*, XVIIIe s. (Cassini).

SAINT-NICOLAS, chap. détr., c^{ne} de Langres; hôpital qui a dépendu de la maison de Morment. — *Hospitali Lingonensi extra muros civitatis*, 1213 (Ruetz). — *Hospitalis Sancti Nicholai, domus Dei de Mormento*, 1226 (arch. Côte-d'Or, Morment). — *Pré Saint-Nicolas, rue Saint-Nicolas*, XIXe s. (cadastre. sections C et G).

SAINT-NICOLAS, chap. détr., c^{ne} de Moëlain — *Saint-Nicolas*, XVIIIe s. (Cassini).

SAINT-NICOLAS, lieu dit, c^{ne} de Pouilly, section E.

SAINT-NICOLAS, lieu dit, c^{ne} de Richebourg, section B.

SAINT-NICOLAS, chap. détr., c^{ne} de Saint-Dizier; elle était dans le cimetière.

SAINT-NICOLAS, anc. ermitage, c^{ne} de Sommerécourt. — *Saint Nicolas, hermitage*, XVIIIe s. (Cassini).

SAINT-NICOLAS, lieu dit, c^{ne} de Sommevoire, section B. — *Thurot de Saint-Nicolas*, 1832 (cadastre).

SAINT-NICOLAS, lieu dit, c^ne de Trémilly, section B.
— *Buisson Saint-Nicolas*, 1833 (cadastre).

SAINT-PANTALÉON, f., c^he de Saint-Dizier. Anc. abbaye de Notre-Dame (*voir ce mot*). — *Saint-Pantaléon*, XVIIIe s. (Cassini).

SAINT-PÈRE, lieu dit, c^ne de Cirfontaine-en-Azois, section A.

SAINT-PÈRE, lieu dit, c^ne d'Essey-lez-Pont, section C.

SAINT-PÈRE, lieu dit, c^ne de Gilley, section B.

SAINT-PÈRE, lieu dit, c^ne de Hortes, section F. — *Mont Saint-Père*, XIXe s. (cadastre).

SAINT-PÈRE, lieu dit, c^ne de Lanty, section A.

SAINT-PÈRE, lieu dit, c^ne de Maranville, section C.

SAINT-PÈRE, lieu dit, c^ne de Melay, section A.

SAINT-PÈRE, pont détr., qui était sur la Meuse, en face de l'ancienne ville de la Mothe, c^ne d'Outremécourt. — *Pont Saint-Pair*, XVIIIe s. (Cassini).

SAINT-PÈRE, lieu dit, c^ne de Rosoy, section A. — *Le mont Saint-Père*, 1838 (cadastre).

SAINT-PÉRÉGRIN, f., c^ne de Poinson-lez-Fays; anc. ermitage. — *Saint-Pérégrin*, 1769 (Chalmandrier). — *Saint-Pérégrin*, 1775-1785 (Courtépée, II, p. 234). — *Saint Pellegrin*, XVIIIe s. (Cassini). — *Saint-Perregin*, 1888 (État-major).

Suivant Courtépée, cet ermitage était situé sur trois paroisses.

Un bois voisin, dit *de Saint-Pérégrin*, s'étend, en effet, sur le territoire de Pressigny.

SAINT-PIERRE. *Voir aussi* FONTAINE-SAINT-PIERRE.

SAINT-PIERRE, lieu dit, c^ne de Chalindrey, section C.

SAINT-PIERRE, lieu dit, c^ne de Consigny, section A. — *Fontaine Saint-Pierre*, XIXe s. (cadastre).

SAINT-PIERRE, lieu dit, c^ne de Corlée, sections C et D. — *Champ, Croix Saint-Pierre*, XIXe s. (cadastre).

SAINT-PIERRE, chap. détr., c^ne de Dampierre, section E.

SAINT-PIERRE, lieu dit, c^ne de Goncourt, section A.

SAINT-PIERRE, abbaye, puis église paroissiale de Langres, détruite à l'époque révolutionnaire. — *Et, infra muros jam dictae Lingonis, abbatiam Sancti Petri*, 814 (Roserot, Dipl. carol., p. 6). — *Sancti Petri parrochialis ecclesia*, 1327 (arch. Haute-Marne, chapitre de Langres). — *Parrochialis ecclesia seu vicariatus perpetuus beatorum apostolorum Petri et Pauli de Lingonis*, 1732 (Pouillé de 1732, p. 8).

La cure était à la présentation du chapitre de Langres.

SAINT-PIERRE, lieu dit, c^ne de Merrey, section A.

SAINT-PIERRE, chap. détr., c^ne de Neuvy. — *Saint-Pierre*, 1769 (Chalmandrier).

SAINT-PIERRE, lieu dit, c^ne de Narcy, section B.

SAINT-PIERRE, lieu dit, c^ne de Percey-le-Petit, section B.

SAINT-PIERRE, lieu dit, c^ne de Rimaucourt, section A.

SAINT-PIERRE, lieu dit, c^ne de Thivet, section B.

SAINT-PIERRE-MEAUX, lieu dit, c^ne de Vaudrecourt, section A.

SAINT-PRIX, chap. détr., c^ne de Poinson-lez-Fays. — *Saint Prix*, 1769 (Chalmandrier).

SAINT-QUENTIN, chap. détr., c^ne de Ferrières.

SAINT-REMI, lieu dit, c^ne d'Aingoulaincourt, section A.

SAINT-REMI, chap. détr.(?) et monticule, c^ne d'Auberive, section B, près de l'ancien Allofroy. — *Saint-Remy*, 1769 (Chalmandrier). — *La montagne Saint-Remy*, XIXe s. (cadastre).

Les cartes de l'État-major et de l'Intérieur indiquent cette chapelle comme existant encore.

SAINT-REMI, lieu dit, c^ne d'Audeloncourt, section C.

SAINT-REMI, lieu dit, c^ne de Chamouilley, section C. — *Mont Saint-Remy*, XIXe s. (cadastre).

SAINT-REMI, lieu dit, c^ne de Charmoy, section B. — *Haut de Saint-Remy*, XIXe s. (cadastre).

SAINT-REMI, lieu dit, c^ne de Clefmont, section C.

SAINT-REMI, m^on isolée, c^ne de Dancevoir.

SAINT-REMI, lieu dit, c^ne de Dinteville, sections A et E.

SAINT-REMI, lieu dit, c^ne d'Ériseul; anc. chap.

SAINT-REMI, lieu dit, c^ne de Flammerécourt, section A.

SAINT-REMI, lieu dit, c^ne de Harricourt, sections B et C. — *Croix-Saint-Remy, Val-Saint-Remy*, XIXe s. (cadastre).

SAINT-REMI, lieu dit, c^ne de Humbécourt, section A. — *Fontaine Saint-Remy*, XIXe s. (cadastre).

SAINT-REMI, lieu dit, c^ne de Lanques, section B.

SAINT-REMI, lieu dit, c^ne de Liffol-le-Petit, section A.

SAINT-REMI, bois, c^ne de Louvemont, section A.

SAINT-REMI, lieu dit, c^ne de Nijon, section D.

SAINT-REMI, lieu dit, c^ne de Treix, section E.

SAINT-RENOBERT, lieu dit, c^ne d'Andilly, section C.

SAINT-RENOBERT, f., c^ne de Charmoy; anc. grange de l'abbaye de Beaulieu. — *La grange de Renobert*, 1770 (arch. Haute-Marne, C. 344). — *Saint Renobert*, XVIIIe s. (Cassini).

Jolibois (La Haute-Marne, p. 490) identifie Saint-Renobert avec Velard, mais la carte de Cassini en fait deux localités distinctes.

SAINT-RICHARD, m^in, c^ne de Vaux-la-Douce. — *Moulin de Saint-Richard*, 1769 (Chalmandrier).

SAINT-ROCH, chap., c^ne de Biesle. — *Saint Roch*, 1769 (Chalmandrier).

Saint-Roch, chap., cⁿᵉ de Champigneulle.

Saint-Roch, monticule, bois et mⁿ forestière, cᵉ de Chaumont-en-Bassigny; anc. ermitage. — *Saint Roch, hermitage*, 1769 (Chalmandrier).

Saint-Roch, écart, cⁿᵉ de Cirey-sur-Blaise, non indiqué par Cassini. — *Sᵗ Roch, bergerie*, 1888 (Intérieur). — *S. Roch*, 1889 (État-major).

Saint-Roch, chap. détr. cᵉ de Dommartin-le-Saint-Père.

Saint-Roch, chap. détr. cⁿᵉ de Joinville, section A. — Elle était au Val de Vassy. — *Combe Saint-Roch*, xixᵉ s. (cadastre).

Saint-Sacrement (Le), chap. détr., à Langres, dite aussi *Chapelle de la Cène*. Elle était près de la porte au Pain.

Saint-Sauveur (Le), mⁱⁿ, anc. chap., au finage de Brevoine, cⁿᵉ de Langres. La chapelle a été détruite en 1776, du consentement du chapitre de Langres, à qui elle appartenait, et le titre en a été transféré à la chapelle du Neuf-Autel, en l'église cathédrale. — *Saint Sauveur, moulin de Saint Sauveur*, 1769 (Chalmandrier).

Saint-Sauveur (Le), chap. détr., à Langres, en dehors des murs. (Peut-être la même que la précédente.) — *Capella, seu perpetua capellania, ad altare seu sub invocatione Sancti Salvatoris, prope et extra muros Lingonenses*, 1577 (arch. Haute-Marne, G. 876, f° 779 r°). — *Capella Sancti Salvatoris, alias Sanctissimae Trinitatis, sub Lingonas, seu prope et extra muros civitatis Lingonensis*, 1697 (arch. Haute-Marne, G. 892, f° 276 r°).

Saint-Seine, fief, cⁿᵉ de Dampierre, qui relevait de Nogent-le-Roi. — *Saint Seine*, 1727 (Arch. nat., Q¹. 696).

Saint-Seine, fief, cⁿᵉ de Rosoy.

Saint-Simon-et-Saint-Jude, chap. détr., cⁿᵉ de Langres. — *Capella sanctorum Symonis et Jude, apostolorum, supra muros fractos Lingonenses*, 1560 (arch. Haute-Marne, G. 889, f° 389 r°).

Saint-Sulpice, lieu dit, cⁿᵉ d'Andelot, section C.

Saint-Sulpice, chap. détr., à Belfond, cⁿᵉ de Genevrières.

Saint-Sulpice, source et anc. chap., avec ermitage, cⁿᵉ de Morteau. — *Chapelle Saint-Sulpice de Morteaux*, 1661 (Septfontaines). — *Capella Sancti Sulpicii de Mortua Aqua*, 1670 (Septfontaines). — *Fontaine Saint Sulpice*, 1769 (Chalmandrier). Le titulaire était à la nomination de l'abbé de Septfontaines.

Saint-Sulpice, f., cⁿᵉ d'Odival; anc. chap. — *Saint Suplix*, 1700 (Dillon). — *La grange de Saint Sulpice*, 1770 (arch. Haute-Marne, C. 344).

En 1789, Saint-Sulpice formait une communauté d'habitants du bailliage de Chaumont, prévôté de Nogent-le-Roi.

Saint-Symphorien, f., cⁿᵉ de Pouilly. — *Grange Saint Simphorien*, 1769 (Chalmandrier).

Saint-Thiébaud, cⁿᵉ de Bourmont. — *Sanctus Theobaldus*, 1122 (Gall. christ., XIII, instr., col. 485). — *Cellam apud Bolmunt, cum parrochia et domo Dei infra ipsam constituta*, 1145 (cartul. Saint-Mihiel, n° XLVII). — *Fratres hospitalis de Sancto Theobaudo florimontis*, 1178 (arch. Meuse, Saint-Mihiel, 5, Q³). — *Saint Thiébaut*, 1394 (Arch. nat., P. 174¹, n° 273 ter). — *Sanctus Theobaldus subtus Bourmontem*, 1409 (Pouillé de Toul). — *Saint Thiébault*, 1429 (Morimond). — *Saint Thiébaut sous Bourmont*, 1779 (Durival, III, p. 400). — *Saint-Thiébaut*, 1886 (dénombrement).

En 1789, Saint-Thiébaud faisait partie du Barrois et dépendait du bailliage de la Marche, intendance de Lorraine et Barrois. Son église paroissiale, dédiée à saint Thiébaud, était du diocèse de Toul, doyenné de Bourmont. La présentation de la cure appartenait au Roi, comme successeur du duc de Lorraine.

Saint-Thiébaud était chef-lieu de la partie du Bassigny barrisien qui ressortissait au parlement de Paris (Durival, III, p. 377).

Saint-Thiébaud, mⁿ isol., avec chapelle, cⁿᵉ de Chambroncourt. — *Saint Thiébaut*, xviiⁱᵉ s. (Cassini).

Saint-Thiébaud, anc. chap. du prieuré de Flammerécourt, aujourd'hui désaffectée, et fontaine du même nom. — *Saint-Thiébault*, xviiⁱⁱᵉ s. (Cassini).

Saint-Thiébaud, chap. détr., cⁿᵉ de Neuilly-l'Évêque.

Saint-Thiébaud, lieu dit, cⁿᵉ de Prauthoy, section D.

Saint-Thiébaud, mⁱⁿ, cⁿᵉ de Roche-sur-Rognon; anc. chap. et ermitage (voir Franchevaux). — *L'hermitage de Sainct Thiébaut*, 1683 (Septfontaines). — *Saint Thiébaut*, 1769 (Chalmandrier).

Saint-Thiébaud, fourneau, cⁿᵉ de Saint-Dizier, section B. Anc. prieuré, dépendant de l'abbaye de Saint-Urbain, diocèse de Châlons-sur-Marne; uni au grand séminaire de Châlons en 1685. — *Prioratus de Passu Lupi*, 1197 (Grignon, n° 442, d'après le fonds de Saint-Urbain). — *Prieuré de Sainct Thybault, près Sainct Dizier*, 1663 (Saint-Urbain). — *Saint Thibault lès Saint Dizier*, 1685 (Saint-Urbain). — *Prieuré dit de Saint Thibault-Passeloup*, 1738 (Vavéray, p. 433).

Saint-Thiébaud, lieu dit, cⁿᵉ de Semilly, section D.

Saint-Thiébaud, lieu dit, cⁿᵉ de Signéville, section A. — *Poirier de Saint-Thiébault, Rond de Saint Thiébault*, 1831 (cadastre).

SAINT-URBAIN, c⁰ᵉ de Doulaincourt. Abbaye d'hommes, ordre de Saint-Benoît, diocèse de Châlons-sur-Marne, fondée vers 857. — (*In pago Pertensi...*) *In honore S. Trinitatis novo monasterio..... in quo corpus Sancti Urbani..... coleretur*, 865 (Gall. christ., X, instr., col. 148). — *Sanctus Urbanus*, 1140 (Saint-Urbain). — *Seint Urben*, 1249 (Val-des-Écoliers). — *Seint Ourben*, 1250 (Benoitevaux). — *Saint Urbayn*, 1255 (Saint-Urbain). — *Saint Ourbain*, 1256 (Saint-Urbain). — *Saint Urbain*, 1258 (Benoitevaux). — *Saint Orbain*, 1263 (Saint-Urbain). — *Saint Ouirbain*, *Saint Oirbain*, 1279 (Saint-Urbain). — *Saint Urbain delez Joinville*, 1339 (Saint-Urbain). — *Sainct Urbain*, 1540 (Saint-Urbain).

Suivant Jolibois (La Haute-Marne, p. 491) et M. l'abbé Roussel (Le Diocèse de Langres, II, p. 505), le village existait avant la fondation de l'abbaye, s'appelait Viliars ou Villiers-en-Perthois, et son église était dédiée à saint Étienne.

Saint-Urbain dépendait, en 1789, de la province de Champagne, bailliage de Chaumont, prévôté d'Andelot, élection de Joinville. Son église paroissiale, dédiée à saint Étienne, était du diocèse de Châlons-sur-Marne, doyenné de Joinville. La cure était à la présentation de l'abbé, qui avait aussi la seigneurie.

SAINT-URBAIN, lieu dit, c⁰ᵉ de Saint-Blin, section B.
SAINT-VALBERT, lieu dit, c⁰ᵉ de Soyers.
SAINT-VALENTIN, lieu dit, sorte de tumulus, c⁰ᵉ de Courcelles-en-Montagne.
SAINT-VALLIER, c⁰ᵉ de Langres. — *Sanctus Valerius*, 1209 (chapitre de Langres). — *Saint Vaillier*, 1336 (Arch. nat., JJ. 70, fᵒ 104 vᵒ, nᵒ 235). — *Sainct Valier*, 1460 (chapitre de Langres). — *Sainct Vallier*, 1498 (Recueil Jolibois, II, fᵒ 196). — *Saint Vallier*, 1675 (arch. Haute-Marne, G. 85). — *Saint Valier*, 1732 (Pouillé de 1732, p. 29). — *Saint Valliers*, 1769 (Chalmandrier).

En 1789, Saint-Vallier faisait partie de la province de Champagne, bailliage et élection de Langres. Son église, dédiée à saint Vallier, était du diocèse de Langres, doyenné du Moge, et avait pour succursale l'église de Saint-Maurice. La présentation de la cure appartenait au prieur de Saint-Geômes. La seigneurie se partageait entre le chapitre de Langres et le prieur de Saint-Geômes.

SAINT-VALLIER, lieu dit, c⁰ᵉ de Chamarandes, section B.
SAINT-VALLIER, lieu dit, c⁰ᵉ de Culmont, section A.
SAINT-VALLIER, lieu dit, c⁰ᵉ de Noidant-le-Rocheux, section E.

SAINT-VALLIER, lieu dit, c⁰ᵉ de Signéville, section C.
SAINT-VALLIER, lieu dit, c⁰ᵉ de Vieux-Moulin, section B.
SAINT-VAUX, lieu dit, c⁰ᵉ d'Aizanville, section B.
SAINT-VINCENT, f., c⁰ᵉ de Fresne.
SAINT-VINCENT, f., c⁰ᵉ de Melay.
SAINT-VINEBAUD. *Voir* FONTAINE-SAINT-VINEBAUD.
SALINIÈRE (LA), f., c⁰ᵉ de Colmier-le-Haut.
SALLE (LA), f., c⁰ᵉ d'Auberive; anc. grange de l'abbaye d'Auberive. — *Sale*, 1185 (Auberive). — *La grange de la Salle*, 1770 (arch. Haute-Marne, C. 344). — *Lasalle*, 1858 (Jolibois : La Haute-Marne, p. 321).
SALLES (LES), lieu dit, c⁰ᵉ d'Autreville, section A.
SALLES (LES), chât. et f., c⁰ᵉ de Montier-en-Der; anc. fief. — *Le fief des Salles*, 1763 (arch. Haute-Marne, C. 317).
SALOMON, mᵗⁿ détr., c⁰ᵉ de Châteauvillain. — *Le moulin Salomon*, 1579 (Arch. nat., P. 175¹, nᵒ 356).
SALVESCHAMP, terrage qui dépendait de Génichaux, c⁰ᵉ de Fresnoy, et appartenait à l'abbaye de Morimond. — *Terra de Salvezchans*, 1185 (Morimond). — *Terra de Salveschamp*, 1292 (Morimond).
SAMPIGNY, fief, c⁰ᵉ de Poissons. — *Sampigny*, 1596 (Saint-Urbain).
SANTENOGE, c⁰ᵉ d'Auberive. — *Centeneges*, 1194 (Auberive). — *Centenoiges*, 1218 (Auberive). — *Centhenoiges*, 1233 (Auberive). — *Sentenoiges*, 1400 (arch. Côte-d'Or, Bure). — *Villa de Santenogiis*, 1424 (Auberive). — *Saintenoges*, 1464 (Arch. nat., P. 174³, nᵒ 330 bis). — *Santenoge*, 1675 (arch. Haute-Marne, G. 85).

Santenoge dépendait, en 1789, de la province de Champagne, bailliage et élection de Langres. Son église, dédiée à la Nativité de la Sainte-Vierge, était succursale de celle de Poinson-lez-Grancey, diocèse de Langres, doyenné de Grancey.

SAPHO, f., c⁰ᵉ d'Occey. — *Sapho*, 1769 (Chalmandrier).
SARCEY, c⁰ᵉ de Nogent-en-Bassigny. — *Sarcé*, 1160 (la Crête). — *Sarcey*, 1259 (arch. Haute-Marne, G. 618). — *Sarceium*, 1264 (arch. Haute-Marne, G. 610). — *Sarceyum*, 1436 (Longnon, Pouillés, I).

En 1789, Sarcey dépendait de la province de Champagne, bailliage de Chaumont, prévôté de Nogent-le-Roi, élection de Langres. Son église paroissiale, dédiée à saint Saturnin, était du diocèse de Langres, doyenné d'Is-en-Bassigny. La présentation de la cure appartenait à l'abbesse de Poulangy.

SARCICOURT, c[ne] de Chaumont-en-Bassigny. — *Sarcecurtis*, 1084 (Sexfontaine). — *Sarcecourt*, 1257 (arch. Haute-Marne, G. 608). — *Sarcecourt*, 1394 (Arch. nat., P. 174[1], n° 273 ter). — *Sarcicourt*, 1405 (Sexfontaine). — *Sarcicour*, 1683 (Arch. nat., Q[1]. 691).

Sarcicourt faisait partie, en 1789, de la province de Champagne, bailliage, élection et prévôté de Chaumont. Son église, dédiée à saint Martin, était succursale de celle de Meure, diocèse de Langres, doyenné de Chaumont.

SARRAZINS (LES). *Voir aussi* CAMP-DES-SARRAZINS, CHÂTEAU-DES-SARRAZINS.

SARRAZINS (LES), lieu dit, c[ne] de Chatonrupt, section D.

SARRAZINS (LES), lieu dit, c[ne] de Doncourt, section A.

SARRAZINS (LES), lieu dit, c[ne] du Puits-des-Mèzes, section C. — *Fontaine des Sarrazins*, xixe s. (cadastre).

SARRAZINS (LES), lieu dit, c[ne] de Signéville, section B.

SARREY, c[ne] de Montigny-en-Bassigny. — *Sarri*, *Sarré*, *Saré*, 1249-1252 (Longnon, Rôles, n°s 594, 599, 621). — *Sarrei*, 1274-1275 (Longnon, Doc. I, n° 6960). — *Surrier*, *Sairri*, 1326 (Longnon, Doc. I, n°s 5920, 5935). — *Sarrey*, 1345 (Val-des-Écoliers). — *Sarreyum*, xive s. (Longnon, Pouillés, I). — *Sarey*, 1732 (Pouillé de 1732, p. 125).

Sarrey dépendait, en 1789, de la province de Champagne, bailliage de Chaumont, prévôté de Nogent-le-Roi, élection de Langres. Son église paroissiale, dédiée à saint Maurice, était du diocèse de Langres, doyenné d'Is-en-Bassigny. La présentation de la cure appartenait à l'abbesse de Poulangy.

SARREY, écart détr., c[ne] de Lanques; fief relevant de Lanques. — *Sarey*, 1732 (Arch. nat., Q[1]. 692). — *Sarrey*, 1769 (Chalmandrier). — *Le Sarey*, *ferme*, 1834 (cadastre, section B).

SARRIGNY, lieu dit, c[ne] de Dommarien, section F.

SAUCOURT, c[ne] de Doulaincourt. — *Soocurtis*, 1210 (cartul. B du chapitre de Reims, f° 642 r°). — *Seucort*, 1216 (cartul. G. dudit chapitre, f° 73 r°). — *Soocourt*, 1313 (cartul. B du chapitre de Reims, f° 646 r°). — *Soocourt*, 1448 (Arch. nat., P. 177[2], n° 649). — *Saulcourt*, 1576 (Arch. nat., P. 189[1], n° 1585). — *Saucourt*, 1649 (Roserot, États généraux, n° 104).

Saucourt dépendait, en 1789, de la province de Champagne, bailliage de Chaumont, prévôté d'Andelot, élection de Joinville. Son église pa-

roissiale, dédiée à saint Remi, était du diocèse de Châlons-sur-Marne, doyenné de Joinville. La présentation de la cure appartenait au chapitre de Notre-Dame de Reims, qui avait aussi la seigneurie.

SAUDRON, c[ne] de Poissons. — *Sauderon*, 1401 (Arch. nat., P. 189[2], n° 1588). — *Ecclesia de Saudronno*, 1402 (Pouillé de Toul). — *Saudron*, 1448 (Arch. nat., P. 177[2], n° 649). — *Saulderon*, 1553 (Arch. nat., Q[1]. 684). — *Sauldron*, 1576 (Arch. nat., P. 189[1], n° 1585).

Saudron dépendait, en 1789, de la province de Champagne, bailliage de Chaumont, prévôté d'Andelot, élection de Joinville. Son église paroissiale, dédiée à saint Félix de Nole, était du diocèse de Toul, doyenné de Goudrecourt. La présentation de la cure appartenait au chapitre de Toul.

SAULES, m[in], c[ne] de Coiffy-le-Bas. — *Moulin des Saulles*, 1769 (Chalmandrier). — *Moulin de Saules*, xviiie s. (Cassini).

SAULLES, c[ne] du Fays-Billot. — *Saules*, 1293 (chapitre de Langres). — *Saulles*, 1675 (arch. Haute-Marne, G. 85). — *Saulle*, 1732 (Pouillé de 1732, p. 135).

Saulles ne peut être identifié, comme on l'a fait (Jolibois : La Haute-Marne, p. 498; Roussel : Dioc. de Langres. II, p. 278), avec *Salis villa*, cité dans un diplôme de l'empereur Charles-le-Gros, de 886 (Roserot, Dipl. carol., p. 22), qui est indiqué comme étant au *pagus Attoariorum*, et qui semble s'appliquer à Saulx-le-Duc (Côte-d'Or).

De même, nous n'avons pu accepter l'identification qu'on a faite de Saulles avec *Solarium*, cité dans la Chronique de Bèze, à l'année 1114 (édit. Bougaud et Garnier, p. 439).

En 1789, Saulles faisait partie de la province de Champagne, bailliage et élection de Langres. Son église, dédiée à saint Symphorien, était succursale de celle de Grenant, diocèse de Langres, doyenné de Fouvent. Une partie de la seigneurie appartenait à l'évêque.

SAULX (LA), rivière qui sort de Germay, arrose Harméville, où elle forme un étang, puis Échènay, Pancey et Paroy, et entre alors dans le département de la Meuse. — *Saltus*, vers 904 (cartul. du chantre Warin).

SAULXURES, c[ne] de Montigny-en-Bassigny. — *Sausures*, 1270 (Morimond). — *Sausures*, 1298 (Morimond). — *Sauxures*, 1368 (arch. Meurthe-et-Moselle, trésor des chartes de Lorraine: la Marche, I, n° 48). — *Saulxures*, 1564 (Morimond). —

Seuxure, 1696 (Morimond). — *Saulxure-lès-Beaucharmois*, 1779 (Durival, III, p. 378).

En 1789, Saulxures dépendait du Barrois, bailliage de la Marche, intendance de Lorraine et Barrois. Son église, dédiée à saint Jacques et saint Christophe, était succursale de celle de Rançonnières située en Champagne, diocèse de Langres, doyenné d'Is-en-Bassigny.

Saurey, f., c⁹⁹ de Langres, au sud.

Sautreuil, f., cⁿᵉ d'Arc-en-Barrois; anc. grange du prieuré de Vauclair. — *Sostruil*, 1255 (arch. Allier, Vauclair). — *Soutruy*, 1351 (Vauclair). — *Sautreuil*, 1769 (Chalmandrier).

Sauvage-Magnil, cⁿ de Montier-en-Der. — *Viculus qui dicitur Salvaticus Mansionilis*, vers 1050 (cartul. Montier-en-Der, I, f° 52 r°). — *Hugo, presbiter de Sauvage Masnilio*, 1197 (Montier-en-Der). — *Silvestre Magnillum*, 1407 (Pouillé de Troyes, n° 494). — *Silvestre*, 1457 (Pouillé de Troyes, p. 267, n° 62). — *Sauvaige Maisgnil*, 1464 (Montier-en-Der). — *Sauvaige Mesgnil*, 1488 (Montier-en-Der). — *Sauvaige Maignil*, 1528 (Montier-en-Der). — *Saulvaige Mesnil*, 1541 (Montier-en-Der). — *Sauvage Mesnil*, 1784 (Courtalon, III, p. 374). — *Sauvage Magny*, xviiiᵉ s. (Cassini). — *Sauvage Magnil*, 1889 (État-major).

Sauvage-Magnil dépendait, en 1789, de la province de Champagne, bailliage et prévôté de Chaumont, élection de Bar-sur-Aube, et suivait la coutume de Chaumont. Son église paroissiale, dédiée à saint Mathieu, était du diocèse de Troyes, doyenné de Margerie. La présentation de la cure appartenait à l'abbé de Montier-en-Der, et la seigneurie à l'aumônier de cette abbaye.

Sauveboeuf, lieu dit, cⁿᵉ de Dinteville, où l'on prétend qu'il y eut une maison de Templiers.

Sauvetréscourt (**Petit** et **Grand**), lieu dit, cⁿ de Melay, section E.

Savigny, cⁿ du Fays-Billot. — *Savigneyum*, xivᵉ s. (Longnon, Pouillés, I). — *Savigny*, 1554 (Arch. nat., P. 176², n° 493).

Nous n'avons pu accepter l'identification qu'on a faite de Savigny avec *Silviniacus*, *Silvinns*, *Sylvennejacum*, rapportés dans la Chronique de Bèze (édit. Bougaud et Garnier, p. 395, 410, 476, 478, 483, 487, 490).

En 1789, Savigny faisait partie de la province de Champagne, bailliage et élection de Langres. Son église paroissiale, dédiée à saint Maurice, était du diocèse de Langres, doyenné de Pierrefaite. La collation de la cure appartenait à l'évêque.

Scierie (**La**), écart, cⁿᵉ d'Arc-en-Barrois.

Scierie (**La**), écart, cⁿᵉ d'Arnancourt.

Scierie (**La**), écart, cⁿᵉ de Bretenay.

Scierie (**La**), écart, cⁿᵉ de Chamouilley (ann. Haute-Marne, 1889).

Scierie (**La**), lieu dit, cⁿᵉ de la Mothe-en-Blésy, section D.

Scierie (**La**), scierie, cⁿᵉ de Saint-Urbain.

Scierie (**La**), éc., cⁿᵉ de Vignes (ann. Haute-Marne, 1889).

Scierie-Billotte (**La**), éc., cⁿᵉ de Bourbonne-les-Bains (ann. Haute-Marne, 1889).

Secey (**Le**), lieu dit, cⁿᵉ d'Esnouveaux, section B.

Sèchepré, f., cⁿᵉ de Romains-sur-Meuse; anc. grange de l'abbaye de Morimond. — *Terra que dicitur Sicca Prata*, 1165 (Morimond). — *Sèchepré*, xviiiᵉ s. (Cassini).

«**Secutia**», localité indéterminée, dans le *pagus* de Langres. — *Mansum unum, cum capella et ceteris aedificiis consistentem in pago Lingonico et in loco quam* (sic) *Secutiam dicunt*, 871 (Roserot, Dipl. carol., p. 13).

Seigneur (**Le**), mⁿ détr., cⁿᵉ de Dommarien. — *Moulin du Seigneur*, 1769 (Chalmandrier).

Sellières, h., cⁿᵉ de Longeville. — *Les Sellières*, xviiiᵉ s. (Cassini).

Semilly, cⁿ de Saint-Blin. — *Semilley*, 1358 (arch. Allier, Septfons). — *Semuleyum*, 1402 (Pouillé de Toul). — *Semilli*, 1448 (Arch. nat., P. 177², n° 642). — *Chemilly*, 1474 (Arch. nat., n° 1312). — *Semilly*, 1515 (Arch. nat., P. 176², n° 486).

Semilly dépendait, en 1789, de la province de Champagne, bailliage et élection de Chaumont, prévôté d'Andelot. Son église paroissiale, dédiée à saint Martin, était du diocèse de Toul, doyenné de Reynel. La présentation de la cure appartenait au chapitre de la Fauche.

«**Semobile**». — Un décret impérial du 17 ventôse an XIII a enlevé à Richebourg les fermes de Chalonge et de Semobile ou *les Maisons éboulées*, et les a réunies à Semoutier (Arch. nat., F² II, Haute-Marne, I).

Semoutier, cⁿ de Chaumont. — *Somnoster*, 1101 (arch. Côte-d'Or, et Gall. christ., IV, instr. col. 149). — *Suum Monasterium*, 1145 (Pflugk-Harttung, p. 177). — *Submonasterium*, 1170 (ibid., p 244). — *Seimontor*, 1196 (Septfontaines). — *Semosterium*, 1228 (arch. Haute-Marne, G. 114). — *Setmostier*, 1231 (arch. Aube, Clairvaux). — *Sauf Moster*, vers 1240 (Longnon, Rôles, Appendice, n° 42). — *Semostier*, 1253

(Auberive). — *Soumoutier, Semoutier*, 1326 (Longnon, Doc. I, n°⁵ 5763, 5859). — *Siccum Monasterium*, xiv° s. (Longnon, Pouillés, I). — *Seemoustier*, 1370 (Arch. nat., P. 176³, n° 496). — *Semontier*, 1771 (Recueil Jolibois, VIII, f° 146). — *Semoutiers*, 1889 (ann. Haute-Marne).

En 1789, Semoutier dépendait de la province de Bourgogne, bailliage de la Montagne ou de Châtillon-sur-Seine, intendance de Bourgogne. Son église paroissiale, dédiée à saint Pierre-ès-Liens, était du diocèse de Langres, doyenné de Châteauvillain, et auparavant du doyenné de Bar-sur-Aube. La présentation de la cure appartenait au prieur de Saint-Didier de Langres ou à l'abbé de Molême.

Senailly, fief, c⁰° de Créancey.

Senande, m¹ⁿ détr., qui était près de Courcelles-en-Montagne. — *Courcelles en Montagne et le moulin de Senande*, 1770 (arch. Haute-Marne, C. 344).

Septfontaines, h., c⁰° de Blancheville. Anc. abbaye d'hommes, sous le vocable de Saint-Nicolas, diocèse de Langres, doyenné de Chaumont. Fondée définitivement en 1123, au territoire de Roche-sur-Rognon, lieu dit Franchevaux, et soumise tout d'abord à la règle de saint Augustin; transférée, vers 1130, au lieu qu'elle a constamment occupé depuis, et soumise par saint Bernard à l'ordre de Prémontré. — *Locus quem nos Septem Fontes nominavimus*, 1134 (Septfontaines, charte de Godefroi, évêque de Langres). — *Sept Fontaines*, 1263 (Septfontaines). — *Septfontinnes*, 1263 (la Crête). — *Septfontaines*, 1305 (Septfontaines). — *Septfontaines-lez-Montesclère*, 1464 (Septfontaines).

En 1789, l'abbaye de Septfontaines était chef-lieu d'une communauté d'habitants de la généralité de Champagne, élection de Chaumont et prévôté d'Andelot. La nomination de l'abbé appartenait au roi.

Serpe (La), f., c⁰° de Voisey.

Serqueux, c⁰° de Bourbonne-les-Bains. — *Sarcofagus*, xi° s. (prieuré de Serqueux). — *Sarchofagus*, xii° s. (Morimond). — *Cella de Sarcophagis*, 1105 (Pflugk-Harttung : *Acta pontificum romanorum inedita*, I, p. 83). — *Sarcous, Sarcus*, 1164 (Serqueux). — *Sarcofagi*, 1199 (Serqueux). — *Sarcuiz*, 1245 (Serqueux). — *Sarcues*, 1247 (Morimond). — *Sarqueus*, 1274-1275 (Longnon, Doc. I, n° 6954). — *Sarceur*, 1295 (Serqueux). — *Sarcuez*, 1304 (Serqueux). — *Sarcofagü*, 1321 (Serqueux). — *Sercuelx*, 1362 (Serqueux). — *Sarcuiz*, 1384 (Serqueux). —

Serquenlx, 1399 (Serqueux). — *Sarqueux*, 1407 (Serqueux). — *Sarquelx*, 1434 (Serqueux). — *Serqueulx*, 1443 (Arch. nat., P. 174¹, n° 299). — *Serqueux*, 1449 (Serqueux). — *Sarcus Fagus*, 1479 (Arbaumont, Prieuré de Vignory, p. 159). — *Serceul, Serquelx*, 1521 (Serqueux). — *Cerqueux*, 1607 (Arch. nat., P. 176³, n° 503). — *Cercueil*, 1688 (Morimond).

Serqueux faisait partie, en 1789, de la province de Champagne, bailliage de Langres, par démembrement de celui de Chaumont, et élection de Langres. Une partie du village dépendait de la prévôté de Montigny-le-Roi, et l'autre était soumise à une justice particulière ou mairie royale, de l'ancien ressort de Chaumont. Son église paroissiale, dédiée à saint Blaise, était du diocèse de Besançon, doyenné de Faverney. La présentation de la cure appartenait au prieur.

Le prieuré, dont l'église était dédiée à la Nativité de la Sainte-Vierge, était de l'ordre de Saint-Benoit et dépendait de Saint-Bénigne de Dijon.

Servigny, lieu dit, c⁰° de Narcy, section C.

Servin, f., c⁰° d'Aprey; anc. chât. avec verrerie. — *Servain*, 1696 (arch. Haute-Marne, G. 892, f° 115 r°). — *Servin*, 1769 (Chalmandrier). — *Servins*, 1889 (arch. Haute-Marne).

Sery (La), f., c⁰° de Rivière-le-Bois, section B. — *La Sery*, 1839 (cadastre). — *Lassery*, 1889 (ann. Haute-Marne).

Seuchey, h. c⁰° du Fays-Billot. Anc. grange du prieuré de Grosse-Sauve, unie au grand séminaire de Langres. — *Seuchey*, 1645 (grand séminaire).

En 1789, Seuchey dépendait de la province de Champagne, bailliage et élection de Langres. C'était une dépendance de l'église de Saulles, qui était succursale de Grenant, diocèse de Langres, doyenné de Fouvent.

Seuilley (Le), lieu dit, c⁰° de Frécourt, section B.

Seuillon (Le), taillanderie, c⁰° de Lanques; anc. fief. — *Siulum*, 1188 (la Crête). — *Vallis de Suilon*, 1299 (la Crête). — *Suilum*, 1263 (la Crête). — *Le Seuillon*, 1732 (Arch. nat., Q¹. 692). — *Seullion*, xviii° s. (Cassini).

Sexfontaine, mieux Saixefontaine, c⁰° de Juzennecourt. — *Abbatia Sanctae Mariae Saxonum Fontis*, 1019 (chapitre de Langres et Gall. christ., IV, instr., col. 142). — *Monasterium cognomento Pulchrada, vel Saxonis Fontana*, 1034-1039 (Sexfontaine). — *Saxifons*, 1084 (Sexfontaine). — *Saxonis-Fons*, vers 1105 (Gall. christ., IV, instr., col. 153). — *Saxifontana*, 1147 (Sexfontaine). — *Sauxifons, Sessafons*, vers 1172 (Longnon,

Doc. I, n°° 70, 152). — *Saisefontainne*, 1196 (Septfontaines). — *Saisus Fons*, 1200 (Sexfontaine). — *Seissus Fons*, 1204-1210 environ (Longnon, Doc. I, n° 2916). — *Sessus Fons*, 1218 (Layettes, n° 1276). — *Saxeifons*, 1232 (arch. Aube, Clairvaux). — *Saxus Fons*, 1234 (Sexfontaine). — *Sefonteinne*, 1270 (Sexfontaine). — *Saxefontainne*, 1271 (Sexfontaine). — *Saxefonteigne*, 1274-1275 (Longnon, Doc. I, n° 6946). — *Sauxus Fons*, 1288 (Sexfontaine). — *Cessefonteines*, 1313 (Sexfontaine). — *Saixefontaigne*, 1322 (Sexfontaine). — *Sauxefontaine*, 1396 (Arch. nat., P. 177², n° 594). — *Soixefontaine*, 1405 (Sexfontaine). — *Seichefontaine*, 1498 (Arch. nat., P. 164¹, n° 1358). — *Saxefontaine*, 1649 (Roserot, États généraux, n° 13). — *Saixefontaine*, 1700 (Dillon). — *Sexfontaines*, 1886 (dénombrement).

Sexfontaine faisait partie, en 1789, de la province de Champagne, bailliage, élection et prévôté de Chaumont. Son église, dédiée à l'Assomption, était succursale de celle de Meure, diocèse de Langres, doyenné de Chaumont.

Il y avait un prieuré, de l'ordre de Saint-Benoit. sous le vocable de Notre-Dame, dépendant de Saint-Bénigne de Dijon, et un château fort, chef-lieu d'une baronnie.

SIGNÉVILLE, c°° d'Andelot. — *Sunievilla*, 1140 (Saint-Urbain). — *Soinnevilla*, 1175 (Septfontaines). — *Signevilla*, 1178 (Septfontaines). — *Sennevilla*, 1216 (arch. Aube, Clairvaux). — *Seigne Ville*, 1276-78 (Longnon, Doc. II, p. 174). — *Soignevilla, Soignivilla*, 1292 (Septfontaines). — *Seigneville*, 1293 (Septfontaines). — *Seigniville*, 1294 (Septfontaines). — *Signeville*, 1303 (Septfontaines). — *Soignéville, Soigniville, Signeville*, 1305 (Septfontaines). — *Signivilla*, 1361 (Septfontaines).

En 1789, Signéville dépendait de la province de Champagne, bailliage et élection de Chaumont, prévôté d'Andelot. Son église paroissiale, dédiée à saint Vallier, était du diocèse de Langres, doyenné de Chaumont. La collation de la cure appartenait à l'évêque.

SILVAMÉNIL, f., c°° de Prez-sous-la-Fauche.

SILVAROUVRE, c°° de Châteauvillain. — *Cerecius, sive Sopino Robore, in pago Barinse, super fluvium Alba*, 877 (Dom Bouquet, Hist. de Fr., VIII, 669). — *Silvenrovra*, 1179 (arch. Aube, Clairvaux). — *Suvinruere, Sirenrole*, 1222-1243 (Longnon, Doc. I, n°° 4166, 5139). —

Sivonrovra, 1228 (Clairvaux). — *Syvanrovre*, 1241 (Clairvaux). — *Syvanrouvre*, 1251 (Layettes, n° 31919). — *Sivanrovra*, 1255 (Clairvaux). — *Sivanouvre*, 1261 (Clairvaux). — *Sinvanrolle*, 1274-1275 (Longnon, Doc. I, n° 7006). — *Silve en Rouvre, Silve en Rovre*, 1276-78 (Longnon, Doc. II, p. 180, 181). — *Syvenrouvre*, 1296 (Clairvaux). — *Silvanrouvra*, 1436 (Longnon, Pouillés, I). — *Civenrouvre*, 1540 (Arch. nat., Q¹. 693¹). — *Silvarouvre*, 1603 (Arch. nat., P. 189², n° 1587). — *Civarolles, Civanrouvre*, 1700 (Dillon). — *Silvarouvres*, 1886 (dénombrement).

Silvarouvre dépendait. en 1789, de la province de Champagne, bailliage et prévôté de Chaumont, élection de Bar-sur-Aube. Son église paroissiale, dédiée à saint Félix et saint Augebert, était du diocèse de Langres, doyenné de Châteauvillain, et auparavant du doyenné de Bar-sur-Aube. Il y avait un prieuré, de l'ordre de Saint-Benoit, sous le vocable de Saint-Félix, dépendant de l'abbaye de Saint-Claude du Jura. La présentation de la cure appartenait au prieur.

SIMON, m¹⁰, c°° de Gonaincourt. — *Moulin Tencin*, XVIII° (Cassini). — *Moulin Simon*, XIX° s. (carte de l'Intérieur).

SIMONNEL, m¹⁰, c°° de Marcilly.

SIMONY (LE), huilerie, c°° de Rochefort.

SINCOURT, lieu dit, c°° d'Annéville, section A.

SIOLERIE (LA), f., c°° de Narcy.

SIRE-HUGUE, étang, c°° de Choiseul, à l'extrémité duquel se trouve le Moulin-Rouge. — *L'estang Sires Hugues*, 1515 (Arch. nat., P. 176³, n° 486). — *Sire Hugue*, 1769 (Chalmandrier).

«SIVRI (GRANGIA DE)», qui était près de Bourdons, 1240 (Layettes, n° 2876).

SIVRY, fief de la seigneurie de Liffol, en la baronnie de la Fauche. — *Civery*, 1684 (Recueil Jolibois, VIII, f° 7 r°).

SOC (LE), m¹⁰ détr., près de Heuilley-Coton. — *Huelley-Cotton et le moulin du Socq*, 1770 (arch. Haute-Marne, C. 344). — *Moulin du Soc*, XIX° s. (cadastre, section B).

SOC (LE), h., c°° de Maatz. — *Le Socq*, 1769 (Chalmandrier). — *Le Soc*, 1770 (arch. Haute-Marne, C. 344). — *Lesocq*, 1858 (Jolibois : La Haute-Marne, p. 332 et 341).

SOMBREUIL, m¹⁰; anc. h., à la source du ruisseau de ce nom, c°° de Fronville. — *In pago Portensi, Summus Rivus*, 865 (Gall. christ., X, instr., col. 148). — *La teulerie de Sonbru*, 1464 (Saint-Urbain). — *Aucunes autres de lor villes, si cum Watrigneville, Bleicort, Sombruz*, 1268 (Saint-

Urbain). — *La vile de Sombru*, 1278 (Saint-Urbain). — *Sombreuil*, 1670 (Saint-Urbain). — *Moulin de Sombreuil*, xviii° s. (Cassini).

Sommancourt, c°⁸ de Vassy. — *Sommoncort*, 1264 (Montier-en-Der). — *Somoncourt*, 1291 (Saint-Urbain). — *Sommancourt*, *Sommancuria*, fin du xiii° s. (cartul. Saint-Laurent de Joinville, n°⁸ XXII. LXXIX). — *Sommancourt*, 1763 (arch. Haute-Marne, C. 317). — *Sommencourt*, xviii° s. (Cassini).

Sommancourt dépendait, en 1789, de la province de Champagne, bailliage de Vassy, prévôté de Vassy, élection de Joinville. Son église paroissiale, dédiée à saint Bénigne, était du diocèse de Châlons-sur-Marne, doyenné de Joinville. La présentation de la cure appartenait au chapitre de Joinville.

Sommerécourt, c°⁸ de Bourmont. — *Semerecort*, 1262 (Morimond). — *Semerécourt*, 1279 (Morimond). — *Semericuria*, 1402 (Pouillé de Toul). — *Sommerécourt*, 1779 (Durival, III, p. 389).

En 1789, Sommerécourt dépendait du Barrois, bailliage de Neufchâteau, intendance de Lorraine et Barrois. Son église paroissiale, dédiée à saint Gérard, était du diocèse de Toul, doyenné de Bourmont. La présentation de la cure appartenait au seigneur.

Sommermont, c°⁸ de Joinville. — *Sommermont*, fin du xiii° s. (cartul. de Saint-Laurent de Joinville, n°⁸ VI et XXXVIII). — *Soubzmermont*, 1401 (Arch. nat., P. 189², n° 1588). — *Sommairemont*, 1690 (Roserot, Ban et arrière-ban, p. 49).

Sommermont dépendait, en 1789, de la province de Champagne, bailliage de Chaumont, prévôté de Vassy, élection de Joinville. Son église paroissiale, dédiée à saint Maurice, était du diocèse de Châlons-sur-Marne, doyenné de Joinville. La présentation de la cure appartenait au chapitre de Joinville.

Sommeville, c°⁸ de Chevillon. — *Sommivilla*, 1140 (Saint-Urbain). — *Summeville*, vers 1172 (Longnon, Doc. I, n° 493). — *Sonneyvilla*, 1193 (Saint-Urbain). — *Summavilla*, *Summeville*, vers 1401 (Longnon, Doc. I, n°⁸ 2579, 2687). — *Sommeville*, 1780 (arch. Haute-Marne, C. 317).

Sommeville dépendait, en 1789, de la province de Champagne, bailliage de Chaumont, prévôté de Vassy, élection de Joinville. Son église, dédiée à la Nativité de la Sainte-Vierge, était succursale de celle de Fontaine-sur-Marne, diocèse de Châlons-sur-Marne, doyenné de Joinville.

Sommevoire, c°⁸ de Montier-en-Der. — *Villa Summa Vigra*, 845 (cartul. Montier-en-Der. I, f° 16 r°). — *Summa Vera*, 854 (cartul. Montier-en-Der, I, f° 17 v°). — *Ecclesia Sancte Marie de Summavera*, 1114 (Montier-en-Der). — *Ecclesia Sancte Marie et ecclesia Sancti Petri de Summa Vera*, 1122 (cartul. de Montier-en-Der, I, f° 111 r°). — *Summa Voira*, *Summa Verra*, vers 1172 (Longnon, Doc. I, n°⁸ 157, 444). — *Sommevoire*, 1476 (la Crête). — *Summevoyre*, 1381 (la Crête). — *Sommevoir*, 1700 (Dillon).

En 1789, Sommevoire dépendait de la province de Champagne, bailliage de Chaumont, prévôté de Vassy, élection de Joinville. Il y avait deux églises paroissiales, du diocèse de Troyes, doyenné de Margerie, l'une dédiée à saint Pierre, dont la collation appartenait alternativement à l'évêque et à l'abbé de Montier-en-Der. L'autre église, dédiée à la Nativité de la Sainte-Vierge, était à la seule présentation de l'abbé de Montier-en-Der, qui avait aussi la seigneurie.

Hôpital fondé en 1572.

Soncourt, c°⁸ de Vignory. — *Secundi curtis*, 1050-1052 (Arbaumont, Prieuré de Vignory, p. 35). — *Suncort*, 1213 (Val-des-Écoliers). — *Suncurt*, 1237 (arch. Aube, Clairvaux). — *Soncor*, 1254 (Saint-Urbain). — *Suncort*, 1261 (Clairvaux). — *Soncourt*, 1347 (Septfontaines). — *Soncourt*, 1395 (Septfontaines). — *Soncuria*, xiv° s. (Longnon, Pouillés, I). — *Soncour*, 1732 (Pouillé de 1734, p. 93).

Soncourt dépendait, en 1789, de la province de Champagne, bailliage, prévôté et élection de Chaumont. Son église paroissiale, dédiée à saint Martin, était du diocèse de Langres, doyenné de Chaumont. La présentation de la cure appartenait au chapitre de Langres.

Soncourt, lieu dit, c°⁸ de Colombey-lez-Choiseul, section C.

Soncourt, lieu dit, c°⁸ de Prez-sous-la-Fauche, section B.

Sordelle (La), m°⁸ isol., c°⁸ de Prauthoy.

Sossa, f., c°⁸ de Vecqueville; anc. chap. — *Ego Symon, dominus Joinville..., juxta fontem, in quodam monte qui appellatur Cersois, qui est in terra Sancte Ame..., quandam grangiam constitui et edificavi*, 1209 (Saint-Urbain). — *Sossa*, xviii° s. (Cassini). — *Saussat*, 1858 (Dict. des postes de la Haute-Marne). — *Sossas*, 1882 (Dict. général des postes).

Souche (La), m¹⁸, c°⁸ de Vicq.

Souchet (Le), f., c°⁸ de Longeville.

Soulaincourt, c°⁸ de Poissons. — *Soullaincourt*, 1401

(Arch. nat., P. 189², n° 1588). — *Solaincuria*, 1402 (Pouillé de Toul). — *Solaincourt*, 1448 (Arch. nat., P. 177², n° 649). — *Soulaincourt*, 1538 (arch. Pimodan). — *Soulaucour*, 1665 (Saint-Urbain). — *Soulaincour*, 1686 (Saint-Urbain). — *Solincourt*, 1688 (Saint-Urbain).

En 1789, Soulaincourt faisait partie de la province de Champagne, bailliage de Chaumont, prévôté d'Andelot, élection de Joinville. Son église paroissiale, dédiée à saint Amâtre, était du diocèse de Toul, doyenné de Dammarie. La présentation de la cure appartenait à l'abbé de Saint-Mansuy de Toul,

SOULAUCOURT, c⁰ⁿ de Bourmont. — *In archidiaconatu de Bassalias..., ecclesia de Solascourt*, 1130 (cartul. Saint-Mihiel, p. 164, n° LXXXVIII). — *Solaucort*, 1211 (Saint-Mihiel). — *Solaucuria*, 1402 (Pouillé de Toul). — *Soulaucourt-sous-la-Mothe*, 1779 (Durival, III, p. 392). — *Soulaucourt*, XVIII⁰ s. (Cassini).

En 1789, Soulaucourt faisait partie du Barrois, bailliage de Bourmont, intendance de Lorraine et Barrois, et suivait la coutume du Bassigny. Son église paroissiale, dédiée à saint Léger, était du diocèse de Toul, doyenné de Bourmont. La présentation de la cure appartenait au prieur de Harréville.

SOUS-MUR, faub. de Langres. — *Porta de submuro*, 1270 (cartul. chapitre de Langres, f° 115 v°). — *Porte de Soubmur, appellée la porte de Neilley*, 1307 (arch. de Langres). — *Submur, Souzmur*, 1336 (Arch. nat., JJ, 70, f° 103 r°, n° 235). — *Sousmur*, 1414 (arch. de Langres). — *Surmur*, 1421 (arch. Haute-Marne, chapitre de Langres).

SOYERS, c⁰ⁿ de la Ferté-sur-Amance. — *Soeres*, 1165 (Vaux-la-Douce). — *Saieres*, 1202 (Vaux-la-Douce). — *Soeriae*, 1258 (Layettes, n° 4436). — *Sohieres*, 1276 (Vaux-la-Douce). — *Soierie*, XIV⁰ s. (Longnon, Pouillés, I). — *Ecclesia parochialis Sancti Vauberti de Soyeriis, vulgo de Soyères*, 1583 (arch. Haute-Marne, G. 878). — *Soyers*, 1675 (arch. Haute-Marne, G. 85).

La prononciation *Soyères* a persisté dans la Haute-Marne.

Soyers dépendait, en 1789, de la province de Champagne, bailliage de Langres, par démembrement de celui de Chaumont, prévôté de Coiffy, élection de Langres. Son église paroissiale, dédiée à saint Valbert, était du diocèse de Langres, doyenné de Pierrefaite. La présentation de la cure appartenait au prieur de la Ferté-sur-Amance.

SUCHET (LE), étang, c⁰ᵉ de Lanques.

SUIZE (LA), rivière qui prend sa source à Perroguey, passe à Voisines, Ormancey, Marac, Faverolles, Villiers-sur-Suize, Rochevilliers, Crenay, Neuilly-sur-Suize et Brottes, et se jette dans la Marne après être passée sous le viaduc de Chaumont et avoir traversé Buxereuilles, hameau de Chaumont. — *Amnis Secucie*, vers 1123 (arch. Côte-d'Or, Morment). — *Riperia de Suise*, XII⁰ s. (arch. Côte-d'Or, Morment). — *Susa*, 1249-1252 (Longnon, Rôles, n° 643). — *Suysa*, 1297 (Val-des-Écoliers). — *Suyze*, 1374 (Auberive). — *Suize*, 1399 (arch. Haute-Marne, G. 333). — *Suisa*, XIV⁰ s. (Longnon, Pouillés, I). — *Suyze*, 1445 (arch. Côte-d'Or, Morment). — *Suyzia*, 1455 (Val-des-Écoliers).

SUIZY, f. détr., qui était au territoire du Mesnil, hameau détruit, c⁰ᵉ de Bourdons (Roussel, Dioc. de Langres, II, p. 7).

SUSSY, f., avec chapelle, c⁰ᵉ de Saint-Broingt-les-Fosses, section C; anc. hôpital, sous le vocable de Notre-Dame, puis prieuré jusqu'en 1697, époque de sa réunion à l'hôpital de la Charité de Langres. — *Sussiacus, Suseyum*, 1291 (chapitre de Langres). — *Hospitale Succeii*, XIV⁰ s. (Longnon, Pouillés, I). — *Succeyum*, 1436 (Longnon, Pouillés, I). — *Suxy*, 1464 (Arch. nat., P. 174³, n° 330 bis). — *Hospitale Domus Dei nuncupatum de Suxeyaco*, 1535 (arch. Haute-Marne, G. 11). — *Ecclesia Beate Marie domus Dei sive hospitalis de Suxiaco*, 1562 (arch. Haute-Marne, G. 870, f° 317 r°). — *Les granges de Sussy, dépendantes de l'Hôpital*, 1770 (arch. Haute-Marne, G. 344). — *Suxis*, XIX⁰ s. (ann. Haute-Marne, de 1889, et cadastre).

SUZANNECOURT, c⁰ⁿ de Joinville. — *Susainecort*, 1253 (arch. Aube, Clairvaux). — *Sezannecuria*, 1275 (Saint-Urbain). — *Sezeinnecort, Suzennicuria*, 1284 (cartul. Saint-Laurent de Joinville, f° 83 v°, n° LXXXIX). — *Suzainecuria*, 1286 (arch. Marne, G. 1193). — *Suzannecourt*, 1649 (Roserot, États généraux, n° 55). — *Suzennecourt*, 1773 (Arch. nat., Q¹. 684).

Suzannecourt dépendait, en 1789, de la province de Champagne, bailliage de Chaumont, prévôté de Vassy, élection de Joinville. Son église paroissiale, sous le vocable de Sainte-Croix, était du diocèse de Châlons-sur-Marne, doyenné de Joinville. La collation de la cure appartenait à l'évêque de Châlons, qui avait aussi une partie de la seigneurie depuis 1218.

SUZÉMONT, c⁰ᵐ de Vassy. — *Susainmont*, vers 1172 (Longnon, Doc. I, n° 482). — *Susainmons, Su-*

sanmont, vers 1201 (Longnon, Doc. I, n° 2576, 2678). — *Soisimont*, 1210–1214 environ (Longnon, Doc. I, n° 2988). — *Susaynmons*, 1247 (arch. Aube, Clairvaux). — *Suzainmont, Suseinmont*, 1264 (Montier-en-Der). — *Sezemont, Cezemont*, 1274-1275 (Longnon, Doc. I, n° 7048). — *Ecclesia de Suzannemonte*, 1402 (Pouillé de Toul). — *Suzémont*, 1532 (chapitre de Joinville). — *Susémont*, XVIII° s. (Cassini).

En 1789, Suzémont dépendait de la province de Champagne, bailliage de Chaumont, prévôté de Vassy, élection de Joinville. Son église paroissiale, dédiée à saint Fronton, était du diocèse de Toul, doyenné de la Rivière-de-Blaise, et avait pour succursale l'église de Doulevant-le-Petit. La présentation de la cure appartenait à l'archidiacre de Reynel.

T

TACOT, m¹ⁿ, c⁰ᵉ de Maizières-sur-Amance. — *Moulin Tacot*, 1769 (Chalmandrier). — *Le moulin Tacquin*, 1770 (arch. Haute-Marne, C. 344). — *Moulin Taquot*, 1840 (cadastre de Bize).

TAILLEMADIN, f., c⁰ᵉ de Rosières, section C. — *Taillemadin*, 1784 (Courtalon, III, p. 277).

TAILLESAC, nom du moulin d'en bas, à Échenay, sur l'emplacement duquel le président de Pimodan établit, entre 1701 et 1740, une forge et fourneau (arch. Pimodan, Invent. de titres d'Échenay, f° 46 v°). — *Taillesac*, 1682 (arch. Pimodan). — *Taillesacq*, XVII° s. (*ibid.*).

TAMPILLON, fourneau, c⁰ᵉ de Ragecourt-sur-Blaise; anc. propriété de l'abbaye de Montier-en-Der. — *Le moulin de Tampillon*, 1319 (Montier-en-Der). — *Le molin d'Estampillon*, 1336 (Montier-en-Der). — *Le fourneau de Tempillon*, 1763 (arch. Haute-Marne, C. 317).

TANCOURT, lieu dit, c⁰ᵉ de Meure, section A. — *Le jardin Tancourt*, XIX° s. (cadastre).

TANNERIE (LA), lieu dit, c⁰ᵉ de Dommartin-le-Saint-Père, section D.

TANNERIE (LA), lieu dit, c⁰ᵉ de Doucourt, section A.

TANNERIE (LA), lieu dit, c⁰ᵉ de Fresne, section C.

TANNERIE (LA), lieu dit, c⁰ᵉ de Sommancourt, section B.

TANNERIE (LA), lieu dit, c⁰ᵉ de Sommerécourt, section C. — *La baie de la Tannerie*, 1845 (cadastre).

TANNERIES (LES). Voir aussi VIEILLES-TANNERIES.

TANNERIES (LES), lieu dit, c⁰ᵉ de Brachay. — *Le chemin des Tanneries*, XIX° s. (cadastre).

TANNERIES (LES), faub. de Chaumont-en-Bassigny. — *Fauxbourg Saint-Jean*, XVIII° s. (Cassini).

TANNERIES (LES), lieu dit, c⁰ᵉ de Joinville, section A.

TANNERIES (LES), m⁰ⁿ isol., c⁰ᵉ de Saint-Thiébaud. — *La Tannerie*, 1889 (ann. Haute-Marne).

TANNERIES (LES), ruisseau, c⁰ᵉ de Sommevoire.

TÉCOURT, lieu dit, c⁰ᵉ de Dammartin, section F.

TEMPLE (LE), contrée de vignes, c⁰ᵉ d'Autreville, qui devait un cens au commandeur du Corgebin.

TERCI, lieu dit, c⁰ᵉ de Hortes, section F.

TERMES (LES), m¹ⁿ, c⁰ᵉ de Saint-Geômes.

TERNAT, c⁰ᵉ d'Auberive. — *Tarnach*, vers 1135 (arch. Côte-d'Or, Morment). — *Tarnat, moulin de Ternat*, 1769 (Chalmandrier). — *Ternac*, 1775-1785 (Courtépée, IV, p. 271).

En 1789, Ternat n'était qu'une dépendance de Giey-sur-Aujon et faisait partie de la province de Bourgogne, bailliage de la Montagne ou de Châtillon-sur-Seine, intendance de Bourgogne. Son église, dédiée à saint Claude, était succursale de celle de Giey-sur-Aujon, diocèse et doyenné de Langres.

TETRAI, monticule, c⁰ᵉ de Chalindrey, à l'entrée du village, détruit en 1810 ou 1812. On y a trouvé des ossements et des fragments de poteries.

TEUILLON, f., c⁰ᵉ de Clefmont. — *Teuillon*, 1769 (Chalmandrier).

TEURIE (LA), lieu dit, c⁰ᵉ de Cirey-le-Château, section A.

THILLEUX, c⁰ᵉ de Montier-en-Der. — *Tilius*, IX° s. (polyptyque de Montier-en-Der, dans cartul. I, f° 121 v°). — *Tiliolus*, 1127 (cartul. Montier-en-Der, I, f° 118 v°). — *Tuleu, Tilleu*, 1476 (Montier-en-Der). — *Thieulieu, paroisse du dict Ceffons*, 1539 (Recueil Jolibois, X, f° 142). — *Til lieu*, 1733 (Montier-en-Der). — *Tilleuil*, 1770 (Montier-en-Der). — *Thilleux, Tilloux ou Tilleul*, 1784 (Courtalon, III, p. 375).

En 1789, Thilleux dépendait de la province de Champagne, bailliage de Chaumont, prévôté de Vassy, élection de Bar-sur-Aube. Son église, dédiée à saint Laurent, était succursale de celle de Ceffonds, diocèse de Troyes, doyenné de Margerie. La seigneurie appartenait à l'abbaye de Montier-en-Der.

Thivet, c⁰⁰ de Nogent-en-Bassigny. — *Tivax*, 1182 (arch. Côte-d'Or. Morment). — *Tived*, 1189 (Morment). — *Tyvax*, 1249-1252 (Longnon, Rôles, n° 636). — *Tivés*, 1257 (Morimond). — *Tivetum*, xiv° s. (Longnon, Pouillés. I). — *Tivez*, 1436 (Longnon, Pouillés, I). — *Thivés*, 1444 (arch. Haute-Marne, G. 326). — *Thivez*, 1498 (Arch. nat., P. 164², n° 1361). — *Thivetz*, 1508 (Arch. nat., P. 174², n° 311). — *Thyvetz*, 1584 (Voillemier). — *Thivet*, 1732 (Pouillé de 1732, p. 125).

Thivet dépendait, en 1789, de la province de Champagne, bailliage de Chaumont, prévôté de Nogent-le-Roi, élection de Langres. Son église paroissiale, dédiée à saint Pierre, était du diocèse de Langres, doyenné d'Is-en-Bassigny. La présentation de la cure appartenait à l'abbesse de Notre-Dame-aux-Nonnains de Troyes, comme ayant succédé aux droits du prieur de Saint-Geôsmes.

Thol-lez-Millières, c⁰⁰ de Clefmont. — *Tors*, 1178 (la Crête). — *Tholz lès Clainchamps*, 1481 (Arch. nat., P. 164¹, n° 1354). — *Thon*, 1485 (ibid., P. 163¹, n° 923). — *Tholz, Tolz*, 1508 (Arch. nat., P. 174², n° 308). — *Thot les Milliers*, 1700 (Dillon). — *Tholt*, 1733 (Arch. nat., Q¹. 690). — *Thole-les-Millières*, 1755 (Arch. nat., Q¹. 690). — *Thol-les-Millières*, 1769 (Chalmandrier). — *Thol-lez-Millières*, xviii° s. (Cassini). — *Thol*, 1858 (Jolibois : La Haute-Marne, p. 520).

Thol-lez-Millières dépendait, en 1789, de la province de Champagne, bailliage de Chaumont, élection de Langres. Son église paroissiale, dédiée à saint Martin, était du diocèse de Toul, doyenné de Bourmont. La présentation de la cure appartenait au seigneur.

Thonnance-les-Moulins, c⁰⁰ de Poissons. — *Thonnance aux Molins*, 1401 (Arch. nat., P. 189², n° 1588). — *Tenencuria ad Molendinos*, 1402 (Pouillé de Toul). — *Thenance-aux-Molins*, 1503 (Jobin, Prieuré du Val-d'Osne, p. 57). — *Thenance au Mollin*, 1538 (arch. Pimodan). — *Thenances les Molins, Thenances aux Molins*, 1539 (ibid.). — *Thenance-aux-Moulins*, 1585 (Arch. nat., P. 189¹, n° 1585). — *Tenances les Moulins*, 1657 (arch. Pimodan). — *Tonnances-les-Moulins*, 1687 (Saint-Urbain). — *Thenance les Moulins*, 1700 (Dillon). — *Tenance-les-Moulins*, 1763 (arch. Haute-Marne, C. 317). — *Thonnances les Moulins*, 1775 (arch. Pimodan).

Thonnance-les-Moulins dépendait, en 1789, de la province de Champagne, bailliage de Chau-

mont, prévôté d'Andelot, élection de Joinville. Son église paroissiale, dédiée à saint Èvre, était du diocèse de Toul, doyenné de Reynel, et avait pour succursale celle de Brontières. La présentation de la cure appartenait à l'archidiacre de Reynel.

Thonnance-lez-Joinville, c⁰⁰ de Joinville. — *In pago Pertensi . . . Tonantia*, 863 (cartul. du chantre Warin; cf. Gall. christ., X, instr., col. 148, ad annum 862, et Dom Bouquet, VIII, 584, ad annum 865). — *Thonnance*, 1265 (Saint-Urbain). — *Thonancia*, fin du xiii° s. (cartul. Saint-Laurent de Joinville, n° LXVIII). — *Tonancia, Thonance*, 1322 (arch. Marne, G. 216). — *Thonnanse*, 1344 (arch. Marne, G. 216). — *Thonance-lès-Joinville*, 1763 (arch. Haute-Marne, C. 317). — *Thonnance-sous-Joinville*, xviii° s. (Cassini). — *Thonnance-les-Joinville*, 1889 (ann. Haute-Marne).

Les formes les plus anciennes s'appliquent peut-être à Thonnance-les-Moulins.

En 1789, Thonnance-lez-Joinville dépendait de la province de Champagne, était du bailliage de Chaumont, prévôté de Vassy, réclamé par le bailliage de Châlons, et de l'élection de Joinville. Son église paroissiale, dédiée à saint Didier, était du diocèse de Châlons-sur-Marne, doyenné de Joinville. La collation de la cure appartenait à l'évêque, qui avait aussi la seigneurie depuis 1718.

Thugnéville, f., c⁰⁰ de Curel. — *Thugnéville*, 1884 (carte de l'Intérieur). — *Thugny*, 1889 (ann. de la Haute-Marne).

Cette ferme est de création moderne et tire son nom de celui qui l'a construite.

Taulerie (La), lieu dit, c⁰⁰ d'Aubepierre, section E.

Tiélosse, lieu dit, c⁰⁰ de Baissey, anc. ferme de l'abbaye d'Auberive.

Tilleul (Le), f., c⁰⁰ de Bologne. — *Alodium de Tiloio et de Severceiis*, 1138-1143 (coll. Champ., t. CLII, f° 44). — *Tyllois*, 1158 (la Crête). — *Tilloium*, 1165 (la Crête). — *Tilloys*, 1178 (la Crête). — *Le Tilleul*, 1769 (Chalmandrier). — *Le Tilleul*, 1889 (ann. Haute-Marne).

Tilleuls (Les), f., c⁰⁰ du Fays-Billot. — *Les Tillots*, 1769 (Chalmandrier). — *Les Tilleuls*, xix° s. (carte de l'Intérieur).

Tillois (Le), f., c⁰⁰ de Villiers-sur-Suize.

Tincourt, lieu dit, c⁰⁰ de Bettoncourt, section A.

Tincourt, lieu dit, c⁰⁰ de Troisfontaines-la-Ville, section C.

Tire-Clanchette, écart, c⁰⁰ de Thilleux, section B. — *Tireclanchette*, 1784 (Courtalon, III, p. 375).

Tirtez, m^{in}, c^{ne} de Nijon. — *Moulin de Tirtez*, xviiie s. (Cassini).

Tivoli, m^{on} isol., c^{ne} de Saint-Dizier.

Tomboy (Le), fief, près de Buxières-lez-Clefmont. — *Le Tomboy*, 1684 (Arch. nat., Q^1. 690).

Tonterel, f. détr., au territoire d'Épinant. — *La grange de Tonterel*, 1508 (Arch. nat., P. 174². n° 311).

Torcenay, c^{on} du Fays-Billot. — *Torcenayum*, xive s. (Longnon, Pouillés, I). — *Torcennay*, 1409 (Ruetz). — *Torcenay*, 1448 (arch. de Langres).

En 1789, Torcenay faisait partie de la province de Champagne, bailliage et élection de Langres. Son église paroissiale, dédiée à saint Martin, était du diocèse de Langres, doyenné du Moge. La collation de la cure appartenait à l'évêque.

Tornay, c^{on} du Fays-Billot. — *Tornornai*, 1194 (grand séminaire de Langres). — *Toornai*, 1234 (grand séminaire). — *Tohornai*, 1236 (grand séminaire). — *Toornaium*, 1261 (grand séminaire). — *Toornay*, 1283 (grand séminaire). — *Thornaium*, 1311 (grand séminaire). — *Tornayum*, xive s. (Longnon : Pouillés, I). — *Toornayum*, 1418 (grand séminaire). — *Tournay*, 1585 (grand séminaire). — *Tornay*, 1732 (Pouillé de 1732, p. 131).

En 1789, Tornay formait une enclave de Bourgogne en Champagne et dépendait du bailliage de Dijon. Son église paroissiale, dédiée à saint Loup, était du diocèse de Langres, doyenné de Pierrefaite. La présentation de la cure appartenait à l'abbesse de Belmont.

Touchelles (Les), f., c^{ne} de Droye; anc. grange de l'abbaye de la Chapelle-aux-Planches. — *Les Touchelles*, 1714 (la Chapelle-aux-Planches).

Toupot, fourneau, c^{ne} de Consigny, section A.

Tour (La), fief qui était à Chevillon.

Tour (La), lieu dit, c^{ne} de Cohons, section D.

Tour (La), lieu dit, c^{ne} de Curel, section C.

Tour (La), lieu dit, c^{ne} de Dammartin, section D.

Tour (La), lieu dit, c^{ne} de la Genevroie, section A.

Tour (La), lieu dit, c^{ne} de Guyonvelle.

Tour (La), fief, à Maizières-sur-Amance, qui appartenait au commandeur de la Romagne depuis 1665. — *La Tour Saint-Jean*, 1875 (Roussel, Dioc. de Langres, II, p. 286).

Tour (La), f., c^{ne} de Narcy. — *La Tour*, xviiie s. (Cassini). — *Lacour*, 1858 (Jolibois : La Haute-Marne, p. 321).

Tour (La), lieu dit, c^{ne} de Paroy, section A.

Tour (La), lieu dit, c^{ne} de Poinson-lez-Fays, section A.

Tour (La), nom d'une des trois seigneuries dont se composait la terre de Poinson-lez-Nogent. — *La Tour*, 1536 (Voillemier).

Tour (La), lieu dit, c^{ne} de Saint-Broingt-les-Fosses, section E.

Tour-au-Moniot (La), lieu dit, c^{ne} de Langres, section C.

Tour-aux-Champs (La), fief qui était à Curel, près de l'église. — *La Tour aux Champs*, 1576 (Arch. nat., P. 189¹, n° 1585).

Tour-Beaumont (La), lieu dit, c^{ne} de Damrémont, section B.

Tour-Chaillot (La), lieu dit, c^{ne} de Clefmont, section B.

Tourelle (La), lieu dit, c^{ne} de Lézéville, section A.

Tourterelle, fief, à Provenchères-sur-Meuse, et ferme construite à la fin du xviiie s. — *Ung gaignage nommé Torteret*, 1498 (Arch. nat., P. 164¹, n° 1361). — *Provenchères...*, auquel lieu il y a un fief dict de Torterelle, 1675 (arch. Haute-Marne, G. 85). — *Torteré*, 1769 (Chalmandrier). — *Grange de Torterelle*, xviiie s. (Cassini). — *Tourterelle*, xixe s. (carte de l'Intérieur).

Trabat (Le), f., c^{ne} de Vaux-la-Douce, section B; anc. grange de l'abbaye. — *Grange Traba*, 1769 (Chalmandrier). — *Talbac*, 1770 (arch. Haute-Marne, C. 344). — *Le Trabats*, 1785 (Vaux-la-Douce). — *Le Trabot*, 1858 (Jolibois : La Haute-Marne, p. 540).

Traille (La), fief, à Orcevaux. — *Le fief de la Traille, scis à Orcevaux*, 1675 (arch. Haute-Marne, G. 85).

Tranches-Croisées (Les), m^{on} for., c^{ne} de Halliguicourt.

Trépilerie (La), lieu dit, c^{ne} de Chancenay.

Trépilerie (La), lieu dit, c^{ne} de Manois, section A.

Trépilerie (La), lieu dit, c^{ne} de Saucourt, section B.

Treix, c^{on} de Chaumont-en-Bassigny. — *Trie*, 1198 (Arch. nat., JJ. 155, f° 182 r°, n° 310; Ord. VIII, 408). — *Triez*, 1215 (prieuré de Condes). — *Treys*, 1232 (prieuré de Condes). — *Trees*, 1250 (arch. Aube, Clairvaux). — *Estries*, 1176-78 (Longnon, Doc. II, p. 159, A. B.). — *Trées*, xive s. (Longnon, Pouillés, I). — *Trée*, *Treix*, 1534 (Clairvaux).

En 1789, Treix dépendait de la province de Champagne, bailliage, prévôté et élection de Chaumont. Son église paroissiale, dédiée à l'Assomption, était du diocèse de Langres, doyenné de Chaumont. La collation de la cure appartenait à l'évêque.

Tremblay (Le), f., c^{ne} de Montier-en-Der. — *La cense du Tremblay*, 1763 (arch. Haute-Marne,

C. 317). — *Le Tremblé*, 1858 (Jolibois : La Haute-Marne, p. 371).

TRÉMILLY, c^ne de Doulevant. — *Ecclesia de Tramiliaco*, 1027 (cartul. Montier-en-Der, I, f° 35 r°). — *Ecclesia de Tramilleio*, 1127 au plus tard (cartul. Montier-en-Der, I, f° 104 v°). — *Ecclesia de Trameleio*, 1050-1080 (cartul. Montier-en-Der, I, f° 57 v°). — *Tremilliacum*, 1204-1210 environ (Longnon, Doc. I, n° 2831). — *Tramoilé*, 1241 (arch. Aube, Clairvaux). — *Tremolleium*, 1244 (Clairvaux). — *Tremillé*, 1247 (Clairvaux). — *Tramoilli*, 1249-1252 (Longnon, Rôles, n° 2). — *Tramelley*, 1290 (Bibl. nat., collect. Lorraine, t. 209, n° 4). — *Tramilly*, 1300 (Thors). — *Tremilleyum*, 1407 (Pouillé de Troyes, n° 486). — *Trémilley*, 1447 (Arch. nat., P. 174¹, n° 301). — *Termilly*, 1531 (Clairvaux). — *Trémilly*, 1555 (Clairvaux). — *Ecclesia de Trymylleio*, 1593 (Lalore, Princip. cartul., IV, p. xxxi, n° 59).

Trémilly dépendait, en 1789, de la province de Champagne, bailliage de Chaumont, prévôté et élection de Bar-sur-Aube, et suivait la coutume de Chaumont. Son église paroissiale, dédiée à saint Martin, était du diocèse de Troyes, doyenné de Margerie. La collation de la cure appartenait à l'évêque.

TRÉMONEY, lieu dit, c^ne de Saint-Broingt-les-Fosses, section A.

TRÉSORERIE (LA), f., c^ne de Culmont.
    La seigneurie de Culmont appartenait au *trésorier* du chapitre de Langres.

TRÉSORERIE (LA), anc. quartier de Langres, section C. — *Burgum Thesaurarie*, 1263-1264 (bibl. de Langres, ms. 37, f° 91). — *Vicus qui dicitur La Tressorerie*, 1334 (arch. Haute-Marne, G. 839).

TRIMEULE, m^in, c^ne de Marnay. — *Trimeule*, 1769 (Chalmandrier). — *Trimenle*, 1858 (Jolibois : La Haute-Marne, p. 350).

TRINITÉ (LA), chap., c^ne de Châteauvillain; anc. maladrerie, dont les biens ont été réunis à l'hôpital de Bar-sur-Aube au xviii° s. Lieu dit, section E.

TRINITÉ (LA), lieu dit, c^ne de Corlée, section A.

TRINITÉ (LA), chap. c^ne de Romains-sur-Meuse; anc. hôpital. — *Chapelle de la Trinité*, xviii° s. (Cassini).

TRIOMPHE (LE), m^in détr., près de Marcilly. — *Le moulin Triomphe*, 1770 (arch. Haute-Marne, C. 344).

TROCOURT, lieu dit, c^ne d'Échenay, section B.

TROCOURT (LE), lieu dit, c^ne de Frécourt, section A.

TROIS-BORNES (LES), m^on isol., c^ne de la Rivière.

TROISCHAMPS, c^ne de Varennes. — *Villula que Tres*
Campos nominatur, 851 (Roserot, Chartes inédites, etc., n° 1). — *Trois Champs*, 1305 (chapitre de Langres). — *Troischamp*, 1675 (arch. Haute-Marne, G. 85). — *Troischamps*, 1732 (Pouillé de 1732, p. 28). — *Trois-Champs*, 1770 (arch. Haute Marne, C. 344).

Troischamps dépendait, en 1789, de la province de Champagne, bailliage et élection de Langres. Son église, dédiée à saint Nicolas, était succursale de celle de Marcilly, diocèse de Langres, doyenné du Moge.

TROIS-CHÊNES (LES), m^in, c^ne de Humes. — *Moulin des Trois Chênes*, 1769 (Chalmandrier). — *Les Chênes*, 1858 (Jolibois : La Haute-Marne, p. 254).

TROIS-FONTAINES (LES), m^on forestière, c^ne d'Écot.

TROISFONTAINES-LA-VILLE, c^ne de Vassy. — *In pago Pertense*,... *Tres Fontanae*, vers 968 (cartul. Montier-en-Der, I, f° 31 v°). — *Tres Fontes*, 1131 (Saint-Urbain). — *Troisfontainnes*, 1376 (Arch. nat., P. 177², n° 590). — *Troys Fontaines*, 1463 (Arch. nat., Q¹, 684). — *Troisfontaines*, 1532 (chapitre de Joinville). — *Troisfontennes la ville*, 1534 (arch. Aube, Clairvaux). — *Troisfontaines la ville*, 1557 (Clairvaux). — *Trois Fontaines la ville*, 1763 (arch. Haute-Marne, C. 317).

En 1789, Troisfontaines-la-Ville dépendait de la province de Champagne, bailliage de Chaumont, prévôté de Vassy, élection de Joinville. Son église paroissiale, dédiée à saint Martin, était du diocèse de Châlons-sur-Marne, doyenné de Joinville.

Troisfontaines a été surnommé *la ville* pour le distinguer de l'abbaye de Troisfontaines, située non loin de là, aujourd'hui commune du département de la Marne, canton de Thiéblemont.

TROIS-ROIS (LES), chap. détr., c^ne de Choilley. — *Les Trois Rois*, 1769 (Chalmandrier).

TROIS-ROIS (LES), faub. de Langres.

TRONCHOY, c^ne de Neuilly-l'Évêque. — *Trunchetum*, 1249-1252 (Longnon, Rôles, n° 612). — *Tronchoy*, 1336 (Arch. nat., JJ. 70, f° 106 v°, n° 235). — *Hospitale Troncheti*, xiv° (Longnon, Pouillés, I).

En 1789, Tronchoy dépendait de la province de Champagne, bailliage et élection de Langres. Son église, dédiée à l'Assomption, était succursale de celle de Lanne, diocèse et doyenné de Langres. Il y avait un hôpital, appelé aussi prieuré, qui fut uni au collège des Jésuites de Langres au xvii° s.

Cette commune a été érigée par une loi du 27 juin 1843; auparavant, son territoire était réparti entre les communes de Lanne et de Charmoilles.

TROU-D'EST (LE), f., c^ne de Noidant-le-Rocheux.

Troufreville, f., c^{ne} de Planrupt. — *La cense de Toufreville*, 1763 (arch. Haute-Marne, C. 317). — *Doutreville*, xviiie s. (Cassini). — *Tourreville*, 1858 (Jolibois : La Haute-Marne, p. 417). — *Troufreville*, 1858 (Dict. des postes de la Haute-Marne).

Tuerie (La), f. détr., c^{ne} de Cirey-sur-Blaise. — *Cirey le chastel, la forge, le fourneau et la cense de la Thurie*, 1763 (arch. Haute-Marne, C. 317). — *La Tuerie*, xviiie s. (Cassini).

Tuerie (La), lieu dit, c^{ne} de Villars-Saint-Marcellin, section A.

Tuilerie (La). *Voir aussi* Tuclerie ; Ancienne, Grande, Petite, Vieille-Tuilerie ; Tuilière.

Tuilerie (La), lieu dit, c^{ne} d'Andelot, section E.

Tuilerie (La), lieu dit, c^{ne} d'Anrosey, section A.

Tuilerie (La), tuil., c^{ne} d'Aprey.

Tuilerie (La), f. dét., c^{ne} d'Arbigny-sous-Varennes. — *La grange de la Tuillerie*, 1770 (arch. Haute-Marne, C. 344).

Tuilerie (La), lieu dit, c^{ne} d'Attancourt, section B.

Tuilerie (La), tuil., c^{ne} d'Auberive. — *La Tuillerie*, 1769 (Chalmandrier).

Tuilerie (La), c^{ne} d'Audeloncourt.

Tuilerie (La), lieu dit, c^{ne} d'Avrainville, section A.

Tuilerie (La), lieu dit, c^{ne} d'Avrecourt, section A.

Tuilerie (La), tuil. détr., c^{ne} de Bailly-aux-Forges. — *La Thieulerie*, 1576 (Arch. nat., P. 189¹, n° 1585).

Tuilerie (La), lieu dit, c^{ne} de Bettaincourt, section A.

Tuilerie (La), lieu dit, c^{ne} de Chalindrey, section C.

Tuilerie (La), lieu dit, c^{ne} de Chancenay, section D.

Tuilerie (La), tuil., c^{ne} de Châteauvillain, section A.

Tuilerie (La), lieu dit, c^{ne} de Choiseul, section A.

Tuilerie (La), m^{on} for., c^{ne} de Cirey-sur-Blaise. — *La Tuillerie*, 1769 (Chalmandrier).

Tuilerie (La), lieu dit, c^{ne} de Coiffy-le-Haut, section C.

Tuilerie (La), f., finage de Vaudinvilliers, c^{ne} de Colombey-lez-Choiseul, section E.
    Cette ferme a suivi le sort de Vaudinvilliers.

Tuilerie (La), tuil., c^{ne} de Colombey-les-Deux-Églises.

Tuilerie (La), m^{on} isol., c^{ne} de la Crête, section A. — *La cense de la Tuilerie*, 1773 (arch. Haute-Marne, C. 262).

Tuilerie (La), lieu dit, c^{ne} de Dammartin, section D.

Tuilerie (La), lieu dit, c^{ne} de Damrémont, section A.

Tuilerie (La), lieu dit, c^{ne} de Domremy, section B.

Tuilerie (La), lieu dit, c^{ne} de Donnemarie, section A.

Tuilerie (La), lieu dit, c^{ne} d'Échènay, section A.

Tuilerie (La), tuil. et ancien étang, c^{ne} d'Éclaron. — *La Thieulerie, l'estang de la Thieulerie*, 1576 (Arch. nat., P. 189¹, n° 1585). — *La Tuillerie*, xviiie s. (Cassini).

Tuilerie (La), tuil., c^{ne} d'Essey-lez-Pont.

Tuilerie (La), tuil., c^{ne} d'Euffigneix.

Tuilerie (La), m^{on} isol., c^{ne} de Fresnoy.

Tuilerie (La), lieu dit, c^{ne} de Guyonvelle.

Tuilerie (La), tuil., c^{ne} de Hortes.

Tuilerie (La), tuil., c^{ne} d'Is-en-Bassigny.

Tuilerie (La), lieu dit, c^{ne} de Landéville, section B.

Tuilerie (La), tuil. détr., c^{ne} de Lanques. — *Lanques, la tuilerie*, 1773 (arch. Haute-Marne, C. 262).

Tuilerie (La), tuil., c^{ne} de Lavernoy.

Tuilerie (La), lieu dit, c^{ne} de Levécourt, section A.

Tuilerie (La), lieu dit, c^{ne} de Maisoncelles, section A,

Tuilerie (La), lieu dit, c^{ne} de Marault, section E.

Tuilerie (La), tuil., c^{ne} de Marcilly.

Tuilerie (La), lieu dit, c^{ne} de Mertrud, section D.

Tuilerie (La), lieu dit, c^{ne} de Moëlain.

Tuilerie (La), lieu dit, c^{ne} de Montier-en-Der. — *Tuilerie*, xviiie s. (Cassini).

Tuilerie (La), f., anc. étang, c^{ne} de Narcy, section C. — *L'estang de la Thieullerye*, 1576 (Arch. nat., P. 189¹, n° 1585).

Tuilerie (La), lieu dit, c^{ne} de Neuilly-l'Évêque, section A.

Tuilerie (La), tuil., c^{ne} de la Neuvelle-lez-Voisey.

Tuilerie (La), écart, c^{ne} de la Neuville-à-Remy.

Tuilerie (La), écart, c^{ne} d'Outremécourt.

Tuilerie (La), tuil., c^{ne} de Perthe.

Tuilerie (La), f., c^{ne} de Poulangy.

Tuilerie (La), tuil., c^{ne} de Prez-sous-la-Fauche.

Tuilerie (La), tuil., c^{ne} de Récourt.

Tuilerie (La), lieu dit, c^{ne} de Roche-sur-Marne, section B.

Tuilerie (La), lieu dit, c^{ne} de Rosières, section C.

Tuilerie (La), tuil. détr., c^{ne} de Sailly. — *La Thieulerie*, 1576 (Arch. nat., P. 189¹, n° 1585).

Tuilerie (La), lieu dit, c^{ne} de Saint-Dizier, section D.

Tuilerie (La), lieu dit, c^{ne} de Trémilly, section B.

Tuilerie (La), m^{on} isol., c^{ne} de Varennes.

Tuilerie (La), lieu dit, c^{ne} de Vassy, section E.

Tuilerie (La), lieu dit, c^{ne} de Vaux-la-Douce, section A.

Tuilerie (La), lieu dit, c^ne de Villars-Saint-Marcellin, sections B et C.

Tuilerie (La), lieu dit, c^ne de Villiers-aux-Bois, section A.

Tuilerie (La), tuil., c^ne de Voillecomte, section E.

Tuilerie-de-Clairvaux, tuil., c^ne de Bailly-aux-Forges.

Tuilerie-des-Amis (La), écart, c^ne de Serqueux.

Tuileries (Les), lieu dit, c^ne d'Aingoulaincourt, section A.

Tuileries (Les), écart, c^ne de Pouilly.

Tuilière (La), f., c^ne d'Auberive, section A; anc.

grange de cette abbaye. — La grange de la Thuillerie, 1770 (arch. Haute-Marne, C. 344).

Tuilère (La), lieu dit, c^ne de Chaudenay, section A.

Tuilère (La), lieu dit, c^ne de Meuvy, section A.

Tuilères (Les). Voir aussi Petites-Tuilières.

Tuilères (Les), tuil., c^ne d'Anrosey. — La Tuilière, 1769 (Chalmandrier). — La grange des Tuilières, 1770 (arch. Haute-Marne, C. 344). — Les Tuileries, 1858 (Jolibois : La Haute-Marne, p. 23). — Les Tuillières, xixe s. (carte de l'Intérieur).

Tuilières (Les), lieu dit, c^ne de Soyers, section C.

U

Usages (Les), f., c^ne de Droyc.

Usine (L'), lieu dit, c^ne d'Éclaron, section C.

V

Vacherie (La), bois, c^ne de Faverolles.

Vacherie (La), f., c^ne de Longeville; anc. grange de l'abbaye de la Chapelle-aux-Planches. — Grangia que dicitur Vacheria, 1233 (la Chapelle-aux-Planches). — La Vacherie, xviiie s. (Cassini).

Vacquerie (La), chât. et f., c^ne de Bettancourt-la-Ferrée.

Vaillant, c^ne de Prauthoy. — Vallant, 1193 (Auberive). — Vaillant, 1216 (Auberive). — Vaillantum, 1276 (Auberive).

Vaillant dépendait, en 1789, de la province de Champagne, bailliage et élection de Langres. Son église paroissiale, dédiée à l'Assomption, était du diocèse de Langres, doyenné de Grancey. La présentation de la cure appartenait au maître de l'hôpital de la Charité de Langres, comme ayant succédé aux droits de l'hôpital ou prieuré de Sussy. 344. — Vaires, bois, c^ne de Marac, où l'on a trouvé des vestiges de constructions.

Val (Le), forêt, au sud de Saint-Dizier. — La forest du Val, 1576 (Arch. nat., P. 891, n° 1585).

Val (Le), m^on for., c^ne d'Eurville.

Val (Le), m^on for., c^ne de Villiers-au-Bois.

Valangin, fief, au territoire de Maulain. — Vallengin, Vallengyn, Varengin, 1679 (Arch. nat., Q¹. 695). — Vallangin, 1770 (Arch. nat., Q¹. 695).

Val-Barisien (Le), chât et f., c^ne de Chaumont-en-Bassigny. — Le Val Parisien, 1769 (Chalman-

drier). — La cense du Val Barisien, 1773 (arch. Haute-Marne, C. 262).

Val-Bœuf (Le), marais, c^ne d'Aprey; ancien finage.

Val-Boulas (Le), écart, c^ne de la Ferté-sur-Aube (ann. Haute-Marne, 1889).

Val-Bruant (Le), f., avec église, c^ne d'Arc-en-Barrois; anc. village, dont l'église était succursale de celle d'Arc. — Valbruant, 1219 (arch. Allier, Vauclair). — Vaubruant, 1252 (Vauclair).

En 1789, le Val-Bruant dépendait de la Bourgogne, bailliage de la Montagne ou de Châtillon-sur-Seine.

Val-Clavin (Le), f., c^ne d'Auberive; anc. hameau, anc. grange de l'abbaye. — Cuulins, 1186 (Auberive). — Le Vaul de Clivins, 1357 (Auberive). — Valclavin, 1769 (Chalmandrier). — La grange du Vaux-de-Clivin, 1770 (arch. Haute-Marne, C. 344). — Le Val de Clavin, 1788 (Auberive).

Val-Corbeau (Le), h., c^ne de Cour-l'Évêque; anc. grange de l'abbaye de Longuay. — Vallis Corbot, xiiie s. (cartul. Longuay, f° 82 v°, n° XI). — Vaul Courbot, Vaul Corbot, 1497 (Longuay). — Vaulcorbault, 1609 (Longuay). — Val Corbeau, 1752 (Longuay).

Valcourt, c^ne de Saint-Dizier. — In pago Catalaunensi, ecclesiam Sancti Petri de Vallescurte, 1153 (arch. Aube, Montier-la-Celle). — Walecort, 1166 (Recueil Jolibois, X, f° 106). — Walescort, vers 1172 (Longnon, Doc. I, n° 498). —

Walencort, vers 1201 (Longnon, Doc. I, n° 2698).
— *Valescor, Valescort*, 1230 (Montier-la-Celle).
— *Valencort*, 1274 (Thors). — *Wallecourt*, 1539
(Montier-en-Der). — *Vallecourt*, 1700 (Dillon).
— *Valcour*, 1738 (Vaveray, p. 530).

En 1789, Valcourt dépendait de la province de
Champagne, bailliage et élection de Vitry, prévôté
de Vassy. Son église, dédiée à saint Pierre, après
avoir été paroissiale, et la cure à la présentation
de l'abbé de Montier-la-Celle, était, en dernier
lieu, succursale de celle de Moëlain, diocèse de
Châlons-sur-Marne, doyenné de Perthe.

Valcourt, lieu dit, dans le voisinage de Lanques
(Roussel, Dioc. de Langres, II, p. 165, 2° col.).

Val-Darde (Le), vallée, située entre Marnay et Foulain, où il y avait, dit-on, un couvent de Cordeliers, qui aurait été détruit au xvi° s. — *Les
hermites dou Val d'Orde*, 1276-78 (Longnon,
Doc. II, p. 165).

Au xviii° s., le Val-Darde était encore un lieu
habité, car il formait alors une communauté du
bailliage de Chaumont, prévôté de Nogent-le-
Roi.

Val-de-Gris (Le), f., anc. m^in, c^ne de Changey. —
Moulin de Val de Gris, 1769 (Chalmandrier).

Val-de-la-CouDre (Le), m^on isol., c^ne d'Auberive.

Val-de-la-Joux, h. et chât., territoire de Cultru,
c^ne de Roche-sur-Rognon.

Voir aussi Joux (La).

Valdelancourt, c^en de Juzennecourt. — *Ecclesia de
Gandelencurte*, 1101 (arch. Côte-d'Or, et Gall.
christ., IV, instr., col. 149). — *Vandelamcurtis
(Vandelani curtis)*, 1145 (Pflugk-Harttung, I,
177). — *Wandelencurt*, 1171 (Beaulieu). —
Wandalincurt, 1177 (arch. Côte-d'Or, Morment).
— *Wandelencorth*, 1211 (Beaulieu). — *Wande-
lancort*, 1218 (arch. Aube, Clairvaux). — *Wan-
delancourt*, 1276-78 (Longnon, Doc. II, p. 159).
— *Vandelancuria*, xiv° s. (Longnon, Pouillés, I).
— *Vaudelancourt*, 1436 (Longnon, Pouillés, I).
— *Val de Lancours*, 1649 (Roserot, États généraux, n° 32). — *Valdelancour*, 1732 (Pouillé de
1732, p. 80). — *Valdelancourt*, 1769 (Chalmandrier).

Valdelancourt dépendait, en 1789, de la province de Champagne, bailliage, prévôté et élection
de Chaumont. Son église paroissiale, dédiée à
saint Barthélemi, était du diocèse de Langres,
doyenné de Chaumont. La présentation de la cure
appartenait à l'abbé de Molême.

Val-de-Moiron (Le), f., c^ne de Biesle.

Val-de-Moiron (Le), forge détr., qui était au terri-

toire de Lusy. — *Val Moiron*, 1781 (arch. Haute-
Marne, C. 247).

Val-de-Rognon (Le), anc. prévôté du bailliage de
Chaumont, qui comprenait les territoires des com-
munes de Doulaincourt (ch.-l.), Bettaincourt et
Roche-sur-Rognon, et des villages ci-après, les uns
détruits, les autres ne formant plus que des hameaux :
Cultru, Saint-Brice, Saint-Èvre et Villaincourt.
— *Vallis Rodionis*, 1140 (Saint-Urbain). —
Vallis Rodigionis, 1189 (Septfontaines). — *Val
de Reongnon*, vers 1252 (Longnon, Doc. II,
p. 172, note). — *Val de Roognon*, 1261 (Thors).
— *Val de Rooignon*, 1276-78 (Longnon, Doc.
II, p. 174). — *Vallis Redigionis*, 1328 (Arch.
nat., JJ. 65°, n° 141). — *Val Rodigion, sous le
Mont Clare*, 1326 (Longnon, Doc. I, n° 5850).
— *Val de Rognon*, 1603 (arch. Aube, Clairvaux).
— *Val de Rognon*, 1672 (chapitre de Langres).
— *Val Rognon*, 1672 (arch. Haute-Marne, G.
882, f° 115 v°).

Ce nom a servi à désigner un groupe des
possessions de l'abbaye de Clairvaux; l'un des
chapitres du cartulaire est intitulé : *Vallis Rodionis*
(arch. Aube, reg. 3 H, 9, p. 63).

Voir notre Introduction, p. xviii, et Jolibois
(La Haute-Marne, p. 527).

Val-des-Choux (Le), m^in, finage de Reclancourt, c^ne de
Chaumont-en-Bassigny, ayant appartenu au Val-
des-Choux, jusque vers le milieu du xiii° siècle;
anc. fief relevant de Chaumont. — *Le Val des
Chos*, 1274-1275 (Longnon, Doc. I, n° 6940).
— *Le Val Callium*, 1326 (Longnon, Doc. I,
n° 5868). — *Val des Chous*, 1769 (Chalmandrier). — *Le moulin du Val des Choux*, 1773
(arch. Haute-Marne, C. 262).

Val-des-Dames (Le), f., c^ne de Leffonds; anc. grange
de la commanderie de Morment. — *Nostre maison
Vaul aux Dames*, 1453 (arch. Côte-d'Or, Mor-
ment). — *Le Vaul des Dames*, 1503 (Arch. nat.,
P. 174², n° 305). — *Le Val des Dames*, 1505
(Morment).

Val-des-Écoliers (Le), chât. et f., c^ne de Verbiesle.
Anc. prieuré, puis abbaye, chef d'ordre, sous le
vocable de Notre-Dame, diocèse de Langres,
doyenné de Chaumont, fondé vers 1212, érigé en
abbaye en 1539. — *Capella in valle Warbilla, a
me fundata, que nunc Vallis Scolarium dicitur*,
1212 (Val-des-Écoliers, charte de Guillaume de
Joinville, évêque de Langres). — *Le mostier del
Val des Escoliers*, 1249 (Val-des-Écoliers). —
Wal des Escoliers, 1276-78 (Longnon, Doc. II,
p. 165). — *Le Vou des Acoliers*, 1294 (chapitre de

Châteauvillain). — *Le Vaul des Escoliers*, 1297 (chapitre de Châteauvillain). — *Le Val des Escoliers*, 1707 (Val-des-Écoliers). — *Vallis Scholarium*, 1732 (Pouillé de 1782, p. 87). — *Le Val des Ecoliers*, 1769 (Chalmandrier).

Voir VIEUX-VAL.

VAL-DES-FRAIS (LE), f., c^{ne} d'Auberive; anc. grange de l'abbaye. — *Le Vaul des Fraix*, 1353 (Auberive). — *Val des Froids*, 1769 (Chalmandrier). — *La grange du Val des Frais*, 1770 (arch. Haute-Marne, C. 344). — *Val de Frait*, 1858 (Jolibois : La Haute Marne, p. 445, 1re col). — *Val des Frais*, xixe s. (carte de l'Intérieur).

VAL-DES-TANNERIES (LE), f., c^{ne} de Chaumont-en-Bassigny. — *Val de l'Annerie*, xviiie s. (Cassini).

VAL-DE-VASSY (LE), faub. de Joinville.

VAL-DE-VÉRONNE (LE), lieu dit, c^{ne} du Fays, où se trouvent des vestiges de constructions.

VAL-DE-VILLIERS (LE), f., c^{ne} de Chaumont-en-Bassigny. — *Le Voy de Villiers*, 1773 (arch. Haute-Marne, C. 262). — *La Voye de Villiers*, xviiie s. (Cassini).

VAL-DIEU (LE), lieu dit, c^{ne} d'Arc-en-Barrois, section C.

VAL-DIEU (LE), lieu dit, c^{ne} de Dommartin-le-Franc, section A.

VALDONNE (LE), f., c^{ne} de Hûmes; anc. papeterie. — *La papeterie du Valdônne, dépendante de Saint Martin lès Langres*, 1770 (arch. Haute-Marne, C. 344). — *Le Val d'Osne*, 1882 (Dict. gén. des postes).

En 1789, le Valdonne formait une communauté de l'élection de Langres.

VAL-D'ONSOY (LE), f., c^{ne} de Lanques; anc. grange de l'abbaye de la Crête. Elle est différente de la ferme d'Orsoy, située sur le territoire de Mennouveaux qui est voisin. — *Orcoix*, 1335 (la Crête). — *Orsoix*, 1443 (Arch. nat., P. 174¹, n° 299). — *Aussoye*, 1539 (Arch. nat., P. 174², n° 322). — *Le Val d'Orsoye*, 1732 (Arch. nat., Q¹, 692). — *La cense du Val d'Orsois*, 1773 (arch. Haute-Marne, C. 262). — *Val d'Orsoy*, 1858 (Dict. des postes de la Haute-Marne).

VAL-D'OSNE (LE), haut fourneau, c^{ne} d'Osne-le-Val. Anc. prieuré de femmes, ordre de saint Benoît, sous le vocable de Notre-Dame et Saint-Robert, diocèse de Châlons-sur-Marne, dépendant de l'abbaye de Molème et fondé par Geoffroi III de Joinville entre 1140 et 1146; transféré à Charenton, près de Paris, en 1702. — *Ona, Vallis One*, vers 1140 (Gall. christ., VIII, instr., col. 192-193). — *Monasterium sanctimonialium Vallis Onie,*

1145 (Pflugk-Harttung, p. 178). — *Ecclesia Vallishone*, 1170 (*ibid.*, p. 215). — *Val de One*, 1303 (Arch. nat., S, 4607, n° 9). — *Valdonne*, 1345 (Saint-Urbain). — *Nostre Dame du Val d'Onne, Nostre-Dame du Val d'One*, 1490 (Jobin, Prieuré du Val-d'Osne, p. 55). — *Le Val d'Osne*, 1700 (Jobin : *ibid.*, p. 12). — *Valdosne*, 1700 (Dillon).

VALDRY, lieu dit, c^{ne} de Chalindrey, section B.

VALFOND, f., c^{ne} de Lanty. — *Valfond*, 1769 (Chalmandrier).

VALLERET, c^{on} de Vassy. — *Walerieis*, vers 1172 (Longnon, Doc. I, n° 501). — *Waleroes*, 1236 (arch. Marne, chapitre de Vitry). — *Walerois*, 1401 (Arch. nat., P. 189³, n° 1588). — *Walleray*, 1405 (Pouillé du diocèse de Châlons). — *Walleretz*, 1470 (Arch. nat., P. 163¹, n° 811). — *Walleretz*, 1519 (chapitre de Vitry). — *Walleretz lez Waissi*, 1528 (chapitre de Vitry). — *Walleretz-lez-Vaissy*, 1530 (chapitre de Vitry). — *Vallereret*, 1605 (chapitre de Vitry). — *Valleret*, 1611 (chapitre de Vitry). — *Valerets*, 1682 (Arch. nat., Q¹. 684). — *Valleroy*, 1700 (Dillon).

En 1789, Valleret faisait partie de la province de Champagne, bailliage de Chaumont, prévôté de Vassy, élection de Joinville. Son église paroissiale, dédiée à saint Lumier, était du diocèse de Châlons-sur-Marne, doyenné de Joinville, et avait pour succursale celle de Flornoy. La présentation de la cure appartenait à l'abbé de Saint-Remi de Reims.

VALLEROY, c^{on} du Fays-Billot. — *Vileroi*, 1222 (arch. Côte-d'Or, la Romagne). — *Wellerés*, 1232 (la Romagne). — *Veleroy*, 1259 (la Romagne). — *Valeroy*, 1422 (la Romagne). — *Velleroy*, 1506 (la Romagne). — *Valleroy*, 1552 (la Romagne).

Valleroy dépendait, en 1789, de la province de Champagne, bailliage de Langres, par démembrement de celui de Chaumont, prévôté de Montigny-le-Roi, élection de Langres. Son église, dédiée à saint Brice, était succursale de celle de Gilley, diocèse de Langres, doyenné de Fouvent. Une partie de la seigneurie appartenait au commandeur de la Romagne.

VALLON-DE-MONT-L'ÉTANG (LE), usine, c^{ne} de Bourbonne-les-Bains.

VALLOTTE (LA), fief qui relevait de Dammartin.

VAL-LOUSET (LE), f., c^{ne} de Saudron. — *La Valhousée*, xviiie s. (Cassini). — *Vallousét*, 1858 (Jolibois : La Haute-Marne, p. 497). — *Val Louset*, 1858 (Dict des postes de la Haute-

Marne). — *Le Val Houzet*, 1889 (ann. Haute-Marne).

Valpelle, chât. et f., c^{ne} de Brenne; anc. grange de l'abbaye d'Auberive. — *Villa Pila*, 1182 (Auberive). — *Moulin Valpelle*, 1769 (Chalmandrier). — *Valpelle, grange dépendant de Longeau*, 1770 (arch. Haute-Marne, G. 344).

Val-Raton (Le), écart, c^{ne} de Chaumont-en-Bassigny.

Valroy (Le), faub. de Joinville.

Val-Serveux (Le), f., c^{ne} de Colmier-le-Haut; anc. prieuré, puis grange de l'abbaye d'Auberive. — *Fratres Vallis Salvatoris*, commencement du XIIe s. (Auberive, charte de Guilencus, évêque de Langres). — *Fratres de Valle Salvatoris dederunt se suamque possessiunculam Deo et Sancte Marie de Albaripa, in manu domni Raimbaldi, ejusdem loci abbatis primi. Locum siquidem illum, scilicet Vallem Salvatoris, pie memorie Rothbertus, Lingonensis episcopus, cuidam clerico nomine Guillelmo, natione Normanno, ad Dei servicium ibidem faciendum, edificandum donaverat*, milieu du XIIe s. (Auberive, charte de Godefroi, évêque de Langres). — *Valsauveour*, 1277 (Auberive). — *Vaulserveux*, 1545 (Auberive). — *Vaul Sauveur*, 1555 (Auberive). — *Vaulserveur*, 1585 (Auberive). — *Valserveux*, 1677 (Auberive). — *Valcerveux*, 1769 (Chalmandrier).

Vandelincourt (?), village détr., dans le voisinage de Hortes (?). — *Vicus Vandaleni curtis, qui est in potestate Hortesis* (chronique de Bèze, édit. Bougaud et Garnier, p. 372-373).

Vanicourt, lieu dit, c^{ne} de Hortes, section F. — *Sur le Vanicourt*, 1770-1779 (hôpital de la Charité, de Langres, B. 27, p. 14).

Vannicourt, lieu dit, c^{ne} de Rosoy, section A.

Vanoce, mⁱⁿ, c^{ne} de Poinson-lez-Grancey; rivière qui prend sa source au territoire de Poinson et se jette dans l'Ource à Villars-Montroyer. — *Vallis de Varnoce*, 1241 (arch. Côte-d'Or, Bure). — *Vanoce*, 1769 (Chalmandrier).

Varcourt, lieu dit, c^{ne} de Saint-Michel, section A.

Varencey, lieu dit, c^{ne} de la Ferté-sur-Aube, section A.

Varendeaux, f., c^{ne} du Fays-Billot. — *Les Varendaux*, XIXe s. (cadastre, section E).

Varenne (La), fief qui était en la paroisse de Gieysur-Aujon.

Varenne (La), partie du village de Vecqueville, du côté de la Marne.

Varennes, ch.-l. de cant., arrond. de Langres. — *Locus qui dicitur Varennas*, 1084 (Bonvallet, p. 10, note, d'après arch. Côte-d'Or). — *Ecclesia*

Varennarum, 1101 (arch. Côte-d'Or et Gall. christ., IV, instr., col. 149). — *Varanne*, 1249-1252 (Longnon, Rôles, n° 593). — *Varraignes*, 1258 (Layettes, n° 4436). — *Varennes*, 1268 (Vaux-la-Douce). — *Varannie*, XIVe s. (Longnon, Pouillés, I). — *Varannes*, 1436 (Longnon, Pouillés, I). — *Varennes-sur-Amance*, 1886 (dénombrement).

Varennes dépendait, en 1789, de la province de Champagne, bailliage de Langres, par démembrement de celui de Chaumont, prévôté de Montigny-le-Roi, élection de Langres. Son église paroissiale, dédiée à saint Gengoul, était du diocèse de Langres, doyenné de Pierrefaite, et avait pour succursale celle de Damrémont. La présentation de la cure appartenait au prieur.

Le prieuré, aussi sous le vocable de Saint-Gengoul, était de l'ordre de saint Benoît et dépendait de l'abbaye de Molème; la nomination appartenait au roi. Il avait été fondé en 1084 par Renier de Choiseul. Une partie de la seigneurie appartenait au prieur.

Varennes (Les), f. détr., c^{ne} de Châteauvillain. — *La cense des Varennes*, 1773 (arch. Haute-Marne, G. 262).

Varinière (La), h., c^{ne} de Montier-en-Der. — *Lavarinière*, 1858 (Jolibois : La Haute-Marne, p. 371). — *La Varnière*, 1889 (État-major).

Varoigny, lieu dit, c^{ne} de Colmier-le-Haut, section A.

Vassy, ch.-l. d'arrondissement. — *Finis Vuaseacinsis*, 66a (cartul. Montier-en-Der, I, f° 1 r°). — *Vitalis, prepositus Gaissiae*, 1141 (Gall. christ., X, instr., col. 171-172). — *Ecclesia Sancte Marie de villa que Vuasciacus dicitur*, 1066-1080 (cartul. Montier-en-Der, I, f° 73 r°). — *Waseium*, 1171 (arch. Marne, Troisfontaines). — *Waissi*, vers 1172 (Longnon, Doc. I, n° 435). — *Gaiseium*, 1177 (Montier-en-Der). — *Waissei*, vers 1200 (Longnon. Doc. I, n° 2147). — *Waiseium, Wassi*, vers 1201 (Longnon, Doc. I, n° 2674, 2684). — *Wascheium*, 1214 (Montier-en-Der). — *Waxeium*, 1235 (arch. Aube, Clairvaux). — *Waixeium*, 1238 (Clairvaux). — *Waiseium, Waisseum*, 1242 (arch. Marne, Haute-Fontaine). — *Wassiacum*, 1242-1253 (Longnon, Rôles, n° 1308). — *Waissium*, 1263 (Montier-en-Der). — *Wassey*, 1264 (Saint-Urbain). — *Waissy*, 1274 (Thors). — *Vaissy*, 1276-78 (Longnon, Doc. II, p. 157). — *Vaiseium*, 1289 (Clairvaux). — *Woixeyum*, 1292 (Clairvaux). — *Waissey*, 1301 (Boulancourt). — *Wayssei*, 1338 (Montier-en-Der). —

Voissey, 1360 (chapitre de Châteauvillain). — *Wasy*, 1376 (Arch. nat., P. 177², n° 590). — *Vuaissy*, 1382 (Clairvaux). — *Wassy*, 1385 (Arch. nat., P. 177², n° 591). — *Woissy*, 1403 (Clairvaux). — *Waissi*, 1498 (Arch. nat., P. 164¹, n° 1366). — *Vuassy*, 1570 (Arch. nat., P. 177², n° 603). — *Vuassy*, 1580 (Arch. nat., P. 177², n° 606). — *Vassy*, 1656 (Recueil Jolibois, VIII, f° 183). — *Vassy sur Blaise*, 1858 (Dict. des postes de la Haute-Marne). — *Wassy-sur-Blaise*, 1882 (Dict. gén. des postes).

Vassy, qui dépendait du domaine des comtes de Champagne dès le XI° siècle, était déjà le siège d'une de leurs prévôtés sous Thibaud II (1125-1152) et devint chef-lieu de châtellenie sous ses successeurs (H. d'Arbois de Jubainville, Comtes de Champ., IV, p. 911).

En 1789, Vassy dépendait de la province de Champagne, élection de Joinville, et était chef-lieu d'une prévôté du bailliage de Chaumont et d'une subdélégation de l'intendance de Champagne. Son église, dédiée à la Nativité de la Sainte-Vierge, était anciennement le siège d'un prieuré-cure dépendant de l'abbaye de Montier-en-Der, diocèse de Châlons-sur-Marne, doyenné de Joinville; mais ce prieuré fut cédé, en 1625, aux Jésuites de Reims, qui le cédèrent à ceux de Châlons (Roussel, Dioc. de Langres, II, p. 604-605).

Il y avait aussi à Vassy un couvent de Capucins, des Régentes, et un hôpital, qui existe encore.

Vatrignéville, moulins, c⁰ᵉ de Saint-Urbain; anc. village. — *Villa que vocatur Witriniacus, in pago Pertensi*, 863 (cartul. du chantre Warin; cf. Gallia christ., X, instr., col. 148; Mabillon : Ann. Bened., III, 675, et Dom Bouquet, VIII, 584, B). — *Watrinincivilla*, 1140 (Saint-Urbain). — *Watrigneville*, 1264 (Saint-Urbain). — *Watrigneville*, 1268 (Saint-Urbain). — *Waitreneivilla, Watreigneville*, 1763 (Saint-Urbain). — *Vautrignaiville*, 1763 (arch. Haute-Marne, C. 317). — *Vautrignéville*, XVIII° s. (Cassini).

Vatte (La), f., c⁰ᵉ de Vesvre-sous-Chalancey. — *La Vate*, 1769 (Chalmandrier).

Vauclair, m¹ⁿ, c⁰ᵉ de Giey-sur-Aujon. — Anc. prieuré, ordre du Val-des-Choux, sous le vocable de Notre-Dame, fondé par Simon, seigneur de Châteauvillain, vers 1219; supprimé en 1762 et uni à l'abbaye de Septfons, en Bourbonnais. — *Ego Symon, dominus Castrivillani..., dedi et concessi... fratribus de Valle Clara, quos ibidem adduxi, de ordine Vallis Caulium...*, 1219 (arch. Allier, Vauclair). — *Vaucleir*, 1253 (Vauclair). — *Wau-*

cler, 1255 (Vauclair). — *Vaul Cler*, 1261 (Vauclair). — *Vaucler, Val Cler*, 1262 (Vauclair). — *Vauclert*, 1294 (chapitre de Châteauvillain). — *Prioratus B. Virginis de Vauclaire*, 1732 (Pouillé de 1732, p. 8). — *Vauclair*, 1778 (Vauclair).

Vaucouleur, m¹ⁿ, c⁰ᵉ de Balesme.

Vaucourt, lieu dit, c⁰ᵉ de Corlée, section A.

Vaucourts (Les), f., c⁰ᵉ de Langres. — *Ruisseau de Vaucourt*, XIX° s. (État-major).

Vaudicourt, lieu dit, c⁰ᵉ d'Essey-les-Eaux, section B.

Vaudiécourt, lieu dit, c⁰ᵉ de Récourt, section C.

Vaudin, écart, c⁰ᵉ de Châtenay-Vaudin.

Vaudinvilliers, f., tuil. et m⁰ⁿ for., c⁰ᵉ de Colombey-lez-Choiseul; anc. groupe d'exploitation agricole de l'abbaye de Morimond, où il y avait une chapelle dédiée à saint Laurent. — *Gadivillare*, 1165 (Morimond). — *Gualdivillare*, 1178 (Morimond). — *Waudinvillare*, 1192 (Morimond). — *Vaudiviller*, 1204 (Morimond). — *Waudinvillers*, 1243 (Morimond). — *Waudinviller*, 1262 (Morimond). — *Vaudinvillers*, 1497 (Morimond). — *Vaudinvilliers*, 1570 (Morimond). — *Vaudainvilliers*, 1769 (Chalmandrier).

Vaudinvilliers a formé une commune, avec la réunion de quelques fermes du voisinage, jusqu'en 1806 (*voir* Frocourt, Les Gouttes et La Tuilerie).

Vaudrecourt, c⁰ᵉ de Bourmont. — *Vaudrecourt*, XVIII° s. (Cassini).

Nous n'avons pu accepter l'identification qu'on a faite de Vaudrecourt avec *Vulferii Curtis*, indiqué par Pérard (p. 122) en une charte de l'an 1122 (Roussel, Le Diocèse de Langres, II, p. 59).

En 1789, Vaudrecourt faisait partie du Barrois, bailliage de Bourmont, intendance de Lorraine et Barrois, et suivait la coutume du Bassigny. Son église, dédiée à saint Hilaire, était succursale de celle de Nijon, diocèse de Toul, doyenné de Bourmont.

Vaudrecourt, lieu dit, c⁰ᵉ de Bonnecourt. — *La montée de Vauldrecourt*, 1538 (Arch. nat., P. 176³, n° 489).

Vaudrécourt, lieu dit, c⁰ᵉ de Mussey, section B.

Vaudremont, c⁰ᵉ de Juzennecourt. — *Wandrimont*, vers 1172 (Longnon, Doc. I, n° 23). — *Wadrimont*, 1208 (arch. Aube, Clairvaux). — *Vaudrimons*, 1244 (Clairvaux). — *Vouldrimons*, 1436 (Longnon, Pouillés, I). — *Valdrimont*, 1538 (Arch. nat., P. 174², n° 320). — *Vaudrymont*, 1568 (Arch. nat., P. 176², n° 416). — *Vauldrimont*, 1577 (Clairvaux). — *Vauldremont*, 1602 (Arch. nat., P. 175², n° 362). — *Vaudremont*, 1649 (Roserot, États généraux, n° 151).

Vaudremont dépendait, en 1789, de la province de Champagne, bailliage et prévôté de Chaumont, élection de Bar-sur-Aube. Son église paroissiale, dédiée à l'Assomption, était du diocèse de Langres, doyenné de Châteauvillain, et auparavant du doyenné de Bar-sur-Aube. La collation de la cure appartenait à l'évêque.

VAUGRIS, mⁱⁿ, c^{ne} de Mouilleron. — *Moulin de Vaugry*, 1769 (Chalmandrier). — *Vaugey*, 1858 (Jolibois : La Haute-Marne, p. 539).

VAULARGEOT, f., c^{ne} de Créancey. — *Valarjot*, 1219 (arch. Allier, Vauclair). — *Vaularjot*, 1769 (Chalmandrier). — *Volargeau*, 1858 (Jolibois : La Haute-Marne, p. 171). — *Vaulargeot*, 1858 (Dict. des postes de la Haute-Marne). — *Volargeot*, 1882 (Dict. gén. des postes).

VAULÉGY, lieu dit, c^{ne} de Créancey, section D.

VAULLERAT, écart détr., c^{ne} de Rouvre-sur-Aube. — *Vaulerat*, 1769 (Chalmandrier).

VAULOGE, f., c^{ne} de Villemoron, section D. — *Vauloges*, 1769 (Chalmandrier). — *Vauloge*, 1849 (cadastre). — *Vologe*, 1858 (Dict. des postes de la Haute-Marne).

VAUMARTIN, f., c^{ne} de Bourbonne-les-Bains. — *La grange de Vaulmartin*, 1509 (Arch. nat., P. 177¹, n° 551). — *La grange de Vault Martin*, 1538 (Arch. nat., P. 176², n° 488). — *Veaumartin*, 1749 (Arch. nat., Q¹. 694). — *La grange de Vaur Martin*, 1770 (arch. Haute-Marne, G. 344).

VAURICOURT, lieu dit, c^{ne} de Montrihourg, section A.

VAUVIGNY, lieu dit, c^{ne} de Colmier-le-Haut, section A.

VAUVILLIERS, lieu dit, c^{ne} de Bricon, section C.

VAUVRE (LA), m^{on} isol., c^{ne} de Celles.

VAUX (LE), f., c^{ne} du Fays-Billot.

VAUX (LE), f., c^{ne} de Pressigny; mⁱⁿ détr. — *La grange et le moulin du Vaux*, 1770 (arch. Haute-Marne, G. 344).

VAUX (LE), coutellerie, c^{ne} de Rolampont (État-major, 1890).

VAUX (LE), f., c^{ne} de Sarcey.

VAUXBONS, c^{on} de Langres. — Anc. abbaye de femmes, sous le vocable de Notre-Dame, ordre de Cîteaux, diocèse de Langres, dépendant de celle de Tart, supprimée à la fin du xive siècle, et réunie alors à l'abbaye d'Auberive. — *Valbaions*, vers 1124 (Gall. christ., IV, instr., col. 157). — *Valboum*, 1215 (Auberive). — *Valbeon*, 1216 (Auberive). — *Valbonon*, 1219 (Auberive). — *Vauboon*, 1225 (Auberive). — *Vallis Beonis*, 1231 (Auberive). — *Vauboium*, 1236 (Auberive). — *Vaubaion*, 1238 (Auberive). — *Valboum*, 1242 (Auberive). — *Vallebaon*, 1251 (Auberive). — *Valboon*, 1252

(Auberive). — *Valbaum*, 1253 (Auberive). — *Vallis Baionis*, 1257 (Auberive). — *Valbeum*, 1259 (Auberive). — *Vaulbeum*, 1277 (Auberive). — *Vallis Baon*, 1436 (Longnon, Pouillés, I). — *Vaulbaon*, 1473 (Auberive). — *Vauxbons*, 1675 (arch. Haute-Marne, G. 85). — *Parrochialis ecclesia B. Virginis Natae de Vaubon*, 1732 (Pouillé de 1732, p. 12).

En 1789, Vauxbons dépendait de la province de Champagne, bailliage et élection de Langres. Son église paroissiale, dédiée à la Nativité de la Sainte-Vierge, était du diocèse et du doyenné de Langres. La présentation de la cure appartenait à l'abbé d'Auberive. La seigneurie appartenait, en partie, à l'abbaye d'Auberive, et, pour l'autre partie, au chapitre de Langres.

VAUXIN (LE), mⁱⁿ, c^{ne} de Villemervry. — *La maison de Vaucins ou molin de Vaucins*, 1306 (Auberive). — *Moulin et fourneau de Vossin*, 1769 (Chalmandrier). — *Vauxin*, 1858 (Dict. des postes de la Haute-Marne).

VAUX-LA-DOUCE, c^{ne} de la Ferté-sur-Amance. — Anc. abbaye d'hommes, sous le vocable de Notre-Dame, ordre de Cîteaux, diocèse de Langres; fille de Clairefontaine, filiation de Morimond, fondée en 1152. Ne fut tout d'abord qu'une grange de l'abbaye de Clairefontaine. — *Grangia de Vallibus*, vers 1140 (Vaux-la-Douce). — *Dulcis Vallis*, 1172 (Recueil Jolibois, XI, f° 252). — *Douces Vaus*, 1265 (Vaux-la-Douce). — *Douce Val*, *Douce Vals*, 1296 (Vaux-la-Douce). — *Douce Vaus*, 1298 (Vaux-la-Douce). — *Doucevaulx*, 1311 (Vaux-la-Douce). — *Dousevaulx*, 1421 (Vaux-la-Douce). — *Vaulx-la-Douce*, *Vaulx-la-Doulce*, 1488 (Vaux-la-Douce). — *Vaux-la-Douce*, 1680 (Vaux-la-Douce). — *Vauladouce*, 1700 (Dillon). — *Vau-la-Douce*, 1737 (Vaux-la-Douce).

En 1789, Vaux-la-Douce dépendait de la province de Champagne, bailliage et élection de Langres, prévôté de Coiffy. Son église paroissiale, dédiée à saint Barthélemi, était du diocèse de Langres, doyenné de Pierrefaite. La présentation de la cure appartenait à l'abbé; ce dernier était à la nomination du roi.

VAUX-LE-BAIN, auberge, c^{ne} de Châtenay-Mâcheron.

VAUX-MARTEL, f., c^{ne} de Pierrefaite. — *Vaumartel*, 1769 (Chalmandrier). — *Vaux-Martel*, 1858 (Dict. des postes de la Haute-Marne). — *Vautremartelle*, xixe s. (carte de l'Intérieur).

VAUX-SOUS-AUBIGNY, c^{on} de Prauthoy. — *Valles*, 1278 (arch. Haute-Marne, G. 244). — *Vallis*, 1291

23.

(chapitre de Langres). — *Vaux les Montsaujon*, 1336 (Arch. nat., JJ, 70, f° 105 v°, n° 235). — *Vaulx*, 1464 (Arch. nat., P. 174³, n° 330 *bis*). — *Vaux*, 1498 (Recueil Jolibois, II, f° 196). — *Vaulx lez Montsauljon*, 1524 (arch. Côte-d'Or, la Romagne). — *Vaux-sous-Aubigny*, 1858 (Jolibois : La Haute-Marne, p. 540).

En 1789, Vaux-sous-Aubigny dépendait de la province de Champagne, bailliage et élection de Langres. Son église, sous le vocable de Notre-Dame, était succursale de Prauthoy. La seigneurie appartenait à l'évêque de Langres et dépendait de son comté de Montsaugeon.

Vaux-sur-Blaise, c^{on} de Vassy. — *In comitatu Blesensi, in Vallis*, 865 (Gall. christ., X, instr., col. 148). — *Milperarius*, ix° s. (polyptyque de Montier-en-Der, dans cartul. I, f° 121 r°). — *Vallis, que et Milperarius dicitur*, 1027-1030 (cartul. Montier-en-Der, I, f° 37 r°). — *Valles*, 1273 (Montier-en-Der). — *Vaulx*, 1542 (Montier-en-Der). — *Vuaux*, 1646 (Montier-en-Der). — *Vaux sur Blaise*, 1677 (Montier-en-Der). — *Vaux*, xviii° s. (Cassini).

Vaux-sur-Blaise faisait partie, en 1789, de la province de Champagne, bailliage de Chaumont, prévôté de Vassy, élection de Joinville. Son église, dédiée à saint Jean l'Evangéliste, était succursale de celle de Ragecourt-sur-Blaise, diocèse de Toul, doyenné de la Rivière-de-Blaise. La seigneurie appartenait au chambrier de Montier-en-Der.

Vaux-sur-Saint-Urbain, c^{on} de Douleincourt. — *In pago Ornensi, in villa que Vallis vocatur*, ix° s. (cartul. Montier-en-Der, I, f° 17 r°). — *Valles*, 1131 (Saint-Urbain). — *Waus*, 1254 (Saint-Urbain). — *Vaus qui siet delez Maconcourt*, 1273 (Saint-Urbain). — *Vaus*, 1286 (Saint-Urbain). — *Vaulx lez Saint-Urbain*, 1486 (Septfontaines). — *Vaux sur Saint-Urbain*, 1655 (Saint-Urbain).

En 1789, Vaux-sur-Saint-Urbain faisait partie de la province de Champagne, bailliage de Chaumont, prévôté d'Andelot, élection de Joinville. Son église, dédiée à saint Remi, d'abord succursale de celle de Maconcourt, diocèse de Toul, doyenné de Reynel, devint paroissiale en 1721. La présentation de la cure appartenait à l'abbé de Saint-Urbain.

Vecqueville, c^{on} de Joinville. — *In pago Pertensi, supra fluvium Matronam, villam que dicitur Gaugiacus, sive et alio vocabulo que dicitur Episcopi villa*, vers 685 (cartul. Montier-en-Der, I, f° 134 r°). — *Vesquevile*, fin du xiii° s. (cartul. Saint-Laurent de Joinville, n° LIIII). — *Vauqueville, Vau-*

queville lez Joinville, 1448 (Arch. nat., P. 177², n° 649). — *Vesqueville*, 1576 (Arch. nat., P. 189¹, n° 1585). — *Vaugueville*, 1700 (Dillon). — *Vecqueville*, 1763 (arch. Haute-Marne, C. 317).

Abbaye de femmes, ordre de Saint-Benoit, au vii° s.

En 1789, Vecqueville dépendait de la province de Champagne, bailliage de Chaumont, prévôté de Vassy, élection de Joinville. Son église paroissiale, dédiée à saint Remi, était du diocèse de Châlons-sur-Marne, doyenné de Joinville. La présentation de la cure appartenait à l'abbé de Hautvilliers.

Veillery, lieu dit, c^{ne} de Buxières-lez-Belmont, section E.

Velard, f. détr., c^{ne} de Charmoy. — *Vilerium*, 1214 (Beaulieu). — *Vilers*, 1256 (Beaulieu). — *Velers*, 1366 (Beaulieu). — *Villiers*, 1468 (Beaulieu). — *Velard*, 1769 (Chalmandrier).

Jolibois (La Haute-Marne, p. 490) identifie Saint-Renobert avec Velard, mais la carte de Cassini en fait deux localités distinctes.

Velle, c^{ne} de la Ferté-sur-Amance. — *Velles*, 1147 (Belmont). — *Villa*, 1165 (Vaux-la-Douce). — *Villa super Esmantiam*, 1229 (Vaux-la-Douce). — *Villa super Amanciam*, 1264 (Vaux-la-Douce). — *Ville sus Amance*, 1265 (Vaux-la-Douce). — *Ville sus Esmance*, 1266 (Vaux-la-Douce). — *Vile sus Amanco*, 1274-1275 (Longnon, Doc. I, n° 6928). — *Ville suis Amance*, 1282 (Vaux-la-Douce). — *Vole sus Amance*, 1283 (Vaux-la-Douce). — *Velle sur Amance*, 1522 (Vaux-la-Douce). — *Velle*, 1622 (Vaux-la-Douce). — *Ville sur Amance*, 1700 (Dillon).

Velle dépendait, en 1789, de la province de Champagne, bailliage de Langres, par démembrement de celui de Chaumont, prévôté de Coiffy, élection de Langres. Son église, dédiée à saint Martin, était succursale de celle de Pisseloup, et auparavant de Chaumondel, diocèse de Langres, doyenné de Pierrefaite.

Vendangeoir (Le), éc. détr., c^{ne} de Chantraine (Cassini et Chalmandrier).

Vendangeoir (Le), éc. détruit, c^{ne} de Nogent-en-Bassigny (Cassini).

Vendebourg, lieu dit, c^{ne} de la Villeneuve-au-Roi, section D.

Vendue (La), m^{on} for., c^{ne} d'Arc-en-Barrois ; anc. ermitage. — *La Vendue*, 1769 (Chalmandrier).

Vendue (La), f., c^{ne} de Pierrefaite. — *Grange de la Vendue*, 1769 (Chalmandrier).

Vengeance (La), f., c^{ne} de Rougeux ; anc. grange de

l'abbaye de Beaulieu. — *La grange de la Ven-geance*, 1770 (arch. Haute-Marne, C. 344).

Venois (Le), f. détr., c⁰ᵉ de Pierrefaite. — *Grange du Venois*, 1769 (Chalmandrier).

Verbiesle, c⁰ⁿ de Chaumont-en-Bassigny. — *War-bille*, 1219 (Val-des-Écoliers). — *Warbilla*, 1235 (Val-des-Écoliers). — *Warbielle*, 1258 (Val-des-Écoliers). — *Verbielle*, 1464 (Arch. nat., P. 174³, n° 330 bis). — *Varbiele*, 1514 (Val-des-Écoliers). — *Varbielles*, 1634 (Val-des-Écoliers). — *Ver-biesles*, 1769 (Chalmandrier).

En 1789, Verbiesle dépendait de la province de Champagne, bailliage et élection de Langres. Son église, dédiée à la Nativité de la Sainte-Vierge, était succursale de celle de Lusy, diocèse de Langres, doyenné de Chaumont. La seigneurie appartenait à l'évêque de Langres et faisait partie de la baronnie de Lusy.

Vercourt, lieu dit, c⁰ᵉ de Melay, section B.

Vergilley, m¹ⁿ, c⁰ᵉ de Genevrières, section B; anc. fief. — *Moulin du Vergillet*, 1769 (Chalmandrier). — *Vergilly*, 1858 (Jolibois : La Haute-Marne, p. 543).

Vergissant (La), f., c⁰ᵉ de Pouilly. — *La Voirgis-sante*, 1769 (Chalmandrier). — *Lavergisson*, 1858 (Jolibois : La Haute-Marne, p. 323). — *La Ver-gissant*, xix⁰ s. (carte de l'Intérieur).

Verneys (Les), f., c⁰ᵉ d'Arbigny-sous-Varennes. — *Grange des Verneys*, 1769 (Chalmandrier). — *La grange d'Arnée*, 1770 (arch. Haute-Marne, C. 344). — *Vernées*, xix⁰ s. (carte de l'Intérieur).

Vernes (Les), f., c⁰ᵉ de Pressigny.

Vernes (Les), f. détr., c⁰ᵉ de Vaux-la-Douce; appartenait à l'abbaye de Vaux-la-Douce. — *La grange des Vernes*, 1760 (Vaux-la-Douce). — *Les Essarts de Verne*, xviii⁰ s. (Vaux-la-Douce).

Véronne, f., c⁰ᵉ de Buxières-lez-Belmont; anc. grange de l'abbaye de Belmont. — *La grange de Vé-ronne*, 1770 (arch. Haute-Marne, C. 344).

Verrerie (La), lieu dit, c⁰ᵉ d'Aprey, section D.

Verrerie (La), lieu dit, c⁰ᵉ d'Arbigny-sous-Varennes, section A.

Verrerie (La), lieu dit, c⁰ᵉ de Bettoncourt, section C.

Verrerie (La), lieu dit, c⁰ᵉ de Soncourt, section A.

Verrerie (La), f., c⁰ᵉ de Vaux-la-Douce, section A; anc. grange de l'abbaye. — *La grange de la Ver-rerie*, 1770 (arch. Haute-Marne, C. 344).

Verrerie (La), fief, à Villars-en-Azois; relevait de la Ferté-sur-Aube. — *La Verrerie*, 1603 (Arch. nat., P. 189², n° 1587).

Verroilles, écart, c⁰ᵉ de Charmes-lez-Langres. —

La barrière de Verroilles, 1889 (ann. Haute-Marne, 1889).

Verseilles-le-Bas, c⁰ⁿ de Longeau. — *Vercilles*, 1234 (chapitre de Langres). — *Vercillae Inferii*, 1274 (arch. Haute-Marne, G. 587). — *Vercilles ou Vaul*, 1329 (arch. Haute-Marne, G. 590). — *Vercilliae in Basso*, 1330 (arch. Haute-Marne, G. 590). — *Vercillie in Valle*, 1334 (terrier de Langres, f° 16 v°). — *Vercelles le Bas*, 1457 (arch. Haute-Marne, G. 590). — *Verseilles ou Val*, 1464 (Arch. nat., P. 174³, n° 330 bis). — *Verceilles Dessoubz*, 1556 (arch. Haute-Marne, G. 589). — *Verseilles Dessous*, 1675 (arch. Haute-Marne, G. 85). — *Verseilles le Bas*, 1729 (arch. Haute-Marne, G. 589). — *Verceille-le-Bas*, 1732 (Pouillé de 1732, p. 12). — *Bas Ver-seilles*, xviii⁰ s. (Cassini).

Verseilles-le-Bas dépendait, en 1789, de la province de Champagne, bailliage et élection de Langres. Son église, dédiée à saint Martin, était succursale de celle de Verseilles-le-Haut, et antérieurement de l'église de Baissey, diocèse et doyenné de Langres. Une partie de la seigneurie appartenait à l'évêque de Langres et dépendait de la prévôté de Baissey.

Verseilles-le-Haut, c⁰ⁿ de Longeau. — *Vercilles Su-perius*, 1238 (arch. Aube, Notre-Dame-aux-Non-nains). — *Vercillae Superii*, 1274 (arch. Haute-Marne, G. 587). — *Vercilliae in Monte*, 1329 (arch. Haute-Marne, G. 590). — *Vercilles ou Mont*, 1330 (arch. Haute-Marne, G. 590). — *Verseilles ou Mont*, 1464 (Arch. nat., P. 174³, n° 330 bis). — *Vercilles Dessus*, 1508 (arch. Haute-Marne, G. 588). — *Verceilles Dessus*, 1587 (arch. Haute-Marne, G. 590). — *Verseilles Dessus*, 1675 (arch. Haute-Marne, G. 85). — *Verseilles-le-Haut*, 1729 (arch. Haute-Marne, G. 589). — *Verceille-le-Haut*, 1732 (Pouillé de 1732, p. 12). — *Haut Verseilles*, xviii⁰ s. (Cassini).

Verseilles-le-Haut dépendait, en 1789, de la province de Champagne, bailliage et élection de Langres. Son église paroissiale, dédiée à l'Assomption, était du diocèse et du doyenné de Langres. La cure était alternativement à la collation de l'évêque et à la présentation du prieur de Saint-Geômes.

Vertin (Le), f. détr., près de Pressigny. — *Le Vertin, dessous les vignes*, 1770 (arch. Haute-Marne, C. 344).

Veruz, h. détr., dans le voisinage de Sexfontaine, peut-être au territoire de Valdelancourt (Joli-bois : La Haute-Marne, p. 544; Roussel : Dioc. de

Langres, II, p. 114). — *Ecclesia de Veruz*, 1210 (Sexfontaine). — *Les molins de Varuz sus Saone*, 1262 (Sexfontaine).

Vesaignes-sous-la-Fauche, c^on de Saint-Blin. — *Visigniae*, 1319 (Morimond). — *Vesigniae*, 1323 (Morimond). — *Vezignes*, 1401 (Arch. nat., P. 192³, n° 1588). — *Visengnes*, 1402 (Pouillé de Toul). — *Vesignes*, 1443 (Arch. nat., P..176³, n° 508). — *Vezainnes les la Fauche*, 1515 (Arch. nat., P. 176³, n° 486). — *Vezaignes*, 1684 (Recueil Jolibois, VIII, f° 7 r°). — *Vesaignes*, 1773 (arch. Haute-Marne, C. 262). — *Vezaigne sous la Fauche*, xviii° s. (Cassini).

En 1789, Vesaignes-sous-la-Fauche dépendait de la province de Champagne, bailliage de Chaumont, prévôté d'Andelot, élection de Chaumont. Son église paroissiale, dédiée à saint Martin, était du diocèse de Toul, doyenné de Reynel. La présentation de la cure appartenait au chapitre de la Fauche.

Vesaignes-sur-Marne, c^on de Nogent-en-Bassigny. — *Vesignae*, 1189 (arch. Côte-d'Or, Morment). — *Vesignoites, Vesignotes super Maternam*, 1258 (chapitre de Langres). — *Vesines*, xiv° s. (Longnon, Pouillés, I). — *Voisignes*, 1436 (Longnon, Pouillés, I). — *Vesaignes lez Thivés*, 1444 (arch. Haute-Marne, G. 326). — *Vezaignes sur Marne*, 1508 (Arch. nat., P. 174³, n° 306). — *Vezaingnes, Vezaines*, 1544 (Morment). — *Vezaigne*, 1675 (arch. Haute-Marne, G. 85). — *Vescigne*, 1732 (Pouillé de 1732, p. 125). — *Vesaignes*, 1770 (arch. Haute-Marne, C. 344).

Vesaignes-sur-Marne dépendait, en 1789, de la province de Champagne, bailliage et élection de Langres. Son église paroissiale, dédiée à saint Jean-Baptiste, était du diocèse de Langres, doyenné d'Is-en-Bassigny. La collation de la cure appartenait à l'évêque.

Vésigneul, lieu détr., qui était dans le voisinage de Coupray et de Cour-l'Évêque. — *Vesigneul*, 1223 (Longuay).

Le finage de Vésigneul était contigu à celui de Rouville, c^ne de Cour-l'Évêque.

Vesvre (La), f., c^ne d'Isôme. — *La Vesvre*, 1769 (Chalmandrier). — *La grange de Vesvre, dépendante d'Yzomes*, 1770 (arch. Haute-Marne, C. 344). — *La Vesvres*, 1889 (ann. Haute-Marne).

En 1789, la Vesvre formait une communauté de l'élection de Langres.

Vesvre, bois, c^ne de Marac, où l'on voit des vestiges d'une forteresse qui aurait appartenu aux hospita-

liers de Morment, et aurait été détruite par ordre de Philippe-le-Bel, en 1313 (Roussel, Dioc. de Langres, II, p. 37).

Vesvrechien, f., c^ne de Buxières-lez-Belmont. Anc. seigneurie des Antonins, et grange de l'abbaye de Belmont. — *Vaivrechien*, 1769 (Chalmandrier). — *La grange de Vevreschien*, 1770 (arch. Haute-Marne, C. 344).

Vesvre-sous-Chalancey, c^on de Prauthoy. — *Vesvre soubz Chalencey*, 1675 (arch. Haute-Marne, G. 85). — *Vesvres sous Chalancey*, 1770 (arch. Haute-Marne, C. 344).

Vesvre-sous-Chalancey dépendait, en 1789, de la province de Champagne, bailliage et élection de Langres. Son église, dédiée à la Sainte-Trinité, était succursale de celle de Chalancey, diocèse de Langres, doyenné de Grancey.

Vesvre-sous-Prangey, h., c^ne de Prangey. — *Velvres*, 1193 (Auberive). — *Vevres*, 1260 (Auberive). — *Vavres près de Prangey*, 1428 (Auberive). — *Finagium de Vavris prope Proingeyum*, 1459 (Auberive). — *Vevres*, 1464 (Arch. nat., P. 174³, n° 330 bis). — *Vesvres*, 1481 (chapitre de Langres). — *Vesvres soubz Prangey*, 1562 (Auberive). — *Vesvres sous Prangey*, 1769 (Chalmandrier).

D'après le Pouillé de 1732 (p. 11), Vesvre aurait été succursale de Prangey.

Vesvroy, lieu dit, c^ne de Châtoillenot, section B.

Veuchery, lieu dit, c^ne de Colombey-les-Deux-Églises, section C.

Veudet ou Veudey, f., c^ne de Poulangy. — *Poulangy, Beauveau et le Vaudey*, 1700 (Dillon). — *Le Vaudé*, 1722 (Gousset, p. 316). — *Vodey le Haut, Vodey le Bas*, 1769 (Chalmandrier). — *Les Veudey*, 1858 (Jolibois: La Haute-Marne, p. 444). — *Les Vaudey*, 1858 (ibid., p. 538). — *Le Veudet*, 1858 (Dict. des postes de la Haute-Marne). — *Veudet*, 1882 (Dict. gén. des postes).

Veye (La), lieu dit, c^ne de Champigny-lez-Langres, où l'on a trouvé de nombreux vestiges de constructions et une médaille de Domitien (Roussel, Dioc. de Langres, II, p. 306).

Viaduc (Le), m^on isol., c^ne de Chaumont-en-Bassigny, au pied du viaduc du chemin de fer de l'Est.

Vicourt, lieu dit, c^ne de Goncourt, section C.

Vicq, c^ne de Varennes. — *Ecclesia de Vico*, 1101 (arch. Côte-d'Or, et Gall. christ., IV, instr., col. 149). — *Vi*, 1250 (Layettes, n° 3886). — *Es viles de Vy et de Cuffy*, 1255 (arch. Haute-Marne, G. 6). — *Wy*, 1276-1278 (Longnon,

Doc. II, p. 179). — *Vic*, 1629 (Vaux-la-Douce).
— *Vicq*, 1675 (arch. Haute-Marne, G. 85).

En 1789, Vicq dépendait de la province de Champagne, bailliage de Langres, par démembrement de celui de Chaumont, élection de Langres. Son église paroissiale, dédiée à saint Julien, était du diocèse de Langres, doyenné de Pierrefaite, et avait pour succursale celle de Lavernoy. La présentation de la cure appartenait au prieur de Varennes, qui avait une partie de la seigneurie.

Vide-Grange, lieu dit, c⁰ᵉ de Brainville, section A.

Vide-Grange, lieu dit, c⁰ᵉ de Goncourt, section C.

Vieille-Briquerie (La), lieu dit, c⁰ᵉ de Saint-Dizier, section B.

Vieille-Crête (La), f., c⁰ᵉ de la Crête; premier emplacement de l'abbaye de la Crête. — *Vielle Crête*, 1769 (Chalmandrier). — *La cense de la Vieille Creste*, 1773 (arch. Haute-Marne, C. 262).

Vieille-Église (La), lieu dit, c⁰ᵉ de Saint-Broingt-les-Fosses, section B.

Vieille-Forge (La), anc. forge, c⁰ᵉ de Donjeux, transformée en boulonnerie.

Vieille-Forge (La), lieu dit, c⁰ᵉ d'Éclaron, section C.

Vieille-Forge (La), f., c⁰ᵉ de Monterie, section C; anc. gagnage de l'abbaye de Clairvaux. — *Les Vieilles Forges près Monterye*, 1599 (arch. Aube, Clairvaux). — *Ville Forge*, XVIIIᵉ s. (Cassini). — *La Vieille Forge*, 1858 (Dict. des postes de la Haute-Marne et cadastre).

Vieille-Forge (La), f., c⁰ᵉ de Rimaucourt, section A. — *Vieille Forge*, 1769 (Chalmandrier). — *La cense de la Vieille Forge*, 1773 (arch. Haute-Marne, C. 262).

Vieille-Grange (La), lieu dit, c⁰ᵉ de Chamouilley, section A.

Vieille-Grange (La), lieu dit, c⁰ᵉ de Genevrières, section A; anc. grange de l'abbaye de Belmont. — *La Vieille Grange*, 1770 (arch. Haute-Marne, C. 344).

Vieille-Maison (La), lieu dit, c⁰ᵉ de Villemervry, section C.

Vieilles-Loges (Les), lieu dit, c⁰ᵉ d'Épizon, section C.

Vieilles-Loges (Les), lieu dit, c⁰ᵉ de Rennepont, section B.

Vieilles-Minières (Les), lieu dit, c⁰ᵉ de Chatonrupt, section C.

Vieilles-Minières (Les), lieu dit, c⁰ᵉ de Morancourt, section B.

Vieilles-Tanneries (Les), lieu dit, c⁰ᵉ de Liffol-le-Petit, section A.

Vieille-Tuilerie (La), lieu dit, c⁰ᵉ de Mertrud, section B.

Viennot, m¹ⁿ détr., c⁰ᵉ de Châtenay-Vaudin. — *Moulin Viennot*, 1769 (Chalmandrier).

Vieux-Château (Le), lieu dit, c⁰ᵉ de Santenoge, section A.

Vieux-Cuoiseul (Le), monticule, c⁰ᵉ de Meuvy.

Vieux-Cimetière (Le), lieu dit, c⁰ᵉ de Soulaincourt, section A.

Vieux-Fourneau (Le), lieu dit, c⁰ᵉ de Bourbonne, section E.

Vieux-Fourneau (Le), lieu dit, c⁰ᵉ de Chalmessin, section B.

Vieux-Fourneau (Le), lieu dit, c⁰ᵉ de Cour-l'Évêque, section B.

Vieux-Fourneau (Le), forge détr., c⁰ᵉ de Liffol-le-Petit.

Vieux-Joncs (Les), f., c⁰ᵉ de Varennes.

Vieux-Moiré (Le), lieu dit, c⁰ᵉ d'Andelot, section A.

Vieux-Moulin, c⁰ᵉ de Langres. — *In pago Lingonico..., in fine Vetus Mulnensi*, 871 (Roserot, Dipl. carol., p. 13). — *Vetus Molendinum*, 1291 (chapitre de Langres). — *Viez Molin, Viez Moulin*, 1336 (Arch. nat., JJ, 70, fᵒ 103 vᵒ, n° 235). — *Vieux Moulin*, 1675 (arch. Haute-Marne, G. 85).

Vieux-Moulin dépendait, en 1789, de la province de Champagne, bailliage et élection de Langres. Son église, dédiée à saint Gervais et saint Protais, était succursale de celle de Noidant-le-Rocheux, diocèse et doyenné de Langres. La seigneurie appartenait au chapitre de Langres.

Vieux-Moulin (Le), lieu dit, c⁰ᵉ d'Andilly, section C.

Vieux-Moulin (Le), lieu dit, c⁰ᵉ de Brachay, section A.

Vieux-Moulin (Le), lieu dit, c⁰ᵉ de Champigny-sous-Varennes, section B.

Vieux-Moulin (Le), lieu dit, c⁰ᵉ de Chancenay, section D.

Vieux-Moulin (Le), écart, c⁰ᵉ de Charmoy.

Vieux-Moulin (Le), m¹ⁿ, c⁰ᵉ de Choigne. — *Vieux-Moulin*, 1769 (Chalmandrier). — *La cense du Vieux-Moulin*, 1773 (arch. Haute-Marne, C. 262).

Vieux-Moulin (Le), lieu dit, c⁰ᵉ de Courcelles-en-Montagne, section B.

Vieux-Moulin (Le), lieu dit, c⁰ᵉ de Curel, section B.

Vieux-Moulin (Le), lieu dit, c⁰ᵉ de Curmont, section B.

Vieux-Moulin (Le), lieu dit, c⁰ᵉ de Germay, section A.

Vieux-Moulin (Le), lieu dit, c⁰ᵉ de Maizières-lez-Joinville, section A.

Vieux-Moulin (Le), m^{in}, c^{me} de Maizières-sur-Amance. — *Vieux-Moulin*, 1769 (Chalmandrier).

Vieux-Moulin (Le), lieu dit, c^{ne} de la Mothe-en-Blésy, section B.

Vieux-Moulin (Le), lieu dit, c^{ne} de Pratz, section B.

Vieux-Moulin (Le), usine, c^{ne} de Reynel.

Vieux-Moulin, lieu dit, c^{ne} de Rizaucourt, section D.

Vieux-Moulin (Le), lieu dit, c^{ne} de Romains-sur-Meuse, section E.

Vieux-Moulin (Le), lieu dit, c^{ne} de Sommerécourt, section B.

Vieux-Moulin (Le), lieu dit, c^{ne} de Vecqueville, section B.

Vieux-Moulin-à-Vent (Le), lieu dit, c^{ne} de Bourg, section B.

Vieux-Moulin-à-Vent (Le), lieu dit, c^{ne} de Clefmont, section D.

Vieux-Moulin-à-Vent (Le), lieu dit, c^{ne} de Grenant, section C.

Vieux-Noncourt (Le), forge, c^{ne} de Noncourt.

Vieux-Val (Le), lieu dit, c^{ne} de Verbiesle ou de Choigne; premier emplacement du Val-des-Écoliers. — *Auquel Viel Val y a encores marques et vestiges d'une chappelle et ancienne ruyne du dict monastère*, 1586 (arch. Haute-Marne, G. 337). — *Le Vieux Val*, 1767 (Chalmandrier).

Viéville, c^{ne} de Vignory. — *Vetus Villa*, 1140 (Saint-Urbain). — *Wiéville, Viéville*, 1288 (Saint-Urbain). — *Viezville*, 1488 (Thors). — *Vielzville*, 1538 (Arch. nat., P. 174², n° 319). — *Vielville*, 1578 (arch. Haute-Marne, G. 442). — *Vieuville*, 1732 (Pouillé de 1732, p. 93). — *Viefville*, 1773 (arch. Haute-Marne, C. 262). — *Viesville*, 1787 (arch. Haute-Marne, C. 262).

Viéville dépendait, en 1789, de la province de Champagne, bailliage, élection et prévôté de Chaumont. Son église paroissiale, dédiée à saint Martin, était du diocèse de Langres, doyenné de Chaumont, et avait pour succursale celle de Rôcourt-la-Côte. La collation de la cure appartenait à l'évêque.

Vigne (La), f., c^{ne} de Poinson-lez-Nogent. — *Les Vignes*, 1769 (Chalmandrier).

Vigne (La), f., c^{ne} de Rougeux. — *La Vigne*, 1769 (Chalmandrier). — *Lavigne*, 1858 (Jolibois : La Haute-Marne, p. 251, art. Hortes).

Vignes, c^{ne} d'Andelot. — *Molendinum de Vineis*, 1197 (Septfontaines). — *Vignes*, 1262 (Benoitevaux). — *Vynes*, 1268 (Morimond). — *Vigne*, XVIII° s. (Cassini).

En 1789, Vignes dépendait de la province de Champagne, bailliage de Chaumont, prévôté d'Andelot, élection de Chaumont. Son église, dédiée

à saint Just, était succursale de celle de Rimaucourt, diocèse de Langres, doyenné de Chaumont.

Vigney, lieu dit, c^{ne} de Froncles, section A.

Vignory, ch.-l. de cant., arrond. de Chaumont-en-Bassigny. — *Wanbionis Rivus*, IX° s. (Arbaumont, Cartul. prieuré de Vignory, p. III et CLXIII). — *Vuangionum Rivus*, 1050-1052 (prieuré de Vignory). — *Castrum Vuangionis rivi*, vers 1059 (cartul. Montier-en-Der, I, f° 81 v°). — *Vangerucum*, 1104 (Lalore, Princip. cartul., I, p. 15). — *Waignorri, Waignorru, Waignori*, vers 1172 (Longnon, Doc. I, n°s 73, 153, 174). — *Vangionis Rivus*, 1197 (Layettes, n° 470). — *Vangionis Ripa*, XII° s. (bibl. de Troyes, ms. 1558, f° 47 v°). — *Wangionis Rivus*, 1209 (arch. Aube, Clairvaux). — *Vannoyri*, 1233 (Thors). — *Guannorri*, 1239 (Layettes, n° 2820). — *Wangnorri, Wannori*, 1250 (Thors). — *Wuingnorri, Wuaignourri, Waignourri*, 1251 (Layettes, n° 3964). — *Weingnorri, Vaignorri*, 1285 (Clairvaux). — *Vaingnorri*, 1286 (Clairvaux). — *Voingnorri*, 1304 (Montier-en-Der). — *Waignourry*, 1310 (Clairvaux). — *Wangion le Ru*, 1326 (Longnon, Doc. I, n° 5936). — *Vongnoirry*, 1349 (Montier-en-Der). — *Vignorry*, 1447 (Arch. nat., P. 174¹, n° 301). — *Vignory*, 1502 (prieuré de Vignory). — *Vignoury*, 1538 (Arch. nat., P. 174², n° 319).

En 1789, Vignory dépendait de la province de Champagne, bailliage, élection et prévôté de Chaumont. Son église, dédiée à saint Étienne, était le siège d'un prieuré-cure de l'ordre de Saint-Benoît, diocèse de Langres, doyenné de Chaumont, dépendant de l'abbaye de Saint-Bénigne de Dijon.

Vignotte (La), m^{on} isol., c^{ne} d'Andilly.

Vignotte (La), f., c^{ne} de Braucourt; anc. grange de l'abbaye de Haute-Fontaine. — *La Vignotte*, XVIII° s. (Cassini).

Vilainecourt, lieu dit, c^{ne} de Maconcourt. — *Vilainecour, Vilaine Courre*, XIX° s. (cadastre, section A).

Villa (La), chât., c^{ne} de Courcelles-Val-d'Esnoms.

Villa-du-Val (La), chât., c^{ne} de Humbécourt, construit depuis une vingtaine d'années, sur la lisière de la forêt du Val.

Villainecourt, village détr., c^{ne} de Domremy. — *Vilennecort*, 1246 (Septfontaines). — *Villanicuria*, 1250 (arch. Aube, Clairvaux). — *Villainnecort*, 1254 (Clairvaux). — *Vileinecort*, 1260 (Septfontaines). — *Villainnecourt*, 1277 (Benoitevaux). — *Vilainnecourt*, 1294 (Septfontaines). — *Villanacuria*, 1378 (Septfontaines). — *Villainecourt*, 1428 (Septfontaines). — *Volaincourt*(?), 1572

(Roussel, Dioc. de Langres, II, p. 5o5). — *Vilannecour*, xix° s. (cadastre de Domremy, section C).

Villars-en-Azois, c°° de Châteauvillain. — *Vilers en Esny, Villers en Aussoi*, 1222-1243 (Longnon, Doc. I, n°° 3841, 3843). — *Villaris*, 1226 (arch. Aube, Clairvaux). — *Villareyum in Aseyo*, 1235 (Clairvaux). — *Villarium in Aseto*, 1248 (Clairvaux). — *Villiers en Asoi*, 1274-1275 (Longnon, Doc. I, n° 7006). — *Villaris in Azeto*, 1282 (Clairvaux). — *Villers en Azoy*, 1291 (Clairvaux). — *Viler en Azoi*, 1393 (Clairvaux). — *Villers en Asny*, 1325 (Clairvaux). — *Viller en Nasoi*, 1326 (Longnon, Doc. I, n° 5758). — *Villarium in Asseto*, xiv° s. (Longnon, Pouillés, I). — *Villiers en Azoy*, 1427 (Clairvaux). — *Villiers en Azoir*, 1603 (Arch. nat., P. 192², n° 1587). — *Viliers en Azois*, 1609 (Clairvaux). — *Villars*, 1649 (Roserot, États généraux). — *Villars en Azois*, 1732 (Pouillé de 1732, p. 80).

Villars-en-Azois dépendait, en 1789, de la province de Champagne, bailliage et prévôté de Chaumont, élection de Bar-sur-Aube. Son église paroissiale, dédiée à saint Félix et saint Augebert, était du diocèse de Langres, doyenné de Châteauvillain, et auparavant du doyenné de Bar-sur-Aube. La présentation de la cure appartenait au chapitre de Langres.

Villars-Montroyer, c°° d'Auberive. — *Viller*, 1214 (Auberive). — *Vilers Morohers*, 1223 (Auberive). — *Villermoroir*, 1253 (Auberive). — *Villarium Moraier*, 1301 (arch. Côte-d'Or, Bure). — *Vilers Moroier*, 1304 (la Crête). — *Villarium Muroier*, xiv° s. (Longnon, Pouillés, I). — *Villarium Moroyer*, 1436 (Longnon, Pouillés, I). — *Villers le Monnoyé*, 1459 (arch. Haute-Marne, G. 310). — *Villers les Monnoyé, en Champaigne*, 1463 (arch. Haute-Marne, G. 310). — *Villers Monnoyé*, 1563 (arch. Haute-Marne, G. 310). — *Villers Montroyé*, 1627 (Auberive). — *Villars Montroyer*, 1675 (arch. Haute-Marne, G. 85). — *Villers les Mont Royer*, 1741 (arch. Haute-Marne, G. 35). — *Villars Monroyer*, 1770 (arch. Haute-Marne, C. 344).

En 1789, Villars-Montroyer faisait partie de la province de Bourgogne, bailliage de la Montagne ou de Châtillon-sur-Seine. Son église paroissiale, dédiée à l'Assomption, était du diocèse de Langres, doyenné de Châtillon-sur-Seine, et avait pour succursale celle de Chaugey (Côte-d'Or). La présentation de la cure appartenait à l'abbé de Saint-Étienne de Dijon.

Villars-Saint-Marcellin, c°° de Bourbonne-les-Bains.

— *Vilerium Sancti Marcellini*, 1248 (Morimond). — *Villarium Sancti Marcellini*, 1329 (Bibl. nat., coll. Moreau, vol. 226). — *Villers Sainct Mazelin*, 1509 (Arch. nat., P. 177¹, n° 551). — *Villers Sainct Mazellin*, 1538 (Arch. nat., P. 176², n° 488). — *Villers Saint Marcellin*, 1693 (arch. Haute-Marne, fabrique d'Enfonvelle). — *Villars Saint Marcellin*, 1732 (Arch. nat., Q¹. 694). — *Villars Saint Marcelin*, 1741 (Morimond).

Dans une charte du iv° s., relative à *Villare, pagus de Port-sur-Saône*, rapportée par la Chronique de Bèze, M. l'abbé Roussel a cru reconnaître Villars-Saint-Marcellin (Dioc. de Langres, II, p. 255), mais les derniers éditeurs de cette chronique, MM. Bougaud et Garnier (p. 273), estiment qu'il s'agit de Villiers-sur-Port-sur-Saône (Haute-Saône).

Villars-Saint-Marcellin dépendait, en 1789, de la Franche-Comté, bailliage de Vesoul. Son église, dédiée à saint Marcellin, était le siège d'un prieuré-cure de l'ordre de Saint-Benoît, diocèse de Besançon, doyenné de Faverney, dépendant de Saint-Vincent de Besançon.

Ville (La), lieu dit, c°° d'Aingoulaincourt, section A.

Ville (La), m^te détr., c°° de Brevannes. — *Moulin de la Ville*, 1769 (Chalmandrier).

Villé (Le), lieu dit, c°° de Goncourt, section C.

Ville-au-Bois, c°° de Chaumont-en-Bassigny.

— *Villa Nova*, 1327 (Val-des-Écoliers). — *La Villeneufve au Bois*, 1443 (Arch. nat., P. 176³, n° 508). — *La Ville aux Bois*, 1635 (arch. Haute-Marne, G. 321). — *Ville au Bois*, 1675 (arch. Haute-Marne, G. 85). — *Laville-au-Bois*, 1858 (Jolibois : La Haute-Marne, p. 324). — *Lavilleaux-Bois*, 1886 (dénombrement).

En 1789, la Ville-au-Bois dépendait de la province de Champagne, bailliage et élection de Chaumont. Son église, dédiée à la Conception de la Sainte-Vierge, était succursale de celle de Lusy, diocèse de Langres, doyenné de Chaumont. La seigneurie appartenait à l'évêque de Langres et dépendait de sa baronnie de Lusy.

Ville-au-Bois (La), f., c°° de Giey-sur-Aujon; fief qui relevait de la Ferté-sur-Aube. — *Ville-au-Bois*, 1603 (Arch. nat., P. 192², n° 1587). — *Laville au Bois*, 1769 (Chalmandrier). — *Laville-au-Bois*, 1858 (Jolibois : La Haute-Marne, p. 324).

Ville-Bas, h., c°° de Villiers-lez-Aprey. — *Vilbas*, 1889 (ann. Haute-Marne).

En 1789, Ville-Bas formait une communauté de l'élection de Langres.

VILLEBERNY ou TROTTERDAY, anc. fief, c^{ne} de Sarrey (Jolibois : La Haute-Marne, p. 553).

VILLECET, vill. détr., qui était dans la vallée du Rognon, du côté de Bettaincourt. — *Juxta ricum qui Vilecet nuncupatur*, vers 1120 (Jolibois : La Haute-Marne, p. 528).

VILLE-EN-BLAISOIS, c^{ne} de Vassy. — *Villa*, 854 (cartul. de Montier-en-Der, I, f° 18 r°). — *Villa super Blesam fluvium*, 1049 (cartul. Montier-en-Der, I, f° 47 v°). — *Vile en Blesois*, 1264 (Montier-en-Der). — *Villa Blesensis*, 1279 (Montier-en-Der). — *Villembezois*, 1576 (Arch. nat., P. 189¹, n° 1585). — *Ville Embesois*, 1700 (Dillon). — *Ville en Blaisois*, 1723 (Montier-en-Der). — *Villamblezois*, 1729 (Montier-en-Der). — *Villemblezois*, 1730 (Montier-en-Der), — *Villambezois*, 1763 (arch. Haute-Marne, C. 317). — *Villembezois*, 1780 (arch. Haute-Marne, C. 317). — *Ville en Bezois*, 1778 (Montier-en-Der).

En 1789, Ville-en-Blaisois dépendait de la province de Champagne, bailliage de Chaumont, prévôté de Vassy, élection de Joinville. Son église paroissiale, dédiée à saint Maurice, était du diocèse de Toul, doyenné de la Rivière-de-Blaise. La présentation de la cure appartenait à l'abbé de Montier-en-Der, et la seigneurie au chambrier de cette abbaye.

VILLEGUSIEN, c^{ne} de Longeau. — *Villegusin*, 1224 (Auberive). — *Velegusien*, 1235 (arch. Aube, Notre-Dame-aux-Nonnains). — *Villeguysien*, 1244 (chapitre de Langres). — *Vileguisien*, 1250 (Notre-Dame-aux-Nonnains). — *Villogusiana*, 1266 (Notre-Dame-aux-Nonnains). — *Villegusien*, 1299 (Auberive). — *Villacusana*, 1436 (Longnon, Pouillés, I). — *Villegusiam*, 1498 (chapitre de Langres). — *Vilgusien*, 1732 (Pouillé de 1732, p. 30).

Villegusien dépendait, en 1789, de la province de Champagne, bailliage et élection de Langres. Son église paroissiale, dédiée à saint Denis, était du diocèse de Langres, doyenné du Moge, et avait pour succursales celles de Piépape et de Saint-Michel. La cure était à la présentation du chapitre de Langres, qui avait aussi la seigneurie.

VILLE-HAUT, h., c^{ne} d'Aprey. — *Vilhaut*, 1769 (Chalmandrier). — *Ville lès Gratedos*, 1770 (arch. Haute-Marne, C. 344).

En 1789, Ville-Haut formait une communauté de l'élection de Langres.

VILLEMERVRY, c^{ne} d'Auberive. — *Villemurvi*, 1232 (Auberive). — *Villamuelvi*, 1246 (Auberive). — *Villemervi*, 1250 (Auberive). — *Villemervy*, 1675

(arch. Haute-Marne, G. 85). — *Vilmerveri*, 1732 (Pouillé de 1732, p. 33). — *Villemeruis*, 1770 (arch. Haute-Marne, C. 344).

En 1789, Villemervry faisait partie de la province de Champagne, bailliage et élection de Langres. Son église, sous le vocable de Notre-Dame, était succursale de celle de Grancey-le-Château (Côte-d'Or), diocèse de Langres, doyenné de Grancey.

VILLEMORON, c^{ne} d'Auberive. — *Villemoiron*, 1243 (Auberive). — *Villamorum*, 1249 (Auberive). — *Villemoirum*, 1250 (Auberive). — *Villemoron*, 1675 (arch. Haute-Marne, G. 85).

Villemoron dépendait, en 1789, de la province de Champagne, bailliage et élection de Langres. Son église, dédiée à saint Michel, était succursale de celle de Grancey-le-Château (Côte-d'Or), diocèse de Langres, doyenné de Grancey.

VILLENEUVE-AU-ROI (LA), c^{ne} de Juzennecourt. — *Nova villa prope Monterriam*, 1263 (arch. Aube, Clairvaux). — *La Villeneuve de lez Monterrie*, 1270 (Sexfontaine). — *Villa Nova prope Monterriam*, 1278 (Clairvaux). — *Villeneuve sur Monterie*, 1276-1278 (Longnon, Doc. II, p. 182). — *Villa Nova de Monterris*, 1290 (Sexfontaine). — *Villa Nova subtus Monteriam*, 1302 (Sexfontaine). — *La Villeneuve soubz Monterrie*, *Villa Nova juxta Monterriam*, 1353 (Sexfontaine). — *La Villensufve soubz Monterrie*, 1402 (Sexfontaine). — *La Villeneufve*, 1483 (Sexfontaine). — *La Villenufve au Roy*, 1508 (Arch. nat., P. 174², n° 311). — *Villeneuve*, 1732 (Pouillé de 1732, p. 78). — *La Villeneuve au Roi*, 1769 (Chalmandrier). — *La Villeneuve au Roy*, 1773 (arch. Haute-Marne, C. 262). — *La Villeneuve lès Montherie*, an II (État général, etc.). — *Lavilleneuve-au-Roi*, 1858 (Jolibois : La Haute-Marne, p. 324).

La Villeneuve-au-Roi dépendait, en 1789, de la province de Champagne, bailliage et élection de Chaumont, et était le chef-lieu d'une mairie royale qui se composait de Blaisy, la Chapelle-en-Blésy, Gillancourt, Juzennecourt, Monterie, la Villeneuve-au-Roi et partie de Saint-Martin. Son église, dédiée à l'Assomption, était succursale de celle de Monterie, diocèse de Langres, doyenné de Châteauvillain, et auparavant du doyenné de Bar-sur-Aube. La seigneurie était indivise entre le roi et le prieur de Sexfontaine.

VILLENEUVE-AUX-FRÊNES (LA), c^{ne} de Juzennecourt. — *La Ville Neufve au Fresne*, 1508 (Arch. nat., P. 174², n° 312). — *La Villeneufve au Fresne*,

1549 (Arch. nat., P. 176¹, n° 413). — *La Ville-neufve aux Fresnes*, 1595 (Arch. nat., P. 176², n° 448). — *La Villeneure aux Fresnes*, 1626 (Arch. nat., P. 191², n° 1639). — *Villeneuve aux Fraines*, xviii° s. (Cassini). — *Lavilleneuve au Frêne*, 1858 (Jolibois : La Haute-Marne, p. 324). — *Lavilleneuve-aux-Fresnes*, 1886 (dénombrement).

C'est à tort que divers auteurs (H. d'Arbois de Jubainville : Comtes de Champ., cat. n° 804; Jolibois : La Haute-Marne, p. 325; Roussel : Dioc. de Langres, II, p. 148) ont identifié cette localité avec *Villa nova, que Fraxinus dicitur*, dont il est question dans une charte de janvier 1212, vieux style (Layettes, n° 1034); il s'agit ici de Fresne, c^{ne} de Bourgogne (Marne).

La Villeneuve-aux-Frênes dépendait, en 1789, de la province de Champagne, bailliage de Chaumont, élection et prévôté de Bar-sur-Aube. Son église, dédiée à saint Georges, était succursale de celle de Colombey-les-Deux-Églises, diocèse de Langres, doyenné de Bar-sur-Aube.

«*Villeneuve-des-Molieres* (La)», localité qui se trouvait dans la châtellenie de Montigny-le-Roi. — *Girardus de Moleria*(?), vers 1135 (arch. Côte-d'Or, Morment). — *La Vile Nuere des Molieres*, 1274-1275 (Longnon, Doc. I, n° 6989).

Villeneuve-en-Angoulancourt (La), c^{ne} de Montigny-en-Bassigny. — *Anglicuria*, 1168 (Morimond). — *Angoulancort*, 1270 (Morimond). — *Angoloucuria*, xiv° s. (Longnon, Pouillés, I). — *Angoulancuria*, 1436 (Longnon, Pouillés, I). — *La Villeneuve en Angoulancourt*, 1626 (Morimond). — *La Ville Neuue en Angoulaincourt*, 1686 (Morimond). — *La Villeneuve en Angoulaincourt*, 1687 (Morimond). — *La Villeneufve en Engoulancourt*, 1688 (Morimond). — *Ecclesia Sancti Dionisii Villæ Novæ de Anglecuria*, 1697 (arch. Haute-Marne, G. 893, f° 25 v°). — *La Villeneuve en Angoulancour*, 1732 (Pouillé de 1732, p. 126). — *La Villeneuve en Engoulancourt*, 1769 (arch. Haute-Marne, C. 317). — *Villeneuve-en-Angoulancourt*, 1770 (arch. Haute-Marne, C. 344). — *Lavilleneuve en Angoulencourt*, 1858 (Jolibois : La Haute-Marne, p. 324). — *Lavilleneuve*, 1890 (dénombrement).

La Villeneuve-en-Angoulancourt dépendait, en 1789, de la province de Champagne, bailliage de Chaumont, élection de Langres, et était chef-lieu d'une mairie royale, qui n'avait pas d'autre localité dans son ressort. Son église paroissiale, dédiée à saint Denis, était du diocèse de Langres, doyenné

d'Is-en-Bassigny. La présentation de la cure appartenait à l'abbé de Morimond.

Voir aussi Angoulancourt.

Villeneuve-en-Vavre (La), nom primitif de Chanteraine (Jolibois : La Haute-Marne, p. 325).

Ville-Saosne, fief qui était en la paroisse de Perthe (Vaveray, p. 391).

Ville-Sec, lieu dit, c^{ne} de Colombey-les-Deux-Églises.

Villey, lieu dit, c^{ne} de Fays, section A.

Villiers, lieu dit, c^{ne} de Colombey-les-Deux-Églises, section C.

Villiers, lieu dit, c^{ne} de Courcelles-sur-Aujon, section B.

Villiers, lieu dit, c^{ne} de Guindrecourt-aux-Ormes, section B.

Villiers-au-Bois, c^{ne} de Vassy. — *Villare*, ix° s. (polyptyque de Montier-en-Der, dans cartul. I, f° 123 v°). — *In pago Pertense,... ad Villare*, vers 968 (cartul. Montier-en-Der, I, f° 31 v°). — *Vilers qui est juxta Waiseium*, 1179 (cartul. Montier-en-Der, II, f° 37 r°). — *Vilerium*, 1203 (Montier-en-Der). — *Villiers au Boix*, 1440 (Montier-en-Der). — *Villiers au Bois*, 1499 (Montier-en-Der). — *Villiers aux Boys*, 1576 (Arch. nat., P. 189¹, n° 1585). — *Viliers aux Bois*, 1763 (arch. Haute-Marne, C. 317).

Villiers-au-Bois dépendait, en 1789, de la province de Champagne, bailliage de Chaumont, prévôté de Vassy, élection de Joinville. Son église paroissiale, dédiée à saint Gervais et à saint Protais, était du diocèse de Châlons-sur-Marne, doyenné de Joinville. La présentation de la cure appartenait à l'abbé de Montier-en-Der.

Il y avait dans ce village un prieuré de l'ordre de Saint-Benoît, sous le vocable de Sainte-Anne, dépendant de l'abbaye de Montier-en-Der.

Villiers-au-Chêne, c^{ne} de Doulevant. — *Wilers ad Quercum, Wilers ad Quercum*, 1181 (Montier-en-Der). — *Villiers au Quercum*, 1401 (Arch. nat., P. 189², n° 1588). — *Villers aux Chesnes*, 1448 (Arch. nat., P. 177², n° 649). — *Villé au Chasne, Villare ad Quercum*, 1483 (Montier-en-Der). — *Villiers aux Chesnes*, 1576 (Arch. nat., P. 189¹, n° 1585). — *Villiers les Chesnes*, xviii° s. (Cassini).

En 1789, Villiers-au-Chêne dépendait de la province de Champagne, bailliage de Chaumont, prévôté de Vassy, élection de Joinville. Son église, dédiée à saint Nicolas, était succursale de celle de Doulevant-le-Château, diocèse de Toul, doyenné de la Rivière-de-Blaise.

Villiers-au-Chêne tire son surnom de la grange

24.

du Chêne, même commune, qui appartenait à l'abbaye de Troisfontaines (Marne).

Villiers-en-Lieu, c^{on} de Saint-Dizier. — *Vilers*, 1146 (arch. Marne, Troisfontaines). — *Wilers in Liuz*, 1169 (Troisfontaines). — *Wilexl*, 1170 (Troisfontaines). — *Wilers ante Sanctum Desiderium*, vers 1172 (Longnon, Doc. I, n° 516). — *Wilex in Luez*, 1175 (Troisfontaines). — *Wilers in Luer*, 1184 (Troisfontaines). — *Villare*, 1206 (Troisfontaines). — *Vilers in Liuir*, 1214 (Troisfontaines). — *Vilers in Luiz*, 1215 (Troisfontaines). — *Wilers en Lyor*, 1264 (Troisfontaines). — *Willers en Lyeur*, 1302 (Troisfontaines). — *Vilers en Lieur*, 1304 (Troisfontaines). — *Villers en Lieu*, 1394 (Troisfontaines). — *Villers en Lieux*, 1409 (Troisfontaines). — *Villiers en Lieux*, 1512 (Troisfontaines). — *Villares in Locis*, 1524 (Troisfontaines). — *Villez en Lieux*, 1605 (Troisfontaines). — *Villiers en Lieu*, 1725 (Troisfontaines).

En 1789, Villiers-en-Lieu dépendait de la province de Champagne, bailliage et élection de Vitry, et suivait la coutume de Vitry. Son église paroissiale, dédiée à saint Remi, était du diocèse de Châlons-sur-Marne, doyenné de Perthe. La présentation de la cure appartenait au commandeur de Saint-Amand (Allier).

Villiers-Fontaine, f. détr., c^{on} de Liffol-le-Petit; elle appartenait à l'abbaye de Morimond. — *Vilet Fontaine*, 1774 (Morimond). — *Villiers Fontaine*, 1777 (Morimond). — *Villers Fontaine*, xviii° s. (Cassini).

Villiers-les-Convers, f., c^{on} d'Ormoy-sur-Aube, section B. Anc. grange de l'abbaye de Molême, puis (xii° s.) de l'abbaye de Longuay. Anc. village. — *Villa de Villeio*, 1177 (Longuay). — *Viler*, 1196 (Longuay). — *Vulle*, 1233 (Longuay). — *Vuileium*, 1238 (Longuay). — *Villey*, 1494 (Longuay). — *Villiers les Convers*, 1751 (Longuay). — *Villiers lez Converts*, 1770 (arch. Haute-Marne, G. 344). — *Villiers*, 1847 (cadastre).

Villiers-le-Sec, c^{on} de Chaumont-en-Bassigny. — *Villaris*, 1107 (cartul. du chantre Warin). — *Villaris Siccus*, *Villarium Siccum*, 1136 (arch. Aube, Clairvaux). — *Viler le Sec*, 1251 (Layettes, n° 3919). — *Villiers le Sec*, 1401 (Septfontaines). — *Villers le Sec*, 1402 (Septfontaines). — *Villiers le Secq*, 1573 (Arch. nat., P. 175¹, n° 350). — *Villers le Secq*, 1649 (Roserot, États généraux).

Villiers-le-Sec dépendait, en 1789, de la province de Champagne, bailliage, prévôté et élection

de Chaumont. Son église paroissiale, dédiée à saint Savinien, était du diocèse de Langres, doyenné de Chaumont, et avait pour succursale celle de Buxières-lez-Villiers. La présentation de la cure appartenait à l'abbé de Septfontaines.

Villiers-lez-Aprey, c^{on} de Longeau. — *Villare*, 1208 (Auberive). — *Villarium*, 1251 (arch. Haute-Marne, G. 593). — *Villiers soubz Aujeurre*, 1456 (arch. Haute-Marne, G. 592). — *Villiers près Aprè*, 1464 (Arch. nat., P. 174³, n° 330 *bis*). — *Villiers lès Aprey*, 1675 (arch. Haute-Marne, G. 85). — *Villiers sous Aujeurre*, 1710 (arch. Haute-Marne, G. 592).

En 1789, Villiers-lez-Aprey dépendait de la province de Champagne, bailliage et élection de Langres. Son église, dédiée à la Nativité de la Sainte-Vierge, était succursale de celle d'Aprey, diocèse et doyenné de Langres.

Villiers-sur-Marne, c^{on} de Doulaincourt. — *Villaris*, *Villaris super Maternam*, *Vilers sus Marne*, fin du xiii° s. (cartul. Saint-Laurent de Joinville, n^{os} L, LXIII, LXXV). — *Villarium super Maternam*, xiv° s. (Longnon, Pouillés, I). — *Villarium super Matronam*, 1436 (Longnon, Pouillés, I). — *Villers sur Morns*, 1443 (Arch. nat., P. 176³, n° 508). — *Villiers sur Marne*, 1444 (arch. Haute-Marne, G. 326). — *Vilarium supra Matronam, gallice Villers sur Marne*, 1586 (Thors).

En 1789, Villiers-sur-Marne dépendait de la province de Champagne, bailliage de Chaumont, prévôté d'Andelot, élection de Chaumont. Son église paroissiale, dédiée à saint Maurice, était du diocèse de Langres, doyenné de Châteauvillain, et auparavant du doyenné de Bar-sur-Aube. La collation de la cure appartenait à l'évêque.

Villiers-sur-Suize, c^{on} d'Arc-en-Barrois. — *Viler*, 1143 (arch. Côte-d'Or, Morment). — *Villers sur Suyze*, 1374 (Auberive). — *Villarium super Suisam*, xiv° s. (Longnon, Pouillés, I). — *Villers sur Suyse*, 1445 (Morment). — *Villiers sur Suize*, 1615 (Recueil Jolibois, VIII, f° 177). — *Villier sur Suize*, 1782 (Pouillé de 1782, p. 126).

En 1789, Villiers-sur-Suize dépendait, en partie, de la province de Bourgogne, bailliage de la Montagne ou de Châtillon-sur-Seine, intendance de Bourgogne, et, pour l'autre partie, de la province de Champagne, bailliage, élection et prévôté de Chaumont. Son église paroissiale, dédiée à saint Remi, était du diocèse de Langres, doyenné d'Is-en-Bassigny. La présentation de la cure appartenait au grand-prieur de Champagne.

Villy (Le), lieu dit, c^{on} de Doulaincourt, section C.

Vinaigrerie (La), écart, c^ne de Joinville, anc. fabrique de noir animal.

Vingeanne (La), rivière, affluent de la Saône, qui prend sa source à Aprey, parcourt les territoires de Baissey, Vesvre, Villegusien, Piépape, Dammarien, Choilley, Dardenay, Cusey, et sort alors du département. — *Fluvius Vincenna*, 902 (Roserot, Dipl. carol., p. 28). — *Viggenna*, 1237 (arch. Aube, Notre-Dame-aux-Nonnains). — *Vingenna*, 1268 (Notre-Dame-aux-Nonnains).

Vingeanne (La), m^on isol., c^ne de Prangey.

Violot, c^on de Longeau. — *Violot*, 1475 (Arch. nat., P. 163^a, n° 1115). — *Vyaulot*, 1508 (Arch. nat., P. 176^i, n° 471). — *Vyollot*, 1539 (Arch. nat., P. 176^a, n° 492). — *Viaulot*, 1679 (Arch. nat., Q^1. 695). — *Viollot*, 1699 (Arch. nat., Q^1. 695).

Violot dépendait, en 1789, de la province de Champagne, bailliage de Chaumont, prévôté de Nogent-le-Roi, élection de Langres. Son église, dédiée à l'Assomption, était succursale de celle de Rivière-le-Bois, diocèse de Langres, doyenné du Moge.

Vireloup, f., c^ne de Saint-Ciergue; anc. village. — *Villelos*, 1223 (chapitre de Langres). — *Villa Lupi*, 1268 (chapitre de Langres). — *Virloup*, 1675 (arch. Haute-Marne, G. 85). — *Virloup*, 1769 (Chalmandrier). — *Vireloup*, 1858 (Jolibois : La Haute-Marne, p. 480 et 556).

Ancienne seigneurie du chapitre de Langres.

Vitrey, lieu dit, c^ne de Baudrecourt, section A. — *Le haut de Vitrey*, xixe s. (cadastre).

Vitry-en-Montagne, c^on d'Auberive. — *Vitrincus*, 1188 (chapitre de Langres). — *Vitrey*, 1345 (Val-des-Écoliers). — *Vitreyum in Monts*, xive s. (Longnon, Pouillés, I). — *Vitreyum*, 1436 (Longnon, Pouillés, I). — *Vitrey en Montaingne*, 1523 (Auberive). — *Vitrey-en-Montaigne*, 1580 (Auberive). — *Vitry-en-Montagne*, 1675 (arch. Haute-Marne, G. 85).

Vitry-en-Montagne a été identifié avec *Vitrincus* dont il est question dans un diplôme de l'empereur Charles-le-Gros, de 885 (Roussel, Dioc. de Langres, p. 238), mais il s'agit ici d'un *mansus* dépendant de Montigny-sur-Aube (Côte-d'Or), comme on peut le voir par le texte que nous avons publié (Dipl. carol., p. 16).

En 1789, Vitry-en-Montagne dépendait, en partie, de la province de Bourgogne, bailliage de la Montagne ou de Châtillon-sur-Seine, et, pour l'autre partie, de la province de Champagne, bailliage et élection de Langres. Son église paroissiale, dédiée à saint Martin, était du diocèse et

du doyenné de Langres et avait pour succursales celles de Bay et de Rouelle. La présentation de la cure appartenait à l'abbé de Saint-Étienne de Dijon, et la seigneurie au chapitre de Langres.

Vitry-lez-Nogent, c^on de Nogent-en-Bassigny. — *Vitreium*, 1224 (Val-des-Écoliers). — *Vitrineum*, *Vitri*, 1249-1252 (Longnon, Rôles). — *Vitry*, 1276-1278 (Longnon, Doc. II, p 163). — *Vitreyum*, xive s. (Longnon, Pouillés, I). — *Vitry en Bassigny*, 1636 (arch. Haute-Marne, fabrique de Vitry). — *Vitrey*, 1700 (Dillon). — *Vitry les Nogent*, 1732 (Pouillé de 1732, p. 126).

En 1789, Vitry-lez-Nogent dépendait de la province de Champagne, bailliage de Chaumont, prévôté de Nogent-le-Roi, élection de Langres. Son église paroissiale, dédiée à saint Vallier, était du diocèse de Langres, doyenné d'Is-en-Bassigny. La présentation de la cure appartenait à l'abbesse de Notre-Dame-aux-Nonnains de Troyes, qui avait succédé aux droits du prieur de Saint-Geômes.

Vivains (Les), f., c^ne de Hortes. — *Vay Bon Tems*, 1769 (Chalmandrier). — *Les Vivains*, xviiie s. (Cassini). — *Vay Bontemps*, xixe s. (carte de l'Intérieur).

Vivey, c^on d'Auberive. — *Ecclesia de Viveriis et de Praalato*, 1169 (chapitre de Langres, et Gall. christ., IV, instr., col. 183). — *Vivex*, 1231 (Auberive). — *Vivés*, 1336 (Arch. nat., JJ, 70, f° 104 r°, n° 235). — *Vivey*, 1572 (Auberive).

En 1789, Vivey dépendait de la province de Champagne, bailliage et élection de Langres. Son église, dédiée à la Nativité de la Sainte-Vierge, était succursale de celle de Praslay, diocèse et doyenné de Langres.

Vivier (Le), faub. de Bourbonne-les-Bains, section F.

Vivier (Le), m^in détr., c^ne de Neuilly-l'Évêque.

Vivier (Le), f., c^ne de Nogent-en-Bassigny. On y a établi une coutellerie. — *Vivarii*, 1249-1252 (Longnon, Rôles, n° 597). — *Moulin du Vivier*, 1769 (Chalmandrier).

Vocqué (Le), f., anc. m^in, c^ne de Villars-Saint-Marcellin, section B. — *Le moulin Vocqué*, 1843 (cadastre). — *Levocquet*, 1858 (Jolibois : La Haute-Marne, p. 552).

Voie-de-Langres (La), lieu dit, c^ne de Frécourt.

Voie-de-Vassy (La), m^on for., c^ne du Pays.

Voie-Nuisant (La), chemin, dans la forêt de Mathons. — *vi^e arpanz de mon grant bois, an ma forst de Maton, dès la voie Nuisant jusques à la Bauloie*, 1268 (Saint-Urbain, charte de Jean de Joinville).

Voillecomte, c^on de Vassy. — *Wadum Comitis*, vers

1201 (Longnon, Doc. I, n° 2674). — *Wé le Conte*, 1276-1278 (Longnon, Doc. II, p. 158). — *Vadum Comitis*, fin du XIII° s. (cartul. Saint-Laurent de Joinville, f° 84 r°, n° LXXXX). — *Wei le Conte*, 1320 (Boulancourt). — *Voillecomte*, 1528 (Boulancourt). — *Voillecomte*, 1576 (Arch. nat., P. 189¹, n° 1585). — *Voilecomte*, 1700 (Dillon). — *Voil Comte*, 1725 (arch. d'Aulnay). — *Voy le Comte*, XVIII° s. (Cassini). — *Voille sur Héronne*, ép. révolut. (Figuère).

En 1789, Voillecomte dépendait de la province de Champagne, bailliage de Chaumont, prévôté de Vassy, élection de Joinville. Son église paroissiale, dédiée à saint Luc, était du diocèse de Châlons-sur-Marne, doyenné de Joinville. La présentation de la cure appartenait à l'abbé de Montier-en-Der.

VOIRE (LA), rivière, affluent de l'Aube. Elle prend sa source à Bailly-aux-Forges, et traverse les territoires de Sommevoire, Thilleux, Montier-en-Der, le hameau des Granges et Puellemontier, et entre alors dans le département de l'Aube. — *Fluvius Vigor*, 662 (cartul. Montier-en-Der, I, f° 1 r°). — *Fluvius Viera*, 832 (cartul. Montier-en-Der, I, f° 12 v°). — *Fluvius Vigera*, 875 (cartul. Montier-en-Der, I, f° 21 r°). — *Veira*, 1172 (Saint-Urbain). — *Veria*, 1184 (la Chapelle-aux-Planches). — *Voire*, 1264 (la Chapelle-aux-Planches). — *La Voyre*, 1602 (Montier-en-Der). — *La Voire*, 1604 (Arch. nat., P. 175², n° 367).

VOISEY, c°° de la Ferté-sur-Amance. — *Vogesus*, 1172 (Recueil Jolibois, XI, f° 252). — *Voysey*, 1176 (arch. Côte-d'Or, la Romagne). — *Voysé*, 1291 (la Romagne). — *Vousey*, 1417 (Vaux-la-Douce). — *Voulsey*, 1448 (la Romagne). — *Voisey*, 1496 (la Romagne). — *Vossy*, 1563 (Vaux-la-Douce). — *Bouzey*, 1700 (Dillon). — *Voizey*, 1770 (arch. Haute-Marne, C. 344).

Voisey, en 1789, dépendait de la Franche-Comté, bailliage de Vesoul, prévôté de Jussey. Son église paroissiale, sous le vocable de Notre-Dame, était du diocèse de Besançon, doyenné de Faverney, et avait pour succursale celle de la Neuvelle-lez-Voisey. La présentation de la cure appartenait aux Jésuites de Dôle, qui avaient succédé aux droits du prieur de Voisey.

Le prieuré-cure de Voisey était de l'ordre de Cluny et dépendait de celui de Saint-Vivant-sous-Vergy.

VOISINE (LA), f., c°° de Frette. — *La Voisine*, 1769 (Chalmandrier). — *Lavoisine*, 1858 (Jolibois: la Haute-Marne, p. 325).

VOISINES, c°° de Langres. — *Ecclesia de Vicinis*, 1170 (chapitre de Langres). — *Vesignes*, 1199 (chapitre de Langres). — *Visignes*, 1215 (Auberive). — *Veisignes*, 1225 (Auberive). — *Vezinnes*, 1258 (chapitre de Langres). — *Vicino in Montania*, 1320 (chapitre de Langres). — *Vicinie*, XIV° s. (Longnon, Pouillés, I). — *Voisignes*, 1436 (Longnon, Pouillés, I). — *Voisines en Montagne*, 1675 (arch. Haute-Marne, G. 85). — *Parochialis ecclesia B. Virginis Natae de Voisinnes*, 1732 (Pouillé de 1732, p. 12).

En 1789, Voisines dépendait de la province de Champagne, bailliage et élection de Langres. Son église paroissiale, dédiée à la Nativité de la Sainte-Vierge, était du diocèse et du doyenné de Langres, et avait pour succursale celle de Courcelles-en-Montagne. La présentation de la cure appartenait au chapitre de Langres, qui avait aussi la seigneurie.

VOIVRE (LA), f. et bois, anc. village, c°° de Pratz. Anc. ch.-l. d'une baronnie qui relevait de Vignory, et se composait d'Argentolle, Bierne, Harricourt et Pratz. — *La Wevre*, 1270 (Thors). — *La tour et fort maison de la Wayvre, ensemble la terre et seignorie d'illac, c'est assavoir les villes de Harricourt, Bierne, Argentoilles et Preelz*, 1447 (Arch. nat., P. 174¹, n° 301). — *La Vauvre*, 1518 (Arch. nat., P. 174², n° 314). — *La Voyvre*, 1626 (Arch. nat., P. 191², n° 1639).

VOXCOURT, c°° du Fays-Billot. — *Voncourt*, 1588 (Arch. nat., P. 176³, n° 501).

En 1789, Voncourt faisait partie de la province de Champagne, bailliage et élection de Langres. Ce village dépendait, comme aujourd'hui, de la paroisse de Savigny, diocèse de Langres, doyenné de Pierrefaite.

Voué, fief, c°° d'Enfonvelle, qui relevait de Coiffy. — *Voüé*, 1734 (Arch. nat., Q¹. 694).

VOUÉCOURT, c°° de Vignory. — *Sancti Hylarii basilica*, 1050-1052 (Arbaumont, Cartul. de Vignory, p. 35). — *Waecourt*, 1181 (Septfontaines). — *Weicuria*, 1225 (arch. Aube, Clairvaux). — *Wehecourt*, 1250 (Clairvaux). — *Voehecort*, 1255 (Clairvaux). — *Vescuria, Vehecort, Wehecort*, 1263 (Clairvaux). — *Vescort*, 1266 (Clairvaux). — *Veicuria*, 1272 (Clairvaux). — *Weecourt*, 1308 (Septfontaines). — *Veecourt*, 1375 (Val-des-Écoliers). — *Voecuria*, XIV° s. (Longnon, Pouillés, I). — *Voudcourt*, 1534 (Val-des-Ecoliers). — *Vouëcourt*, 1649 (Roserot, États généraux). — *Voëcour*, 1732 (Pouillé de 1732, p. 94). — *Voécour*, 1769 (Chalmandrier).

Vouécourt dépendait, en 1789, de la province de Champagne, bailliage, élection et prévôté de Chaumont. Son église paroissiale, dédiée à saint Hilaire, était du diocèse de Langres, doyenné de Chaumont. La présentation de la cure appartenait à l'abbé du Val-des-Écoliers.

Voy (Le), h., c⁰ de Droye. — *Le Void ou Voyeur du Châtel*, 1738 (Vaveray, p. 163). — *Voids ou Voic*, 1784 (Courtalon, III, p. 342). — *Le Voix*, xvɪɪɪᵉ s. (Cassini). — *Le Voy*, xɪxᵉ s. (carte de l'Intérieur). — *Le Voy et la Voie du Châtel*, xɪxᵉ s. (État-major).

Vraincourt, c⁰ⁿ de Vignory. — *Vrincort*, 1169 (la Crête). — *Avrincuria*, 1242 (arch. Aube, Clairvaux). — *Avrincurt*, 1250 (Clairvaux). — *Vrincourt*, 1326 (Longnon, Doc. I, n° 5848). — *Vrincuria*, xɪvᵉ s. (Longnon, Pouillés, I). — *Vérincourt*, 1401 (Arch. nat., P. 189², n° 1588). — *Vraincourt*, 1688 (Arch. nat., Q¹. 693). — *Vrincour*, 1732 (Pouillé de 1732, p. 94). — *Veraincourt*, 1787 (arch. Haute-Marne, C. 262).

Vraincourt dépendait, en 1789, de la province de Champagne, bailliage, élection et prévôté de Chaumont. Son église paroissiale, dédiée à saint Pierre-ès-Liens, était du diocèse de Langres,

doyenné de Chaumont. La présentation de la cure appartenait à l'abbesse de Poulangy.

Vranne, m⁰ⁿ isol., c⁰ⁿ de Mareilles.

Vrigny, lieu dit, c⁰ⁿ de Lecey, section C.

Vroche, m¹ⁿ, c⁰ⁿ de Vieux-Moulin. — *Moulin de Vroche*, 1769 (Cholmandrier).

Vroncourt, c⁰ⁿ de Bourmont. — *Evruncort*, 1163 (la Crête). — *Auvruncort*, 1163 (Morimond). — *Avroncort*, 1173 (la Crête). — *Avroncort*, *Vroncort*, 1240 (Morimond). — *Vroncuria*, 1287 (Morimond). — *Groncuria*, 1402 (Pouillé de Toul). — *Vevroncourt*, 1632 (Morimond). — *Vroncourt*, 1648 (Morimond). — *Vroncourt en Bassigny*, 1779 (Durival, III, p. 447).

En 1789, Vroncourt faisait partie du Barrois, bailliage de la Marche, intendance de Lorraine et Barrois. Son église paroissiale, dédiée à saint Médard, était du diocèse de Toul, doyenné de Bourmont. La présentation de la cure appartenait à l'abbé de Morimond.

Vuide-Grange, lieu dit, c⁰ⁿ d'Autreville, section A.

Vuide-Grange, lieu dit, c⁰ⁿ de Blessonville, section A.

Vultu (Le), fourneau et m¹ⁿ détr., c⁰ⁿ d'Orquevaux. — *Le molin appellé le Vultu*, 1515 (Arch. nat., P. 176², n° 486). — *Le moulin appellé Vultu*, 1773 (arch. Haute-Marne, C. 262).

X

Xains (Les), f., c⁰ⁿ de Lanty. — *Exins*, 1769 (Chalmandrier). — *Les Xains*, 1858 (Dict. des postes de la Haute-Marne). — *Leins*, 1858 (Jolibois : La Haute-Marne, p. 318). — *Xeins*, 1885 (carte de l'Intérieur). — *Les Nains*, 1889 (ann. Haute-Marne).

Z

Zigny, lieu dit, c⁰ⁿ de Rolampont, section D. — *Côte de Zigny*, 1836 (cadastre).

SUPPLÉMENT.

Une bulle d'Innocent II, du 23 novembre 1131, donnée en faveur de l'abbaye de Saint-Urbain, publiée par Pflugk-Harttung, dans ses *Acta pontificum romanorum inedita* (I, p. 143, n° 165), et le texte du Pouillé du diocèse de Châlons-sur-Marne, de 1405, publié par M. Grignon, fournissent les formes de nom ci-après, qui n'ont pas été relevées ci-dessus :

BETTANCOURT-LA-FERRÉE. — *Bethancourt*, 1405.
BETTONCOURT. — *Bertonis curtis*, 1131.
BLÉCOURT. — *Bleheri curtis*, 1131.

CHAMOUILLEY. — *Camilliacus*, 1131. — *Chamouilleyum*, 1405.
CHATONRUPT. — *Catulius Rivus*, 1405.
CHEVILLON. — *Chevillonum*, 1405.

ÉCLARON. — *Esclaronnum*, 1405.

ÉPINEUSEVAL. — *Spinosa vallis*, 1405.
EURVILLE. — *Urvilla*, 1405.

HUMBÉCOURT. — *Humbertis curia*, 1405.

MAGNEUX. — *Magnulis*, 1405.
MOËSLAIN. — *Mardulanum*, 1405.

NOMÉCOURT. — *Normaricurtis*, *Normericurtis*, 1131. — *Nomecuria*, 1405.

Page 22, ajoutez que « BOURBONNE-LES-BAINS s'est appelé *Buge-les-Bains* à l'époque révolutionnaire » (Arch. nat., F² I, 503, registre imprimé).

À l'article d'ÉCLARON, ajoutez : « La cure était à la présentation de l'abbé de Saint-Pierre-au-Mont, de Châlons, d'après le Pouillé de 1405. »

Page 65, 2° col., ajoutez : « ÉTAUX (LES), lieu détruit, près du Val-des-Écoliers, commune de Verbiesle. — *Estaus*, 1267 » (Longnon, Doc. I, 481ᵇ). — « *Esteaulx*, 1271 » (*ibidem*, 482ᵃ).

Ajoutez à l'article de LANGRES : « Paroisse de Sainte-Madeleine, du XII° siècle jusqu'au XVI° environ, établie en l'église du prieuré de Saint-Didier » (Roussel, Diocèse de Langres, II, p. 322).

D'après M. Grignon (*op. cit.*, n° 370), le prieuré de NOTRE-DAME-DES-ERMITES, commune de Vassy, dont la fondation remonterait à 1216, aurait été appelé : *Prieuré de frère Drocon*, en 1516; *prieuré des Hermites*, en 1641; *prieuré de Saint-Éloy ou les Hermites*, en 1681.

Page 136, article de POISSONS, et page 150, article de SAILLY : « Sailly paraît avoir remplacé Poissons, comme chef-lieu de canton, de 1801 à 1825 » (*Bulletin des lois*, série III, bulletin 144, n° 1106, arrêté du 17 brumaire an X. — *Ibidem*, série VIII, tome III, p. 224, ordonnance du 6 septembre 1825).

TABLE DES FORMES ANCIENNES.

A

Angeville. *Ageville.*
Abondance. *Corneloy.*
Abonlieu. *Ambonlieu.*
Abtinens. *Essey-les-Eaux.*
Accinet. *Château-de-l'Accinet.*
Acé. Aceium. *Essey.*
Achimont. *Arcimont, Épine d'Achimont.*
Acquenove. *Aquenove.*
Acrimons. Acris Mons. *Ligremont.*
Artancourt. *Attancourt.*
Acutus Mons. *Pimout.*
Adelinum. *Audilly.*
Adelini curtis. *Audeloncourt.*
Aderen. *Renne.*
Aeissey. Aessey. *Essey.*
Aezanvilla. *Aizanville.*
Affonivilla. *Enfonvelle.*
Ages-aux-Moines. *Auges.*
Agevile, Agovilla. *Ageville.*
Agisisvilla. *Augeville.*
Agnetum. *Aulnoy.*
Agneville. *Annéville.*
Agniet. *Aignet.*
Aguinifons. *Leffonds (?).*
Agnivilla. *Annéville.*
Agnoy. *Aulnoy.*
Agyorria. *Aujeurre.*
Aigevilla, Aigeville. *Ageville.*
Aillainville, Aillanville. *Aillianville.*
Aillancourt. *Daillancourt.*
Ailleau. Aillot. *Aillaux.*
Aimbodis villa. *Ambonville.*
Aine. *Laine.*
Aingolincourt. *Aingoulaincourt.*

Aingoulaincour, Aingoulaincuria, Aingoulincourt. *Aingoulaincourt.*
Ainsanvilla, Ainsenvilla. *Aizanville.*
Aisanville, Aisenvile, Aisenville. *Aizanville.*
Aiseyum, Aissei, Aissey, Aissi, Aissie, Aissy. *Essey.*
Aixeium. *Essey.*
Ajevilla, Ajeville. *Ageville.*
Alafroy. *Allofroy.*
Alainvilla. *Aillianville.*
Alba, Albe. *Aube.*
Alba Petra. *Aubepierre.*
Alba Ripa. *Auberive.*
Alba Villa. *Blancheville.*
Albegueium, Albigué, Albiniacensis. *Aubigny.*
Alboth, Albotum, Albout. *Arbot.*
Alcemont. *Arcemont.*
Alfray. *Allofroy.*
Algerre. *Aujeurre.*
Algisi Villa. *Augeville.*
Algyorre. *Aujeurre.*
Alichamp, Alichant. *Allichamp.*
Alineiscurtis, Alimaencurtis. *Halliguicourt.*
Alismantia. *Haut-Manson.*
Aljotrum. *Aujeurre.*
Allanville. *Aillianville.*
Allenville. *Aillianville.*
Allevecort, Alleveicort, Allevelcort, Allevelcourt, Allevercourt. *Lecucourt.*
Allianville. *Aillianville.*
Almantia. *Haut-Mansou.*
Alnetum, Alnoy. *Aulnoy.*
Alta Villa. *Hauteville.*
Altera Villa. *Autreville.*
Altiniacus. *Autigny-le-Grand.*

Altrivilla. *Autreville.*
Alun. *Côtes d'Alun.*
Amancia, Amantia. *Amance.*
Ambonis Villa. *Ambonville.*
Ambonvilla, Ambovilla, Ambunvilla. *Ambonville.*
Amfonvelle. *Enfonvelle.*
Amfreville. *Brousseval.*
Amoreis, Amorria. *Amorey.*
Amphonis Villa, Amphonville. *Enfonvelle.*
Andelancuria. *Andeloncourt.*
Andelao, Andelaudum, Andelaum, Andelaus. *Andelot.*
Andelencourt. *Andeloncourt.*
Andelesensis. *Andilly.*
Andelley. *And'lly.*
Andelo, Andelou. *Andelot.*
Andemantuunum. *Langres.*
Andesina. *Bourbonne.*
Andilleium, Andilley. *Andilly.*
Ανδοματουννον, Ανδοματουννον. *Langres.*
Audousoir. *Andouzoir.*
Andylleium. *Andilly.*
Anffonvelle, Anffonville, Anfonisvilla, Anfonvelle, Anfonville, Anfonvilla, Anfonville, Anfunvile. *Enfonvelle.*
Angelica Villa. *Augeville.*
Angeville. *Ageville.*
Anglecuria, Anglicuria, *Villeneuve-en-Angoulancourt.*
Anglu, Anglucium, Anglux, Angluz. *Anglus.*
Angolancuria. *Villeneuve-en-Angoulancourt.*
Angolencort, Angolencourt. *Angoulancourt.*
Angolevant. *Angoulevent.*

Angoulaincourt. *Angoulaincourt.*
Angoulancort. *Angoulancourt, Ville-neuve-en-Angoulancourt.*
Angoulevant. *Angoulevent.*
Anguelancuria. *Villeneuve-en-Angoulancourt.*
Angulaventum. *Angoulevant.*
Angulencurt. *Aingoulaincourt.*
Anjeurre. *Aujeurre.*
Annéeuville, Annéeville. *Annéville.*
Annetum. *Aulnoy.*
Annunvilla, Anonvilla, Anonville. *Annonville.*
Anrosé, Anrousei, Anrozay, Anrozey. *Anrosey.*
Antuncort. *Attancourt.*
Anunville. *Annonville.*
Apence. *Apance.*
Appreium. *Aprey.*
Appremont. *Apremont.*
Apreium, Apreyum. *Aprey.*
Aquoz. *Écot.*
Araeles, Araellac. *Érelles.*
Arbaigney, Arbigney, Arbigneyum. *Arbigny-sous-Varennes.*
Arbotum, Arbou, Arbout. *Arbot.*
Arcfractum, Arcfraict. *Allofroy.*
Archauds, Archaux. *Archots.*
Archémont. *Arcimont.*
Archus. *Arc-en-Barrois.*
Arcfofraict. *Allofroy.*
Arcq. *Arc-en-Barrois.*
Arc-sur-Aujon. *Arc-en-Barrois.*
Arcus, Arcus Barrensis. *Arc-en-Barrois.*
Arcus sub Toron. *Auberive.*
Areeles, Areellix, Areillis, Arelles, Areolae. *Érelles.*
Argenteres. *Argentières.*
Argentoilles, Argentol, Argentolle. *Argentolles.*
Arisoles, Arisolae, Arizoles. *Ériseul.*
Arles. *Croix-d'Arles.*
Arlofraix. *Allofroy.*
Arlyvecort. *Loudcourt.*
Armendi Domus. *La Harmand.*
Armévilliers. *Harméville.*
Arnés. *Vernées.*
Arnencort, Arnencourt. *Arnancourt.*
Arnepont. *Rennepont.*
Arnoncort, Arnoncour. *Arnoncourt.*
Arnulfi curia, Arnulphi curia. *Arnancourt.*
Arnuncourt. *Arnancourt.*
Aromagnil, Aromagny. *Haromagny.*
Arrenepons, Arrenepont. *Rennepont.*
Arstoron. *Auberive.*
Arvisenaie. *Grosse-Saule.*

Aschalevranes, Ascharlevranes. *Chalvraines.*
Asmantia. *Amance.*
Asnonvilla, Asnunvilla. *Annonville.*
Asnunx. *Esnoms.*
Aspré, Aspry. *Aprey.*
Assenvilla. *Aizanville.*
Assey, Asseyum, Assi. *Essey.*
Assonvilla. *Aizanville.*
Assy. *Essey.*
Atancourt, Atencourt, Attoncort. *Attancourt.*
Attée. *Hastel.*
Aubaigney. *Arbigny-sous-Varennes.*
Aubeigney. *Aubigny.*
Auberive. *Petite-Auberive.*
Auberrive. *Auberive.*
Aubeville. *Blancheville.*
Aubigneium, Aubigneyum. *Arbigny-sous-Varennes, Aubigny.*
Audelancourt, Audelloncourt, Audeloncour. *Audeloncourt.*
Auffrécourt. *Offrécourt.*
Augerra, Augerre. *Aujeurre.*
Auges. *Ages.*
Auges-aux-Moines. *Anges.*
Augeurre. *Aujeurre.*
Augion. *Aujon.*
Augnetum, Augnotum, Augnoy. *Aulnoy.*
Aujeur, Aujeure, Aujeurre, Aujeurres, Aujolria, Aujorra, Aujorria. *Aujeurre.*
Aujun. *Aujon.*
Aulbe. *Aube.*
Aulbepierre. *Aubepierre.*
Aulberive. *Auberive.*
Aulbiguy. *Aubigny.*
Auljeurre. *Aujeurre.*
Aultigny. *Autigny.*
Aultigny l'Abbey. *Autigny-le-Grand.*
Aultreville. *Autreville.*
Aumentia. *Amance.*
Aunetum. *Aulnoy.*
Aunoi, Aunoy. *Aulnoy.*
Auricurtis. *Hoéricourt.*
Aurillac. *Château-d'Aurillac.*
Aussoye. *Val-d'Orsoy.*
Autarii Villa, Autari Villa. *Eurville.*
Autencort. *Attancourt.*
Autignei, Autigney, Autigneyum. *Autigny.*
Autigny l'Abbé. *Autigny-le-Grand.*
Autreville-le-Prévoire. *Autreville.*
Auvrincort. *Avrecourt.*
Auvruncort. *Vroncourt.*
Avranville. *Avrainville.*
Avrecort. *Avrecourt.*

Avroinville. *Avrainville.*
Avricort, Avricuria. *Avrecourt.*
Avrincuria, Avrincurt. *Vraincourt.*
Avroncort, Awroncort. *Vroncourt.*
Axcium. *Essey.*
Aygevilla, Aygeville. *Ageville.*
Aygremont, Aygremunt. *Aigremont.*
Aysanville, Aysenville. *Aizanville.*
Ayssay, Aysseium, Ayssey, Aysseyum, Ayxeium. *Essey.*

B

Baaune. *Banne.*
Baiart. *Bayard.*
Baie. *Bay.*
Baigneux. *Bagneux.*
Bailley. *Bailly.*
Baioncourt. *Baillancourt.*
Baissé, Baisseyum. *Baissey.*
Baissy. *Baissey.*
Baix, Baiz. *Bay.*
Balame. *Balesme.*
Baldrevallis. *Boudrival.*
Baldulfi curtis. *Baudrecourt.*
Balema, Baleme. *Balesme.*
Balismus. *Balesme.*
Baloisme. *Balesme.*
Banet-Saint-Maurice. *Saint-Maurice-des-Prés.*
Banna. *Banne.*
Barbottes. *Babottes.*
Bares. *Barres.*
Barrimons. *Barémont.*
Barrinsis. *Barrois.*
Barroix, Barroys. *Barrois.*
Basciaco Villa. *Baissey.*
Basiacus. *Baissey.*
Basigné. *Bassigny.*
Basonis curtis. *Bassoncourt.*
Bas-Prés, Basprey, Bas-Prez. *Baspré.*
Bassé. *Baissey.*
Basseigni, Basseigny. *Bassigny.*
Bassigné, Bassignei, Bassigneium. *Bassignie. Bassigny.*
Bassiniacus. *Bassigny.*
Bassum Pratum. *Baspré.*
Bas-Verseilles. *Verseilles-le-Bas.*
Battans. *Battants.*
Battant. *Martinet.*
Baubiac. *Rosières.*
Bauchemin. *Beauchemin.*
Baudereis. *Baudray.*
Baudrés, Baudrot, Baudroz. *Baudray.*
Baudricourt. *Baudrecourt.*
Baujoint. *Beaujuan.*
Baudrecourt. *Baudrecourt.*

Baute Fontaine. Bauly Fontaine. *Bois-Fontaine.*
Baulieu. *Beaulieu.*
Bayancourt. *Baillancourt.*
Bayart-sour-Marne. *Bayard.*
Baye. *Bay.*
Bayoncourt. *Baillancourt.*
Bayssé. *Buissey.*
Bayz. *Bay.*
Bealus. *Beaulieu.*
Beata... *Sainte...*
Beata Maria, Beata Virgo. *Notre-Dame.*
Beatus... *Saint-....*
Beaufaes. *Belfays.*
Beaujouan. *Beaujuan.*
Beaume. *Baume.*
Beauveau. *Beaucau.*
Bécarde. *Bénarde.*
Béfail, Béfay. *Belfays.*
Beisseneig. *Bass'gny.*
Bek. *Abbaye de Bec.*
Bel Chalmei. *Beaucharmoy.*
Belcharmoy. *Beaucharmoy.*
Belchemin. *Beauchemin.*
Belesme. *Balesme.*
Belfail, Bel Fail, Belfayl. *Belfays.*
Belfoy. *Belfays.*
Belfont. *Belfond.*
Belifay. *Blinfey.*
Belismus. *Balesme.*
Belle Fay. *Belfeys.*
Bel Leu. *Beaulieu.*
Bellus Cheminus, Bellus Chiminus. *Beauchemin.*
Bellus Faillius. Bellus Faillus. *Belfays.*
Bellus Locus. *Beaulieu.*
Bellus Mons. *Belmont.*
Bellyfay. *Blinfey.*
Belmont-les-Dames, Belmont-les-Nonains. *Belmont.*
Belotte. *Blotte.*
Bel Regard. *Beauregard.*
Bel Resgart. *Beauregard.*
Belveoir. *Beauvoir.*
Belvoirs. *Belle Vue.*
Belvoye. *Belvoir.*
Bémond. *Belmont.*
Benedicta Vallis. *Benoitevaux.*
Bénite. *Béni.*
Benoistevaux. *Benoitevaux.*
Benoit de Vaux. *Benoitevaux.*
Benoitevals, Benoitevauls. *Benoitevaux.*
Benotte (La). *Bruotte.*
Beraucort, Beraudi curtis. *Braucourt.*
Berceaux. *Bersot.*

Bereug, Berenz. *Saint-Broingt.*
Bergerie (l.a.) *Bergères.*
Berlancort, Berlancorth, Berlancurt, Berleincurt. *Boulancourt.*
Beroncourt. *Broncourt.*
Bersiniaca curtis. *Saint-Blin.*
Berthenay. *Bretenay.*
Bertineaca curtis, Bertinensa curtis. Bertiniaca curtis. *Saint-Blin.*
Bertonis curtis. *Bettoncourt.*
Bertunni curia. *Bettoncourt.*
Bertzillières. *Berzillières.*
Beruncort, Beruncourt. *Broncourt.*
Bessei. *Baissey.*
Besseveaux. *Besseveaux.*
Bessey, Besseyum, Bessi. *Baissey.*
Besvaux, Besveaux. *Bécaux.*
Besvois. *Belvoir.*
Bétaincourt, Betaincort, Beteincort. *Bettaincourt.*
Bethancourt, Bethencourt-la-Ferrée. *Bettancourt la Ferrée.*
Béthoncourt. *Bettoncourt.*
Bethzéda. *Belcéda.*
Bétincour. *Bettaincourt.*
Betincas. *Bretenay.*
Betoncort, Betoncourt, Betoncuria. Bettencourt. *Bettancourt-la-Ferrée, Bettoncourt.*
Betuncort, Betuncuria. *Bettancourt-la-Ferrée, Bettoncourt.*
Betuncurt. *Bettancourt-la-Ferrée.*
Beullion, Beullon. *Beuillon.*
Beureville, Beurreville. *Beurville.*
Beutenchasse. *Boute-en-Chasse.*
Béveaux. *Bévaux.*
Bevennes. *Brevennes.*
Bévoie. *Beauvoir.*
Bevraine. Bevrenna, Bevreunae, Bevronnes, Bevroine, Bevrona. *Brevannes.*
Bevrona, Bevrones, Bevronia. Bevroniae. *Brevoine.*
Bevronnes. *Brevannes.*
Biauchemin. *Beauchemin.*
Biaufay-sous-Montigny, Biaul Fay. *Belfays.*
Biaulmont. *Belmont.*
Biau Luef, Biau Lui. *Beaulieu.*
Bicolia. *Morvaux.*
Bielle, Bielles. *Bicsle.*
Bienvilla. *Bienville.*
Biffay, *Blinfey.*
Bile. *Biesle.*
Billa. Bille. *Biesle.*
Billeury, Billeurry. Billorry. *Billory.*
Bise, Bizes. *Bize.*

Bise Lassaut, Biso l'Assaut. Bisselassaux. *Bise Lassaux.*
Biset. *Bizet.*
Biunvilla. *Bienville.*
Bize l'Assaut. Bize l'Assaut. *Bise Lassaux.*
Blaincheville. *Blancheville.*
Blaise-le-Châtel. *Blaize.*
Blaisy. *Blaisois.*
Blaize, Blaize-le-Châtel. *Blaise.*
Blaizy. *Blaisy.*
Blanca Villa. *Blancheville.*
Blanchard. *Moulin-Blanchard.*
Blanchisserie, *Blancherie.*
Bleceumvilla, Bleconvilla. Blecconville, Blecunvilla. *Blessonville.*
Bleecourt, Bleheri curtis. *Bléc urt.*
Blemerées, Blemereis. Blemerés, Blemerez, Blemeries. *Blumerey.*
Blesa. *Blaise.*
Blesacus. *Blaisy.*
Blesensis. *Blaisois.*
Bleseron, Bleserun. *Blaisois.*
Blesia. *Blaise.*
Blesiacum, Blesilli. *Blaisy.*
Blesironis fluvius. *Bliseron.*
Blésis. *Blaisy.*
Blésois. *Blaisois.*
Bleson Wei, Blessonvilla. *Blessonville.*
Blessy, Blésy, Blézy. *Blaisois, Blaisy.*
Blifay, Blifayl. *Blinfey.*
Bliserou. *Blaiseron.*
Bloise, Bloisse, Bloize, Blose, Bloyse. *Blaise.*
Blumeray, Blumeré, Blumerées, Blumerez. *Blumerey.*
Boc Marchis. *Bonmarchais.*
Boicheule, Boicholle. *Boichaule.*
Boin Marchis. *Bonmarchais.*
Bois. *Petit-Bois.*
Bois de Chanoy. *Bas de Chanoy.*
Bois des Fosses. *Charbonnière.*
Bois des Nonnes. *Saint-Lambert.*
Boisson. *Buisson.*
Boiuncort. *Baillancourt.*
Boize. *Boise.*
Bollaincort, Bolleincort, Bollencort. *Boulancourt.*
Bollainvax, Bollayuvaus, Bollenvaus, Bolleyvaus. *Boulainvaux.*
Bolmont, Bolmunt. *Bourmont.*
Boloigne, Bolongne. *Bologne.*
Bolonia. *Bologne, Bolonois.*
Boloniensis. *Bolono's.*
Bomarchis. *Bonmarchais.*
Bona curia. *Bonnecourt.*
Bona Vallis. *Bonnecourt.*

Bondelet. *Rondelet.*
Bonecort, Bonecourt. *Bonnecourt.*
Bone Encontre, Bon Encontre. *Bonne Encontre.*
Bonet, Boney. *Bonay.*
Bonevaux. *Bonnevaux.*
Boni Homines. *Bons Hommes.*
Bonlieu. *Ambonlieu.*
Bonmarchis. *Bonmarchais.*
Bonne Ancontre. *Bonne Encontre.*
Bonnecour. *Bonnecourt.*
Bonneval, Bonnevaulx. *Bonnevaux.*
Bonney. *Bonay.*
Bononiensis. *Bolonois.*
Bonus Marchisius, Bonus Marchius. *Bonmarchais.*
Borbona. Borbonia, Borbone, Borbonne. *Bourbonne.*
Bordes. *Borde.*
Bordo, Bordons. Borduns. *Bourdons.*
Borgères, Borgières. *Bergères.*
Borimons, Bornions, Bormont, Bormunt. *Bourmont.*
Bornelle. *Bonnelle.*
Bornéo. *Bernehaut.*
Borrevilla. *Beurville.*
Borvo. *Bourbonne.*
Bosancort, Bosancourt, Bosaucuria. *Bouzancourt.*
Boschon. *Buisson.*
Boscus Sancti Lupi. *Saint-Loup.*
Bosencurt, Bosoncuria, Bosonis curtis. *Bouzancourt.*
Bosevalle. *Brousseval.*
Bossères. *Buxières.*
Botenchasse. *Boute-en-Chasse.*
Boucheraulmont, Boucheromont. *Boucheraumont.*
Boudrecaria, Boudrecourt, Boudricoort, Boudricourt, Boudrieurt. *Baudrecourt.*
Boudrivaulx, Boudryval, Boudryvault. *Boudricol.*
Bougey. *Bugey.*
Bouilleveau. *Bouillevaux.*
Bouillon. *Bouillon.*
Bouisson. *Buisson.*
Boulaincourt. *Boulancourt.*
Boulaye. *Bouloye.*
Boulimpont. *Boulinpont.*
Boullancourt. *Boulancourt.*
Boullerot. *Boulerot.*
Boullevaulx, Boullevaux. *Bouillevaux.*
Boullois. *Bouloye.*
Boulogne, Bouloigne, Bouloine, Bouloingne, Boulongne. *Bologne.*
Boure. *Bourg.*
Bourcevaux. *Bessevaux.*

Bourdon. *Bourdons.*
Bourg-Marie. *Bourg-Sainte-Marie.*
Bourlaincourt. *Boulancourt.*
Bournelle. *Bonnelle.*
Bournot. *Moulin-Bournot.*
Bourseney. *Étang.*
Bourseval. *Bourseval.*
Bousancourt, Bousencourt. *Bouzancourt.*
Bout-en-Chasse. *Boute Enchasse. Boute-en-Chasse.*
Bouvrainnes, Bouvranes, Bouvrannes. *Brevannes.*
Bouzaincourt, Bouzancourt. *Bouzancourt.*
Bouzey. *Voisey.*
Boverannes, Boverennes. *Boverounnes. Brevannes.*
Bovrennes. *Brevannes, Brevoine.*
Bovroinnes. *Brevannes.*
Bovronia. *Brevoine.*
Bovruennes. *Brevannes.*
Boys Madame. *Bois-Madame.*
Braché, Brachei, Bracheium, Brachey, Brachi, Brachay.
Brachoni cortis, Braconcortis, Braconcurt. *Bracancourt.*
Bracquencourt. *Bracancourt.*
Brainvilla. *Brainville.*
Brana. *Brenne.*
Brancherie. *Blancherie.*
Brante villare. *Brainville.*
Braom, Braos, Braoulx, Braous, Braoux, Braox. *Braux.*
Braulcourt. *Braucourt.*
Braulx, Braus. *Braux.*
Bravilla. *Brainville.*
Breaux. *Braux.*
Brecon, Brecons. *Bricon.*
Breconcourt. *Bressoncourt.*
Breeuly. *Breuly.*
Bregna, Brenne.
Bregtenaium. *Bretenay.*
Breil. *Breuil.*
Bremcourt. *Braucourt.*
Brena, Brenna. *Brenne.*
Brenelle, Brenet. *Brenel.*
Brenville. *Brainville.*
Brosencurtis. *Bressoncourt.* (Gall. christ., XIII, col. 1091, E.)
Brassassu. *Bois-Lassus.*
Bretae. *Brottes.*
Bretenai, Bretenaium, Breteniacum, Bretennai, Bretennaium. *Bretenay.*
Bretes. *Brottes.*
Brethenai, Brethenay. *Bretenay.*
Breul. *Breuil.*

Breuvilla. *Beurville.*
Breuyl. *Breuil.*
Brevanne. *Brevannes.*
Brevoinae, Brevoinne, Brevoinnes. *Brevoine.*
Broz. *Saint-Brice.*
Briccionis curtis. *Bracancourt.*
Brie. *Briey.*
Briencort, Briencortis. *Briaucourt.*
Brillol Rivus. *B'llory.*
Briocort, Briocourt, Briocuria, Brioeurt. *Briaucourt.*
Brioncuria, Brioncourt. *Briaucourt.*
Brittiniaca curtis. *Saint-Blin.*
Broil. *Breuil.*
Broingt-les-Fosses (ép. révolut.). *Saint-Broingt-les-Fosses.*
Broseval, Brosevalle, Brosevallis, Brossaival. *Brousseval.*
Brotae, Brotereium, Brotes. *Brottes.*
Brothières. *Broutières.*
Brotte. *Brottes.*
Brouseval. *Brousseval.*
Broussottes. *Brossottes.*
Brouthières, Broutière. *Broutières.*
Brouvennes, Brovennes. *Brevannes.*
Brouzeval. *Brousseval.*
Brueil, Bruel. *Breuil.*
Bruolteurt. *Briaucourt.*
Bruslie. *Breuly.*
Bruzeval. *Brousseval.*
Bryet. *Briey.*
Buay. *Buez.*
Buché, Bucheium, Bucher, Bucherum, Buchié, Buchier, Buchiers. *Buchey.*
Buerville. *Beurville.*
Buey. *Buez.*
Buge-les-Bains. *Bourbonne-les-Bains.*
Bugé, Bugeium, Bugi, Bugié. *Bugey.*
Buguère. *Bugnières.*
Buienvilla, Buinivilla. *Bienville.*
Buignemont. *Bugnémont.*
Buischer. *Buchey.*
Buissières. *Buxières.*
Buisson. *Busson.*
Buixières. *Buxières.*
Bunière. *Bugnières.*
Burbona. *Bourbonne.*
Burdo. *Bourdons.*
Burevilla. *Beurville.*
Burgères, Burgeriae. *Bergères.*
Burgo, Burgum, Burgus. *Bourg.*
Burivilla. *Beurville.*
Burlencuria. *Boulancourt.*
Burnelle. *Bonnelle.*

Burrevilla, Burreville. Burre Vile. Burrivilla, Burriville. *Beurville.*

Burxeriae. *Buxières.*

Busché. Buscheium, Buscher. *Buchey.*

Buseuière. *Businière.*

Buseres. Buseriae. *Buxières.*

Businiaca cortis. *Bannoucourt.*

Busnemont. *Bugnémont.*

Bussères. Bussière, Bussières. *Buxières.*

Buverie. *Bouverie.*

Buvroniae. *Brecoine.*

Buxeires. Buxeros, Buxeriae. Buxierre. Buxierces. *Buxières.*

Buxidis, Buxidus. *Bussy.*

Buzemont. *Auivement.*

Byenville. *Bienville.*

C

Cacquerey. *Grande Grange.*

Calet. *Callet.*

Calidus Furnus. *Chauffour.*

Calidus Mons. *Chaumont.*

Callidus Furnus. *Chauffour.*

Calo. *Collot.*

Calvaire. *Cona.*

Calvus Mons. *Chaumondel, Chaumont.*

Cambonville. *Amboncille.*

Camericurtis. *Chambroncourt.*

Camilliacus. *Chamouilley.*

Campagneium, Campaniacum. *Champigny.*

Campeneules. *Champigneulles.*

Campi Curia. *Champcourt.*

Campus Bellus. *Chambeau.*

Campus Girbondi. *Champ-Gerbeau.*

Campus Rotardi. *Champ-Rotard.*

Canal. *Canard.*

Cancervina. *Champsevraine.*

Canta Rana. *Chantraine.*

Cantus Merule. *Chantemerle.*

Capella, Capella ad Plancas. *Chapelle-aux-Planches.*

Capella au Blesy. *Chapelle-en-Blésy.*

Capellania. *Chapelle.*

Capitaine. *Grange-au-Capitaine.*

Carbetot, Carbolot. *Carbelot.*

Carma, Carmae. *Charmes.*

Carmetum. *Charmoy.*

Cartelx. *Quartiers.*

Cassania. *Chassagne.*

Casseolum. *Choiseul.*

Castelleneit, Castellenet, Castellenot, Castellionculum, Castellionetum,

Castelliunculum, Castoytlenoth. *Châtoillenot.*

Castrum Villani, Castrum Villanum. *Châteauvillain.*

Catenniacum. *Châtenay.*

Catonis Rivus, Cartulius Rivus. *Chatonrupt.*

Caufrupt. *Corrupt.*

Causeolum. *Choiseul.*

Cavogne. *Chavanay.*

Cavillon. *Cherillon.*

Ceffond, Ceffons. *Ceffonds.*

Celle, Celles-lès-Andilly. *Celles.*

Cellosoy. *Celsoy.*

Cense (La). *Breuly.*

Censes de Morimond. *Quatre Censes.*

Centeneges, Centenoiges. *Centhenoiges. Santenoge.*

Cercueil. *Serqueux.*

Cerois, Cereix, Cereiz. *Cirey.*

Ceresius. *Cirey, Silvarouvre.*

Cerex, Cereys. *Cirey.*

Ceris. *Cirey.*

Cerisères. *Cerisières.*

Cerix. *Cirey.*

Cerizières. *Cerisières.*

Cerqueux. *Serqueux.*

Cersai. *Celsoy.*

Cersois. *Sassa.*

Cervelex. *Chevroley.*

Cervercex. *Chevochey.*

César. Camp-de-César, Levée de César. *Cessefonteinnes. Sexfontaine.*

Ceurroy. *Courroy.*

Cezemont. *Sazémont.*

Chaasnels, Chaasnelz. *Échenay.*

Chaiseis. *Chézoy.*

Chaissené. *Chassigny.*

Chalaindrey. *Chalindrey.*

Chalancé, Chalanceium, Chalanceyum. *Chalancey.*

Chalandreium. *Chalindrey.*

Chalencey. *Chalancey.*

Chalendreium, Chalendré, Chalendrey. *Chalindrey.*

Chalevraigne, Chalevraine, Chalevrainne. *Chalvraines.*

Chalfurnus. *Chauffour.*

Chalindreium, Challandreyum. *Chalindrey.*

Challemessain. *Chalmessin.*

Challevraine. *Chalvraines.*

Challindrey. *Chalindrey.*

Challot. *Charlot.*

Chalma Grandi. *Charmes-la-Grande.*

Chalma, in Angulo. *Charmes-en-l'Angle.*

Chalmae. *Charmes.*

Chalmei. *Charmoy.*

Chalmesain. *Chalmessin.*

Chalmoth. *Charmois.*

Chalmunt. *Chaumont.*

Chalvrainnes, Chalvrenne. *Chalvraines.*

Chalvus Mons. *Chaumont.*

Chamant. *Chameau.*

Chamaraudae, Chamarande, Chamerandes, Chamerandiae, Chamerendae, Chamerendes. *Chamarandes.*

Chamberancuria. *Chambroncourt.*

Chambœuf. *Chemin-Bœuf.*

Chambroncuria. *Chambroncourt.*

Chamcort. *Champcourt.*

Chameilley. *Chamouilley.*

Chameretum. *Chameroy.*

Chamerois. *Chameroy.*

Changiacum. *Changey.*

Chamilley, Chamouileium, Chamoillé, Chamoillei, Chamoilleium, Chamoilli, Chamoleium, Chamouilleyum. *Chamouilley.*

Chamondel. *Chaumondel.*

Chamont. *Chaumont.*

Chamoulley, Chamoully, Chamoylleium. *Chamouilley.*

Champaigney, Champaigneyum. *Champaigny. Champigny.*

Champeenai. *Chanceney.*

Champ du Malheur. *Champ Malheur.*

Champcour. *Champcourt.*

Champegneyum. *Champigny.*

Champegneules, Champegneulle. *Champigneulles.*

Champégny. *Champigny.*

Champeignac. *Champoignat.*

Champeigné. *Champigny.*

Champeigneules. *Champigneulles.*

Champeigney, Champeignoie, Champeigny. *Champigny.*

Champgerbault, Champgerbaut, Champ Gerbiau, Champ Gerbou. *Champ-Gerbeau.*

Champignat. *Champoignat.*

Champigneuille. *Champigneulles.*

Champigneyum, Champigni. *Champigny.*

Champignoliae, Champineulles, Champinoulles. *Champigneulles.*

Champ l'Ecuier. *Abbaye de Hec.*

Champ Sevronne. *Champsevraine.*

Chancenai. *Chancenay.*

Chan Cevreine. *Champsevraine.*

Chancort, Chancourt. *Champcourt.*

Chanels. Chanets, Chanetz (Les). *É-bénay.*

Changé, Changeium, Changeyum, Changex, Changey, Changi. *Chaugey.*

Chânois. *Chênois.*

Chanoy. *Bois du Chanoy, Chanois.*

Chansennai, Chanssenay. *Chanenay.*

Chanteraine, Chante Rainne, Chanteraingne, Chantereyna, Chantraines, Chantreine. *Chantraine.*

Chapeau. *Chapot.*

Chapele as Planches. *Chapelle-aux-Planches.*

Chappelle. *Chapelle.*

Choppot. *Chapot.*

Charambert. *Charlembert.*

Charemesen, Charemessein. *Chalmessin.*

Charma Magna. *Charmes la Grande.*

Charmae. *Charmes.*

Charmae in Angulo. *Charmes-en-l'Angle.*

Charmaille, Charmailles. *Charmoilles.*

Charmant. *Charmont.*

Charmei. *Charmoy.*

Charmes en l'Aingle. *Charmes-en-l'Angle.*

Charmes la Grande, Charmes la Grant. *Charmes la Grande.*

Charmes-la-Grant. *Charmes-la-Grande.*

Charmes-la-Petite. *Charmes-en-l'Angle.*

Charmetum. *Charmoy.*

Charmod. *Charmois.*

Charmoi. *Charmont.*

Charmoillie. *Charmoille.*

Charmois. *Charmoy.*

Charmoy. *Charmois.*

Chasemesen. *Chalmessin.*

Chasnesuel, Chasnetun. *Chênois.*

Chasnetz (Les). *Échênay.*

Chasnoy. *Chanoy, Chênois.*

Chasoe, Chasoi. *Chézoy.*

Chassaigne, Chassanei. *Chassagne.*

Chassaulx. *Chézeaux.*

Chassegny. *Chass'gny.*

Chasseigne. *Chassagne, Lucine.*

Chasseigney, Chassigneium, Chassigney, Chassigneyum. *Chassigny.*

Chasteauroup. *Chatonrupt.*

Chasteillon. *Châtillon.*

Chasteillonet, Chasteillonnot. *Châtoillenot.*

Chasteler, Chastelier. *Châtelier.*

Chastellenot. *Châtoillenot.*

Chastellet. *Châtelet.*

Chastellier. *Châtelier.*

Chastelvilain, Chastel Vilein, Chastelvillain. *Châteauvillain.*

Chastenay-Macherons, Macheron, Macheroux. *Châtenay-Mâcheron.*

Chastenay-Vauldin, Vaudin. *Châtenay-Vaudin.*

Chastiavilain, Chastiavillain. *Châteauvillain.*

Chastillon, Chastillons. *Châtillon.*

Chastillonnot, Chastoillenet, Chastoillenot, Chastolenot, Chastollenot. *Châtoillenot.*

Chastonru. *Chatonrupt.*

Château Vilain. *Châteauvillain.*

Chategna. *Châtenay.*

Châtellier. *Châtelier.*

Chatel Vilain, Châtel Villain. *Châteauvillain.*

Chatenaium, Chatenayum Mecheroux, Vaubin, Vaudini. *Châtenay-Macheron, Châtenay-Vaudin.*

Chateniverts. *Chattenivers.*

Chatian Vilain, Châtiauvilain. *Châteauvillain.*

Chatompru, Chatonis Rivus, Chatonru, Chatonrup, Chattonru, Chattonrupt. *Chatonrupt.*

Chaucourt. *Champcourt.*

Chaudenai, Chaudenaium, Chaudonayum, Chaudenet, Chaudeneyum. *Chaudenay.*

Chaudenot. *Chardenot.*

Chauffourt, Chaufor, Chaufort, Cheufour, Chaufours, Chaufourt. *Chauffourt.*

Chaulmont. *Chaumont.*

Chaumondelle, Chaumondelz. *Chaumondel.*

Chaumont. *Chaumont.*

Chaunicurtis. *Champcourt.*

Chaut For. *Chauffour.*

Cheilley, Cheilleyum. *Choilley.*

Chemerandes. *Chamarandes.*

Chemilly. *Semilly.*

Chemin-eux-Bœufs, *Chemin-Bœuf.*

Chênes. *Trois-Chênes.*

Chênoy. *Chênois.*

Chenu. *Grand-Chenu.*

Chérey. *Cherrey.*

Chermae in Angulo. *Charmes-en-l'Angle.*

Cherme Magnae. *Charmes-la-Grande.*

Chermes en l'Angle, Chermes in Angulo. *Charmes en l'Angle.*

Chermoilles. *Charmoilles.*

Chermoy. *Charmoy.*

Cherreaucourt. *Chevraucourt.*

Chesaiz. *Chézeaux.*

Chesamesayn, Chesamessain. *Chalmessin.*

Chésaulx, Chesaus, Chesaux. *Chézeaux, Chézoy.*

Chéseaux. *Chézeaux.*

Chosemessen. *Chalmessin.*

Chesne. *Chêne.*

Chesnetz. *Échênay.*

Chesnoy. *Chênois.*

Chosoy. *Chézoy.*

Chossognei. *Chassigny.*

Chevalier. *Moulin-Chevalier.*

Chevecey, Chevecheix. *Chevechey.*

Cheveilon, Chevelen, Chevelum, Chevilom, Chevillonum, Chevyloin. *Chevillon.*

Chevraulcourt, *Chevraucourt.*

Chevcollet. *Chevroley.*

Chierré. *Cherrey.*

Chiesameisain, Chiesameissen, Chiesameçoins, Chiesamessaing. *Chalmessin.*

Chiesse. *Moulin-Neuf.*

Chiflard. *Chifflard.*

Chimarandes. *Chamarandes.*

Chisamesen, Chisemessen. *Chalmessin.*

Chodenay. *Chaudenay.*

Choesna, Choigna, Choigne. *Choignes.*

Choilé, Choilleyum, Choilly. *Choilley.*

Choine, Choiugne. *Choignes.*

Choiseil, Choisel, Choisenil, Choisoil, Choisol, Choisuel, Choizeu. *Choiseul.*

Chone, Chooigne, Chooine. *Choignes.*

Choons. *Cohons.*

Chopt. *Chapot.*

Chosel, Chosuel. *Choiseul.*

Chosne, Choyne. *Choignes.*

Choyseul. *Choiseul.*

Choysne, Chosnein. *Choignes.*

Cildennaeum. *Chaudenay.*

Cire Fontaine, Cirefontainnes, Cirefontaine. *Cirfontaine.*

Cireis, Cireix, Cireiz, Ciresium, Ciresyum, Cirex. *Ciroy.*

Cir Fontaine. *Cirfontaine.*

Civarolles, Civanrouvre, Civenrouvre. *Silvarouvre.*

Civery. *Sivry.*

Claiumont. *Clefmont.*

Claire Chène, Clairs Chènes. *Clair-Chêne.*

Claromons, Clarus Mons, Clémont, Clémunt. *Clefmont.*

Clermont. *Clefmont, Clermont.*

Clesmont. *Clémont, Clefmont.*

D

Dailancourt, Daillancort, Daillancour. *Daillancourt.*

Daillancuria, Daillecor, Daillecour. *Daillecourt.*

Daillencourt. *Daillancourt.*

Dairville. *Derville.*

Dalmania. *Darmanne.*

Damcevoir, Damcevoy. *Dancevoir.*

Damfalle. *Damphal.*

Dompetra. *Dampierre.*

Damphalle, Damphelle. *Damphal.*

Dampierre-lez-Chongey, Dampierre-lez-Nogent. *Dampierre.*

Dampmartin. *Dammartin.*

Dampnus Martinus Sancti Petri. *Dommartin-le-Saint-Père.*

Dampremont. *Damrémont.*

Damptpierre. *Dampierre.*

Dancepvoie, Dancepvoir, Dancouvoy, Dancevetum, Dancevoi, Dancevoy. *Dancevoir.*

Danfal, Danfale, Danfalle, Danfoile, Danfole. *Damphal.*

Danguin. *Gangain.*

Dan Martin, Dampmartin. *Dammartin.*

Dan Raymond, Danrémont, Dan Reymond. *Damrémont.*

Dansein. *Château de Dansein.*

Dardenai, Dardenaium, Dardenayum. *Dardenay.*

Dardrui, Dardruth, Dardruz, Dardu, Dardue, Dardus. *Dardu.*

Darmandes, Darmanes, Darmania, Darmenna, Darmannes, Darmannia, Darmenne. *Darmanne.*

Darnay. *Darney.*

Dastel, Datel, Dattées. *Hastel.*

Daumartin-le-Franc. *Dommartin-le-Franc.*

Dauvoin. *Davin.*

Daylancort, Dayllancort, Dayllencourt. *Daillancourt.*

Dayllecort. *Daillecourt.*

Delaincourt. *Doulaincourt.*

Delancuria. *Daillancourt.*

Delvenso monasterium. *Montier-en-Der.*

Demparis. *Damparis.*

Dempierre-en-Bassigny. *Dampierre.*

Denjeux. *Donjeux.*

Derf, Ders, Dervensis, Dervus. *Der.*

Dermanne. *Darmanne.*

Dhombelain. *Domblain.*

Dhuis, Dhuits, D'Huits, Dhuy. *Dhuys.*

Dintavilla, Dintevilla, Dintheville, Dintivilla. *Dinteville.*

Dives Burgus. *Richebourg.*

Doame, Dôme. *Dôme.*

Dognus Martinus. *Dammartin.*

Dognus Remigius. *Domremy-en-Ornois.*

Doisma. *Dôme.*

Doix. *Dhuys.*

Dolaincort, Dolancuria, Dolaniscuria, Doleincort, Doleincourt, Dolencort, Dolencuria. *Doulaincourt.*

Dolevans, Dolevanz, Dolevens. *Doulevant.*

Dollaincourt, Dollincuria. *Doulaincourt.*

Dolosus Ventus. *Douleuant.*

Domairin, Domarim. *Dommarien.*

Domartin. *Dommartin.*

Domartin le Franc, Domartin lou Franc. *Dommartin-le-Franc.*

Domartin le Saint Père. *Dommartin-le-Saint-Père.*

Dombcourt. *Doncourt.*

Dombelain, Domblin. *Domblain.*

Dominus Remigius. *Domremy-en-Ornois.*

Domjeux. *Donjeux.*

Dommartin-la-Cour. *Cour.*

Dom Martin le Franc. *Dommartin-le-Franc.*

Domna Petra. *Dampierre.*

Domnus Georgius. *Donjeux.*

Domnus Lupentius. *Doulevant.*

Domnus Marinus. *Dommarien, Dommartin.*

Domnus Martinus. *Dammartin.*

Domnus Martinus Francus. *Dommartin-le-Franc.*

Domnus Martinus Sancti Petri. *Dommartin-le-Saint-Père.*

Domnus Remigius. *Domremy-en-Ornois.*

Domparis. *Damparis.*

Domphal. *Damphal.*

Dompmarien. *Dommarien.*

Dompmartin le Franc. *Dommartin-le-Franc.*

Dompmartin le Saint-Père. *Dommartin le saint Père.*

Dompnemarie. *Donnemarie.*

Dompnus Marinus. *Dommarien.*

Dompnus Martinus Francus. *Dommartin-le-Franc.*

Dompremy, Dompremi, Dompremy, Dompremy-en-Ornois, Dompremy-aix-Chèvres. *Domremy-en-Ornois.*

Domus Armendi, Domus Ermandi,

Domus Harmandi, Domus Harmand. *La Harmand.*

Domus Marinus. *Dommarien.*

Dona. *Donat.*

Donbelain. *Domblain.*

Doncort. *Doncourt.*

Doncourt. *Dancourt.*

Doncuria. *Doncourt.*

Dongeux, Dongex, Dongiaux, Dongieux, Dongieulx, Dongiex. *Donjeux.*

Dongna Petra. *Dampierre.*

Dongues. *Donjeux.*

Donjeulx, Donjeus, Donjuex. *Donjeux.*

Donjonnus. *Donjon.*

Donlevant, Donlevanz, Donlovenz, Donluvenz. *Doulevant.*

Donmarrien, Donmaryem. *Dommarien.*

Donmartin le Franc. *Dommart:n-le-Franc.*

Donna Maria. *Donnemarie.*

Donna Petra. *Dampierre.*

Donnemarye. *Donnemarie.*

Donnus Lupentius. *Doulevant.*

Donnus Marinus. *Dommarien.*

Donnus Martinus. *Dammartin, Dommartin.*

Donnus Martinus Francus. *Dommartin-le-Franc.*

Dormond. *Ormond.*

Dosme, Douasme. *Dôme.*

Douay. *Douée.*

Douces Vaus, Douce Val, Douce Vals, Douce Vauls, Douce Vaus. *Vaux-la-Douce.*

Douey. *Douée.*

Douix. *Dhuys.*

Douosme. *Dôme.*

Doulaincour. *Doulaincourt.*

Doulevans. *Doulevant.*

Doulevant-le-Grand. *Doulevant-le-Château.*

Doulincourt. *Doulaincourt.*

Doullevant. *Doulevant.*

Douscevaulx. *Vaux-la-Douce.*

Doutreville. *Troisfreville.*

Doysma. *Dôme.*

Dreia. *Droye.*

Dreuille. *Dreuil.*

Dria, Droies, Droya, Droyes, Droys. *Droye.*

Duama. *Dôme.*

Duis, Duits. *Dhuys.*

Dulcis Vallis. *Vaux-la-Douce.*

Dumpnemarie. *Donnemarie.*

Duome. *Dôme.*

Duye, Duyets. *Dhuys.*

Dyntavilla, Dyntevilla. *Dinteville.*

E

Ebbonis Villa. *Aubonville.*
Échénay. *Échénay.*
Écrus, Écruts. *Écrues.*
Effincour, Efincourt. *Effincourt.*
Églises. Colombey, *Marsois.*
Ellevécourt. *Levécourt.*
Éloufrais. *Allofroy.*
Enffonvelle, Enfonville. *Enfonvelle.*
Engoulevent, Engoulvent. *Angoulevent.*
Enrosey. Enrozey. *Anrosey.*
Ensain, Eusaint, Ensant. *Château de Dansein.*
Épilan, Épilans. *Épilant.*
Episcopi Villa. *Vecqueville.*
Erelle. *Érelles.*
Ermandi Domus. *La Harmand.*
Ermite (L'). *Roche-l'Ermite.*
Ermites (Les). *Notre-Dame-des-Ermites.*
Ésanville. *Aizanville.*
Eschalevraines, Eschalevrangniae, Eschalevrannes, Eschalevrennes. *Chalvraines.*
Eschalnetz, Eschasnetz. *Échénay.*
Escharevrannes, Eschelebrona. *Chalvraines.*
Eschenets, Eschenetz. *Échénay.*
Eschonot, Eschonet. *Aquenove.*
Eschos. *Écot.*
Esclairon Esclaron, Esclarronnum, Esclarrom, Esclarron, Esclarrun, Escleron. *Éclaron.*
Escoiz. *Écot.*
Esconez, Esconohot, Esconot. *Aquenove.*
Escos, Escosts, Escot, Escoth, Escots, Escox, Escoz. *Écot.*
Escurey. *Écurey.*
Esple. *Aigle.*
Esmance, Esmantia. *Amance.*
Esnouvaulx, Esnouvaux, Esnouveaux. *Esnouveaux.*
Espagny. *Épagny.*
Espance. *Apance.*
Espielant, Espillan, Espillant. *Épilant.*
Espinal, Espinan, Espinant, Espinantum. *Épinant.*
Espinceley, Espinceloi. *Espinceloy.*
Espinen, Espinent. *Épinant.*
Espotères, Espoteriae, Espoutères, Espulteriae, Espuntères. *Espautères.*
Espyelant. *Épilant.*

Esquenoot, Esquenoue. *Aquenove.*
Essards, Essartz. *Essarts.*
Essay. *Essey.*
Essoy-en-Bassigny. *Essey-les-Eaux.*
Essey-les-Ponts. *Essoy-lez-Pont.*
Estanche. *Étanche.*
Estancort. *Attancourt.*
Estaux, Esteaulx, *Étaux.*
Estré, Estrée, Estreiz, Estries. *Estrey.*
Étang (L'). *Maison de l'Étang.*
Étangs. *Étang.*
Étrées. *Estrey.*
Étufs. *Étuf.*
Euchécours. *Eugécourt.*
Euffignees, Euffigneux, Euffigney, Euffinees, Euffineix, Eufigneix, Eufineix. *Euffigneix.*
Euffineuria. *Effincourt.*
Engécourts. *Eugécourt.*
Euilleium, Euilleyum, Euilleium, Euilleyum, Eully. *Heuilley.*
Eumes. *Hûmes.*
Eureville. *Eurville.*
Evrainvilla, Evreinvilla. *Avrainville.*
Evricuria. *Avrecourt.*
Evruncort. *Froncourt.*
Exios. *Xains.*

F

Fagetum, Faix. *Fays.*
Faiche. *Fauche.*
Faietum, Fail, Foillum, Failum. *Fays.*
Faims, Fains. *Feins.*
Falciolum. *Forcey.*
Fallecourt. *Falcourt.*
Faloise. *Manoise.*
Farrières. *Ferrières.*
Faucigneix, Faucigny. *Faussigny.*
Faudray. *Baudray.*
Faulche. *Fauche.*
Faulcigny, Faulciny. *Faussigny.*
Faulet, Faullet. *Faulé.*
Favelle. *Fouvette.*
Favereules, Favereulles, Favereolles, Faverolae, Faveroles, Faveroliae, Faverueles. *Faverolles.*
Fay, Fayetum, Fayl. *Fays.*
Fayns. *Feins.*
Faysses. *Faisse.*
Feiche. *Fauche.*
Feings, Feinx. *Feins.*
Feische. *Fauche.*
Feiseux. *Foisenl.*
Fenis, Fenix, Fenyx. *Feins.*

Feritas. *Ferté.*
Fermes-Neuves. *Ferme Neuve.*
Formeté. *Ferté.*
Fermiet. *Fremier.*
Ferocort. *Frécourt.*
Feroncles. *Fronclles.*
Ferrière. *Perrières.*
Ferronclae, Ferroncle, Ferroncles. *Fronclles.*
Fertel, Fertey. *Ferté.*
Fesche, Feschia. *Fauche.*
Fèves. *Fées.*
Fey. *Fays.*
Feyns, Fins. *Feins.*
Firmitas. *Ferté.*
Fisca, Fischa, Fixta. *Fauche.*
Placeniis, Flacigneiis, Flacineys, Flacinacensis. *Flassigny.*
Flageium, Flageyum, Flagiacum, Flaigeium, Flaigeynm. *Plagey.*
Flamerecort, Flamerécourt, Flamerecuria, Flamerecurt, Flamereicurtis, Flamericort, Flamericourt, Flamericuris, Flamoricurtis, Flammericourt, Flammericuria, Flammericurtis. *Flammerécourt.*
Flancour. *Plancourt.*
Flascengiae. *Flassigny.*
Flavacourt. *Plancourt.*
Flemmereicort. *Flammerécourt.*
Fleurnoy, Flornelum, Flornidus, Flornoi, Flournoy. *Flornoy.*
Foicha, Foische. *Fauche.*
Foiseux. *Foiseul.*
Folein, Foleins. *Foulain.*
Follet. *Faulé.*
Follye. *Folie.*
Foloins. *Foulain.*
Folot. *Fouillot.*
Fons. *Loffonds.*
Fons Materna. *Marnotte.*
Fons Saint-Martin, Fons Sancti Martini. *Fontaine Saint-Martin.*
Fontaine-aux-Bois. *Fontaine-au-Bois.*
Fontaine-aux-Fèves, *Fontaine-aux-Fées.*
Fontaines. *Fontaine.*
Fontaines-lez-Sommeville. *Fontaine-sur-Marne.*
Fontainnes, Fontanae. *Fontaine.*
Fontenelles. *Fontenelle.*
Forbevaux. *Port-Bévaux.*
Forches. *Fourches.*
Forest. *Forêt.*
Forfelière, Forfelières, Forfeliers, Forfellier, Forfellières, Forfereres, Forferiae. *Forfillières.*
Forseium. *Forcey.*

Fort-Ligniville. *Saint-Menge.*
Fortmont. *Formont.*
Forxeium, Fossé. *Forcey.*
Fossé-Duval. *Fosse* (*La*).
Fou de la Motte. *Feu de la Motte.*
Fougère. *Fouchère.*
Foulains. *Foulain.*
Fouletout. *Foultot.*
Foulin, Foulins, Foullain. *Foulain.*
Foullet. *Fouillot.*
Foulletot. *Foultot.*
Fouloins. *Foulain.*
Fourbesvaux. *Fort-Bévaux.*
Fourfelières. *Forfillières.*
Foxxé, Foysiacum, Foyssé. *Forcey.*
Fraasnoy. *Fresnoy.*
Fraigneiis, Fraigneix, Fraigney. *Fragneix.*
Fraine. *Fresne.*
Fraingnois. *Fresnoy.*
Fraisnoy. *Fresnoy.*
Frambard, Francbar. *Flambart.*
Francha Vallis, Franches Vas, Franches Vaus, Franchevaulx. *Franchevaux.*
Franchise. *Petite-Franchise.*
Francourt. *Frécourt.*
Francus Passus. *Frampas.*
Franetum, Franoy. *Fresnay.*
Franpas. *Frampas.*
Frosuei. *Fresne.*
Fresnoy, Frasnoi, Frasnoy. *Fresnoy.*
Fraucourt. *Frécourt.*
Fraxinus-les-Vodois. *Fresne-sur-Apance.*
Frayne. *Fresne.*
Frebeaux. *Fort-Bévaux.*
Frecauria. *Frécourt, Frécourt.*
Freecour, Freecourt. *Frécourt.*
Freitte, Freittes. *Frettes.*
Frènoy. *Fresnoy.*
Frerauria. *Frécourt.*
Frère Drocon. *Notre-Dame-des-Ermites.*
Fresnes, Frônes. *Fresne.*
Fresnay. *Fresnoy.*
Fretae, Fretas, Frites. *Frettes.*
Frocort. *Frécourt.*
Froidoz. *Froideau.*
Froigneiis. *Fragneix.*
Froisey. *Forcey.*
Fromentel. *Fromentelle.*
Fromont. *Formont.*
Fronex. *Fragneix.*
Frontville, Fronvile, Fronvilla. *Fronville.*
Froocult, Froocurt, Froolcurt, Froucort, Froucorth, Froucourt, Frowecourt. *Frécourt.*

Froydeau. *Froideau.*
Frumentel. *Fromentelle.*
Frunvilla. *Fronville.*
Fusseium. *Forcey.*

G

Gadivillare. *Vaudinvilliers.*
Gaillard. *Château-Gaillard.*
Gaiseium. Gaissia. *Vassy.*
Gandelencurtis. *Valdelancourt.*
Gangain. *Ganquin.*
Gaterre. *Gatière.*
Gautherot. *Gauterot.*
Geinville. *Joinville.*
Genebrosa. *Genevrouse.*
Genechaux. *Genichaux.*
Genevreia. *Genevroie.*
Genevreres. *Genevrières.*
Genevria. *Genevroie.*
Genevreriac. *Genevrières.*
Genevreuse. *Genevrouse.*
Genevrie. *Genevroie.*
Genevrière. *Genevrières.*
Genevroe, Genevroia. *Genevrois.*
Genevrosa. *Genevroie, Genevrouse.*
Genevroye, Genevroye-aux-Moines, Genevroye-aux-Pots. *Genevroie.*
Genichaut. *Génichaux.*
Genru. *Genrupt.*
Genupera. *Genevroie.*
Genville. *Joinville.*
Germaine, Germainne, Germainnes, Germainnay, Germainnuelz. *Germaines.*
Germainviller, Germainvillers. *Germainvilliers.*
Germeium. *Germay.*
Germana, Germanae, Germaniae Germaines.
Germani villare. *Germainvilliers.*
Germayum, Germeium, Germel. *Germay.*
Germenes, Germainneis. *Germaines.*
Germey. *Gornay.*
Germisay, Germiseil, Germisel, Germisey-Sainte-Croix, Germizay, Germizey, Germisey.
Gerulvillare. *Gervilliers.*
Gesseincourt, Gesseinnicort. *Juzennecourt.*
Gié, Giei, Giaium, Gicium super Aujon, Giez-sur-Aujon. *Giey-sur-Aujon.*
Gienville. *Joinville.*
Gignei, Gigneium, Gigney, Gihini curtis. *Gigny.*

Gilancort. *Gillancourt.*
Gilbert. *Château-Gilbert.*
Gilencort, Gilencuria, Gillancort, Gillancour, Gillancours, Gillancuria. *Gillancourt.*
Gillaulmeis, Gillaulmey, Gillaumel, Gillaumelz, Gillaumel, Gillaumetz, Gillaumez. *Gillaumé.*
Gillencort, Gillencuria, Gillencurtis. *Gillancourt.*
Gillette. *Giette.*
Gilleyum. *Gilley.*
Gillomé. *Gillaumé.*
Gillomons. *Gillomont.*
Gilloncuria. *Gillancourt.*
Gingeole, Gingeotte. *Gingeolle.*
Gineium, Ginneium, Giny. *Gigny.*
Giseinecourt, Gisinicourt. *Juzennecourt.*
Gislomons. *Gillomont.*
Givoldi curtis. *Dommartin-le-Saint-Père.*
Glaiourra. *Moulin-Madame.*
Godonicurtis. *Goncourt.*
Goites. *Gouttes.*
Goncort, Goncuria. *Goncourt.*
Gondrecort, Gondrecourt. *Guindrecourt.*
Gondrecourt-la-Ville. *Guindrecourt-aux-Ormes.*
Gondrecourt-sur-Blaise. *Guindrecourt-sur-Blaise.*
Gondricuria. *Guindrecourt.*
Gonencourt, Gonnaincourt, Gonneincourt, Gonnencort. *Gonaincourt.*
Gorzon, Gorzum, Gourson, Gourzonnum. *Gourzon.*
Goutes. *Gouttes.*
Graffineium. *Graffigny.*
Grain Champ. *Grandchamp.*
Graings-aux-Bois. *Saint-Éloi.*
Gramont. *Grammont.*
Granant. *Grenant.*
Granche. *Grange.*
Granche au Bois. *Saint-Éloi.*
Grande Pioche. *Grange-Pioche.*
Grande Taille. *Châtelet.*
Grand Grange, Grande Granche. *Grande Grange.*
Grandi Mons. *Bons-Hommes.*
Grandis Rivus. *Grand Rupt.*
Grandmont. *Grammont.*
Grannoncort. *Grignoncourt.*
Grand Vau, Grand Vaulx. *Grand Vaux.*
Gran Ru. *Grand Rupt.*
Grange. *Grange-au-Capitaine.*
Grange-aux-Bœufs. *Bœufs.*

Grange-Brûlée. *Brûlée.*
Grange du Voul, Granges du Vol. *Grange-du-Vol.*
Grange Guiot. *Grange Guyot.*
Grange Neufve, Granges Neuves. *Grange Neuve.*
Grange Rouge. *Adrien, Essarts.*
Granges du Gué. *Granges Huguet.*
Grant-Borde. *Borde.*
Grant Champ. *Grandchamp.*
Grant Granche. *Grande Grange.*
Grant-Mont. *Bons-Hommes.*
Grant Ru, Grant Rui. *Grand-Rupt.*
Grant Val, Granvaux, Granveaux. *Grand Vaux.*
Gras Dos. *Grados.*
Gratedos, Grathedos, Gratie Doux. *Grattedos.*
Gravileule, Gravilieul, Gravillieul, Gravillieule. *Gravilleulle.*
Grefineium. *Graffigny.*
Gregnecort. *Grignoncourt.*
Grenand, Grenantum. *Grenant.*
Greneuria. *Vroncourt.*
Gréniot. *Pont-de-Créniot.*
Gresve. *Grève.*
Grève. *Branchet.*
Grignehard, Grignehart. *Grignehar.*
Griguancourt, Grignoncour. *Grignon-court.*
Grincort, Grincurtis. *Grincourt.*
Grinhart. *Grignehar.*
Grinoncourt. *Grignoncourt.*
Grossa Silva, Grossaulve, Grosse Saulve. *Grosso Sauve.*
Gruygnuncort. *Grignoncourt.*
Gualdinvillare. *Vaudinvilliers.*
Guanguin. *Gungun.*
Gudmund. *Guemont. Gudmont.*
Guennorri. *Vignory.*
Guichaulmont. *Guichaumont.*
Guidonis Villa. *Guyoncelle.*
Guimons. *Guimont. Gudmont.*
Guindrecour-sous-Blaise. *Guindre-court-sur-Blaise.*
Guindrici cortis, Guindricortis. *Guindrecourt.*
Guioldicurtis. *Dommartin le Saint Père.*
Guionvelle, Guionville. *Guyoncelle.*
Gulonensis (Bulonensis). *Bolonois.*
Gumon, Gumond, Gumont. *Gudmont.*
Gundrecour, Gundrecourt, Gundri-curia. *Guindrecourt.*
Gunnicurt. *Gouaincourt.*
Gurgio. *Gourzon.*
Gursin, Gursut. *Goussin.*
Gurzio, Gurzon. *Gourzon.*

Guttae. *Gouttes.*
Guychaumont. *Guichaumont.*
Guyndrecourt. *Guindrecourt.*
Guyonville. *Guyoncelle.*
Gyè, Gyeium, Gyè-sus-Aujon. *Giey-sur-Aujon.*
Gygney. *Gigny.*
Gypsière. *Gypsières.*

H

Haccourt, Hacort. *Hâcourt.*
Hacqueron. *Acron.*
Haibeuville. *Ambonville.*
Haie-des-Barres. *Barres.*
Haileschans. *Allichamp.*
Haillignicourt. *Hallignicourt.*
Halignecort, Halignecourt, Haligni-cort, Halignicourt, Halignycourt, Halineicurtis. *Halineycuria, Hali-niecurtis. Hallignicourt. Halligni-court.*
Hammetel, *Hamtelle-aux-Planches. Hamtel.*
Han. *Ham.*
Haninville. *Marcheral.*
Hannbuevilla. *Humberville.*
Haqueron. *Acron.*
Harevilla, Haréville-sur-Meuse. *Har-réville.*
Harewuns. *Arruan.*
Haricour, Haricours, Haricourt, Ha-ricuria, Haricurt. *Harricourt.*
Harignecort. *Hallignicourt.*
Harisoliae. *Ériseul.*
Harivilla. *Harréville.*
Harizelles. *Ériseul.*
Harmaguil. *Haromagny.*
Harmand, Harmant, Harmante. *La Harmand.*
Harmyville. *Harméville.*
Harocn. *Arruain.*
Haromagoil. *Haromesnil, Haromagny.*
Harréville-les-Chanteurs. *Harréville.*
Hart. *Horre.*
Hasnonivilla. *Annonville.*
Hatonis cortis. *Attancourt.*
Haueuria. *Hâcourt.*
Hault-Bois, Hault-Boys. *Haut-Bois.*
Hault-le-Conte. *Haut-le-Comte.*
Haut-de-Bois, Haute-Bois. *Haut-Bois.*
Haut-Verseilles. *Verseilles-le-Haut.*
Hec, Hecq. *Abbaye de Hec.*
Hemetel. *Hamtel.*
Herevilla. *Harréville.*
Hericurtis. *Harricourt.*
Hérizeulle, Hérizeulles. *Ériseul.*

Hermarivilla, Hermevilla, Hermé-ville. *Harméville.*
Hermite, Hermites. *Ermite, Ermites, Notre-Dame-des-Ermites.*
Hestort, Hesterz. *Hastel.*
Heuchécours, Heuchécourt. *Eugé-court.*
Heuillé, Heulley, Heully. *Heuilley.*
Heulx. *Heu.*
Heusme. *Hâmes.*
Heux, Heuz. *Heu.*
Heycort. *Hâcourt.*
Hierceville. *Herceville.*
His. *Is-en-Bassigny.*
Hislau. *Illoud.*
Hoiricort, Hoïricour. *Hoéricourt.*
Holbospot. *Holbospol.*
Hombercort. *Humbécourt.*
Horicourt, Horicurtis. *Hoéricourt.*
Horquevaulx. *Orquevaux.*
Horrivilla. *Eurville.*
Hort. *Horre.*
Houdelaincourt. *Audeloncourt.*
Huffinees, Hufinees. *Euffigneix.*
Hugécourt. *Eugécourt.*
Huguenots. *Dame Huguenote, Maison-des-Huguenots.*
Huiliecort, Huillecort, Huillecour', Huillécourt, Huillescourt. *Huillié-court.*
Huismes. *Hâmes.*
Hulecort, Huleicort, Huleycort, Hullecort, Hullecourt, Hulleicuria, Hulleycort. *Huilliécourt.*
Humbercin. *Humbercin.*
Humbercort, Humbertcourt, Hum-bertis curia, Humbescour. *Hum-bescourt. Humbécourt.*
Hurbaniacum. *Orbigny.*
Hurceville. *Herceville.*
Hurtebise. *Heurtebise.*
Husmas, Huymes. *Hâmes.*
Hymberville. *Humberville.*
Hys, Hyz. *Is-en-Bassigny.*

I

Iche. *Is-en-Bassigny.*
Icioma. *Isome.*
Ilz. *Is-en-Bassigny.*
Indesina. *Bourbonne-les-Bains.*
Ingoulincourt. *Aingoulaincourt.*
Inteville. *Dinteville.*
Irceville. *Herceville.*
Isle. *Ile.*
Islo, Islodium. *Illoud.*
Isonville. *Issonville.*

Lescour, Lescourt. *Lécourt.*
Lesdhuy. *Dhuys.*
Lesocq. *Soc.*
Leugier. *Leuchey.*
Leureville. *Leurville.*
Leuselum. *Lusy.*
Levecuria, Levecescourt, Leveicort. *Levécourt.*
Leverneyum, Levernois, Levernoy. *Lavernoy.*
Levescort, Levescourt. *Lecécourt.*
Levocquet. *Vocqué.*
Levrenois. *Lavernoy.*
Levrigneyum, Levrigny. *Lavrigny.*
Liberae Valles. *Franchevaux.*
Liceynm. Licisco villa. *Lecey.*
Liécourt. *Lécourt.*
Liffou, Liffoul, Lifo. Lifol, Lifou, Lifoy. *Liffol.*
Linconas. Lincuenenses, Lingo, Lingona, Lingonas. *Langres.*
Lingonensis. *Langres, Langrois.*
Lion. *Château-Lion.*
Lezeivilla, Lizevilla. *Lézéville.*
Liguivilla, Linivilla. *Ninville.*
Liphodium. *Liffol.*
Locheium, Lochey, Loicheium. *Leuchey.*
Loingres. *Langres.*
Loinques. *Lanques.*
Lonchamp. Lonchamps. *Longchamp.*
Lone. *Lonne.*
Longa Aqua. *Longeau.*
Longa Villa. *Longeville.*
Longchamps. *Longchamp.*
Longeaue. *Longeau.*
Longevile-sur-Aine. *Longeville.*
Longua Aqua. *Longeau.*
Longua Villa. *Longeville.*
Longué, Longuet, Longuey, Longum Vadum. *Longuay.*
Longus Campus. *Longchamp.*
Lonwé. *Longuay.*
Loona. *Lanne.*
Lorette. *Notre-Dame-de-Lorette.*
Louber, Loubert.
Lourhey. *Leuchey.*
Louna. *Lanne.*
Loupvemont. *Louvemont.*
Lousa, Louses. *Louze.*
Louveriae, Louvière. *Louvières.*
Louzes. *Louze.*
Lovemont. *Louvemont.*
Lovères, Loveriac, Lovière, Lovières. *Louvières.*
Loyché, Loycheium, Loycheyum, Lurhey. *Leuchey.*
Lucina, Lucyne. *Lucine.*

Luiseium. *Lusy.*
Lunga Aqua. *Longeau.*
Lupanariis. *Louvières.*
Lupi Mons. Luponis Mons, Lupponis Mons. *Louvemont.*
Lureville. *Leurville.*
Lusé, Lusei. *Lusy.*
Luserain. *Luzerain.*
Lusey, Luseyum. *Lusy.*
Lussinae. *Lucine.*
Luthose, Lutosa, Lutosae. *Louze.*
Luxinae. Luxine, Luxines, Luxinium. *Lucine.*
Luzeren. *Luzerain.*
Luzi, Luzy. *Lusy.*
Lysle. *Ile.*

Maac. *Maatz.*
Maalai. *Maulain.*
Maalain. *Moëlain.*
Maalloin. *Maulain.*
Maas, Maast. *Maatz.*
Maaston. *Mathons.*
Maat, Maath. *Maatz.*
Maathom, Maathon, Maathons, Maatons. *Mathons.*
Maats, Maätz. *Maatz.*
Maceriae. *Maizières.*
Macherans, Macheroux. *Mâcheron.*
Maconcort, Maconcuria, Macuncurtis. *Maconcourt.*
Madame. *Moulin-Madame.*
Madrivaux, *Massivaux.*
Magdelaine, Magdeleine. *Madeleine.*
Magna Laanna. *Grande Lanne.*
Magneul, Magneulx, Magnulis, Magnus. *Magneux.*
Magnus Campus. *Grandchamp.*
Magnus Rivus. *Grandrupt.*
Maguneuria. *Maconcourt.*
Maiascus. *Maatz.*
Maigneulx, Maigneut, Maigneux, Maigneuz, Maignilz, Maignus. *Magneux.*
Mailluncort. *Malaincourt.*
Mainillis. *Magneux.*
Mairé, Mairei. *Merrey.*
Maisoncelles. *Maisoncelles.*
Maiseres, Maiseriac, Maiserie, Maisières. *Maizières.*
Maisnillis, Maisnils. *Magneux.*
Maison-au-Baron. *Baronnie.*
Maison-aux-Bois. *Maison-Rouge.*
Maisoncelle. *Maisoncelles.*
Maison Doyen. *Maison-au-Doyen.*

Maison Foin. *Maison-Fouin.*
Maison Harmant, Maison Hermand. *La Harmand.*
Maisons Éboulées (Les). *Semoûtie.*
Maisons-le-Bois. *Marsois-le-Bois.*
Maissères. *Maizières.*
Maizancelles. *Maisoncelles.*
Maizière. *Maizières.*
Majasch, Majascus. *Maatz.*
Mal Abreuvée. *Fontaine-Croix.*
Maladerie. *Maladière.*
Malaincourt la Grande. *Malaincourt-sur-Meuse. Malaincourt.*
Mala Nox. *Malnuit.*
Malanville. *Maranville.*
Malasise. *Malassise.*
Maleinville, Malenville. *Maranville.*
Maleroy. *Malroy.*
Molessert. *Malassise.*
Malfrois. *Morofroid.*
Mallay. *Maulain.*
Mallemaison. *Malmaison.*
Malleroi, Malleroy. *Malroy.*
Malleville. *Melville.*
Mallu. *Maleux.*
Malmons, Malmunt. *Marmont.*
Malnuict, Malnuits. *Malnuit.*
Malvaux, Malveau. *Malvoisières.*
Malville. *Melville.*
Malvoisin. *Beauvoisin.*
Mance. *Amance.*
Mancyne. *Mancine.*
Mandre. *Mandres.*
Mandrevilla. *Maranville.*
Mandriis, Mandris. *Mandres en Ornois.*
Manesium. *Manois.*
Manillum. *Mesnil.*
Mannés, Mannois, Manoist, Manoys. *Manois.*
Manres. *Mandres.*
Mansina. *Mancine.*
Mansmonz. *Marmont.*
Maraac. *Marac.*
Marac. *Marault.*
Maraille, Marailles, Maralles. *Mareilles.*
Maranvilla. *Maranville.*
Marase, Marascum, Marat. *Marac.*
Maratz, Marauc, Maraul, Maraulx, Maraus, Maraut, Maraux. *Marault.*
Maravoir. *Moravoir.*
Marbainville, Marbenvilla, Marbeville, Marbuéville. *Marbéville.*
Marcelliacum, Marcely, Marcelleium, Marcillex, Marcilley, Marcilleyum. *Mareilly.*

Marcilliacum. *Marcilly.*
Marçois. *Marsois.*
Marculon. *Marquelon.*
Mardetum, Mardo, Mardot, Mardou, Mardoul. *Mardor.*
Mardulanum. *Moëlain.*
Maré. *Merrey.*
Mareaux. *Marault.*
Mareille. *Mareilles.*
Mareinville. *Maranville.*
Marelis, Marelles. *Mareilles.*
Maremvilla, Maremville, Marenvilla. *Maranville.*
Marese. *Marac.*
Marescenges. *Morescenges.*
Mareschum. *Marault.*
Marescum. *Marac, Marault.*
Margelia. *Margelle.*
Marianne. *Place-Marianne.*
Marié. *Merrey.*
Marmaesse, Marmaesse, Marmasse, Marmeesse, Marmesses, Marmissa. *Marmesse.*
Marna, Marnai, Marnais, Marnaium. *Marnay.*
Marnavoir. *Moravoir.*
Marnaeyum, Marnei, Marnet, Marney. *Marnay.*
Marneuvalle. *Marnaval.*
Maroes. *Marault.*
Maroilles, Marolles, Marollie. *Mareilles.*
Marranville. *Marancille.*
Marreyum. *Merrey.*
Marroville. *Maranville.*
Marsais. *Marsois.*
Marselle. *Marzelle.*
Marsoil, Marsoirs, Marsoiz. *Marsois.*
Martehaye, Martehé, Martebey, Marthey. *Marthée.*
Martinel, Martinot. *Martinet.*
Masencellae. *Maisoncelles.*
Maserie, Maseriae. *Maizières.*
Masnilus, Masnyl. *Mesnil.*
Massoie. *Marsois.*
Maston, Mastons. *Mathons.*
Masunceles. *Maisoncelles.*
Materna. *Marne, Marnotte.*
Mathon. *Mathons.*
Mathonvaux. *Matonvaux.*
Matons. *Mathons.*
Matrona. *Marne.*
Maulayn, Maulin. *Maulain.*
Maulpas. *Maupas.*
Maumont. *Marment.*
Mauravoir. *Moravoir.*
Manrup. *Maurupt.*

Maurupt. *Mairupt.*
Mauvaignon, Mauvaignant, Mauveignan. *Mauvégnan.*
May. *Mai.*
Mayré, Mayreyum. *Merrey.*
Maysnilus. *Mesnil.*
Mazerea. *Luzerain.*
Mecey. *Mussey.*
Méchant-Bois. *Bois-Brûlé.*
Méchenet. *Méchineix.*
Mecheroux. *Aldcheron.*
Mediolanense castrum, Mediolanum, Meelen. *Moëlain.*
Melsin. *Maulain.*
Meleroy. *Alalroy.*
Mélines. *Mélligne.*
Mellain. *Moëlain.*
Mellay. Mellayum. *Melay.*
Mellor. *Molay.*
Melleville. *Melville.*
Mellières. *Millières.*
Mellix. *Melay.*
Mencienne, Mencine. *Mancine.*
Meneveau, Mennevaux, Menneveaux. *Mennouveaux.*
Mennoys. *Manois.*
Menouval, Menouvaux, Menouveaux, Menoval, Menovallis, Menauvaul, Menovaux. *Mennouveaux.*
Mercure. *Mont-Mercure.*
Mertru, Mertrudz. *Mortrud.*
Merville. *Melville.*
Mesencellae, Mesenselles. *Maisoncelles.*
Mesnilum. *Mesnil.*
Mesoncelle. *Maisoncelles.*
Messey. *Mussey.*
Messire Regnard. *Regnard.*
Mettenvaux, Mettonvaux. *Matonvaux.*
Metrudum. *Mortrud.*
Meur, Meures. *Meure.*
Meurt-de-Soif. *Rampant.*
Meussiau. *Musseau.*
Meuze. *Meuse.*
Mézières. *Maizières.*
Migecourt. *Machecourt.*
Milerise, Milleires, Millères, Milleriae, Milliers. *Millières.*
Milperarius. *Vaux-sur-Saint-Urbain.*
Mirabel, Mirobeau, Mirebal, Mirebellum. *Mirbel.*
Mirupt. *Mairupt.*
Moeche. *Mouche.*
Moelain, Moelains, Moelem. *Moëlain.*
Moelet. *Maulain.*
Moeleun, Moelin, Moëslains. *Moëlain.*

Mogium, Mogyum. *Moge.*
Moicha. *Mouche.*
Moiclonval. *Montonval.*
Moielain, Moielan, Moiluin. *Moëlain.*
Moillain, Moillain, Moillein. *Maulain.*
Moines. *Moulin-aux-Moines.*
Moiremont. *Morimond.*
Moirevaus. *Morvaux.*
Moirimunt. *Morimond.*
Moirins. *Morins.*
Moironcourt. *Morancourt.*
Moirons. *Moiron.*
Meiruncourt. *Morancourt.*
Molain, Molains. *Maulain.*
Molandon, Molandons. *Montlandon.*
Moleria. *Villeneuve des Molières.*
Molin, Molin-Rouge. *Moulin-Rouge.*
Molines. *Morins.*
Molinis, Molin Nuef. *Moulin-Neuf.*
Mollain. *Maulain.*
Moïlandon. *Montlandon.*
Mollée. *Morlaix.*
Mollein. *Maulain.*
Mollin-Neuf. *Moulin-Neuf.*
Molmentensis Domus, Molmentum. *Marment.*
Monbéliard. *Montbéliard.*
Moncecon, Monceons. *Montsaon.*
Moncignon. *Monsignon.*
Mondrecourt. *Montrecourt.*
Monentrie. *Montherie.*
Monfricon. *Montfricon.*
Monlandun. *Montlandon.*
Monmont, Monmoul. *Montmot.*
Monnoyer. *Montmoyen.*
Monsaon. *Montsaon.*
Mons Clara, Mons Clarius, Mons Clarus, Mons Escharius, Mont Esclaire, Montesclaire. *Montéclair.*
Monsignat. *Monsignon.*
Mons Lando, Mons Landonensis. *Montlandon.*
Monsoy. *Montsoy.*
Mons Rafredi, Mons Rafredi. *Morofroid.*
Mons Salgio, Mons Salionis, Mons Salvio, Mons Salvionis. *Montsaugeon.*
Mons Sancti Memmii, Mons Sancti Mencii. *Saint-Mengo.*
Mons Sancti Remigii. *Montremy.*
Monssaujon. *Montsaugeon.*
Mons Syon. *Montsaon.*
Monsterellum. *Montreuil.*
Monsteretum. *Montrot.*

Paillat. *Paillot.*
Pailley. *Pailly.*
Paillot. *Château-Paillot.*
Paix (La). *Gagnage de la Paix.*
Palaizeul, Palaizeux, Palayseul. *Palaiseul.*
Palliot. *Paillot.*
Paliy. *Pailly.*
Pancei, Panceyum. *Pancey.*
Paniacum. *Peigney.*
Pansey, Panssey. *Pancey.*
Papeterie. *Ancienne-Papeterie.*
Parfundes Fontainnes. *Profonde-Fontaine.*
Pargnou, Parno, Parnol, Parnos, Parnou, Parnoul. *Parnot.*
Paries. *Paroy.*
Parranceyum. *Perrancey.*
Parrices. *Perrusses.*
Parvoigneyum. *Perrogney.*
Parroy. *Paroy.*
Parva Lanna, Laonneta. *Petite Lanne.*
Parvenchères. *Provenchères.*
Poultey. *Pautel.*
Poulthaines. *Pautaines.*
Paulthey. *Pautel.*
Pausa. *Poiseul.*
Pautaine, Pauteinnes. *Pautaines.*
Pautet, Pautez. *Pautel.*
Pauthaines, Pauthainnes. *Pautaines.*
Pauthey, Pauthez. *Pautel.*
Pauvain. *Pontvin.*
Peigné, Peigneyum. *Peigney.*
Peission. *Poissons.*
Peisson. *Poinson, Poissons.*
Pelaiurups. *Planrupt.*
Pelanru. *Planrupt.*
Pelemonstier. *Puellemontier.*
Pelempru. *Planrupt.*
Pellemontier. Pelmontier. *Puellemontier.*
Pelongé, Pelongeium. *Poulangy.*
Pelongerot. *Pelongerot.*
Pelongney, Pelongeyum, Pelungeium. *Poulangy.*
Pencey. *Pancey.*
Penelle. *Penel.*
Peneret, Penerot. *Moulin-Pennerot.*
Penessières. *Pennecière.*
Penicières. *Penissières.*
Pennerel, Pennerot. *Moulin-Pennerot.*
Pensey. *Pancey.*
Pensières. *Pennecière.*
Perancey. *Perrancey.*
Perceyum, Percy. *Percey.*
Pernay. *Prényy.*
Pernot. *Parnot.*
Peroigney. *Perrogney.*

Perrancé, Perranceium. Perranceyum. *Perrancey.*
Parreces. *Perrusses.*
Perregné, Perregnez. *Perrogney.*
Perrenceium. *Perrancey.*
Perreux. *Péreux.*
Perrices. *Perrusses.*
Perrineium. *Perrogney.*
Perrissaa, Perrisses. *Perrusses.*
Perrogné, Perrogneyum. *Perrogney.*
Perroie. *Paroy.*
Perroigneium, Perroigney, Perroigneyum. Perroingué. *Perrogney.*
Perrussa. *Perrusses.*
Perts, Perte. *Perthe.*
Pertensis, Pertois. *Perthois.*
Pertes. Perthes. *Perthe.*
Pérusse, Pérusses. Péruze. *Perrusses.*
Pesson, Pessons. *Poinson.*
Pétacé. *Petasse.*
Petit Cerin. *Petit Serin.*
Petite Brie. *Brie.*
Petitgnon. *Petignon.*
Petit Seriaux. *Petit Serin.*
Petosse. *Petasse.*
Petra Ficta. *Pierrefaite.*
Petra Fons, Petra Fontana, Petrafontanensis. *Pierrefontaine.*
Pettoncourt. *Petencourt.*
Peultiers. *Paquetiers.*
Peygné. *Peigné.*
Peyregué. *Perrogney.*
Phenis. *Foins.*
Piémont. *Pimont.*
Pierrefaicte, Pierrefecte, Pierre Ficte, Pierrefrite. *Pierrefaite.*
Pincelay. *Espinceley.*
Pincort, Pincour, Pincuria, Pincurt. *Pincourt.*
Pisces, Piscio. *Poissons.*
Pison. *Poissous.*
Pisselop, Pisselou, Pisselouf, Pisseioupf. *Pisseloup.*
Pisseloup. *Chaumondel.*
Pissennum, Pisson. *Poissons.*
Plaanctum, Plaanoy, Plaenetum. *Plénoy.*
Plainrups, Plamprup. *Planrupt.*
Planiacum, Planois, Planoy. *Plénoy.*
Planru, Planrup. *Planrupt.*
Planus Mons. *Plémont.*
Planus Rivus. *Planrupt.*
Plasney. *Plénoy.*
Platté. *Platel.*
Pleapape. *Piépape.*
Plécy. *Plessis.*
Pleepape, Pleespope, Plcopapa, Plépape. *Piépape.*

Plesnoy. *Plénoy.*
Pleupape. *Piépape.*
Plongerot. *Pelongerot.*
Plonrupz. *Planrupt.*
Pociolus. *Montier-en-Der.*
Poilley, Poilleyum. *Pouilly.*
Poincenot. *Poinsenot.*
Poinctos. *Pointe.*
Poinçot. *Poinsot.*
Poinson-en-Bassigny. *Poinson-lez-Nogent.*
Poinsons. *Poinson.*
Poinssenot. *Poinsenot.*
Poinsson. Poinssons. *Poinson.*
Poisatum, Poisaz. *Poisat.*
Poisel, Poiseulx, Poiseux, Poisseulx. *Poiseul.*
Poissom, Poissons. Poinsenot, Poinson, *Poissons.*
Poisson-le-Franc. *Poinson-lez-Grancey.*
Poisson-le-Petit. *Poinsenot.*
Poisons. Poissuns, Poisun, Poisuns, *Poissons.*
Poixons. *Poinson.*
Poisues. *Poiseul.*
Polangeret. *Pelongerot.*
Polangi, Polengeium. *Poulangy.*
Poley, Polley. *Pouilly.*
Polongé, Polongies. *Poulangy.*
Polungerot, Polungeroth. *Pelongerot.*
Polungiacum, Polungium. *Poulangy.*
Pominard. *Pont-Minard.*
Pon-la-Ville. *Pont-la-Ville.*
Ponminart. *Pont-Minard.*
Pons. *Pont.*
Pons secus Matronam. *Pont-de-Marne.*
Ponseux. *Poiseul.*
Pons Menardi. *Pont-Minard.*
Pons Vanus, Pons Vaynus. *Pontvin.*
Pontabœuf. *Pont-à-Bœuf.*
Pontchaloup. *Pont Cabut.*
Pont-de-Gréniot. *Pont de Créniot.*
Pont de Saint-Urbain. *Chapelle-au-Pont.*
Pont devant la Fermeté. *Pont-la-Ville.*
Pontguayn. *Pontvin.*
Pont-la-Vie. *Pont-la-Ville.*
Pont-Ménart, Pontmignac, Pont Mygnart. *Pont-Minard.*
Pont-Regia. *Pont-Urgin.*
Pontus. *Pont.*
Pont-Vabin, Pont-Vain. Pont-Vayn, Pont-Vayn. *Pontvin.*
Poolleium, Poolli. *Pouilly.*
Poqueliers. *Poetiers.*
Posetum. *Poisat.*
Posons, Possom, Possons, Possuns. *Poinson.*
Postoile. *Apostole.*

Potaines. *Pautaines.*
Potel. *Pautel.*
Poulangey, Poulangeyum, Poullangy. *Poulangy.*
Poulley, Poully, Pouly. *Pouilly.*
Pouvain, Pouvant. *Pontvin.*
Poysoulx. *Poiseul.*
Poyssom, Poyssons, Poyssun, Poyssuns. *Poinson.*
Praalais, Praalas, Praolatum, Praalay, Praalays, Praalayum. *Praslay.*
Praautelum, Praauthé, Praautheium, Praautheyum. *Prauthoy.*
Praeles. *Presle.*
Praeletum. *Praslay.*
Praelis. *Notre-Dame-de-la-Presle.*
Praez. *Prez.*
Praiaiz, Pralay, Prallaix. *Praslay.*
Prancey. *Perrancey.*
Prangeyum. *Prangey.*
Praielia. *Presle, Prez.*
Prats. *Pratz.*
Prauteium, Prauteyum, Prauthayum. *Prauthoy.*
Prayo, Praz. *Pratz.*
Pré. *Prez.*
Proauteyum. *Prauthoy.*
Precoy, Preceyum. *Percey.*
Precigneyum, Precigny. *Pressigny.*
Pré d'Alichamp. *Morambert.*
Pré des Barres. *Barres.*
Pré des Malades. *Malades.*
Precea, Prees. *Prez.*
Proelz. *Pratz, Prez.*
Prees. *Prez.*
Preingé. *Prangey.*
Preix. *Prez.*
Preuey. *Prenets.*
Prengeyum, Prenggé. *Prangey.*
Prenoy. *Plénoy, Prénois.*
Prescoium. *Percey.*
Praslay. *Praslay.*
Presnoy. *Prénois.*
Pressan. *Pressant.*
Prossigné, Pressigney, Pressigneyum. *Pressigny.*
Preux. *Péroux.*
Prevanchières, Prevoinchères, Prevoincheriae, Prevoinchières. *Provenchères.*
Prey, Preys, Preyz. *Prés, Prez.*
Prez. *Prés.*
Primiacum. *Prangey.*
Profunda Funtana. *Profonde Fontaine.*
Progney. *Perrogney.*
Proingeium, Proingey, Proingeyum. *Prangey.*
Proingney. *Perrogney.*

Proteium. *Prauthoy.*
Prouvenchières, Provanchère, Provencheriae, Provenchariae, Provenchère. Provenchoriae, Provenchières, Provenchierres, Provoincheriae. *Provenchères.*
Prugniaux, Prunaux. *Cour-des-Pruneaux.*
Puellari Monasterium, Puellare Monasterium, Puellarensis Ecclesia, Puellemonstier, Puelmontier. *Puellemontier.*
Puisaticum, Puisatum. *Poisat.*
Puis des Maizes. *Puits des Mèzes.*
Puisie. *Puisy.*
Pulcher Mons. *Belmont.*
Pulchrada. *Sexfontaine.*
Pusaticum. *Poisat.*
Pute Fosse. *Peutte Fosse.*
Puteolus. *Montier-en-Der.*
Putheolum. *Poiseul.*
Putiolos. *Montier-en-Der.*
Puysiacus. *Poisat.*

Q

Quelommey. *Colmier.*
Quenard. *Canard.*
Quequerey. *Caquarey.*
Queue de Mouton. *Cude.*
Queuroy. *Corroy.*
Quinquempoix. *Quincanpoix.*
Quiquengrogne. *Quinquengrogne.*
Quoignelol. *Cognelot.*

R

Rachecour, Rachecourt. *Ragecourt.*
Radalenis Pons. *Rolampont.*
Radon. *Roidon.*
Radulficaria. *Récourt.*
Ragecort, Ragecuria, Rageicourt, Ragicourt, Ragicuria, Ragisi cortis, Raigecort, Raigecourt. *Ragecourt.*
Raingecourt. *Rangecourt.*
Rainnefontaine. *Ravennefontaine.*
Ralemont. *Raillemont.*
Ralempons. *Rolampont.*
Ramsonariae, Ranceneriae. *Rançonnières.*
Rangecour, Rangescourt, Rangicourt. *Rangecourt.*
Rangiscurtis. *Ragecourt.*
Ranseneres, Ransonières, Ransonnières. *Rançonnières.*
Ranville. *Rouville.*

Ranxeneriae. *Rançonnières.*
Raolcourt. *Récourt.*
Raouvile, Raouvilla, Raovilla, Raoville. *Rouville.*
Ratel. *Champ-du-Ratel.*
Ratgisicortis. *Ragecourt.*
Raucourt. *Récourt.*
Ravanefontaine, Ravenefontaine, Ravenefontainne, Ravine Fontaine, Ravinnefontaine. *Ravennefontaine.*
Reclnigcort, Reclaincort, Reclancort, Reclancour, Reclancuria, Reclayncort, Recleincort, Recleincourt, Reclencort, Reclencourt. *Reclancourt.*
Recour, Recurtis, Reescourt, Reecuria, Reheicort, Reicourt. *Récourt.*
Relampons, Relampont, Relempont, Relenpont, Relepons. *Rolampont.*
Remancuria. *Rimaucourt.*
Remanvaux. *Remonvaux.*
Remond. *Rémont.*
Remonval, Remonvaul, Remonvaulx, Remonvaulz, Remonveaux. *Remonvaux.*
Renard. *Château-Renard.*
Rencenières, Rençonnière. *Rançonnières.*
Renel. *Reynel.*
Renepond, Renepons, Renepont. *Rennepont.*
Renobert. *Saint-Renobert.*
Rengecourt. *Rangecourt.*
Reniseul, Reniseule. *Léniseul.*
Rente Survilliers. *Survilliers.*
Rescourt-la-Coste. *Récourt-la-Côte.*
Revenefontaine, Revennefontayne, Revennefontaine. *Ravennefontaine.*
Richeborc, Richebours, Richebourt. *Richebourg.*
Rienel, Bignel, Rignellum. *Reynel.*
Rimacicuria, Rimacort, Rimalcort, Rimarticuria, Rimaucort, Rimaucour, Rimaucuria, Rimaudicourt, Rimaulcourt. *Rimaucourt.*
Rimberti Mansus, Rimbert Masnil. *Robert-Magny.*
Rimocourt. *Rimaucourt.*
Rinel. *Reynel.*
Riocort, Riocourt, Riocuria, Riocurt, Rioicourt, Rioucourt. *Riaucourt.*
Riparia. *Rivière.*
Risaucours, Risaucourt, Risaucuria. *Risaucourt.*
Risnel, Risnellensis, Risnellum. *Reynel.*
Risocort, Risocourt, Risocuria, Risocurt, Risoucourt, Risoucourt. *Rizaucourt.*

Rispa. *Rippe.*
Rissocourt. *Rizaucourt.*
Riveria, Rivières. *Rivière.*
Rivus. *Rupt.*
Rivus Fons. *Ravennefontaine.*
Rizaucour, Rizaulcourt. *Rizaucourt.*
Robermesguil, Robert Magnilz, Robert Magny, Robert Maigny. *Robert Magnil.*
Roca. *Roche.*
Rocca Taillata. *Rochetaillée.*
Rocha. *Roche.*
Rocha Tayllata. *Rochetaillée.*
Roche Morand. *Châtelet.*
Roches. *Roche.*
Rochetaille, Rochetailles, Rochetaillye, Rochetallie, Rochetallue. *Rochetaillée.*
Rochotte. *Rochelle.*
Rochvilliers. *Rochevilliers.*
Roclaucourt. *Reclancourt.*
Rocour. *Rocourt.*
Roevilliers. *Rochevilliers.*
Rodigio. *Rognon.*
Roécourt. *Roudcourt.*
Roeles, Roellae, Roelle. *Rouelles.*
Rogeour. *Ragecourt.*
Rogeolus, Roguel. *Rougeux.*
Rohecort, Roheicuria, Roheneurtis. *Roudcourt.*
Roiche. *Branchet.*
Roiche, Roiches. *Roche.*
Roichefors, Roichefort. *Rochefort.*
Roichetaille, Roichetaillye, Roichetallie. *Rochetaillée.*
Roignel. *Rougeux.*
Roignou, Roignun. *Rognon.*
Roingetort, Roingecourt. *Rangecourt.*
Roingnou. *Rognon.*
Rojul. *Rougeux.*
Roland Pont, Rollampont. *Rolampont.*
Romaens, Romain, Romanis, Romeius, Romeus. *Romains.*
Rommecour. *Roumecourt.*
Romont. *Rémont.*
Rondez. *Rondet.*
Rongecourt. *Rangecourt.*
Rongeux. *Rougeux.*
Rongnon. *Rognon.*
Roochult, Roocort, Roocourt, Roocuria, Roocort. *Rocourt.*
Ros. *Roux.*
Rosayn. *Rosoy.*
Roseriae. *Rosières.*
Rosetum, Rossoy. *Rosoy.*
Rotart. *Champ-Rotard, Moulin-Rotard.*
Rotebot. *Rotebeau.*

Rotheux. *Roteux.*
Roucourt, Rouecourt. *Rocourt.*
Rouelle. *Rouelles.*
Roueth. *Roteux.*
Rougeul, Rougieul. *Rougeux.*
Rougnon. *Rognon.*
Roulleux. *Roteux.*
Roumeins. *Romains.*
Rousoy. *Rosoy.*
Route-sur-Villiers. *Route-sur-Villiers.*
Rouvilliers. *Rochevilliers.*
Rouvres. *Rouvre.*
Rouvroi. *Rouvroy.*
Roville. *Rouville.*
Rovilliers. *Rochevilliers.*
Rovra. *Rouvre.*
Rovreium, Rovroi. *Rouvroy.*
Royche. *Roche.*
Roycourt. *Roudcourt.*
Roydon. *Roidou.*
Rozière, Rozières. *Rosières.*
Rozoy. *Rosoy.*
Ru. *Rupt.*
Ruaux. *Notre-Dame-des-Rieux.*
Rubeolus. *Rougeux.*
Rubrum. *Rouvre.*
Rue de Chevry. *Ru de Cherry.*
Ruée. *Ruetz.*
Ruegol. *Rougeux.*
Ruel. *Ruetz.*
Rueles. *Rouelles.*
Ruellus, Ruels, Ruelz, Rués, Ruex, Rueys, Ruiaus. *Ruetz.*
Ruicort. *Roudcourt.*
Ruiels. *Ruetz.*
Rumbertii Mansus. *Robert Magnil.*
Rup de Dieu, Rupt-Dieu. *Ru-Dieu.*
Rupelaunes. *Ru-d'Osne.*
Rupes Cisa, Rupes Cissa, Rupes Incisa, Ruppecissa. *Rochetaillée.*
Ruppis Fortis. *Rochefort.*
Rups. *Rupt.*
Rupt. *Ru.*
Rupt d'Ormes. *Ru d'Osne.*
Rupt Haut-du-Cherin, Rupt-Haut-du-Cherain. *Rupt-du-Rondi.*
Rus. *Rupt.*
Rusdosnes. *Ru-d'Osne.*
Ruz. *Rupt.*
Ryaucourt. *Riaucourt.*
Ryenel, Rygnel. *Reynel.*
Rymaucourt. *Rimaucourt.*
Rynel. *Reynel.*
Ryocot, Ryocourt, Ryoucourt. *Riaucourt.*
Ryviere. *Rivière.*

S

Saières. *Soyers.*
Saïlei, Saili, Saillé, Saillei, Sailleium. *Sailly.*
Sailles. *Celles.*
Sailley, Saïlli. *Sailly.*
Sainct... *Saint...*
Saint-Amant. *Saint-Amand.*
Saint-Ame. *Sainte-Ame.*
Saint-Avant. *Saint-Amand.*
Saint-Baroing-des-Fosses. *Saint-Broingt-les-Fosses.*
Saint-Belin. *Saint-Blin.*
Saint-Beroin, Saint-Beroing. *Saint-Broingt.*
Saint-Blain. *Saint-Blin.*
Saint-Broing. *Saint-Broingt.*
Saint-Cierge, Saint-Ciergues, Saint-Cierve. *Saint-Ciergue.*
Saint-Desier, Saint-Disié, Saint-Disier. *Saint-Dizier.*
Saint-Eivre. *Saint-Èvre.*
Saint-Éloy. *Notre-Dame-des-Ermites.*
Saint-Epvre. *Saint-Èvre.*
Saint-Ferpeul. *Saint-Ferjeux.*
Saint-Fiacre. *Bons-Hommes.*
Saint-Fronc. *Saint-Front.*
Saint-Gengon. *Saint-Gengoul.*
Saint-Geosme, Saint-Geosmes. *Saint-Geômes.*
Saint-Hilairemont. *Saint-Alarmont.*
Saint-Jaque. *Saint-Jacques.*
Saint-Jean-du-Parc. *Grange-au-Bois.*
Saint-Josmes, Saint-Josmes, Saint-Jowmes. *Saint-Geômes.*
Saint-Jude. *Saint-Simon.*
Saint-Legier, Saint-Liger, Saint-Ligier. *Saint-Léger.*
Saint-Libère. *Sainte-Libère.*
Saint Lou. *Saint-Loup.*
Saint-Manche. *Saint-Menge.*
Saint-Martin-dessus-Eumes. *Saint-Martin-lez-Langres.*
Saint-Martin-la-Ville, Saint-Martin-lès-Autreville, près-Autreville, lès-Monterrie, près-Monterrie. *Saint-Martin (canton de Juzennecourt).*
Saint-Mauris. *Saint-Maurice.*
Saint-Memer. *Saint-Mammès.*
Saint-Michiel. *Saint-Michel.*
Saint-Morice, Saint-Moris. *Saint-Maurice.*
Saint-Oirbain, Saint-Orbain, Saint-Ouirbain, Saint-Ourbain, Saint-Ourbon. *Saint-Urbain.*

27.

Vaubin. *Vaudin.*
Vauboium, Vaubon. *Vauxbons.*
Vaubruant. *Val Bruant.*
Vaucins. *Vauxin.*
Vauclaire, Vaucleir, Vaucler, Vauclert. *Vauclair.*
Vaucourt. *Vaucourts.*
Vaudainvilliers. *Vaudinvilliers.*
Vaudé. *Veudet.*
Vaudelancourt. *Valdelancourt.*
Vau des Acoliers. *Val des Écoliers.*
Vaudey. *Veudet.*
Vaudinvilliers, Vaudivilliers. *Vaudinvilliers.*
Vaudrimons, Vaudrymont. *Vaudrémont.*
Vaugey, Vaugry. *Vaugris.*
Vauqueville. *Vecqueville.*
Vau la Douce, Vauladouce. *Vaux-la-Douce.*
Vaularjot. *Vaulargeot.*
Vaul-aux-Dames. *Val-des-Dames.*
Vaulbaon. *Vauxbons.*
Vaul Benoit, Vaul Benoient. *Benoitecaux.*
Vaulbeum. *Vauxbons.*
Vaul Cler. *Vauclair.*
Vaul Corbault, Vaul Corbot, Vaul Courbot. *Val-Corbeau.*
Vaul de Clivin, Vaul de Clivius. *Val-Clavin.*
Vaul des Dames. *Val des Dames.*
Vaul des Escoliers. *Val des Écoliers.*
Vaul des Frais. *Val des Frais.*
Vauldin. *Vaudin.*
Vauldrecourt. *Vaudrecourt.*
Vauldremont, Vauldrimons, Vauldrimont. *Vaudremont.*
Vaulmartin. *Vaumartin.*
Vauloge, Vaulogos. *Vologe.*
Vaul Salveur, Vaulserveur, Vaulserveux. *Val Serveux.*
Vault Martin. *Vaumartin.*
Vaulx la Douce, Vaulx la Doulce. *Vaux-la-Douce.*
Vaulx lez Montsauljon. *Vaux-sous-Aubigny.*
Vaux-lez-Saint-Urbain. *Vaux-sur-Saint-Urbain.*
Vaumartel. *Vaux-Martel.*
Vauqueville. *Vecqueville.*
Vaus. *Vaux.*
Vautemartel. *Vaux-Martel.*
Vautrignaiville, Vautriguéville. *Vatrignéville.*
Vaux. *Val, Moulin-du-Vaux.*
Vaux de Clivin. *Val-Clavin.*

Vaux-lès-Montsaujon. *Vaux-sous-Aubigny.*
Vaux-Martin. *Vaumartin.*
Vavres-près-de-Prangey, Vavris prope Proingeyuru. *Vesvre-sous-Prangey.*
Vay Bon Tems, Vay Bontemps. *Vivains.*
Veaumartin. *Vaumartin.*
Veaux (La). *Lavaux.*
Veecort, Veecourt, Veecuria, Vehecort, Veicuria. *Vouécourt.*
Veira. *Veire, Voire.*
Veisignes. *Voisines.*
Velegusien. *Villegusien.*
Veleroy. *Valleroy.*
Vele-sus-Amance. *Velle.*
Velers. *Velard.*
Velleroy. *Valleroy.*
Velles, Velle-sur-Amance. *Velle.*
Velpelle. *Valpelle.*
Velvres. *Vesvre.*
Veoire. *Voire.*
Veraincourt. *Vraincourt.*
Verbielle, Verbielles, Verbiesles. *Verbiesle.*
Verceilles Dessouhz, Verceilles Dessous. *Verseilles-le-Bas.*
Verceilles Dessus. *Verseilles le Haut.*
Verceilles le Bas. *Verseilles le Bas.*
Verceilles le Haut. *Verseilles le Haut.*
Vercillac Inferii. *Verseilles le Bas.*
Vercillan Superii, Vercillae Superius, Vercilles Dessous. *Verseilles le Haut.*
Vercilles ou Vaul, Vercilliae in Basso. *Verseilles le Bas.*
Vercilliae in Monte. *Verseilles le Haut.*
Vercilliac in Valle. *Verseilles le Bas.*
Vergillet, Vergilly. *Vergilley.*
Veria. *Voire.*
Verincourt. *Vraincourt.*
Verne. *Vernes.*
Verneys. *Vornées.*
Vernova. *Bourbonne les Bains.*
Veroncourt. *Vroncourt.*
Verseilles Dessous. *Verseilles le Bas.*
Verseilles Dessus, Verseilles ou Mont. *Verseilles le Haut.*
Verseilles ou Val. *Verseilles le Bas.*
Veseigne. *Vesaignes.*
Veseignes lez Thivés. *Vesaignes-sur-Marne.*
Vesignae. *Vesaignes.*
Vesignes. *Voisines.*
Vesigniae. *Vesaignes.*
Vesignoites, Vesignotes super Maternam. *Vesaignes-sur-Marne.*
Vesignuel. *Vésigneul.*
Vesines. *Vesaignes.*

Vesqueville. *Vecqueville.*
Vesvres. *Vesvre.*
Vetus Molendinum, Vetus Mulnense. *Vieux-Moulin.*
Votus Villa. *Viéville.*
Voudey. *Veudet.*
Vevre. *Vesvre.*
Vevreschien. *Vesvrechien.*
Vewres. *Vesvre.*
Vezaigne-sous-la-Fauche. *Vesaignes-sous-la-Fauche.*
Vezaignes, Vezaines, Vezaingnes, Vezainnes. *Vesaignes.*
Vezainnes - lez - la - Fauche. *Vesaignes-sous-la-Fauche.*
Vezainnes-sur-Marne. *Vesaignes-sur-Marne.*
Vezignes. *Vesaignes.*
Vezinnes. *Voisines.*
Vi. *Vicq.*
Viaulot. *Violot.*
Vic. *Vicq.*
Vicinae. *Voisines.*
Vicus. *Vicq.*
Viefville. *Viéville.*
Viel Val. *Vieux-Val.*
Vielville, Vielzville. *Viéville.*
Viera. *Voire.*
Viesville, Vieuville. *Viéville.*
Viez Molin, Viez Moulin. *Vieux-Moulin.*
Viez Ville. *Viéville.*
Vigera. *Voire.*
Viggenna. *Vingeanne.*
Vigne. *Vignes.*
Viguorry, Vignoury. *Vignory.*
Vigor. *Voire.*
Vilainecour, Vilainnecourt. *Villainecourt.*
Vilarium super Matronam. *Villiers-sur-Marne.*
Vilecet. *Villecet.*
Vile en Blesois. *Ville-en-Blaisois.*
Vileguisien. *Villegusien.*
Vileinecort, Vilennecort. *Villainecourt.*
Vile Nove. *Neuville.*
Vile Nuevo. *Villeneuve.*
Viler. *Villiers.*
Viler en Azoi. *Villars-en-Azois.*
Vilerium. *Velard, Villars, Villiers.*
Vilerium Sancti Marcellini. *Villars-Saint-Marcellin.*
Viler le Sec. *Villiers le Sec.*
Vileroi. *Valleroy.*
Vilerolt. *Velard, Villars, Villiers.*
Vilers en Ésoy. *Villars-en-Azois.*
Vilers en Lieur, Vilers in Luir, Vilers iu Luiz. *Villiers-en-Lieu.*

Vilers Morohers. *Villars-Montroyer.*

Vilers qui est juxta Waiseium. *Villiers-au-Bois.*

Vilers sur Marne. *Villiers-sur-Marne.*

Vile sur Amance. *Velle.*

Vilet. *Villiers.*

Vilet-Fontaine. *Villiers-Fontaine.*

Vilgusien. *Villegusien.*

Vilhaut. *Ville-Haut.*

Villa. *Velle, Ville.*

Villa Blesensis. *Ville-en-Blaisois.*

Villacusana, Villagusana, Villagusien. *Villegusien.*

Villaincourt, Villainnecort, Villainnecourt. *Villaincourt.*

Villa Lupi. *Vireloup.*

Villambesois, Villumblesois. *Ville-en-Blaisois.*

Villamorum. *Villemoron.*

Villa Muelvi. *Villemervry.*

Villana Curia. *Villainecourt.*

Villani Castrum. *Châteauvillain.*

Villani Curia. *Villainecourt.*

Villa Nova. *Blancheville, Perron, Ville-au-Bois, Villeneuve.*

Villa Nova au Perron, Villa Nova Episcopi. *Perron.*

Villa Nova de Auglecuria. *Villeneuve-en-Angoulancourt.*

Villa Nova de Montarrie, Villa Nova juxta Monterriam, Villa Nova prope Monterriam, Villa Nova subtus Monterriam. *Villeneuve-au-Roi.*

Villa Pila. *Valpelle.*

Villare. *Villars, Villiers.*

Villare-ad-Quercum. *Villiers-au-Chêne.*

Villares. *Villars, Villiers.*

Villares in Locis. *Villiers-en-Lieu.*

Villareyum in Aseyo. *Villars-en-Azois.*

Villaris. *Villars, Villiers.*

Villaris in Aseto. *Villars-en-Azois.*

Villaris Siccus. *Villiers-le-Sec.*

Villaris super Maternam. *Villiers-sur-Marne.*

Villarium. *Villars, Villiers.*

Villarium in Aseto, Villarium in Asseto. *Villars-en-Azois.*

Villarium Moraier, Villarium Moroier. *Villars-Montroyer.*

Villarium Sancti Marcellini. *Villars-Saint-Marcellin.*

Villarium Siccum. *Villiers-le-Sec.*

Villarium super Maternam, Villarium super Matronam. *Villiers-sur-Marne.*

Villars Monroyer. *Villars-Montroyer.*

Villars Saint Marcellin. *Villars-Saint-Marcellin.*

Villa super Amanciam. *Velle.*

Villa super Blesam. *Ville-en-Blaisois.*

Villa super Esmantiam. *Velle.*

Villé. *Villiers.*

Villé-au-Chasne. *Villiers-au-Chêne.*

Ville Embesois, Villembesois, Ville en Bezois. *Ville en Blaisois.*

Ville Forge. *Vieille-Forge.*

Villegusiam, Villegusin, Villeguysien. *Villegusien.*

Villeium. *Villiers-les-Convers.*

Ville lès Gratedos. *Ville-Haut.*

Villelos, Villeloup. *Vireloup.*

Villemervis, Villemervi, Villemervy, Villemurvi. *Villemervry.*

Villemoiron, Villemoirum. *Villemoron.*

Villeneufve. *Neuville, Villeneuve.*

Villeneufve au Fresne, Villeneufve aux-Fresnes. *Villeneuve-aux-Frênes.*

Villeneufve au Roi, Villeneufve au Roy. *Villeneuve-au-Roi.*

Villeneufve en Angoulancourt, Villeneufve en Engoulancourt. *Villeneuve-en-Angoulancourt.*

Villeneufve l'Évesque au Perron. *Perron.*

Villeneufve soubz Monterrie. *Villeneuve-au-Roi.*

Villeneuve aux Fraisnes, Villeneuve aux Fresnes. *Villeneuve-aux-Frênes.*

Ville Neuve en Angoulaincourt, Villeneuve en Engoulancourt. *Villeneuve-en-Angoulancourt.*

Villeneuve delez Monterrie, Villeneuve les Montherie. *Villeneuve-au-Roi.*

Villeneuve soubz Monterrie, Villeneuve sur Monterie. *Villeneuve-au-Roi.*

Viller. *Villars.*

Viller en Nasoi. *Villars-en-Azois.*

Viller Moroir. *Villars-Montroyer.*

Villers au Chasne. *Villiers-au-Chêne.*

Villers aux Bois. *Villiers-au-Bois.*

Villers aux Chesnes. *Villiers-au-Chêne.*

Villers en Asoy, Villers en Aussoi, Villers en Azoy. *Villars-en-Azois.*

Villers en Lieu, Villers en Lieux. *Villiers-en-Lieu.*

Villers Fontaine. *Villiers-Fontaine.*

Villers le Monnoyé, Villers les Monnoyé, Villers Mont Royer, *Villars-Montroyer.*

Villers le Sec. *Villiers-le-Sec.*

Villers Montroyé, Villers Montroyer, Villers Moroier. *Villars-Montroyer.*

Villers Saint Marcellin, Villers Sainct Mazelin, Villers Saint Mazellin. *Villars-Saint-Marcellin.*

Villers-sur-Marne. *Villiers-sur-Marne.*

Villers sur Suyse, Villers sur Suyze. *Villiers-sur-Suize.*

Ville suis Amance, Ville sur Amance. *Velle.*

Ville sur Aujon. *Châteauvillain.*

Ville sus Amance, Ville sus Esmance. *Velle.*

Villey. *Villiers.*

Villiers. *Velard, Villars.*

Villiers aux Bois, Villiers aux Roys. *Villiers-au-Bois.*

Villiers en Asoi, Villiers en Azeoir, Villiers en Azois, Villiers en Azoy. *Villars-en-Azois.*

Villiers en Lieux. *Villiers-en-Lieu.*

Villiers les Chesnes. *Villiers-au-Chêne.*

Villiers lès Couvers. *Villiers-les-Convers.*

Villiers le Secq. *Villiers-le-Sec.*

Villiers près Aprey, Villiers soubz Aujeurre, Villiers sous Aujeurre. *Villiers-lez-Aprey.*

Villier sur Suize. *Villiers sur-Suize.*

Vilmervri. *Villemervry.*

Vilote. *Moulin-Neuf.*

Vincenna. *Vingeanne.*

Vineae. *Vignes.*

Vingeune. *Vingeanne.*

Viollot. *Violot.*

Virloup. *Vireloup.*

Visengnes. *Vesaignes.*

Visignes. *Voisines.*

Visigniac. *Vesaignes.*

Vitreium, Vitrey, Vitri, Vitriacus. *Vitry.*

Vitrey, Vitreyum en Montaigne, en Montaigne, in Monte. *Vitry-en-Montagne.*

Vitry en Bassigny. *Vitry-lez-Nogent.*

Vivarii. *Vivier.*

Viveril, Vivès, Vivex. *Vivey.*

Vodey. *Voudet.*

Voécour, Voecuria, Voehécort. *Vouécourt.*

Vogesus. *Voisey.*

Void, Voids, Voin. *Voy.*

Voil Comte, Voilocomte, Voilleconte, Voille sur Héronne. *Voillecomte.*

Voingnorri. *Vignory.*

Voirgissante. *Vergissant.*

Voisez. *Voisey.*

Voisignes. *Vesaignes.*

Voisinnes. *Voisines.*

Voissey, Voissy. *Vassy.*

Voix. *Voy.*

Vol (Le). *Granges du Vol.*

Volaincourt. *Villaincourt.*

TABLE DES MATIÈRES
CONTENUES DANS L'INTRODUCTION.

28.